GUY MALGORN

dictionnaire technique

ANGLAIS - FRANÇAIS

MACHINES-OUTILS, MINES, TRAVAUX PUBLICS,
MOTEURS A COMBUSTION INTERNE, AVIATION, ÉLECTRICITÉ,
T.S.F., CONSTRUCTIONS NAVALES, MÉTALLURGIE, COMMERCE.

NOUVEAU TIRAGE

gauthier-villars

© BORDAS - PARIS - 1976 · 0618 780 304

ISBN : 2-04-0029 59-8

ABRÉVIATIONS.

(*Voir* aussi au cours de l'Ouvrage.)

A.	Ampere.	Ampère.
a/c	Account.	Compte.
A. C.	Alternating current.	Courant alternatif.
A. F.	Audio frequency.	Fréquence acoustique.
A. M.	Ante meridiem.	De la matinée (heures).
A. O. V.	Automatically operated valve.	Soupape commandée.
A.S.T.M.	American Society for Testing Materials.	
A. W. G.	American wire gauge.	Jauge américaine des fils.
B.	Symbol of magnetic induction.	Signe indiquant les lignes de forces induites.
bar.	barrel.	mesure de capacité.
B. B. C.	British Broadcasting Company.	
B. H. P.	Brake horse-power.	Cheval indiqué au frein.
B. O. L.	Bill of lading.	Connaissement.
B. P.	Between perpendiculars	Entre perpendiculaires (c. n.).
B.a.S.G.	Brown and Sharps gauge.	
B.S.W.G.	British standard wire gauge.	
B. T.	Board of Trade.	Ministère du Commerce.
B. T. U.	British Thermal Unit.	Unité anglaise de quantité de chaleur.
B. W. G.	Birmingham Wire gauge.	
C. P.	Candle power.	Pouvoir éclairant.
c wt	hundred-weight.	quintal.
cub. ft.	cubic foot.	pied cube.
d.	penny.	o franc 10 centimes.
db.	decibel.	décibel.
D. C.	Direct current.	Courant continu.
deg.	degree.	degré.
dol, dols.	dollar, dollars.	dollar, dollars.

doz.	dozen.	douzaine.
d. W.	deadweight.	port en lourd (c. n.).
E. H. P.	Effective horse-power.	Cheval effectif.
E. M. F.	Electro-motive force.	Force électro-motrice.
ft.	foot or feet.	pied ou pieds.
gall.	gallon.	gallon.
H. F.	High frequency.	Haute fréquence.
H. T.	High tension.	Haute tension.
I. D.	Inside diameter.	Diamètre intérieur.
i. e.	id est.	c'est-à-dire.
I. H. P.	Indicated horse-power.	Cheval indiqué.
in.	inch.	pouce.
I. O. U.	I owe you.	Je vous dois.
Kw.	kilowatt.	kilowatt.
K. V. A.	Kilovolt-ampere.	Kilovolt-ampère.
lb. lbs.	pound, pounds.	livre, livres.
£.	Pound sterling.	Livre sterling.
L. R.	Lloyd's Register.	Registre du Lloyd.
ld or lted. **or L.T.D.**	Limited.	Société anonyme à responsabilité limitée.
L. F.	Low frequency.	Basse fréquence.
L. T.	Low tension.	Basse tension.
L. W. L.	Load water line.	Ligne d'eau en charge (c. n.).
m. b.	= 1000 B. T. U.	= 1000 « B. T. U. ».
Mbh.	= 1000 B. T. U. per hour.	= 1000 « B. T. U. » par heure.
mld.	moulded.	*voir* lexique.
m. p. g.	miles per gallon.	« miles » par « gallon ».
m. p. h.	miles per hour.	« miles » par heure.
O. A.	Over all.	Hors tout (c. n.).
O. D.	Outside diameter.	Diamètre extérieur.
oz.	ounce.	once.
p/ct.	per cent.	pour cent.
P. M.	Post meridiem.	De l'après-midi (heures).
p. h.	per hour.	par heure.
p. s. i.	per square inch.	par pouce carré.
pt.	point.	mesure de capacité.
qr.	quarter.	mesure de poids.
R. F.	Radio-frequency.	Haute fréquence, Radio-fréquence.
R. P. M.	Revolutions per minute.	Tours par minute (t. p. m.).
R. M. S.	Root mean square.	Racine de la moyenne des carrés.
$.	Dollar.	Dollar.

S. A. E.	Society of automotive Engineers.	Société des Ingénieurs de l'Automobile.	
sh.	shilling.	shilling.	
sq. ft.	square foot.	pied carré.	
sq. in.	square inch.	pouce carré.	
stg.	sterling.	sterling.	
S. W. G.	Standard Wire gauge.	Jauge normale des fils.	
W. T.	Wireless telegraphy.	Télégraphie sans fils.	

Accus.	Accumulateurs.	**Mach.**	Machine.
Adj.	Adjectif.	**Mach.-out.**	Machine-outil.
Ajus.	Ajustage.	**Mar.**	Marine.
Auto.	Automobile.	**Math.**	Mathématiques.
Aviat.	Aviation.	**Men.**	Menuiserie.
Charp.	Charpentage.	**Mét.**	Métallurgie.
Chaud.	Chaudière.	**Minér.**	Minéralogie.
Chim.	Chimie.	**N.**	Navire.
Ch. de fer	Chemins de fer.	**Opt.**	Optique.
C. N.	Constructions navales.	**Pétr.**	Industrie pétrolifère.
Comm.	Commerce.	**Photo.**	Photographie.
Diesel.	Moteurs Diesel.	**Serr.**	Serrurerie.
Elec.	Electricité.	**Télév.**	Télévision.
Fond.	Fonderie.	**Text.**	Textile.
Forg.	Forgeron.	**Tour.**	Tourneur.
h. f.	haut fourneau.	**Turb.**	Turbines.
Hyd.	Hydraulique.	**Ver.**	Verrerie.
Loc.	Locomotive.		

TERMES COMMERCIAUX

C. F. ou C. A. F. **Cost and freight.** — Le vendeur fournit la marchandise et paye le fret (aucun frais n'étant à sa charge) au lieu de livraison convenu. Tous les risques pendant que la marchandise est en transit restent à la charge de l'acheteur.

C. I. F. **Cost insurance freight.** — Le vendeur fournit la marchandise, paye le fret et l'assurance jusqu'au lieu de livraison. Tous les autres risques pendant que la marchandise est en transit restent à la charge de l'acheteur.

F. A. A.	**Free of all average.** — Franco d'avarie.
F. A. S.	**Free alongside steamer.** — Le vendeur doit livrer la marchandise le long du steamer, sur le chaland, ou sur le quai d'embarquement de la compagnie de navigation; en bonnes conditions, tous les risques postérieurs restant à la charge de l'acheteur.
F. I. T.	**Free of income tax.** — Exonéré de l'impôt sur le revenu.
F. O. B.	**Free on board-destination.** — Le vendeur paye tous les frais et assume tous les risques jusqu'à ce que la marchandise parvienne au lieu de livraison convenu.
F. O. B.	**Free on board-steamer.** — Le vendeur doit livrer la marchandise à bord du steamer en bonnes conditions d'embarquement, tous les risques et frais postérieurs restant à la charge de l'acheteur.
F. O. R.	**Franco on rail.** — Franco sur voie.
F. O. T.	**Franco on truck.** — Fanco sur wagon.
F. P. A.	**Free of particular average.** — Franc d'avaries particulières (assurance).

MONNAIE DÉCIMALE ANGLAISE

La Grande-Bretagne a adopté le système décimal le 15 février 1971. A compter de cette date la monnaie « décimale » fondée sur les « new pence » a remplacé les shillings et les pence.

La livre sterling — £ — demeure ; elle comprend désormais 100 pence. (Voir tableau ci-dessous.)

Nouvelle monnaie décimale

Les pennies s'appellent désormais nouveaux pennies.

200 pièces d'un demi penny	(1/2 p)	= 1 £
100 pièces d'un penny	(1 p)	= 1 £
50 pièces de deux penny	(2 p)	= 1 £
20 pièces de cinq penny	(5 p)	= 1 £
10 pièces de dix penny	(10 p)	= 1 £
2 pièces de cinquante penny	(50 p)	= 1 £

Table de conversion bancaire et comptable entre les anciens shillings et les nouveaux pennies :

*A. s.	*N. p.	A. s.	N. p.	A. s.	N. p.	A. s.	N. p.	A. s.	N. p.	A. s.	N. p.	A. s.	N. p.	A. s.	N. p.	A. s.	N. p.	A. s.	N. p.
		2/–	10	4/–	20	6/–	30	8/–	40	10/–	50	12/–	60	14/–	70	16/–	80	18/–	90
1	–	2/1	10	4/1	20	6/1	30	8/1	40	10/1	50	12/1	60	14/1	70	16/1	80	18/1	90
2	1	2/2	11	4/2	21	6/2	31	8/2	41	10/2	51	12/2	61	14/2	71	16/2	81	18/2	91
3	1	2/3	11	4/3	21	6/3	31	8/3	41	10/3	51	12/3	61	14/3	71	16/3	81	18/3	91
4	2	2/4	12	4/4	22	6/4	32	8/4	42	10/4	52	12/4	62	14/4	72	16/4	82	18/4	92
5	2	2/5	12	4/5	22	6/5	32	8/5	42	10/5	52	12/5	62	14/5	72	16/5	82	18/5	92
6	3	2/6	13	4/6	23	6/6	33	8/6	43	10/6	53	12/6	63	14/6	73	16/6	83	18/6	93
7	3	2/7	13	4/7	23	6/7	33	8/7	43	10/7	53	12/7	63	14/7	73	16/7	83	18/7	93
8	3	2/8	13	4/8	23	6/8	33	8/8	43	10/8	53	12/8	63	14/8	73	16/8	83	18/8	93
9	4	2/9	14	4/9	24	6/9	34	8/9	44	10/9	54	12/9	64	14/9	74	16/9	84	18/9	94
10	4	2/10	14	4/10	24	6/10	34	8/10	44	10/10	54	12/10	64	14/10	74	16/10	84	18/10	94
11	5	2/11	15	4/11	25	6/11	35	8/11	45	10/11	55	12/11	65	14/11	75	16/11	85	18/11	95
1/–	5	3/–	15	5/–	25	7/–	35	9/–	45	11/–	55	13/–	65	15/–	75	17/–	85	19/–	95
1/1	5	3/1	15	5/1	25	7/1	35	9/1	45	11/1	55	13/1	65	15/1	75	17/1	85	19/1	95
1/2	6	3/2	16	5/2	26	7/2	36	9/2	46	11/2	56	13/2	66	15/2	76	17/2	86	19/2	96
1/3	6	3/3	16	5/3	26	7/3	36	9/3	46	11/3	56	13/3	66	15/3	76	17/3	86	19/3	96
1/4	7	3/4	17	5/4	27	7/4	37	9/4	47	11/4	57	13/4	67	15/4	77	17/4	87	19/4	97
1/5	7	3/5	17	5/5	27	7/5	37	9/5	47	11/5	57	13/5	67	15/5	77	17/5	87	19/5	97
1/6	7	3/6	17	5/6	27	7/6	37	9/6	47	11/6	57	13/6	67	15/6	77	17/6	87	19/6	97
1/7	8	3/7	18	5/7	28	7/7	38	9/7	48	11/7	58	13/7	68	15/7	78	17/7	88	19/7	98
1/8	8	3/8	18	5/8	28	7/8	38	9/8	48	11/8	58	13/8	68	15/8	78	17/8	88	19/8	98
1/9	9	3/9	19	5/9	29	7/9	39	9/9	49	11/9	59	13/9	69	15/9	79	17/9	89	19/9	99
1/10	9	3/10	19	5/10	29	7/10	39	9/10	49	11/10	59	13/10	69	15/10	79	17/10	89	19/10	99
1/11	10	3/11	20	5/11	30	7/11	40	9/11	50	11/11	60	13/11	70	15/11	80	17/11	90	19/11	£1

Compte tenu des fluctuations de change enregistrées lors de l'impression de cette nouvelle édition, il nous est impossible de faire figurer ici un tableau de la monnaie anglaise et de ses équivalents en monnaies étrangères.

*A. s. = Anciens shillings   *N. p. = Nouveaux pennies.

CONVERSION DES FRACTIONS DE POUCE
ET DE LEURS ÉQUIVALENTS DÉCIMAUX EN MILLIMÈTRES.

Quarts.	Huitièmes.	Seizièmes.	Trente-deuxièmes.	Fractions décimales.	Millimètres.
			1	0,03125	0,79373
		1	2	0,06250	1,58747
			3	0,09375	2,38120
	1	2	4	0,125	3,17494
			5	0,15625	3,96867
		3	6	0,18750	4,76240
			7	0,21875	5,55613
1	2	4	8	0,250	6,34988
			9	0,28125	7,14360
		5	10	0,31250	7,93735
			11	0,34375	8,73468
	3	6	12	0,375	9,52841
			13	0,40625	10,29214
		7	14	0,43750	11,11226
			15	0,46875	11,90601
2	4	8	16	0,500	12,66976
			17	0,53125	13,49349
		9	18	0,5625	14,28720
			19	0,59375	15,08093
	5	10	20	0,625	15,87470
			21	0,65625	16,66843
		11	22	0,68750	17,46936
			23	0,71875	18,29709
3	6	12	24	0,750	19,04964
			25	0,78125	19,84335
		13	26	0,81250	20,63708
			27	0,84375	21,43080
	7	14	28	0,875	22,22452
			29	0,90625	23,01825
		15	30	0,93750	23,81205
			31	0,968725	24,60578
4	8	16	32	1,000	25,39954

. 1 = 0,1	3′ 6: = 3 pieds 6 pouces,
. 01 = 0,01	2 1/4″ bare = 2 pouces 1/4 faible.
. 332 = 0,332	2 1/4″ full = 2 pouces 1/4 fort.

POUCES, PIEDS, YARDS, MESURES DE LONGUEUR.

	Inches en centimètres.	Feet en mètres.	Yards en mètres.
1.........	2,539954	0,304794	0,914383
2.........	5,079908	0,609589	1,828767
3.........	7,619862	0,914383	2,743150
4.........	10,159816	1,219178	3,657534
5.........	12,699770	1,523972	4,571917
6.........	15,239724	1,828767	5,486300
7.........	17,77968	2,133561	6,400684
8.........	20,31963	2,438360	7,315068
9.........	22,85959	2,743150	8,229451
10.........	25,39954	3,047949	9,143835
11.........	27,93949	3,352739	10,058218
12.........	30,47945	3,657534	10,972602

CONVERSION DES MESURES DE SUPERFICIE.

	Square inches en cent. carrés.	Square feet en mètres carrés.	Square yards en mètres carrés.
1.........	6,451366	0,0928997	0,836097
2.........	12,902732	0,1858	1,6722
3.........	19,354098	0,2787	2,5083
4.........	25,805464	0,3716	3,3443
5.........	32,256830	0,4645	4,1804
6.........	38,708196	0,5574	5,0165
7.........	45,159562	0,6503	5,8526
8.........	51,610928	0,7432	6,6887
9.........	58,062294	0,8361	7,5248
10.........	64,513660	0,9290	8,3609
11.........	70,965026	1,0219	9,1971
12.........	77,416392	1,1148	10,0336

CONVERSION DES MESURES DE VOLUME.

	Cubic inches en cent. cubes.	Cubic feet en mètres cubes.	Cubic yards en mètres cubes.
1..........	16,386176	0,0283154	0,76451328
2..........	32,772352	0,056630	1,52902
3..........	49,158528	0,084946	2,29353
4..........	65,544704	0,113261	3,05805
5..........	81,930880	0,141577	3,82256
6..........	98,317056	0,168892	4,58707
7..........	114,703232	0,198207	5,35159
8..........	131,082908	0,226523	6,11610
9..........	147,475584	0,254838	6,68061
10..........	163,861760	0,283154	7,64513
11..........	180,247936	0,311469	8,40964
12..........	196,634112	0,339784	9,17415

MESURES LINÉAIRES.

Mesures françaises.	Valeur anglaise.
1 centimètre..............	0,3937 inch
1 mètre...................	39,3708 inches; 3,2809 fet; 1,0936 yard
1 kilomètre..............	1093,633 yards; 0,6213 mile
1 mile marin (1851m,52)...	2025,246 yards

Mesures anglaises.	Valeur française.
1 inch....................	0,025399 mètres
1 foot (12 inches)............	0,3047 »
1 yard (3 feet)..............	0,9143 »
1 chain (22 yards)...........	20,1164 »
1 furlong (220 yards)........	201,1643 »
1 statue mile (1760 yards)....	1609,3140 »
1 nautical mile (6080 feet)....	1853,154 »

MESURES DE SUPERFICIE.

Mesures françaises.	Valeur anglaise.
1 mètre carré..........	1,196 square yard
1 are.................	119,603 square yards; 0,024 acre
1 hectare..............	2,417 acres
1 square inch.................	6,4513 centimètres carrés
1 square foot.................	0,0928 mètre carré
1 square yard.................	0,8360 mètre carré
1 acre.......................	40,4671 ares

MESURES DE VOLUME.

Mesures françaises.	Valeur anglaise.
1 mètre cube......................	35,3165 cubic feet
	1,31 cubic yards

Mesures anglaises.	Valeur française.
1 cubic inch...................	16,386 centimètres cubes
1 cubic foot...................	0,028 mètre cube
1 cube yard...................	0,764 mètre cube

CONVERSION DES POIDS.

Mesures françaises.	Valeur anglaise.
1 gramme..............	15,4323 grains troy
1 gramme..............	0,6430 pennyweight
1 gramme..............	0,032 ounce troy
1 kilogramme..........	2,205 pounds (avoir du pois)
1 quintal..............	220,5 » »
1 tonne...............	2205 » »

Mesures anglaises.	Valeur française.
1 pennyweight.....................	1,5551 gramme
1 ounce (troy)...................	31,1034 grammes
1 ounce (avoir du pois)............	28,3495 »
1 pound (avoir du pois)............	453,5926 »
1 stone (28 pounds)................	6,350 kilos
1 quarter (28 pounds)..............	12,7 »
1 hundredweight (cwt)..............	50,802 »
1 ton (20 cwt).....................	1016,048 »

Nota. — Les mesures dites « Troy weight » ne sont utilisées que pour les métaux précieux et, avant juillet 1953, la pharmacie.

Les mesures dites « Avoir du pois » sont les mesures usuelles. Pour l'or et l'argent, on compte par onces (oz) de 31,103496 g, « deniers » (dwt) de 1,55 g et « grains » (grn) de 0,0647 g.

Le mercure est généralement évalué en bouteiles (« flasks », « bottles ») de 34,65 kg.

Outre la tonne de 1016 kg (2240 pounds), il existe une tonne de 907 kg (2000 pounds) dite « short ton », peu usitée en Angleterre, mais d'un emploi général aux États-Unis où elle sert pour exprimer des poids de charbon; pour les autres masses lourdes (locomotives, par exemple), les poids sont généralement exprimés en pounds et non en tonnes.

Nota. — Depuis juillet 1953, toutes les mesures de l'industrie pharmaceutique anglaise sont effectuées avec les unités du système métrique, en remplacement des unités de mesure le grain et le drachm qui correspondaient à l'origine, le premier au poids d'un grain de blé séché, le second au poids de l'ancienne pièce de monnaie grecque, le drachme.

CONVERSION DES PRESSIONS.

Mesures françaises.	Valeur anglaise.
1 kilogramme par centimètre carré...	14/228 pound per square inch
1 kilogramme par centimètre carré...	0,00635 ton per square inch
1 atmosphère.....................	0,00656 ton per square inch

Mesures anglaises.	Valeur française.
1 pound per square inch..	0,0703 kilogramme par centimètre carré
1 pound per square inch..	0,0680 atmosphère
1 ton per square inch....	157,49 kilogrammes par centimètre carré
	152,38 atmosphères.

MESURES BAROMÉTRIQUES (BAROMETRICAL MEASURES).

Inches.	Milli-mètres.	Inches.	Milli-mètres.	Inches.	Milli-mètres.	Inches.	Milli-mètres.
28,15	715	29,65	753	30,14	765,5	30,49	774,5
28,35	720	29,69	754	30,16	766	30,51	775
28,54	725	29,73	755	30,18	766,5	30,53	775,3
28,74	730	29,77	756	30,20	767	30,55	776
28,94	735	29,81	757	30,22	767,5	30,57	776,5
29,13	740	29,85	758	30,24	768	30,59	777
29,17	741	29,89	759	30,26	768,5	30,61	777,5
29,21	742	29,92	760	30,28	769	30,63	778
29,25	743	29,94	760,5	30,30	769,5	30,65	778,5
29,29	744	29,96	761	30,31	770	30,67	779
29,33	745	29,98	761,5	30,33	770,5	30,69	779,5
29,37	746	30,00	762	30,35	771	30,71	780
29,41	747	30,02	762,5	30,37	771,5	30,75	781
29,45	748	30,04	763	30,39	772	30,79	782
29,49	749	30,06	763,5	30,41	772,5	30,83	783
29,53	750	30,08	764	30,43	773	30,87	784
29,57	751	30,10	764,5	30,43	773,5	30,90	785
29,61	752	30,12	765	30,47	774	30,94	786

1 millibar (mb) = 1/1000, bar = 1000 baryes = 3/4 millimètre

1 pouce = 25,4 mm = 33,87 mb

CONVERSION DES UNITÉS DE TRAVAIL.

Mesures françaises.	Valeur anglaise.
1 kilogrammètre..............	80,832 inch-pounds
1 kilogrammètre..............	7,236 foot-pounds
1 tonneau-mètre..............	38,762 inch-tons
1 tonneau-mètre..............	3,231 foot-tons

Mesures anglaises.	Valeur française.
1 inch-pound.................	0,0115 kilogrammètre
1 inch-ton...................	25,707 kilogrammètres
1 foot-pound.................	0,138 kilogrammètre
1 foot-ton...................	309,564 kilogrammètres

CONVERSION DES UNITÉS DE CAPACITÉ.

Mesures françaises.	Valeur anglaise.
1 litre........................	1,7607 pint
1 hectolitre...................	176,0773 pints
1 hectolitre...................	22,0096 gallons

	Mesures anglaises.	Valeur française.
Pt.	1 pint (1/8 gallon)..............	0,5679 litre
t.	1 quart (2 pints)................	0,1358 litre
Gal.	1 gallon........................	4,5434 litres
Pck.	Peck (2 gallons)................	9,0869 »
Bu.	Bushel (4 pecks)................	36,3477 »
	Quarter (8 bushels).............	290,7813 »
	Load (5 quarters)...............	1453,9065 »
	1 hogshead (56 gallons).........	245,34 »
	1 pipe (2 hogsheads)............	490,69 »
	1 tun (2 pipes).................	981,38 »
Bière {	1 firkin (9 gallons)............	40,89 »
	1 kilderkin (18 gallons)........	81,78 »
	1 barrel (36 gallons)...........	163,56 »

Le pétrole est compté officiellement en Amérique par barils de 42 gallons (159 litres). Pratiquement, il arrive dans des barils de 50 à 52 gallons.

COMPARAISON DU THERMOMÈTRE DE FAHRENHEIT
AVEC LE THERMOMÈTRE CENTIGRADE.

Fahrenheit.	Centigrade.	Fahrenheit.	Centigrade.	Fahrenheit.	Centigrade.
— 4	—20,00	+36	+ 2,22	+76	+24,44
3	19,44	37	2,78	77	25,00
2	18,89	38	3,33	78	25,56
— 1	18,33	39	3,89	79	26,11
0	17,78	40	4,44	80	26,67
+ 1	17,22	41	5,00	81	27,22
2	16,67	42	5,56	82	27,78
3	16,11	43	6,11	83	28,33
4	15,56	44	6,67	84	28,89
5	15,00	45	7,22	85	29,44
6	14,44	46	7,78	86	30,00
7	13,89	47	8,33	87	30,56
8	13,33	48	8,89	88	31,11
9	12,78	49	9,44	89	31,67
10	12,22	50	10,00	90	32,22
11	11,67	51	10,56	91	32,78
12	11,11	52	11,11	92	33,33
13	10,56	53	11,67	93	33,89
14	10,00	54	12,22	94	34,44
15	9,44	55	12,78	95	35,00
16	8,39	56	13,33	96	35,56
17	8,33	57	13,89	97	36,11
18	7,78	58	14,44	98	36,67
19	7,22	59	15,00	99	37,22
20	6,67	60	15,56	100	37,78
21	6,11	61	16,11	101	36,33
22	5,56	62	16,67	102	38,89
23	5,00	63	17,22	103	39,44
24	4,44	64	17,78	104	40,00
25	3,89	65	18,83	105	40,56
26	3,33	66	18,89	106	41,11
27	2,78	67	19,44	107	41,67
28	2,22	68	20,00	108	42,22
29	1,67	69	20,56	109	42,78
30	1,11	70	21,11	110	43,33
31	— 0,56	71	21,67	111	43,89
32 f. (1)	0, g. (2)	72	22,22	112	44,44
33	0,56	73	22,78	113	45,00
34	1,11	74	23,33	114	45,56
35	1,67	75	23,89	115	46,11

(1) f. *freezing.*

(2) g. *glace.*

Formule générale pour convertir un nombre C de degrés *centigrades* en Fahrenheit :

$$1,8 \, C + 32.$$

Formule générale pour convertir un nombre F de *Fahrenheit* en degrés centigrades :

$$T_C = \frac{T_F - 32}{1,8}.$$

Nota. — D'après la loi du 2 avril 1919, centigrade aux États-Unis ne veut plus dire que « centième de grade ». Le mot français centigrade n'est plus applicable aux degrés du thermomètre et a été remplacé par « centesimal ».

En Angleterre, le mot « centigrade » continue à garder son sens thermométrique.

Échelle Kelvin. — Échelle de températures en degrés C absolus. Ajouter 273° à la température en degrés C ordinaires, pour avoir les degrés K.

Retrancher 273° aux degrés K pour avoir les degrés C.

MESURES AVOIR DU POIS.

(Mesures employées ordinairement.)

27 11-32 grains.............. 1 dram
16 drams................... 1 ounce = 437 ½ grains
16 ounces.................. 1 pound (lb) = 7000 grains
28 pounds.................. 1 quarter (qr)
 4 quarters................ 1 hundredweight (cwt)
20 cwt (112 lbs)............ 1 ton (1120 lbs)

MESURES TROY.

(Mesures employées pour les *métaux précieux*.)

  4 grains.................... 1 carat
  6 carats.................... 1 pennyweight
 20 pennyweights............. 1 ounce
 12 ounces.................. 1 pound
 25 pounds.................. 1 quarter
100 pounds.................. 1 hundredweight
 20 hundredweihht............ 1 tun (d'or ou d'argent).

MESURES DES APOTHICAIRES.

(Employées en pharmacie.)
(*Voir* Note du Tableau VIII.)

20 grains......................	1 cruple
3 cruples...........................	1 drachm
8 drachms.........................	1 pound
12 ounces.........................	1 pound

Le pound et l'ounce sont les mêmes que dans les mesures troy.

60 minims.......................	1 drachm
8 drachms......................	1 ounce
28 ounces.......................	1 pint
8 pints.........................	1 gallon
60 drops........................	1 drachm
4 drms.........................	1 tablesp' ful
2 ozs...........................	1 wine gls' ful
3 ozs...........................	1 teacupful

MESURES SÈCHES (DRY MEASURES).

4 gills.........................	1 pint
2 pints.........................	1 quart
2 quarts........................	1 pottle
2 pottles.......................	1 gallon
2 gallons.......................	1 peck
4 pecks.........................	1 bushel
3 bushels.......................	1 bag
4 bushels.......................	1 coomb
5 bushels.......................	1 sack of flour
8 bushels.......................	1 quarter
12 bags.........................	1 chaldron
5 quarters......................	1 wey
2 weys.........................	1 last

MESURES POUR LE VIN ET L'ALCOOL.

4 gills.........................	1 pint = pt
2 pints.........................	1 quart = qt
4 quarts........................	1 gallon = gal
63 gallons......................	1 hogshead = hhd
84 gallons......................	1 puncheon = pun
2 hogsheads (126 gallons)........	1 pipe or butt = pipe
4 hogsheads (252 gallons)........	1 tun = tun

MESURES POUR LA BIÈRE.

4 gills............................	1 pint = pt
2 pints...........................	1 quart = qt
4 quarts..........................	1 gallon = gal
9 gallons.........................	1 firkin = fir
2 firkins.........................	1 kilderkin = kild
2 kilderkins......................	1 barrel = bar
3 kilderkins......................	1 hogshead = hhd
2 hogsheads.......................	1 bult = bult
3o gallons........................	1 american barrel = am. bar.

MESURES ÉCOSSAISES DES LIQUIDES.

4 gills...................	1 mutchkin
2 mutchkins...............	1 choppin
2 choppins................	1 pint

MESURES POUR LA LAINE.

Clove, cl.............	7 lbs
Stone, st...	2 cloves 14 pounds
Tod, td..............	2 stones 1 gr
Wey, wy............	6 1/2 Tod 1 cwt 2 qrs 14 lbs
Pack, pk.............	24o lbs
Sack, sk.............	2 weys 13 grs
Last, la.............	12 sacks 39 cwt

MESURES DE SUPERFICIE OU DE LONGUEUR.

Square foot, 144 square inches.
Yard = 9 feet = 1296 inches.
Rod, pole, or perch = 3o 1/4 yards = 272 1/4 feet.
Chain = 16 rods 484 yards = 4356 feet.
Rood = 4o rods = 1210 yards = 10 89o feet.
Acre = 4 roods = 16o rods = 484o yards.
Yard of land = 3o acres = 12o roods.
Hide = 100 acres = 4oo roods.
Mile = 64o acres = 256o roods = 64oo chains = 102 3oo roods, poles o perches = 3 097 6oo square yards.

MESURES DE VOLUME.

Cubic foot........... 1728 cubic inches
Cubic yard.......... 27 cubic feet
Stack of wood....... 108 cubic feet
Shipping ton........ 40 cubic feet merchandise
Shipping ton........ 42 cubic feet of timber
Ton of displacement of
a ship............. 35 cubic feet

MESURES POUR LE CHARBON.

14 lbs........................ 1 stone
28 lbs........................ 1 quarter
112 lbs........................ 1 cwt
20 cwt........................ 1 ton
1 sack...................... 1 cwt
1 large sack................. 2 cwt
21 tons 4 cwt................ 1 barge or keel
20 keels (424 tons)............. 1 ship load
7 tons........................ 1 room

MESURES DE LONGUEUR DES FILS DE COTON ET DE SOIE.

Thread........................ 1/2 yard
Lea or skein.................. 120 yards
Hank......................... 7 skeins or leas
Spindle...................... 18 hanks

DÉNOMINATIONS DU PAPIER.

Journaux.

	Pouces.		Pouces.
Post............	19 1/2 × 15 1/2	Super Royal.....	27 1/2 × 20 1/2
Demy...........	22 1/2 × 17 1/2	Double Crown...	30 × 20
Sheet and Half Post..........	23 1/2 × 19 1/2	Imperial........	30 × 22
		Double Post.....	31 1/4 × 19 3/4
Medium........	24 × 19	Double Demy....	35 × 32 1/2
Royal..........	25 × 20	Double Royal....	40 × 25
Double Foolscap.	27 × 17		

Livres.

	Pouces.		Pouces.
Demy 8 vo........	8 8/7 × 5 3/4	Demy 16 mo......	5 1/2 × 4 3/8
Post 8 vo.........	7 7/8 × 5	Imperial 32 mo....	5 1/2 × 3 3/4
Crown 8 vo.......	7 7/1 × 5	Foolscap 12 mo....	5 1/2 × 3 3/4
Demy 12 mo......	7 1/2 × 4 3/8	Royal 32 mo......	5 × 3 1/8
Foolscap 8 vo.....	6 3/4 × 4 1/4	Demy 32 mo......	4 3/8 × 2 7/8
Demy 18 mo......	5 7/8 × 3 3/4	Crown 32 mo......	3 3/4 × 2 1/2

Papier d'emballage.

	Pouces.		Pouces.
Casing................	46 × 36	Imperial Cap......	29 × 22
Double Impérial.......	45 × 29	Haven Cap........	26 × 21
Elephant..............	34 × 24	Bag Cap..........	24 × 19 1/2
Double four pound......	31 × 21	Kent Cap.........	21 × 18

MÉTHODES DE JAUGEAGE DES NAVIRES DE COMMERCE.

On appelle *tonnage* d'un navire de commerce, le volume des capacités intérieures susceptibles de recevoir des marchandises.

On appelle *jaugeage* l'opération par laquelle on détermine le tonnage.

Les principales nations maritimes ont adopté une méthode unique de jaugeage, la méthode Moorsom. L'unité de jauge est le *tonneau anglais* de 100 pieds cubes, soit 2,832 m³.

1 tonneau de jauge = 100 pieds cubes anglais = 2,832 m³.

1 m³ = 0,363 tonneau de jauge = 35,32 pieds cubes anglais.

1 pied cube anglais = 0,01 tonneau de jauge = 0,0283 m³.

PUISSANCE CALORIFIQUE.

Pour convertir :	Multiplier par
British Thermal Units (B.T.U.) en calories..............	0,252
B. T. U. per pound en calories par kilogramme.........	0,554
B. T. U. per square foot en calories par mètre carré.....	2,713
Calories par kilogramme en B. T. U. per pound.........	1,8
Calories par mètre carré en B. T. U. per square foot.......	0,369

JAUGES (FILS ET TOILES MINCES).

Le tableau suivant donne les dimensions comparées des fils et tôles minces dans les jauges les plus communément employées. Les dimensions données sont les diamètres en pouces. Pour les convertir en millimètres, diviser par 0,03937.

Numéro	Standard Wire S. W. G.	Birmingham or Stubs, B. W. G.	Brown and Sharpe B and S. (Américaine)	Birmingham Sheets (Tôles) de fer ou d'acier	Birmingham Sheets (Tôles) ni fer ni acier	Birmingham Wire Gauge Métaux précieux	Warrington Wire Gauge	Stub's Steel Wire Gauge	Whitworth's Wire Gauge	Corde à piano	U.S.S. Standard pour tôles
000000	0,464	—	—	—	—	—	0,469	—	—	—	0,4688
00000	0,432	—	—	—	—	—	0,437	—	—	—	0,4375
0000	0,400	0,454	0,460	—	—	—	0,406	—	—	—	0,4063
000	0,372	0,425	0,4096	—	—	—	0,375	—	—	—	0,3750
00	0,348	0,380	0,3648	—	—	—	0,344	—	—	—	0,3438
0	0,324	0,340	0,3249	—	—	—	0,326	—	—	—	0,3125
1	0,300	0,300	0,2893	0,004	0,3125	0,004	0,300	0,227	0,001	—	0,2813
2	0,276	0,284	0,2576	0,005	0,2813	0,005	0,274	0,219	0,002	—	0,2656
3	0,252	0,259	0,2294	0,008	0,2500	0,008	0,25	0,212	0,003	—	0,2500
4	0,232	0,238	0,2043	0,010	0,2344	0,010	0,229	0,207	0,004	—	0,2344
5	0,212	0,220	0,1819	0,012	0,2188	0,012	0,209	0,204	0,005	—	0,2188
6	0,192	0,203	0,1620	0,013	0,2031	0,013	0,191	0,201	0,006	—	0,2031
7	0,176	0,180	0,1443	0,015	0,1875	0,015	0,174	0,199	0,007	—	0,1875
8	0,160	0,165	0,1285	0,016	0,1719	0,016	0,159	0,197	0,008	—	0,1719
9	0,144	0,148	0,1144	0,019	0,1563	0,019	0,146	0,194	0,009	—	0,1563
10	0,128	0,134	0,1019	0,024	0,1406	0,024	0,133	0,191	0,010	—	0,1406
11	0,116	0,120	0,0907	0,029	0,1250	0,029	0,117	0,188	0,011	—	0,1250
12	0,104	0,109	0,0808	0,034	0,1125	0,034	0,100	0,185	0,012	0,029	0,1094
13	0,092	0,095	0,0720	0,036	0,1000	0,036	0,090	0,182	0,013	0,031	0,0938
14	0,080	0,083	0,061	0,04	0,0875	0,04	0,072	0,180	0,014	0,033	0,0781

	C1	C2	C3	C4	C5	C6	C7	C8	C9	C10	C11
18.	0,0500	0,041	0,018	0,168	0,047	0,061	0,0500	0,061	0,0403	0,049	0,048
19.	0,0438	0,043	0,019	0,164	0,041	0,064	0,0438	0,064	0,0359	0,042	0,040
20.	0,0375	0,045	0,020	0,161	0,036	0,067	0,0375	0,067	0,0320	0,035	0,036
21.	0,0344	0,047	—	0,157	0,0315	0,072	0,0344	0,072	0,0285	0,032	0,032
22.	0,0313	0,052	0,022	0,155	0,028	0,074	0,0313	0,074	0,0253	0,028	0,028
23.	0,0281	—	—	0,153	—	0,077	0,0281	0,077	0,0226	0,025	0,024
24.	0,0250	—	0,024	0,151	—	0,082	0,0250	0,082	0,0201	0,022	0,022
25.	0,0219	—	—	0,148	—	0,095	0,0234	0,095	0,0179	0,020	0,020
26.	0,0188	—	0,026	0,146	—	0,103	0,0219	0,103	0,0159	0,018	0,018
27.	0,0172	—	—	0,143	—	0,113	0,0203	0,113	0,0142	0,016	0,0164
28.	0,0156	—	0,028	0,139	—	0,120	0,0188	0,120	0,0126	0,014	0,0148
29.	0,0141	—	—	0,134	—	0,124	0,0172	0,124	0,0113	0,013	0,0136
30.	0,0125	—	0,030	0,127	—	0,126	0,0156	0,126	0,010	0,012	0,0124
31.	0,0109	—	—	0,120	—	0,133	0,0141	0,133	0,0089	0,010	0,0116
32.	0,0102	—	0,032	0,115	—	0,143	0,0125	0,145	0,0079	0,009	0,0108
33.	0,0094	—	—	0,112	—	0,145	—	0,148	0,0071	0,008	0,010
34.	0,0086	—	0,034	0,110	—	0,148	—	0,158	0,0063	0,007	0,0092
35.	0,0078	—	—	0,108	—	0,158	—	0,167	0,0056	0,005	0,0084
36.	0,0070	—	0,036	0,106	—	0,167	—	—	0,0050	0,004	0,0076
37.	0,0066	—	—	0,103	—	—	—	—	0,0045	—	0,0068
38.	0,0063	—	0,038	0,101	—	—	—	—	0,0040	—	0,0060
39.	—	—	—	0,099	—	—	—	—	0,0035	—	0,0052
40.	—	—	0,040	0,097	—	—	—	—	0,0031	—	0,0048
41.	—	—	—	0,095	—	—	—	—	—	—	0,0044
42.	—	—	—	0,092	—	—	—	—	—	—	0,0040
43.	—	—	—	0,088	—	—	—	—	—	—	0,0036
44.	—	—	0,045	0,085	—	—	—	—	—	—	0,0032
45.	—	—	—	0,081	—	—	—	—	·	·	0,0028
46.	—	—	—	0,079	—	—	—	—	—	—	0,0024

FILETAGES.

British Association Standard Thread (B, S. A.).

Angle au sommet = 47 1/2 degrés.
Sommet et fond du filet arrondis suivant un rayon de 2/11 du pas.

British Standard Whitworth Thread.

Angle au sommet = 55 degrés.

$$Pas = \frac{1}{\text{nombre de filets par pouce}}.$$

Profondeur = pas × 0,64033.

American Standard Thread (Sellers).

Angle au sommet = 60 degrés.

$$Pas = \frac{1}{\text{nombre de filets par pouce}}.$$

Profondeur = pas × 0,6495.

International Standard Thread (Système métrique).

Le même que le pas Seller, sauf que le fond est arrondi à 1/8 du pas
au lieu d'être plat.

Cycle Engineers' Standard Thread.

Angle au sommet = 60 degrés.
Sommet et fond du filet arrondis suivant un rayon de 1/6 du pas.

BOULONS ET ÉCROUS.

Whitworth Standard (Têtes de boulons).

A travers les faces }
A travers les arêtes } Dimensions données dans le tableau ci-après.
Épaisseur = 7/8 du diamètre.

Whitworth Standard (Écrous).

Faces et arêtes. — Les mêmes dimensions que la tête.
Epaisseur = diamètre.

Contre-écrous (Standard).

Faces et arêtes. — Les mêmes dimensions que la tête.
Epaisseur = 2/3 de l'épaisseur de l'écrou.

Têtes des petites vis (British Standard).

Diamètre = 1,75 diamètre au-dessus du filet.
Epaisseur varie suivant l'utilisation.

Têtes de boulons et écrous (American Standard).

A travers les faces = 1 1/2 diamètre + 1/16 pouce.
Epaisseur = 1 diamètre + 1/16 pouce.

Écrou à encoches (Standard).

Hauteur totale = 1,25 diamètre du filet.
Hauteur de la partie hexagonale = 0,75 diamètre.
Diamètre de la partie cylindrique = largeur à travers les faces,
— 1/16 pouce.
Partie cylindrique pour 6 encoches = profondeur = 0,4375 diamètre.

Numéro	Diamètre Réel en mm	Diamètre Approx. en pouces	Diamètre Fraction équivalente la plus voisine	Diamètre Effectif en mm	Noyau mm	Surface du noyau en mm²	Pas Réel en mm	Pas Approx. en pouces	Hauteur du filet en mm	Nombre de filets par pouce
0	6,0	0,236	15/64 ++	5,4	4,8	18,10	1,0	0,0394	0,6	25,4
1	5,3	0,209	13/64 ++	4,76	4,22	13,99	0,9	0,0354	0,54	28,2
2	4,7	0,185	3/16 |	4,215	3,73	10,93	0,81	0,0319	0,485	31,4
3	4,1	0,161	5/32 +++	3,66.	3,22	8,14	0,73	0,0287	0,44	34,8
4	3,6	0,142	9/64 +++	3,205	2,81	6,20	0,66	0,026	0,395	38,5
5	3,2	0,126	1/8	2,845	2,49	4,87	0,59	0,0232	0,355	43
6	2,8	0,110	7/64 ++	2,48	2,16	3,6	0,53	0,0209	0,32	47,9
7	2,5	0,098	3/32 ++	2,32	1,92	2,89	0,48	0,0189	0,29	52,9
8	2,2	0,087	3/32 |	1,94	1,68	2,22	0,43	0,0168	0,26	59,1
9	1,9	0,075	5/64	1,665	1,43	1,61	0,39	0,0154	0,235	65,1
10	1,7	0,067	5/64	1,49	1,28	1,29	0,35	0,0138	0,21	72,6
11	1,5	0,059	1/16 |	1,315	1,13	1,00	0,31	0,0122	0,185	81,9
12	1,3	0,051	3/64 +	1,13	0,96	0,72	0,28	0,011	0,17	90,7
13	1,2	0,047	3/64	1,05	0,9	0,64	0,25	0,0098	0,15	101
14	1,0	0,039	3/64 |	0,86	0,72	0,41	0,23	0,0091	0,14	110
15	0,9	0,035	1/32 +	0,775	0,65	0,33	0,21	0,0083	0,12	121
16	0,79	0,031	1/32	0,675	0,56	0,25	0,19	0,0075	0,115	134
17	0,70	0,028	1/32	0,6	0,50	0,20	0,17	0,0067	0,105	149
18	0,62	0,024	—	0,53	0,44	0,15	0,15	0,0059	0,09	169
19	0,54	0,021	—	0,455	0,37	0,11	0,14	0,0055	0,0	181
20	0,48	0,019	—	0,41	0,34	0,091	0,12	0,0047	0,0	212
21	0,42	0,017	1/64	0,355	0,29	0,066	0,11	0,0043	0,	231
22	0,37	0,015	—	0,31	0,25	0,049	0,10	0,0039	0,06	259
23	0,33	0,013	—	0,275	0,22	0,038	0,09	0,0031	0,05	317
24	0,29	0,011	—	0,24	0,19	0,028	0,08	0,0031	0,05	317
25	0,25	0,010	—	0,21	0,17	0,023	0,07	0,0028	0,04	353

mm. = 0,03937 pouce.   mm² = 0,00155 pouce carré.   Pouce = 25,39954 mm.   Pouce carré = 645,1 mm².

Boulons. — *British Standard Whitworth.*

Diamètre — Plein Fraction	Diamètre — Plein Décimal	Effectif	Noyau	Surface du noyau en pouces carrés	Hauteur du filet	Pas	Nombre de filets par pouce	Tête hexagonale — Faces	Tête hexagonale — Arêtes	Tête hexagonale — Hauteur	Hauteur de l'écrou	Hauteur du contre-écrou
1/4	0,25	0,2180	0,186	0,0272	0,032	0,05	20	0,525	0,6062	0,2187	0,25	0,17
5/16	0,3125	0,2769	0,2414	0,0458	0,0356	0,0556	18	0,6014	0,6944	0,2734	0,3125	0,21
3/8	0,375	0,335	0,295	0,0683	0,04	0,0625	16	0,7094	0,8191	0,3281	0,375	0,25
7/16	0,4375	0,3918	0,346	0,094	0,0457	0,0714	14	0,8204	0,8473	0,3828	0,4375	0,29
1/2	0,5	0,4466	0,3933	0,1215	0,0534	0,0833	12	0,9191	1,0612	0,4375	0,5	0,33
9/16	0,5625	0,5091	0,4558	0,1632	0,0534	0,0833	12	1,011	1,674	0,4921	0,5625	0,38
5/8	0,625	0,5668	0,5086	0,2032	0,0582	0,0909	11	1,101	1,2713	0,5468	0,625	0,42
11/16	0,6875	0,6293	0,5711	0,2562	0,0582	0,0909	11	1,2011	1,386	0,6015	0,6875	0,46
3/4	0,75	0,686	0,6219	0,3038	0,064	0,1	10	1,3012	1,5024	0,6562	0,75	0,50
13/16	0,8125	0,7485	0,6844	0,3679	0,064	0,1	10	1,39	1,605	0,7109	0,8125	0,54
7/8	0,875	0,8059	0,7327	0,4216	0,0711	0,1111	9	1,4788	1,7075	0,7656	0,875	0,58
1	1,0	0,92	0,8399	0,554	0,08	0,125	8	1,6701	1,9284	0,875	1,0	0,67
1 1/8	1,125	1,0335	0,942	0,6909	0,0915	0,1429	7	1,8665	2,1483	0,9843	1,125	0,75
1 1/4	1,25	1,1585	1,067	0,8942	0,0915	0,1429	7	2,0483	2,3651	1,0937	1,25	0,83
1 3/8	1,375	1,2683	1,1616	1,0597	0,1067	0,1667	6	2,2156	2,5571	1,203	1,375	0,92
1 1/2	1,5	1,3933	1,2866	1,3001	0,1067	0,1667	6	2,434	2,7867	1,3125	1,5	1,0
1 5/8	1,625	1,4969	1,3689	1,4718	0,1281	0,2	5	2,5763	2,9748	1,4218	1,625	1,08
1 3/4	1,75	1,6219	1,4939	1,7528	0,1281	0,2	5	2,7578	3,0844	1,5312	1,75	1,17
2	2,0	1,8577	1,7154	2,3111	0,1423	0,2222	4,5	3,3491	3,6362	1,75	2,0	1,33
2 1/4	2,25	2,0899	1,9998	2,9249	0,1601	0,25	4	3,546	4,0945	1,9687	2,25	1,25
2 1/2	2,5	2,3399	2,1798	3,718	0,1601	0,25	4	3,894	4,4964	2,1875	2,5	1,67
2 3/4	2,75	2,567	2,384	4,464	0,183	0,2857	3,5	4,181	4,8278	2,4062	2,75	1,83
3	3,0	2,817	2,634	5,496	0,183	0,2857	3,5	4,531	5,2319	2,625	3,0	2,0
3 1/4	3,25	3,053	2,856	6,4063	0,197	0,3077	3,25	4,85	5,6002	2,843	3,25	2,17
3 1/2	3,5	3,303	3,106	7,5769	0,197	0,3077	3,25	5,175	5,9755	3,062	3,5	2,33
3 3/4	3,75	3,5366	3,3231	8,6732	0,2134	0,3333	3	5,55	6,8704	3,218	3,75	2,50
4	4,0	3,7866	3,5731	10,0272	0,2134	0,3333	3	5,95	7,8819	3,5	4,0	2,67
4 1/2	4,5	4,2773	4,0546	12,918	0,2227	0,3478	2,875	6,825	9,0066	3,937	4,5	3,0
5	5,0	4,7762	4,5343	16,1477	0,2328	0,3636	2,75	7,8	10,1347	4,375	5,0	3,33
5 1/2	5,5	5,2561	5,0121	19,7301	0,2439	0,381	2,625	8,85	11,547	4,812	5,5	3,67
6	6,0	5,7439	5,4877	23,6521	0,2561	0,4	2,5	10,0		5,25	6,0	4,0

Pas British Standard.

Diamètre				Surface de noyau en pouces carrés	Hauteur du filet	Pas	Nombre de filets par pouce
Plein		Effectif	Noyau				
Fraction	Décimal						
1/4	0,25	0,2244	0,1988	0,031	0,0256	0,04	25
5/16	0,3125	0,2834	0,2543	0,0508	0,0291	0,0455	22
3/8	0,375	0,3430	0,311	0,076	0,032	0,05	20
7/16	0,4375	0,4019	0,3664	0,1054	0,0356	0,0556	18
1/2	0,5	0,46	0,42	0,1385	0,04	0,0625	16
9/16	0,5625	0,5225	0,4825	0,1828	0,04	0,0625	16
5/8	0,625	0,5793	0,5335	0,2235	0,0457	0,0714	14
11/16	0,6875	0,6418	0,596	0,279	0,0457	0,0714	14
3/4	0,75	0,6966	0,6433	0,325	0,0534	0,0833	12
13/16	0,8125	0,7591	0,7058	0,3913	0,0534	0,0833	12
7/8	0,875	0,8168	0,7586	0,452	0,0582	0,0909	11
1	1,0	0,936	0,8719	0,5971	0,064	0,1	10
1 1/8	1,125	1,0539	0,9827	0,7585	0,0711	0,1111	9
1 1/4	1,25	1,1789	1,1077	0,9637	0,0711	0,1111	9
1 3/8	1,375	1,295	1,2149	1,1593	0,08	0,125	8
1 1/2	1,5	1,42	1,3399	1,41	0,08	0,125	8
1 5/8	1,625	1,545	1,4649	1,6854	0,08	0,125	8
1 3/4	1,75	1,6585	1,567	1,9285	0,0915	0,1429	7
3	2,0	1,9085	1,817	2,593	0,0915	0,1429	7
2 1/4	2,25	2,1433	2,0366	3,2576	0,1067	0,1667	6
2 1/2	2,5	2,3933	2,2866	4,1065	0,1067	0,1667	6
2 3/4	2,75	2,6433	2,5366	5,0535	0,1067	0,1667	6
3	3,0	2,8719	2,7439	5,9133	0,1281	0,2	5
3 1/4	3,25	3,1219	2,9939	7,0399	0,1281	0,2	5
3 1/2	3,5	3,3577	3,2154	8,1201	0,1423	0,2222	4,5
3 3/4	3,75	3,6077	3,4654	9,4319	0,1423	0,2222	4,5
4	4,0	3,8577	3,7154	10,8418	0,1423	0,2222	4,5
4 1/2	4,5	4,3399	4,1798	13,7215	0,1601	0,25	4
5	5,0	4,8399	4,6798	17,2006	0,1601	0,25	4
5 1/2	5,5	5,317	5,1341	20,7023	0,183	0,2857	3,5
6	6,0	5,817	5,6341	14,931	0,183	0,2857	3,5

Pas American Standard Sellers.

Diamètre			Pas en pouces	Pas en millimètres	Largeur de face en pouces	Filets par pouce
Plein		Noyau				
Fraction	Décimal					
1/4	0,25	0,185	0,05	1,27	0,0062	20
5/16	0,3125	0,24	0,0555	1,41	0,0069	18
3/8	0,375	0,294	0,0625	1,587	0,0078	16
7/16	0,4375	0,345	0,0714	1,814	0,0089	14
1/2	0,5	0,4	0,0769	1,95	0,0096	31
9/16	0,5625	0,454	0,0833	2,116	0,0104	12
5/8	0,625	0,506	0,0909	2,39	0,0114	11
3/4	0,75	0,62	0,1	2,54	0,0125	10
7/8	0,875	0,731	0,1111	2,822	0,0139	9
1	1,0	0,837	0,125	3,175	0,0156	8
1 1/8	1,125	0,939	0,1428.	3,628	0,0178	7
1 1/4	1,25	1,064	0,1428	3,628	0,0178	7
1 3/8	1,375	1,158	0,1666	4,233	0,0208	6
1 1/2	1,5	1,283	0,1666	4,233	0,0208	6
1 5/8	1,625	1,389	0,1818	4,62	0,0227	5 1/2
1 3/4	1,75	1,49	0,2	5,08	0,025	5
1 7/8	1,875	1,615	0,2	5,08	0,025	5
2	2,0	1,711	0,2222	5,644	0,0277	4 1/2
2 1/4	2,25	1,961	0,2222	5,644	0,0277	4 1/2
2 1/2	2,5	2,175	0,25	6,35	0,0313	4
2 3/4	2,75	2,425	0,25	6,35	0,0313	4
3	3,0	2,628	0,2857	7,257	0,0357	3 1/2
3 1/4	3,25	2,878	0,2857	7,257	0,0357	3 1/2
3 1/2	3,5	3,1	0,3077	7,815	0,0384	3 1/4
3 3/4	3,75	3,317	0,3333	8,466	0,0416	3
4	4,0	3,567	0,3333	8,466	0,0416	3
4 1/4	4,25	3,798	0,3478	8,834	0,0434	2 7/8
4 1/2	4,5	4,027	0,3636	9,236	0,0454	2 3/4
4 3/4	4,75	4,255	0,3809	9,676	0,0478	2 5/8
5	5,0	4,48	0,4	10,16	0,05	2 1/2
5 1/4	5,25	4,73	0,4	10,16	0,05	2 1/2
5 1/2	3,5	4,953	0,421	10,68	0,0526	2 3/8
5 3/4	5,75	5,203	0,421	10,68	0,0525	2 3/8
6	6,0	5,423	0,444	11,29	0,0555	2 1/4

PAS POUR LES TUYAUX DE GAZ ET D'EAU.

Les dimensions des filetages pour les tuyaux adoptés par l'Engineering Standards Committee diffèrent légèrement en certains cas des filetages au pas du Gaz Whitworth. Le tableau ci-dessous donne les dimensions relatives des deux.

Diamètre intérieur du tuyau	Diamètre sur le filet en pouces		Diamètre au fond du filet en pouces		Nombre de filets par pouce	
	British Standard	Pas du gaz Whitworth	British Standard	Pas du gaz Whitworth	British Standard	Pas du gaz whitworth
1/8	0,383	0,382	0,337	0,336	28	28
1/4	0,518	0,518	0,451	0,451	19	19
3/8	0,656	0,656	0,589	0,589	19	19
1/2	0,825	0,826	0,734	0,734	14	14
5/8	0,902	0,902	0,811	0,811	14	14
3/4	1,041	1,040	0,950	0,949	14	14
7/8	1,189	1,189	1,098	1,097	14	14
1	1,309	1,309	1,193	1,192	11	11
1 1/4	1,650	1,650	1,534	1,533	11	11
1 1/2	1,882	1,882	1,766	1,765	11	11
1 3/4	2,116	2,047	2,000	1,930	11	11
2	2,347	2,347	2,231	2,230	11	11
2 1/4	2,587	2,587	2,471	2,470	11	11
2 1/2	2,96	3,000	2,844	2,882	11	11
2 3/4	3,21	3,247	3,094	3,130	11	11
3	3,46	3,485	3,344	3,368	11	11
3 1/4	3,70	3,698	3,584	3,581	11	11
3 1/2	3,95	3,912	3,834	3,795	11	11
3 3/4	4,20	4,125	4,084	4,008	11	11
4	4,45	4,340	4,334	4,223	11	11
4 1/2	4,95	—	4,834	—	11	—
5	5,45	—	5,334	—	11	—
5 1/2	5,95	—	5,834	—	11	—
6	6,45	—	6,334	—	11	—
7	7,45	—	7,322	—	10	—
8	8,45	—	8,322	—	10	—
9	9,45	—	9,322	—	10	—
10	10,45	—	10,322	—	10	—
11	11,45	—	11,29	—	8	—
12	12,45	—	12,29	—	8	—
13	13,68	—	13,52	—	8	—
14	14,68	—	14,52	—	8	—
15	15,68	—	14,52	—	8	—
16	16,68	—	16,52	—	8	—
17	17,68	—	17,52	—	8	—
18	18,68	—	18,52	—	8	—

VIS A BOIS.

LONGUEUR

LONGUEUR

LONGUEUR

Numéro	Diamètre en pouces		Filets par pouce approx.	Pas français le plus voisin	Longueur en pouces
	Réel	Approx.			
0000.....	0,054	3/64 +	38	–	1/8
000.....	0,057	1/16 —	36	10	3/16
00.....	0,060	1/16 —	34	–	1/4
0.....	0,063	1/16 +	32	11	5/16
1.....	0,066	5/64	28	12	3/8
2.....	0,080	5/64 +	26	14	7/16
3.....	0,094	3/32 +	24	16	1/2
4.....	0,108	7/64 —	22	17	5/8
5.....	0,122	1/8 —	20	18	3/4
6.....	0,136	9/64 —	18	19	1
7.....	0,150	5/32 —	16	20	1 1/8
8.....	0,164	11/64 —	15	20	1 1/4
9.....	0,178	11/64 +	14	21	1 1/2
10.....	0,192	3/16 +	13	21	1 3/4
11.....	0,206	13/64 +	12	22	2
12.....	0,220	7/32 +	11	23	2 1/4
13.....	0,234	15/64	11	23	2 1/2
14.....	0,248	1/4 —	10	24	2 3/4
15.....	0,262	17/64 —	10	24	3
16.....	0,276	9/32 —	9	25	3 1/4
17.....	0,290	19/64 —	8	25	3 1/2
18.....	0,304	5/16 —	8	26	3 3/4
20.....	0,332	21/64 +	7	27	4
22.....	0,360	23/64 +	7	28	4 1/2
24.....	0,388	25/64 —	6	29	5
26.....	0,416	27/64 —	6	30	5 1/2
28.....	0,444	7/16 +	6	–	6
30.....	0,472	15/32 +	6	–	7
32.....	0,500	1/2	6	–	–

RACCORDS A BRIDES.

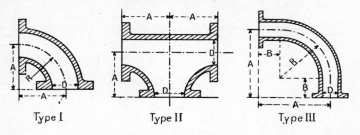

	Type I		Type II		Type III		
D.	**A.**	**R.**	**A.**	**R.**	**A.**	**B.**	**R.**
1/2....	3 1/2	2 1/2	3 1/2	2 1/2	4 1/2	2	2 1/2
3/4....	3 3/4	2 3/4	3 3/4	2 3/4	5	2 1/2	2 1/2
1.......	4	2 3/4	4	2 3/4	6	3	3
1 1/4....	4 1/4	3	4 1/4	3	6 3/4	3 3/4	3
1 1/2....	4 1/2	3	4 1/2	3	7 1/2	4 1/2	3
2.......	5	3 1/4	5	3 1/4	9 1/2	6	3 1/2
2 1/2....	5 1/2	3 3/4	5 1/2	3 3/4	11 1/2	7 1/2	4
3.......	6	4	6	4	13	9	4
3 1/2....	6 1/2	4 1/2	6 1/2	4 1/2	15 1/2	10 1/2	5
4.......	7	4 3/4	7	4 3/4	17	12	5
5.......	8	5 1/2	8	5 1/2	21	15	6
6.......	9	6 1/2	9	6 1/2	25	18	7
7.......	10	7 1/4	10	7 1/4	31 1/2	24 1/2	7
8.......	11	8 1/4	11	8 1/4	36	28	8
9.......	12	9	12	9	39 1/2	31 1/2	8
10.......	13	10	13	10	49	40	9
12.......	15	11 3/4	15	11 3/4	58	48	10
14.......	17	13 1/2	17	13 1/2	74	63	11
16.......	19	15 1/4	19	15 1/4	80	80	13
18.......	21	17	21	17	104	90	14
20.......	23	18 3/4	23	18 3/4	126	110	16

Ces dimensions sont données en pouces. Ce sont celles adoptées par l'Engineering Standards Committee (type I et II : tuyaux en fonte; type III : fer forgé et acier).

COMPARAISON
DES MESURES ANGLAISES ET FRANÇAISES.

Valeurs des livres anglaises jusqu'à 9 975 (en kilogrammes).

(La valeur de base de ce tableau est la livre anglaise = 0,4536 kg.)

livres	0 livres kg	1 000 livres kg	2 000 livres kg	3 000 livres kg	4 000 livres kg	5 000 livres kg	6 000 livres kg	7 000 livres kg	8 000 livres kg	9 000 livres kg
0....	—	453,6	907,1	1360,7	1814,3	2267,9	2721,5	3175,1	3628,7	4082,3
25....	11,34	464,9	918,4	1372,0	1825,6	2279,2	2732,8	3186,4	3640,0	4093,6
50....	22,68	476,3	929,8	1383,4	1837,0	2290,6	2744,2	3197,8	3651,4	4105,0
75....	34,02	487,6	941,1	1394,7	1848,3	2301,9	2755,5	3209,1	3662,7	4116,3
100....	45,36	498,9	952,5	1406,1	1859,7	2313,6	2766,9	3220,5	3674,1	4127,6
125....	56,70	510,2	963,8	1417,4	1871,0	2324,9	2778,2	3231,8	3685,4	4139,0
150....	68,03	521,6	975,2	1428,8	1882,4	2336,0	2789,6	3243,2	3696,8	4150,3
175....	79,38	532,9	986,5	1440,1	1893,7	2347,3	2800,9	3254,5	3708,1	4161,6
200....	90,71	544,3	997,9	1451,4	1905,0	2358,6	2812,2	3265,8	3719,4	4173,0
225....	102,06	555,6	1009,2	1462,7	1916,3	2369,9	2823,5	3277,1	3730,7	4184,3
250....	113,40	567,0	1020,6	1474,1	1927,7	2381,3	2834,9	3288,5	3742,1	4195,7
275....	124,73	578,3	1031,9	1485,4	1939,0	2392,6	2846,2	3299,8	3753,4	4207,0
300....	136,07	589,6	1043,2	1496,8	1950,4	2404,0	2857,6	3311,2	3764,8	4218,4
325....	147,41	601,0	1054,5	1508,1	1961,7	2415,0	2868,9	3322,5	3776,1	4229,7
350....	158,75	612,3	1065,9	1519,5	1973,1	2426,7	2880,3	3333,9	3787,5	4241,1
375....	170,00	623,6	1077,2	1530,8	1984,4	2438,0	2891,6	3345,2	3798,8	4252,4

4263,7	3810,1	3356,5	2902,9	2449,4	1995,8	1542,2	1088,6	635,0	181,43	400...
4275,0	3821,4	3367,8	2914,2	2460,7	2007,1	1553,5	1099,9	646,3	192,77	425...
4286,4	3832,8	3379,2	2925,6	2472,1	2018,5	1564,9	1111,3	657,7	204,11	450...
4297,7	3844,1	3390,5	2936,9	2483,4	2029,8	1576,2	1122,6	669,0	215,45	574...
4309,1	3855,5	3401,9	2948,3	2494,7	2041,1	1587,5	1133,9	680,3	226,80	500...
4320,4	3866,8	3413,2	2959,6	2506,0	2052,4	1598,8	1145,2	691,6	238,13	525...
4331,8	3878,2	3424,6	2971,0	2517,4	2063,7	1610,2	1156,6	703,0	249,47	550...
4343,1	3889,5	3435,9	2982,3	2528,7	2075,0	1621,5	1167,9	714,3	260,81	575...
4354,4	3900,9	3447,3	2993,7	2540,1	2086,5	1632,9	1179,3	725,7	272,15	600...
4365,7	3912,2	3458,6	3005,0	2551,4	2097,8	1644,2	1190,6	737,0	283,50	625...
4377,1	3923,6	3470,0	3016,4	2562,8	2109,2	1655,6	1202,0	748,4	294,84	650...
4388,4	3934,9	3481,3	3027,7	2574,1	2120,5	1666,9	1213,3	759,7	306,17	675...
4399,8	3946,2	3492,6	3039,0	2585,4	2131,8	1678,2	1224,6	771,0	317,50	700...
4411,1	3957,5	3503,9	3050,3	2596,7	2143,1	1689,5	1235,9	782,4	328,15	725...
4422,5	3968,9	3515,3	3061,7	2608,1	2154,5	1700,0	1247,3	793,8	340,20	750...
4433,8	3980,2	3526,6	3073,0	2619,4	2165,8	1711,3	1258,6	805,1	351,53	775...
4445,2	3991,6	3538,0	3084,4	2630,8	2177,2	1723,6	1270,0	816,4	362,90	800...
4456,5	4002,9	3549,3	3095,7	2642,1	2188,5	1734,9	1281,3	827,7	374,21	825...
4467,9	4014,3	3560,7	3107,1	2653,5	2199,9	1746,3	1292,7	839,1	385,55	850...
4479,2	4025,6	3572,0	3118,4	2664,8	2211,2	1757,6	1304,0	850,4	396,90	875...
4490,5	4036,9	3583,3	3129,7	2676,2	2222,6	1769,0	1315,4	861,8	408,23	900...
4501,8	4048,2	3594,6	3141,0	2687,5	2233,9	1780,3	1326,7	873,1	419,60	925...
4513,2	4059,6	3606,0	3152,4	2698,9	2245,3	1791,7	1338,1	884,5	430,90	950...
4524,5	4070,9	3617,3	3163,7	2710,2	2256,6	1803,0	1349,4	895,8	442,25	975...

VITESSE DES NAVIRES.

Le *nœud* est rattaché au mille marin (*nautical mile* Int.) qui vaut 1852 mètres (définition sanctionnée par la Conférence Hydrographique Internationale de 1929, malgré opposition du Royaume Uni et des États-Unis).

En *Grande-Bretagne* on emploie toujours le *nautic mile* (U. K.) qui vaut

$$6080 \text{ feet (U. K.)} = 1853,18 \text{ mètres}$$
$$= 1,00064 \text{ mile (Int.)}$$

Aux *États-Unis*, on emploie le *nautic mile* (U. S.) qui vaut

$$6080,20 \text{ feet (U. S.)} = 1853,248 \text{ mètres}$$
$$= 1,00067 \text{ nautical mile (Int.)}$$

ANGLAIS-FRANÇAIS

A

A, Ampere (Ampère).

A, Angstrom unit (10^{-8} cm).

A, Area (surface).

A, Argon.

A battery, Batterie de chauffage.

A frame, Chevalet, bâti en pyramide.

A level, Niveau triangulaire.

A —, Borne négative.

A +, Borne positive.

A shaped, Montant en A.

A. A., Antiaircraft (antiaérien); **— gun,** canon antiaérien; **— weapons,** armes antiaériennes.

Ab, Absolute.

Abac or **Abacus** Abaque (math.); tailloir; batée, augette à main, sébile, lavoir à or (mine).

Abaca, Abaca, chanvre de Manille.

Abaïser, Noir d'ivoire; noir animal.

Abampere, Unité d'intensité (10 ampères).

Abamurus, Contrefort.

Abandonment, Délaissement (nav.).

Abbcite, Abbcite.

Abc, Automatic bass compensation (compensation automatique des basses; TSF).

Abcoulomb, Unité de quantité d'électricité (10 coulombs).

Abeam, Par le travers.

Abelian, Abélien; **— groups,** groupes abéliens.

Aberration, Aberration (opt.); **chromatic —,** aberration chromatique; **crown of —,** cercle d'aberration; **newtonian —,** aberration de réfrangibilité; **photogrammetric —,** aberration photogrammétrique; **spherical —,** aberration de sphéricité; **wave front —,** aberration du front d'onde.

Abfarad, Unité de capacitance (10^9 farads).

Abhenry, Unité d'inductance (10^9 henry).

Able, Peuplier blanc.

Ability (pluriel **Abilities**), Aptitudes; **recuperative —,** régénérabilité (accus).

Abmho, Unité de conductance 10^{-9} mho).

Abohm, Unité de résistance (10^{-9} ohm).

About sledge, Marteau, masse à frapper devant.

Above ground, Au jour, carreau (mines); superficiel; **— hands,** ouvriers du jour.

Abradant, Poudre à égriser; abrasif.

to Abrade, Roder, user par frottement, miner, affouiller.

Abrasion, Broutage, frottement, abrasion; — **resistance,** résistance à l'abrasion.

Abrasive, Abrasif; — **cutter,** machine à tronçonner à la meule; — **wheel,** meule abrasive.

Abrasives, Substances abrasives.

Abraum, abraun, Terre rouge employée pour foncer l'acajou.

Abreast, Monté en dérivation, en parallèle; — **connection,** couplage en parallèle.

Abrid, Patte d'araignée.

Abroach, En perce (barrique).

Abs, Absolute (absolu).

Absciss (pluriel **abscisses**), Abscisse.

Abscissa (pluriel **abscissas** or **abscissae**), Abscisse.

Absolute, Absolu; — **alcohol,** alcool absolu; — **ampere,** unité absolue de courant; — **electrometer,** électromètre absolu; — **galvanometer,** galvanomètre absolu; — **pressure,** pression absolue; — **system,** système d'unités absolues; — **temperature,** température absolue; — **unit,** unité absolue; — **vacuum,** vide parfait; — **value,** valeur absolue; — **zero,** zéro absolu.

to Absorb, Absorber.

Absorbent, Absorbant, avide de; — **earth,** terre absorbante; — **grounds,** détrempe; — **power,** pouvoir absorbant.

Absorber, Absorbant, amortisseur, absorbeur; **neutron** —, absorbeur de neutrons; **oscillating** —, absorbeur oscillant; **pneumatic** —, amortisseur pneumatique; **schock** —, amortisseur; **air-oil schock** —, amortisseur hydro-pneumatique; **liquid spring schock** —, amortisseur à compression de liquide.

Absorbing, Tassement; — **tower,** colonne d'absorption; — **wall or tank,** puits de perte.

Absorbtiometer, Absorptiomètre; **photo-electric** —, absorptiomètre photo-électrique.

Absorption, Enpleurage, absorption; **chemical** —, absorption chimique; **dielectric** —, absorption diélectrique; **rotational** —, absorption de rotation; — **bands,** bandes d'absorption; — **chamber,** chambre d'absorption; — **coefficient,** coefficient d'absorption; — **current,** courant d'absorption; — **dynamometer,** dynamomètre d'absorption; — **economometer,** économètre à absorption (appareil de contrôle de combustion); — **line,** raie d'absorption; — **modulation,** modulation par absorption; — **spectrum,** spectre d'absorption; — **tower,** tour d'absorption; — **wavemeter,** ondemètre à absorption.

Absorptive, Absorbant, absortif.

Absortiveness or **absortivity,** Absortivité.

Abstract mathematics, Mathématiques pures.

Abstract mechanics, Mécanique rationnelle.

to Abstract, Extraire (chim.); faire un devis.

to Abut, Abuter (charp.); s'embrancher (ch. de fer); — **on,** être bout à bout.

Abutment, Culée (de pont); butée; aboutement; arc-boutant, about, contrefort; **tunnel** —, pied droit de tunnel; — **impost,** rotule inférieure; — **line,** ligne de fermeture.

Abutting, Embranchement; — **joint,** joint montant, joint carré.

Abvolt, Unité de tension (10^{-8} volts).

A. C. (Alternating current), Courant alternatif.

Acacia, Acacia.

Acacin, Gomme.

Acanthite, Acanthite.

to **Accelerate,** Accélérer; — **the combustion,** activer la combustion, pousser les feux.

Accelerated, Accéléré; — **motion,** mouvement accéléré.

Accelerating, Accélératif, accélérateur, d'accélération; — **electrode,** électrode accélératrice; — **power,** force accélératrice.

Acceleration, Accélération; — **due to gravity,** accélération de la pesanteur; — **nozzle,** tuyère accélératrice; — **of the slide valve,** accélération du tiroir; — **voltage,** tension entre cathode et anode.

Accelerator, Accélérateur (auto, etc.), contacteur; renforceur; **exhaust** —, accélérateur d'échappement; **linear** —, accélérateur linéaire; **particle** —, accélérateur des particules; **proton** —, accélérateur de protons; **standing wave** —, accélérateur à ondes stationnaires; — **pedal** pédale d'accélérateur.

Accelerograph, Accélérographe.

Accelerometer, Accéléromètre.

Acceptance, Réception, recette; **boiler** —, réception d'une chaudière; — **flight,** vol de réception; — **stamp,** poinçon de réception; — **test,** essai de recette.

Acceptor circuit, Circuit résonant.

Access door, Porte d'accès, porte de visite.

Accessibility, Accessibilité.

Accessible, Accessible.

Accessory (pluriel **Accessories**), Accessoire; **automotive** —, accessoires d'automobile.

to **Accomodate,** Accomoder, recevoir (un appareil).

Accomodation, Aménagements (N.).

Account, Compte, décompte, compte-rendu, relevé; **bank** —, compte en banque; **current** —, compte courant; — **of building expenses,** relevé des frais de construction.

Accountancy, Comptabilité.

Accountant, Comptable.

Accounting, Comptabilité.

Accoupled, Couplé, geminé, jumelé.

Accretion of crystals, Nourrissage des cristaux.

to **Accumulate,** Accumuler.

Accumulation test, Essai d'isolement, d'étanchéité ou d'emmagasinage (électr.).

Accumulator, Accumulateur (hydr.-élec.); **air hydraulic** —, accumulateur aéro-hydraulique; **alkaline** —, accumulateur alcalin; **cadmium-nickel** —, accumulateur cadmium-nickel; **drawer** —, caisse d'accumulateurs à glissières; **hydraulic** —, accumulateur hydraulique; **iron-nickel** —, accumulateur fer-nickel; **self containing pressure** —, accumulateur de pression indépendant; **steam** —, accumulateur de vapeur; **tray** —, accumulateur à cuvette; **weight** —, accumulateur à contrepoids; — **battery,** batterie d'accumulateurs (voir aussi **Storage battery**); — **case,** bac d'accumulateurs; — **jar,** bac d'accumulateurs; — **lamp,** lampe à accumulateurs; — **plate,** plaque d'accumulateurs; — **plunger,** piston d'accumulateurs.

Accuracy, Précision.

Accurate, Précis.

Acerdese, Acerdèse, manganite.

Acetaldéhyde, Acétaldéhyde.

Acetate, Acétate; **amyl** —, acétate d'amyle; **cellulose** —, acétate de cellulose; **lead** —, acétate de plomb.

Acethydrazide, Hydrazide acétique.

Acetic, Acétique; — **acid,** acide acétique.

Acetone, Acétone.

Acetyl, Acétyle; — **peroxide,** péroxyde d'acétyle.

Acetylation, Acétylation.

Acetylene, Acétylène; — **black,** noir d'acétylène; — **blowpipe,** chalumeau acétylénique; — **generator,** générateur d'acétylène; — **lamp,** lampe, lanterne à acétylène; — **lighting,** éclairage à l'acétylène; — **welding,** soudure autogène à l'acétylène.

Acetylenic, Acétylénique.

Achievment, Réalisation.

Achromatic, Achromatique; — **lens,** lentille achromatique.

Achromatism or **Achromaticity,** Achromatisme; **spherical** —, achromatisme de sphéricité.

Achromatized, Achromatique.

Acicular, Aciculaire.

Acicuiity, Aciculité.

Acid, Acide; **acetic** —, acide acétique; **acylamino** —s, acides acylaminés; **carbolic** —, acide phénique; **conjugated** —, mélange d'acides; **fatty** —s, acides gras; **hydrochloric** —, acide chlorhydrique; **mineral** —, acide minéral; **nitric** —, acide azotique; **organic** —, acide organique; **sulphuric** —, acide sulfurique, etc.; — **atmosphere,** atmosphère acide; — **esters,** esters acides; — **number,** indice d'acide.

Acidifiable, Acidifiable.

Acidification, Acidification.

Acidity, Acidité.

to Acidize, Traiter à l'acide.

Acidizing, Traitement à l'acide (d'une soude pétrolifère).

Acidophen hearth, Foyer à sole acide.

Acidulate or **Acidulated,** Acidulé; — **water,** eau acidulée.

Acilketene, Acylcétène.

Aclinic, Isocline.

Acorn, Gland; — **shaped tube,** tube pour les ultra hautes fréquences.

Acoustic, Acoustique (adj.); — **clarifier,** amortisseur acoustique; — **feedback,** régénération acoustique; — **filtre,** filtre acoustique; — **impedance,** impédance acoustique; — **reading,** lecture au son (télégr.).

Acoustical, Acoustique (adj.); — **panel,** panneau acoustique, insonore.

Acoustics, Acoustique; **room** —, acoustique des salles.

Acre, Mesure de superficie (voir Tableaux de superficie).

Acreage, Surface en acres.

Acridine, Acridine.

Acrobatic flight, Vol acrobatique.

Acrobatics, Acrobaties aériennes.

Across, En travers de, en croix.

Acrylate, Acrylate; **éthyl** —, acrylate d'éthyle.

Acrylic, Acrylique; — **plastics,** matières plastiques acryliques; — **resins,** résines acryliques.

Acryloid, Acryloïde; — **polymer,** polymère acryloïde.

Acrylyl chloride, Chlorure acrylique.

Acting, Effet, action (à), faisant fonction de; **direct** —, connexion directe; **double** —, à double effet; **quick** —, à action rapide; **self** —, à action automatique; **single** —, à simple effet; **steam** — **on one side,** simple effet de la vapeur; **triple** —, à triple effet.

Actinic, Actinique; — **arc,** arc actinique.

Actinide, Actinide.

Actinisme, Actinisme.

Actinium, Actinium.

Actinolitic, Actinolytique.

Actinometer, Actinomètre. **manometric** —, actinomètre manomètrique.

Actinometric, Actinométrique;

Actinometry, Actinométrie.

Actinon, Actinon.

Actinote, Actinote.

Action, Action, jeu d'un mécanisme, effet, travail; procès; **capillary** —, effet capillaire; **catalytic** —, effet catalytique; **cutting** —, cisaillement; **cycle of** —, période de travail; **double** —, à double effet; **eccentric** —, commande par excentrique; **fly wheel** —, commande par volant; **lever** — **mechanism,** mécanisme à répétition par levier de sous-garde; **shearing** —, cisaillement; **single** —, à simple effet; **slide** — **mechanism,** mécanisme à répétition type à pompe; — **turbine,** turbine à action.

to Activate, Activer.

Activated, Activé; — **alumina,** alumine activée; — **bath,** bain activé; — **charcoal,** charbon activé.

Activation, Activation.

Activator, Activateur.

Active, Actif; — **catch,** taquet d'entraînement; — **current,** courant watté; — **dope,** base active; — **energy,** énergie cinétique; — **length,** longueur induite (élec.); — **power,** puissance active; — **pressure,** pression effective.

Actual, Réel, effectif; — **combustion temperature,** température réelle de combustion; — **energy,** énergie actuelle, cinétique; — **horse power,** cheval effectif; — **power,** puissance effective, au frein.

Actuary, Actuaire.

to Actuate, Actionner (mach.).

Actuated, A commande par; **air** —, à commande pneumatique; **electrically** —, commandé électriquement.

Actuating, De manœuvre, de commande; — **arm,** branch d'attaque; — **lever,** levier de commande; — **rod,** bielle ou tige de commande.

Actuation, Force vive, commande.

Actuator, Poste, appareil de commande; **valve** —, mécanisme de commande de soupape.

Acuité, Acuité; **auditory** —, acuité auditive; **visual** —, acuité visuelle.

Acutangular, Acutangulaire.

Acute, Aigu; — **angle,** angle aigu; — **angled,** acutangle.

Acuteness, Acuité d'une pointe, du fil d'une lame.

Acyclic, Acyclique.

Acylamino acids, Acides acyla⁻ minés.

Acylation, Acylation.

Adamantine, Adamantin (adj.); — **drill,** soudeuse à grenaille d'acier; — **spar,** corindon adamantin.

Adamantine, Adamantin.

Adamine or **Adamite,** Adamine.

to Adapt, Adapter, ajuster, profiler.

Adaptability, Adaptabilité.

Adapter, Allonge, étrier universel (béton armé); adapteur, châssis-adapteur, tubulure de raccordement, raccord.

Adapting the iron work, Préparation des armatures (béton armé).

Adaptor, Prise de courant.

Adcock antenna, Antenne directionnelle.

Add, Voir Addition.

to Add, Enter, enchâsser, ajouter, rapporter.

Addendum, Hauteur de la tête d'une dent, tête, saillie; — **circle,** cercle de couronne, cercle de tête, cercle intérieur d'une roue dentée; — **line,** ligne de couronne; — **of tooth,** saillie de la dent.

Addice, Voir **Adze.**

Adding machine, Machine à calculer.

Additament, Addition (mét., chim.); **to prepare the —,** ajouter les fondants.

Addition, Addition, apport.

Additional port, Lumière auxiliaire (mach. à vap.).

Addle, Voir **Attle.**

Addlings, Paye, salaire.

Addressee, Destinataire.

Adelpholite, Adelpholite ou Adelpholithe.

Adenylic, Adénylique.

to Adhere, Adhérer.

Adherence, Adhérence, adhésion.

Adherent, Adhérent.

Adhesion, Adhérence; **limit of —,** inclinaison limite pour la traction par adhérence; — **wheel,** roue à adhérence.

Adhesion, Adhésif, adhérent; **rubber —,** adhésif au caoutchouc; — **power,** pouvoir adhérent; — **tape,** ruban adhésif; — **weight,** poids adhésif.

Adhesiveness, Adhérence, adhésion.

Adiabat, Ligne ou courbe adiabatique.

Adiabatic, Adiabatique; — **compression,** compression adiabatique; — **curve,** courbe adiabatique; — **diagram,** diagramme adiabatique; — **efficiency,** rendement adiabatique; — **expansion,** détente adiabatique; — **saturation,** saturation adiabatique; — **transformation,** transformation adiabatique.

Adiabatically, Adiabatiquement.

Adiaphory, Neutralité (chim.).

Adit, Galerie souterraine (min.), caniveau, rigole; **deep —** galerie du niveau inférieur d'une mine, galerie principale; — **level,** galerie d'écoulement; — **mining,** exploitation à ciel ouvert; **to make an —,** faire un percement (min.).

Adjacence ou **Adjacency,** Adjacence.

Adjacent, Adjacent; — **angles,** angles adjacents.

Adjoint piece, Fonçoir.

to Adjust, Ajuster; faire varier; caler (balais, élec.); égaliser, dresser, étalonner, jauger, régler, mettre au point; **to — angles by curves,** raccorder les angles par des courbes (ch. de fer); **to — the water level,** refaire le niveau normal (chaud.); **to — to zero,** mettre au zéro.

Adjustable, Réglable, variable; **height —,** réglable en hauteur; **self —,** autoréglable; — **bearings,** coussinets réglables; — **blades,** pales orientables; — **for take up,** à rattrapage de jeu; — **reamer,** alésoir expansible; — **spanner,** clef à molette; — **speed,** vitesse réglable; — **stop,** butée réglable; — **stroke,** course variable; — **tail plane,** plan à incidence; — **tripod,** trépied à pied à coulisse.

Adjuster, Ajusteur, monteur, régleur; **cord —,** tendeur de ficelle (pour la prise des diagrammes).

Adjusting, Adjustage, réglage; — **bolt,** boulon de réglage; — **clasp,** déclic; — **cone,** cone de réglage; — **device,** dispositif de réglage; — **key,** cale; — **line,** repère; — **nut,** écrou de fixage, écrou tendeur, écrou à fenêtres; — **point,** repère; — **ring,** bague d'arrêt; — **screw,** vis de rappel vis de pression, vis de butée; — **spring link**, chandelle de suspension (ch. de fer).

Adjustment Calage (des balais) (élec.); réglage, mise au point; — **templet or template**, gabarit de réglage; **accurate or fine** —, réglage précis; **height** —, réglage en hauteur; **radial** —, position convergente (ch. de fer); **voltage** —, réglage de la tension; — **lever**, manette de réglage; — **notch**, encoche de réglage; — **plate**, tête de cheval, lyre (tour).

Adjutage, Voir **Ajutage**.

Admiralty unit, Jar (unité de capacité; voir **Jar**).

Admission, Introduction (mach.); admission; cylindrée; **full** —, pleine injection (turb.); **later** —, admission retardée; **lead** —, avance à l'admission; **partial** —, admission partielle (turb.); **real** —, admission effective; **ring of** — **ports**, couronne d'admission; **steam** —, admission de vapeur, boîte à vapeur (pulsomètre); **steam** — **line**, courbe d'admission; — **gear rods**, tiges d'admission; — **period**, période d'admission; — **port**, lumière d'admission; — **space**, volume d'admission; — **valve**, soupape d'admission; — **valve box**, chapelle de soupape d'admission.

Admit in height, Hauteur admise.

Admittance, Admission; inverse de l'impédance; **free** —, admission en franchise.

Admixture, Dosage.

to Adsorb, Adsorber.

Adsorbate, Adsorbat.

Adsorbed, Adsorbé.

Adsorbant, Adsorbant.

Adsorber, Adsorbeur; **odor** —, désodorisant.

Adsorption, Adsorption, adhérence des molécules de gaz ou de substances dissoutes à la surface d'un corps solide; **chromatographic** —, adsorption chromatographique; **rotational** —, adsorption de rotation.

Adsorptive, Adsorbant (adj.).

to Adulterate, Falsifier.

Adulteration, Falsification.

Aduncity, Courbure.

Adustion, Affinité pour l'oxygène; inflammabilité.

Advance, Avance (d'un outil), avancement; **angle of** —, angle de calage.

to Advance, Avancer; — **the brushes**, caler les balais (élec.).

Advanced ignition, Avance à l'allumage; **advanced opening**, avance à la levée; **advanced sparking**, avance à l'allumage (auto); **in advanced quadrature**, deux courants alternatifs décalés l'un par rapport à l'autre de plus d'un quart de période (élec.).

Adventitious, Accidentel.

to Advertise, Faire de la publicité.

Advertisement, Publicité, réclame, annonce.

Advertising, Publicité.

Adviser, Conseiller.

Adze, Herminette (charp.), doloire (tonn.); **cooper's** —, aissette; **flat** —, herminette droite; **hollow** —, doloire; **notching** —, herminette droite à marteau; **rounding** —, herminette courbe à marteau; **spout** —, herminette à lame concave.

to Adze, aboter des traverses; dresser à l'herminette, entailler.

Adzing, Entaillage; — **gauge**, gabarit d'entaillage des traverses.

Aeolian rocks, Rocs éoliens.

Aerial, Aérien; antenne (T.S.F.); en Angleterre s'applique plus spécialement à l'émission; en Amérique, on emploie plutôt

" Antenna " (voir ce mot); Adcock —, antenne directionnelle; artificial or dummy —, antenne artificielle; bent —, antenne coudée; cage —, antenne en cage; divided broadside —, antenne à flanc divisé; fan shaped —, antenne en rideau; flat top —, antenne horizontale; Hertz —, antenne non à la terre; loaded —, voir loaded: loop —, cadre récepteur; prismatic —, antenne prismatique; receiving —, antenne de réception; sending —, antenne d'émission; slot —, antenne à fente; trailing —, antenne pendante; umbrella —, antenne en parapluie; — capacity, capacité de l'antenne; — carrier, transporteur aérien; — circuit, circuit d'antenne; — conductor, antenne (T.S.F.); — drogue, contrepoids d'antenne; — drum, rouet d'antenne; — extension, faisceau d'antenne; — ferry, pont transbordeur; — frog, aiguillage aérien; — line, ligne aérienne; — network, réseau aérien; — photography, photographie aérienne; — railway, chemin de fer aérien; — résistance, résistance d'antenne; — ropeway, transport aérien par câble; — survey, phototopographie; — switch, commutateur d'antenne; — transporter, transporteur aérien; — tuning condenser, condensateur d'antenne; — tuning inductance, self d'antenne; — variometer, variomètre d'antenne; — view, vue aérienne; — weight, contrepoids d'antenne; — wire, antenne (T.S.F.).

to **Aerify,** Combiner avec l'air.

Aero, Aéro; — ballistics, aéroballistique; — batics, acrobaties aériennes; — bic, aérobique, à aérobiose; — drome, aérodrome; — drome beacon, phare d'aérodrome; — water — drome, hydrobase; — dynamic, aérodynamique; — dyna-mic centre, centre de poussée; — dynamic scales or balance, balance aérodynamique; — dynamical, aérodynamique (adj.); — dynamicist, aérodynamicien; — dynamics, aérodynamique; — dyne, aérodyne; — elastic, élastique; — engine, moteur d'avion; — foil, plan aérodynamique, profil, aile portante, toute surface ou plan destiné à exercer une réaction utile sous l'effet de l'air; — foil section, profil d'aile portante; — foil shape, forme profilée; — generator, aérogénérateur; — graphy, aérographie; — logy, aérologie; — hangar, hangar d'aviation; — lar, aérolaire; — metre, aéromètre; — nautical, aeronautique (adj.); — nautics, aéronautique (science); — plane, aéroplane (voir aussi Plane); all metal — plane, avion métallique; four engine or four engined — plane, avion quadrimoteur; high wing — plane, avion à ailes surélevées; low wing — plane, avion à ailes surbaissées; three engine — plane, avion trimoteur; two engine — plane, avion bimoteur; — sol, aérosol; — stat, aérostat; — static, aérostatique; — triangulation, aérotriangulation.

Aeruginous, Recouvert de vert-de-gris.

Aerugo, Vert-de-gris.

Aether, Voir **Ether.**

Aethiops martialis, Protoxyde noir de fer; **aethiops mineral** protosulfure de mercure.

A. F. or **Audio Frequency,** Fréquence musicale, basse fréquence.

Affines, Affines (math.); **collineations** —, colinéarités affines.

Affirmative quantities, Quantités positives (élec.).

Afflux, Flux.

to **Afforest,** Reboiser.

to Affreight, Affrèter.

A.F.L., American Federation of Labor.

A flat, A plat, de niveau.

After admission, Admission subséquente; **after blow,** sursoufflage (convertisseur); **after burner,** dispositif de post-combustion; **after burning,** postcombustion (turboréacteurs); **after current,** courant de retour; **after damp,** gaz délétères (à la suite d'une explosion de grisou); **after fermentation,** fermentation secondaire ; **after glow,** incandescence, luminescence résiduelle; **after hours,** heures supplémentaires.

Afterglow, Luminescence résiduelle.

Agallocum, Bois d'aloès.

Agar-Agar, Agar-agar.

Against, En fonction de.

Agaric, Agaric; **mineral —,** agaric minéral, carbonate de chaux pulvérulent.

Agate burnisher, Pierre à brunir, à dorer.

Age hardening, Durcissement, vieillissement par l'âge.

exploding Agency, Effet explosif.

Aged, Vieilli.

Agent, Agent; **reducing —,** réducteur; **shipping —,** agent maritime; **— for fusion,** fondant.

to Agglomerate, Agglomérer.

Agglomerated, Aggloméré; **— cork,** liège aggloméré.

to Agglutinate, Agglutiner.

Agglutinated, Agglutiné.

Agglutination, Agglutination.

Agglutinating, Agglutinant.

Aggregate, Aggrégat (au pluriel : **aggregates**); matières ajoutées (béton armé); **— body,** corps formé par agrégation.

to Aggregate, Agréger.

Aggregation, Agrégation.

Aging, Vieillissement, changement de propriétés avec le temps; traitement de stabilisation; **thermal —,** vieillissement thermique.

Agitator, Agitateur (mach.).

Agreement, Convention.

Agricultural, Agricole; **— machinery,** machines agricoles.

Ahead, Avant (marche en); **— motion,** marche avant; **— turbine,** turbine de marche avant.

A.I.C., Anglo-Iranian Oil Co.

Aid, Veine métallique.

A.I.E.E., American Institute of Electrical Engineers.

Aigremore, Aigremore, charbon de bois tendre, pulvérisé pour artificiers.

Aileron, Aileron; **balanced —,** aileron compensé; **slotted —,** aileron à fentes; **warped —,** aileron gauchi; **— control,** contrôle d'aileron; **— hinge,** charnière d'aileron; **— level,** guignol d'aileron (aviat.).

Air, Air; **auxiliary —,** air additionnel; **burning —,** air comburant; **circulating —,** air de circulation; **extra —,** air additionnel (auto); **foul —,** or **poor —,** air vicié; **ram —,** air en surpuissance ; air dynamique ; **scavenger** or **scavenging —,** air de balayage (Diesel); **still —,** vent nul; **still — range,** rayon d'action par vent nul; **supercharge —,** air comprimé; **tank for — supply,** réservoir d'injection d'air ; **— actuated,** pneumatique; **— and ladder way,** des cenderie (min.); **— bed,** matelas d'air; **— blast,** soufflerie, pression d'air; **— bleed,** évacuation d'air; prélèvement d'air; **— blower,** ventilateur; **— borne,** transporté par, monté sur avion; **— borne radar,** radar de bord;

— **brake,** frein à air, frein aéro-dynamique; — **brick,** adobe, brique cuite à l'air; — **bubble,** soufflure; — **cargo,** fret aérien — **case,** chemise (de cheminée); — **cask,** tonneau à vent (min.); — **cells,** soufflures (fonte); — **centre,** centre d'aviation; — **chamber,** caisse à vent, chopinette d'une pompe; — **channel,** buse d'aérage; — **characteristic,** courbe d'aimantation de l'air; — **chest,** régulateur à air; — **chute,** parachute (voir **Parachute**); — **cleaner,** filtre à air; **oil bath** — **cleaner,** filtre à air à bain d'huile; — **compressor,** compresseur d'air; — **condenser or capacitor,** condensateur à air; — **conditioning,** conditionnement d'air; — **cooled,** à refroidissement par air; — **cooler,** réfrigérant d'air; — **cooling,** refroidissement par air; — **course,** puits d'aérage; — **craft** (voir **Aircraft**; — **current,** courant d'air; — **cushion,** matelas d'air; — **dashpot,** amortisseur pneumatique; — **door or gate,** poste d'aérage; — **drain,** évent; — **draught,** courant d'air; — **drift,** galerie supérieure (min.); — **drive,** puisage à air comprimé; — **drum,** réservoir d'air; — **drum hanger,** bride de support, du réservoir d'air; — **drum head,** fond du réservoir d'air; — **ejector,** éjecteur d'air; — **engine,** moteur à air chaud; — **escape,** purge d'air; — **exhauster,** aspirateur, ventilateur, aspirant; — **fare** tarif aérien; — **field,** champ dans l'entrefer (élec.), terrain d'aviation; — **filtre,** filtre d'air; — **flooding,** puisage à air comprimé; — **flow,** débit d'air; — **foil** (voir **Aerofoil**); — **Force** (**Royal**), R.A.F., Corps anglais d'aviation; — **frame,** cellule d'avion; — **freight,** fret aérien; — **friction,** frottement de l'air; — **funnel,** manche à air; — **furnace,** four à air, four à réverbère; — **gap or path,**

espèce d'air, entrefer; — **gauge,** calibre pneumatique; — **heater,** réchauffeur d'air; — **hoist,** appareil de levage pneumatique; — **holder,** réservoir d'air; — **hole,** prise d'air, ventouse, évent, aspirail, paille, soufflure, conduit à vent; — **inlet for slow running,** orifice d'air du ralenti; — **intake,** prise d'air; — **jet,** ajutage ; — **level,** niveau à bulle d'air ; — **lever,** manette d'air; — **liaison,** liaison aérienne; — **lift,** injection d'air comprimé, extracteur pneumatique (pétr.); — **line,** ligne aérienne; — **liner,** avion de ligne; — **lock,** sas d'aérage, clapet à air des caissons, poche d'air (auto.); — **mail,** poste aérienne; — **man,** aviateur; **mattress,** matelas d'air; — **meter,** compteur d'air; — **mortar,** mortier aérien; — **motive engine,** moteur à air; — **navigation act,** code de navigation aérienne; — **path,** trajet des lignes de forces dans l'entrefer; — **pipe,** conduit à air, buse, sifflet de cheminée, évent (fond.), gaine, tuyau d'aérage (min.); — **pit,** puits d'aérage; — **plane,** avion (voir **Airplane,** et surtout **Plane**); — **plug,** bouchon d'évacuation d'air; — **pocket,** trou d'air, remous; — **poise,** aéromètre; — **port,** aéroport; — **pression engine,** machine atmosphérique; — **pressurization,** pressurisation d'air; — **pump,** pompe à air, machine pneumatique (voir **Pump**); — **reaction,** réaction de l'air; — **regulator,** régulateur à air; — **reservoir,** réservoir d'air; — **resistance,** résistance de l'air; — **road,** voie d'aérage; — **scoop,** prise d'air, manche à air; — **screw,** hélice aérienne (Angleterre; voir **Airscrew** et **Propeller,** Amérique); — **seal,** joint d'étanchéité; — **separator,** separateur d'air; — **shaft,** puits d'aérage (min.); — **sleeve,** manche à air; — **sluice,** sas à air; —

space, matelas, réservoir d'air; still — space, îlot d'air; — stove, calorifère; — strainer, attrape-poussière, filtre à air; — stream, veine d'air; — tight, imperméable à l'air; — tool, outil pneumatique; — traffic, trafic aérien; — trap, ventilateur aspirant, poche d'air, séparateur d'air; — trunk, ventilateur (pour l'aérage des salles), compartiment de ventilateur; — tube, chambre à air; — tunnel, tunnel aérodynamique; — vacuum, anéroïde; — valve, clapet à air, purge d'air, reniflard; — vane, moulinet régulateur; — vessel, réservoir d'air; — way, voie d'aérage (min.); — wing, moulinet régulateur; — worthiness, voir **Air-worthiness**.

to Air, Aérer, sécher.

Airborne, Airdraught,... etc. etc... Voir **Air**.

Aircraft, Voir **Airplane** et surtout **Plane**, Aéroplane, aéronef; **double decked** —, avion à deux ponts; **executive** — avion d'affaires; **fixed wing** —, avion à aile fixe; **high wing** —, avion à ailes surélevées; **jet-power** —, avion à réaction; **low wing** —, avion à ailes surbaissées; **nuclear powered** —, avion atomique; **prototype** —, avion prototype; **research** —, avion expérimental; **tanker** —, avion réservoir; **three engined** —, avion trimoteur; **trainer** —, avion d'entraînement; **transport** —, avion de transport; **twin engined** —, avion bimoteur; — **carrier**, navire porte-avions; — **tender**, ravitailleur d'aviation.

Airing or **Airiness,** Aérage, ventilation; — **machine**, machine à vent; — **ventilator**, ventilateur.

Airman, Aviateur.

Airplane, Aéroplane; **photographic** —, avion photographique; **twin-engine** —, avion bimoteur (voir **Plane.**).

Airport, Aéroport; — **apron**, aire, plate-forme, piste d'aéroport.

Airscrew, Hélice (aérienne); voir aussi **Propeller** (Etats-Unis); **adjustable blade** —, hélice à pas variable; **dead** —, hélice calée; **driving** —, hélice propulsive; **geared** —, hélice démultipliée; **left handed** (L. H.) —, hélice à pas à gauche; **metal** —, hélice métallique; **out of truth** —, hélice voilée; **constant, adjustable pitch** —, hélice à pas constant, réglable, variable; **reversible pitch** —, hélice à pas réversible; **pusher** —, hélice propulsive; **right handed** (R. H.) —, hélice à pas à droite; **tractor** —, hélice tractive; **two bladed** —, hélice bipale, à deux pales; **three bladed** —, hélice tripale, à trois pales; **wooden** —, hélice en bois; — **blade**, pale d'hélice; — **blade section**, profil de pale d'hélice; — **boss**, moyeu d'hélice; — **brake**, frein d'hélice; — **disc area**, surface balayée par l'hélice; — **draught**, vent de l'hélice; — **efficiency**, rendement de l'hélice; — **hub**, moyeu d'hélice; — **hub flange**, flasque de moyeu; — **hub spinner**, casserole; — **path**, pas de l'hélice; — **pitch**, pas de l'hélice; — **setting**, calage de l'hélice; — **shaft**, arbre de l'hélice; — **sheathing**, blindage de l'hélice; — **slip**, recul de l'hélice; — **slipstream**, vent, souffle de l'hélice; — **torque**, couple de l'hélice.

Airship, Dirigeable; **moored** —, dirigeable amarré; **rigid** —, dirigeable rigide; **non rigid** —, dirigeable souple; — **engine**, moteur de dirigeable; — **shed**, hangar de dirigeable.

Airworthiness, Navigabilité (avions); **certificate of** —, certificat de navigabilité.

Airworthy, Se comportant bien dans l'air.

Aisle, Aile, bas-côté.

Ajutage, Ajutage.

Akerstoff, Curoir.

Alabrastine, Ressemblant à l'albâtre.

Alarm contact, Crocodile (ch. de fer); **alarm float,** flotteur avertisseur; **alarm telegraph,** télégraphe à mouvement de trembleur; **alarm valve,** soupape de sûreté; **wire break alarm,** avertisseur de rupture de fil (bobine).

Albata, Métal blanc.

Albite, Albite.

Alburn, Alburnum, Aubier.

Alclad, Alclad.

Alcohol, Alcool; **allyl —,** alcool allylique; **anhydrous —,** alcool absolu; **denatured —,** alcool dénaturé; **deshydrogenized —.** aldéhyde; **éthyl —,** alcool éthylique; **hexyl —,** alcool hexylique; **lower —s,** alcools inférieurs; **methyl —,** alcool méthylique; **polyvinyl —,** alcool polyvinylique; **propyl —,** alcool propylique; **— torch,** lampe à souder à alcool.

to Alcoholize, Transformer en alcool; rectifier l'alcool.

Alcoholysis, Alcoolyse; **catalysed —,** alcoolyse catalysée.

Aldehyde, Aldehyde; **unsatured —,** aldehyde non saturé.

Aldonic acids, Acides aldoniques.

Alembic, Alambic; **cast iron —,** alambic de décomposition.

Algae. Algues, **— eliminator,** destructeur d'algues (stérilisateur).

Algebraïc or Algebric, Algébrique; **— geometry,** géométrie algébrique; **— sum,** somme algébrique.

Algebraisation, Algébrisation.

Alginic acide, Acide alginique.

Algorithms, Algorithmes.

Alhylic, Allylique.

Alidade or Alhidade, Alidade, pinnule; **open sight —,** alidade à pinnule; **telescopic —,** alidade à lunette.

to Alight, Atterrir, amerrir.

Alighting, Atterrissage; **— gear,** train d'atterrissage.

to Align, Aligner.

Aligned, Aligné.

Alignment, Alignement; **in —,** en ligne; **out —,** desaxé; **— chart,** abaque.

to Aline, Aligner.

Aliphatic, Aliphatique; **— acid,** acide aliphatique; **— aldimmines,** aldimines aliphatiques; **— ketones,** cétones aliphatiques.

Alive, Parcouru par le courant électrique sous tension; exploitable (min.).

Alkali, Alkali; **mineral —,** carbonate de soude; **vegetable —,** carbonate de potassium; **— chloride,** chlorure alcalin; **— of tar,** parvoline; **— waste,** résidus, charrée de soude; **— works,** soudière.

Alkaline, Alcalin; **— battery,** batterie alcaline; **— earth metals,** métaux alcalins, terreux; **— metals,** métaux alcalins.

Alkalinity, Alcalinité.

Alkanet, Ozcanète.

Alkannin, Alcannine.

Alkenyl silanes, Silanes alcoyléniques.

Alkyl ether, Ether alcoylique.

Alkylate, Alcoolat, alkylat, alcoylat.

Alkylation, Alcoylation, alkylation.

Alkylbenzenes, Alcoylbenzènes.

Alkylol-amide, Alcoylalcoolamide.

All electric, Entièrement électrique.

All-metal, Entièrement métallique; — **construction,** construction entièrement métallique.

All pass filter, Filtre passe-tout.

All-purpose, Universel.

All service, Tous services, universel.

All-steel, Tout acier.

All wave, Toutes ondes; — **receiver,** récepteur toutes ondes.

All welded, Entièrement soudé.

Alley arm, Support d'angle, support d'équerre.

Allied industries, Industries connexes.

Alligation, Alliage; **alternate —,** alliage inverse; **medial —,** alliage direct; **rule of —,** règle d'alliage; **— of gold with copper and silver,** carature.

Alligator crusher, Concasseur à mâchoires; **alligator wrench,** clef à tubes.

Allision, Choc.

Allotropic, Allotropique.

Allotropy, Allotropie.

to Allow, Se coaguler.

Allowance, Correction; tolérance; détaxe; franchise; indemnité; **— for machining,** surépaisseur pour l'usinage; **free —,** franchise; **grinding —,** surépaisseur pour le meulage.

Alloy, Alliage, titre, potée; **binary —,** alliage binaire; **copper base —,** alliage à base de cuivre; **high temperature —,** alliage résistant à haute température; **light or light weight —,** alliage léger; **light — sheet,** tôle en alliage léger; **low — steel,** acier faiblement allié; **quaternary —,** alliage quaternaire; **steel —,** acier allié; **ternary —,** alliage ternaire; **— cast iron,** fonte alliée.

to Alloy, Allier.

Alloyed, Allié.

Alloying elements, Constituants d'alliage.

Alluvia, Terres d'alluvion.

Alluvial, Alluvial, alluvionnaire; **— deposit,** dépôt alluvial, **— stone,** pierre de tuf.

Alluvium, Alluvion.

Allyl alcohol, Alcool allylique.

Allylic, Allylique.

Alnico, Alliage d'aluminium, nickel, cobalt.

Aloe rope, Câble en aloès.

Alpax, Alpax.

Alpha particules, Particules alpha.

Alquifou, Alquifoux, sulfure de plomb.

Altait, Tellure de plomb.

Alteration, Changement, variation; **— in length,** changement de longueur; **— of angle,** déformation angulaire, glissement; **— of load,** variation de charge.

Alternating, Alternatif (élec.); **— current,** courant alternatif; **— current commutator motor,** alternomoteur à collecteur; **— current generator,** alternateur; **— current motor,** alternomoteur; **— magnetic field,** champ alternatif.

Alternation, Alternance.

Alternative, En variante.

Alternator, Alternateur (élec.); **asynchronous —,** alternateur asynchrone; **heteropolar —,** alternateur hétéro polaire ou à flux alterné; **high frequency —,** alternateur à haute fréquence; **homopolar —,** alternateur homopolaire; **monophase —,** alternateur monophasé; **multiphase or polyphase —,** alternateur polyphasé; **radio-frequency —,** alternateur à haute fréquence; **umbrella type —,** alternateur type parapluie; **— generator,** générateur à alternateur.

Altimeter, Altimètre; **barometric** —, altimètre barométrique; **electronic** —, altimètre électronique; **radio** —, sondeur altimétrique; **recording** —, altimètre enregistreur; **reflection** —, altimètre à réflexion; **sonic** —, altimètre sonique.

Altimetric, Altimétrique.

Altimetry, Altimétrie.

Altitude, Hauteur, altitude (astr.) **operating** —, altitude d'utilisation; **rated** —, hauteur de rétablissement (aviat.); — **chamber,** chambre d'altitude.

Alum, Alun; **ammonia** —, alun ammoniacal; **ammonium** —, alun d'ammonium; **chromic** —, alun de chrome; **iron** —, alun de fer; **potash** —, alun ordinaire; **volcanic** — **stone,** alunite; — **bath,** bain aluné; — **battery,** pile d'alun; — **boiler,** chaudière à alun; — **maker,** alunière; — **mine,** alunière; — **shales,** shistes alunifères; — **slate,** shiste alunifère.

to Alum, Aluner, Aluminer.

Alumina, Alumine; **activated** —, alumine activée; **sinter** —, alumine frittée.

Alumination, Aluminage.

Aluming, Alunage, alunation.

Aluminite, Aluminite.

Aluminium or **Aluminum,** Aluminium; — **alloy,** alliage d'aluminium; — **cable,** câble en aluminium; — **coating,** aluminiage; — **foil,** feuille d'aluminium; — **paint,** peinture d'aluminium; — **powder,** aluminium en poudre; — **sheet,** tôle d'aluminium; — **tube,** tube en aluminium.

Aluminothermy, Alumino-thermie.

Aluminous, Alumineux; -- **cement,** ciment alumineux; — **flux,** fondant alumineux; — **pit coal,** houille alumineuse.

Alundum, Alundon, alumine hydratée pour le meulage; — **wheel,** meule en alundon.

Alunite, Alunite.

Alutation, Tannage.

A.M., Amplitude Modulation.

Amalgam, Amalgame; — **for copper silvering,** amalgame pour argenter sur cuivre; — **gilding,** dorure au sauté.

to Amalgamate, Amalgamer.

Amalgamating, D'amalgamation; — **barrel or tub,** tonneau d'amalgamation; — **mill,** moulin à amalgamer; — **pan,** chaudière d'amalgamation; — **skin,** chamois.

Amalgamation, Amalgamation.

Amalgamator, Machine pour amalgamer.

Amazon stone, Feldspath vert, céladon.

Amber, Ambre; **mineral** —, minerai d'ambre; — **varnish,** vernis à l'ambre.

Ambient, Ambiant; — **temperature,** temperature ambiante.

Ambroin, Ambroïne.

Ambulance, Ambulance; — **plane,** avion sanitaire.

Ambulator, Hodomètre, odomètre.

to Amend, Amender.

American twist joint, Torsade.

Americium, Américium.

Amianthus, Amiante.

Amiantine wood, Asbeste ligneux.

Amide, Amidure; **alkali** —, amidure alcalin.

Amidines, Amidines.

Amidochloride of mercury, Chloramide de mercure.

Amidone, Amidone.

Amidrazones, Amidrazones.

Amines, Amines; **acetylenic** —, amines acétyléniques; **diazotized** —, amines diazotées.

Amino acids, Acides aminés, aminoacides.

Ammeter, Ampèremètre (voir aussi **Voltmeter** pour certaines expressions); **clamp** —, ampèremètre à pinces; **dead beat** —, ampèremètre apériodique; **eccentric iron disk** —, ampèremètre à disque de fer excentrique; **electrostatic** —, ampèremètre électrostatique; **hot band** —, ampèremètre thermique; **hot wire** —, ampèremètre thermique; **magnetic vane** —, ampèremètre à répulsion; **magnifying spring** —, ampèremètre à ressort amplificateur; **marine** —, ampèremètre à ressort; **milli** —, milliampèremètre; **moving coil** —, ampèremètre à cadre mobile; **pointer stop** —, ampèremètre à arrêt de l'aiguille; **recording** —, ampèremètre enregistreur; **spring** —, ampèremètre à ressort antagoniste; **steel guard** —, ampèremètre à balance; **thermal** —, ampèremètre thermique; — **commutator,** ampèremètre commutateur.

Ammonal, Ammonal.

Ammonia, Ammoniaque, gaz ammoniac; **hydrosulphur of** —, sulfhydrate d'ammoniaque; **synthetic** —, ammoniaque synthétique; — **alum,** alun ammoniacal, — **casting,** fonte pour ammoniaque; — **leaching,** lessivage à l'ammoniaque; — **salt,** sel ammoniac.

Ammoniated, Ammoniacé, ammoniaqué.

Ammonio muriatic copper, Chlorhydrate cuproammoniacal.

Ammonite, ammite, Ammoniure.

Ammonium, Ammonium; — **alum,** alun d'ammonium; — **carbonate,** carbonate d'ammoniaque; — **nitrate,** nitrate d'ammonium; — **sulphate,** sulfate d'ammonium.

Ammonuriet of liquid copper, Liqueur cuproammoniacale.

Ammunition, Munitions, projectiles, explosifs; — **belt,** bande de cartouches; — **box,** caisse à munitions; — **feed,** couloir d'alimentation.

Amorphous, Amorphe; — **phosphate,** phosphate amorphe.

Amortization or **Amortizement,** Amortissement; — **charges,** frais d'amortissement.

Amount, Teneur, tassement; — **of displacement,** amplitude de déplacement; — **of over balance,** masse additionnelle, contrepoids.

to Amount to, Se monter à.

Amp. (abréviation pour Ampere) (Ampère); **Amp-hr,** Ampere hour (Ampèreheure).

Amperage, Ampèrage.

Ampere, Ampère; — **hour,** ampère-heure; — **ring,** ampère tour; — **turn,** ampère-tour; **magnetising** — **turn,** ampère-tour magnétisant; — **turns,** contre-ampère-tours; — **volt,** watt.

Amperemeter or **Amperometer** (voir **Ammeter**), Ampèremètre; **hot wire** —, ampèremètre thermique.

Amperometric, Ampérométrique; — **titration,** titrage ampérométrique.

Amphibian, Amphibie, avion amphibie.

Amphibious, Amphibie; — **vehicle,** véhicule amphibie.

Amp-hr, Ampèreheure.

Amplidyne, Amplidyne.

Amplification, Amplification; — **factor,** facteur d'amplification.

Amplifier, Amplificateur; **audio** —, amplificateur basse fréquence; **cascade** —, amplificateur à plusieurs étages; **chain** —, amplificateur en chaîne; **crystal** —, amplificateur à cris-

tal; **d. c.** —, amplificateur à
courant continu; **decade** —,
amplificateur à décade; **electronic** —, amplificateur électronique; **equalizing** —, amplificateur égalisateur; **high frequency** —, amplificateur à haute
fréquence; **high gain** —, amplificateur à gain élevé; **limiter** —,
amplificateur limiteur; **low frequency** —, amplificateur basse
fréquence; **magnetic** —, amplificateur magnétique; **one stage**
—, amplificateur à un étage;
poly-stage —, amplificateur à
plusieurs étages; **retroactive** —,
amplificateur à réaction; **rotating** —, amplificateur tournant; **two, three, four stage** —,
amplificateur à deux, trois,
quatre étages; **wide band** —,
amplificateur à large bande.

Amplifying detector, Détecteur
amplificateur.

Amplitude, Amplitude; **distortion** —, distorsion d'amplitude;
magnetic —, déviation magnétique; **vertical** —, levée; **—
compass,** compas à variation;
— modulation, modulation en
amplitude.

A. m. u., Atomic mass unit
(unité de massse atomique).

Amyl acetate, Acétate d'Amyle.

Amyl alcohol or **hydrated Amyloxide,** Alcool amylique.

Anaglyphs, Anaglyphes.

Anallagmatic, Anallagmatique.

Analog, Analogue; par analogie;
— method, méthode par analogie.

Analyse or **Analysis,** Analyse;
colorimetric —, analyse colorimétrique; **conducimetric** —, analyse par conductibilité; **dimensional** —, analyse dimensionnelle; **harmonic** —, analyse
harmonique; **polarographic** —,
analyse polarographique; **proximate** —, analyse immédiate;
qualitative —, analyse qualitative; **quantitative** —, analyse

quantitative; spectrochemical—,
analyse spectrochimique; **spectrographic** —, analyse spectrographique; **spectroscopic** —, analyse spectroscopique; **volumetric** —, analyse volumétrique;
— by dry process or **— in
the dry way,** analyse par voie
sèche; **— by wet process,** analyse par voie humide.

Analyser, Analyseur, prisme de
dispersion; **delivery rate** or **flow**
—, analyseur de débit; **electric**
—, electrolyseur (élec.); **electrostatic** —, analyseur électrostatique; **flight** —, analyseur
de vol, **flue gas** —, analyseur de gaz de combustion;
gas —, analyseur de gaz; **harmonic** —, analyseur harmonique; **ignition** —, analyseur
d'allumage; **infrared** —, analyseur à rayons infrarouges;
spectrum —, analyseur de spectre; **water** —, analyseur d'eau;
wave —, analyseur d'onde.

Analysing ruler, Règle d'analyse.

Analysis, Voir **Analyse.**

Analytic, Analytique; **— continuation,** prolongement analytique; **— geometry,** géométrie
analytique.

Analytical, Analytique; **micro** —,
microanalytique.

Anamorphosis, Anamorphose.

Anastigmat (lens), Anastigmate
(lentille).

Anatase, Anatase.

Anchor, Ancre, tirant, grappin,
sabot à vis; armature (élec.);
backing —, ancre de corps
mort; **blades of the** — or
palms of the —, oreilles de
l'ancre; **cross** —, barre de
retenue transversale; **crown of
the** —, collet, diamant de
l'ancre; **drag** —, ancre de
dérive; **explosive** —, ancre explosive; **rocket propellant** —, ancre
d'atterrissage à fusée; **sea** —,
ancre flottante; **shackle of the**

—, cigale de l'angle; **tie** —, ancre de voûte; — **bolt**, boulon d'ancrage; — **bushing**, patte d'ancrage; — **plate**, contreplaque, plaque d'ancrage; — **shoe** or — **shank**, verge d'ancrage; — **stick** or — **stock**, jas de l'ancre; — **wire insulator**, isolateur de fil d'amarrage.

Anchorage, Encastrement.

Anchoring, Ancrage, amarrage, mouillage.

Anchusa, Voir **Alkanet**.

Ancillary services, Servitudes de bord (aviat.).

Andaman red-wood, Bois de corail.

Anechoic or **Anechoïd chamber** (or **room**), Chambre sourde, sans écho.

Anelasticity, Inélasticité.

Anemograph, Anémographe.

Anemometer, Anémomètre; **cup** —, anémomètre à coupe, à coquilles; **hot wire** —, anémomètre à fil chaud; **ionization** —, anémomètre à ionisation; **recording** —, anémomètre enregistreur; **windmill** —, anémomètre à moulinet.

Aneroid, Anéroïde; — **barometer**, baromètre anéroïde; — **capsule**, capsule barométrique.

Angle, Angle, coude, équerre, cornière; **acute** —, angle aigu; **adjacent** —**s**, angles adjacents; **apsidial** —**s**, angles absidiaux; **blade** —, angle d'aube (turbine); **boiler** — **seam**, cornière de bordure de chaudière; **boom** —, cornière de nervure; **boundary** —, angle de raccordement; **bulb** —, cornière à bourrelet; **bull** —**s**, fer à boudin; **clearance** —, angle de dépouille; **continuous** —, angle adjacent; **corner** —, angle d'attaque; **critical** —, angle critique; **cutting** —, angle de taillant;

dihedral —, dièdre; **draft** —' angle de dépouille; **drifting** —' angle de dérive; **external** —, angle externe; **fishing** —, angle d'appui de l'éclisse; **flange** —, cornière bride; **gliding** —, angle de plané; **grinding** —, angle d'affûtage; **groove for** — **web**, rainure du cylindre de la machine à cintrer les cornières; **ground** —, angle de prise de vol (aviat.); **internal**—, angle interne; **hour** —, angle horaire; **lead** —, angle d'avance; **limit** —, angle limite; **obtuse** —, angle obtus; **optical** —, angle optique; **plane** —, angle plan; **pressed** —, équerre emboutie; **rake** —, angle de dégagement; **relief** —, angle de dépouillement; **reversed** — **iron**, cornière renversée; **roll** —, angle de fond; **running board** —, cornière de tablier (ch. de fer); **sharp** —, angle vif; **sharpening** —, angle d'affûtage; **solid** —, polyèdre; **stalling** —, angle critique (aviat.); **tail setting** —, angle de calage du plan fixe; **thread** —, angle au sommet (pas de vis); **tilt** —, angle d'inclinaison; **tooth** —, angle de la dent; **wide** —, grand angle (photo); — **angle**, angle de phase; — **at top**, angle de taille (scie); — **bar**, profilé, cornière; — **bevel**, fausse équerre, sauterelle; — **blocks**, tins (bassin de radoub), cales, taquets; — **brace**, foret à angles, potence à pignons, contre-fiche; — **bracket**, console à équerre; — **collar**, cornière emboutie; — **course beam**, console sur poutrelle; — **dozer**, bulldozer à tablier incliné; — **fillet**, taquerie; — **fishplate**, éclisse cornière; — **flange**, bride angulaire; — **gauge**, goniomètre; — **iron**, cornière, fer d'angle; — **iron bumper**, tampon à plaque à surface courbe (ch. de fer); — **iron diaphragm**, équerre de fermeture; — **joint**, joint à angles; — **heel**, quille d'angle; — **lever**, levier coudé;

— locking, tenon oblique; — meter, goniomètre; — of advance, saut, fente (dent à chevrons); — of backing off, angle de coupe de la lame (cisaille); — of bend, angle de pliage; — of contact, angle de contingence; — of departure, angle de projection; — of depression, angle de tir, de pointage (négatif); — of descent, angle de chute; — of dispart, angle de tir; — of displacement, angle d'amplitude; — of dive, angle de piqué; — of draft, angle de traction; — of elevation, angle de tir (positif); — of flange, angle de bride; — of friction, angle de frottement; — of incidence, angle d'incidence; — of inflection of a plane, basile de rabot; — of lag, angle de décalage des phases (élec.); — of lapping, angle de déroulement (courroie); — of lead, angle d'avance, de décalage, de direction; — of polar span, angle d'enveloppe des pièces polaires (élec.); — of projection, angle de tir; — of rake, angle de tranchant; — of repose, angle de frottement ou d'éboulement; — of resistance, angle de frottement; — of roll, angle de roulis; — of side slip, angle de dérapage; — of sight, angle de site; — of the shoe, épointement du sabot (pilotis); — of throat, angle d'une dent (scie); — patching, rapiéçage des tôles d'angle; — pipe, raccord coudé, tuyau cintré; — plate, équerre; — reducer, genou de réduction; — ring stiffening, renforcement par fer cornière; — seam, assemblage à tôle emboutie; — sleeker, équerre à lisser; — splice bar, éclisse cornière; — stop, équerre d'arrêt (ch. de fer); — table, console de la table (tour); — terminal, angle au sommet (cristal); — tie, lien, tirant incliné.

Angular, Angulaire; — cutter, fraise d'angle; — distance, distance angulaire; — frequency, fréquence angulaire; — gearing, engrenage conique; — iron band, ferrure angulaire; — motion, mouvement angulaire; — point, sommet; — retaining wall, aile en retour d'un mur de soutènement; — thread, filet pointu, tranchant; — velocity, vitesse angulaire.

Angulometer, Appareil pour la mesure des angles extérieurs.

Anhydrid or **Anhydride**, Anhydride.

Anhydrous, Anhydre.

Aniline, Aniline; — tailings, queues d'aniline.

Anion, Anion, ion négatif.

Anionic, Anionique.

Anisotropic, Anisotropique; — alloy, alliage anisotropique.

Anisotropy, Anisotropie; — paramagnetic —, anisotropie paramagnétique.

to Anneal, Recuire (métal); to — bricks, cuire les briques.

Annealed, Recuit; détrempé; — cast iron, fonte malléable.

Annealing, Recuit, détrempe; isothermal —, recuit isotherme; — arch, carcaise; — box, pot de cémentation; — colour, couleur de recuit; — furnace, four à recuire; — kiln (voir Arch); — ore, minerai pour fonte malléable; — oven, estrique.

Annuity, Annuité.

Annular, Annulaire; — engine, machine à fourreau; — float, flotteur annulaire; — gear and pinion, engrenage à denture intérieure; — kiln, four circulaire; — saw, scie circulaire, scie à ruban; — valve, clapet annulaire.

Annulation, Formation annulaire.

Annulus, Anneau tore, espace, annulaire; **exhaust** —, surface balayée par une aube de la dernière rangée d'une turbine.

Anode, Anode, électrode positive (élec.); **cooled** —, anode refroidie; **split** —, anode fendue; — **spots,** points anodiques.

Anodic, Anodique; — **oxidation,** oxydation anodique.

to **Anodize,** Anodiser.

Anodized, Anodisé, oxydé anodiquement.

Anodizer, Anodiseur.

Anodizing process, Procédé anodique.

Anodizing tank, Bac d'ionisation.

Anointing, Graissage.

Anolyte, Anolyte.

Ant., Antenna, Antenne.

Antacid, Résistant aux acides.

Antechamber, Chambre de décantation; écluse d'air.

Ante meridiem (A. M.), De la matinée.

Antenna (pluriel **Antennae**), Antenne (s'applique plus spécialement à la réception) en Angleterre; voir **Aerial** pour l'émission. En Amérique, Antenna est le seul terme employé); **artificial** —, fausse antenne; **beam** or **directional** —, antenne directionnelle; **dumb** —, fausse demi-antenne; **flush mounted** —, antenne à fente; **grid** —, antenne à grille; **half wave** —, antenne en demi-longueur d'onde; **harp** —, antenne en harpe; **helical** —, antenne en hélice; **inverted** —, antenne en L renversé; **mute** —, fausse antenne; **parabolic** —, ar.tenne parabolique; **radar** —, antenne du radar; **receiving** —, antenne réceptrice; **rhombic** —, antenne rhombique; **sending** —, antenne d'émission; **T** —, antenne en T;

television —, antenne de télévision; **transmitting** —, antenne d'émission; — **array,** système d'antennes couplées; — **tuning,** accord d'antenne.

Anthracene, Anthracène.

Anthracite, Anthracite; **fibrous** —, charbon de bois minéral; — **coal,** charbon anthraciteux.

Anthraquinone, Anthraquinone.

Antiaircraft, Antiaérien; — **gun,** canon antiaérien; — **gunnery,** artillerie contre avions; — **sight,** grille de visée.

Anti-attrition, Antifriction, graissage pour essieux.

Antibacklash, Rattrapage de jeu.

Antibiotic, Antibiotique.

Anticapacitance, A capacitance minimum.

Anticer, Antigivreur.

Anticipator, Anticipateur.

Anticline, Anticilinal.

Anticoincidence, Anticoïncidence.

Antiflash, Antilueur.

Antiferromagnetism, Antiferromagnétisme.

Antifouling, Préservatif; anticorrosif; — **composition,** enduit préservatif.

Antifreeze, Antigel.

Antifreezing mixture, Mélange antigel.

Antifriction, Antifriction (métal); — **pipe carrier,** support de galet à tourillon coulissant (ch. de fer); — **pivot,** tourillon antifriction.

Antigas, Antigaz.

Anti-icing, Anti-givre.

Antiknock, Antidétonant.

Antileak, Étanche.

Antilogarithm, Cologarithme.

Antimonides, Antimoniures.

Antimony, Antimoine; **compact grey streaked** —, antimoine gris compact; **flowers of** —, fleurs argentées d'antimoine; **grey** — **ore,** sulfure d'antimoine; **oil of** —, huile d'antimoine; **red** —, vermillon d'antimoine; oxysulfure d'antimoine; **regulus of** —, régule d'antimoine; — **fluoride,** fluorure d'antimoine; — **glance,** antimoine gris ou sulfuré.

Antinode, Ventre (phys.), voir aussi **Loop; current** —, ventre d'intensité.

Anti-priming pipe, Crépine.

Antiquarian, Papier à dessin anglais (52×31).

Antiresonance, Antirésonance.

Antiresonant, Antirésonant.

Anti-rolling, Anti-roulis.

Antirust, Antirouille.

Anti-skid, Antidérapant; — **chain,** chaîne antidérapante.

Anti-smoke, Fumivore.

Antisub or **Antisubmarine,** Anti-sous-marin.

Anti-tank, Anti-char; — **gun,** canon anti-char.

Antivibration, Antivibration.

Anvil, Enclume, tasseau, bigorneau; **bench** —, petite enclume, enclumeau; **bottom** —, enclume à former le fond; **chasing** —, enclume à emboutir, à arrondir les tôles; **embossing** —, enclume à emboutir; **file cutting** —, enclume à limes; **grooved** —, enclume sillonnée; **hand** —, enclumeau, enclumette; **horn for the** — **beak,** corne de l'enclume; **little** —, enclumette; **single arm** —, bigorne; **small** —, chaploir, potence, cloutière; **sock** —, tasseau; **thin** —, bigorne; **two-beaked** —, bigorne d'établi; — **and hammer,** tas du martinet, espatard; — **beak,** bigorne; — **bed,** chabotte, javotte, semelle, socle de l'enclume; — **block,** billot, chabotte, tronchet de bigorne; — **chisel,** tranche; — **cinders,** scories, battitures d'enclume; — **cushion,** bloc à chabotte; — **dross,** battitures; — **edge,** bord de l'enclume; — **face,** table de l'enclume; — **foot,** jambe d'enclume; — **for cutting files,** tas pour tailler les limes; — **for slaters,** enclume de couvreur; — **horn,** bigorne; — **pallet,** étampe; — **pillar,** poitrine d'enclume; — **plate,** table d'enclume; — **side,** jambe d'enclume; — **smith,** forgeron d'enclumes; — **stake,** tasseau, tas à queue; — **stock,** billot d'enclume; — **with one arm,** enclume à potence.

to Anvil, Forger à l'enclume.

A. O. V. (Automatically operated valve or automatic valve), soupape automatique.

Aperiodic, Apériodique; — **antenna,** antenne apériodique.

Aperture, Ouverture, fenêtre, rainure, orifice; **discharge** —, pertuis, trou de coulée, ouverture de la coulée (h. f.); **gun** —, meurtrière; **lens** —, ouverture d'objectif; **multiple** —, à ouvertures multiples.

Apex (pluriel **Apices**), Pointe, sommet (de la courbe), d'un cône.

Aphlogistic lamp, Lampe de sûreté (min.).

A. P. I., American Petroleum Institute.

Aplanetic, Aplanétique.

Aplanetism, Aplanétisme.

A pole, Poteaux couplés.

Apparatus (pluriel **Apparatuses**), Appareil, attirail; **deodorising** —, appareil de désodorisation; **electric display** —, appareil électrique de publicité; **electro-medical** —, appareil electro-medical; **fire extinguishing** —, appareil extincteur d'incendie; **self acting** —, appareil automatique; **smoke consu-**

ming —, appareil fumivore; **wireless** —, appareil de T.S.F.; — **for disengaging**, déclic, désembrayage; — **of resistance**, pont de Wheatstone.

Apparent, Apparent; — **diameter,** diamètre apparent; — **power,** puissance apparente (élec.).

Appendage, Empennage.

Appendix, Appendice.

Appliance, Mécanisme, appareillage; —**s,** appareils, outillage, articles; **domestic** or **household** —**s,** appareils ménagers; **lifting** —, appareils de levage.

Applicate, Nombre concret.

Application, Pratique; **theory and** —, théorie et pratique.

correct Application of cutter, Affûtage droit du tranchant; **application of the turning tool,** approche de l'outil de tour.

Applicator, Applicateur.

to Appraise, Évaluer, estimer.

Apprentice, Apprenti.

Apprenticeship, Apprentissage.

Approach, Approche, prise de terrain, atterrissage (aviat.); **blind** —, atterrissage sans visibilité; **crossing** or **raised** —, rampe d'accès; **instrument** —, approche aux instruments; **landing** —, prise de sol (aviat.); **methods of** —**es,** méthode des approximations successives; — **area,** zone d'approche; — **lighting,** approche lumineuse; — **lights,** feux d'approche, rampes lumineuses; — **portal,** couloir repère d'atterrissage; cadre; — **speed,** vitesse d'approche.

Apron, Radier, arrière-radier, plate-forme d'une écluse; plancher d'une darse; tablier (tour), plaque-écrou (tour); airport —, aire, piste; **concrete** —, piste en béton; — **lathe,** tour à tablier; — **pieces,** échifrre.

Apsidial angles, Angles absidiaux.

Apyrous, Incombustible, infusible.

Aquadac, Revêtement de graphite.

Aqua fortis, Eau-forte; **diluted** — eau seconde.

Aqueous, Aqueux; — **solution,** solution aqueuse.

Arabic acid, Acide arabique.

Arachid oil, Huile d'arachide.

Aramco, Arabian American Oil Co.

Araneous paws, Pattes d'araignées (coussinets).

Arbitrage or **Arbitration,** Arbitrage; — **analysis,** analyse arbitrale.

Arbitror, Arbitre.

Arbor, Arbre (mach.), surtout aux Etats-Unis, voir **Shaft;** mandrin; **cutter** —, mandrin, arbre porte-fraises; **milling** —, mandrin de fraisage; **turning** —, arbre d'un tour à l'archet; — **shaft,** joint à la cardan; — **support,** contre-palier (mach. — outil), lunette; — **wheel,** treuil.

Arbor work, Treillis, grillage.

Arc, Arc (géom., élec.); **break** —, arc de rupture (élec.); **carrier** —, or **guide** —, courbe de glissement de l'accouplement (ch. de fer); **flaming** —, arc flambant (élec.); **grip-hold** —, arc embrassé (frein à lame); **hissing** —, arc sifflant (élec.); **interruption** —, arc de rupture (élec.); **Poulsen** —, arc Poulsen; **shunt wound** — **lamp,** lampe à arc en dérivation; **singing** —, arc musical; **submerged** —, arc immergé; — **back,** retour d'arc; — **chamber,** cuve de l'arc; — **column,** colonne d'arc; — **drop,** chute d'arc; — **lamp,** lampe à arc; — **of action,** arc d'engrènement; — **quencher,** extincteur d'arc; — **rupturing,** rupture d'arc; — **shears,** cisailles à arc; — **welding,** soudure à l'arc électrique.

to Arc, Faire jaillir un arc, amorcer l'arc.

Arcade, Arcade; **intersecting —,** arcature entrecoupée.

Arcasse, Arcasse (c. n.).

Arch, Tonture, bouge, cintre, ferme, arcade, arche, arcure, chevalement, cadre (mines), partie d'un filon non encore exploitée; **caterpillar —es,** arches à chenilles; **elliptic —,** arc en anse de panier; **entire —,** voûte en plein cintre; **fire —,** four à fritte; **full centre —,** voûte en plein cintre; **hinged —,** ferme sur rotules; **stilled —,** arc surhaussé; **three hinged —,** arc à trois rotules; **tuyere —,** voûte, encorbellement de la tuyère; **tympo —,** voûte de la tympe; **upholding the —,** soutènement de la voûte; **voussoir —,** arche à voussoir; **— brace,** arc-boutant, contrefort; **—brick,** brique à voûte, brique couteau; **— buttress,** arc-boutant; **— dam,** barrage voûte; **— lid,** couvercle de la voûte; **— like,** voûté, en forme de voûte; **— pillar,** jambage; **— plate,** plaque de voûte; **— stone,** claveau, voussoir. **— way,** voûte, passage voûté.

to Arch, Faire des voûtes, cintrer, voûter.

Archaeologist, Archéologue.

Archaeology, Archéologie.

Arched, Arqué, cintré; **— false work,** cintre; **— girder,** ferme en arc; **— hollow,** évidement en arc; **— level,** passage en maçonnerie; **— way or arch-way,** voûte, passage voûté; **— roof with smooth surface,** toiture en arc à intrados lisse.

Archimedean drill, Foret à vis d'Archimède; **archimedean water screw,** escagot.

Arching (of a flue), Couverture, recouvrement (d'un carneau).

Archlike, En voûte, voûté.

Architect, Architecte; **naval —,** ingénieur naval.

Architecture, Architecture.

Archivist, Archiviste.

Arcing, Formant un arc; disrupture; formation, amorçage d'arc (élec.); **— time,** durée de l'arc.

Arcuature, Courbure d'un arc.

Ardent spirit, Esprit de vin.

Area, Aire, superficie, zone, champ d'action; **approach —,** zone d'approche; **carrying —,** surface portante; **clearance —,** surface de l'interstice (tub.); **combustion —,** chambre de combustion; **deficiency —,** surface négative (diagramme); **departure —,** zone de départ; **excess —,** surface positive (diag.); **frontal —,** surface frontale; **grate —,** surface de grille; **holding —,** zone d'attente (aviat.); **landing —,** aire d'atterrissage; **power —,** aire d'influence; **reduction of —,** striction; **sail —,** surface de voilure; **slewing —,** champ de rotation (d'une grue); **stressed —,** aire de la section de fatigue; **tail —,** surface de queue; **unit —,** unité de surface; **walled —,** aire de grillage; **wing —,** surface d'ailes, surface portante; **— for roasting,** lit de grillage; **— of bearing,** surface d'appui (d'un palier); **— of fire bars,** surface de grille; **— of site,** encombrement; **— served by crane,** champ de travail de la grue.

to Arefy, Sécher.

Arena, Arène, sable argileux.

Areometer, Aréomètre.

Argent, D'argent, brillant.

Argil, Argile.

Argillaceous, Argileux.

Argilo-siliceous, Argilo-siliceux.

Argol or **Argal,** Tartre brut.

Argon, Argon; — arc welding, soudage argonarc; — lamp, lampe à argon.

Argyrodamas, Mica.

Arithmetic, Arithmétique; — mean, moyenne arithmétique.

Arithmetics, Arithmétique.

Arizonite, Arizonite.

Arm, Bras, potence, biellette, croisillon, rayon d'une roue; axle —, boîte à coussinet; beam —, jambe de force; control —, levier de commande; crank —, bras coudé de manivelle; extension —, bras d'extension; hinged dog hook —, bras à crampon; lenghtened — of a wheel, aisselier; linked —, biellette articulée; oscillating —, bras oscillant; overhanging —, nez de support (de broche fraiseuse), col de cygne (mach.-outil); reversing —, levier de renversement, de marche; rocking —, brimbale, bringuebale; set of —s, système de bras; steering drop—, bielle de direction (auto); supporting table —, support de la table (mach.-outil); swivelling overhanging —, poupée inclinable, de fraiseuse; tail —, contre-fiche; trolley —, perche de prise de courant; — file, lime à bras, carreau; — of the sieve, archet de crible; — of a wheel, rayon, rais d'une roue; — rest, accoudoir; — saw, scie à main.

Arms, Branches (de tenailles); fusée d'essieu; bras d'un levier; branches du pont de Wheatstone (élec.).

to Arm, Armer, garnir, équiper; to — a piece of timber, armer une pièce de charpente.

Armament, Armement.

Armature, Armature, rotor, induit (élec.); balanced —, induit centré; bar wound —, induit à barres; boiler —, garniture de chaudière; cylindrical —, armature en tambour; disc —, induit en disque, en anneau plat; double spoke —, induit à double bras; drum —, induit à tambour; girder —, induit Siemens; H —, induit en double T; hinged —, induit à charnière; milled —, induit fraisé; radial coil —, induit à pôles intérieurs; revolving —, induit tournant; shuttle —, induit en double T; tunnel —, induit à trous; two circuit —, induit à deux circuits; wire wound —, induit à fils; — casing, enveloppe d'induit; — coil, enroulement d'induit; — core, noyau de l'induit; — core disc, disque en tôle de l'induit; — cross, étoile de l'armature; — factor, nombre des fils d'induit; — grooves, encoches d'induit; — inductor, fil de l'induit; — leakage, dispersion d'induit; — pocket, encoche de l'armature; — reactance, réaction d'induit; — slot, encoche d'induit; — stray flux, flux de dispersion dans l'induit; — structure, corps de l'induit; — teeth, denture d'induit; — winding, enroulement, bobinage de l'induit.

Armed (short or **long) (balance)**, A fléau (court ou long).

Armenian stone, Lapis-lazuli.

Armilla, Coussinet.

Armour or **Armor**, Cuirasse (de navire), armure, blindage; blast furnace —, blindage de haut fourneau; side —, cuirasse verticale; — belt, ceinture cuirassée; — plate or plating, plaque de blindage; — shield, abri cuirassé, blockhaus, bouclier.

to Armour, Armer.

Armoured or **Armored**, Armé (câble); blindé; — belt, ceinture cuirassée; — hose, tuyau flexible armé.

Armourer, Armurier.

Armouring, Armature; iron —, armature en feuillard.

Aromatic, Aromatique; **highly** —, à haute teneur en aromatiques; — **compounds**, composés aromatiques; — **distillate**, distillat aromatique; — **hydrocarbon**, hydrocarbure aromatique; — **ring**, noyau aromatique; — **series**, série aromatique.

to Arrange, Placer, disposer; — **the sand round the mould**, labourer (fond.).

Arrangement, Agencement, disposition, dispositif; **cut up** — **of workshops**, installation d'ateliers à bâtiments séparés; **improved** —**s**, moyens, dispositifs de fortune; **relief** —, dispositif d'équilibrage; **rock** —, couche du terrain.

Array, Système; **antenna** —, système d'antennes couplées.

Arrears, Rappel.

Arrester, Séparateur, parafoudre; **electrolytic** —, parafoudre électrolytique; **expulsion** —, parafoudre à expulsion; **fire** —, pare-flammes; **flame** —, coupe-flamme, arrête-flamme; **flyash**—, séparateur d'escarbilles; **lightning** —, paratonnerre, parafoudre; **oxide film** —, parafoudre à pellicule d'oxyde; **roller** —, parafoudre à rouleaux; **spark** —, pare-étincelles.

Arris, Arête.

Arrow, Flèche, fiche d'arpenteur, zéro (d'un vernier); **Broad** —, marque de l'Etat (Angleterre); —. **head**, flèche (de la cote d'un dessin); — **point bracing**, entretoisement à triangles.

Arsenal, Arsenal.

Arsenate, Arsénate, — **of lead**, arsénate de plomb.

Arseniate, Arséniate.

Arsenic, Arsenic; **containing** —, arsenical, arsenifère; **flaky** —, acide arsénieux; **red** —, réalgar; **yellow** —, arpiment, arpine.

Arsenical, Arsenical.

Arsenide, Arseniure.

Arsenious, Arsénieux, — **oxyde**, oxyde arsénieux.

Arsine, Hydrogène arsénié.

Arson, Incendie par malveillance.

Artesian well, Puits artésien.

Articulated, Articulé; **8 wheel** —, à deux paires d'essieux couplés; — **shoe**, patin articulé; — **tool**, outil articulé.

Articulation, Articulation; **stone** —, articulation en pierre.

Artificial, Artificiel; — **antenna**, antenne artificielle; — **horizon**, horizon artificiel; — **lighting**, éclairage artificiel; — **line**, ligne artificielle; — **numbers**, logarithmes; — **radioactivity**, radioactivité artificielle; — **sand**, sable de laitier.

Artillery, Artillerie; **anti-aircraft** —, artillerie antiaérienne; **field** —, artillerie de campagne; **heavy** —, artillerie lourde; **light** —, artillerie légère.

A. S. A., American Standard Association.

As cast, Brut de fonderie; **as cast**, brut de fonte; **as drawn**, brut d'étirage; **as forged**, brut de forge; **as machined**, brut d'usinage; **as rolled**, brut de laminage.

Asbestos, Amiante; **woven** —, amiante tissée; — **board**, carton d'amiante; — **boiler felt**, feutre d'amiante; — **cord**, tresse d'amiante pour chaudières; — **millboard**, carton d'amiante (pour joint); — **plaited yarn**, tresses de chanvre garnies d'amiante; — **steam packing**, garniture en amiante; — **string**, bourrage d'amiante; — **twine**, corde d'amiante; — **washer**, rondelle en amiante.

to Ascend, Remonter (min.).

Ascending pipe, Colonne montante (fours à coke); **ascending slope,** contre-pente; **ascending working,** abattage montant (min.).

Ascensional power, Force ascensionnelle.

Ascent, Montant (mines).

Ascoloy, Acier americain au chrome.

Asdic equipment, Appareil Asdic (pour la détection des sous-marins).

Ash, Frêne.

to Ash, Cendrer.

Ash (pluriel **Ashes**), Cendre (cendres); **coke** —, cendre de coke; **flasky** —**es,** cendres folles; **fly** —, poussier; **light** —**es,** cendres folles; **lixiviated** —, charrée; **loose** —**es,** cendres non cohérentes; **mixed with** —**es,** cendrée; **volcanic** —**es,** cendres volcaniques; — **box,** cendrier; — **bucket,** seau à escarbilles; — **cellar,** cave, soute aux cendres; — **chamber,** brasquerie; — **chest,** cendrier; — **deposition,** dépôt de cendres; — **discharge,** évacuation des cendres; —, **drawer,** tourmalin; — **ejector,** éjecteur d'escarbilles; — **extraction,** extraction des cendres; — **fire,** feu couvert; — **furnace,** four à pitte; — **hole,** cendrier; — **hopper,** trémie à cendres; — **pan,** cendrier; — **pan dump,** porte à clapet de cendrier; — **pit,** cendrier; — **scraper or rake,** ringard; — **sluicing,** évacuation des cendres; — **sluicing system,** éjecteur hydraulique d'escarbilles; — **stop,** registre de cendrier; — **tray,** cendrier; — **tub,** cendrier.

Ashlar, Pierre de taille, moellon; **dressed** —, pierre de taille, taillée; **rugged** —, libage; **small** —, moellonaille; — **work,** maçonneries en moellons.

Ashlering (A. S. I.), Lambourde.

n knots A. S. I., _n_ nœuds à l'indicateur de Badin (aviat.).

Askarel, Diélectrique à l'épreuve du feu.

Askew arch, Arceau trapèzoïde.

A. S. M. E., American Society of Mechanical Engineers.

Aspect ratio, Allongement d'une aile, rapport de l'envergure 1 à la profondeur.

Aspen, Tremble.

Asphalt, asphaltum, Asphalte, brai, bitume; **barbary** —, asphalte d'Algérie; **compressed** —, asphalte comprimé; **concrete** —, béton asphaltique; **liquid** —, brai fluxé; **melted** —, asphalte fondu; **oxidized** —, brai oxydé ou soufflé à l'air; **paving** —, brai pour pavage; **steam treated** —, brai soufflé à la vapeur; — **covering,** asphaltage; — **mastic,** ciment à l'asphalte.

Asphaltenes, Asphaltènes.

Asphaltic, Asphaltique; — **concrete,** béton asphaltique; — **roofing felt,** carton bitumé pour toitures.

Asphaltus, Bitume de Judée.

Aspiring tube, Tube d'aspiration.

Assay, Essai, analyse (des minerais par voie sèche); parfois échantillonnage; **cold** —, essai à froid; **cup** —, coupellation; **dry** — **or** — **by dry way,** essai par voie sèche; **humid** — **or** — **by the wet way,** essai par voie humide; — **balance,** balance d'essayeur; (little) — **crucible,** patelin; — **furnace,** four d'essayeur, four à coupelle; — **grain,** bouton, culot, régule; — **grain for lead,** bouton de retour; — **lead,** plomb pour emplombage; — **plate,** cornet; — **spoon,** éprouvette; — **test,** têt.

to Assay, Essayer, coupeller (métaux précieux).

art of **Assaying**, Docimasie; **assaying beam**, éprouvette; **assaying piece**, touchau; **assaying vessel**, scorificatoire.

Assemblage, Assemblage; — of **veins**, réunion de filons; — **point**, nœud d'assemblage.

to **Assemble**, Assembler, monter; se confondre (min.); **to** — **by mortises**, enter; **to** — **the moulds**, mouler les creux (fond.).

Assembled, Assemblé, monté; **being** —, en cours de montage; **factory** —, monté en usine.

Assembler, Monteur.

Assembling, Montage, assemblage; emboîtement; confection des pièces détachées (béton armé); — **piece**, linçoir; — **pressure**, pression d'emmanchement; — **shop**, atelier de montage.

Assembly, Assemblage, montage, monture; ensemble; **continuous** —, montage à la chaîne; **during** —, en cours de montage; **mass** —, montage en série; — **hall**, atelier de montage; — **in the works**, montage en usine; — **line**, chaîne de montage.

Assets, Actif.

to **Assign**, Céder, transférer.

Assignation, Cession, transfert.

Assigne, Cessionnaire, syndic de faillite.

Assignment, Assignation, transfert.

Assistance signals, Signaux de détresse.

Associative systems, Systèmes associatifs; **non associative valuations**, valuations non associatives.

Assumption, Hypothèse.

Assymetrical, Assymétrique.

Astatic, Astatique; — **couple** or **pair**, équipage astatique d'aiguilles aimantées; — **galvanometer**, galvanomètre astatique; — **lift**, course astatique de

sûreté (régulateur de mach. à vapeur); — **needle**, aiguille aimantée astatique.

Astel, Plafond en planche pour protéger les ouvriers (min.).

Astern turbine, Turbine de marche arrière.

Astigmatism, Astigmatisme.

Astralish, Natif, primitif.

Astrolabe, Astrolabe; **prism** —, astrolabe à prisme.

Astronautics, Astronautique.

Astronautical, Astronautique (adj.).

Astronavigation, Astronavigation.

Astronomical, Astronomique.

Astronomy, Astronomie.

Astrophysics, Astrophysique.

A. S. T. M., American Society for Testing Materials.

Astyllen, Voir **Astel**.

Asunder, En deux parties.

Asymmetric or **Asymmetrical**, Asymétrique; — **conductivity**, conductivité asymétrique.

Asymmetry, Asymétrie.

Asymptote, Asymptote.

Asymptotic, Asymptotique —; **integration**; intégration asymptotique.

Asynchronous, Asynchrone (élec.); — **motor**, moteur asynchrone.

a. t. (ampere-turn), Ampère-tour.

A. T. C. (Aerial tuning condenser), Condensateur d'antenne.

A. T. cut crystal, Cristal taillé à 35° de l'axe Z du cristal mère.

at. wt., (atomic weight) Poids, Atomique.

Athanor, Fourneau digesteur.

Athyodid, Athyodid, stato-réacteur.

A. T. I. (Aerial tuning inductance), Self d'antenne.

Atm, (Atmosphere), Atmosphère.

Atmosphere, Atmosphère; **acid** —, atmosphère acide; **explosive** —, grisou; **protective** —, atmosphère protectrice; **stale** —, air vicié.

Atmospheric, Atmosphérique; — **absorption,** absorption atmosphérique; — **exhaust,** échappement à l'air libre; — **pressure,** pression atmosphérique; — **railway,** chemin de fer pneumatique; — **refraction,** réfraction atmosphérique; — **steam engine,** machine à vapeur atmosphérique.

Atmospherics, Parasites (T.S.F.).

Atom, Atome; **combined power of** —**s,** atomicité; — **bomb,** bombe atomique; — **smasher,** briseur, désintégrateur d'atome.

Atomic, Atomique; — **blast,** explosion atomique; — **bomb,** bombe atomique; — **energy,** énergie atomique; — **explosion,** explosion atomique; — **fission,** fission atomique; — **gun,** canon atomique; — **hydrogene,** hydrogène atomique; — **pile,** pile atomique; — **powered,** à propulsion atomique; — **war head,** cône atomique; — **weight,** poids atomique.

Atomiser or **Atomizer,** Gicleur (auto); injecteur, atomiseur, pulvérisateur (Diesel); **centrifugal** —, pulvérisateur centrifuge; **nozzle** —, pulvérisateur à tuyère; **swirl type** —, injecteur type tourbillon; **tubular** —, pulvérisateur à tubes concentriques; — **flow,** débit d'injecteur.

Atomization, Pulvérisation, atomisation.

to Atomize, Pulvériser.

Atomized, Pulvérisé.

Atomizer, Voir **Atomiser.**

Atomizing, Pulvérisation; **steam** —, pulvérisation de vapeur; **swirl** —, pulvérisation par rotation.

to Attach, Monter, fixer.

Attaching blades, Montage des aubes.

Attachment, Attache, fixation, accessoire, saisie-arrêt; **automatic** —, dispositif automatique; **automatic feed** —, dispositif d'auto-calibrage ; **reproducing or copying** —, reproducteur; **tapping** —, dispositif à tarauder ; **tracer** —, dispositif à reproduire; **wing** —, attache de l'aile (aviat.).

Attack, Attaque, corrosion; **intergranular** —, corrosion intergranulaire.

Attal, Voir **Attle.**

Attemperator, Régulateur de température, réfrigérant pour cuve de fermentation.

to Attend (the engine), Conduire (la machine), l'entretenir.

Attendance, Conduite, surveillance (des machines).

Attenuation, Atténuation, affaiblissement; **wave** —, atténuation des ondes; — **constant,** constante d'atténuation; — **of rocks,** efflorescence.

Attenuator, Atténuateur; **acoustical** —, panneau acoustique, insonore; **cueing** —, atténuateur avertisseur; **piston** —, atténuateur à plongeur, à piston.

Attle, Stériles, gangue; ouvrages abandonnés (min.).

Attractibility, Attraction, force attractive.

Attraction, Affinité moléculaire; **cohesive** —, attraction de cohésion; **counter** —, attraction, contraire; **elective** —, affinité.

Attrite, Usé par le frottement.

Attrition, Usure par frottement; trituration.

Atwist, Déjeté, courbé, gauchi.

Auction, Vente aux enchères; enchères.

Auctioneer, Commissaire-priseur.

Audibility, Audibilité.

Audible, Audible; — **frequency,** fréquence audible.

Audio, Sonore; — **amplifier,** amplificateur base fréquence; — **frequency,** fréquence musicale, fréquence acoustique, basse fréquence; — **measurements,** mesures en basse fréquence; — **meter,** audiomètre, sonomètre; — **metry,** audiométrie; — **oscillator,** oscillateur à basse fréquence; — **signal,** signal à fréquence acoustique.

Audion, Audion.

Auger, Tarière, mèche à bois, foret, aiguille, fleuret; mouche (pour canon de fusil); **double lipped** —, tarière double; **earth boring** —, sonde trépan; **expanding** — **or expansion** —, robin, tarière à expansion; **felloe** —, tarière à jantière; **ground** —, sonde; **jaunt** —, tarière à jantière; **large** —, boulonnière, **long eye** —, tarière torse; **power** —, tarière mécanique; **ring** — **bit,** foret annulaire; **rivet** —, tarière à rivet; **screw**—, tarière à vis, tarière hélicoïdale; **shell** —, tarière à cuiller; **single lip screw** —, tarière simple; **six foot** —, long jeu; **small** —, baroir; **taper** —, tarière conique; **turning** —, lasseret tournant; **twisted** —, tarière torse; — **bit,** mèche de tarière, cuiller; — **bit with advance cutter,** mèche à saillies; — **for hollow mortising chisel,** mèche hélicoïdale de bédane creux; — **maker,** vrillier; — **shank,** tige de tarière; — **smithery,** vrillerie; — **twister,** machine à tarière.

Auget, Canette (min.).

Augmenter, Détendeur.

Auncel weight, Romaine, peson.

Aural signal, Partie sonore en télévision.

Aural transmitter, Appareil transmetteur de la partie sonore (télévision).

Aureons, Aurifère.

Aurichaleum, Laiton.

Aurum massivum, Or massif.

Austempering, Trempe interrompue; trempe isotherme; trempe bainitique.

Austenite, Austénite.

Austenitic, Austenitique; — **electrode,** électrode austénitique; — **steel,** acier austénitique.

Auto, Auto; — **car,** autocar; — **chrome,** auto chrome; — **clave,** autoclave; — **dyne,** autodyne; — **feed,** avance automatique; — **frettage,** autofrettage; — **geneous welding,** soudure autogène; — **gire or** — **gyre,** autogyre; — **graphic,** auto-enregistreur; — **loading,** autochargeur; — **matic,** automatique; — **matic lifting,** relevage automatique; — **matic operation,** fonctionnement automatique; — **matic pilot,** pilote automatique; — **matic stabiliser,** stabilisateur automatique; — **matically operated valve** (A.O.V.) **or** — **matic valve,** soupape automatique; — **mation,** automatisation; — **meter,** hygromètre; — **motive,** d'automobile, automobile (adj.); — **motive accessories,** accessoires d'automobile; — **motive production,** production d'automobiles; — **mobile,** automobile; — **mobile work,** construction automobile; — **mobilism,** automobilisme; — **oxidation,** autooxydation; — **patrol,** niveleuse automotrice; — **strengthened,** autofretté; — **transformer,** autotransformateur (élec.).

Auxiliary, Auxiliaire); — **air valve,** clapet d'air additionnel; — **float,** flotteur auxiliaire; — **tank,** nourrice.

Available, Disponible, utilisable; — **capacity,** capacité disponible; — **head,** chute disponible (hyd.); — **height,** hauteur libre; — **rating,** puissance disponible.

Availability, Rendement.

Avalanche gallery, Tunnel contre les avalanches.

Average (s), Moyenne; avarie (comm.); moyen, moyenne (adj.); — **head,** chute moyenne (hydr.); — **speed,** vitesse moyenne; **to take** —s, prendre un échantillon moyen.

Aviation, Aviation; **civil** —, aviation civile; **commercial** —, aviation commerciale; **naval** —, aviation navale; — **gasoline,** essence d'aviation.

Aviator, Aviateur.

a. v. c. (automatic volume control), Contrôle de volume automatique.

a. v. g. (average), Moyen.

Avoiding canal, Canal de dérivation.

A. W. G. (American wire gauge), Jauge américaine des fils.

Awl, Poinçon, alène, perçoir; **marking** —, pointe à tracer.

Ax, Hache (Amérique).

Axe, Hache, cognée; **bench** —, hachette, hache de charpentier; **broad** —, doloire; **chip** —, épaule de mouton; **cross** —, hache à picot; **falling** —, contre merlin; **holing** —, bisaigue, herminette; **mortise** —, bisaiguë, pioche; — **for bursting stones,** pioche de mineur; — **handle,** manche de la hache; — **head,** dos de la hache; — **hole,** œil de la hache; — **stone,** ophite.

to Axe, Tailler, dresser, dégrossir; **to** — **the timber,** dégrossir du bois.

Axial, Axial; — **compression,** compression axiale; — **flow,** flux axial; — **spring,** ressort longitudinal.

Axially, Axialement; — **symmetric,** à symétrie axiale.

Axifugal, Centrifuge.

Axipetal, Centripète.

Axis (pluriel **axes**), Axe (géom.); brayer (d'une balance); **crosswise** —, axe transversal; **horizontal** —, axe horizontal; **lengthwise or longitudinal**—, axe longitudinal; **major** —, grand axe d'une ellipse; **minor** —, petit axe d'une ellipse; **neutral** —, fibre neutre; **optical** —, axe optique; **swing** —, axe de bascule; **transversal** —, axe transversal; **vertical** —; axe vertical.

Axle, Axe, tourillon, essieu, arbre; **articulated** —s, système articulé; **back** — or **rear** —, essieu arrière; **bearing** —, essieu porteur; **body of** —, fût de l'essieu; **clamped** — **box,** palier à étrier; **carrying** —, essieu porteur; **core** —, essieu plein; **crank or cranked** —, essieu coudé, axe à manivelle; **cross** —, axe en T, à deux leviers opposés; **curved** —, arbre coudé; **drive or driving or motive** —, essieu moteur; **fixed** —, essieu rigide; **flexible** —, essieu orientable; **floating** —, essieu flottant; **front** —, essieu avant; **greasing** —, essieu à cambouis; **leading** —, essieu avant; **live** —, essieu moteur, pont arrière (auto); **loose** —, arbre fou; **overhanging** —, essieu en porte à faux; **plain** —, essieu à cambouis; **power** —, essieu moteur; **projecting** —, essieu en porte à faux; **sliding** —, essieu mobile; **solid** — **box,** boîte à huile en une seule pièce; **splint of the** —, happe; **steering** —, essieu directeur; **turning** —, essieu mobile; **uncoupled** —, essieu libre; — **arm,** boîte à coussinet, fusée d'essieu; — **bar,** lisoir; — **base,** écartement des essieux; — **bearing,** support de l'essieu, coussinet, boîte d'essieu; — **box,** boîte à graisse; — **box**

guide, plaque de garde (ch. de fer); — **box yoke,** bride oscillante de boîte à graisse; *n* — **car,** voiture à *n* essieux; — **chain,** arbre à chaîne; — **driving,** axe de différentiel; — **end,** tourillon de l'arbre; — **grease,** graisse pour essieux; — **guard,** plaque de garde, happe; — **hop,** frette, — **housing,** pont arrière (auto); — **journal,** fusée de l'essieu; — **lathe,** machine à tourillonner; tour à essieux; — **neck,** fusée, — **nut,** écrou d'essieu; — **pin,** esse d'un essieu; — **pit,** fosse pour le montage des essieux; — **shaft,** arbre moteur; — **sleeve,** support en cas de rupture d'essieu; — **tree,** axe essieu d'une voiture; treuil; bielle; — **tree bed,** collet, coussinet; — **tree (of a water-mill),** palplanche; — **tree stay,** arc-boutant; — **tree washer,** entretoise de couche; —

turning **shop,** atelier des tours à essieux; — **wad,** garniture d'un axe.

Ayr stone, Pierre à polir.

Azeotropic, Azéotropique; — **distillation,** distillation azéotropique.

Azimuth, Azimuth; — **circle,** cercle de relèvements.

Azimuthal, Azimutal.

Azobenzene, Azobenzène.

Azo boronic acid, Acide azoborique.

Azocompounds, Composés azoïques.

Azote, Azote.

Azure stone, Lapis lazuli.

Azulene, Azylène.

Azaleine, Rouge d'aniline.

Azurine, Noir bleuâtre d'aniline.

Azurite, Azur de cuivre.

B

B, Signe désignant les lignes de force induites; symbole de susceptance.

B. A., British Association.

B Battery, Batterie, plaque.

Babbit metal, Babbitt metal, Babbit, Babbitt, Métal antifriction (84 pour 100 d'étain; 8 pour 100 de cuivre; 8 pour 100 d'antimoine), régule.

to Babbit or Babbitt, Garnir un coussinet, antifrictionner, réguler.

Babbitted or Babbited, Antifrictionné, régulé; — **bearing**, palier antifrictionné.

Back, Bac (auge); dos; dos de la lame d'un outil; extrados; dosseret (d'une scie); tête d'un pilon; rustine de haut fourneau; faille (min.); écran; heurt d'un pont; **arc** —, retour d'arc; **cat's** —, dos d'âne; — **ampere turns**, contre ampère-tours; — **axle**, pont AR; — **axle and differential**, pont arrière et différentiel; — **axle driving shaft**, axe de commande du pont; — **balance**, contre-poids; — **bending test**, essai de pliage alternatif en sens inverse; — **board**, gabarit, planche de manteau (fond.); — **centre or center**, pointe de la poupée mobile d'un tour; contre-pointe; — **centre socket**, douille de la contre-pointe; — **chamfer**, biseau d'une lime; — **coupling**, couplage à réaction; — **digger**, or — **digging shovel**, pelle rétrocaveuse; — **edge**, biseau, face dorsale du tranchant d'un outil de tour; — **electromotive force**, force contre-électromotrice; — **end**, fond de cylindre;

— **fill**, comblement; — **filler**, remblayeuse; — **filling**, remblayage, rebouchage (min.); — — **filling machine**, machine de remblayage; — **filling materials**, matériaux de remblayage; — **fire or firing**, retour de flamme; retour d'allumage; — **gear**, harnais, contre-arbre (tour); — **ground noise**, bruit de fond; — **iron**, fer double de rabot; **knife** — **iron**, contre-fer; — **lash**, jeu des pièces de machine; choc à chaque renversement de mouvement; effet réactif, redressement imparfait du courant alternatif (tubes à vide); contre-pression; — **links**, guides du parallélogramme; — **magnetisation**, contre-aimantation; — **motion**, rappel; — **of a blast furnace**, rustine, plaque d'écoulement du laitier (ch. de fer); — **of a hearth**, plaque de tuyère (forge); — **of a lode**, faille (min.); — **plate**, glace, table (cylindrique); — **plaque**, taque de rustine; haire; — **pressure**, contre-pression; — **pressure-valve**, soupape de retenue; — (or **rear**) **axle**, pont arrière; — **rest**, dossier; — **bow**, scie à dossière; — **shock**, choc en retour; — **shot wheel**, roue hydraulique de poitrine; — **sight**, hausse; — **square**, équerre épaulée, équerre à chapeau; — **starling**, arrière-bec; — **stay**, contre-plaqué, chaîne de retenue, d'amarre; support de la contre-pointe; — **stone**, rustine (h. f., forges); — **stroke**, choc en retour; — **surge**, retenue en arrière; — **sweep**, flèche d'une aile; — **titration**, titrage en arrière, en retour; — **tools**, peignes (outils de tour); — **turbine**, turbine à réaction; —

twist, contre-torsion (mines); — **up**, soutien, support; — **wash**, ressaut (hydr.), remous (d'un avion).

to Back, Renverser, mettre en arrière (mach.), faire machine arrière, reculer.

Backing, Matelas (cuirasse) (mar.), blocage; rebroussement; noir de fumée; **angle of** — **off**, angle de coupe de lame d'une cisaille; — **deals**, planches à étayer; — **layer**, couche dorsale; — **off**, dépouillement, détalonnage; — **up**, retenue; — **up flange**, bride.

Backlash, Backplate, Backpressure, Backstay, Backsweep, Backtools, etc., Voir **Back.**

Badger plane, Guillaume incliné.

Baff, Première semaine sans paye (mines).

Baffle, Chicane, écran, déflecteur, vanne (hyd.); **intercylinder** —, déflecteur entre cylindres; **oil** —, chicane à huile; — **feed heater**, réchauffeur à plateaux; — **plate**, contre-porte, écran, déflecteur, chicane de répartition; voûte de foyer, plaque de dame (ch. f.); plaque de contrevent; — **separator**, séparateur par chocs, séparateur à chicanes; — **stone**, dame (h. f.).

Baffling, Guidage des gaz.

Bag, Cavité remplie d'eau ou de gaz (mines), sac; **anode** —, poche pour anode; **ballast** —, sac de lest; **cement** —, sac à ciment; **filter** —, manche filtrante; **head** —, bief d'amont; **narrow** —, refendement, traverse dans un pilier; **sand** —, sac de lest; — **house**, épurateur à filtration, installation de filtration (épuration des gaz).

to Bag, Ensacher, mettre en sac.

Baggage, Bagages, — **car**, fourgon aux bagages.

Bagged, Ensaché, mis en sac.

Bagged up, Embouti (chaud.).

Bagging apparatus, Ensachoir.

Bail, Renfort d'une pièce, d'un levier, étrier, caution, cautionnement.

Bail out, Descente parachutée.

to Bail, Donner caution pour

to Bail out, Sauter en parachute.

Bailer, Escope, écope, cuiller; **dump** —, cuiller de cimentation (pétr.).

Bailing, Cuillerage (pétr.); — **pump**, vide-cave.

Bailment, Caution.

Bainite, Bainite.

to Bake, Cuire.

Bakelite, Bakelite; — **case**, enveloppe en bakelite.

Bakery, Panification.

Baking, Charge de fourneau, cuite de briques; cuisson; **core** —, cuisson des noyaux; — **soda**, bicarbonate de soude.

Balance, Balance, balancier; balance (comm.), équilibre, bilan; solde; **ampere** —, électrodynamomètre; **analytical** —, balance de précision; **back** —, contrepoids; **candle** —, balance porte-bougie; **coin** —, trébuchet; **counter** —, contrepoids; **current** —, électrodynamomètre, balance; **dial** —, bascule à aiguille ou à index; **direct reading ampere** —, électrodynamomètre à ressort; **electric** —, contre-capacité électrique; contrepoids électrique; **heat** —, bilan thermique; — **knife edge** —, balance à couteaux; **off** —, en déséquilibre; **plating** —, balance galvanoplastique; **spring** —, dynamomètre; **static** —, équilibre statique; **thermal** —, bilan thermique; **watt** —, wattmètre balance; — **beam**, fléau d'une balance; — **bob**, contrepoids; — **waves**, ondes équilibrées.

Balancer, Compensatrice, compensateur, égalisatrice.

Balancing, Equilibrage, égalisation, compensation; **dynamic** —, équilibrage dynamique; **dynetric** —, équilibrage électronique; — **chamber,** chambre d'équilibrage; — **dynamo,** dynamo compensatrice; — **machine,** équilibreuse; — **space,** chambre d'équilibrage (mach. à vap.); — **transformer,** transformateur compensateur.

Bale, Balle (de coton, etc.).

Baled, En balles.

Balk, Rétrécissement d'une couche; crain; **false racking** —, faux guidage.

Ball, Boule, boulet (soupape), bille, loupe, masset (mét.); renard; mine d'étain; tête de marteau à dresser; mandrin pour la soudure des tuyaux d'acier; masse de scories à refondre, charge de cendres noires (procédé Leblanc); **fly** —**s,** boules de régulateur; **raw** —, gâteau de mâchefer; **wet** — **milling,** broyage humide; — **and socket (joint),** tourillon sphérique, genou, rotule (joint à); — **crane,** grue équilibrée; — **crank,** manivelle équilibrée; — **engine,** balance hydrostatique; — **gear or differential gear,** différentiel (auto); compensateur; — **indicator,** indicateur de compensation; — **lever,** levier à contrepoids; — **mass,** masse d'équilibrage; — **method,** méthode du zéro; — **of a pump,** balancier de pompe; — **piston,** piston compensateur, piston d'équilibrage; — **pit,** cage du contrepoids; — **screw,** vis d'équilibrage; — **trough,** auge basculante; — **web,** lime à balancier; — **weight,** contrepoids, poids d'équilibrage.

to Balance, Equilibrer, soulager, décharger une soupape.

Balanced, Compensé, équilibré; **dynamically** —, équilibré dynamiquement; — **aileron,** aileron compensé; — **cone clutch,** embrayage conique équilibré; — **flap,** aileron compensé; — **gear,** différentiel (auto); voir aussi **Differential;** — **method,** méthode du zéro; — **rudder,** gouvernail compensé; — **bearing,** roulement à billes; — **bearing race,** gorge de roulement; — **cage,** cage à billes, lanternes à billes; — **check,** soupape de retenue à boulet; — **cock,** robinet à flotteur; — **crusher,** broyeur à boulets; — **driver,** butée à billes; — **float,** flotteur à boule; — **gate,** jet de coulée simple; — **gudgeon,** pivot sphérique; — **handle,** manivelle équilibrée; — **head,** pendule, tachymètre à boules (d'un régulateur); — **joint,** joint sphérique; — **joint housing,** boîte à rotules; — **journal,** tourillon sphérique; — **lock,** appareil de fermeture à boule; — **mill,** broyeur à boulets; — **pivot bearing,** crapaudine à billes; — **race,** course de roulement à billes, bague ou rondelles à billes; — **race bearing,** palier à roulements; — **rest,** chariot à tourner les sphères; — **socket housing,** boîte à rotule; — **test,** billage, essai à la bille; **to** — **test,** biller; — **testing,** billage; — **thrust,** butée à billes; — **thrust bearing,** crapaudine à billes; — **train,** laminoir à billes; — **valve,** soupape sphérique à boulet; — **vein,** minerai globulaire.

to Ball, Tasser, agglomérer (puddlage).

Ballast, Lest (mar.), ballast (ch. de fer) bobine de self (élec.); **burnt** —, argile calcinée; **crushed stone** —, ballast en pierres cassées; **in** —, sur lest (N.); **solid** —, lest solid; **water** —, ballast (mar.); lest liquide; —

bag, sac de lest; — **concrete**, béton à base de pierraille; — **pit**, sablonnière, carrière de ballast; — **plate**, plaque de lestage, — **resistance**, résistance avec effet de compensation, résistance d'équilibrage.

to Ballast, Lester (N.); couvrir de graviers; ballaster.

Ballasting, Ballastage.

Balling furnace, Four à réchauffer; **balling process**, avalage; **balling rake or tool**, palette, rable; **balling up**, formation des loupes.

Ballistics, Balistique; **electron** —, balistique électronique.

Ballistic, Balistique (adj.); **floating** —, gyro-balistique flotteur (compas gyroscopique).

Ballonnet, Ballonnet.

Balloon, Ballon; **captive** —, ballon captif; **drachen** —, ballon captif; **flexible** —, ballon souple; **free** —, ballon libre; **kite** —, ballon d'observation; **observation** —, ballon d'observation; **radio** —, radio-sonde; **registering** —, ballon sonde; **sausage** —, ballon saucisse; **semi-rigid** —, ballon semi-rigide; **sounding** —, ballon sonde; **spherical** —, ballon sphérique; **target** —, ballon cible; **test** —, ballon d'essai; — **barrage**, barrage de ballons; — **sidings**, grille double (ch. de fer).

to Balloon off, Rebondir à l'atterrissage.

Balloonist, Aérostier.

Balsa, Balsa.

Balustrade, Balustrade.

Band, Lit (min.); mise (forges); frette; bande; plage; **absorption** —, bande d'absorption; **barrel** —, frette; **clay** —, minerai de fer argileux; **filter pass** —, bande de transmission; **frequency** —, bande de fréquences; **angular iron** —, ferrure angulaire; **iron** —, ferrure; n **meter** —, bande

des n mètres (T.S.F.); **scatter** —, bande d'étalement; **single side** —, bande latérale unique; **slip** —s, franges; lignes de Neumann spectral —, bande spectrale; **transmission** —, bande de transmission; — **brake**, frein à ruban; — **chain**, chaîne à la Vaucanson; — **coupling**, accouplement à ruban; — **crimping press**, presse à ceinturer (les obus); — **driver**, outil pour réparer les courroies; — **iron**, feuillard; — **pass filter**, filtre passe-bande; — **plane**, rabot à rainure; — **pulley**, poulie pour courroie; — **saw**, scie à ruban; — **wheel**, poulie pour courroie; roue de scie à ruban.

to Band, Fretter.

Banded, Rayé, cannelé, bandé (ressort), fretté.

Banding, Frettage.

Banding plane, Rabot à rainurer; **banding press**, presse à ceinturer (les obus).

Bandsman, Chargeur (min.).

Bandwidth, Largeur de bande.

Bango connection, Joint mobile.

Bank, Margelle; levée; talus, banquette; recette (min.); sole; pente transversale (aviat.); poutre de sapin non fendue; groupe, travée, rangée, batterie, série, ensemble; banque; **branch** —, succursale; **from** — **to** —, temps s'écoulant entre la descente et la montée (min.); — **account**, compte en banque; — **engine**, locomotive de renfort; — **indicator**, indicateur de pente transversale; — **level**, recette (mines); — **of a drawing shaft**, palier de déchargement d'un puits d'extraction.

to Bank, Pencher, cabrer, s'incliner sur l'aile (aviat.), mettre en parallèle, endiguer; pousser les feux au fond des fourneaux; **to over** —, virer à plat; **to under** —, virer trop incliné;

to — up, faire les banquettes;
to — up the fires, couvrir les feux.

Banked turn, Virage incliné.

Banker, Banc à façonner les briques; établi; banquier.

Banket, Conglomérat aurifère.

Banking, Eclusée; mise en parallèle (élec.) recette (mines); **dead** —, extinction d'un h. f.; — **control**, contrôle d'aileron; — **équipment**, matériel pour recette.

Bankman, Moulineur, décrocheur receveur (min.).

Bankruptcy, Banqueroute.

Banks, Rives (mét.).

B. A. P. C. O., Bahrein Petroleum Co.

Bar, Barre, barreau, barrette (d'un cylindre); lame, touche, segment; entre-axe des essieux; veine traversière (min.); **angle** —, cornière; **bus** —, barre de distribution (élec.); **channel** —, barre en U; **claw** —, barre à talon; **clinker** —, barre de cendrier; **control** —, tige de commande; **cross** —, loup (levier); traverse de calage (mach. à vap.); **crow** —, pince à panne fendue; **crown** —, ferme de ciel de foyer; **cutter** —, arbre porte-foret; barre ou arbre d'alésage; **feed** —, barre de chariotage; **fire** —, barreau de grille; **flat** —, plat, méplat; **H** — or **I** —, double T; **handle** —, guidon (bicyclette); **index** —, alidade; **interlocking grate** —, barreau de grille en zigzag; **iron** —, barre de fer; **jumper** —, barre de mine, fleuret, refouloir; **lock** —, pédale ou rail de calage; **muck** —, fer ébauché; **notched** —, barreau entaillé; **parallel** —**s**, bielles du parallélogramme; **pinch** —, griffe, levier, pince, pied de biche; **pricked** —, barre du cendrier; **rudder** —, palonnier du gouvernail de direction; **set** —,

verrou; **sheet** —, larget; **slice** —, pique-feu; **sole** —, longeron, brancard; **spike** —, pied de biche; **splice** —, éclisse; **steel** —, barre d'acier; **stress limiting** —, limiteur d'efforts; **strong** —, armature d'un foyer; **T** —, barre en T; **tamping** —, bourroir; **tapping** —, ringard; **tie** —, entretoise; **tin** —, étain; **torsion** —, barre de torsion; **Zed** —, barre en Z; — **bearing**, assises de la grille; — **capacity**, capacité de barre; — **collets**, pincebarres; — **feed**, avance-barre (mach.-outil); — **frame**, support de grille, sommier; — **guide**, guidage à glissière; — **heating furnace**, four à réchauffer les barres; — **iron**, fer en barres; — **lathe**, tour à barre, à verge; — **master**, directeur de mines; — **of a bar lathe**, barre, perche d'un tour en l'air; — **of a fire grate**, barreau de grille; — **of a rack and pinion jack**, crémaillère d'un cric à double noix; — **of the parallelogram**, tige du parallélogramme; — **support**, support de barre; — **surface**, surface de grille; — **tightener**, serre-barre (mach. outil); — **way**, passage de barre; — **whimble**, barroir, vrille à barrer.

Barbed, Barbelé; — **wire**, fil de fer barbelé.

Barbiturates, Barbituriques.

Bare, Matrice; à nu, dénudé, découvert, faible (à la suite d'un chiffre); 3 —, 3 pouces faibles.

to Bare, Dénuder.

Barer, Ebarboir.

to Bargain, Marchander.

Barge, Chaland, allège, péniche; **block carrier** —, chaland porteblocs; **coal** —, chaland à charbon; **self propelled** — or **motor** —, chaland automoteur; — **couple**, traverse.

Baring, Déchaussement.

Barings, Menus de charbon produits pendant le lavage.

Barium, Baryum; — **carbonate,** carbonate de baryum.

Bark, Ecorce; **with the —** on (bois) en grume.

to Bark, Ecorcer.

Barked, Ecorcé.

Barkometer, Tannomètre.

Baroclinic, Baroclinique.

Barograph, Barographe.

Barometer, Baromètre; **aneroid —,** baromètre anéroïde; **diagonal —,** baromètre à tube incliné; **open cistern —,** baromètre à siphon ouvert; **recording —,** baromètre enregistreur; **rise of the —,** hausse du baromètre; — **correction,** correction barométrique; — **gauge,** indicateur de vide.

Barometric, Barométrique; — **altimeter,** altimètre barométrique; — **correction,** correction barométrique; — **pressure,** pression barométrique.

Barometric discharge pipe, Tuyau de chute barométrique.

Barostat control, Régulateur barométrique.

Barothermograph, Barothermographe.

Barotropic, Barotropique.

Barrage, Barrage; — **gate,** vanne de barrage.

Barrel, Corps cylindrique, baril, fût pétrolier; barillet, tambour (treuil); douille de contre-pointe; fusée; corps, canon (de fusil); mesure de capacité (le barrel americain = 42 gallons = 159 litres; le barrel anglais = 41 gallons = 185 litres); ventre de haut-fourneau; **amalgamating — tonneau** d'amalgamation; **core —,** lanterne à noyau; **indicator —,** tambour d'indicateur; **loom beam —,** ensouple; **machine gun —,** canon de mitrailleuse; **plain, —**

canon lisse; **polishing —,** baril à ébarber; **pump —,** corps de pompe; **on trip —,** à fût perdu; **working —,** cylindre (pompe); — **band,** frette; — **casing,** carcasse; — **copper,** cuivre natif; — **curb,** gabarit pour le fonçage d'un puits (min.) — **howel,** hache, herminette de tonnelier; — **plane,** gouge; — **plating,** électroplastie au tonneau; — **plug,** cylindre vérificateur; — **process,** procédé d'extraction de l'or (le minerai est agité dans un tonneau avec le réactif approprié); — **roof,** toit cintré; — **saw,** tambour pour faire les douilles bombées, les dossiers de chaise; — **tumbling,** finition au tonneau; — **vault,** voûte en berceau; — **winding,** enroulement en manteau.

single, double Barrelled, A un, deux canons (fusil).

Barren, Stériles; — **saw,** scie à douves; — **setter,** broche à ajuster.

Barreter, Autre terme pour **thermal detector** (détecteur thermique).

Barrier, Mur de sûreté entre deux mines; mur de soutènement; **heat —,** mur thermique; **sound —,** mur du son; — **layer,** couche d'arrêt (élec.); — **layer cell,** cellule photovoltaïque à couche d'arrêt.

Barring engine, Vireur; servomoteur de lancement; **barring gear,** appareil de démarrage (au volant); **barring motor,** moteur de vireur (N.); **worm barring gear,** appareil de lancement à vis sans fin.

Barrow, Voiture à bras, brouette; terril, halde; égouttoir; **tip —,** tombereau; **wheel —,** brouette; — **man,** rouleur (min.); — **way,** chemin de fer à chevaux (min.).

Barrowful, Brouettée.

Barye or **Bar**, Unité absolue de pression.

Barytron, Barytron.

Basalt, Basalte.

to Basalt, Fabriquer des pavés ou briques de scories.

Bascule bridge, Pont basculant.

Base, Soubassement, socle, culot, embase, bâti, base (chim.); encaissement de routes, pied de talus, champignon d'appui (de rail); culot de lampe à incandescence, d'obus; base (d'aviation); sommier inférieur de presse; semelle du fût (cheminée); **engine** —, socle d'un moteur; **octal** —, culot à huit broches; **pedestal** —, pied de pilier; **repair** —, base de réparation; **strong** —, base forte; **to a** —, en fonction de; — **block**, fond du creuset; — **board**, plinthe; **radiant** — **board**, plinthe rayonnante; — **bullion**, plomb d'œuvre; — **circle**, cercle primitif; — **metal**, métal commun; — **plane**, plan de base; — **plate**, plaque de fondation, base; **fishing** — **plate**, semelle, selle d'arrêt (ch. de fer); — **strength**, basicité (chim.).

to Base, Altérer, affaiblir (un métal).

Basement, Soubassement, fondement.

Basic, Basique; — **open hearth furnace**, four à sole basique, four Martin basique; — **slag**, laitier basique.

Basicity, Basicité.

Basil, Biseau, panne de rabot.

Basin, Bassin; **tidal** —, bassin à flot, avant-port, bassin d'échouage; — **and gate**, entonnoir de coulée; — **grate**, foyer à grille ouverte.

Basis, Base, fondation, point d'appui.

Basket, Panier, manne (à charbon), nacelle, écran de cimentation (mines).

Basquill, Crémone, bascule (serr.), — **lock**, serrure à bascule.

Bass (note), Basse; **automatic** — **compensation**, compensation automatique des basses. (T. S. F.)

Basset, Affleurement d'une couche (min.).

to Basset, Affleurer (min.).

Bastard cannel, Charbon de qualité très inférieure; **bastard cut**, taille bâtarde (lime); **bastard file**, lime bâtarde, craponne; **bastard rifler**, lime bâtarde à bout conique et recourbé; **bastard wheel**, engrenage presque droit.

Baster, Puisoir.

Basting, Fabrication des bougies à la cuiller.

Bat, Passe-partout (fond.); batte; schiste.

to Batch, Huiler.

Batch, Lit de fusion, charge d'un fourneau, d'un alambic; lot; **coulée**; couche; gachée; **concrete** —, coulée de béton; **first** —, brasque du fourneau; **input** —, gachée foisonnée, **output** —, gachée en place.

Bath, Bain; **electroplating** —, bain d'électroplastie; **nickel plating** —, bain de nickelage; **oil** —, bain d'huile; **salt** —, bain de sel; **steel** —, bain d'aciérage; **tempering** —, bain de trempe; **tin** —, tain; **water** —, bain-marie; — **brick**, brique anglaise, pierre à couteaux; — **hopper**, trémie de chargement; — **metal**, tombac (alliage de $1/8^e$ de zinc et de $7/8^e$ de cuivre); — **stove**, grille découverte.

Bat's wing burner, Bec de gaz à fente, bec papillon.

Batt, Schiste.

Batten, Latte, tringle, baguette; couvre-joint; règle pliante; volige; listel; — **and space** : à claire-voie; — **ends**, lattes.

to Batten, Latter, construire en volige.

Batter, Talus, pente, fruit; **downstream** —, fruit amont; **upstream** —, fruit aval; — **gauge,** gabarit, profil de terrassement.

Batteries, Batteries.

Battery, Batterie (art., élec.); pile (élec.); cloisonnage pour maintenir le charbon en place; **alkaline** —, batterie alcaline; **automobile** —, batterie d'auto; **B** —, batterie de plaque; **balancing** —, batterie tampon; **banked** —, pile à plusieurs circuits; **boosting** —, batterie auxiliaire; **buffer** —, batterie tampon; **C** —, batterie de grille (T.S.F.); **cell of a** —, élément d'une pile; *n* **cell** —, batterie de *n* éléments; **circulation** —, pile à écoulement; **dry** —, pile sèche; **equalizing** —, batterie tampon; **firing** —, pile d'inflammation; **flashlight** —**s,** piles sèches; **floating** —, batterie flottante; **immersion** or **plunge** —, batterie à treuil; **lead** —, batterie en plomb; **lighting** —, batterie d'éclairage; **polarisation** —, pile secondaire; **primary** —, batterie de piles; **rundown** —, batterie déchargée; **stand by** —, batterie de secours; **stamp** —, batterie de bocards; **starting** —, batterie de démarrage; **storage or secondary** —, batterie d'accumulateurs; **trickle** —, batterie tampon; — **charge or charging,** charge de batterie; — **charger,** chargeur de batteries d'accumulateurs; — **element,** élément d'accumulateur; — **jar,** bac d'accumulateur; — **switch,** réducteur; — **switch board,** tableau de distribution des accumulateurs; — **terminal,** borne de batterie.

Battledore, Planoir.

B. A. U., British Association Unit = ı ohm B. A.

Baulk, Poutre.

to Baulk, Dégrossir du bois de construction.

Battleship, Cuirassé (mar.).

Bauxite, Bauxite.

Bawk, Blochet; guigneaux; entretoise.

Bazooka, Bazooka.

Bay, Travée (de pont, etc.); baie; emplacement; cheminée (à l'intérieur d'un four à briques); tête d'écluse; panneau; maille; travée d'un puits de mine oblique; intervalle entre les puits de mine; **bomb** —, soute à bombes, travée de bombes (aviat.); **inner** —, travée intérieure; **outer** —, travée extérieure; — **of joists,** clairevoie; — **rail,** traverse de cloison; — **work,** charpente métallique.

Bayonet, Baïonnette; — **joint,** assemblage à joint à baïonnette; — **socket,** douille à baïonnette.

B. B. C. (British Broadcasting Company).

B. D. C., Bottom Dead Center, Point mort inférieur.

to Beach, Mettre à terre.

Beaching gear, Dispositif de mise à terre; radeau d'échouage.

Beacon, Phare-balise; **aerodrome** —, phare d'aérodrome; **airport location** —, phare d'aérodrome; **approach** —, radiophare d'atterrissage; **circular beam** —, phare à faisceau circulaire; **square beam** —, phare à faisceau carré; **neon** —, phare au néon; **radar** —, balise radar; **radio range marker** —**s,** radiobalises de guidage.

Bead, Baguette, bourrelet, cordon de soudure; talon; chevron (pneu); congé; crasse de poudre; bouton, témoin, perle (pour essai) (chim.); **covering** —, moulure, couvre-joint; **non skid** —, chevron anti-dérapant; **weld** —, cordon de soudure; —

plane, rabot à boudin; — **proof**, essai à la perle (chim.); — **tool**, outil pour moulures convexes.

to Bead, Mater; dudgeonner, border (des tubes).

Beaded, Maté, dudgeonné, bordé; **glass** —, perlé.

Beader, Outil pour l'emboutissage d'un tube; **tube** —, expanseur (tube de chaud.).

Beading, Emboutissage; bourrelet, talon (d'un pneu); **hand** —, emboutissage à la main; **machine** —, emboutissage à la machine.

to Beak the bow, Bigorner l'anneau.

Beak (of an anvil), Bec, bigorne, corne (d'une enclume).

Beaked, A bec, à bigorne.

Beak iron, Bigorne; enclumeau, enclume à potence.

Beaker, Vase à précipiter; bécher; **lagged** —, cuve calorifugée; **lipped** —, bécher à bec.

Beam, Bau, barrot (c. n.); travers, longrine; largeur; balancier; rayon; rayon lumineux, faisceau; fléau de balance, balancier; arbre (de tour en l'air); mouton (de cloche); bascule de puits; arbre de pressoir; **box** —, poutre-caisson multicellulaire; **built** —, poutre d'assemblage; **chief** —, maîtresse poutre; **convergent** —, faisceau convergent; **cross-head** —, traverse de tige de piston; **dam** —, palplanche de digue; **divergent** —, faisceau divergent; **double** —, chevalet; **fished** —, poutre armée; **fishing** —, poutre éclissée; **grooved** —, poutre feuillée en treillis; **half** —, barrotin (c. n.); **head** —, solive de tête; **I** —, fer à I; **intended** —, poutre en crémaillère; **lifting** —, palonnier (d'un pont roulant); **little** —, poutrelle, solive; **perspective** —, faisceau perspec-

tif; **restrained** —, poutre encastrée; **rotary** —, faisceau orientable; **small** —, billot, poutrelle; **starboard** —, travers tribord; **strengthened** —, poutre armée; **structural** —, poutre profilée; **tie** —, tirant, entretoise; **tong** —, tige portetenaille; **traverse** —, balancier; **trussed** —, poutre armée; **vane** —, volée de l'aile; **weigh** —, **vibratory** —s, règles vibrantes; balancier, fléau; **wide flange** —, poutre à larges ailes; **wind** —, entrait supérieur, petit entrait; — **antenna**, antenne directionnelle; — **clamp**, serre bauquière; — **compasses**, compas à verge; — **end**, tête de balancier; — **engine**, machine à balancier; — **filling**, hourdage; — **gudgeons**, axes, tourillons du balancier; — **of a balance**, fléau, levier d'une balance; — **of a railway**, longrine d'un chemin de fer; — **section**, coupe au maître (c. n.); — **shelf**, bauquière (c. n.); — **voltage**, tension entre anode et cathode.

Beaming, Poutrage, montage; **self stopping** — **machine**, ourdissoir casse-fil.

Bean (flow), Pointeau d'éruption (pétr.).

Beans and nuts, Grelassons; gailleteries; **beans and nuts ore**, minerai en grains.

Bear, Poinçon à main, loup, renard (mét.); — **frame**, bâti en C, bâti en col de cygne.

to Bear water, Tirer (tant d'eau) (N.).

Bearance, Point d'application du levier.

Beard, Taille à travers banc (min.); — **of a cast**, bavure d'une pièce de fonte.

to Beard off, Délarder (charp.); ébarber.

Bearded, En coin, aminci.

Bearer, Support, traverse, carlingage (c. n.); chevalet, montant; jumelle; coulisse (tour); **boiler** —, carlingage des chaudières; **engine** —, berceau moteur; **grate bar** —, sommier, châssis de grille; **rail** —, traverse; **step grade side** —, flasque, joue de gradin; — **spring,** appui à ressort.

Bearer, Porteur; **to the** —, au porteur.

Bearing, Palier, articulation, support, coussinet, appui, collet; portage; roulement; **adjustable** —s, coussinets réglables; **angle pedestal** —, palier oblique; **ball** —, roulement à billes; **angular contact ball** —, roulement à billes à contact angulaire; **ball (collar) thrust** —, crapaudine à billes; **ball — mounted,** monté sur roulements à billes; **blade** —, support à couteau; **bush** —, palier fermé; **to bush a** —, garnir, mettre un coussinet; **bushed** —, palier garni d'un coussinet; **centre** —, palier intermédiaire (turbine); **collared** —, portée à collets (butée); **collar step** —, crapaudine annulaire; **collar thrust** —, portée à cannelures; **crank shaft** —, palier de l'arbre à manivelles, coussinet de vilebrequin; **cross head pin** —, articulation de pied de bielle; **drop hanger** —, chaise; **end** —, palier frontal; **faulty — of the brushes,** défaut de portage des balais (élec.); **flexible** —, palier à monture élastique; **fluid** —, palier fluide; **footstep** —, palier de butée, crapaudine; **frictionless** —s, roulements sans frottement; **fulcrum** —, support à couteau; **inside** —, palier intérieur; palier à collets; **journal** —, support de l'essieu; palier lisse; **line shaft** —, palier intermédiaire; **longitudinal wall hanger** —, palier console fermé; **main** —, portée de l'arbre de couche (N.), coussinet de vilebrequin; arbre

principal; **neck journal** —, palier à collets; **needle** —, roulements à aiguilles; **oil saving** —, graisseur à bague; **outboard** —, palier auxiliaire de l'arbre de couche; **overhung** —, palier en porte à faux; **pedestal** —, palier ordinaire; **pillow block** —, palier ordinaire; **post (hanger)** —, palier console à colonnes; **roller** —, roulement à rouleaux; **self aligning** —, palier à rotule; **self oiling** —, coussinet auto-graisseur; **Seller's** —, palier Seller (à rotule); **shaft** —s, logement des arbres dans leurs paliers; **solid journal** —, palier fermé; **spindle** —, collet de la broche; **split** —, palier en plusieurs pièces; **step** —, crapaudine; **stuffing box** —, palier étanche; **swing** —, appui à pendule; **swivel** —, palier à rotule, palier articulé; **tail** —, palier secondaire, palier extérieur; **taper or tapered roller** —, coussinet à galets coniques, roulement à rouleaux coniques; **thrust** —, palier de butée; **tilting** —, appui à rotule; **tin** —, stannifère; **toe** —, support, vérin de soutien; **vibrating** —, palier vibrant; **wall** —, palier console; **wall bracket** —, chaise murale; **— alloy,** alliage pour coussinets; **— axle,** essieu porteur; **— bar for furnace,** sommier; **— block,** support, palier; **— bolt,** boulon de chapeau de palier; **— bracket,** plateau à palier; **— capacity (of the ground),** résistance (du terrain); **— centre,** centrage de la pointe, logement de la pointe; **— disc,** grain, culot; **— faces,** surfaces d'appui; **— frame,** poutre portant les paliers; **— fulcrum,** palier, coussinet; **— metals,** métaux pour coussinets; **— neck,** tourillon; **— of a lode,** direction d'une couche; **— pedestal,** chevalet de palier; **— plate,** selle ou semelle de rail; **— rib,** rebord, talon (ch. de fer); **— seals,** joints de palier;

— **spindle**, arbre de couche;
— **spring**, ressort de suspension;
— **stress**, charge de palier; —
strip, plaque de surhaussement
(ch. de fer); — **up**, étaiement,
soutènement, support; — **wall**,
mur de refend; **to line a** —,
garnir un coussinet; **to scrape
a** —, ajuster un coussinet; **to
take another** —, changer de
direction (min.).

Beat, Battement, oscillation,
coup; **dead** — **galvanometer**,
galvanomètre apériodique; —
reception, réception par battements (méthode hétérodyne,
T.S.F.).

to Beat, Battre, broyer; — **away**,
exploiter, abattre (min.); —
hemp, broyer le chanvre; —
off, dégager (les scories); —
ore, entamer une mine; —
out, caver, creuser, décolleter
un tuyau; — **out the ends of a
tube**, emboutir un tube; —
out the iron, battre, forger le
fer; — **small**, broyer menu.

Beater, Battoir, maillet, agitateur, pilon d'un mortier, refouloir, croc à chaux; — **bar**,
broche à mélanger; — **pick**,
pioche à bourrer; — **press**,
presse à empaqueter.

Beating, Battement; **panel** —,
emboutissage au marteau; —
engine, cylindre à broyer; —
mill, calandre; — **stone**, mailloir.

Bed, Lit, fondations; gisement,
couche, veine (min.); assise;
logement; encastrement; banc,
coulisse (de tour); plateau de
raboteuse; perçoir; bâti; radier;
air —, matelas d'air; **box
pattern engine** —, bâti fermé
formant carter; **casting** —,
moules à gueuses; lit de coulée;
cool or cooling —, refroidissoir;
engine —, berceau moteur;
filter —, lit de filtration, couche
filtrante; **fixed** —, banc fixe;
fuel —, couche de charbon;
gap —, banc rompu; **gravel** —,

lit de gravier; **hot** —, lit chaud,
banc d'étendage à chaud;
lathe —, banc de tour; **rigid**
—, banc rigide; **straight** —,
banc droit; **swivel** —, bâti
tournant; **test or testing** —,
banc d'épreuve; **flying test** —,
banc d'essai volant; **transfer**
—, lit de transfert; **weight
compensated** —, bâti à poids
compensé; — **die**, matrice à
anneau, perçoir; — **joints**, joints
de couche; — **of coal laid open**,
coureur de jour (min.); —
piece, plaque de fondation; —
plate, plaque de fondation,
bâti (mach.), embase; socle;
selle (pour rails Vignole); sole;
— **rock**, roche de base, roche
sous-jacente; — **slide**, chariot
porte-outil transversal, coulisseau porte-outil (tour); — **stone**,
meule dormante, gisante; —
testing, essai au banc; — **ways**,
glissières (mach. outil).

to Bed, Fixer, sceller; reposer
parfaitement sur son siège (soupape).

**Bed die, Bed piece, Bed plate,
Bed ways**, etc., Voir **Bed**.

Bedding, Fondation; — **of a
brush**, rodage du balai; — **of
wires**, logement des fils dans les
encoches (élec.).

Bede, Espèce de pic; hoyau;
pioche.

Beech, Hêtre.

Beehive oven, Four à ruche (pour
la fabrication du coke).

Beele, Marteau de mineur.

Beer, Bière; — **engine**, pompe à
bière; — **fall**, refrigérant à
moût; — **lever**, manche à
balai (aviat.).

Beetle, Masse, gros maillet, mailloche, battoir; mouton; dame.

Beetling engine, Moulin à pilons.

to Begin the streak, Entamer
un filon.

to Begnave or Begnaw, Ronger,
corroder (tôles).

Behaviour, Comportement.

Bel, Bel (unité sonore).

Bell, Cloche, cloche à gaz, cône de fermeture (h. f.); **big or large —,** gros cône (h. f.); **small —,** petit cône (h. f.); **— clapper or — crank,** marteau, battant à mouvement de sonnette; levier coudé; **— crank governor,** régulateur à leviers d'équerre; **— jar,** cloche de verre (de pile Meidinger); **— metal,** bronze de cloches; **— metal ball,** gobille; **— metal ore,** stannite; **— mouth,** évasement, cône d'entrée (hydr.); **— mouthed,** qui a un orifice en forme de cloche, évasé; **— movement,** coulisseau; **— ringing engine;** machine à sonner; **— roof,** comble en forme de cloche; **— transformer,** transformateur pour sonnerie; **— trap,** pommelle de puisard.

Bellows, Soufflet; **— blow-pipe,** chalumeau; **— head,** têtière de soufflet; **— pipe,** tuyère; **— wheel,** roue à eau pour faire jouer les soufflets; **iron armour of —,** galiscorne; **part opposite to the centers of —,** culeton; **valve of —,** âme du soufflet.

Belly, Calotte de convertisseur, ventre de haut-fourneau; **— brace,** attaches; vilebrequin; **— of a furnace,** ventre d'un fourneau; **— landing,** atterrissage sur le ventre; **— of ore,** filon qui s'enrichit (min.); **— stay,** hauban de cheminée, tirant de plaque tubulaire.

Bellying, Bombement.

Belt, Courroie, ceinture (cuirasse) (mar.); tronçon; bande; **ammunition —,** bande de cartouches; **armour or armoured —,** ceinture cuirassée (mar.); **cemented —,** courroie collée; **drive with weighted — tightener,** transporteur par tension provoquée; **driven side of —,** brin conduit; **driving —,** courroie de transmission; **driving side of —,** brin conducteur; **endless —,** courroie sans fin; **fabric —,** courroie en toile; **fan —,** courroie de ventilateur; **flanged —,** virole à brides; **flue —,** tronçon de tube foyer; **free —,** en volée (mach. outil); **generator —,** courroie de dynamo; **glued —,** courroie collée; **intermediate — gearing,** renvoi à courroie; **iron —,** ceinture en fer plat; **leather —,** courroie de cuir; **link —,** courroie articulée, courroie à chaînons; **loose side of —,** brin conduit; **machine gun —,** bande de mitrailleuse; **oblique —,** courroie inclinée; **open —,** courroie droite; **quarter twist — or quarter turn —,** courroie demi-croisée; **return —,** courroie pour la marche arrière; **rubber —,** courroie en caoutchouc; **safety —,** ceinture de sûreté; **sand —,** courroie à poncer; **sander —,** bande de ponçage; **scraping —,** ruban à racloirs; **shell —,** tronçon de corps de chaudière; **slack side of —,** brin conduit; **the — flaps,** la courroie flotte; **tight side of —,** brin conducteur; **transmission —,** courroie de transmission; **trapezoidal —,** courroie trapézoïdale; **two ply —,** courroie double; **vee —,** courroie trapézoïdale, en V; **winding —,** roue de bobinage ou d'enroulement; **— conveyor,** transporteur à courroie; **— dressing,** enduit pour courroie; **— drive,** commandé par courroie; **— fastener,** agrafe de courroie; **— guide,** fourche de débrayage; **— jack,** vis à courroie; **— joint,** attache de courroie; **— lace,** lanière pour attache; **— of an iron chimney,** tronçon de cheminée; **— of current,** bande de courant; **— pipe,** tuyau de vapeur autour du cylindre; **— pulley,** poulie; **— punch,** emporte-pièce, perce-courroie; **— reverse,** renversement de marche par courroie;

— **shifter,** change-courroie, débrayeur de courroie, monte-courroie; — **shifting fork,** fourchette de désembrayage de courroie; — **slippage,** glissement d'une courroie; — **slipper,** monte-courroie; — **speeder,** poulies coniques; — **stretcher** or **tightener,** tendeur d'une courroie; **to lace the** —, coudre la courroie.

Belted, Conduit par courroie; à courroie, à poulie.

Belting, Courroies, transmission par courroies; **canvas** —, courroies en toile; **conveyor** —, courroie transporteuse; **leather** —, courroies en cuir.

B. E. M. F. (Back electromotive force), Force contre-électromotrice.

Bench, Banc, établi, banquette, borne; chevalet, bidet (de menuisier); marbre d'ajusteur; bourriquet (de ferblantier); rangée de creusets; **boring** —, banc d'alésage; **draw** or **drawn** —, banc à étirer; **cold draw** —, banc à étirer à froid; **optical** —, banc d'optique; **push** —, banc poussant; **test** —, banc d'essai; **work** —, établi; — **axe,** hache à main, de charpentier; **clamp,** mordache, presse d'établi; — **coal,** couche supérieure des houillères; — **digging,** terrassement par bancs, en gradins; — **face plate,** marbre; — **for plate,** marbre (pour dresser); — **grinding machine,** rectifieuse d'établi; — **hardening,** durcissement au banc d'étirage; — **lathe,** petit tour; — **mark,** repère; — **plank,** plate-forme, table de l'établi; — **press,** presse d'établi; — **screw,** presse d'établi; — **shears,** cisailles à bras; — **strip,** attache; — **testing,** essai au banc; — **type drilling machine,** perceuse d'établi; — **vice,** servante d'établi.

Bend, Cintrage; coude, courbure; nœud, incurvation; ployage; argile durcie; redan; cuir de première qualité; pistolet (pour le dessin); raccord (de tuyau); **cross over** —, coude de croisement; **expansion** —, arc compensateur; **one height** —, raccord courbé; **quarter** —, coude; **return** —, raccord en U; — **connection,** raccordement par boîtes coudées (chaudières); — **pipe,** coude.

to Bend, Courber, cintrer, plier; — **through** 90°, plier à 90°.

Bender, Appareil à cintrer; **rail** — appareil à cintrer les rails.

Bending, Courbure; cintrage; flèche; flexion, gondolement; flambage; **intensity of stress due to** —, tension de flexion; **unit** — **stress,** flèche; — **elasticity,** élasticité de flexion; — **force,** résistance à la flexion; — **furnace,** four à cintrer; — **head,** tendeur, courbeur (pour bois); **matrice de pliage; — horse,** chevalet à courber; — **line,** fibre élastique; — **machine,** machine à cintrer, cintreuse; — **moment,** moment de flexion, moment fléchissant; — **plate,** forme en tôle pour courber; — **pliers,** pince à cintrer les tubes isolants; — **press,** machine à cintrer les tôles; — **produced by axial compression,** flambage; — **stick,** garrot; — **strength,** résistance à la flexion; — **stress,** effort de flexion, travail à la flexion, tension de pliage; — **test,** essai de ténacité de flexion ou de pliage; **alternating** — **test,** essai de pliage alternatif en sens inverse; **blow** — **test,** essai de flexion au choc; **rotating** —, flexion par rotation; **reversed** —, flexion inversée;

Beneficiation, Concentration, enrichissement (des minerais).

Benjamin flowers, Fleurs de benjoin.

Bent, Courbé, coudé, dévié; — **aerial**, antenne coudée; — **bolt**, verrou à queue; — **gouge**, bec-de-corbin; — **head**, bâti à col de cygne; — **lever**, levier brisé, coudé, mouvement de sonnette; — **spanner** or — **wrench**, clef coudée.

Bentonite, Bentonite.

Benzene, Benzène, benzine; — s **solution**, solution benzénique.

Benzenoid, Benzenoïdique.

Benzine, Essence de pétrole (seulement dans certains pays de langue anglaise), voir **Gasoline**.

Benzoate, Benzoate; **ethyl** —, benzoate d'éthyle.

Benzoic, Benzoïque; — **acid**, acide benzoïque.

Benzoins, Benzoïnes.

Benzol or **Benzole**, Benzol; — **recovery**, récupération du benzol.

Benzole, Benzol.

Benzolic, Benzolique.

Berkelium, Berkelium.

Berm, Berme.

Beryllia, Glucine.

Beryllium, Beryllium ou glucinium (plus employé); — **carbide** carbure de glucinium; — **copper**, cuivre au glucinium.

B. E. S. A. (British Engineering Standards Association).

Bessemer converter, Convertisseur Bessemer.

to Bestick, Marquer, faire des traits, des coches.

to Bestud, Garnir de clous.

Best-work, Minerai de première qualité.

Betasynchrotron, Bêtasynchrotron.

Betatron, Bêtatron.

Beton, Voir **Concrete**; — **mill**, bétonnière.

Bet pincer, Tenailles à chanfrein.

Betterment, Amélioration.

Bevatron, Bévatron.

Bevel, Fausse équerre, sauterelle, biseau; — **cut**, fausse coupe; — **differential**, différentiel conique; — **gear**, engrenage conique, engrenage d'angle; — **headed screw**, vis à tête fraisée; — **joint**, assemblage en fausse coupe; — **pinion**, pignon conique; — **plane**, guillaume à onglet; — **protractor**, sauterelle, fausse équerre; équerre pliante; rapporteur d'atelier; — **scale**, décimètre; — **seat**, siège conique; — **shoulder**, embrèvement; — **square**, fausse équerre; — **way**, d'angle, oblique; — **wheel**, roue d'angle, roue conique.

to Bevel, Abattre un chanfrein; biseauter, tailler en biseau, délarder, émousser les arêtes, équerrer.

Beveled or **Bevelled**, En biseau, à biseau, biseauté; — **circular saw**, scie circulaire en biseau; — **gears**, engrenages coniques; — **glass**, verre biseauté; — **punch**, chasse à biseau.

Bevelling, Équerrage, chanfreinage; brique couteau; **standing** — **or obtuse** —, équerrage en gras (charp.); **under** — or **acute** —, équerrage en maigre; **friction** —, équerrage en maigre; — **board**, gabarit d'équerrage; — **machine**, machine à équerrer.

friction Bevil gear, Roue à friction conique; **bevil gear wheel**, roue conique, d'angle.

Bezel, Couvercle.

B. H. curve, Courbe donnant B en fonction de H (élec.), courbe de magnétisation.

B. H. P. (Brake horse power), Cheval indiqué au frein : 76,00884 kilogrammètres par seconde.

Bias cell, Pile de grille.

Bias coil, Bobine de polarisation.

Bias system, Système à polarisation; **Bias or Grid Bias,** potentiel de grille (T.S.F.), tension négative de grille; **cathode bias,** résistance de cathode; **self bias,** polarisation automatique.

to Bias, Polariser.

Biased, Polarisé.

Bibcock, Robinet déversant vers le bas.

Bice, Outremer.

Bichromate, Bichromate; — **of potash,** bichromate de potasse.

Bickern, Bigorne; **little** —, bigorneau.

Biconcave, Biconcave.

Biconical, Bicône; — **antenna,** antenne bicône.

Biconvex, Biconvexe; — **lens,** lentille biconvexe.

Bid or **Bidding,** Offre (vente aux enchères); soumission; **sealed** —, soumission cachetée.

Bidder, Soumissionnaire.

Bidirectional, Bidirectionnel.

Bifilar, Bifilaire; — **suspension,** suspension bifilaire; — **windings,** enroulements non inducteurs.

Big end of a connecting rod, Tête de bielle.

Bigger, Constructeur.

Bigness, Épaisseur, calibre.

Bilge, Bouge (barrique); bouchain; petit fond (mar.); — **block,** savate (construction de N.); — **pump,** pompe de cale; — **water,** eau de cale.

Bi-linear, Bilinéaire.

Bill, Note, facture, effet, relevé; pièce justificative; feuille de route; bec, pointe, bec tranchant; **oil** —, bec à huile; — **head,** bec-de-corbin; — **hook,** faucille, serpe.

Bill of exchange or **Bill,** Lettre de change; **accepted** —, lettre de change acceptée.

Bill of Lading, Connaissement (N.); lettre de voiture.

Billet, Billot, billet de bois; billette; lopin; coin; rondin; petits fers; — **roll,** cylindre ébaucheur; **flat** —, large plat; **sheet** —, larget; — **continuous mill,** train continu à billettes.

Billeting man, Ouvrier lamineur; **billeting roll,** train ébaucheur; laminoir à barres.

Billion, Billion. En France et aux Etats-Unis, 1 billion = 1000 millions = 1 milliard; en Grande-Bretagne, 1 billion = carré du million.

Billionth, Millimicro.

Bimetal, Bimétal, bimétallique; **compensating** —, bimétal compensateur; — **thermostat,** thermostat bimétallique.

Bimetallic, Bimétallique.

Bin, Tremie, accumulateur (pour le charbon), minerai; silo, casier, alvéole; **bottle** —, casier à bouteilles; **dust** —, baignoire.

Binary, Binaire; — **glasses,** verres binaires.

Binaural, Binauriculaire.

to Bind, Prendre, faire prise; coincer, gripper un moteur; **to** — **with iron,** fretter, cercler.

Bind beam, Maîtresse poutre.

Binder, Relieur; liant; tirant; attache; chapeau de palier; —**s,** agglomérants, liants; **core** —, liant à noyaux (fond.); — **frame,** châssis à palier pouvant se régler; — **pit,** fosse à tan.

Binding, Frette; cercle; bandage; ligature; panne; penture; installation électrique; grippage d'un moteur; — **beam,** sommier de solivure; — **clamp,** borne; — **clip,** étrier de pression; — **course,** assise en boutisse; — **energy,** énergie de liaison; — **gold,** or en feuilles; — **hoop,** cercle, ruban, frette; — **iron,** ferrure, patte d'attache; — **joint,** solive; — **piece,** amoise;

— **post,** borne à vis; — **rafter,** maître chevron; — **rivet,** rivet de montage; — **screw,** vis de pression; borne; serre-fil; — **stay,** bride de la membrure inférieure d'une poutre armée; — **stone,** pierre de parpaing; — **strength,** résistance au serrage; — **wire,** fil d'archal, frettage; fil à ligature.

Bindings, Liaisons (construction).

Bing, Dépôt de minerai (dans certains cas 405,42 kg; — **(ore),** minerai de plomb de première qualité.

Binocular, Binoculaire; — **microscope,** microscope binoculaire.

Binoculars, Jumelles; **periscopic** —, jumelles périscopiques; **prismatic** —, jumelles prismatiques.

Binomial, Du binôme, binomial; — **coefficients,** coefficients binomiaux; — **theorem,** théorème des binômes.

Biplane, Biplan.

Bipod, Bipode; — **mast,** mât bipode.

Bipolar, Bipolaire (élec.); — **electrode,** électrode bipolaire.

Birch, Bouleau; **silver** —, bouleau argenté.

Bird's eye view, Vue à vol d'oiseau; **bird's mouth joint,** joint en biseau; **bird's shot,** cendrée.

Birefringence, Biréfringence.

Birefringent, Biréfringent.

Bismuth, Bismuth; — **glance,** sulfure de bismuth.

Bisulphide, Bisulfure; — **of carbon,** bisulfure de carbone.

Bit, Mèche (pour percer), trépan; bouche de tenailles, tranchant, taillant; mors (d'un étau); **auger** —, mèche de tarière, cuiller; **boring** —, mèche (de vilebrequin); tranchant de trépan; **centre** —, mèche anglaise, à téton; mèche à centre à trois pointes; **chair** —, vrille; **collapsible** —, trépan à effacement;

common —, foret à langue d'aspic; **cone** —, fraise circulaire; **copper** —, fer, barre à souder; **copper** — **with an edge,** fer à souder en marteau; **countersinking** —, fraise conique, fraise champignon; foret à centrer; **disc** —, trépan à disque; **drag** —, trépan à lames; **drilling** —, outil de forage; **ducknose** —, tarière, mèche en gouge; **finishing** —, alésoir; **fishtail** —, trépan queue de carpe; **flat** — **tong,** pinces plates; **half twist** —, tarière hélicoïdale; **hollow boring** —, foret, tarière; **multiple blade** —, trépan à doigts multiples; **pilot** —, trépan pilote; **plug centre** —, mèche à téton de diamètre égal au premier trou percé dans la pièce; **polishing** —, alésoir, polissoir; **reaming** —, alésoir, trépan, aléseur, équarrissoir; **rock** —, trépan, taillant; **rose** —, fraise conique; **sharp pointed** —, chasse-pointe; **slot mortising** —, foret long; **spoon** —, mèche en cuiller; **square** —, fleurette à tête carrée, perçoir à couronne; **tool** —, foret, barreau traité; **twisted** —, mèche en spirale; **twisted shell** —, foret hélicoïdal, fraiseur; **wood** —, mèche à bois; — **brace or stock,** vilebrequin; — **breaker,** débloqueur de trépan; — **gauge,** jauge à trépan; — **of the tongs,** mors d'une tenaille; — **pincers,** tenailles à chanfrein.

Bite, Piqûre, trace (de corrosion).

to Bite, Attaquer à l'acide; mordre.

Biting, Corrodage (des tôles); — **in,** action de mordre (tréfilerie).

Bitstock, Vilbrequin.

Bitt, Bitte, bollard, sommier de presse.

Bitter spar, Carbonate de chaux magnésifère.

Bittering, Dépôt salin.

Bittern, Eau mère.

Bitumen, Bitume.

Bituminous, Bitumineux ou bitumeux; — **coal,** charbon bitumineux; — **mixture,** mélange bitumineux.

Black, Noir; **acetylene** —, noir d'acétylène; **carbon** —, noir de carbone; **channel** —, noir tunnel; **coal** —, noir de charbon; — **amber,** jais; — **blend,** pechblende; — **body,** corps noir; — **burnt,** brûni au feu; — **damp,** mofettes; — **iron,** fer malléable; — **jack,** blende; — **lead,** plombagine; graphite; mine de plomb; — **lead ore,** plomb spathique; — **light,** lumière noire; — **pins,** affleurements; — **plate,** tôle; — **tin,** minerai d'étain concentré; — **vitriol,** couperose impure; — **wad,** oxyde de manganèse.

to Blacken, Noircir.

Blackening, Action de saupoudrer les moules (fond.); noircissement; **bulb** —, noircissement de l'ampoule.

Blacksmith, Forgeron; —'s **chisel,** tranche; —'s **coal,** houille de forge; —'s **hearth,** feu de forge.

to Blackwash, Voir **to Blacken.**

Blade, Lame; aile, pale, profil, palette (hélice); fer de rabot; tige d'équerre; couteau; agitateur; ailette, aube (turbine); **centrifugal** — **wheel,** roue à aubes (pompes centrifuges); **dovetailed overlapping** —, aube emmanchée à queue d'aronde; **gas turbine** —, ailette de turbine à gaz; **guide** —, aube directrice; **guide** — **disc,** plateau directeur; **low pressure** —s, aubages à basse pression; **impulse** —s, aubages d'action; **moving** —, aube motrice; **propeller** —, pale d'hélice; **reaction** —s, aubages à réaction; **rotating** —, aube mobile; **screw** —, aile d'hélice; **shear** —, tranchant, lame de ciseau; **stationary** —, aube fixe; **stop** —, aube d'ajustage; **supporting** —, aube entretoise; **switch** —, aiguille (ch. de fer); couteau d'interrupteur (élec.); **three** —, tripale; **twisted** —, ailette à surface gauche; **two** —, bipale; **vortex** —, ailette à surface gauche; **warped** —, ailette à surface gauche; — **base,** bloc d'aube; — **curvature,** courbure d'aube; — **groove,** encoche de fixation d'ailette; — **holder,** porte-scie; — **losses,** pertes dans les aubes; — **pitch,** pas des aubes; — **pin,** embase de pale; — **rim,** couronne d'aubes; — **ring,** porte-aubes; — **root,** pied de pale (d'hélice); — **of a screw,** aile d'hélice; — **section,** profil d'aube; — **spacing,** pas des aubes; — **stripping,** salade d'ailettes (turb.); — **sweep,** décalage angulaire de l'axe des pales d'une hélice; — **tilt,** angle de calage du profil des pales.

Bladed, Lamellé, à lames; à ailettes; laminaire (min.); **four, six** —, à quatre, à six ailes ou pales; **silver, steel** —, à lame d'argent, d'acier; **three** —, tripale; **two** —, bipale; — **spindle,** rotor aubé.

Blading, Aubage; mise en place des aubes; **action or impulse** —s, aubages d'action; **bulged** —, aubage à surépaisseur; **impulse stage** —s, aubages de l'étage d'action (turbines); **low pressure** —, aubage à basse pression; **reaction** —s, aubages à réaction; **supersonic** —, aubage supersonique.

to Blanch, Blanchir; — **iron,** étamer la tôle.

Blanch of ore, Minerai complexe.

Blanched, Blanchi, décapé, étamé.

Blanching, Dérochage, décapage.

Blank, Lingot d'acier fondu; flan; essai à blanc; lime forgée; pièce brute à travailler, pastille, ébauche; nu, vide; en blanc (comm.); **cutter** —, flanc de fraise; **gear** —, corps d'une roue dentée; **propeller** —, ébauche d'hélice; **recording** —, disque non enregistré; — **flange**, bride d'obturation, joint plein; — **holder**, serre-flan.

Blanket sluice, Table à toile (préparation mécanique des minerais).

Blanket tyre, Bandage sans boudin.

Blanketed, Calorifugé.

Blanketing effect, Effet de masque (aviat.).

Blast, Bouffée de vent, souffle, vent (métall.), air forcé; soufflage, soufflerie (métall.); coup de sirène; écoulement, échappement, tirage; jet de vapeur pour activer le tirage; **air** —, chasse d'air; **warm air** —, courant d'air chaud; **atom or atomic** —, explosion atomique; **cupola** —, soufflage du cubilot; jet d'air comprimé; soufflerie; **divided** —, échappement cloisonné; **hot** —, air chaud; **hot — stove,** appareil à chauffer le vent; **in** —, en marche, allumé (h. f.); **jet** —, souffle des moteurs à réaction; **out of** —, éteint (h. f.); — **air,** air d'insufflation (Diesel), vent (h. f.); — **box,** boîte à vent; — **capacity,** quantité de vent; — **engine,** machine soufflante, ventilateur; — **furnace,** haut fourneau, four soufflé, four coulé; **cased** — **furnace** (voir aussi **Furnace**), haut fourneau blindé; **independent free** — **furnace,** haut fourneau à cheminée nue; **low** — **furnace,** four à manche; **oil** — **furnace,** foyer à combustion liquide; — **furnace cinder,** laitier, scorie d'un haut fourneau; — **furnace gas blowing engine,** machine soufflante à gaz de haut fourneau; — **furnace slag,** laitier de haut fourneau; — **furnace with open**

hearth, haut fourneau à poitrine ouverte; — **furnace with oval hearth,** haut fourneau à creuset ovale; — **hearth,** four écossais (pour la galène); — **hole,** trou de mine; trou du pétard (min.); trou d'aspiration; — **indicator,** indicateur de tirage; — **main,** conduite de vent principale; — **pipe,** buse, tuyau, tuyère; — **plate,** taque de contrevent; — **side,** face de contrevent; — **tank,** boîte à vent.

Blasting, Tirage, coup de mine, abattage à la poudre; pétardement; distorsion (T.S.F.); **grit** —, nettoyage par sablage; **jet** —, souffle des moteurs à réaction; **liquid** —, nettoyage par jet de liquide; **sand** —, décapage au sable; **shot** —, grenaillage; **underwater** —, dynamitage sous l'eau; — **agent,** explosif; — **cap,** capsule; — **fuse,** fusée d'amorce à combustion lente; — **gelatine,** dynamite gomme; — **needle,** poinçon pour percer la fusée; — **powder,** poudre de mine; — **rig,** exploseur.

to Blaze off, Recuire l'acier par flambage (au bain d'huile).

Blea, Aubier (bois).

to Bleach, Blanchir.

Bleached, Blanchi.

Bleaching, Blanchiment; — **liquid,** eau de chlore; — **powder,** chlorure de chaux; hypochlorite.

Bled, Soutiré, déchargé, dérivé; prélevé; — **air,** air dérivé; — **steam,** vapeur de soutirage.

Bleed, Voir **Bleeding.**

to Bleed, Tirer goutte à goutte; soutirer, prélever, extraire, purger, décharger; — **the lines,** purger (d'air) les tuyauteries; — **off,** réduire la pression.

Bleeder, Robinet de prise d'échantillon; robinet purgeur; nourrice; déchargeur; tuyau ou

vanne d'extraction, de soutirage; — **pipe**, tuyau de décharge; — **resistor**, résistance
régulatrice de tension; — **type**,
du type à soutirage de vapeur;
— **valve**, vanne de décharge,
robinet de purge.

Bleeding, or **Bleed**, Agitation de
la masse du fer à puddler au
moyen d'une lame ou d'un ringard; suage; purge; extraction
(turbine); prélève-
ment dérivation, **compressor** —,
dérivation sur le compresseur.
point, point de soutirage (de
vapeur); — **port**, orifice d'extraction de soutirage; — **screw**,
purgeur, vis de purge, **air** —,
prélèvement d'air.

Blend, Blende (minerai de zinc).

to Blend, Mélanger.

Blending, Mélange, fusion, alliage.

Blimp, Dirigeable souple.

Blind, Veine sans affleurement;
jalousie; sans visibilité; — **approach**, atterrissage sans visibilité; — **bombing**, bombardement sans visibilité; — **coal**,
anthracite; — **flange**, bride
d'obturation; — **flight or flying**,
vol sans visibilité; — **head**,
couvercle de cucurbite; — **hole**,
trou borgne; — **level**, galerie à
siphon; — **shaft**, puits intérieur (min); — **take off**, décollage sans visibilité; — **track**,
voie en impasse; — **wall**, para-
vent.

to fly Blind, Voler à l'aveugle.

Blinding, Ensablement.

Blink, Clignotement; — **microscope**, microscope à clignotement.

Blinker, Phare à éclats.

Blip, Tache lumineuse du radar.

Blister, Paille, soufflure, vésicule,
pustule, ampoule (mét.); moine
(chaud.); caisson pare-torpilles;
sighting —, coupole de visée.

Blister or **Blistered copper**,
Cuivre ampoulé.

Blistered steel, Acier boursouflé
acier poule, acier de cémentation à soufflures.

Blistering, Cloquage, boursouf-
flage.

Block, Bloc, patin, palier; tin;
cale, billot; taquet d'équerrage
(c. n.); blochet; masse; bille;
grume; moufle; poulie, palan;
tronchet d'enclume; **bottom** —,
chape de moufle mobile ou
inférieure; **concrete** —, parpaing; **cutter** —, porte-outil;
cutting —, enclume à limes;
die —, coulisseau; bloc pour
matrice; **differential** —, palan
différentiel; **fiddle** —, poulie à
violon; **filing** —, bigorne d'enclume; **fuse** —, tablette à
bornes pour fusibles; **grip** —,
taquet d'arrêt; **head** —, bloc de
tête, tête d'accrochage, traverse d'aiguillage; **hoisting** —,
moufle; **link** —, coulisseau;
lower —, moufle du bas; **pillow**
—, palier ordinaire; **plummer**
—, palier support; **polishing** —,
tas à planer; **pulley** —, flasque
de poulie; palan; **quarter** —,
poulie de retour; **roller** —,
sabot; **scribing** —, trusquin
d'ajusteur; **sheave of a** —,
rouet, réa de poulie; n — **shea-
ved** —, poulie à n réas; **shell
of a** —, corps, caisse de poulie;
slide or **sliding** —, coulisseau;
snatch —, poulie de renvoi;
stop —, bloc d'arrêt, bloc d'enraillement; **straightening** —, tas
à planer, à dresser; **swage** —,
tas, étampe; **terminal** —, barrette à bornes; **threehold** —,
poulie triple; **thrust** —, contre-
fiche d'appui (ch. de fer);
palier de butée; **upper** —,
moufle du haut; **wall** —, rosace
isolante (élec.); **wood** —, cale
en bois; **worm** —, palan à vis;
— **and pulley**, poulie mouflée;
palan; — **brake**, frein à sabot;
— **of brake**, sabot de frein;

— **brass**, saumon de laiton; — **casting**, fonte en bloc; — **chain**, chaîne à rouleaux; — **chairs**, dés, cales de coussinets (mach.); — **coefficient**, bloc coefficient; — **diamond**, appareil à diamant pour tailler les meules; — **furnace**, foyer à loupes; — **machine**, poulierie; — **process**, phototypographie; —**s**, agglomérés; — **shears**, cisaille à bras; — **sheave**, rouet, réa; — **tin**, étain commun, en saumons; —, **work**, gros ouvrages de fer.

to **Block**, Enrayer, arrêter; couvrir une section, fermer la voie (ch. de fer); — **down**, emboutir en recouvrant; — **hard**, serrer à fond; — **up**, poser les pierres de taille.

Blocked, Grippé, enrayé; — **impedance**, impédance infinie.

Blocker cells, Cellules de blocage.

Blocking, Blocage, enrayage, calage (d'une manivelle sur un arbre...); engorgement du creuset; — **capacitor**, condensateur d'arrêt; — **device**, dispositif de placage; — **layer**, couche d'arrêt (élec.).

Block setting crane, Bardeur.

Blomary, Voir **Bloomery**.

Blood red heat, Chaude à la température du rouge sombre.

Blood stone, Sanguine, hématite.

Bloom, Loupe; bloom; lopin; balle (fond.), gros fers; maquette, reflet d'une huile; **doubled** —, doublon; **slab** —, brame; **steel** —, lopin d'acier; — **ball**, masse de fer; — **pass**, cannelure de blooming; — **plate**, tôle forte; — **roll**, cylindre ébaucheur. — **shear**, cisaille à blooms.

to **Bloom out**, Faire effluorescence (chim.).

Bloomer pit, Fosse à tan riche.

Bloomery, Affinerie; — **fire**, bas foyer, forge catalane; — **furnace**, four à loupes; — **iron**, fer au bois.

Blooming, Bloomage; — **machine**, machine à cingler; — **rolling mill**, train ébaucheur.

Bloomless oil, Huile neutre filtrée et blanchie au soleil.

Blooper, Appareil récepteur rayonnant un signal.

Blossom (or **Blossoming**), Affleurement.

Blotch, Excroissance, ampoule, saillie d'oxyde sur les parois d'une pièce métallique.

Blow, Choc, coup; opération au convertisseur; affleurement sans profondeur; **after** —, sursoufflage (aciérie Bessemer); **bottom** — **off**, extraction de fond (chaud.); **cushioned** —, coup de marteau-pilon avec introduction de la vapeur pendant la descente; **dead** —, coup de marteau-pilon sans introduction de la vapeur pendant la descente; **magnetic** — **out**, soufflage magnétique; **side** —, soufflage latéral; **surface** — **off**, extraction de surface (chaud.); **welding** — **pipe**, chalumeau soudeur; — **bending test**, essai de flexion au choc; — **by**, fuite; — **down**, purge, extraction de fond; — **down valve**, robinet d'extraction, de purge; — **hole**, soufflure; — **in**, mise à feu (h. f.); — **off**, extraction, purge, vidange; **continuous** — **off**, extraction continue; — **off cock**, robinet d'extraction; — **off pipe**, chalumeau; — **off plug**, bouchon de vidange; — **out**, soufflage d'étincelles (élec.); éclatement d'un pneu; — **out pipe**, chalumeau; **gas** — **out pipe**, chalumeau à gaz; **hydrogen gas** — **pipe**, chalumeau aérhydrique; **oxyacetylen** — **pipe**, chalumeau oxyacétylénique; **oxydrogen pipe**, chalumeau oxydrique; — **pipe welding**, soudage au chalumeau; —s, chocs, à-coups, heurts; — **stress**, travail au choc, épreuve au choc; — **through cock**, robinet de purge; — **through pipe**, tuyau de purge; — **torch**, lampe à souder.

Blow down or **Blow off**, Videvite.

Blowout, Éclatement (d'un pneu).

to **Blow**, Souffler, donner le vent; faire la paraison (verrerie); fuir (pour un joint); couler naturellement (pétr.); — **down**, purger une chaudière; mettre hors feu (mét.); — **in a furnace**, mettre à feu; charger le minerai (mét.); allumer; — **off, out**, mettre hors feu (mét.); fuser, faire long feu (min.), extraire, purger; éteindre un arc (élec.); — **through**, purger (mach.); — **up**, faire sauter, sauter, faire explosion.

Blower, Ventilateur; machine soufflante; souffleur, soufflante; compresseur; **centrifugal** —, souffleur centrifuge; **gas engine** —, soufflante à moteur à gaz; **sand** —, sablier; **scavenging** —, soufflante de balayage; **soot** —, souffleur de suie; **ventilating** —, ventilateur d'aération.

Blowhole or **Blown hole in casting**, Soufflure dans la fonte.

Blowing, Soufflage, foulée de soufflets; ramonage; **circular** —, machine, soufflets mus par une roue à eau; **core** —, soufflage de noyaux; **glass** —, soufflage du verre; **lateral** —, soufflage latéral; **pressure** —, soufflage sous pression; **slow** —, soufflage à pression réduite; **soot** —, ramonage des suies; — **cylinder**, cylindre à air (d'une soufflante); — **engine**, machine soufflante; moteur de soufflante; — **iron**, canne, fêle, fesle (verrerie); — **up**, affouillement par l'eau; explosion.

Blown, Soufflé; **side** —, à soufflage latéral; — **fuse**, fusible fondu; — **hollow**, caverneux (métal); — **in**, mis à feu (h. f.); — **off** or — **out**, mis hors feu (h. f.); — **oil**, huile oxydée par un courant d'air.

Blowpipe, Voir **Blow**.

Blue, Bleu; — **aurora** or — **glow**, lueur bleue (des tubes à vide); — **billy**, résidu de grillage des pyrites cuivreuses; — **metal**, matte concentrée (à 60 pour 100 de cuivre); — **print** or **printing**, bleu, calque (dessin); — **print copying machine**, machine à reproduire les plans; — **print lining machine**, machine à border les plans; — **print reproducer**, machine à reproduire les plans; — **printing machine**, machine à tirer les bleus; — **stone**, vitriol bleu, sulfate de cuivre.

to **Blunge**, Malaxer.

Blunger, Pelle, rateau pour malaxer, malaxeur.

Blunt, Émoussé, obtus; — **cone**, cône tronqué; — **edged**, à angle obtus; — **file**, lime obtuse, carrée.

to **Blunt**, Émousser.

Blurred, Flou (photographie).

Blurring, Halo (photographie).

B. M. (Bending moment), Moment fléchissant.

Board, Planche; madrier; membrure; carton; tableau (élec.); taille, coistresse (min.); conseil; **asbestos** —, carton d'amiante; **bevelling** —, gabarit d'équerrage; **centre** —, dérive (N.); **control** —, tableau de contrôle; panneau de commande; **distributing** —, tableau de branchement; **filing** —, bigorne d'enclume; **instrument** —, tableau de bord; **mill** —, carton très épais pour joints; **modelling** —, gabarit, échantillon; **running** —, marchepied; **side** —, douve; **sounding** —, table d'harmonie; **switch** —, tableau de commande, tableau de distribution (élec.); **multiple switch** —, commutateur multiple; **thick** —, madrier; **thin** —, planche, volige.

Boarded, Couvert, coffré.

Boarding, Planchéiage, voligeage.

Boat, Bateau, embarcation; nacelle pour incinération (chim.); **flying** —, hydravion; **motor** —, canot automobile; **steam** —, bateau à vapeur; **submarine** —, sous-marin; **tug** —, remorqueur.

Bob, Plomb d'un fil à plomb, lentille d'un pendule; **angle** —, mouvement de sonnette; **plumb** —, fil à plomb.

Bobbin, Bobine (corderie).

Bobs, Pièces de transmission d'un mouvement.

light, medium. heavy Bodied oil, huile très fluide (jusqu'à 200 SS U à 100° F), demi-fluide; (de 200 à 1000 SS U à 100° F.), épaisse (1000 SS U à 100° F. et au-dessus).

Bodkin, Poinçon, grosse aiguille, passe-lacet.

Body, Corps, châssis; cuve, fuselage (aviat.); carrosserie, caisse (auto, locomotive); coude de crochet; socle de tour; socle de palier; cuve de gazogène; couche de combustible; chaudière de four à chaux; noyau de vis; châssis de scie, fuselage; **black** —, corps noir; **canvas** —, fuselage en toile; **carbon** —, porte-charbon; **detachable** —, carrosserie démontable; **double** —, fuselage double; **furnace** —, cuve de four; **metal** —, fuselage métallique; **open** —, carrosserie ouverte; **ore** —, gisement en amas; **single** —, fuselage simple; **truck** —, caisse de camion; **— contact,** contact à la masse; **— of a blast furnace,** cuve, ventre d'un h. f.; **— of carburettor,** corps principal du carburateur; **— of revolution,** corps de révolution; **— of the**

strongest form, corps d'égale résistance; **— stampings,** pièces embouties pour carrosserie; **— washer,** rondelle d'épaulement d'essieu.

Bog, Tourbière; **— coal,** houille des marais; **— iron ore,** minerai de fer des prairies, limonite; **— manganese,** hydroxyde impur de manganèse.

Boghead, Schiste bitumineux.

Bogie, Traverse mobile, transbordeur; bogie; **— engine,** locomotive de terrassement; **— slide,** portée de la crapaudine (de bogie); **— truck,** plateforme de bogie; **— wagon,** wagon à bogie.

Boil, Travail du bain (métall.); ébullition; effervescence.

to Boil, Bouillonner, bouillir; **to — down,** réduire par ébullition.

Boiled bar, Barre de fer puddlé ordinaire.

Boiler, Chaudière; bouilleur; générateur; **barrel** —, chaudière cylindrique; **barrel of the** —, corps, enveloppe d'une chaudière; **battery** —, chaudière multibouilleurs; **combination** —, chaudière semi-tubulaire; **concurrent** —, chaudière dans laquelle l'eau et les gaz circulent dans le même sens; **countercurrent** —, chaudière dans laquelle l'eau et les gaz circulent en sens inverse; **cover of the** —, dessus, dôme de la chaudière; **direct flame** —, chaudière à flamme directe; **donkey** — chaudière auxiliaire; **double-ended** —, chaudière chauffée des deux bouts; **double-flued** —, chaudière cylindrique avec deux fourneaux intérieurs; **double story** —, chaudière à fourneaux étagés; **drog-flue** —, chaudière à bouilleurs à retour de flamme; chaudière à flamme renversée; **dry back** —, chaudière sans volume d'eau arrière; **dry bot-**

tom —, chaudière sans lame d'eau sous les cendriers; elephant —, chaudière à bouilleurs; exhaust heat —, chaudière à chaleur perdue; express type —, chaudière express; fire box of a —, boîte à feu d'une chaudière; fire tube —, chaudière à tubes de fumée; flash —, chaudière à vaporisation instantanée; flue —, chaudière à carneaux ou à galeries; french —, chaudière à bouilleurs; gas fired —, chaudière à gaz; high pressure —, chaudière à haute pression; knapsack —, chaudière à boîte de retour en forme de havresac; locomotive —, chaudière à flamme directe; marine —, chaudière marine; multiple deck —, chaudière multibouilleurs; multiple stage —, chaudière à étages; multitubular —, chaudière multitubulaire; oil fired —, chaudière chauffant au mazout; pit of a —, piqûre de chaudière; portable —, chaudière locomobile; return flame —, chaudière à retour de flamme; round —, chaudière cylindrique; sectional —, chaudière sectionnelle; set of —s, groupe de chaudières; setting of —s, mise en place des chaudières; sheet flue —, chaudière à lames; single ended —, chaudière ordinaire (chauffée d'un seul côté); smoke box of a —, boîte à fumée d'une chaudière; steam —, chaudière à vapeur; top —, chaudière superposée, chaudière de récupération; top of a —, dessus, dôme d'une chaudière; tubular —, chaudière tubulaire; twin —s, chaudières séparées ayant un coffre à vapeur commun; wagon —, chaudière à tombeau; waste heat —, chaudière à chaleurs perdues, chaudière de récupération; water tube —, chaudière sectionnelle aquatubulaire; wet bottom —, chaudière à lame d'eau sous les cendriers; wrought welded —,

chaudière sans rivure; — bear, poinçonneuse à main (pour tôles de chaudière); — bearer, chevalet de chaudière; — bracket, oreille de chaudière; — circulation, circulation d'eau pour chaudière; — composition, désincrustant, tartrifuge; — cradle, chevalet de chaudière; — cramp, griffe (des trous d'homme, autoclaves...); — drum, collecteur de chaudière; — duty, débit d'une chaudière; — end, fond de chaudière; — feeding, alimentation d'une chaudière; — fittings, accessoires de chaudière; — fluid, désincrustant; — forge, chaudronnerie; — head, fond de chaudière; — header, collecteur de chaudière; — lug, oreille de chaudière; — maker, chaudronnier; — making tools, outils de chaudronnerie; — manufactory, grosse chaudronnerie; — mountings, accessoires de chaudière; — operative, chauffeur; — out put, débit de vapeur d'une chaudière; — pit, piqûre de chaudière; — plate, tôle pour chaudières; — pressure, timbre; — prover, pompe pour épreuve de chaudière; — room, chambre de chauffe; — scaling appliances, désinscrustants; — seating, bride d'attache de tuyau; — setting, plan de pose d'une chaudière; — shell, enveloppe de chaudière; — support, chaise de chaudière; — truck, wagon citerne; — tubes, bouilleurs; — with high pressure, chaudière à haute pression; — works, chaudronnerie; to blow down a —, purger une chaudière; to empty, to fill a —, vider, faire le plein d'une chaudière; to light fires under a —, allumer les feux d'une chaudière; to pick a —, piquer une chaudière; to scale a —, piquer, désincruster une chaudière; to scale off a —, enlever les dépôts d'une chaudière.

Boiling, Ebullition; puddlage par bouillonnement; empâtage (savonnerie); **analysis by** —, analyse par distillation fractionnée; **low** —, à bas point d'ébullition; — **bulb**, matras, ballon; — **over**, débordement; — **point**, point d'ébullition; — **tube**, tube bouilleur.

B. O. L. (Bill of lading), Voir **Bill**.

Bole, Bol, terre bolaire.

Bollard, Bollard, poteau d'amarrage.

Bolometer, Bolomètre.

Bolster, Traversin; étampe; perçoir (forge); coussinet; support; collet; lit de carrière; corbeau; sous-longeron; sellette d'affût; **swing** —, balancier latéral.

Bolt, Boulon, verrou, pène; cheville; goujon; **anchoring** —, boulon d'ancrage; **barbed** —, boulon à entailles; **bent** —, verrou à queue; **butt** —, cheville d'about (c. n.); **capstan** —, écrou à trous; **catch** —, verrou à ressort, vis de blocage du toc; **check** —, boulon de retenue, boulon d'arrêt; **clamping** —, boulon d'assemblage; **common** —, boulon ou goujon ordinaire; **connecting** —, boulon d'assemblage; **copper** —, fer à souder; **corner** —, boulon de coin; **cotter** —, boulon de fondation; boulon à clavette; **countersinkheaded** —, boulon encastré, à tête fraisée; **crab** —, boulon d'ancrage passant; **distance sink** —, boulon d'entretoisement; **draw** —, tire-fond; casse-joint; **drop** —, prisonnier; **eccentric** —, boulon d'excentrique; **expansion** —, boulon de scellement; **eye** —, boulon à œil, goupille; **fang** —, boulon de scellement; **feathered** —, boulon à ergot; **fitted** —, boulon ajusté; **flat** —, targette; **flat headed** —, boulon à tête plate; **forelock** —, cheville à goupille; **frame** —, goujon;

garnish —, boulon à tête chanfreinée; **gland** —, boulon de presse-étoupe; **hook** —, boulon à croc; crampon fileté; **in and out** —, boulon d'assemblage; **iron** —, cheville en fer; **jagged** —, boulon à entailles; **joint** —, boulon d'assemblage; **keep** —, boulon de chapeau (de palier); **key** —, boulon à clavette; **lock** —, boulon de retenue; **locking** —, boulon d'attelage; **pillar** —, entretoise; **pivot** —, rotule; **pointed** —, cheville à bout pointu; **rag** —, cheville dentelée; boulon de scellement; **reamed** —, boulon ajusté; **retaining** —, boulon de retenue; **ring** —, cheville à boucle; **round headed** —, boulon à tête ronde; **screw** —, boulon taraudé; **self locking** —, boulon autoserreur; **set** —, prisonnier, goujon; **sliding** —, targette, verrou; **spare** —, boulon de rechange; **spring** —, verrou à ressort; **square** —, boulon carré; **square headed** —, verrou à tête carrée; **stay** —, boulon d'entretoise; **stirrup** —, étrier à vis; **stone** —, boulon de scellement; **stud** —, prisonnier, goujon; **swing** —, boulon articulé; rotule; **swivel** —, boulon à émerillon; **T** —, boulon à T; **taper** —, boulon conique; **template** —, boulon ajusté; **tie** —, boulon d'entretoise; poutre traversière; tirant; traverse; **track** —, boulon d'éclisse; **wedge** —, clavette de serrage, de réglage; — **and nut**, boulon et écrou; — **auger**, foret à chevilles; — **breaker**, casse-boulon; — **chisel**, bedane; — **clasp**, gâche d'un verrou; — **cutter**, coupe-boulons; — **driver**, chasse-boulon; — **head**, tête de boulon; allonge; matras; cucurbite; — **hole**, trou d'un boulon; — **making tool**, outil de boulonnerie; — **of a lock**, pène d'une serrure; — **pin**, goupille; — **valve**, boulon-valve; **to drive a** —, chasser une cheville, un boulon.

to Bolt, Boulonner, cheviller, verrouiller; — **out,** repousser, refouler, chasser; — **up dead,** serrer à bloc.

Bolted, Verrouillé, boulonné.

Bolter, Bluteau, blutoir, sas; tambour.

Bolting kutch, Blutoir.

Bomb, Bombe; **atom or atomic** —, bombe atomique; **delayed action** —, bombe à retardement; **fragmentation** —, bombe à fragmentation; **gliding** —, bombe planante; **hydrogen** —, bombe à hydrogène; **illuminating** —, bombe éclairante; **incendiary** —, bombe incendiaire; **jet** —, bombe volante, bombe à réaction; **oxygen** —, bombe à oxygène; **radioguided** —, bombe radioguidée; **signalling** —, bombe de signalisation; **time** —, bombe à retardement; **uranium** —, bombe à uranium; — **bay,** travée de bombes, soute à bombes; — **carrier,** porte-bombes; — **dropping gear,** lance-bombes.

Bombardment, Bombardement; **ionic** —, bombardement ionique.

Bomber, Bombardier, avion de bombardement; **dive** —, bombardier en piqué; **heavy** —, bombardier lourd; **jet** —, bombardier à réaction; **light** —, bombardier léger; **long range** —, bombardier à grand rayon d'action; **medium** —, bombardier moyen.

Bombing, Bombardement; **dive** —, bombardement en piqué; — **plane,** avion de bombardement.

Bombolo, Cornue sphérique (pour le raffinage du camphre).

Bombsight, Viseur de lancement; **course setting** —, viseur à calage de cap.

Bonanza, Filon riche (d'or ou d'argent).

Bond, Assemblage, joint, frette; agglomérant; gangue; connexion; liaison (chim.); mode d'assemblage; entrepôt; obligation, bon du Trésor; **aromatic** —, liaison aromatique; **goods in** —, marchandises en entrepôt; **wrought iron** —, frette en fer forgé; — **course,** assise de boutisse; — **energy,** énergie de liaison; — **holder,** obligataire; — **stone,** boutisse; — **stress,** effort de cohésion; — **test,** essai d'adhérence; — **timber,** pièce d'assemblage.

to Bond, Agglomérer.

Bonded, A l'entrepôt (douanes); à agglomérant; aggloméré; **conductor,** **clay** —, à gangue d'argile; **resinoid** —, à aggloloméré de résine; — **goods,** marchandises en entrepôt.

Bonder, Pierre en boutisse; parpaing.

Bonderizing or **Bonderising,** Bondérisation.

Bonding, Métallisation; liaison électrique de toutes les parties d'un appareil (avion de...); jonction; **static** —, liaison électrique de sécurité; — **electrons,** électrons de liaison.

self Bonding, Auto-adhérent.

Bone, Os; veine calcaire ou schisteuse dans une couche de charbon; **fleshed** —**s,** os verts; — **charcoal,** noir animal; — **glass,** verre opale.

Boning, Bornoyer; — **rod,** nivelette.

Bonnet, Chapeau, capot, couvercle (de soupape, de vanne); porte de visite des clapets d'une pompe; capot (d'automobile); pare étincelles (locomotive); toit de cage (min.).

Bonney, Gisement riche mais peu puissant.

Bont, Partie dure d'une veine (min.).

Bookkeeper, Comptable.

Bookkeeping, Comptabilité; — **by double entry,** comptabilité en partie double; — **by single entry,** comptabilité en partie simple.

Booking, Enregistrement; — **office,** bureau d'enregistrement (douanes).

Boolean rings, Anneaux booléens (math.).

Boom, Mât de charge; flèche de pelle de grue; perche-support de microphone; estacade flottante; **goose neck** —, flèche en col de cygne; **spar** —, semelle de longeron; **tail** —, poutre de liaison; **twin** —, bi-poutre; — **angle,** cornière bride, cornière nervure; — **height,** hauteur de flèche; — **hinge,** articulation de flèche; — **hoist,** relevage de flèche; — **point,** tête de flèche; —**s,** membrane; — **sheet,** semelle, plate-bande, table de membrure; — **swing,** rayon de la flèche.

Booming, Procédé de lavage des terrains aurifères au moyen d'un violent courant d'eau.

Boon, Teille, tille.

to Boost, Renforcer une batterie (élec.); survolter, porter au maximum; amplifier, grossir, suralimenter, survolter, pousser.

Boost, Survoltage, suralimentation; **full** —, pleine alimentation; — **gauge,** manomètre de pression d'admission; — **pressure,** pression de suralimentation; — **pump,** pompe de suralimentation.

Booster, Survolteur (élec.); surpresseur; réacteur-régénérateur; tout appareil de caractéristiques maxima; **centrifugal** —, surpresseur centrifuge; — **pump,** pompe de surcompression; pompe de suralimentation; pompe de gavage; pompe ourrice; — **rocket,** fusée de démarrage.

Boosting, Action de porter au maximum; survoltage; **power** —, amplification par servocommande; — **main,** canalisation, ligne de secours; — **voltage,** tension additionnelle, survoltage.

de-icing Boot, Tablier auto-dégivreur.

luggage Boot, Coffre à bagages (auto).

Booth, Cabane, tente; **wash** —, cabine de lavage.

Boracid or **Boric acid,** Acide borique.

Borax, Borax; **powdered** —, borax en poudre.

Bord, Galerie, boyau (min.); — **and pillar system,** exploitation par pilier (min.).

Border, Bordé (N.).

Bore, Clouière (forge), alésage (cylindre), creux; perce; sonde à fouiller; âme (canon); calibre; lumière (fusée); **cylinder** —, alésage (d'un moteur); **large** —, gros calibre; **rifled** —, âme rangée; **small** — **rifle,** fusil de petit calibre; **smooth** —, âme lisse, smooth; — **alignment,** alignement des alésages; — **bit,** mèche de foret, trépan; — **catch,** arrache-sonde; — **chips,** copeaux de foret, d'alésoir; — **clear,** tarière à filet; — **dust,** farine de sondage ou de forage; — **extractor,** appareil pour retirer les morceaux de sonde engagés dans le forage; — **frame,** palette à forer; — **gauger,** vérificateur d'alésage; — **gun,** fusil à canon lisse; — **hole,** trou de sonde, forure; — **machine,** sondeuse; — **mill,** aléseuse; — **sample,** carotte, échantillon de sondage.

to Bore, Percer, aléser, creuser, vriller, foncer (un puits); **to — away,** dévier, brouter (mèche); **to — out a cylinder,** aléser un cylindre.

Bored, Alésé; **choke** —, foré avec étranglement; **diamond** —, alésé au diamant.

Borer, Instrument à percer : foret, poinçon, mèche, vrille, alésoir...; foreur; épinglette; trépan à vilebrequin; barre à mine; **core** —, mèche annulaire; **earth** —, tarière; **expanding** —, foret à mèche expansible; **long** —, esseret; **percussion** —, barre de mine; **pointer** —, pointe à tracer; **pitching** —, fleuret court; **self emptying** —, sonde à clapet; **ships** —, taret; **slot** —, esseret; —'s **mallet,** marteau de forage.

Boric, Borique; — **acid,** acide borique.

Boring, Alésage, perçage, forage; forure; **axle box** — **machine,** machine à aléser les boîtes d'essieux; **engine cylinder** — **machine,** machine à aléser les cylindres; **floor type** — **machine,** machine à aléser à montant fixe; **funicular** —, sondage à la corde; **hole** — **cutter,** fraise à aléser; **horizontal** — **machine,** aléseuse horizontale; **jig** — **machine,** machine à pointer; **percussive** —, forage par percussion; **piston** — **machine,** machine à aléser les pistons; **precision** —, alésage de précision; **precision** — **machine,** aléseuse de précision; **rigid** — **machine,** aléseuse rigide; **spindle** —, trou, alésage de la broche; **table type** — **machine,** machine à aléser à montant mobile; **taking** —s, sondage du terrain; **turret head** — **machine,** machine à percer revolver; **tyre—machine,** machine à aléser les bandages de roues; **universal** — **machine,** aléseuse universelle; **vertical** — **machine,** aléseuse verticale; **vertical** — **mill,** tour vertical; **upright** — **mill,** alésoir vertical; — **and milling machine,** aléseuse-fraiseuse; — **and turning mill,** tour alésoir; — **bar,** barre d'alésage; arbre porte-foret; arbre d'une machine à aléser; — **bench,** banc à forer, banc d'alésage; — **bit,** alésoir, broche; — **block,** chariot d'alésage, porte-lame d'une machine à aléser; — **by means of rods,** sondage à tige rigide; — **chisel,** perce-moule (fond.); trépan; — **chuck,** mandrin porte foret; — **collar,** demi-lunette; — **diameter,** diamètre d'alésage; — **engine,** machine à percer; — **frame,** potence à forer; machine à percer; — **head,** noix d'alésage; — **machine,** machine à aléser, aléseuse, perceuse, foreuse perforatrice; — **and milling machine,** aléseuse-fraiseuse; —, **milling and facing machine,** aléseuse-fraiseuse-surfaceuse; — **mill,** tour à aléser, aléseuse-fraiseuse; — **of the tampings,** débourrage; —s, limaille; — **spindle,** broche; barre d'aléseuse; porte-foret, porte-mèche; — **tool,** lame, couteau de finissage; — **tools,** outils de perçage; — **tower,** tour de fonçage; — **wheel,** manchon, tourteau, chariot porte-outil d'une machine à percer, porte-lames.

Borings, Limaille, rognures.

Borohydride, Borohydrure.

Boron, Bore; — **nitride,** nitrure de bore; — **steel,** acier au bore.

Boronic, Borique.

Borrow pit, Emprunt (terrassement).

to Borrow, Emprunter, faire un emprunt.

Bort, Diamant noir; bort.

Bosh, Bac de la trempe.

Boshes, Étalages (h. f.); **free standing** —, étalages dégagés.

Boss, Bosse, bossette, bossage; moyeu; auge à mortier, étampe de forgeron, sabot de bocard; renflement; réservoir, ampoule de thermomètre; contremaître, chef de chantier; **continuous** —, moyeu traversant; **crank** —, tourteau de manivelle; **runner** —, moyeu de roue; **screw** —, moyeu d'hélice; **solid** —, moyeu traversant; **turbine** —, moyeu de turbine; — **for foundation bolt**, patte, saillie d'ancrage; — **joint**, assemblage de moyeux; — **mechanic**, chef monteur; — **rod**, tige de pendule (appareil régulateur).

B.O.T. Unit (Board of trade Unit), Unité d'énergie électrique.

to Botch, Rapiécer, rafistoler.

Botch, Loup, ouvrage mal fait.

to Bott, Boucher le trou de coulée.

Bott chisel, Langue de carpe; **bott hammer**, marteau à face cannelée pour briser le lin.

to Bottle, Ogiver (les obus).

Bottle, Bouteille; poire de caoutchouc; fiole; flacon; châssis de moulage; **dropping** —, flacon compte-gouttes; **levelling** —, flacon de niveau; **reagent** —, fiole à réactif; **salt mouth** —, flacon à large ouverture; **screw capped** —, flacon à couvercle vissé; **spray air** —, bouteille d'insufflation (Diesel); **washing** —, flacon laveur; pissette (chim.); **weighing** —, flacon à tare; — **bin**, casier à bouteilles; — **jack**, vérin; — **pincers**, ferre (ver.).

Bottling, Ogivage.

Bottom, Fond, dessous (min.); culot, radier, carène (N.); semelle de bocard; traverse inférieure d'une porte d'écluse; résidus; **blind** —, plancher amovible; **double** —, double fond (N.); **false** —, fausse pièce (fond.); **inner** —, bordé de fond; vaigre (c. n.); **outer** —, bordé extérieur (c. n.); **pit** —, fond (min.); — **blow valve**, clapet de pied (de pompe à air); — **box or flask**, dessous d'un châssis (fond.); — **box flap**,

fond à rabattement; — **casting**, coulée en source; — **captain**, chef ouvrier; porion (min.); — **cover**, fond du cylindre; — **die**, matrice, étampe inférieure; — **fermentation**, fermentation basse; — **flange**, table inférieure d'une longrine; — **flask**, châssis de dessous (fond.); — **flue**, carneau de sous-sole (four à coke); — **gate**, vanne de fond; — **lift**, pompe inférieure placée au fond du puits de mine; — **loop tip**, culot à œillets (lampe à incandescence); — **of a ship**, carène d'un navire; — **pitching**, empierrement de base; blocage; — **plate**, plaque de fondation; taque de fond; — **plating**, bordé de carène; — **rail**, traverse inférieure; — **slide**, chariot inférieur (tour); semelle de la contre-poupée du chariot; — **swage**, dessous d'étampe (forge); — **wing**, aile inférieure.

Bottomed, Doublé en, à fond de.

Bottoming, Enfonçage; assise empierrée; empierrement; — **hole**, bouche de four de verrerie; — **tap**, taraud finisseur.

Bottomry, Grosse; — **bond**, contrat à la grosse.

to Boucherise, Injecter au sulfate de cuivre.

Boulder stones, Galets.

Bound, Lié, retenu; fretté (art.); chargé (mar.), en partance pour la mer; — **charge**, charge latente; — **shot**, coup à ricochet; — **with iron hoops**, fretté.

Boundary, Limite; ligne de séparation; **fusion** —, limite de fusion; **grain** —, limite, joint des grains; diffusion, diffusion à la limite des grains; — **condition**, condition aux limites; — **film**, épilamen; — **layer**, couche limite, surface de discontinuité; — **layer separation**, cavitation; — **light**, feu de balisage (aviat.).

BOX — 59 — **BOX**

Bounder, Géomètre (min.).

Boundery, Borne (d'une mine, etc.).

Bounty, Prime.

Bouse, Minerai de plomb non purifié.

Bovey coal, Charbon de Bovey (lignite).

Bow, Arc, courbure; cadre de scie; étrier; archet de prise de courant; étrave, avant (N.); **drill** —, archet; **rotating** or **revolving** —, archet pivotant; **sliding** —, archet frotteur; — **base,** support d'archet; — **collector,** prise de courant à archet; — **drill,** foret à archet; — **dye,** écarlate; — **file, lime** à archet, rifloir; — **key of a cock,** clef à écrou d'un robinet; — **of a brace,** manivelle d'un vilebrequin; — **rudder,** gouvernail avant; — **saw,** scie à archet; scie à chantourner; scie à arc; — **spring,** ressort en arc.

to Bow, Courber, se courber, se gauchir, se gondoler, se voiler.

Bowl, Bassin, godet, coupe; cloche de guidage; rouleau de calandre; amphithéâtre; **cam** —, galet; **rotating** —, bol tournant.

Bowling ring, Bague de Faïrbairn.

Box, Écrou; boîte, boîtier, coffret, étui; bobine de foret; châssis de fonderie, patouillet (préparation mécanique des minerais); **ammunition** —, caisse à munitions; **annealing** —, pot de cémentation; **axle** —, boîte d'essieu; **cable** —, boîte de jonction des câbles (élec.); **compass** —, habitacle; **push button control** —, boîte de commande à boutons poussoirs; **core** —, tuyau à noyau; **distribution** —, coffret de répartition; **equalization** —, compensateur; **expansion stuffing** —, presse-étoupe compensateur; **fire** —, boîte à feu; **gear** —, carter de trans-

mission, boîte des vitesses; **girder** —, poutre caissonnée; **grease** —, boîte à graisse; **head** —, boîte de tête; **journal** —, coussinet, boîte d'essieu; **main** —, coussinet de manivelle; **packing** —, presse-étoupe; **resistance** —, boîte de résistances (élec.); **rocker** —, boîtier de culbuteur; **sand** —, boîte à sable, sablière; **seal** —, siphon; **signal** —, cabine de signaleur; **speed** —, boîte des vitesses; **speed gear** —, boîte des changements de vitesses; **splice** —, boîte de jonction des câbles; **spring** —, douille de ressort; **steering gear** —, **steering** —, boîte, boîtier de direction; **stuffing** —, boîte à garnitures, presse-étoupe, boîte à bourrage; **terminal** —, boîte à bornes; **tool** —, porte-outil, chariot porte-outil, porte-outil à lunette, à logement (tour); **valve** —, chapelle, lanterne de soupape; boisseau de robinet; **wheel** —, boîte d'engrenages; boîte de changement de vitesse; — **and needle,** boussole; — **beam,** poutre en caisson; **multicell — beam,** poutre caisson multicellulaire; — **casting,** coulage en châssis, fonte coulée en châssis; — **chuck,** étau employé pour tenir de petites pièces à brides; — **coupling,** accouplement par manchon; — **drain,** rigole ouverte; — **end,** tête de bielle en étrier; tête à cage; — **fire,** foyer intérieur à grille horizontale; — **for moulding,** chassis de moulage (fond.); — **girder,** poutre caisson; — **groove,** cannelure fermée ou emboîtée pour fers carrés ou plats (laminoir); — **hardening,** cémentation dans les boîtes en fer; — **iron,** fer à repasser à réchaud; — **key,** clef à douille; — **kite,** cerf-volant cellulaire; — **level,** niveau à bulle d'air (dont la partie supérieure seule est en verre); — **mandrel,** mandrin à colonne; — **metal,** métal pour coussinets; — **nut,** écrou à trou borgne; — **of a friction coupling,** manchon à friction; — **of axle,** boîte d'essieu; réservoir d'huile; — **of a wheel,** moyeu d'une roue, boîte d'essieu; — **of the elevating screw,** écrou de la vis de pointage (art.); — **pass,** voir — **groove;** — **pattern engine bed,** bâti fermé; bâti carter; — **piston,** piston fermé; — **purifier,** épurateur; — **screw,** douille taraudée, écrou; — **section,** section rectangulaire; — **shaped,** en forme de caisson; — **sheave,** bobine d'une boîte à foret; — **sounding relay,** relais phonique; — **spanner,** clef à tire-fonds; — **spar,** longeron-caisson; — **stable,** gâche; — **thread,** filetage femelle.

Boxed plane, Rabot dont une partie du fût est en buis.

Boxing, Gemmage; chambranle d'une porte; ensablement des traverses (ch. de fer).

Boyle's fuming liquor, Liqueur fumante de Boyle; sulfhydrate d'ammoniaque.

Boyle's law, Loi de Boyle (loi de Mariotte).

b. p., boiler pressure, Timbre d'une chaudière.

B. R., Boiling range, Gamme de distillation d'un carburant.

Brace, Agrape, bras, tirant, armature, contrefiche, croisillon; étrier; entretoisement; raineau; aisselier; jambe de force; vilebrequin; écharpe en fer plat, recette du jour (min.); plate-forme du moule; **angle** —, foret à angle; **bit** —, vilebrequin; **breast** —, vilebrequin; **corner** —, contrefiches; **hand** —, vilebrequin; **rail** —, pièce de butée latérale; contrefiche de butée (ch. de fer); **ratchet** —, perçoir à rochet; **wind** —, hauban; — **and bit,** vilebrequin et sa mèche; — **and tool,** fût et mèche de vile-

brequin; — **bit,** mèche de vilebrequin; — **cable,** cable de traille; — **head,** tourne à gauche, manivelle de la sonde du mineur; tête de sonde; — **rod,** tirant en fer rond.

to Brace, Entretoiser, moiser, haubanner, consolider, contreventer; ancrer.

Braced, Entretoisé, contreventé, haubanné; **center** —, entretoisé au centre; **cross** —, croisillonné.

Bracing, Action de placer des tirants, des entretoises; entretoisement; cloisonnement; ancrage, coffrage; consolidation; moise; contreventement; haubannage; contre-appui; **counter diagonal** —, entretoisement à treillis en U; **strut** —, poutre en U; **wind** —, contreventement; **wire** —, haubannage en fil d'acier; — **strut,** jambe de force.

Brack, Paille, petit défaut (dans les métaux); rebut.

Bracket, Console, palier, potelet, tasseau, support; flasque, écharpe, jambe de force, oreille de chaudière, culart de marteaupilon, chaise (d'hélice); **angle** —, console à équerre; **bridge** —, console; **chime** —, échantignolle; **guide** —, boîte de guidage; **jet fuel** —, carburéacteur; **pole** —, console à vis; **shoulder** —, gousset (charp.); **spring** —, support de ressort; **front spring** —, main avant; **rear spring** —, main arrière; **swing aside** —, support éclipsable; **trunnion** —, porte-tourillons; **wall** —, console; — **joint,** éclisse à cornières; — **rim,** marâtre (h. f.); — **seat,** strapontin; — **support,** console; encorbellement.

Brad, Clou, pointe; — **awl,** poinçon effilé; broche.

to Brad, Brocher (chaud.) (faire coïncider deux trous au moyen d'une broche).

Bradenhead, Tête de tubage.

Braid, Tresse; **flat, round, square** —, tresse plate, ronde, carrée,

to Braid, Tresser.

Braided, Tressé; **metal** —, à tresse métallique; — **asbestos**, amiante.

Braize, Poussier de coke.

Brake, Frein, bringuebale (de pompe); **air** —, frein à air, frein aérodynamique; **aircraft** —, frein d'avion; **airscrew** —, frein d'hélice; **band** —, frein à ruban, à collier; **block** —, frein à sabot; **compressed air** —, frein à air comprimé; **compressor** —, frein à lames; **decking** —, frein d'appontage; **dive** —, frein de piqué (aviat.); **emergency** —, frein de secours, frein d'urgence; **expanding** —, frein à expansion; **foot** —, frein au pied, à pédale; **friction** —, frein à friction; **hand** —, frein à main; **hand** — **lever**, levier de frein à main; **hydraulic** —, frein hydraulique; **hydro-mechanical** —, frein hydromécanique; **hydropneumatic** —, frein hydropneumatique; **link** —, frein à bande avec blochets; **locked** —, frein bloqué; **magnetic** —, frein magnétique; **non skid** —, frein anti-dérapant; **Prony's** —, frein de Prony; **propeller** —, frein d'hélice; **rim** —, frein sur jante; **screw spindle** —, frein à vis; **shoe** —, frein à sabot; **solenoid** —, frein à solénoïde; **steam** —, frein à vapeur; **strap** —, frein à ruban; **swing** —, frein de rotation; **track** —, frein sur rail; **travelling** —, frein de translation; **vacuum** —, frein à vide; **V shaped** —, frein à gorge; **water** —, frein hydraulique; **westinghouse** —, frein à air comprimé; **wheel** —, frein sur roue; **four wheel** —s, freins sur les quatre roues; — **angle plate**, ferrule de sabot; — **block**, sabot de frein; —

drum, tambour de frein; — **flaps**, volets-frein; — **gear**, mécanisme qui fait agir le frein; — **head**, mâchoire de frein; — **lever**, levier de frein; — **lining**, garniture de frein; — **load**, force de freinage; — **man**, machiniste d'extraction (min.); serre-freins; — **pedal**, pédale de frein; — **pulley**, poulie de frein; — **scotch**, · barre d'enrayage; — **sieve**, crible hydraulique; — **shoe**, patin de frein, sabot de frein, segment de frein; — **spray**, barre d'enrayage; — **staff**, vis du frein; — **strap**, ruban de frein, collier; — **wheel**, volant de manœuvre de frein; roue sur laquelle agit le frein; — **wire**, câble de frein.

Brake Horse Power, Puissance en chevaux indiquée au frein.

to Brake, Freiner.

Braked, Freiné; **non** —, non freiné.

Braking, Freinage, broyage; macquage; teillage; **differential** —, freinage différentiel; **dynamic** —, freinage dynamique; **magnetic** —, freinage magnétique; **regenerative** —, freinage à récupération; **resistance or rheostatic** —, freinage sur résistance; — **force**, force de freinage; — **net**, filet d'arrêt (aviat.). — **pull**, effort de freinage; — **resistance**, couple de freinage; — **test**, essai de freinage.

Bramah's lock, Serrure à pompe; **bramah's press**, presse hydraulique.

Branch, Branche; dérivation (élec.); branchement, tubulure; rameau, couche (min.); **Y** —, culotte; — **bank**, succursale; — **chuck**, mandrin formé de quatre pièces munies chacune d'une vis de pression; — **coal'** charbon de très mauvaise qualité; — **meter**, compteur secondaire, de branchement; — **nozzle**, tubulure de trop-plein;

— **off**, bifurcation (ch. de fer);
— **office**, succursale; — **piece**,
culotte; — **terminal**, borne de
dérivation (élec.).

to Branch, Brancher (élec.).

Branching, Branchement (de
tuyauterie); dérivation (élec.);
saignée d'un conducteur; bifurcation.

Brand, Brandon, tison.

to Brand, Marquer à chaud.

Branded, Marqué à chaud; —
oil, huile de marque.

electric Branding, Impression
au moyen d'un fer chauffé
électriquement.

Brandrith, Support de caisse;
pilotis.

Brasier or **Brazier**, Chaudronnier en cuivre.

Brass, Laiton, cuivre jaune;
coussinet; grain; crapaudine;
collet; le mot Brass est souvent
employé dans le sens de bronze;
adjustable —, coussinet à rattrapage de jeu; **hard** —, bronze;
naval —, laiton naval, laiton
pour boulons de navire; —
foundry, fonderie de laiton; —
ore, calamine; — **plating**,
laitonnage; — **rod**, baguette
de cuivre; — **slab**, plaque de
laiton; — **smith**, robinettier;
— **ware**, dinanderie; — **wire**,
fil de laiton.

to Brass, Recouvrir de laiton.

Brasses, Coussinets; **to line up
the** —, regarnir les coussinets.

Brassing, Laitonisage.

Brattice or **brattisch**, Ventilateur; cloison d'aérage.

Brayer, Molette.

to Braze, Braser, souder.

Brazed, Brasé.

Brazen, De laiton.

Brazier, Voir **Brasier**.

Brazil, Pyrite de fer; charbon
contenant beaucoup de pyrites.

Brazing or **hard soldering**,
Brasure, brasage; **copper** —,
brasage au cuivre; **electric** —,
brasage électrique; **electric furnace** —, brasage au four électrique; **furnace** —, brasage au
four; **silver** —, brasage à l'argent; **torch** —, brasage au
chalumeau; — **forge**, four à
braser; — **lamp**, lampe à
braser; — **powder**, poudre à
souder; — **seam**, brasure, nœud.

Breach, Infraction.

Breadth, Largeur; bau (N.);
pan; recouvrement de deux
tôles; **extreme** —, largeur au
fort (c. n.); **main** —, maître-
bau, fort (c. n.); **moulded** —,
largeur hors membres (c. n.);
— **lines**, lisses (c. n.); — **of
lap**, hauteur de recouvrement
(de deux feuilles de tôle).

Break, Percée, trouée; faille
min.); rupture (de circuit);
commutateur; flexion axiale par
compression; égueulement d'un
canon; échancrure de banc
rompu; — **back**, broyage; —
down, perturbation dans le service (élec.); panne; — **down
crane**, grue de manœuvre; — **in**,
rodage; — **induced current**, courant de rupture; — **iron**, fer de
dessus (d'un rabot); contre-fer;
— **joint**, joint en chicane; —
lathe, tour à banc rompu; — **off**,
culasse; — **water**, jetée, brise-
lames.

to Break, Interrompre (le courant); ouvrir (des tranchées); —
away the clinker, dégager les
scories; — **down**, débiter le
bois; abattre le charbon; —
in, roder; percer un trou dans la
maçonnerie pour recevoir l'extrémité d'une poutre; percer
(une porte); — **joint**, perdre la
liaison (maçonnerie); — **off**,
démonter (une machine); —
up a drift, déboiser, aban-
donner une galerie.

Breakage, Casse, rupture,
broyage, fracture; **wire** — **lock**,

appareil contrôleur de rupture de fil.

Breakdown, Avarie (de mach.); claquage d'isolant; dégrossissage; panne (auto); — **lorry,** camion de dépannage; — **strength,** rigidité diélectrique.

to Breakdown, Tomber en panne; s'amorcer (élec.).

Breaker, Interrupteur, disjoncteur (élec.); rupteur; boîte de sûreté (laminoir); concasseur; **circuit** —, coupe-circuit, interrupteur, disjoncteur; **air circuit** —, disjoncteur dans l'air; **air blast circuit** —, disjoncteur à air comprimé; **compressed air circuit** —, disjoncteur à air comprimé; **no load circuit** —, interrupteur à zéro; **oil circuit** —, disjoncteur dans l'huile; **oil blast circuit** —, disjoncteur à huile sous pression; **concrete** —, brise-béton; **contact** —, interrupteur, rupteur; **road** —, piocheuse; **scale** —, briseur d'oxyde; **vacuum** —, casse-vide; — **iron,** matoir (chaud.); — **points,** contacts platinés.

Breaking, Rupture (élec.); broyage; flexion axiale par compression; — **down limit,** limite critique de rupture; — **down mill,** gros train; — **down point,** point de déformation permanente; — **down test,** essai de perforation, de disruption (élec.) — **down torque,** couple de décrochage; — **elongation,** allongement de rupture; — **link,** biellette de sécurité; — **load,** charge de rupture; — **piece,** boîte de sûreté (laminoir); — **point,** limite de rupture; — **press,** presse à casser; — **strain,** effort de flexion, de rupture; — **strength,** résistance à la flexion axiale par compression; résistance à la rupture; — **stress,** effort de flexion axiale par compression; — **test,** essai de rupture à la traction; — **up,** soulèvement (mét.); — **weight,**

charge de rupture; **intensity of — stress,** tension de rupture.

Breast, Crapaudine, butée à grains (N.); face de coulée; face (min.); poitrine (h. f.); — **board,** poitrail, ventre à planer; — **borer,** foret à l'arçon; vilebrequin; — **drill,** vilebrequin, perceuse américaine; — **hole,** trou d'évacuation des scories (cubilot); — **of a furnace,** avant, face de coulée d'un fourneau; — **pan,** avant-creuset (fond.); — **plate,** consscience, plastron des serruriers, ajusteurs; — **summer,** sommier; — **wall,** mur de soutènement, allège de fenêtre.

Breastwork, Fronteau.

Breast (water) wheel, Roue de côté; roue hydraulique de poitrine.

Breather, Soupape de respiration (d'un réservoir); reniflard; respirateur.

Breatherpipe, Reniflard.

Breathing apparatus, Appareil respiratoire.

Breech, Culotte (de la cheminée); culasse (art.); bifurcation de tuyaux; — **block,** bloc de culasse; — **es boiler,** chaudière genre Galloway; — **leather,** tablier de mineur; — **pipe,** culotte; — **screw,** vis-culasse; — **wrench,** tourne à gauche.

to Breech, Mettre une culasse.

Breeze, Fraisil, braise, coke menu.

Brestsummer or **Bressummer,** Voir **Breast–summer.**

Brettice, Voir **Brattice.**

Brewery, Brasserie.

Briar teeth, Dents de loup; dents à gorge.

Brick, Brique, briquette; **air** —, adobe, brique cuite à l'air; **arch** —, brique à voûte; couteau; **bath** —, brique anglaise, pierre à couteaux; **burnover** —, brique demi-cuite; **clinker** —, brique hollandaise; **cogging** —, brique dentelée; **compass** —, brique circulaire, cintrée; **copper** —, cuivre rosette; **dump** —, brique de 17,8 × 11,4 × 6,3 cm; **facing** —, brique de parement; **feather edged** —, clef; brique en biseau; **fireclay** —, **fire** —, **fire proof** —, brique réfractaire; **insulating** —, brique isolante; **kiln** —, brique réfractaire; **laid** —, brique de champ; **place** —, brique mal cuite, de rebut; **shaped** —, brique profilée; **silica** —, brique de silice; **slag** —, brique de laitier; **statute** —, brique normale (22,8 × 12 × 6,3 cm); **thin** —, chantignole, échantignole; **unbaked** —, adobe; — **arch**, écran, voûte en briques; voûte de foyer; — **bat**, débris, éclat de brique; — **clay**, argile à briques; — **kiln**, four à briques; — **layer**, maçon briqueteur; — **nog or nogging**, colombage en briques; — **ore**, cuivre oxydulé terreux; — **testament**, brique de 5 cm d'épaisseur; — **work**, briquetage; — **works**, briqueterie; — **yard**, briqueterie.

Bricketting press, Presse à agglomérer.

Bricking, Construction en brique; briquetage; — **in**, murage.

Bridge, Pont; passerelle de navire; autel (chaud.); barrette; cloison (entre les lumières d'un moteur à explosion); hausse; chapiteau; bride (d'une machine à percer); montage en dérivation (élec.); **bascule** —, pont à bascule; pont basculant; **beam** —, pont à poutres pleines; **box** —, boîte de résistances en forme de pont de Wheatstone; **capacitance** —, pont de capacitance; **crane** —, pont roulant; **draw** —, pont à bascule; **fire** —, autel (chaud.); **flame** —, autel (chaud.); **foot** —, passerelle; **frequency** —, pont de fréquences; **hanging** —, pont suspendu;

impedance —, pont d'impédance; **inductance** —. pont d'induction; **induction** —, balance d'induction; **lift** —, pont basculant; **meter** —, pont à curseur; **over** —, viaduc; **permeability** —, pont magnétique; **pile** —, pont sur pilotis; **port** —, barrette de tiroir (mach. à vap.); **revolving** —, pont tournant; **split** —, autel à entrée d'air; **stationary** —, pont fixe; **suspension** —, pont suspendu; **swing** —, pont levant, pont tournant; **Wheatstone** —, pont de Wheatstone (élec.); — **abutment**, culée de pont; — **bracket**, console à scellement; — **clamp**, pont de serrage; — **connection**, couplage en pont; — **contact piece**, étrier de contact; — **crane**, pont roulant; — **floor**, tablier de pont; — **foundation cylinders**, caissons de fondation pour ponts; — **joint**, joint à pont; — **on rafts**, pont de radeaux; — **pipe**, tuyau transversal; — **plate**, plaque de serrage ou de fixation; — **rail**, rail Brunel, rail en H; — **rails**, garde-fou.

Bridged, En pont; — **gap**, électrodes en court-circuit (bougie); — **network**, réseau en pont.

Bridging, De liaison, de dérivation, traversier; **oxygen** —, liaison oxygénée; **spark plug** —, mise en court-circuit des électrodes (bougie); — **beam**, poutre traversière; — **condenser**, condenseur de dérivation; — **contact**, contact à lame d'interrupteur; — **joist**, soliveau; — **piece**, poutre traversière.

Bridle, Bride, cadre, guide de tiroir, patte d'oie; — **joint**, joint à encastrement; — **of the slide**, cadre, guide du tiroir; — **rod**, contre-balancier; bras de rappel d'un parallélogramme.

Bright, Brillant, clair, polivif; — **orange**, orange vif.

to Brighten, Polir, fourbir.

Brightening, Brillantage.

Brightness, Brillance; — **distribution,** répartition de brillance; — **ratio,** rapport de brillance.

Brilliance, Brillance; — **modulation,** modulation en brillance (télévision).

Brim, Bord.

to Brim, Rabattre le fond.

Brimmed, A bords, à rebords.

Brine, Eau salée; **leach** —, eau mère; — **cock,** robinet d'extraction; — **gauge,** salinomètre; — **pipe,** gourmas; — **pond,** marais salant; — **pump,** pompe d'extraction.

to Brine, Désaturer.

Brined, Désaturé.

to Bring down, Abattre la houille; **to bring out the center,** excentrer; **to bring up,** chauffer, recuire au rouge.

Brining, Désaturation.

Briquette, Briquette; — **cement,** agglutinant pour la fabrication des briquettes.

Briquetting press, Presse à agglomérer.

Bristling point, Epine de ressuage.

Britch, Culasse (voir **Breech**).

British gum, Dextrine commerciale.

British thermal unit, Voir **Calory.**

Brittle, Cassant, aigre (fer); — **failure,** résilience; — **iron,** fer dur, aigre, cassant; — **silver ore,** stéphanite.

Brittleness, Fragilité; chauffure; **hot** —, fragilité à chaud; **temper** —, fragilité de revenu.

Broach, Broche, alésoir, foret, pointe d'un tour, équarrissoir; **calibrating** —, broche de calibrage; **drawing** —, broche de traction; **five sided** —, equarrissoir à cinq pans; **six square** —, alésoir à six pans; — **holder,** porte-broche; — **post,** poinçon, épi (charp.).

to Broach, Aléser, brocher, équarrir.

Broaching, Alésage, brochage; **inside** —, brochage intérieur; **outside** —, brochage extérieur; — **machine,** machine à brocher; **horizontal** — **machine,** machine à brocher horizontale; **internal** — **machine,** machine à brocher intérieurement; **surface** — **machine,** machine à brocher extérieurement; **universal** — **machine,** machine à brocher universelle; **vertical** — **machine,** machine à brocher verticale; — **tool,** outil de brochage, broche à mandriner.

Broad, Large; — **axe,** doloire (charp.); — **brimmed,** à larges bords; — **gauge,** voie à grand écartement; — **glass,** verre à vitre; — **side,** flanc, travers (d'un N.); bordée (art., N.); — **stone,** pierre de taille; — **wise,** dans le sens de la longueur.

Broadcast or **Broadcasting,** Emission, radiodiffusion; **multiplex** —, radiodiffusion multiplex; — **cast transmitter,** émetteur de radiodiffusion; — **station,** station de radiodiffusion.

to Broadcast, Radiodiffuser.

Broadcaster, Appareil de radiodiffusion.

Broche, Broche, alésoir.

Broil, Débris de minerai superficiel décelant la présence d'une veine sous-jacente.

Broken, Rompu, brisé, cassé; gaillette de dimension comprise entre 10 et 6,3 cm; — **backed,** arqué (N.); en forme de siphon; — **down,** manqué, avarié, raté; — **ray,** rayon réfracté; — **space saw,** scie égohine.

Broker, Courtier; **ship** —, courtier maritime; **stock** —, agent de change.

Brokerage, Courtage.

Bromate, Bromate; **sodium** —, bromate de sodium.

Bromide, Bromure; **ethyl** —, bromure d'éthyle; **hydrogen** —, acide bromhydrique; **methyl** —, bromure de méthyle; — **paper,** papier au bromure, papier sensible (photo).

Bromination, Bromination, bromation; **alkaline** —, bromation alcaline.

Bromine, Brome; — **number,** indice de brome; — **vapors,** vapeurs de brome.

Bromoform, Bromoforme.

Bronze or **gunmetal,** Bronze; **aluminium** —, bronze d'aluminium; **bearing** —, bronze pour coussinets; **high tension** or **high tensile** —, bronze à haute résistance; **manganese** —, bronze au manganèse; **nickel tin** —, bronze au nickel étain; **phosphor** —, bronze phosphoreux; **tin** —, bronze d'étain; — **weld or welding,** soudobrasage, soudobrasure.

to Bronze, Bronzer.

Bronzing, Bronzage.

Brood, Filon, gangue de minerai; stériles (de cuivre et d'étain).

Brookite, Brookite.

Broom, Effilochure du bois.

Brougham, Coupé.

Brouse, Masse de minerai ou de scorie imparfaitement fondue.

Brow piece, Chandelle; poutre verticale de soutien.

Brown, Brun (couleur); — **coal,** lignite; — **iron ore,** hématite brune; — **spar,** dolomie ferrugineuse; — **stone,** minerai de manganèse (bioxyde); grès de construction.

to Brown, Brunir, bronzer.

Brownian, Brownien; — **movement,** mouvement brownien.

Browse, Voir **Brouse.**

Brucite, Brucite.

to Bruise, Ecraser, concasser; bosseler, égruger.

Bruising mill, Machine à écraser, à concasser.

Brush, Brosse, balai (élec.); **appropriating** —, balai collecteur (élec.); **block** —, balai de charbon; **carbon** —, balai de charbon; **commutator** —, balai de collecteur; **electric** —, faisceau de rayons électriques; **flue** —, torchetubes; **hérisson**; brosse à nettoyer les tubes; **leading** — **edge,** arête antérieure de balai; **oil** —, balai graisseur; **roller** —, brosse à galets dentés; **wire** —, balai en fils métalliques; — **clamp,** sabot de balai; — **coupling,** accouplement à brosses; — **discharge,** décharge en forme d'aigrette (élec.); — **holder,** porte-balai (élec.); — **ore,** minerai de fer; — **pillar,** pivot de porte-balai; — **rocker,** balancier ou joug de porte-balai; — **shifting,** décalage des balais; — **wheels,** roues s'entraînant par frottement.

to Brush, Abattre la houille.

Brusher, Abatteur (min.).

Brushing, Abattage (min.).

Brushing out the tubes, Ramonage des tubes (chaud.).

Bruzz, Evidoir.

Bryle, Voir **Broil.**

B. S. F. (British Standard Fine (Pas).

B. S. G. (Jauge Brown and Sharps) (Pas).

B. S. W. (British Standard Whitworth) (Pas).

B. T. U. (British Thermal Unit), et aussi (Board of Trade Unit).

Bubble, Soufflure (ver.); bulle; air —, soufflure; — **sextant,** sextant à bulle; — **test,** essai au souffle; — **tower,** tour de fractionnement; — **tray,** plateau à barbotage; — **type,** bombé; — **windshield,** pare-brise bombé.

to Bubble, Bouillonner, barboter.

Bubbler, Barboteur, tube de dégagement; **gas —,** barboteur à gaz.

Bubbling, Bouillonnement, barbotage; **vessel for —,** barboteur (chim.).

to Buck, Scheider; concasser, broyer, bocarder.

Buck, Concasseur de minerais; — survoltage (élec.); — **ashes,** cendres lavées; charrée; — **stay,** poutre d'ancrage; armature de foyer; — **wheat,** grains de charbon passant à travers le tamis à mailles de 12 mm et refusées par celui à mailles de 6 mm.

to Buck, S'opposer à.

Bucker, Scheideur; marteau de scheidage.

Bucket, Aube, pale, palette, auget, seau, godet (drague), ailette; piston à clapets (pompe); benne; cuiller (de drague, de pelle); — **circular —,** ripe d'une meule; **clamshell automatic —,** benne preneuse; **collapsible —,** seau pliant; **concrete —,** benne à béton; **dredger —,** godet de drague; **drop bottom —,** benne à fond ouvrant; **elevator —,** godet d'élévateur; **grappling —,** benne à grappin; **guide —,** benne directrice; **orange peel automatic —,** benne preneuse dont les coquilles s'ouvrent en forme de quartiers d'écorce d'orange; **shaft —,** cuffat; — **chain,** noria, chaîne à godets; — **chain elevator,** élévateur àchaîne à godets; — **engine,** roue hydraulique; — **excavator,** excavateur à godets; — **failure,** rupture d'aubes; —

grab, pelle automatique; benne à griffes; — **hoist,** monte-charge à benne trémie; — **lift,** pompe élévatoire inférieure; — **rod,** tige de pompe élévatoire (min.); — **segment,** segment à aubes mobiles; — **vane,** aube de prise d'air.

Bucking, Bocardage, scheidage, triage; — **coil,** bobine de modulation (haut-parleur); bobine antagoniste; — **iron,** marteau à briser le minerai; — **of ores,** lavage, cassage, triage des minerais; — **ore,** minerai de triage, minerai riche; — **plate,** dé de bocard; plaque pour le scheidage; — **voltage,** tension antagoniste.

Buckle, Gondolement, devers (d'une plaque); **saw —,** chape de suspension de scie; **valve —,** cadre du tiroir.

to Buckle, Se déjeter (bois), se gondoler (tôles); foisonner.

Buckled, Voilé; foisonné; gondolé; — **wheel,** roue voilée.

Buckler, Bouclier, bouchon, tape.

Buckling, Gondolement, gauchissement, fléchissement, foisonnement, flambage; flambement; bouclage; **plastic —,** flambage plastique.

Buddle, Auge pour le lavage des minerais; caisse allemande, à tombeau; **nicking —,** table à balai, table dormante; **round —,** table conique; **running —,** cuve à rincer à l'eau courante; **standing —,** auge de mineur; **stirring —,** caisse à laver.

to Buddle, Cribler, laver le minerai.

Buddler, Laveur.

Buddling, Lavage des minerais; — **dish,** aire, table de lavage; **filtering board for —,** fourche de lavage.

Buff, Disque à brunir le cuivre; — **stick,** cabrion (men.).

to Buff, Polir.

Buffer, Tampon de choc; butoir; tampon; étage séparateur; — **amplifier,** amplificateur séparateur; — **battery,** batterie-tampon; — **block,** tampon de choc; — **box,** boisseau; — **cap,** chapeau de tamponnement (ch. de fer); — **capacitor,** condensateur supprimant les pointes de tension; — **plate,** plaque de choc; — **stop,** heurtoir; — **stroke,** course de réception; — **test,** essai de tamponnement (d'une batterie).

Buffered, Tamponné (chim.).

Buffeting, Vibrations de fuselage (aviat.).

Buffing, Polissage, bufflage.

Bug, Cadran de référence; manipulateur semi-automatique.

Buggy, Boguet.

to Build, Construire, bâtir.

Build up, Etablissement (de la pression), réalisation (de l'équilibre, etc.).

to Build up, Recharger.

Builder, Constructeur; — **up,** abatteur, remblayeur.

Building, Construction; en construction: **portable —s,** bâtiments démontables.

Built, Construit, bâti; **carved —,** construit à franc bord (c. n.); **clinked —,** construit à clins (c. n.); — **in,** encastré; — **up,** rechargé en plusieurs pièces, rapporté.

Bulb, Boule (d'un thermomètre); ampoule (élec.); lampe de T.S.F.; bourrelet; boudin; **dry —,** à boule sèche; **electric —,** ampoule électrique; **glass —,** ampoule en verre; **hot —,** boule chaude; **quartz —,** ampoule en quartz; **wet —,** à boule mouillée; — **blackening,** noircissement de l'ampoule.

Bulge, Saillie (voir **Bilge**).

Bulged in (tube), Ecrasé, effondré (tube).

Bulging, Bouge, ventre, renflement, moine (tôles).

Bulk, Gros, brut; masse; chargement arrimé; **breaking —,** désarrimage; **in —,** en vrac; — **cement,** ciment en vrac; — **head,** chute brute (hydr.); — **modulus,** module de masse; — **of steam,** volume de vapeur; — **storage,** stockage en vrac; — **tariff,** tarif à forfait; **to break —,** désarrimer.

Bulkhead, Cloison, cloisonnage (N.); nervure, batardeau; **bottom outlet —,** batardeau pour pertuis de fond; **collision —,** cloison de choc; **cross —,** cloison transversale; **diffuser —,** batardeau diffuseur; **downstream —,** batardeau aval; **fireproof —,** cloison pare-feu; **longitudinal —,** cloison longitudinale; **main —,** maître-couple; **pressure —,** cloison de pression; **upstream —,** batardeau amont; **watertight —,** cloison étanche; — **element,** élément de batardeau.

Bull, Bourroir; cale; — **dog,** scories d'un fourneau à réchauffer (employées pour le revêtement des fours); — **dog wrench,** clef à tubes; — **dozer,** bulldozer, presse à forger à plusieurs poinçons; **grade or trail — dozer,** bulldozer à tablier incliné; — **dozer moldboard,** lame de bulldozer; — **head rail,** rail à double champignon; — **nose,** petit rabot dont le tranchant du fer est à l'avant du fût.

Bullet, Boulet, balle; **machine gun —,** balle de mitrailleuse; — **resistant** or **resisting,** résistant aux balles; **copper pointed —,** balle à pointe en cuivre; **expansive —,** balle expansive; **hollow pointed —,** balle à pointe creuse; **nickel jacketed —,** balle à chemise de nickel; **round nose —,** belle à pointe arrondie; **soft nose —,** balle à pointe molle; **semi-blindée; solid or full patch —,** balle blindée.

Bullion, Lingot d'or ou d'argent (anciennement de tout métal); numéraire.

Bullwheel, Tambour de forage.

Bullwark, Pavois (ar.); bastion.

Bump, Trou d'air, remous.

Bump or **bumping table,** Table à secousse.

to Bump, Atterrir brutalement (aviat.); — **out,** chasser, refouler.

Bumper, Spatule; tampon, butoir; **front** —, pare-choc avant; **rear** —, pare-choc arrière; — **plate,** plaque de tampon.

Bunch, Gisement de richesse variable, poche de minerai.

Buncher or **Buncher resonator,** Premier résonateur à gravité.

Bunchy, Gisement irrégulier.

Bunching, Ecoulement de groupes d'électrons de la cathode à l'anode (klystron).

Bundle, Faisceau, paquet; **compressed** —**s,** ferrailles paquetées (métal.); **tube** —, faisceau tubulaire; **sphere** —, espace fibré sphérique (math.); — **conductor,** conducteur multiple.

Bung, Bonde (barrique), tampon, tape.

to Bungle, Gâcher, gâter, rafistoler, faire du mauvais travail.

Bunker, Soute à charbon; trémie; silos; accumulateur; **cross** —, soute transversale; — **capacity,** volume des soutes; — **fuel,** — **oil,** mazout.

to Bunker, Faire le plein des soutes.

Bunny, Voir **Bonney.**

Bunting iron, Fêle, canne de verrier.

Buoy, Bouée, balise.

Buoyancy, Flottabilité; **centre of** —, centre de carène (c. n.).

Bur, Bourre (voir **Burr**); — **chisel,** ciseau à mortaises.

Burden, Charge, port (en poids) d'un navire; ciel (min.); — **chain,** vireur (acierie); — **of a furnace,** charge d'un fourneau.

Burdening, Réglage de la charge (haut-four).

Buret or **Burette,** Burette.

Burn, Coup de feu.

to Burn, Brûler, passer au feu; **to** — **down,** laisser tomber les feux (chaud.).

to Burn together, souder deux pièces ensemble.

Burned iron, Fer rouverin.

Burned off, Parfaitement cuit (four à coke).

Burner, Bec (gaz, lampe); four de combustion du soufre (ou des pyrites) (fabrication de l'acide sulfurique); brûleur; injecteur; **after** —, appareil de post-combustion; **bat's wing** —, bec papillon; **blue flame** —, brûleur à flamme bleue; **Bunsen** —, bec Bunsen; **exposed** —, bec ouvert; **fan tailed** —, brûleur circulaire, en éventail; **fish tail** —, bec à deux trous; **gas** —, brûleur à gaz; **long slot** —, brûleur à fente; **naked** —, bec ouvert; **oil** —, brûleur à huile lourde; **post** —, appareil de post-combustion; **rat tail** —, bec à un trou; **spill flow** —, injecteur à retour; **straight slot** —, brûleur à embouchure ronde; **sun** —, lampe de plafond; — **chamber,** chambre de combustion; — **flow,** débit de l'injecteur; — **gas,** gaz des fours à pyrite à soufre.

to Burnettize, Injecter du chlorure de zinc.

Burning, Cuite, cuisson, combustion; grillage des minerais; formation d'un arc entre le collecteur et le balai; **after** —, combustion prolongée (moteur à combustion interne); **post** combustion (turboréacteur); **rate of** —, vitesse de combustion;

slow —, à combustion lente; — **back**, retour de flamme; — **fluid**, ligroïne; benzine; — **of ores**, grillage des minerais; — **point**, point de combustion (température pour laquelle le pétrole s'enflamme et continue à brûler).

to Burnish, Brunir; polir; rétreindre; emboutir au tour.

Burnishing, Rétreinte; emboutissage au tour; brunissage; — **lathe**, tour à repousser; — **machine**, machine à brunir.

Burnout, Coup de feu.

Burnt, Brûlé, cuit; **dead** —, cuit à mort; **double** —, cuite une fois; **single** —, cuite deux fois.

Burr, Ébarbure; bavure; contre-rivure; rosette; petite scie circulaire; burin triangulaire; alésoir cannelé; — **cutter**, ébarboir; **to take off the burrs**, ébarber.

to Burrow, Établir une fouille (min.).

Burrow, Terril; crassier.

Burrowing for lodes, Travaux de recherches (min.).

Burst, Saut de couche, rejettement (min.); rupture; — **of a tyre**, éclatement d'un pneu.

to Burst, Éclater, faire explosion (chaud.).

Bursting, Explosion, éclatement.

Burthen, Voir **Burden**.

Burton, Petit plateau; brindindin.

Bus, Coucou, zinc (aviat.); autobus; abréviation de **Bus-Bar** (pluriel **Buses**).

Bus-bar, Barre collectrice principale d'un tableau de distribution (élec.).

Bush, Coussinet, grain, dé; douille, virole; boîte; manchon; coquille d'accouplement; bague (de fond de presse-étoupe); **cam** —, manchon à cames; **guide** —, manchon guide; **neck** —, fourrure de boîte à bourrage; **spindle** —, douille de la broche (mach.-outil); **stay** —, lunette de tour à bois; — **metal**, metal pour coussinets; — **packing**, boîte annulaire.

to Bush, Garnir, mettre un coussinet; **to** — **hammer**, boucharder.

Bushed poles, Pôles à fourrure.

Bushing, Borne, traversée; dé (de machine); coussinet (de poulie); douille; manchon; fourreau; bague; guidage; colonne isolante, borne, isolateur de traversée (de disjoncteur); **anchor** —, pattes d'ancrage; **condenser** —, borne type condensateur; **oil filled** —, isolateur de traversée.

Business (sing.), Affaires, de commerce.

Butadiene, Butadiène.

Butane, Butane.

Butene, Butène.

Butment, Contrefort, arc-boutant; culée d'un pont; sablière; jonction bout à bout; — **cheeks**, côtés d'une mortaise.

Butt, About; aboutement; bout; crosse (fusil); polygone (art.); — **and** —, bout à bout; — **angle**, cornière d'assemblage; — **edge**, can d'un about; — **end**, couche d'un fusil, tête de bielle avec chape; gros bout d'un objet, about; — **hinge**, penture; — **hinges**, gonds; — **joint**, joint plat; soudure bout à bout; — **plate**, couvre-joint; bande de recouvrement; — **riveting**, rivetage du joint; **double** — **riveting**, couvre-joint double; **single** — **riveting**, couvre-joint simple; — **strap**, couvre-joint; bande de recouvrement; — **welded**, soudé bout à bout; — **welding**, soudure bout à bout; soudure en bout; — **wound**, enroulé jointif.

Butterfly, Papillon (valve); — **nut**, écrou à oreilles; — **tailplane**, plan fixe en V (aviat.);

— **throttle**, papillon (valve);
— **valve**, soupape, vanne papillon.

Buttock, Face de charbon prête à être abattue.

Button, Bouton, grain d'essayeur; culot de creuset; **call** —, bouton d'appel; **starter** —, bouton de démarrage (auto); **transmit** —, bouton de transmission.

Button headed, A tête fraisée (vis).

Buttress, Arc-boutant, contrefort; **arched** — or **flying** —, arc-boutant.

to Buttress, Arc-bouter.

Buttressing, Arc-boutement.

Butty, Travailleur à forfait, surveillant (min.).

Butyl, **Butyle**, Butyle, butylique; — **acetate**, acétate butylique; — **alcohol**, alcool butylique; n — **bromide**, bromure de n butyle; — **peroxide**, peroxyde butylique.

Butyleneglycol, Butyléneglycol.

Buzz-planer, Raboteuse à bois.

Buzzer, Vibrateur, buzzer (élec.); — **coil**, trembleur, bobine à trembleur.

B. W. G. (Birmingham wire gauge), Jauge de Birminham pour les fils.

BX or **BX cable**, Tube métallique souple contenant des fils isolés.

By hand, (Fait) à la main; **by hearth**, foyer accessoire; **by pit**, chemin de carrière, puits secondaire; **by product**, produit dérivé; sous-produit; **by product oven**, four à coke à récupération de sous-produits; **by wash**, tuyau de décharge.

By-pass, By-pass, dérivation; — **capacitor**, condensateur de découplage; — **condenser**, condensateur de dérivation.

to By-pass, Contourner.

By-passed, Dérivé.

By-product, Sous-produit.

C

C. A. A., Civil Aeronautics Authority.

C Battery, Batterie de grille (T.S.F.).

C bias, Tension de grille.

C (Candle), Bougie.

C (Cycles), Périodes.

C detector, Détecteur à tension de grille presque négative.

Cgk, Capacitance grille-cathode.

Cgp, Capacitance grille-plaque.

Cab, Marquise (de locomotive); cabine.

to Cab or **to Cabble**, Rompre les barres de fer affiné.

Cabin, Cabine; **crane** —, cabine de grue; **glassed** —, cabine vitrée; **pressure** —, cabine étanche.

Cabinet, Meuble, coffret (d'un poste); — **maker**, ébéniste; — **maker's wood**, bois d'ébénisterie.

Cabinet file, Lime à arrondir, lime à fauteuil.

Cable, Câble; chaîne d'ancre; **aluminium** —, câble en aluminium; **armoured** —, câble armé; **big** —, filoche (de moulin); **bread and butter** —, câble à armature moitié fil de caret, moitié fil d'archal; **bunched** —, câble à conducteurs multiples; **carpet** —, câble plat multiple; **cooper** —, câble en cuivre; **core of a** —, âme d'un câble; **degaussing** —, câble démagnétisant; **drag** —, câble de traînage; **feeder** —, câble alimentaire; **flexible** —, câble souple; **gravity** —, câble de transport incliné; **hoist** —, câble de levage; **iron coated** —, câble armé; **landing** —, câble d'atterrissage; **lead covered** —,

câble sous plomb; **locked** —, câble clos; **metal screened** —, câble à gaine métallique; **multiple conductor** —, câble à plusieurs conducteurs; **non spinning** —, câble antigiratoire; **one wire** —, câble à un conducteur; **paper insulated** —, câble isolé au papier; **pilot** —, câble pilote; **rubber coated** —, câble sous caoutchouc; **shallow water** —, câble d'atterrissage; **shore end of the** —, câble d'atterrissement; **single conductor** —, câble à conducteur unique; **stranded** —, câble à garniture tressée; **submarine** —, câble sous-marin; **telegraph** —, câble télégraphique; **telephone** —, câble téléphonique; **three conductor** —, câble à trois conducteurs; **twin** —, câble double; **two wire** —, câble à deux conducteurs; **warping** —, câble de gauchissement (avion); — **box**, boîte de jonction; — **breakdown test**, essai des câbles au percement; — **clip**, serre-câble; — **compound**, asphalte, graisse d'imprégnation pour câbles (élec.); — **drum**, tambour de câble; — **fault tester**, détecteur de pertes sur les câbles; — **laying**, pose de câbles; — **laying machinery**, appareil pour la pose des câbles; —**s length**, encâblure (200 yards); — **locker**, puits aux chaînes; — **making**, câblerie; — **reel**, bobine de câble; — **shoe**, cosse à câbles; — **socket**, cosse de câble; — **splice**, épissure de câble; — **stopper**, bosse de câble; — **strand**, toron d'un câble; — **stranding machine**, machine à toronner; — **trough**, caniveau de câble; — **way**, câble aérien porteur; **to coil the** —, lover le câble.

to Cable, Câbler.

Cabling, Câblage.

Caboose, Fourgon.

Cabriolet, Cabriolet.

Cacodylate, Cacodylate.

Cacodylic acid, Acide cacodylique.

Cadacondensed, Cadacondensé.

Cadastral, Cadastral; — **survey,** levé cadastral.

Cadmium, Cadmium; — **plated,** cadmié; — **plating,** cadmiage; — **sulfide,** sulfure de cadmium.

Cadrans, Rapporteur des lapidaires.

Caesium or **Cesium,** Césium; — **chromate,** chromate de césium; — **coated,** à revêtement de césium; — **oxide,** oxyde de césium.

C. A. F., Cost and freight (voir p. vii).

Cage, Cage; **ball** —, cage à billes; **drawing** —, cage d'extraction; **hoisting** —, cage d'extraction; **multiple** — **induction motor,** moteur d'induction à plusieurs cages; **roller** —, couronne à rouleaux; **skeleton** —, harasse; **squirrel** —, cage d'écureuil (élec.); **squirrel** — **winding,** enroulement à cage d'écureuil (élec.); **valve** —, corbeille de soupape; — **aerial** or **antenna,** antenne prismatique; — **nut,** écrou prisonnier.

Caisson, Caisson (hydraulique); bateau-porte (bassin).

Cake, Rosette; gâteau de ressuage; — **coal,** houille concretée.

Caking, Agglutination du charbon; — **capacity,** pouvoir agglutinant; — **coal,** houille collante.

Cal, Wolframite.

Calcareous, Calcaire.

to Calcine, Calciner, griller, brûler.

Calciner, Four de grillage, de calcination.

Calcining test, Têt à rôtir.

Calcium, Calcium; **carbide of** — or — **carbide,** carbure de calcium; — **chloride,** chlorure de calcium; — **sulphate,** sulfate de calcium.

to Calculate, Calculer.

Calculating machine, Machine à calculer.

Calculator, Calculateur; machine à calculer; **electronic** —, machine à calculer électronique; **flow** —, débitmètre.

Calculus (pluriel **Calculi**), Calcul; **differential** —, calcul différentiel; **integral** —, calcul intégral; **operational** —, calcul opérationnel; **sentencial calculi,** calculs propositionnels.

Calender, Calandre.

to Calender, Calandrer.

Calendered, Calandré.

Caliber or **Calibre,** Calibre (art.); alésage; partie vide d'un moyeu; **heavy** or **large** —, gros calibre; — **rule,** verge de calibre.

to Calibrate, Rectifier, vérifier, étalonner, graduer.

Calibrated, Étalonné.

Calibration, Vérification, rectification, calibrage, étalonnage, dosage; **quantitative** —, dosage quantitatif.

Calibre, Voir **Caliber.**

heavy Calibred, De gros calibre.

Calico, Calico.

Caliper gauge, Jauge à coulisse; **caliper rule,** calibre à vis; **caliper square,** pied à coulisse; **inside caliper,** compas d'intérieur; **micrometer caliper,** palmer; **outside caliper,** compas d'épaisseur; **slide** or **sliding caliper,** pied à coulisse; **vernier caliper,** pied à coulisse.

to Caliper, Mesurer au pied à coulisse.

to Calk, Calfater, mater.

Calked, Calfaté, maté.

Calkin, Crampon, crampe.

Calking, Calque d'un dessin; calfatage, matage (métaux); — **edge,** tranche matée ou à mater; — **iron,** matoir; — **seam,** joint maté, couture matée; — **tool,** matoir.

Call, Appel téléphonique.

Call box, Cabine téléphonique·

Call button, Bouton d'appel.

Call letter, Indicatif d'appel.

Call relay, Relais d'appel.

Call signal, Signal d'appel.

Calling battery, Batterie d'appel.

Callipers or **Calipers,** Compas d'épaisseur; maître de danse; **globe** —, compas d'épaisseur pour sphères; **inside** —, compas à calibrer; **micrometer** —, compas d'épaisseur micrométrique; **outside** —, compas d'épaisseur; — **scale,** pied à coulisse.

Caloric engine, Machine à air chaud.

Calorifer, Calorifère.

Calorific, Calorifique; **gross** — **power,** puissance calorifique brute.

Calorimeter, Calorimètre; **choking** —, calorimètre à étranglement; **flow** —, calorimètre à écoulement.

Calorimetry, Calorimétrie.

Calorized, Calorisé; — **steel,** acier calorisé.

Calorizing, Calorisation, protection des tôles par solution solide d'aluminium dans le fer.

Calory, Calorie (quantité de chaleur nécessaire pour élever de 1° Fahr. la température d'une **livre** anglaise d'eau; elle est égale à une calorie française divisée par 3,97).

Calx, Cendres métalliques; oxydes résidus de calcination.

Cam, Came; saillie, toc; mentonnet; poncet; **compound** —, came à plusieurs échelons; **detent** —, came de dégagement; taquet; **hollow** — **shaft,** arbre à cames creux; **top of** —, repos, palier d'une came; — **ball valve,** robinet à flotteur; — **bowl,** galet; — **disc,** came; — **follower,** galet de came; — **gearing,** distribution à cames; — **profile,** rampe de came; — **roll,** galet, grain; — **shaft,** arbre à cames; — **shaft lathe,** tour pour arbres à cames; — **shaft pinion,** pignon de commande de l'arbre à cames.

Camber, Tonture; cambrure; bouge horizontal; flèche d'un ressort; darse (bassin); **lower** —, courbure inférieure; **upper** —, courbure supérieure; **wing** —, profil d'aile.

Cambered, Courbé, arqué, cambré.

Cambering, Cambrure; — **machine,** machine à cambrer.

Cambric, Batiste; **varnished** —, toile huilée; **varnished** — **tape,** ruban de toile huilée; — **muslin,** percale.

Camera, Chambre, appareil de prise de vues, camera; **air** —, chambre métrique; **automatic** —, appareil de prise de vues automatique; **copying** —, camera de copie; **drum** —, camera à tambour tournant; **electronic** —, appareil électronique de prise de vues; **hand** —, appareil de prise de vues à main; **metrical** —, chambre métrique; **photographic** —, chambre de prise de vues; **motionpicture** —, chambre cinématographique; **plate** —, appareil à plaques; **plotting** —, chambre de restitution; **storage** —, iconoscope; **television** —, caméra de télévision; — **gun,** cinémitrailleuse; — **lens,** objectif photographique; — **pod;** appareil de prise de vues; — **tube,** iconoscope.

Camming, Disposition des cames.

Camphor, Camphre.

Camshaft, Arbre à cames (voir **Cam**).

Can, Burette; bidon; calandre pour le séchage; enveloppe, chambre; **oil** —, burette à huile; **valve oil** —, burette à valve.

Canal, Canal; **dead** —, canal de niveau; **drift** —, canal flottable; **head water** —, canal d'amont; **inlet** —, canal d'amenée; **weir** —, canal de décharge; — **rays**, rayons positifs; — **tunnel**, canal en tunnel.

to Cancel, Résilier (marché); annuler.

Cancellated, Quadrillé, annulé, résilié.

Cancellation, Annulation, résiliation.

Cand, Spath fluor.

Candle, Bougie; **of** 1500 —, de 1500 bougies (éclairage); — **hour**, bougie heure; — **power**, unité d'intensité lumineuse (1 bougie anglaise vaut 1,01 bougie décimale).

Candohm, Résistance à enveloppe métallique.

Cane, Rotin.

Cannel-coal, Cannel-còal (houille compacte très riche en matières volatiles).

Cannelure, Cannelure.

Canning machinery, Machines pour la préparation des conserves.

Cannon, Canon; — **seat**, siège-canon, siège-éjectable (aviat.).

Cannular section, Section semi-annulaire.

Canopy, Gable, hotte, dôme, auvent; cabane ou cellule centrale d'aile (aviat.); calotte (de parachute); capote (auto).

Cant, Arête; devers; pan **coupé**, inclinaison intérieure des **rails**; — **board**, chantignole; — **chisel**, ciseau en biseau; — **file**, tierspoint à biseau, barette; — **floor**, fourcat (c. n.); — **frame**, couple dévoyé (c. n.); — **hook**, renard; — **timber**, couple dévoyé (c. n.); **to** — **over**, se renverser (aéroplane); — **wise**, à pan coupé.

to Cant, S'incliner.

Cantaliver (rare) ou **Cantilever**, Encorbellement; en porte **faux**; **full** —, entier cantilever; **semi** —, demi-cantilever; — **spring**, ressort en porte à faux, **ressort** cantilever.

Canteen, Cantine.

Cantilevered, Reposant librement par ses extrémités.

to Cantle, Couper en morceaux.

Canvas, Toile.

Caoutchouc, Caoutchouc; **hardened** —, ébonite; **mineral** —, bitume.

Cap, Chapeau (de presse-étoupe); calotte; couvercle; chape; dôme d'un alambic; capuchon de flacon; culot (de lampe à incandescence); clapet (de pompe); réverbère (d'un four); capsule; amorce; mitre (de cheminée); chapeau (de palier); isolateur à chapeau; toit; affleurement (min.); **bearing** —, chapeau de palier; **blasting** —, capsule; **fired** —, amorce percutée; **guide** —, chapeau de direction (surchauffeur); **header** —, **joint** —, boîte de fermeture (chaudière tubulaire); **knee** —, genouillère; **partition** —, couronne intermédiaire (turbine); couvercle; **pre-focus** —, calotte préfocale; **propeller** —, casserole, toupie (av.); **protecting** —, chape protectrice; **prussian** —, voussure entre nervures; **radiator** —, bouchon de radiateur; **rain** —, parapluie de cheminée; **screwed** —, écrou à chapeau; **spring** —, godet de ressort; insulator, isolateur à chapeau; — **key**, clef fermée; — **leather press**, presse à emboutir les cuirs; — **paper**, papier gris; — **piece**, linteau; — **pot**, creuset couvert (verrerie); —**s**, taquets; — **screw**, vis à tête; boulon de chapeau, chapeau de fermeture (tuyau).

Capacitance, Capacitance; — **altimeter**, altimètre à capacitance; — **bridge**, pont de capacitance; — **meter**, capacitancemètre; — **relay**, relais de capacitance.

Capacitive coupling, Couplage par capacité.

Capacitometer, Capacitomètre.

Capacitor, Capacité, condensateur (voir Condenser); **air** —, condensateur à air; **blocking** —, condensateur d'arrêt; **buffer** —, condensateur supprimant les pointes de tension; **bypass** —, condensateur de découplage (T. S. F.); **coupling** —, condensateur de couplage; **dual** —, condensateur double; **electrolytic** —, condensateur électrolytique; **filter** —, condensateur de filtrage; **gang** —, voir Gang; **grid** —, condensateur de grille; **mica** —, condensateur au mica; **glass plate** —, condensateur à plaques de verre; **power factor** —, condensateur pour l'amélioration du facteur de puissance; **receiving** —, condensateur de réception; **rotary** —, moteur synchrone; **series** —, condensateur série; **stopping** —, condensateur d'arrêt; **transmitting** —, condensateur d'émission; **tuning** —, condensateur d'accord.

Capacity, Capacité (élec.); débit, contenance; **ampere-hour** —, capacité en ampères-heure; **bar** —, capacité de barre (mach.-outil); **round bar** —, capacité en rond (scies circulaires); **square bar** —, capacité en carré; **carrying** —, capacité de transport, portée en lourd, charge utile; **current carrying** —, capa-

cité de transport de courant; **earning** —, rapport, productivité; **effective** —, capacité effective; **hauling** —, puissance de traction; **hoisting** —, puissance de levage; **hole** —, capacité de perçage; **specific inductive** —, capacité inductive spécifique; constante diélectrique; **interrupting** —, capacité de rupture, pouvoir de rupture; **jar** —, capacité de bouteille de Leyde; **loading** —, capacité de chargement; **mixing** — capacité de malaxage; **productive** —, capacité de production; **static** —, capacité statique; **work** —, capacité d'exploitation.

Cape chisel, Bédane.

Capel, Silex corné.

Capelling furnace, Four à sécher, à ressuer.

Capillarity, Capillarité.

Capillary, Capillaire; — **action**, effet capillaire; — **electrometer**, électromètre à tube capillaire; — **lamp**, lampe capillaire.

Capped, Coiffé, à masselotte.

Capping, Longrine à chapeau; écrou à raccord; coiffage, masselottage; — **plane**, rabot pour faire la partie supérieure des rails.

Capstan, Cabestan; **electric** —, cabestan électrique; **hydraulic** —, cabestan hydraulique; **steam** —, cabestan à vapeur; — **hand wheel**, volant à poignées; — **head**, tourelle revolver, poupée de cabestan; — **lathe**, tour revolver; — **winch**, treuil à moufle.

Capsule, Capsule; **metallic** —, capsule métallique.

Captain, Maître ouvrier; — **dresser**, maître mineur; porion.

Car, Char, chariot, automobile, voiture; voiture de chemin de fer (Angleterre); wagon; **armoured** —, automobile blindée; n **axle** —, voiture à n essieux;

baggage —, fourgon aux bagages; basket —, wagon à plate-forme; dining —, wagon restaurant; dump —, wagon basculant; flat —, plateforme; heavy —, voiture lourde; ignition —, chariot allumeur; jet —, automobile à réaction; mine —, berline; motor —, automobile; racing —, voiture de course; rail —, autorail, automotrice; rear engine —, automobile avec moteur à l'arrière; refrigerator —, camion frigorifique; second hand —, voiture d'occasion; sleeping —, wagon-lit; street —, tramway; tank —, wagon-citerne; touring —, voiture de tourisme; tram —, tramway; — coupler, dispositif d'attelage de wagons; — dumper, déverseur, basculeur de wagons; — load, 10 000 kg (wagon-citerne); — tilter or tipple, culbuteur de wagons.

Caracoli, Alliage pour faux bijoux (or, argent, cuivre).

Carat, Carat.

Caravan, Remorque.

Caravan boiler, Chaudière à tombereau.

Carbenes, Carbènes.

Carbethoxylation, Carbéthoxylation.

Carbide, Carbure; calcium —, carbure de calcium; carbolic —, acide phénique; cemented —, carbure fritté; sintered —, carbure fritté; tantalum —, carbure de tantale; titanium —, carbure de titane; tungsten —, carbure de tungstène; wolfram —, carbure de tungstène; — cutter, fraise-carbure; — precipitation, précipitation de carbure; — tips, têtes au carbure; — tools, outils au carbure.

Carbine, Carbine.

Carbinols, Carbinols.

Carbolic acid, Acide phénique.

Carbo–nitriding, Carbo-nitruration.

Carbometer, Carbomètre, appareil à mesurer le carbone (métall.).

Carbon, Charbon (élec.); carbone; calamine; active —, carbone actif; low —, à bas carbone; — black, noir de carbone; — brushes, balais de charbon (élec.); — deposition, dépôt de carbone; — dioxide, gaz carbonique; solid — dioxide, neige carbonique; — microphone, microphone à charbon; — monoxide, oxyde de carbone; — restoration, recarburation; — steel, acier au carbone; — tetrabromide, tétrabromure de carbone; — tetrafluoride, tétrafluorure de carbone.

to Carbon, Mettre les charbons à une lampe à arc.

Carbona, Masse irrégulière de minerai imprégnée de cassitérite.

Carbonaceos, Carboné, qui contient du carbone; — deposit, dépôt carboné.

Carbonate, Carbonate; ammonium —, carbonate d'ammonium; baryum —, carbonate de baryum; sodium —, carbonate de sodium.

Carbonic acid, Acide carbonique.

Carboniferian or Carboniferous, Carbonifère; — limestone, calcaire carbonifère.

Carbonisation, Carbonisation.

Carbonised, Voir **Carbonized.**

Carboniser, Voir **Carbonizer.**

Carbonising, Calaminage, encrassement.

Carbonitriding, Carbonitruration.

Carbonization, Carbonisation; carburation.

to Carbonize, Carboniser, carburer (cémentation).

Carbonized, Encrassé, calaminé, carburé, carbonisé.

Carbonizer, Four de carbonisation.

Carborundum, Carborundum; — **wheel,** meule en carborundum.

Carbothermic, Carbothermique.

Carboxyl, Carboxyle.

Carboxylation, Carboxylation.

Carboxylic acid, Acide carboxylique.

Carboy, Tourie (pour acides).

to Carburet, Carburer.

Carburetant, Carburant.

Carburetion or **Carburation,** Carburation.

Carburetted, Carburé.

Carburettor or **Carburetter (rare),** Carburateur (auto); **combination** —, carburateur pour divers combustibles; **downdraught** —, carburateur inversé; **duplex** —, carburateur jumelé; **float feed** —, carburateur à flotteur, à niveau constant; **injection** —, carburateur à injection; **spray** —, carburateur à pulvérisation; **surface** —, carburateur à léchage; **updraught** —, carburateur vertical; — **air intake,** prise d'air du carburateur; — **float,** flotteur; — **needle,** pointeau.

Carburization or **Carburisation,** Carburation, cémentation.

to Carburize or **Carburise,** Carburer, cémenter.

Carburized or **Carburised,** Cémenté; — **steel,** acier cémenté.

Carburizing or **Carburising,** Carburation, cémentation; **gas** —, cémentation au gaz; — **furnace,** four de cémentation; — **steel,** acier de cémentation.

Carcase, Carcasse, bâti.

Carcase or **Carcass saw,** Scie à main.

Carcass, Gâteau de ressuage.

Carcel, Carcel (unité de lumière).

Card, Carde; carte, fiche; **punched** — **machine,** machine à cartes perforées; — **clothing,** nettoyage des cardes.

to Card, Carder.

Cardan, Cardan; — **driven,** à cardan; — **forkpiece,** fourche de cardan; — **tube,** tube de cardan; — **yoke,** fourche de cardan.

Cardboard, Carton; — **packings,** cartonnages.

Carding, Cardage; **cotton** —, cardage du coton.

Cardioid, Cardioïde, — **microphone,** microphone à diagramme en forme de cœur.

with Care, Fragile (sur les caisses).

to Careen, Abattre en carène (N.).

Careenage or **careening,** Carénage (N.).

Cargo, Cargaison, fret, chargement; **air** —, fret aérien, — **boat,** cargo (N.); — **compartment,** soute à bagages.

Carling, Entremise.

Carotene, Carotène.

Carpenter, Charpentier; —'**s line,** cordeau, fouet, simbleau; — **saw,** passant.

Carpentry, Charpentage.

Carpet, Tapis, revêtement; — **loader,** chargeur à tapis roulant.

Carriage, Dessous, support, semelle, piédestal; transport, charroi, fourgon; affût; châssis; chariot (tour, grue), traînard, berceau de presse d'imprimerie; voiture de chemin de fer (Amérique); **blade holder** —, chariot porte-lame (scie); **cross tool** —, chariot porte-outil; **crosswise** or **transverse** —, chariot transversal (mach.-outil); **front** —, chariot avant; **lengthwise** —, chariot longitudinal; **rear** —, chariot arrière; **saw** —, chariot porte-scie; **sliding tool** —, chariot porte-outil (à défoncer);

surfacing —, chariot de surfaçage; **tool holder** —, chariot porte-outil; — **apron**, tablier de chariot; — **grease**, cambouis; — **guiding**, guidage du chariot; — **of a shaft**, palier et coussinet d'un arbre.

Carriage work, Carrosserie.

Carried to end, Exploité à fond (min.).

Carrier, Plateau, mandrin d'un tour; toc d'entraînement; entraîneur de pompe; nœud de câble; porteuse (onde); transporteur (catalyse); navire porte-avions; **aerial** —, transporteur aérien; **aircraft** —, navire porte-avions; **grain** —, transport de grains; **ladle** —, fourche à poche de coulée; **parallel** —, toc à étirer; **ring** —, bague support (mach.); **tool** —, porte-outil; — **borne plane**, avion embarqué (sur porte-avions); — **fillet**, joue d'entraînement (chemin de fer); — **frequency**, fréquence porteuse; — **telephony**, téléphonie par courants porteurs; — **wave**, onde porteuse, porteuse (T.S.F.).

Carrying area, Surface portante.

Carrying capacity, Force portante; charge utile; intensité de courant admissible (élec.); **carrying out** (**of a test**), exécution d'un essai.

Carrying power, Capacité d'enlèvement (aéroplane).

Carryover, Entraînement d'eau.

Cart, Charrette, camion, etc; **tip** —, tombereau

Cartage, Camionnage.

Carter, Hercheur (min.); camionneur.

Cartographic, Cartographique.

Cartography, Cartographie.

Cartridge, Cartouche, gargousse; **film** —, bobine de pellicules; **filter** —, cartouche filtrante;

flanged —, cartouche à bourrelet; **grooved** —, cartouche à gorge; **rimless** —, cartouche à gorge; **rimmed** —, cartouche à bourrelet — **case**, caisse à cartouches; douille, étui de cartouche; — **shell**, étui, douille de cartouche.

Carucate, Ancienne mesure de superficie, 5oo m² environ.

Cartwheel, Tonneau (aviat.).

Cartwright, Charron.

to Carve, Sculpter, ciseler, graver.

Carved, Gravé, ciselé, évidé, sculpté.

Carved built, A franc bord (c.n.).

Carving, Sculpture; évidemment creux; — **gouge**, ciseau cintré, gouge.

Cascade, Cascade; grille d'aubes.

Cascade amplifier, Amplificateur à plusieurs étages.

Cascade grouping, Groupement en cascade (élec.).

Cascade limiter, Circuit limiteur à tubes en cascade.

Cascade tube, Tube à haute tension, à sections en cascade.

Cascaded, En cascade.

Case, Boîte, boîtier, caisse, coffret. corps, enveloppe de turbine, douille, étui; chemise (mach.); corps de pompe, carter, volute spirale; fissure d'arrivée d'eau (min.), couche de cémentation; chape (fond.); cage d'un cric, tour (de puits); châssis supérieur de moulage; **accumulator** —, bac d'accumulateur; **air** —, chemise de cheminée; **brass** —, douille en laiton; **cartridge** —, caisse à cartouches; étui douille de cartouche; **chain** —, chape de chaîne; **crank** —, carter; **gear** —, boîte d'engrenages, boîte des vitesses; **protecting** —, coffret de protection; **radiator** —, calandre de radiateur; **single** —, à un corps; **two** —, à deux corps.

Cased, Blindé; — **blast furnace**, haut-fourneau blindé.

Cased with, Entouré de, recouvert de.

Cash, Espèces, comptant, numéraire; — **on delivery**, contre remboursement; 7 % **monthly discount for** —, escompte de 7 pour 100 en cas de paiement à un mois de date.

Cashier, Caissier.

Casing, Revêtement, bâti; boîtier, blindage, manchon, enveloppe, chemise (mach.); huche; diffuseur; chemise d'un moule; garnissage; blindage; coffrage; masse-tige; moulure en bois pour fils électriques; carcasse (de moteur); corps de pompe, carter, volute spirale; corps de palier; plaque de revêtement; boisage; boisseau de robinet; tubage; cuvelage; enveloppe; **barrel** —, carcasse; **blast furnace** —, blindage de haut-fourneau; **differential gear** —, boîte du différentiel; **dome** —, calotte de dôme; **outer** —, fausse paroi, carter; **spiral** —, diffuseur en colimaçon, huche en spirale (turb. hydr.); **steel** —, coffrage en acier; **tail rod** —, chapeau protecteur (mach. à vap.); **tapered** —, tubage conique; **turbine** —, enveloppe de turbine; **welded** —, blindage soudé; **wood** —, coffrage en bois; — **clamps**, carcan; — **elevator**, élévateur à tubes; — **gun**, perforateur; — **head**, tête de sonde de cuvelage; — **hook**, crochet à tubes; — **knife**, coupe-tubes; — **paper**, papier d'emballage; — **tube**, auget.

Cask, Barrique; **air** —, tonneau à vent (mines); **polishing** —, rodoir; — **plug**, cheville.

Cassiterite, Cassitérite.

Cast, Fondu; coulé; gauchi; déversé (en parlant d'un filon); moulage; reflet d'une huile; **as** —, **just as** —, **rough** —, brut de fonte; **down** — **dyke**, plongement brusque d'une couche; **heat** —, moulé par fusion; **plaster** —, moulage en plâtre; — **after**, jet de minerai à la pelle d'un niveau à un autre niveau; — **in the same piece with**, venu de fonte avec...; — **integrally**, venu de fonderie; — **iron**, fonte, fonte de moulage; (voir **Iron** et **Pig**); **alloy** — **iron**, fonte alliée; **annealed** — **iron**, fonte malléable; **grey** — **iron**, fonte grise; **malleable** — **iron**, fonte malléable; **open** — **iron**, fonte fondue à découvert; **white** — **iron**, fonte blanche; — **on day**, exploitation à ciel ouvert; — **plate**, floss; — **scrap**, crasses de fonte; — **shadow**, ombre portée; — **steel**, acier fondu, fer homogène.

to Cast, Gauchir, se courber, se dévoyer; fondre, jeter; mouler, couler; — **hollow**, couler à noyau; — **in open sand**, couler à découvert; — **solid**, couler plein; — **upon a core**, couler à noyau; — **with gate in bottom of mould**, couler en source.

Cast solid with, Venu de fonte.

Cast in one piece with, Venu de fonte.

Castability, Coulabilité, moulabilité.

Castable, Coulable, moulable.

Castellated nut, Écrou à entailles.

Castellated shaft, Arbre cannelé.

Caster, Roulette.

Casting, Action de couler les métaux; pièce moulée, moulage; coulée; **as** —, brut de fonte; **black heart** —**s**, fonte malléable américaine; **box** —, coulage en châssis; **case** —, moulage en coquille; **centrifugal** —, moulage, coulée centrifuge; **chill** —, moulage en coquille; fonte en coquille; **continuous** —, coulée continue; **die** —, coulage en coquille, pièce moulée en coquille; **dry**

sand —, coulage en sable sec; **flask —**, coulage en châssis; **frozen mercury —**, moulage au mercure congelé; **gravity die —**, coulée en coquille par gravité; **green sand —**, coulage en sable vert; **iron —**, moulage de fonte; **loam —**, moulage en terre; **lost wax —**, moulage à la cire perdue; **malleable —s**, moulages en fonte malléable; **metal mold —**, moulage en coquille métallique; **open sand —**, fonte coulée à découvert; **permanent mold —**, coulée en moule permanent; **precision —**, moulage de précision; **pressure die —**, pièce moulée en coquille sous pression, moulage en coquille sous pression; **ribbed —**, coulage d'une pièce à ailettes; **sand —**, coulée en sable; **semi-continuous —**, coulée semi-continue; **white heart —s**, fonte malléable européenne.

to dress Castings or **to trim castings**, Parer, ébarber les objets en fonte.

to lift the Casting, Démouler la fonte.

Castor, Fourche, étrier; — **oil**, huile de ricin.

Castoreum, Huile de castor.

Castoring wheel, Roue pivotante.

fully Castoring, Orientable sous tous les angles.

Castors, Rouleaux ripeurs.

Casualty (pluriel **Casualties**), Perte.

Cat and rack brace, Cliquet.

Cat craking, Craquage catalytique.

Cat head, Cabestan, petit treuil.

Cat's back, Dos d'âne.

Catalog, Catalogue.

Catalyse, Catalyse; **heterogeneous —**, catalyse hétérogène.

to Catalyse, Catalyser.

Catalysed, Catalysé; **acid —**, catalysé par les acides.

Catalysing tube, Tube catalyseur.

Catalyst, Catalyseur; **organic —**, catalyseur organique.

Catalytic, Catalytique; — **action**, effet catalytique; — **cracking**, craquage catalytique; — **process**, procédé, synthèse catalytique.

Catapult, Catapulte; **steam —**, catapulte à vapeur; — **assisted take off**, décollage catapulté; — **seat**, siège catapulté (aviat.); — **take off**, lancement par catapulte.

to Catapult, Catapulter.

Catapultable, Catapultable.

Catapulted, Catapulté; — **plane**, avion catapulté.

Catapulting, Catapultage.

Cataract, Frein hydraulique (de pompe).

Catch, Crochet, crampon, griffe, loquet, cliquet, etc.; taquet, butoir, toc, dent... entraîneur; déclic; dent de loup; came; détente; crochet d'arrêt; arrêt; main d'arrêt, chien, verrou d'entraînement (tour); heurtoir; **eccentric —**, butoir d'excentrique; **oil — ring**, bague collectrice d'huile; **safety —**, cran de sûreté; — **basin**, bassin à boues; — **bolt**, verrou d'entraînement; — **button**, bouton de déclic; — **hammer**, marteau à étendre; — **motion**, mouvement à changement de vitesse; — **pin**, vis de blocage de taquet; — **pit**, drain; — **plate**, plateau porte-mandrin; butée d'arrêt (treuil); — **point**, point d'arrêt et d'entraînement (ch. de fer, signaux); — **spring**, ressort à coches, cliquet à ressort; manette à ressort; — **tappet**, taquet d'excentrique.

to Catch, Accrocher, enclencher, mordre.

to Catch in, Engrener.

Catcher, Garde de clapet; prise de gaz; **dust** —, capteur de poussières, pot à poussières; **gas** —, dépoussiéreur; **spark** —, pare étincelles; — **resonator,** résonateur de sortie.

Catching, Engrenage, engrenure.

Catchpot, Séparateur.

Catenary, Caténaire.

Caterpillar, Chenille; — **arches,** arches à chenilles; — **crane,** grue sur chenilles; — **tracks,** chenilles; — **traction,** traction sur chenilles; — **tractor,** tracteur à chenilles; — **truck,** camion à chenilles.

Cathautograph, Cathautographe.

Cathetron, Cathétron.

Catkin tube, Voir Tube.

Cathode or **Catelectrode,** Cathode (élec.); **caesium coated** —, cathode à revêtement de césium; **directly heated** —, cathode à chauffage direct; **equipotential** —, cathode à chauffage indirect; **evaporated** —, cathode obtenue par évaporation; **hollow** —, cathode creuse; **hot** — **tube,** tube à cathode chaude; **indirectly heated** —, cathode à chauffage indirect; **oxide coated** —, cathode à oxyde; **potential** —, cathode à chauffage indirect; — **bias,** résistance de cathode; — **coating,** revêtement cathodique; — **current,** courant cathodique; — **dark space,** espace non lumineux (tube de Crookes); — **disintegration,** désintégration cathodique; — **fall,** chute cathodique; — **ray,** rayon cathodique; — **ray furnace,** four à rayons cathodiques; — **ray lamp,** lampe à rayons cathodiques; — **ray oscilloscope,** oscilloscope à rayons cathodiques; — **ray television tube,** tube de télévision à rayons cathodiques; — **ray tube,** tube à rayons cathodiques; — **ray tuning indicator,** indicateur d'ac-

cord à rayons cathodiques; — **spot,** tache cathodique; — **sputtering,** déposition de métal électronique.

Cathodic, Cathodique; — **deposition,** dépôt cathodique; — **oscillograph** or **cathode ray oscillograph,** oscillateur cathodique; — **protection,** protection cathodique.

Cathodoluminescence, Cathodoluminescence.

Catholyte, Catholyte.

Cation, Cation, ion positif.

Catwisker, Fil flexible de contact.

Cauf, Panier pour le transport du minerai dans la mine.

to Caulk, Voir **to Calk.**

Caulking, Voir **Calking.**

Causalty, Parties terreuses légères séparées du minerai par lavage.

Caustic, Caustique; — **curve,** caustique (opt.); — **potash,** potasse caustique; — **soda,** soude caustique.

Cave, Cendrier.

Caveat, Prise de date pour une invention; déclaration; plainte en contrefaçon.

Caveatee, Défendeur, contre une plainte en contrefaçon.

Caveator, Auteur d'une plainte en contrefaçon.

Cavings, Éboulements, débris de terrains.

Cavitation, Cavitation; **bubble** —, cavitation en bulles; **sheet** —, cavitation laminaire; — **erosion,** érosion par cavitation; — **index,** indice de cavitation.

Cavity, Cavité; **folded** —, cavité à effet cumulatif; **resonant** —, cavité résonante (T.S.F.); **shrinkage** —, retassure; — **resonator,** résonateur à cavité.

Cawk, Terre jaune de baryte.

Caxon, Caisse, panier de minerai prêt pour l'affinage.

Cazo, Récipient pour l'amalgamation à chaud.

C$_D$, Drag coefficient, coefficient de traînée.

Cedar, Cèdre.

Ceiling, Plafond, vaigre, vaigrage (c. n.); plafond d'un avion; **boarded** —, plafond de menuiserie; **coffered** —, plafond à caissons; **grooved** —, plafond à nervures; **service** —, plafond pratique (aviat.); — **height,** hauteur de plafond; — **lamp,** plafonnier (auto); — **test,** essai de plafond.

Ceilometer, Télémètre de plafond (aviat.).

Cell, Élément, de pile, d'accumulateur, couple; cellule (élec.); triangle de voûte; **additional** —, élément pouvant être mis hors circuit; **agglomerate** —, pile au peroxyde de manganèse aggloméré; **air** —s, soufflures; **barrier layer photo** — or **blocking layer** —, cellule à couche d'arrêt; **bichromate** —, pile au bichromate de potasse; **cable** —, élément à câble; **concentration** —, élément à concentration; **conductibility** —, cellule de conductibilité; **milking** —, élément laiteux; **photoconductive** —, cellule photoconductrice; **photo** — or **photoelectric** —, cellule photoélectrique; **porous** —, vase poreux; **resonance** —, cellule à résonance; **single fluid** —, élément ou pile à un liquide; **spare** —, élément pouvant être mis hors circuit; **standard** —, élément étalon; **switchgear** —, cellule de disjonction; n — **battery;** batterie de n éléments; — **switch,** réducteur; — **terminal,** borne d'élément.

Cellar, Avant-puits (Pétr.).

Cellophane, Cellophane.

Cellular, Cellulaire.

Cellule, Cellule.

Celluloid, Celluloïde.

Cellulose, Cellulose; — **acetate,** acétate de cellulose; — **esters,** esters cellulosiques; — **fibers,** fibres cellulosiques; — **gel,** gel cellulosique; — **lacquers,** laques cellulosiques; — **nitrate,** nitrate de cellulose.

Cellulosic, Cellulosique.

Celotex, Celotex (fibres de canne à sucre).

Cement, Mastic; ciment; cément; brasque; haut; poudre de cémentation; **aluminous** —, ciment fondu, alumineux; **hydraulic** —, ciment hydraulique; **hydraulic or water** —, chaux hydraulique; **iron** —, mastic de fer; **Keene's marble** —, plâtre aluné; **Portland** —, ciment de Portland; **quickly taking** —, or **quick hardening** —, ciment à prise rapide; **rust** —, mastic antirouille; **slow setting or slow hardening** —, ciment à prise lente; — **bag,** sac à ciment; — **gun,** canon à ciment; — **injection,** injonction de ciment; — **injector,** injecteur de ciment; — **kiln,** four à ciment; — **mill,** broyeur à ciment; — **plant,** usine à ciment; **bulk** — **plant,** silo pour ciment en vrac; — **stone,** pierre à chaux hydraulique; — **water,** eau de cément, contenant du cuivre.

Cementation, Cémentation (pétr.).

Cemented, Cémenté; K. C. (Krupp cemented), acier Krupp cémenté; **K. N. C. (Krupp non cemented),** acier Krupp non cémenté; — **belt joint,** courroie collée; — **carbide,** carbure aggloméré, carbure fritté; — **steel,** acier cémenté.

to Cement, Cimenter, cémenter. (acier).

Cementing, Cémentation; cémentation (pétr.); agglutination du combustible; — **chest or through,** boîte, caisse, creuset, de cémentation; — **furnace, four à cémenter**; — **head**, tête de cémentation (pétr.); — **powder**, poudre de cémentation.

Cementite, Cémentite.

C. e. m. f. (Counter electromotive force), Force contre électromotrice.

Cent, Intervalle égal à $1/1200^e$ d'octave.

Center, Voir **Centre**.

Centered, Centré; **body** —, cubique centré; **face** —, à faces centrées (métall.).

Centering (voir **Centring**), Cintre, armement de voûte; **self** —, centrage automatique; **bush**, douille de centrage; — **frame**, couronne à mouler centreuse, cadre à centrer les châssis; — **gauge**, trusquin à centrer; — **machine**, machine à centrer; — **ring**, voir **Centering frame**.

Centesimal, Centigrade (therm.) (Etats-Unis); centésimal; — **second**, dixième de milligrade.

Centigrade, Centigrade (centième de grade); centésimal; — **scale**, échelle centésimale.

Centimeter, Centimètre.

Centimetric, Centimétrique.

Centipoise, Centième du Poise.

Centistoke, Centième du Stoke.

Centner, Poids de 45,359 kg; pour les essayeurs, poids de 1,771 g.

Central, Central; — **heating**, chauffage central; — **point of a volute**, œil de volute.

Centre or **Center**, Point mort (mach.); centre; cintre; pointe (tour); **back** —, contre-pointe (tour); **bearing** —, portée de la pointe; **dead** —, point mort; pointe fixe d'un tour; pointe de la poupée mobile; contre-pointe; **distance between** —**s**, distance entre pointes, entre-axes; **fixed** —, pointe fixe; **height of** —**s**, hauteur de

pointes (tour); **instantaneous** —, pôle; **live** —, pointe de la poupée fixe d'un tour; **loose headstock** —, pointe de la contre-poupée; contre-pointe; **optical** —, centre optique; **out of** —, faux rond; **puppet** —, pointe de la poupée fixe; **puppet head** —, contre-pointe; **revolving** —, pointe tournante; **ring** —, pointe d'arbre avec anneau taillé à angle aigu; **running** —, pointe tournante; **square** —, pointe de la poupée fixe d'un tour; **top and bottom** —**s**, points morts supérieur et inférieur d'une manivelle; — **arch**, voûte maîtresse; — **bit**, mèche à centrer, barroir; mèche anglaise, à téton; — **boss**, moyeu; renflement central, douille d'une traverse...; — **box**, douille au milieu du té (mach. à vap.); — **dab**, coup de pointeau; — **drift**, galerie du milieu; — **drill**, mèche à centrer; foret à centrer; — **drilling machine**, machine à centrer; — **finder**, outil à centrer; — **frequency**, fréquence de repos; fréquence du courant porteur; — **gauge**, calibre de filetage; calibre pour vérifier l'angle des pointes d'un tour; — **handle**, pont de cloche; — **lathe**, tour parallèle, tour à pointes; — **less**, sans centre, sans pointes; — **less grinding**, meulage, rectification sans centre, sans pointe; — **line**, ligne, axe; ligne de quille (c. n.); — **mark**, coup de pointeau; — **of gravity**, centre de gravité; — **of a lathe**, pointe d'un tour; — **of pressure, of rotation, of thrust**, centre de pression, de rotation, de poussée; —**s out of line**, pointes désaxées; — **piece**, rotule de joint à la cardan, pièce centrale; — **pin**, pivot du compas; goujon central; — **plane**, plan médian; — **plate**, plaque pour placer un modèle sur le tour; — **point**, pointeau; pointe de centre de mèche; — **pop**, coup de pointeau; — **punch,** pointeau, outil à centrer; dégorgeoir; — **punch for rivets,** pointeau calibre; — **section,** section centrale, plan central (aviat.); — **square,** équerre à diamètre; — **stock or — puppet,** poupée fixe d'un tour; — **tap,** prise centrale; **to —,** **or from — to —,** d'axe en axe; **—s with endlong movement,** pointes déplaçables.

to Centre, Pointer; amorcer un trou; centrer.

Centred, Voir **Centered.**

Centring or **Centering** or **Centreing,** Opération du centrage sur un tour (voir **Centering**).

Centrifugal, Centrifuge; — **casting,** coulée centrifuge; — **compressor,** compresseur centrifuge; — **coupler,** coupleur centrifuge; — **head,** pendule, tachymètre (d'un régulateur); — **pump,** pompe centrifuge; — **steel,** acier centrifugé.

Centrifuge, Centrifugeur.

to Centrifuge, Centrifuger.

Centrifuged, Centrifugé; — **deposits,** dépôts centrifugés.

Centripetal, Centripète.

Centroidal, S'appliquant au centre de gravité.

Centry, Voussure.

Ceramic, Céramique; — **coated,** à revêtement de céramique; — **coating,** revêtement de céramique, —, **metals,** métaux céramiques; — **tube,** manchon en céramique.

Ceramics, Produits céramiques.

Cere-cloth, Sparadrap.

Ceresin, Cérésine.

Cerimetric, Cérimétrique.

Ceric, Cérique; — **perchlorate,** perchlorate cérique.

Cerium, Cérium; — **sulfide,** sulfure de cérium.

Cermets (ceramic metals), Métaux céramiques.

Certificate, Certificat, bulletin; brevet; **clearing —,** bulletin de sortie; **pilot's —,** brevet de pilote; — **of origin,** certificat d'origine; — **of survey,** certificat de visite.

Ceruse, Céruse.

Cesium (voir **Caesium**), Césium.

Cess-pool, Fosse d'aisance; creux; puisard.

Cetene, Cétène; — **number,** indice de cétène.

C. F., Cost and Freight.

c. f. m., Pieds cubes par minute.

c. f. s., Pieds cubes par seconde.

C. G. (Centre of gravity), Centre de gravité.

C. H., Bobine d'induction à noyau de fer.

Chace, Voir **Chase.**

to Chafe, Écailler; s'érailler; s'user.

Chafery, Four à réchauffer.

Chaffern, Caléfacteur.

Chafing or **Chaffing,** Broutage, usure; — **ring,** bague de protection, bague d'usure.

Chain, Chaîne; chaîne (mesure); canevas (géodésie); mur de sûreté dans les mines; circuit d'une pile; **block —,** chaîne à rouleaux; **drag —,** chaîne d'attelage, chaîne traînante; **driving —,** chaîne motrice; **endless —,** chaîne sans fin; **flat link —,** chaîne d'articulations; **gearing —,** chaîne de transmission; **gunter's —,** chaîne d'arpenteur employée aux Etats-Unis d'Amérique; elle a 66 pieds = 20,116 m de long; chaque anneau a 2,012 m. Aux Etats-Unis, le mot « chain » seul s'applique à cette mesure; **hook link —,** chaîne à crochets; **inside length of the —,** pas du maillon; **land —,** chaîne d'arpenteur; **link —,** chaîne ordinaire; **long — compounds,** composés à longue chaîne; **non skid** —, chaîne antidérapante; **open link** —, chaîne ordinaire; **path of a** —, course de chaîne; **pull** —, chaîne de traction; **roller** —, chaîne à rouleaux; **short linked** —, chaîne à mailles étroites; **silent** —, chaîne silencieuse; **sprocket** —, chaîne de maillons; chaîne-galle; **sling** —, chaîne à deux bouts tendus; **stud link** —, chaîne à étançons; **surveying** —, chaîne d'arpentage; **tug** —, mancelle; **— adjuster**, tendeur de chaîne; **— and buckets**, chaîne à godets; **axle**, arbre à chaîne; **— block**, palan à chaîne; **— blowing apparatus**, soufflet à chaînette; **— case**, chape de chaîne; **— course**, chaîne de pierre (maç.); **— cutter**, chaîne dentée; **— drive**, transmission par chaîne; **— driven**, à chaîne; **— drum**, tambour moteur; **— ferry**, bac à traction par chaîne; **— gear (ing)**, transmission par chaîne; commande par chaînes; **— grate**, grille à chaîne sans fin; **— guard**, chape; guide-chaîne; étrier guide-chaîne; **— iron**, maillon; **— jack**, cric à noix; **— joint**, manille; joint de chaîne; **— pin**, fuseau de chaîne; **— pitch**, pas d'une chaîne; **— pump**, pompe à chapelet; **— reaction**, réaction en chaîne; **— riveting**, rivure à chaîne, rivure parallèle; **— saw**, scie à dents articulées; **— sheave**, roue à chaîne; poulie à chaîne; **— silencer**, sourdine à chaîne; **— stay**, hauban-chaîne; **— tackle**, palan à chaîne; **— wheel**, roue, poulie à chaîne; hérisson; grand pignon (bicyclette).

to Chain, Chaîner, mesurer à la chaîne.

Chaining, chaînage.

Chair, Coussinet (ch. de fer); coussinet de rail, de traverse; semelle de rail; boîte d'essieu; chaise; **heel** —, coussinet de talon (aiguille de ch. de fer); **plate**, coussinet, selle.

Chairman, Président.

Chalcocite, Chalcocite.

Chalcogen derivatives, Dérivés chalcogénés.

Chalcopyrite, Chalcopyrite.

Chaldron, 12 sacks (mesure de capacité anglaise).

Chalk, Craie, marne; **green** —, glaucomie; **line** —, fouet, cordeau; **liquid** —, craie croulante, agaric minéral; **— pit**, crayère.

to Chalk a line, Ligner (maç.).

Chalking, Croquis.

Chamber, Chambre, cuve, coffre; corps (de pompe); fourneau de mine; sas d'écluse; ampoule de lampe; **absorption** —, chambre d'absorption; **air** —, chambre à air; réservoir d'air; chopinette (d'une pompe); **altitude** —, chambre d'altitude; **arc** —, cuve de l'arc; **balancing** —, chambre d'équilibrage; **burden** —, vireur (aciérie); **burner** —, chambre de combustion; **checker** —, chambre de régénération; **cloud** —, chambre de Wilson; **combustion** —, chambre de combustion; **compression** —, chambre de compression; **crank** —, carter; **decompression** —, chambre de décompression; **echo** —, chambre d'écho; **expansion** —, chambre de Wilson; **explosion** —, chambre d'explosion; **Faraday** —, chambre d'ionisation; **fission** —, chambre à fission; **float** —, pot de niveau constant, cuve du flotteur (carburateur); **fog** —, chambre de Wilson; **ionization** —, chambre d'ionisation; **observation** —, chambre d'observation; **spray type** —, chambre (à combustion) du type à injection; **steam** —, coffre à vapeur (chaud.); **test** —, chambre d'expérience; **altitude test** —, chambre d'essai en altitude; **volute** —, conque, diffuseur de ventilateur centrifuge; **water** —, coffre à eau (chaud.); **— battery**, pile Daniell; — **for condensation**, chambre de condensation; — **of Commerce**, Chambre de Commerce.

Chambered, Cloisonné, chambré.

Chamfer edge or **Chamfer**, Chanfrein, biseau, facette, pan abattu; **chamfer clamps**, mordaches, tenailles à chanfrein.

to Chamfer, Chanfreiner, ébiseler.

Chamfered, Chamfreiné.

Chamfering broach, Cherchepointe; **chamfering drill**, or **chamfering tool**, fraise plate à deux tranchants; **chamfering machine**, machine à chamfreiner, chamfreineuse; **chamfering off**, biseautage.

Champion lode, Veine principale; **champion tooth**, dent double (pour scie passe-partout).

ship Chandler, Approvisionneur, fournisseur (de navires).

Change, Changement; **gear** —, changement de vitesse; **gear** —s, harnais d'engrenages; **preselective gear** —, changement de vitesse présélectif; — **gear**, voir Gear; — **lever**, levier de commutateur; — **mechanism**, appareil de substitution (moteur à huile); — **over**, inverseur; — **over switch**, commutateur inverseur; — **speed**, changement de vitesses; — **speed gear**, changement de vitesses (auto); **slide block** — **speed gear**, changement de vitesses à train baladeur; — **speed lever**, levier de changement de vitesses; — **wheels**, harnais d'engrenages (mach.-outil).

to Change over, Permuter, commuter.

Changer, Permutateur, commutateur (élec.); **record** —, changeur de disques; **speed** —, variateur; **tap** —, commutateur de prises; **load tap** —, commutateur de prises en charge.

Changing switch, Permutateur.

Channel, Canal, chenal, voie, réseau, bande, passe; rainure; auge; coursier; noue; mortaise; clan d'une poulie; filon stérile; conduit; rigole; jet de moule; buse d'aérage; congé; **air** —, buse d'aérage; **buoyed** —, passe balisée; **dual** —, passe à deux voies; **grease** —s, pattes d'araignée (mach.); **navigable** —, passe navigable; **sow** —, lit de gueuses; **transmission** —, canal de transmission; — **bar**, barre en U; — **iron**, fer en U; — **fish plate**, éclisse en U; — **groove**, rainure (charp.); — **notch**, engoujure; — **pin**, goupille de joint de rails; — **section**, section en U; — **stone**, caniveau.

to Channel, Échancrer.

Channeled, Creusé, sillonné, strié.

Channelling, Échancrure; système de transmission multiplex; sélection.

T, U channels, Barres en T, en U.

Chap, Fente, crevasse, gerçure (bois); mâchoire; mors.

to Chap, Se gercer, se fendre.

Chape, Attache, crampon; **spring** —, ploie-ressort.

Chapmanizing, Nitruration par ammoniaque activé.

to Char, Carboniser.

Character, Certificat d'employé, livret d'ouvrier.

Characteristic, Caractéristique (élec.), caractéristique d'un logarithme); **drooping** —, caractéristique tombante; **dynamic** —, caractéristique dynamique; **grid** —, caractéristique de grille; **lumped** —, caractéristique totale; **no load** —, caractéristique à vide; **non linear** —, caractéristique non linéaire; **operating** —s, caractéristiques opératoires; **plate** —, caractéristique de plaque; **rising** —, caractéristique montante; **short cir-**

cuit —, caractéristique en court-circuit; **stalling** —**s**, caractéristiques de décrochage (aviat.); **watt less current** —, caractéristique en déwatté; — **impedance**, impédance caractéristique.

Characteristics, Constantes, caractéristiques.

Charcoal, Charbon de bois; **activated** —, charbon activé; — **iron**, fer au bois; — **kiln** (**works**), charbonnière.

Charge, Charge (de minerai ou de fonte), de poudre...; charge (élec.); cylindrée; **bound** —, charge latente; **depth** —, bombe, grenade sous-marine; **electrostatic** —, charge électrostatique; **explosive** —, charge explosive; **floating** —, charge flottante; **negative** —, charge négative; **positive** —, charge positive; **primer** —, charge amorce (torpille); **propelling** —, charge propulsive; **resinous** —, charge résineuse; **shaped** —, charge creuse; **trickle** —, charge continue de compensation; **vitreous** —, charge positive; — **indicator**, indicateur de charge; — **rate**, régime de charge.

to Charge, Charger (élec.); remplir le cylindre (moteur à gaz).

Charged, Chargé.

Charger, Enfourneuse; tarière à poudre; chargeur (d'accumulateurs); **fast or quick** —, chargeur rapide (accus).

Charges, Frais, tarifs, droits; **amortizement** —, frais d'amortissement; **explosive** —, charge explosive; **freight** —, frais de transport; **incidental** —, faux frais.

Charging, Chargement; charge; enfournement, doublage d'un métal; **battery** —, charge de batterie; **quick** —, charge rapide (accus); — **box**, cuiller de chargement; — **current**, courant de charge; — **load or** — **rate**, régime de charge; — **ma-**

chine, machine à charger, chargeuse (de four Martin); — **resistance**, résistance de charge; — **valve**, écluse (gazogène); — **voltage**, tension de charge.

Charman, Journalier.

Char oven, Four à carboniser.

Charred, Carbonisé.

Charring, Carbonisation.

Charwork, Fournée.

Chart, Carte marine, diagramme, abaque, graphique; **alignment** —, abaque; **approach** —, carte d'approche; **flow** —, diagramme des débits; **graphic** —, abaque; **landing** —, carte d'atterrissage; **runway** —, carte de piste.

Charter, Tâche à forfait; **time** —, affrètement à temps; — **company**, compagnie d'affrètement; — **flying**, vol d'affrètement.

to Charter, Affréter.

Charterer, Affréteur.

Charters, Chevrons.

to Chase, Tarauder à la volée (tour); fileter au peigne; repousser; ciseler à l'aide de poinçons; emboutir; — **with the mallet**, emboutir, repousser au maillet, au marteau; — **the screw-thread**, fileter au tour parallèle.

Chase, Rainure de joint; coussinet de filière.

Chased, Fileté, ciselé; — **work**, ouvrage au maillet; bosselage.

Chaser, Peigne (outil de tour); roue à broyer l'amiante; avion de chasse; **inside** —, peigne femelle; **outside** —, peigne mâle.

Chasing, Repoussage; ciselage; emboutissage (chaud.); — **anvil**, enclume à emboutir; — **hammer**, marteau à emboutir; — **stake**, tas, tasseau (chaud.); — **tool**, peigne à fileter (tour).

Chassis, Châssis; **landing** —, train d'atterrissage; **photographic** —, châssis photographique; **tubular** —, châssis tubulaire; — **base**, châssis.

Chat rollers, Cylindres de broyage.

Chats, Petits morceaux de minerai auquel adhère de la roche.

to Chatter, Brouter (outil, pièce de machine).

Chatter or **Chattering,** Broutage, claquement.

Chauffeur, Chauffeur (d'automobile).

to Chaw, Mâcher, mâchurer.

Chaws, Mâchoires.

Check, Tapure (de trempe); contre-champignon (de rail); chèque (voir **Cheque**); contrôle; chiffre, marque de contrôle; bulletin; récépissé; **ball** — **valve,** soupape de retenue à boulet; **crossed** —, chèque barré; — **key,** clef à loquet; — **nut,** contreécrou; — **piece,** étrier de butée (ch. de fer); — **rail,** contre-rail, joue de croisement; — **screw,** vis régulatrice (brûleur à gaz); — **strap,** mentonnière; — **up,** vérification, contrôle; — **valve** or **non return valve,** soupape d'arrêt de vapeur; clapet de retenue; clapet de non-retour.

to Check, Laisser tomber (les feux); étalonner à nouveau; contrôler; vérifier, s'enrayer.

Checker, Contrôleur; récupérateur, régénérateur; — **brick heater,** appareil à air chaud en briques; — **chamber,** chambre de régénération (métall.); — **work,** ouvrage de marqueterie; empilages de régénérateur.

Checkered or **Chequered,** Quadrillé; — **plate,** tôle striée ou gaufrée.

Checking, Checking up, Vérification, contrôle; **weld** —, contrôle des soudures.

Cheek, Hanche, jambe (d'une chèvre); joue, flasque (d'un affût, etc.); montants d'une échelle; redan; paroi d'un four de liquidation; mur d'une veine (min.); —**s,** jumelles d'un pressoir, d'un tour; manselles de marteau; hanches de chèvre; châssis intermédiaire (fond); — **of a block,** joue d'une poulie; — **rest,** appui-tête; —**s sluice,** écluse en éperon; murs d'un filon; — **stone,** jumelle de pavement; **guide** —, flasque porteur (moteur à gaz).

Cheese, Lingot d'acier; — **head,** tête ronde.

Chelate compounds, Composés chélatés.

Chemical, Chimique (adj.); produit chimique; — **absorption,** absorption chimique; — **composition,** composition chimique; — **precipitation,** précipitation chimique; — **resistant,** résistant à la corrosion; —**s,** produits chimiques; — **works,** usine de produits chimiques.

Chemiluminescence, Chimiluminescence.

Chemistry, Chimie; **analytical** —, chimie analytique; **applied** —, chimie appliquée; **co-ordination** —, chimie coordinative; **electro** —, electro-chimie; **general** —, chimie générale; **inorganic** —, chimie minérale; **nuclear** —, chimie nucléaire; **organic** —, chimie organique; **physical** —, chimie physique; **tracer** —, chimie traceuse.

Chemotherapeutic, Chimiothérapeutique.

Chemotherapy, Chimie thérapeutique.

Cheque, Chèque; **crossed** —, chèque barré; — **to bearer,** chèque au porteur; — **to order,** chèque à ordre.

Chequer, Voir **Checker.**

Cherry, Fraise ronde (ajust.); — **coal,** houille demi-grasse, non collante; — **red heat,** chaude au rouge cerise (forge); **bright** — **red heat,** chaude au rouge cerise clair.

Chess, Madrier.

Chest, Boîte; coffre, caisson; gîte de soufflet; auget de meule à aiguiser; **air** —, régulateur à air; **bolting** —, bluterie; **distributing valve** —, boîte à soupapes; **inlet valve** —, chapelle de soupape d'admission; **single steam valve** —, distribution à chambre unique; **slide valve** —, boîte à tiroir; **steam** —, coffre à vapeur; **smoke** —, boîte à fumée; **valve** —, boîte à soupapes, chapelle de soupape.

Chestnut-coal, Charbon de dimensions comprises entre 32 mm et 19 mm.

Chestnut tree, châtaignier.

Chestolite, Macle.

Chief arch, Maîtresse arche; **chief beam,** poutre maîtresse; **chief engineer,** ingénieur en chef; chef mécanicien.

Childrenite, Childrenite.

Chill, Moule ou portion de moule en fonte; couche durcie; coquille, lingotière; acier durci pour laminoirs; refroidisseur; **wind** —, refroidissement au vent; — **casting,** fonte en coquille.

to Chill, Couler en coquille; durcir, refroidir.

Chilled, Réfrigéré; moulé en coquille; trempé; durci; — **iron,** fonte trempée, durcie, coulée en coquille; — **iron rolls,** cylindres en fonte durcie pour laminoirs; — **work,** moulage en coquille.

Chiller, Cristallisoir.

Chilling, Trempe glacée, refroidissement.

to Chim, Laver des minerais aurifères.

Chimb, Échantignolle; nielle; jable; — **plane,** colombe.

Chime bracket, Échantignolle (charp.).

Chiming iron, Bec-de-corbin.

Chimmer, Orpailleur.

Chimming trough, Batée.

Chimney, Cheminée; **shank of a** —, tuyau d'une cheminée; **ventilating,** — cheminée de ventilation; **Venturi** —, cheminée Venturi; — **back,** fond de cheminée; — **base,** socle, piédestal de cheminée; — **board,** châssis, devant de cheminée; — **cover,** capuchon; — **draught,** tirage de la cheminée; — **flues,** courants, tuyaux, conduits vers la cheminée; — **head,** hotte, manteau de la cheminée; — **hood,** capuchon de cheminée; — **mouth,** débouché de cheminée; — **neck,** souche de cheminée; — **shaft,** conduit, fût, mitre de la cheminée; — **stack,** corps de la cheminée; — **top,** — chapiteau, faîte, mitre de la cheminée; — **trimmer,** linçoir.

China, Porcelaine; — **clay,** kaolin; — **ware,** porcelaine.

Chingle, Escarbilles.

Chink, Lézarde, fente, crique, crevasse.

to Chink, Se fendre (bois); se crevasser.

to Chinse, Bourrer d'étoupe.

Chip, Ripe, copeau, éclat, ételle, paille de laminage; **glass** —, éclat de verre; — **axe,** hache, doloire; — **breaker,** brise-copeaux; — **less,** sans copeaux; — **piece,** rognure; —**s cut away,** déchets de coupe.

to Chip, Buriner; écailler; piquer (les chaud.), se fendre; se crevasser; **to** — **off,** écailler; s'écailler; enlever au burin; **to** — **out,** découper au ciseau.

Chipped, Émoussé.

Chipper, Découpeuse, défibreur; **pneumatic** —, marteau, burin pneumatique; — **knife,** couteau de défibreur.

Chipping, Piquage (des chaud., etc.) burinage, ciselage; — **chisel,** ébarboir; — **hammer,** picoche, marteau à piquer; —

piece, excès de fonte; **rough** —, dégrossissage au burin; —**s**, petite pierraille; —**s of metals**, copeaux, rognures de métaux.

Chisel, Ciseau, tranche, burin, trépan, tarière, poinçon, perçoir, tranche d'enclume; **anvil** —, tranchet (forge); **bevelled** —, ciseau à lame oblique; **blunt** —, matoir; **bolt** —, crochet, bédane; **bottom** —, tranchet (ou bédane); **broad** —, fer à polir, à planer; **cant** —, ciseau à bois, ciseau en biseau; **carving** —, ébauchoir (graveur); fermoir (men.); **caulking** — or **calking** —, matoir; **chasing** —, outil à ciseler, poinçon; **chipping** —, burin pour métaux; **cold** —, ciseau à froid, ciseau d'établi; **cold set** —, tranche; **corner** —, carrelet, burin à bois; gouge triangulaire; **cow mouth** —, bédane; **crosscut** —, bédane; **cross mouthed** —, ciseau de mineur, trépan; **dogleg** —, pousse-avant; **dressing** —, ébauchoir; **forging** —, hachard; **former** —, fermoir, bec d'âne (charp.); **great** —, ébauchoir; **groove cutting** —, bédane; **hammer** —, coupoir; **hand** —, ciseau à main, burin; **handle** —, tranche; **hewing** —, langue de carpe, ciseau à froid; **hollow** —, gouge; **hot** —, ciseau, tranche à chaud; **large** —, ébauchoir, ébarboir; **mortise** —, or **mortising** —, ciseau à mortaiser, bédane; **notched** —, fermoir à dents; **paring** —, tournoir; **pointed** —, grain d'orge; **puncher** —, équarrissoir, pointe carrée; **ripping** —, ciseau fort; **scoop** —, équarrissoir, pointe carrée; **self coring mortising** —, bédane à tranchants disposés en rectangle; **skewcarving** —, ébauchoir à nez rond (graveur); **smoothing** —, ciseau fin; **stone** —, ciseau à pierre; grain; **tongued** —, langue de carpe; **toothed** —, fermoir à dents; **turning** —, plane, ciseau à

planer, grain d'orge (tour); **wall** —, perce-meule; bonnet de prêtre; — **bevelled on both sides**, plane (du tourneur sur bois); — **for cold metal**, ciseau, tranche à froid; — **for hot metal**, tranche à chaud.

to Chisel, Buriner, ciseler, dresser au ciseau.

Chive, Bonde.

Chloranilic acid, Acide chloranilique.

Chlorate, Chlorate, chloraté; **sodium** —, chlorate de sodium; — **explosive**, explosif chloraté.

Chloretone, Chlorétone.

Chlorhydric acid, Acide chlorhydrique.

Chloride, Chlorure; **alkali** —, chlorure alcalin; **alkaline earth** —**s**, chlorures alcalino-terreux; **calcium** —, chlorure de calcium; **ferric** —, chlorure ferrique.

Chlorinated, Chloré.

Chlorination, Chloration; **dry** —, chloration sèche.

Chlorine, Chlore; **liquid** —, chlore liquide; — **dioxyde**, bioxyde de chlore; — **solvant**, solvant chloré.

Chlorite clay, Chlorite terreuse.

Chlorite slate, Chlorite schisteuse.

Chloroform, Chloroforme.

Chlorophyll, Chlorophyle.

to Chloruret, Chlorurer.

Choaked or **Choked**, Engagé, engorgé.

Chock, Cabrion, cale, taquet, tasseau, tin; poids.

Chocking, Calage.

Chocks, Coussinet de tourillon; chaise; empoise; paliers.

Choke, Diffuseur, étranglement; abréviation pour **choke coil**; **double** —, diffuseur double; **filter** —, bobine de filtrage; **twin** —, diffuseur jumelé; — **bored**, foré avec étranglement;

— **butterfly**, papillon d'étranglement; — **coil**, bobine d'induction (élec.), bobine de protection; — **tube**, diffuseur; — **valve**, soupape d'engorgement.

to Choke, S'engorger, se boucher; — **up**, s'engorger, empâter une lime.

Choked up, Engorgé.

Choking, Engorgement; — **coil**, bobine de réactance (élec.); — **frame**, étrangloir; — **up**, engorgement.

Chop, Mors d'étau, de tenailles; fente, crevasse; — **hook**, crochet à mâchoires.

to Chop, Buriner à la machine, mortaiser; **to** — **off**, ébarber, trancher, couper au burin, au bédane.

Chopper, Couperet, couteau; interrupteur à intervalles réguliers; — **switch**, interrupteur à couteaux; — **ticker**, interrupteur (T.S.F.).

Choppy, Crevassé, fendillé.

Chord, Corde d'un arc; membrure; cadre; profondeur de l'aile; **length of** —, profondeur d'un profil d'aile; **mid** —, micorde; **wing** —, corde de l'aile.

Christmas tree, Ensemble de vannes supportant la pression d'un jaillissement naturel (pétr.).

C-hr, Candle hour (Bougie-heure).

Chromate, Chromate; **alkali** —, chromate alcalin; **ferrous nickel** —, chromate de fer et de nickel.

Chromatic, Chromatique; — **aberration**, aberration chromatique.

Chromatism, Chromatisme.

Chromatogram, Chromatogramme.

Chromatographic, Chromatographique; — **adsorption**, adsorption chromatographique.

Chromatography, Chromatographie; **partition** —, chromatographie de partage.

Chrome or **Chromium**, Chrome; **hard** —, chrome dur; — **alloy steel**, acier au chrome; — **iron**, ferrochrome; — **nickel**, nickelchrome; — **nickel steel**, acier au nickel chrome; — **plated**, chromé; — **plating**, chromage; — **steel**, acier au chrome; — **tanned**, chromé; — **tanning**, tanage aux sels de chrome; — **yellow**, jaune de chrome.

to Chrome, Chromer, passer au bichromate de potasse.

Chromic, Chromique; — **alum**, alun de chrome.

Chromizing, Chromage.

Chromones, Chromones (chim.).

Chromopyrometer, Pyromètre à plaque de verre coloré.

Chromotropic acid, Acide chromotropique.

Chromous, Chromeux.

Chronograph, Chronographe; **drum** —, chronographe à tambour.

Chronometer, Chronomètre; **to regulate a** —, régler un chronomètre.

Chronometric movement, Mouvement d'horlogerie.

Chrono-release, Chronodéclencheur.

Chronoscope, Chronoscope.

Chrysolite, Chrysolithe; **brown** —, hyalosidérite; — **iron**, péridot ferrugineux.

Chuck, Mandrin, empreinte, plateau, toc, mors (tour), empoise; pièce de bois de toutes formes; **automatic** —, mandrin automatique; **ball turning** —, mandrin creux pour boules; **bell** —, mandrin à vis; **box** —, mandrin pour le décolletage des petites pièces; **cement** —, plateau de tour sur lequel la pièce à travailler est collée au moyen de résine; **clamping** —, mandrin de serrage, de fixation; **claw** —, mandrin à griffes; **collet** —, pinces américaines; **combina-**

tion —, mandrin combiné à griffes indépendantes et universel; plateau combiné; center —, plateau à pointe tournante; dog —, mandrin à griffes; drill —, manchon porte-foret; driver —, plateau d'un tour; driving —, plateau conduisant le toc; eccentric —, mandrin excentrique ou à excentrer; elastic —, mandrin brisé; fork —, mandrin à pointes; independent —, mandrin à griffes indépendantes; jaw —, mandrin à mâchoires ou à mordaches; lathe —, mandrin pour tour; lever —, mandrin à serrage instantané par levier; magnetic —, mandrin, plateau magnétique; monitor —, plateau de fixage pouvant être orienté; plain —, mandrin ordinaire; prong —, mandrin à pointes; rotary screwing —, filière rotative; screw —, mandrin à vis; screwing —, cage de filière; scroll —, mandrin à spirale; self centering —, mandrin autocentreur; socket —, mandrin creux; spiral —, mandrin hélicoïdal; square —, faux boulon; split socket —, mandrin à fentes; spring —, mandrin à ressort; coquille; noix (tour); spur —, mandrin à pointes; strut —, mandrin à pointes; three jaw —, mandrin à trois mors; universal —, mandrin ou plateau universel; — jaw, mâchoire de serrage (tour); — lathe, tour à plateau; tour en l'air; — with holdfasts, mandrin à pointes.

to **Chuck**, Mandriner.

Chucker, Mandrin, pince de serrage.

Chucking lathe, Tour à mandrin.

Chucking machine, Machine à mandriner.

Churn drilling, Forage par percussion.

Chute, Descendeur, toboggan, gouttière, goulotte; abréviation pour **Parachute**; discharge —, couloir d'éjection; feed —, goulotte d'alimentation; spiral —, ralentisseur hélicoïdal.

C. I. F., Cost Insurance Freight (voir p. VII).

Cinder, Scorie, mâchefer, escarbille, cendre, laitier; — fall, cendrier; — hole, trou d'écoulement du laitier (h. f.); — hook, ringard, crochet; — notch, bec de rigole à laitier; — pig iron, fonte métisse, contenant des scories; — tip, crassier.

Cinders, Battitures; scories; laitier; mâchefer, escarbilles.

Cinefluorography, Cinéfluorographie.

Cinematograph or **Kinematograph**, Cinématographe.

Cinematographic, Cinématographique; — lens, lentille, objectif cinématographique.

Cineration, Incinération.

Cinetheodolite, Cinéthéodolite.

Cinnamic acid, Acide cinnamique.

C. I. O., Committee of industrial organization.

Cipher, Chiffre, zéro.

Cir mil, Circular mil (voir **Mil**).

Circle, Cercle; addendum —, cercle de couronne; base —, cercle primitif (came); cercle de roulement (engrenage); — cutter, coupoir circulaire; divided —, cercle divisé; generating —, cercle de roulement; graduated —, cercle gradué; — iron, emporte-pièces pour coiffes de fusées; pitch —, cercle des trous de boulons (chaudière); cercle primitif (engrenages); point —, cercle de couronne; root —, cercle de pied, cercle inférieur; tread —, cercle de roulement; — cutter, coupoir circulaire; — diagram, diagramme circulaire; — route, route orthodromique.

Circlip, Jonc.

Circuit, Circuit; **acceptor —,** circuit résonnant; **aerial or antenna —,** circuit d'antenne; **branch —,** circuit dérivé; **closed —,** circuit fermé; **decoupling —,** circuit de découplage; **delta or mesh —,** circuit en triangle; **excitation —,** circuit d'excitation; **flip flop —,** voir **flip flop; grid —,** circuit de grille; **ignition —,** circuit d'allumage; **lighting —,** circuit d'éclairage; **live —,** circuit sous tension; **losser —** voir **Losser; magnetic —,** circuit magnétique; **open —,** circuit ouvert; **oscillatory —,** circuit oscillant; **plate —,** circuit de plaque; **primary —,** circuit primaire; **pulsing —,** circuit pulsant; **resonant —,** circuit résonnant; **secondary —,** circuit secondaire; **short —,** court-circuit; **short — ratio,** rapport de court-circuit; **tank —,** circuit résonnant parallèle; **to break the —,** ouvrir le circuit; **to close the —,** fermer le circuit; **to open the —,** ouvrir le circuit.

Circuitry, Circuits; **radar —,** circuits de montage du radar.

Circular, Circulaire; **— diagram,** diagramme circulaire; **— mil,** voir Mil; **— orbit,** orbite circulaire; **— plate,** plateau circulaire; **— polarization,** polarisation circulaire; **— shed,** rotonde pour locomotives.

Circulating, De circulation; **— air,** air de circulation; **— pump,** pompe de circulation; **— water,** eau de circulation.

Circulation, Circulation; **— pump,** pompe de circulation; **forced —,** circulation forcée; **thermo-syphon —,** circulation par thermo-siphon.

Circulator, Circulateur; **oil —,** circulateur d'huile; **water —,** circulateur d'eau.

Circulatory, Circulatoire, appareil de distillation circulatoire.

Circumference, Circonférence.

Circumferential, Circonférentiel; **— friction wheel,** roue à friction; **— surface,** surface circonférentielle.

Circumferentor or Circumventor, Graphomètre.

Cistern, Citerne, bâche, réservoir; cuvette (baromètre).

Civary, Pan de voûte.

C. L., (Centre line). Axe.

Clack, Clapet, cliquet; **exhaust —,** clapet d'échappement; **delivery —,** clapet de refoulement; **hydraulic —,** soupape hydraulique; **pressure —,** clapet de refoulement; **shutting —,** clapet d'arrêt; **valve —,** clapet; **— box,** boîte à clapets, chapelle de pompe; **— seat,** siège de clapet; **— valve,** soupape à clapet.

Clad steel, Acier plaqué.

metal Clad, Cuirassé; en cellule métallique.

Cladding, Enrobage (d'électrodes).

Claggum, Mélasse; cuite dure.

Claim, Revendication d'un brevet; concession de mines.

Clamp, Crampon, griffe, pince, agraphe; valet d'établi, mordache (d'étau); presse (men.); adent; serre-fil (élec.); tenailles; collier; patte d'un étau; briqueterie de campagne; silo, bloc; mors de serrage; tirefond; **adjustable —,** serre-joint; presse à main; **bridge —,** pont de serrage; **brush —,** sabot de balai; **cone —,** cône de serrage pour fils; **crossing —,** pince de croisement; **eccentric —,** pince d'aiguillage; **frog —,** tendeur grenouille; **ground —,** prise de terre; **hanging —,** crampon, main de fer; **lockfiler's —s,** étau à chanfrein; **riveting — for boilers,** serre-tubes; **rope —,** manchon bride de câble; **screw —,** serre-joint; pince à vis (chim.); **spring —,** pince à ressort (chim.); **terminal —,**

taquet de serrage; **transformer** —, borne de transformateur (élec.); **vice** —**s**, mordache à chanfrein; mordache d'étau; **wire** —, borne serre-fil; — **dog**, toc d'entraînement; — **nail**, cheville de moise; —**s**, serre-joint; presse à main; — **upset**, bride de serrage coudée.

to Clamp, Emmortaiser, encastrer; serrer; fixer, brider.

Clamped, Serré, fixé, bridé; — **tight**, bloqué.

Clamping, Joint, assemblage (de planches); blocage, bridage, fixation, serrage, calage; assemblage à emboîtement; **pneumatic** —, serrage pneumatique; **quick** —, à serrage rapide; — **device**, dispositif de serrage; **table** — **handle,** manette de blocage de la table (mach.-outil); — **piece,** cale dentée; — **ring**, bague de fixation; — **screw**, vis d'attache, vis d'arrêt, de réglage, de serrage; — **segment**, segment de frette; — **strap**, bande de serrage.

Clamshell, Benne preneuse; — **crane,** grue à benne preneuse.

Clang or **Clank,** Cliquetis.

Clapper, Battant (cloche), clapet (pompe); — **valve**, obturateur de pulsomètre.

Clarifier, Chaudière à clarifier; **acoustic** —, amortisseur acoustique.

Clark cell, Pile étalon (force él. mot. à 15° C : 1,4322 volt).

Clasp, Bague, virole, griffe, crochet, verrou, agrafe, fermoir; — **knife**, couteau à bascule, à béquille; — **nail,** clou de couvreur à tête rabattue; — **nut,** écrou embrayable sur la vis mère (tour), écrou à mâchoires.

Class, Teneur.

Classification, Classement.

Classifier, Appareil de lavage de minerai ou de charbon à courant horizontal ou ascendant.

Clathrates, Clathrates.

Claw, Patte, griffe, pince; bec-decorbin; pied de biche; panne fendue de marteau; griffe de courroie; **devil's** —, pince hollandaise; **jack with a double** —, cric à deux griffes; **nail** —, mâchoire à tendre; pied de biche; **reversible** —, cliquet réversible; **starting** —, griffe de mise en marche; **throw over** —, cliquet réversible; — **chips,** ergot; — **coupling**, accouplement, embrayage à griffes; — **coupling sleeve**, manchon d'accouplement; — **field**, champ engendré par les griffes des inducteurs; — **field generator,** génératrice à pôles dentés; — **foot**, clef à griffes; — **hammer,** marteau à panne fendue; — **hook,** crochet à griffes; — **trussing machine**, machine à chasser les cercles de tonneaux; — **wrench,** pince à panne fendue, tire-clou, arrache-clou.

Clay, Argile; **baked** —, terre cuite; **Bradford** —, marne argileuse bleue; **Cologne** —, terre de pipe, argile plastique; **fire** —, argile réfractaire; **fulling** —, terre à foulon; **gray** —, colubrine; **green** —, argile maigre; **puddled** —, pisé damé; **soapy** —, argile grasse; **sticky** —, argile collante; **white** —, argile blanche; — **brick**, brique en argile; — **cell,** vase poreux; — **course,** salbande; — **grit**, marne argileuse; — **gun,** machine à boucher le trou de coulée; — **iron,** bourroir à argile; — **iron ore**, fer oxydé massif argilifère; — **mill**, moulin à argile; — **pit**, carrière d'argile, argilière, marnière, glaisière; — **plug**, tampon d'argile (h. f.); — **retort**, cornue d'argile; — **shale** or **slate,** schiste argileux; — **stick**, brassoir; — **tempering machine**, malaxeur d'argile; — **wall,** mur de torchis; — **ware,** objets en argile.

to Clay, Enduire d'argile; terrer.

Claying, Terre battue; glaisage d'un trou de mine.

Cleading, Enveloppe de chaudière.

to Clean, Nettoyer, ébarber, décaper; dégraisser une lime; laver le minerai; rectifier une pièce.

Cleaner, Paroir; laveur; épurateur; obturateur; aspirateur; **air —,** filtre à air; **oil bath air —,** filtre à air à bain d'huile; **electric —,** aspirateur électrique; **suction —,** aspirateur.

Cleaning, Nettoyage, décapage, épuration; dégraissage; **— device,** dispositif de nettoyage; **— door,** porte de vidange (chaud.); **dry —,** épuration à sec.

Cleanliness, Propreté.

to Cleanse, Décrasser, curer; dégraveler; décaper.

Cleanser, Épierreur; ébarbeur; cuiller; curette de forage.

Cleansing compound, Prȏduit détergent.

Cleansing tool, Outil d'ébarbage.

to Clear, Dégager; dégorger; déblayer; débloquer (ch. de fer); affiner (or ou argent); **to — and widen a shaft,** rehaver une bure; **to — away,** déblayer (min.); **to — itself,** se désamorcer; **to — up with gypsum,** plâtrer.

Clear, A distance convenable; **— bore,** perce-pleine; **in the —,** au-dessus des tubes (chaud.); **diameter in the —,** diamètre intérieur (chaud.); **0,015 —,** jeu de 0,015.

Clearance, Jeu, tolérance, entrefer, détalonnage, dégagement (des copeaux), garde, dépouille, liberté (cylindre), espace mort, espace libre, espace nuisible; dédouanement; congé (d'un navire); **lip —,** dégagement à gorge; **side —,** dépouille latérale; **swarf —,** dégagement des copeaux (mach.-outil); **— angle,** angle de dépouille; **front — angle,** angle de dépouille fron-

tale; **— certificate,** bulletin de sortie; **— hole,** trou de débourrage (poinçonneuse).

Cleare, Claire (sucrerie).

Clearer, Mineur; abatteur.

Clearing, Creux d'une roue dentée; jeu entre les dents; déblai; nettoyage; dégagement (des copeaux); dégarnissage (h. f.); expédition; **— copper,** chaudière à aviver; **— grain,** lit de carrière; **— hole,** trou percé à dimensions (ne devant pas être taraudé ultérieurement); **— house,** chambre de compensation; **— iron,** stoqueur, débouchoir; **— lamp,** lampe de fin de conversation; **— stone,** pierre à aiguiser.

Cleat, Taquet, arrêt, tasseau; **crossing —,** taquet isolateur; **cross over —,** pont de serrage.

to Cleat, Assujettir, river, claveter.

Cleating, Enveloppe.

Cleavage, Clivage, fissure; rupture; scission; dissociation (chim.); **alkaline —,** scission alkaline; **hydrolitic —,** hydrolyse; **plane of —,** plan de clivage.

to Cleave, Fendre (le bois).

Cleaver, Couperet, fendoir.

Cleaving, Fay (ardoisière); fendage; **— grain,** délit; **— iron,** contre-fendoir; **— tool,** fendoir.

Cleft, Criqure, fissure, crevasse; gélivure; paille (métal); entaille; **base —,** fente remplie de minerai sans valeur; **full —,** filon métallique.

to Clench, Serrer, aplatir, refouler un rivet.

Clerestory, Lanterneau.

Clerk, Employé.

Clevis, Étrier.

Click, Cliquet; déclic; linguet; loquet; chien; corbeau; doigt d'encliquetage; **— and ratchet wheel,** encliquetage; **— and**

spring work, encliquetage; — **catch**, cliquet; — **iron**, cliquet; — **of a ratchet wheel**, linguet d'une roue à rochet; — **wheel**, roue d'arrêt.

Clicking, Cliquetage.

Clicks, Parasites (T.S.F.).

Cliker hole, Valve de soufflet.

Climb, Montée; **rate of** — **indicator**, or — **indicator**, variomètre.

Climber, Roue à rampe; —**s**, grappins.

Climbing, Raccourcissement de chaîne par torsion; **ramp for** —, aiguille en rampe (transbordeur); — **irons**, grappins; — **speed**, vitesse de montée; — **spur**, grappin, crampon; — **test**, essai de montée.

to Clinch, Brider, river; — **a rivet**, abattre un rivet.

Clinch, Verterelle; rivet; — **bolt**, cheville clavetée sur virole.

Clink, Cliquet; roue à rochet.

Clinked built, Construit à clins (c. n.).

Clinker, Scories, produit fritté, poussier, mâchefer, escarbilles, laitier; brique fondue superficiellement; colcotar très grossier; battiture de forge; **furnace with** — **grinder**, foyer avec grille à rouleau; — **bar**, traverse du cendrier; — **hole**, orifice de décrassage; —**s**, briques hollandaises; — **scuttle**, seau à escarbilles.

to Clinker, Décrasser la grille; se fritter; s'agglutiner.

Clinkering, Agglutination du coke.

Clinking, Gerçure, crevasse.

Clinkstone, Phonolithe.

Clinograph, Clinographe.

Clinometer, Clinomètre, indicateur de pente.

Clip, Pince; mordache; chapeau; étrier; bride de serrage; griffe; collier d'excentrique; crapaud; chargeur; gâche; collier pour tubes; porte-crayon; porte-charbon; guide; empreinte; **cable** —, serre-câble; **filament** —, luette (ampoule électrique); **pressed up** —**s**, griffes embouties; **rail** —, pièce de calage; **riveted** —**s**, crapauds rivés; — **band**, bande d'essieu; — **pulley**, poulie à gorge; — **tongs**, pince de forgeron.

to Clip, Couper, ébarber, trancher, cisailler.

Clipper, Séparateur de signaux.

Clipper of iron plate, Cisailleur.

Clippings, Rognures; courtailles.

Clips, Tenailles, crapauds, griffes (voir **Clip**).

Clobber, Poix à réparage.

Clock, Pendule, horloge; **control** —, pendule de pointage; **electric** —, horloge électrique; **magneto-electric** —, horloge magnétoélectrique; — **castings**, mouvement.

to Clock over, Tourner au ralenti.

Clockwise, Dans le sens des aiguilles d'une montre; dextrorsum; **counter** —, dans le sens inverse des aiguilles d'une montre; sinistrorsum.

Clockwork, mouvement d'horlogerie, horlogerie.

Clod, Schiste tendre; — **coal**, charbon en mottes; roches; — **crusher**, brise-mottes; appareil émotteur.

Clog, Obstruction; petit rondin pour le boisage.

to Clog, S'empâter, se feutrer; graisser la lime.

Clogged, Encrassé, incrusté.

Clogging, Encrassement, colmatage, engorgement (h. f.); **filter** —, encrassement d'un filtre.

Cloorner, Dernière fosse (tannerie).

to Close, Fermer, enclencher; — **the grain,** écrouir.

Close grained (métal), A grains fins.

Close tolerances, Tolérances serrées.

Close up, Vue rapprochée, gros plan.

Closed cycle turbine, Turbine en circuit fermé.

Closer, Fermoir; finisseur; clef de voûte; demi-boutisse; **circuit** —, conjoncteur (élec.); **plate** —, pied de biche serreur.

Closing, Fermeture (élec.); enveloppe; **cylinder** —, enveloppe de cylindre; **self** —, à fermeture automatique; — **hammer,** marteau à soyer; — **speed,** vitesse de rapprochement.

Closure, Fermeture; — **relations,** relations de fermeture (math.).

Cloth, Drap, toile; **bolting** —, toile à tamis; **drafting** —, toile à dessin; **embossed** —, toile de coton gaufré; **empire** —, toile huilée; **glass** —, tissu de verre; **leather** —, simili-cuir; **metallic wire** —, toile métallique; **sail** —, toile à voiles; **twilled** —, étoffe croisée; **wet** — **on a stick,** patrouille pour refroidir les moules; **writing** —, papier toile, toile à calquer; — **finishing machine,** apprêteuse pour étoffes; — **wheel,** roue à polir recouverte d'étoffe.

Clothing, Enveloppe, feutrage (cycl.); revêtement.

Cloud chamber, Chambre de Wilson.

Cloud point, Point de nuage d'une huile (c'est la température en degrés F. à laquelle une cire de paraffine ou toute autre substance solide commence à cristalliser ou à se séparer de la solution quand l'huile est refroidie dans des conditions déterminées).

Clough, Barrage.

Clout, Bande de fer; — **nail,** clou à tête plate.

to Clout, Mailleter (avec des clous).

Clow sluice, Porte d'écluse.

Club, Massue; **braking** —, barre d'enrayement.

Club compasses, Compas à tête; **club foot electro magnet,** électro-aimant boîteux; **club tooth,** dent conique.

Clumb, Gros bloc; — **sole,** semelle à patin.

Cluster mill, Train à cylindres d'appui multiples (métal.).

Clutch, Embrayage, débrayage; pince à creuset; coulisse; dent; griffe; **balanced cone** —, embrayage conique équilibré; **centrifugal** —, embrayage centrifuge; **claw** —, embrayage à griffes; **cone or conical** —, embrayage à cône; **disc** —, embrayage à disques; **dog** —, embrayage à dents; **double cone** —, embrayage conique double; **expanding** —, embrayage par segment; **friction** —, embrayage à friction; **hydraulic** —, embrayage hydraulique; **magnetic** —, embrayage magnétique; **magnetic fluid** —, embrayage à fluide magnétique; **magnetic particle** —, embrayage à particules magnétiques; **multiple disc** —, embrayage à disques multiples; **plate** —, embrayage à plateau; **reverse cone** —, embrayage à cônes renversés; **slippage** —, embrayage automatique; **slipping** —, embrayage qui patine; **throw out** —, débrayage; **to throw out the** —, débrayer; **ball thrust,** butée à billes de débrayage; — **box,** manchon à pans; embrayage à adents; — **brake,** frein d'embrayage; — **cone,** cône d'embrayage;

— **coupling box,** manchon d'ac-couplement; — **disc,** disque d'embrayage; — **lever,** levier d'embrayage; — **operating lever,** levier de commande; — **pedal,** pédale de débrayage; — **plate,** disque d'embrayage; — **release fork,** fourchette de débrayage; — **ring,** couronne d'embrayage; **fiber** — **ring,** couronne d'em-brayage en fibre; — **tooth,** manchon d'embrayage.

Clutches, Griffes, pattes, mors, saillies, endentures.

Cm⁻¹, Unité de fréquence (in-verse de la longueur d'onde en cm.).

Coach, Voiture (de chem. de fer).

Coach-screw, Tire-fond.

Coachwork, carrosserie.

Coachwrench, clef anglaise.

Coacervate, Coacervat.

Coagulant, Coagulant.

to **Coagulate,** Se coaguler, se figer, coaguler.

Coagulation, Coagulation; décan-tation; — **basins,** bassins de décantation.

Coak and plain, Assemblage à queue d'aronde.

Coal, Charbon de terre; houille; **active** —, charbon actif; **alumi-nous pit** —, houille alumineuse; **anthracite** —, charbon anthra-citeux; **best** —, charbon en roche; **bituminous** —, charbon bitumineux; **black** —, charbon de terre; **blind** —, houille sèche; **brown** —, lignite; **caking or coking** —, houille collante; charbon cokéfiant; **candle** —, charbon à longue flamme; **can-nel** —, houille à longue flamme, charbon bitumineux, cannel-coal; **cherry** —, charbon flam-bant; houille demi-grasse; **clod** —, roches, houille maigre; **close burning** —, charbon collant; **coking** —, charbon cokéfiant; **cubical** —, briquette; **dead** —,

charbon mat; **dry burning** —, charbon maigre; **fat** —, houille grasse; **fine** —, fines de char-bon; **foliated** —, houille schis-teuse; **forge** —, charbon de forge; **fossil** —, lignite; **free ash** —, charbon maigre; **free burning** —, houille à longue flamme; **glance** —, charbon brillant; anthracite; **humphed** —, terre-houille; **large** —, char-bon en roche; **live** —, braise; **long flaming** — or **long burning** —, houille à longue flamme; **mean** —, houille de peu de valeur; menu; **mixon** —, houille demi-grasse; **nut** —, gailletterie, petites gaillettes; **open burning** —, houille flambante; houille demi-grasse; **pea** —, menu; **pea cock** —, charbon luisant; charbon brillant; **picked** —, charbon criblé; **pit** —, charbon de terre; tout-venant; **pulve-rized** — or **powdered** —, charbon pulvérisé; **returning** — **seam,** crochon; **rich** —, charbon gras; **riddled** —, charbon criblé; **rough** —, tout-venant; **slack** —, menu; fines; **short burning** —, or **short flaming** —, houille à courte flamme; **slate** —, houille schis-teuse; **small** —, houille menue, fine; **smithy** —, charbon de forge, houille grasse; **soft** —, charbon bitumineux; **soft brown** —, lignite; **steam** —, charbon à courte flamme; **stone** —, anthra-cite; **welsh** —, Cardiff; — **basket,** rasse; — **bed,** couche de houille; — **blacking,** noir de fonderie; — **block,** briquette de charbon; — **brass,** pyrite de fer; — **bunkers,** soutes à char-bon; — **cinders,** escarbilles; fraisil; — **closet,** soute à char-bon; — **coke,** briquette de houille; — **cutter,** haveuse; abatteur; — **cutting machine,** haveuse; — **depot,** parc à charbon; — **district,** terrain houiller; — **drawing,** extraction de la houille; — **dross,** or — **dust,** fraisil, poussier de charbon; — **field,** bassin houiller; —

formation, terrain houiller; — **handling**, manutention du charbon; — **hydrogenation**, hydrogénation de la houille; — **lighter**, chaland de charbon; — **miner**, mineur; — **mining**, exploitation de houillère; havage; — **pan**, toc-feu; — **pit**, mine houillère; — **poker**, tisonnier, rouable, ringard; — **sampling**, échantillonnage du charbon; — **scuttle**, seau à charbon, benne, manne; — **seam**, veine, couche de houille; — **shoot**, voie surélevée pour le déchargement du charbon; — **shovel**, pelle à charbon; —. **skip**, benne; — **slate**, escaillage; — **stone**, anthracite; — **store**, dépôt de charbon; — **tar**, goudron de houille; coaltar; — **tar creosote**, acide carbolique; — **tip**, estacade; wagon à bascule pour charbon; — **wheeler**, brouetteur de charbon; — **work**, houillère; — **working**, extraction du charbon.

Coalescence, Coalescence.

Coaling, Action de faire le charbon; — **boat**, bateau charbonnier; — **crane**, grue de manutention du charbon; — **door**, porte du foyer.

Coalite, Coalite (combustible obtenu par distillation du charbon à basse température).

Coaming, Hiloire, surbau (c. n.).

Coarse, Brut, gros; — **copper**, cuivre brut; — **grained iron**, fer à gros grain.

to Coast, Continuer à fonctionner grâce à l'inertie.

Coaster brake, Frein à contrepédalage.

Coasting method, Méthode d'inertie.

Coat, Brai, chape (fond); enduit, couche (peint.); **finishing** —, couche de finition; **ground** —, peinture de fond; **under** —, souscouche, couche d'apprêt.

to Coat, Armer (câble, fil métal.); **to** — **with lime**, crépir.

Coated, Revêtu, enrobé, armé; **ceramic** —, à revêtement de céramique; **heavy** or **heavily** —, à enrobage épais; **iron** —, armé (câble); **lightly** —, à enrobage mince; **oxide** —, à pellicule d'oxyde; **rubber** —, sous caoutchouc.

Coater, Enrobeur.

Coating, Couche, enduit, enrobage, revêtement, feutrage (chaud.); armature de bouteille de Leyde; **aluminium** —, aluminiage; **electrode** —, enrobage d'électrode; **insulating** —, calorifugeage; **outer** —, croûte (fond.); **protective** —, revêtement protecteur; **reflector** —, revêtement réflecteur; **transparent** —, glacis.

Co-axial, Co-axial; — **antenna**, antenne coaxiale; — **cables**, câbles co-axiaux.

Coaxing, Traitement préalable.

Cob, Gros morceau de charbon; minerai; bobine; scheidage; — **mortar**, torchis; — **work**, construction en pisé; coffre.

to Cob, Trier, vorscheider.

Cobalt, Cobalt; — **bloom**, fleurs de cobalt (min.); — **colouring**, cobaltisage, cobaltage; —**glance**, cobalt gris; cobaltine; — **oxide**, oxyde de cobalt; — **steel**, acier au cobalt.

Cobaltic, Cobaltique.

Cobaltous, Cobalteux.

Cobbing, Scheidage, débris de briques de four métallurgique.

Cobble, Loupe mal affinée; — **stones**, pavé; —**s**, gaillettes, grelassons.

Cobbling, Houille de moyenne grosseur, grelats.

Cobler, Écoine.

Cock, Robinet; coche; index; chien d'arme à feu; dé (de poulie); **bib** —, robinet à vis, robinet de vidange; **blow off** —, robinet d'extraction; **bottom blow off** —, robinet d'extraction de fond; **surface blow off**

—, robinet d'extraction de surface; **blowthrough** —, robinet de purge; **body of a** —, boisseau; **brine** —, robinet d'extraction; **clearing** —, robinet de vidange; **compression relief** —, robinet de décompression; **control** —, robinet de contrôle; **delivery** —, robinet de vidange; **distributing** —, robinet de distribution; **double-valve** —, robinet à deux orifices; **drain** —, robinet de purge; **drip** —, robinet d'égouttement; **feed** —, robinet d'alimentation; **flood** —, vanne de noyage; **gauge** —, robinet de jauge, **globe** —, robinet droit; **grease** —, robinet graisseur; **heating** —, robinet réchauffeur; **key of a** —, clef de robinet; **level** —, robinet de niveau; **lubricating** —, robinet graisseur; **mud** —, robinet d'ébouage; **pet** —, robinet de décompression; **pit** —, robinet de purge d'un cylindre; **plug of a** —, noix de robinet; **relief** —, robinet réparateur; **safety** —, robinet de sûreté; **sea** —, robinet de prise d'eau à la mer; **shell of a** —, boisseau de robinet; **shut off** —, robinet d'arrêt; **sludge** —, robinet de vidange (chaud.); **spigot of a** —, bout mâle d'un robinet; **stop** —, robinet d'arrêt; **taking in** —, robinet de prise d'eau; **tallow** —, robinet graisseur; **test** —, robinet de jauge; **three end** — or **three way** —, robinet à trois voies; **try** —, robinet purgeur; **wateroutlet** —, robinet de purge du cylindre; — **beam**, poutre de robinet; — **handle**, clef d'un robinet; — **nail**, embase, épaulement d'un robinet; — **of a balance**, index d'une balance; — **saw**, bocfil; — **water**, eau de rinçage des minerais.

to **Cock**, Armer une arme à feu; assembler à tenon et mortaise.

Cockade, Cocarde.

Cocked, Armé.

Cockermeg, Étançonnage formé de trois mandrins pour supporter le charbon pendant le havage.

Cocking, D'armement; — **lever**, levier d'armement.

Cockle, Foyer d'un four à air; étuve de séchage du biscuit après trempe dans le bain de glaçage; tout minerai existant sous forme de cristaux longs et de couleur foncée, tels la tourmaline noire, le schorl; — **stairs**, escalier en limaçon.

Cockpit, Carlingue, habitacle, poste, poste de pilotage; cabine de poste de pilotage (aviat.); **gunner's** —, balcon, poste avant, poste de tir; **pilot's** —, poste de pilotage; **rear** —, poste arrière; — **hood** or — **roof**, toit d'habitacle.

C. O. D. (Cash on delivery), Contre-remboursement.

Code, Code; **Morse** —, alphabet Morse.

Codeine, Codéine.

Codling, Solive à douves.

Coe, Kauchet; surveillant.

Coefficient, Coefficient; **absorption** —, coefficient d'absorption; **block** —, bloc coefficient; **decay** —, facteur d'amortissement; — **of amplitude**, coefficient d'amplification; — **of coupling**, coefficient de couplage; — **of mutual induction**, coefficient d'induction mutuelle; — **of self induction**, coefficient de self-induction.

Coercive, Coercif; — **force**, force coercive.

Coercivity, Coercivité.

Coffer, Coffre, caisson; — **foundation**, encaissement; — **work**, coffre, construction en pisé.

Cofferdam, Digue de barrage, batardeau, cofferdam (N.).

Coffering, Glaisement des puits; halde.

Coffin, Grand creuset; four allemand; vieux travaux à ciel ouvert; exploitation étagée à ciel ouvert; **sloping —,** ouvrage à gradins.

Cog, Alluchon, dent, cran, dent rapportée, dent de roue; tenon; mur en pierre sèche; murtia; pénétration de roche; remblai, pilier de remblai; **— shaft,** arbre de levée; **— wheel or cogged wheel,** roue dentée, roue à déclic; **—s in steps,** dents étagées.

to Cog, Garnir de dents; assembler à entailles; ébaucher (laminage).

Cogged, A dents, à crans; **— rail,** crémaillère de funiculaire.

Cogger, Remblayeur.

Cogging, Endenture, assemblage à tenon; **— joint,** assemblage à entailles; **— mill,** train ébaucheur; blooming.

Coherence or **Coherency,** Cohésion, cohérence.

Coherer, Cohéreur (élec.); **filings —,** cohéreur à limaille; **granular —,** cohéreur à grenaille; **point —,** cohéreur à point de contact unique.

Cohesible, Susceptible de cohésion.

Cohesion, Cohésion.

to Cohobate, Cohober.

Cohobation, Cohobage.

Cohomology, Cohomologie.

Coif stock, Champignon.

Coil, Serpentin, bobine (élec.); spire (d'un ressort); couronne, glène (filin); **air core —,** bobine sans fer; **armature —,** enroulement d'induit; **bakelite case —,** bobine à enveloppe en bakélite; **balancing —,** bobine d'équilibrage; **blowout —,** bobine de soufflage des étincelles; **choke** or **choking —,** bobine d'induction; **closed —,** cadre (T.S.F.); **cooling —,** serpentin à refroidissement; **coupling —,** bobine d'accouplement; **deflecting —,** bobine dérivatrice; **earth —,** inducteur de terre; **edge strip —,** bobine en bande de cuivre; **exciting —,** bobine de champ; **exploring** or **flip —,** bobine d'exploration; **field —,** bobine inductrice; **focusing —,** enroulement de focalisation; bobine de contrôle de faisceau électrique; **form wound —,** bobine enroulée sur forme; **heating —,** serpentin de chauffage; **honey comb —,** bobine en nid d'abeilles; **impedance —,** bobine d'induction; **induction —,** bobine d'induction; **kicking —,** bobine de self; **lattice wound —,** bobine en nid d'abeilles; **multilayer —,** bobine à plusieurs couches; **odd —,** bobine surnuméraire; **pick up —,** enroulement détecteur; **primary, —,** bobine primaire, **resistance —,** bobine de résistance; **retardation —,** bobine de self-induction; **Rhumkorff —,** bobine de Rhumkorff; **secondary —,** bobine secondaire; **section wound —,** bobine à sections; **shielded —,** bobine blindée; **shunt —,** bobine de shunt; **smoothing —,** bobine de lissage (élec.); **spark —,** bobine d'induction; **steam —,** serpentin à vapeur; **tension —,** bobineuse; **tuning —,** bobine de syntonisation; **— constant,** rapport de la réactance à la résistance effective; **— form,** support de bobine; **— winding,** enroulement à bobines; **— winding machine,** machine à bobiner, bobineuse.

to Coil, Bobiner (élec.), enrouler; **to — down,** lover (filin).

Coiled, Bobiné, enroulé, lové.

Coiled gun, Canon fretté; **coiled piston ring,** bague de garniture hélicoïdale.

Coiler, Bobineuse, bobinoir.

Coiling, Tresse, cordon de bourrage, bobinage, enroulement; **spring — machine,** machine à fabriquer les ressorts.

Coin, Monnaie, pièce de monnaie; — **balance,** trébuchet; — **silver** Voir **Silver.**

to Coin, Frapper de la monnaie.

Coinage, Estampillage, poinçonnage, fabrication de la monnaie.

Coincidence, Coïncidence; — **counter,** compteur d'impulsions; — **telemeter,** télémètre à coïncidence.

Coining, Frappe de la monnaie; monnayage; — **by the engine,** monnage au balancier; — **hammer,** bouvard; — **machinery,** balancier; — **press,** moulinet.

Coke, Coke; **blast furnace** —, coke de haut fourneau; **foundry** —, coke de fonderie; **nut** —, coke en gaillettes; — **ash,** cendre de coke; — **backer,** chargeur de cornue; — **blast furnace,** haut fourneau au coke; — **breaker,** concasseur de coke; — **breeze,** coke menu; — **casting,** fonte au coke; — **cooling,** extinction du coke; **dry** — **cooling,** extinction du coke à sec; — **dross or** — **druss,** coke menu; — **kiln or** — **oven,** four à coke; — **omnibus,** chariot à coke incandescent; **beehive oven,** four à ruche; **by product** — **oven,** four à coke de récupération de sous-produits; — **plant,** cokerie; — **pusher or** — **pushing machine,** défourneuse; — **ram,** défourneuse à coke; — **wagon,** ridelle; — **waste,** déchet de coke.

to Coke, Carboniser la houille.

Coker, Ouvrier coketier.

Coking, Cokéfaction, carbonisation de la houille; — **coal,** charbon cokéfiant; — **index,** indice de cokéfaction; — **period,** durée de cuisson; — **plate,** table de foyer.

Colander, Crible, sas, van, tamis, passoire.

Cold, Froid; — **beaten,** battu, martelé à froid, écroui; — **casting,** coulage à air froid (fond.); — **cathode,** cathode froide; — **forged,** forgé à froid; — **forming,** travail à froid; — **gilding,** dorure au pouce; — **hammering,** écrouissage, battage à froid; — **reduced,** laminé à froid; — **set,** tranche, ciseau à arête plate; — **short,** cassant à froid, aigre; — **short brittle,** tendre, cassant à froid; — **shot,** goutte froide; mauvaise soudure par **forgeage;** impuretés entraînées dans le métal pendant la coulée; — **starting,** travail à froid, formage; — **stoking,** action de tempérer, d'adoucir (verrerie); — **test,** essai à froid, à basse température; — **work** écrouissage; **to** — **hammer,** écrouir.

Collagene, Collagène.

to Collapse, S'affaisser, s'écraser, s'infléchir par compression de bout.

Collapse, Flexion axiale par compression, flambage; — **of boilers,** écrasement des chaudières.

Collapsible, Pliant; à transformation, extensible; à effacement; — **load,** effort de compression axiale.

Collapsing, Écrasement; — **load** charge d'affaissement.

Collar, Collet; collerette; frette; collier, virole, crapaudine, clavette; traverse; bague; bague d'arrêt; garniture de l'entrée d'un puits; portée; encastrement; avant-train de charrue; cordon; **clutch adjusting** —, bague d'arrêt de la butée; **leather packing** —, anneau en cuir embouti; **loose** —, bague d'arrêt; **neck** — **journal,** tourillon intermédiaire; **reinforcing** —, collerette de renforcement; **rim** —, nervure de la couronne d'une roue dentée; — **set,** bague d'arrêt; **shrunk on** —, collier rapporté; **thrust** —, collet de butée; — **beam,** petit-entrait; chevalet de moulin à vent; — **flange,** bride à cornière; — -

journal, tourillon à cannelures; — **lever**, bague coulissante de régulateur; — **nut**, écrou à collet ou à embase; — **pin**, goupille d'une clavette, boulon à clavette; — **plate**, poupée à lunette (tour); — **step**, anneau de fond, grain annulaire; — **step bearing**, crapaudine annulaire; — **thrust bearing**, palier à cannelures; butée à collets; — **tool**, étampe à embases.

Collecting head, Collecteur.

Collecting ring, Bague collectrice (élec.).

Collector, Collecteur; **current** —, dispositif de prise de courant; **dust** —, collecteur de poussières; **feeding** —, collecteur d'alimentation; **fire** —, collecteur d'incendie.

Collet, Douille de serrage; pince américaine; bague de guidage; verre adhérent au creuset; **bar** —**s**, pince-barres; **holding** —, pince de serrage; **spring** —, bague de ressort, pince élastique; **step** —**s**, pinces en étage; **tailstock** —, pince de la contrepointe; — **capacity**, passage de barre (aléseuse); — **chuck**, pinces américaines.

Colletting, Montage à griffes.

Collier, Charbonnier, mineur; houilleur; bâtiment charbonnier.

Colliery, Mine de houille; charbonnage; houillère; — **plant**, installation houillère.

Collimation, Collimation; **error of** —, erreur de collimation.

Collinear points, Points colinéaires.

Collineations affines, Colinéarités affines.

Colliquation, Fonte, fusion.

Collodion, Collodion.

Colloid, Colloïde; **organic** —, colloïde organique.

Colloidal, Colloïdal; — **carbon**, charbon colloïdal; — **electrolyte**, électrolyte colloïdal; — **graphite**, graphite colloïdal; — **particles**, particules colloïdales.

Color or **Colour**, Couleur, colorant; minerai de valeur (obtenu par lavage); **complementary** —, couleur complémentaire; **enamel** —, couleur vitrifiable, fusible; **false** —, faux teint; **fast** —, bon teint; **fire proof** —, couleur à grand feu; **glowing red** —, couleur rouge cerise; **heat** —, couleur des chaudes; **misty** —, chargé; **muffle** —, couleur tendre, de moufle; **primary** —**s**, couleurs primaires; **priming** —, couleur d'apprêt; **spirit** —, couleur à sels d'étain; **tempering** —, couleur de trempe; **vegetable** —**s**, couleurs végétales; — **photography**, photographie en couleurs; — **stone**, pierre à poncer; — **reversion**, virage (d'un réactif).

Colorama, A couleur.

Colorimeter, Colorimètre.

Colorimetric, Colorimétrique; — **analysis**, analyse colorimétrique; — **method**, analyse colorimétrique.

Colorimetry, Colorimétrie.

Coloring or **Colouring**, Coloration.

to Colour, Colorer, colorier.

Coloured, Coloré; **slightly** —, teinté; — **glass**, verre coloré; — **ring**, frange colorée.

Colouring, Coloration; **chemical** —, coloration chimique.

Colrake, Râble.

to Colt in, Ébouler, écrouer.

Colter-beam, Soupeau.

Coltiness, Gélivure (bois).

Colty, Gélif.

Columbium, Niobium, colombium.

Column, Colonne; montant; bâti, fût (d'une fraiseuse); **ascending** —, série des tuyaux élévateurs (pompe); **cabled** —, colonne rudentée; **control** —, manche à balai (aviat.); **distilling** —, colonne distillatoire; **double** —, à double montant (mach.-outil); **fractionating** —, tour de fractionnement; **french** —, colonne à distillation fractionnée; **gas bubble** —, colonne à barbottage; **imbedded** —, colonne adossée, engagée; **packed** —, colonne à garnissages, à remplissage; **shaft of the** —, fût de colonne; **switch** —, colonne de distribution (élec.); **travel of** —, course du montant (aléseuse); — **battery,** pile de Volta; — **crane,** grue à colonne.

Coma, Coma.

Comb, Peigne (outil de tour), peigne de filetage; collecteur d'une machine électrique; inclusion cristalline d'une veine; paratonnerre à pointes; — **bit,** barroir; — **frame, crèche** (corderie); — **screw,** vis à peigne; **weaver's** —, peigne pour tisserand.

to Comb, Habiller, étriller, corroyer, carder, peigner.

Combed, Peigné, cardé.

Combinant, Combinant.

Combinations, Combinaisons (Math.).

Combine, Moissonneuse-batteuse.

to Combine, Combiner; allier.

Combined, Combiné, mixte; — **machine tool,** machine multiple; — **strength,** résistance composée.

Combiner, Combinateur (télégraphe).

Combing, Peignage, cardage; — **machine,** peigneuse.

Combining cone, Tuyère d'aspiration (injecteur); **combining nozzle,** Voir **Cone; combining volume, combining weight,** volume, poids relatif d'un corps dans sa combinaison la plus simple.

Comburation, Combustion complète; — **chamber,** boîte à feu (chaud.); chambre de combustion; — **smoke,** fumivosité; **spontaneous** —, combustion spontanée.

Combustion, Combustion; **internal** —, combustion interne; **wet** —, combustion humide; — **area** or — **chamber,** chambre de combustion; — **efficiency,** rendement de combustion; — **head,** tête de brûleur; — **heater,** réchauffeur à combustion; — **regulator,** régulateur de combustion; — **turbine** or **internal** — **turbine,** turbine à gaz; **to accelerate the** —, activer la combustion.

Combustive, Comburant.

Combustor, Chambre de combustion; **annular type** —, chambre de combustion type annulaire; **can type** —, chambre de combustion à éléments séparés.

Come along clamp, Tendeur de fil aérien.

to Come down, Amerrir, atterrir.

to Come off, Décoller.

Coming through, Débouchage.

Commander, Hie, demoiselle.

Commerce, Commerce; **chamber of** —, chambre de commerce.

Commercial, Commercial; — **aviation,** aviation commerciale.

Comminuting, Grenaillement.

to be Commissioned, Entrer en service (N.).

Commissure, Joint, jonction de planches.

Committee, Comité, commission; **trial** —, commission d'essais.

Communication, Communication; **two-way** —, communication dans les deux sens.

to **Commutate**, Commuter, redresser.

Commutated, Commuté, redressé.

Commutating pole, Pôle auxiliaire.

Commutation, Commutation, redressement.

Commutator, Commutateur, collecteur; **electronic** —, commutateur électronique; **jet chain** —, redresseur à jets de mercure; **plug** —, commutateur à cheville; — **bar**, lame de collecteur; — **brush**, balai de collecteur; — **for breaking contact**, commutateur disjoncteur; — **for making contact**, commutateur conjoncteur; — **motor**, moteur à collecteur; — **rectifier**, permutatrice; — **segments**, lames radiales (élec.).

Compact, Comprimé, de faible encombrement; **metal** —, comprimé métallique.

Compacted, Compacté.

Compacting, Compactage; — **tool**, outil de compactage.

Compactness, Compacité, encombrement.

Compactor, Rouleau compresseur.

Compacture, Structure.

Companion, Dôme, capot.

Company, Compagnie (commerce); **joint stock** —, société anonyme.

Comparator, Comparateur; **dial** —, comparateur à cadran; **horizontal** —, comparateur horizontal; **optical** —, comparateu-optique; **photoelectric** —, comrparateur photoélectrique; **vertical** —, comparateur vertical-

Compartition, Répartition.

Compartment, Compartiment, soute; **cargo** —, soute à bagages; **crew** —, habitacle (aviat.).

Compartmentation, Compartimentage.

Compass, Compas (boussole); **Anschutz** —, compas (gyroscopique) Anschutz; **card of a** —, rose des vents; **earth inductor** —, boussole d'induction; **gyro** —, gyro-compas; **induction** —, boussole d'induction; **master** —, compas principal (compas gyroscopiques); **points of a** —, aires de vent; **steering** —, compas de route; **Sperry** —, compas gyroscopique Sperry; **wireless** —, radiocompas; — **needle**, aiguille du compas; — **saw**, scie à guichet; **to adjust a** —, régler un compas.

Compasses, Compas (dessin); **bow** —, compas d'épaisseur, balustre.

to **Compensate**, Compenser (un compas... etc...), équilibrer.

Compensated, Compensé, équilibré; **temperature** —, compensé pour les variations de température; — **series motor**, moteur série compensé.

Compensating, D'équilibrage, de compensation; — **lever**, levier compensateur.

Compensation, Compensation; — **wave**, onde de compensation, de retour (émission par arc, T. S. F.).

Compensator, Compensateur; balancine; balancier de suspension (ch. de fer); **compass** —, compensateur de compas; **hydrogen cooled** —, compensateur refroidi à l'hydrogène; **rotating** —, compensateur tournant; **synchronous** —, compensateur synchrone.

Competition, Concours.

Competitor, Concurrent.

Complementary, complémentaire; — **colour**, couleur complémentaire.

to **Complete**, Être en achèvement (c. n.); — **with coal**, faire son plein de charbon.

Completing afloat, En achèvement à flot.

Completion; Achèvement in course of —, en cours d'achèvement.

Complex, Complexe; **metallic** —, complexe métallique (chim.); — **impedance,** impédance complexe; — **ion,** ion complexe (chim.).

Compliance, Déplacement (cm) par unité de force (dyne).

Component, Composante; **harmonic** —, composante harmonique; **horizontal** —, composante horizontale; **radial** —, composante radiale; **reactive** —, composante réactive; **symmetrical** —**s,** composantes symétriques; **vertical** —; composante verticale; — **forces,** forces composantes.

Composite, Mixte (bois et fer) (N.), composite; — **plane,** avion composite; — **weld,** soudure composite.

Composition, Composition; **chemical** —, composition chimique; **phosphor** —, pâte phosphorée; — **of flux,** composition des flux (élec.); — **sieve,** tamis, crible à tambour.

Compound, Composé; mixte; compound (mach.) (élec.); **aromatic** —**s,** composés aromatiques; **azo** —**s,** composés azoïques; **long chain** —**s,** composés à longue chaîne (chim.); **organic** —**s,** composés organiques; **polynuclear** —**s,** composés polynucléaires; **related** —**s,** composés apparentés; **sulphur** —**s,** composés sulfurés.

to Compound, Engrener, compounder; **to** — **over,** renforcer une machine.

Compounded, Compoundé; **over** —, hyper, sur-compoundé; **under** —, hypo, sous-compoundé.

Compounding, Compoundage (élec.); **cross** —, échappement de la vapeur d'une turbine dans une seconde turbine à plus basse pression.

to Compress, Comprimer.

Compressed, Comprimé; — **air,** air comprimé; — **air hammer,** marteau pneumatique.

Compressible, Compressible.

Compressibility, Compressibilité.

Compressing engine, Compresseur; **compressing spring,** ressort de pression; **compressing strength,** résistance à la compression; **compressing tube,** tuyau par compression, repoussé.

Compression, Compression; **adiabatical** —, compression adiabatique; **axial** —, compression axiale; **residual** —, compression résiduelle; n **stage** —, compression à n étages; — **chamber,** chambre de combustion; — **moulding,** moulage sous pression; — **release,** décompresseur; — **ratio,** rapport, taux de compression.

Compressive strength, Résistance à la compression.

Compressive stress, Effort de compression.

Compressor, Compresseur; frein à lames; **air** —, compresseur d'air; **ammonia** —, compresseur d'ammoniaque; **axial** —, compresseur axial; **axial flow** —, compresseur à flux axial; **centrifugal** —, compresseur centrifuge; **double acting** —, compresseur à double effet; **feed** —, compresseur d'alimentation; **gas** —, compresseur de gaz; **high pressure gas** —, compresseur de gaz à haute pression; **multistage or multistage** —, compresseur à plusieurs étages; **portable** —, compresseur mobile; **refrigeration** —, compresseur de réfrigération; **supersonic** —, compresseur aérodynamique; **two stage** —, compresseur à deux étages; — **bleed,** dérivation sur le compresseur; — **impeller,** roue du compresseur; — **mounting,** carter du compresseur; — **roller**, rouleau compresseur; — **stator**, stator decompresseur.

Comptometer, Machine à calculer.

Computation, Calcul; **machine —**, calcul par machines.

Computer or **Computor**, Calculateur, machine à calculer; **analog —**, calculateur par analogie; **course —**, intégrateur de route (aviat.); **electronic —**, calculateur électronique; **mechanic —**, calculateur mécanique; **pictorial —**, intégrateur cartographique.

Computing device, computing mechanism, Calculateur.

Computing machine, Machine à calculer.

Concave, Concave; — **mirror**, miroir concave.

Concave-concave, Bi-concave.

Concentrate, Concentré (minerai riche de lavage, etc.).

to Concentrate, Concentrer.

Concentrated, Concentré; — **alum**, sulfate d'aluminium; — **inductance**, inductance concentrée.

Concentrating plant, Installation de concentration.

Concentration, Concentration; **flotation —**, concentration par flottation; — **cell**, pile à concentration.

Concentrator, Concentrateur.

Concentric, Concentrique; — **windings**, enroulements concentriques.

Concentricity, Centrage.

Concern, Affaire, établissement, entreprise.

Concerns, Affaires; **public —**, affaires publiques.

Concession, Concession.

Conchoidal, Conchoïdal.

Concrete, Béton; aggloméré; concret; solidifié; **ballast —**, béton à base de pierraille; **cast —**, béton moulé; **fine grain —**, béton à grain ùn; **heaped —**, béton coulé; **plain —**, béton ordinaire; **porous —**, béton poreux; **prestressed —**, béton précontraint; **refractory —**, béton réfractaire; **reinforced —**, béton armé; **sunk in —**, noyé dans du béton; **tamped —**, béton damé; **tar —**, béton goudronneux; **vibrated —**, béton vibré; — **apron**, radier en béton; — **batch**, coulée de béton; — **consistency**, consistance du béton; — **gravel**, gravier à béton; — **lining**, revêtement en béton; — **mixer**, malaxeur à béton, bétonnière; voir aussi **Mixer** **pavement**, dallage en béton; — **pouring gantry (crane)**, portique bétonneur; **ready mixed — plant**, centrale doseuse; — **pump**, pompe à béton; — **sand**, sable à béton; — **screw**, vis de scellement; — **slab**, semelle, dalle en béton; — **spreader**, bétonneuse; — **steel**, béton armé.

to Concrete, Bétonner.

Concreted, Bétonné; noyé, enrobé dans du béton.

Concreting, Bétonnage.

Concussion, Choc, secousse.

Condensate, Eau de condensation, condensat; — **supply**, arrivée d'eau de condensation.

Condensation, Condensation; **dry or external —**, condensation par contact; **rotary —**, condensation tournante; **vapour —**, condensation de vapeur.

Condensator (peu employé), Condenseur.

Condenser, Condensateur (élec.) (voir **Capacitor**), condenseur (mach.); **air —**, condensateur à air; **auxiliary —**, condensateur auxiliaire; **ejector —**, condensateur à jet; **electrolytic —**, condensateur électrolytique; **evaporative** —, condenseur à ruissellement; **filter** —, condensateur de filtrage; **glass** —, condensateur à verre; **hydraulic** —, barillet (gaz); **jet** —, condensateur à injection; **oil** —, condensateur dans l'huile; **mica** —, condensateur au mica; **paper** —, condensateur au papier; **receiving** —, condensateur de réception; **regenerative** —, condenseur à récupération; **static** —, condensateur statique; **surface** —, condenseur à surface; **synchronous** —, compensateur synchrone; — **by contact**, condenseur tubulaire; — **gauge**, indicateur de vide.

to Condense, Condenser.

Condensed, Condensé.

Condenser, Voir **Condensator**.

Condensing, à Condensation; — **jet**, injection; — **turbine**, turbine à condensation.

air Conditioner, Installation de conditionnement d'air.

air Conditioning, Conditionnement d'air, climatisation.

Conductance, Conductibilité; conductance (élec.); **dielectric** —, conductibilité des diélectriques; **mutual** —, conductance mutuelle; **thermal** —, conductance thermique.

Conductimetric, Conductimétrique.

Conducting, Conducteur; — **floor**, plancher conducteur; — **wire**, fil conducteur; **non** —, non conducteur; **non** — **compositions**, enduits et matelas calorifuges.

Conduction, Conduction; **gaseous** —, conduction gazeuse; — **current**, courant de conduction.

Conductive, Conducteur; — **tyre**, pneu conducteur, pneu métallisé.

Conductivity, Conductibilité, conductivité; **heat** —, conductivité

thermique; **thermal** —, conductivité thermique.

Conductor, Conducteur (élec.); chef de train (Etats-Unis); **aluminium** —, conducteur en aluminium; **bad** —, mauvais conducteur; **bundle** —, conducteur multiple; **copper** —, conducteur en cuivre; **good** —, bon conducteur; **lightning** —, paratonnerre; **three** — **cable**, câble à trois conducteurs; — **of heat**, conducteur de la chaleur.

Conduit, Conduit; canalisation; gaîne; décharge; aqueduc; rayère (moulin); **connecting** —, gaîne de raccordement; **pressure** —, conduite forcée; **ventilation** —s, gaînes de ventilation; — **ditch**, conduit d'eau; — **pipe**, tuyau, conduite, de communication; — **system**, système de tramway à trolley souterrain; — **tubes**, canalisations sous tubes.

Cone, Cône, tuyère d'injecteur; dard (d'un chalumeau); **adjusting** —, cône de réglage; **blunt** —, cône tronqué; **combining** —, tuyère d'aspiration (injecteur); **curvilinear** —, cône curvilinéaire, diaphragme parabolique; **deflecting** —, cône déflecteur; **flap** —, tuyère mobile; **frustrum of a** —, tronc de cône; **generating** —, cône complémentaire; **inverted** —, cône renversé; **melting** —s, montres pyrométriques; **mixing** — or **spray** —, diffuseur (auto); **step** —, poulie à gradins; **spray** —, pomme d'arrosoir; **tail** —, cône arrière; **union** —, joint conique; **valve** —, pointeau de soupape; — **brake**, frein à cône; — **clutch**, embrayage à cône; — **countersink**, fraise conique; — **coupling**, accouplement par cône; — **of slag**, nez de la tuyère à scorie; — **of spread**, cône de dispersion; — **plate**, lunette de tour; — **pulley**, poulie à gradins; — **pulley driving** or **con-**

tinuous speed — driving, commande par poulies-cônes; four stepped — pulley, poulie-cône à quatre gradins.

Confluence, Confluence.

Congress ohm, congress volt, Ohm légal, volt légal.

Congruence, Congruence.

Conical, Conique; — pendulum, régulateur à force centrifuge; — section, section conique.

Conically, En forme de cône.

Conifer, Conifère.

Conjugate, Conjugué (Math.); — foci, foyers conjugués; — impedances, impédances conjuguées.

Conjugated, Conjugués; — dienes, diènes conjugués.

to Connect, Embrayer, engrener; articuler, conjuguer; raccorder; coupler; associer (élec.).

Connected, Engrené, associé, couplé, connecté; direct —, en prise directe; parallel —, couplé en parallèle.

Connecting, Embrayage, engrenage (action); de raccordement; — box, boîte de raccordement, de dérivation; — branch, tubulure de raccordement; — conduit, gaîne de raccordement; — gear, transmission de la mise en train aux tiroirs; communication de mouvement; — link, menotte, coulisse, coulisseau; — piece, coulée, jet, masselotte d'une pièce fondue; pièce d'entretoisement (mach.); — pipes, tuyaux manchons de raccord; raccords; — plug, fiche de contact; — rod, bielle; — rod bottom end, pied de bielle; — rod head, tête de bielle; — rod fork, tête de bielle avec charge; — rod jib, corps de la bielle; — rod top end, tête de bielle; crank end of the — rod, tête de bielle; foot of the — rod, pied de bielle; head of the — rod, tête de bielle; shank of the — rod, corps de bielle; return — rod, bielle en retour.

Connection, Embrayage, engrenage, liaison, articulation; contact (élec.); montage, couplage, connexion (élec.); raccord, joint; correspondance (trains); bango —, joint mobile; direct —, prise directe; delta —, montage en triangle (élec.); flange —, joint à bride; ground —, prise de terre; mesh or ring —, montage en polygone; nipple —, joint à raccord; parallel —, couplage en parallèle; series —, couplage en série; star —, montage en étoile.

Connectivity, Connectivité (Math.).

Connector, Boîte de jonction, serre-fil, connecteur, connexion, prise de courant, raccord; bend —, boîte de jonction coudée; split bolt —, connecteur à boulon fendu; terminal —, borne serre-fil; — box, boîte de jonction.

Conning tower, Blockhaus (N.).

Conoscope, Conoscope.

Consequent poles, Pôles conséquents.

Consignee, Consignataire, destinataire.

Consigner, Expéditeur.

Consignment, Consignation(marchandises); cargaison (rare).

Consignor, Consignataire, expéditeur.

Consistency, Consistance; concrete —, consistance du béton.

Consistometer, Consistomètre.

Console, Console; aileron de portail.

Consolidation, Consolidation, rechargement (ch. de fer).

Constant, Constante (math.), paramètre; dielectric —, constante diélectrique (élec.); galvanometer —, constante d'un galvanomètre; lattice —, paramètre de réseau; propagation —, constante de propagation; time

—, constante de temps; — **level,** niveau constant; — **velocity,** vitesse constante.

Consolidation, Rechargement (ch. de fer).

Constant, Constante (math.); **dielectric** —, constante diélectrique (élec.); **time** —, constante de temps.

Constantan, Constantan.

Constituent, Constituant.

Constrained movement, Mouvement commandé.

Construction, Construction; **all metal** —, construction entièrement métallique; **massive** —, gros ouvrages; **minor** —, menus ouvrages; **under** — **or in course of** —, en construction (navires); — **length,** longueur entre perpendiculaires (c. n.); — **steel,** acier de construction.

Constructional, De construction; — **steel,** acier de construction.

Constructive works, Ouvrages d'art (ch. de fer).

Constructor, Constructeur; **naval** —, ingénieur des constructions navales.

Consulting engineer, Ingénieur conseil.

Consumer, Abonné.

Consumption, Consommation; **daily** —, consommation journalière; **fuel** —, consommation de combustible; **hourly** —, consommation horaire; **petrol** —, consommation d'essence; — **per B. H. P.,** consommation au cheval-heure; — **test,** essai de consommation.

Contact, Contact (élec.); engrènement; plan de séparation entre deux roches différentes; **alarm** —, crocodile (ch. de fer); **back** —, contact de repos (manipulateur Morse); **bridging** —, contact à lame d'interrupteur; **creep** —s, contacts à séparation très lente (thermostat); **dead** —, contact au point mort; **mercury** —, contact à mercure (élec.); **path of a** —, étendue de l'engrènement; **pull** —, contact à tirage; **snap action** —s, contacts à séparation brusque (thermostat); — **breaker,** interrupteur, rupteur, trembleur; — **breaker spring,** ressort de trembleur; — **goniometer,** goniomètre pour mesurer les angles des cristaux; — **maker,** allumeur, tête, came d'allumage (auto); — **mass,** masse de contact, masse active; — **microphone,** microphone à contact; — **pole,** perche de contact; — **resistance,** résistance de contact; — **roller,** galet de contact; — **wheel,** roue à contact.

Contactor, Contacteur; **magnetic** —, contacteur magnétique; — **controlled,** actionné par contacteur.

Container, Citerne; cadre (chem. de fer); récipient, réservoir, conteneur, bouteille, bac; **accumulator** —, bac d'accumulateur; **metal** —, bac métallique.

Contaminate, Impureté.

Content, Proportion, teneur; **high** —, à forte teneur en; **high alcoholic** —, à haut degré d'alcool; **high cobalt** —, à forte teneur en cobalt; **low alcoholic** —, à bas degré d'alcool; — **moisture** —, teneur en eau.

Contignation, Assemblage de charpente; **linked by,** — assemblé à mortaise.

Contingencies, Faux frais; divers, imprévu.

Continued body, Corps constant.

Continuous, Cóntinu; — **casting,** coulée continue; — **current,** courant continu; — **line or shafting,** arbre de transmission; — **mill,** train continu; — **rope drive systems,** transmission à brins multiples; — **spectrum,** spectre continu.

Contour, Profil, contour, ligne de niveau, courbe; — **forming,** mise en forme; — **line**, ligne de niveau; — **miller**, fraiseuse à reproduire.

Contra-rotating, Contra-rotatif.

Contract, Marché, contrat; — — **price**, prix à forfait; **by** —, à forfait; **the conditions of** —, le cahier des charges; **to make a** —, passer un contrat.

to Contract by the job, Travailler à forfait.

Contractibility, Force de contraction.

Contraction, Retrait, contraction; train d'une couche de houille; étranglement; — **rule**, règle pour mesurer le retrait des modèles.

Contracting firm, Entreprise de travaux publics.

Contractor, Adjudicataire, fournisseur, entrepreneur; **electrical** —, entrepreneur d'installations électriques.

Contractor's equipment, Matériel d'entreprise.

Contrivance, Invention, plan, dessin.

Control, Direction, commande; réglage; gouverne; **aileron** —, contrôle d'aileron; **altitude** —, correcteur d'altitude; **banking** —, commande d'aileron; **double** —, **dual** —, double commande (aviat.); **electronic** —, contrôle électronique; **elevator** —, commande de profondeur; **flow** —, réglage du débit; **fuel — bar**, cran de pétrole; **Leonard** —, commande Léonard; **photoelectric** —, contrôle photoélectrique; **pneumatic** —, contrôle pneumatique; **power operated** —, servo-commande; **remote** —, commcommander à distance; **rudder** —, commande de gouvernail; **sloggy or sloppy** —, commande molle; **speed** —, contrôle de la vitesse; **thermostat** —, thermo-régulation; **throttle** —, commande des gaz; **tone** —, réglage de la tonalité; **zero point** —,

contrôle du zéro; — **board**, tableau de contrôle, panneau de commande; — **clock**, pendule de pointage; — **column**, manche à balai (aviat.); — **cubicle**, poste de commande; — **damper**, amortisseur de commande; — **desk**, pupitre de commande; — **gate**, vanne de garde; — **grid**, grille de commande T. S. F.); — **lever**, levier de commande; — **surfaces**, gouvernes; — **tower**, tour de contrôle (aviat.); — **trimmer**, flettner de gouverne; — **valve**, soupape de commande; — **wheel**, volant de commande.

to Control, Régler; conduire; commander.

Controlled, Contrôlé, commandé; **electronically** —, commandé électroniquement; **hydraulically** —, commandé hydrauliquement.

Controller, Contrôleur, régulateur; dispositif de commande; coupleur, combinateur (élec.); **air flow** —, contrôleur d'air de combustion; **closed feed** —, régulateur étanche du circuit d'alimentation; **count** —, contrôleur de comptage; **drum** —, contrôleur à tambour; **frequency** —, contrôleur de fréquence; **liquid level** —, contrôleur de niveau liquide; **pressure** —, contrôleur de pression.

Controlling, Réglage.

Controlling force, Force antagoniste; **controlling mechanism**, dispositif de rappel (ch. de fer).

Controls, Commandes, appareillage de commande, dispositifs de réglage.

Convection, Transport; convection; **dead** —, convection morte; **free** —, convection naturelle; **live** —, convection vive; — **current** —, courant de convection; — **superheater**, surchauffeur à convection.

Convective heating, Chauffage par convection.

Convector, Convecteur; **hot water** —, convecteur à eau chaude.

to Converge, Converger.

Convergence, Convergence.

Convergent, Convergent; —**beam,** faisceau convergent.

Converging, Convergent; — **lens,** lentille convergente.

Conversion, Transformation.

to Convert, Convertir, transformer, débiter (le bois).

Converted, Converti, transformé; — **steel,** acier cémenté.

Converter, Convertisseur; transformateur; adaptateur; **acid** —, convertisseur acide; **basic** —, convertisseur basique; **Bessemer** —, convertisseur Bessemer; **exciting** —, transformateur d'excitation; **rotary** —, commutatrice, convertisseur rotatif (élec.); **side blow** —, convertisseur à soufflage latéral; **Thomas** —, convertisseur Thomas; — **nose,** bec de cornue; — **waste,** projections du convertisseur.

Convertible, Décapotable (auto).

Converting, Affinage par soufflage.

Convertiplane, Avion transformable, convertiplane.

Convex, Convexe; — **making,** chevage; — **mirror,** miroir convexe.

Convex-Convex, Biconvexe.

to Convey, Camionner.

belt Conveyance, Transport par bande.

Conveyer or conveyor, Conducteur (élec.); convoyeur; transporteur; noria; **baggage** —, tapis roulant pour bagages; **belt** —, transporteur à courroies, convoyeur à bandes; **chain** —, chaîne transporteuse; **hook** —, convoyeur à crochets; **rope** —, convoyeur par entraînement; **shaker** —, transporteur à secousses; **spiral** —, vis sans fin; **tray** —, convoyeur à plateau; **vibrating** —, convoyeur à secousses; — **belting,** courroie transporteuse; — **bucket,** godet de transporteur; — **chain,** chaîne à godets; convoyeur; tapis roulant; — **line,** chaîne convoyeuse; — **trough,** gouttière à secousses; — **tube,** tuyau de transport; — **worm,** vis sans fin.

Conveyorised, Par convoyeur.

Convolution, Spire (élec.); pas d'hélice; — **of pipes,** serpentin.

Convoy, Frein.

to Cool, Rafraîchir; réfrigérer; — **hammer,** battre à froid; écrouir.

Cool hammering, Écrouissage; martelage à froid.

Coolant, Fluide réfrigérant; — **pump,** pompe d'arrosage (mach.-outil).

Cooled, Refroidi; réfrigéré; **air** —, refroidi par l'air; **oil** —, refroidi par l'huile; **water** —, refroidi par l'eau.

Cooler, Réfrigérant, refroidisseur; **air** —, réfrigérant d'air; **drain** —, réfrigérant des purges.

Cooling, Refroidissement; réfrigération; trempe; arrosage (mach.-outil); **aero** —, aéroréfrigérant; **air** —, refroidissement par air; **forced air** —, refroidissement par circulation d'air forcée; **coke** —, Voir **Coke;** **forced** —, refroidissement forcé; **forced oil** —, refroidissement par circulation d'huile forcée; **hydro** —, hydroréfrigérant; **hydrogen** —, refroidissement par hydrogène; **interrupted** —, trempe interrompue; **jacket** —, refroidissement par jaquette d'eau; **radiational** —, refroidissement par rayonnement; **self** —, auto-refroidissement; **trickling — plant or dripping — plant,** réfrigérant à ruissellement; **vaporization** —, réfrigération par vaporisation; **water** —, refroidissement par eau; — **bed,** refroidissoir; — **furnace,** four à recuire (verrerie); —

— **gear** or — **machinery**, appareil réfrigérant; — **surface**, surface de refroidissement; — **towers**, refroidisseurs d'eau, tours de réfrigération; — **turbine**, turbine de refroidissement; — **vanes**, ailettes de refroidissement; — **water**, eaude de refroidissement; — **water outlet**, départ de l'eau de refroidissement.

Coom, Cambouis.

Coop, Cuve; tonneau, tombereau.

Cooper, Tonnelier; — **'s block**, billot, tranchet; —**s' dog**, davier, sergent; —**'s hammer**, utinet; —**'s jointer**, rabot d'établi; —**'s plane**, colombe du tonnelier; —**'s turrel**, tire-fond du tonnelier.

Coordinates, Coordonnées.

Coordination, Coordination; — **chemistry**, chimie coordinative; — **compounds**, composés de coordination; — **link**, liaison de coordination; liaison de coordinance.

Coordinatograph, Coordinatographe.

Cop, Fusée; bobine, canette, fuseau; espolin; — **skeever**, broche à canette.

Cope, Châssis supérieur de moulage.

Co-phasal, En phase.

Coping, Faîte, couronnement (mur), entablement (quai); larmier; **prussian** —, voussette entre nervures; — **stone**, tablette d'un mur; cordon; chaperon; pierre de bordure.

Copolymerisation, Copolymérisation.

Copper, Cuivre; chaudron; **beryllium** —, cuivre au glucinium; **blister** or **blistered** —, cuivre ampoulé; **blue** — **ore**, azurite; **calamine** —, cuivre non désargenté; **cement** — or **cementatory** —, cuivre de cément; **coarse** —, cuivre brut; **poor coarse** —, cuivre noir

désargenté; **dross of** —, arcot ou arco; **dry** —, cuivre cassant; **dyeing** —, chaudière de teinturier; **electrolytic** —, cuivre electrolytique; **emerald** —, dioptase; **float** —, cuivre à l'état de fines particules en suspension dans l'eau; cuivre natif trouvé loin de la roche d'origine; **manganese** —, cuivre au manganèse; **native** or **nature** —, cuivre natif; **oxidized** —, cuivre oxydé; **phosphor** —, cuivre phosphoreux; **pure** —, cuivre pur; **red** —, cuivre rouge, cuprite; **refined** —, cuivre fin, cuivre de rosette; **sheet** —, cuivre en feuilles; **shine of** —, éclair du cuivre raffiné; **soft** —, cuivre mou; **wrought** —, cuivre battu; **yellow** —, cuivre jaune, laiton; — **asbestos material**, matières métalloplastiques; — **ashes**, battitures, écailles, cendres de cuivre; — **bars**, cuivre en barres; — **bearing**, cuprifère; — **blende** kupferblende; —, **bottomed**, doublé en cuivre, à fond de cuivre; — **brick**, cuivre rosette; — **cap**, capsule; — **cleansing liquid**, eau de cuivre; — **coin**, billon, monnaie de cuivre; — **disk**, plaque de cuivre rosette; — **dragging** or — **foiling**, dépôt de cuivre sur les lames de collecteur (élec.); — **engraving**, gravure sur cuivre; — **foam**, épines de ressuage; **foundry**, fonderie de cuivre; — **glance**, cuivre sulfuré; — **ingots**, cuivre en lingots; — **load**, amas, filon de cuivre; — **loss**, perte dans le cuivre; — **ore**, minerai de cuivre; — **oxide**, oxyde de cuivre; — **oxide rectifier**, redresseur à oxyde de cuivre; — **planchet**, flan de cuivre; — **plate**, feuille de cuivre, gravure en taille-douce; plaque de cuivre; — **plating**, cuivrage; — **powder**, bronze rouge; — **printing**, impression en creux, en taille-douce; — **pyrites**, pyrites cuivreuses; chalcopyrite; — **reduced by liquidation**, matte ressuée; — **refining furnace,** foyer d'affinage; — **rust,** matte de cuivre brut; — **sheathed,** doublé en cuivre; — **sheathing,** doublage en cuivre; — **sheets,** feuilles de cuivre; — **smith,** chaudronnier en cuivre; **to** — **solder,** braser au cuivre; — **stone,** grenaille de cuivre; — **sulphate,** sulfate de cuivre, vitriol bleu: — **sulphide,** sulfure de cuivre; — **ware,** dinanderie; — **wire,** fil de cuivre; — **works,** fonderie de cuivre, cuivrerie; — **wound,** bobiné en cuivre.

to Copper, Cuivrer, doubler en cuivre (N.).

Copperas, Couperose; **blue** —, sulfate de cuivre; **green** —, sulfate de fer; **white** —, sulfate de zinc.

Coppering, Cuivrage, doublage (N.); **electro** —, électro-cuivrage.

Coppers, Monnaie de cuivre; valeurs cuprifères.

Coppersmith, Chaudronnier en cuivre.

Copping, Renvidage; — **plate,** chariot d'une continue; — **wire,** envoudoir; baguette.

Coprime value, Valeur co-première.

Copter, Abréviation pour **Helicopter.**

Copy, Gabarit; — **spindle,** doigt à suivre; tige de contact; — **wheel,** roue de chariot.

to Copy, Copier, reproduire contrefaire.

Copying lathe, Tour à reproduire, à copier, à façonner; tour à gabarit; **copying machine,** machine à reproduire; **copying milling machine,** tour à fraise à copier; fraiseuse à reproduire; **copying press,** presse à copier; **copying roller,** galet de gabarit.

Corb, Tonne d'extraction (mines).

Corbel, Aileron; bossage d'une voûte; corbeau, console; — **piece,** racinal de poutre; — **tree,** poutre de force.

to Corbel, Voûter en tas de charge.

to be Corbelled out, Être en porte à faux.

Corbelling, Encorbellement.

Corbie-step, Redent.

Cord, Conducteur souple, cordon; mesure de volume (correspondant en Amérique à 3,623 m³ et en Angleterre à 3,56 m³ ; **asbestos** —, tresse d'amiante; **elastic** —, sandow; **plug** —, cordon de fiche; — **wheel,** retorsoir.

to Cord, Corder; toiser du bois.

Cording, Liséré; empontage; — **tools,** instruments à cordonner.

Cordite, Cordite.

Corduroy road, Route en rondins.

Core, Gravois; marron; noyau d'une vis, d'un moule; noyau (fond.) (élec.); mandrin (pour la fabrication des tuyaux de plomb); chaux vive; âme de câble; mèche de charbon de lampe à arc; carotte (pétr.); poste (min.); **air** — **barrel,** lanterne; **air** — **coil,** bobine sans fer; **air** — **transformer,** transformateur sans fer; **angular** —, noyau carré; **armature** —, noyau de l'induit; **curved** —, noyau coudé; **iron** —, noyau de fer; **iron plate** —, noyau en tôles (élec.); **iron wire** —, noyau en fils (élec.); **iron** — **transformer,** transformateur à noyau de fer; **magnet** —, âme d'un aimant; **moving** — **regulator,** régulateur à noyau mobile; **pole** —, noyau polaire (élec.); **to cast upon a** —, fondre à noyau; **toroidal** —, noyau toroïdal; **tubular** —, noyau de tuyau; — **bar,** âme, mandrin (fond); — **barrel,** lanterne à noyau; tube carottier; — **binder,** liant à noyaux (fond.); — **bit,** mèche cylindrique creuse; couronne de sondage; — **blowing,** soufflage de noyaux; — **blowing**

machine, machine à souffler les noyaux; — **die**, cloche pour fabriquer les tuyaux de plomb; — **discs**, disques d'induit; — **drill**, couronne de sondage; — **drying**, séchage des noyaux; — **fork**, pince à noyau; — **frame**, tour à noyaux; armature; cage du noyau; — **groove**, rainure du noyau; — **hole**, trou de dessablage (fond.); — **iron**, armature de fer; tige de noyau; — **lathe**, tour à noyaux; — **losses**, pertes dans le noyau (perte totale); — **making machine**, machine à noyauter; — **maker**, ouvrier noyauteur; — **mark**, portée du noyau; — **moulding shop**, ateliers à noyaux; — **moulding machine**, machine à mouler les noyaux; — **piece**, pointe de cœur (rail); — **print**, portée, logement du noyau; — **ratio**, rapport entre le diamètre de l'âme et celui de la couche d'isolement; — **recess**, rainure de tuyau; — **sand**, sable à noyaux; — **shell**, enveloppe de carotte; — **spindle**, arbre à noyau; — **strickle**, trousse à noyau; — **templet**, trousse à noyau; — **wheel**, roue fendue pour denture en bois.

to Core, Carotter (pétr.).

Coreless, Sans noyau; — **induction furnace**, four à haute fréquence.

Cored work, Coulage à noyau; fonte en creux.

Corf, Manne; panier d'extraction (houillère, minière).

Corindon wheel, Meule en corindon.

Coring, Carottage (pétr.).

Coring out, Pratiquant un creux (fond.).

Cork, Liège, bouchon; **agglomerated** —, liège aggloméré; **fossil** —, variété très légère d'amiante; — **bungs**, grands bouchons de liège; — **float**, flotteur en liège; — **screw**, tire-bouchon;

— **squeezer**, mâche bouchons; — **tree**, chêne-liège.

Corky bark, Tan mou.

to Corn, Granuler.

Corn mill, Moulin à farine.

Corn tongs, Brucelle.

Corner, Coin; encoignure; angle; équerre; arête d'une pierre; angle plan; — angle, angle d'attaque; — **band** or — **bracket**, écharpe d'une équerre; — **brace**, contre-fiche; — **chisel**, carrelet; burin à bois; gouge; — **connection**, gousset d'extrémité, de butée; assemblage d'encoignure; — **drill**, foret à angles; — **frame**, cadre uni; — **guiding**, guidage placé dans les angles; — **iron**, cornière; — **joint**, contre-fiche; — **locking**, tenon droit; — **plate**, équerre en tôle; gousset; — **post**, poteau cornier; — **stone**, pierre angulaire, fondamentale; — **wall**, coignage; **inside** — **tool**, couteau pour tourner les fonds.

Corona, Effet corona; effet de couronne (élec.); — **discharge**, décharge corona; — **loss**, perte par effet corona.

Corradiation, Réunion de rayons lumineux en un point.

Correction, Correction; — **factor**, facteur de correction.

Corrector, Correcteur; **frequency** —, correcteur de fréquence; **latitude** —, correcteur de latitude; **speed** —, correcteur de vitesse (compas gyroscopique).

Corrodant, Agent corrosif.

to Corrode, Corroder, ronger.

Corrodible, Ne résistant pas à la corrosion; **non** —, résistant à la corrosion, inoxydable.

Corroding, Corrosif.

Corronization, Corronization.

Corrosion, Corrosion; **acid** —, corrosion par les acides; **basic** —, corrosion par les bases; **cracking** —, corrosion fissurante;

external —, corrosion externe; **intergranular** —, corrosion intergranulaire; **soil** —, corrosion tellurique; **stress** —, corrosion sous tension; — **resistance**, résistance à la corrosion; — **resistant**, or — **resisting**, résistant à la corrosion; — **test**, essai de corrosion.

Corrosive, Corrosif; — **sublimate**, sublimé corrosif.

Corrosivity, Corrosivité.

to Corrugate, Onduler, gaufrer.

Corrugated, Ondulé, gaufré; — **iron**, tôle ondulée; — **lens**, lentille à gradins; — **paper**, papier gaufré; — **plate iron**, tôle ondulée; — **sheet**, tôle ondulée.

Corrugation, Virole.

Corticene, Liège pulvérulent.

Corundum wheel, Meule de corindon.

Coruscation, Éclair d'argent.

Cosecant, Cosécante (math.).

Cosine, Cosinus (math.).

Cosmic, Cosmique; — **radiation**, rayonnement, radiation cosmique; — **ray**, rayon cosmique.

Cosmology, Cosmologie.

Cosolvent, Cosolvant.

Cost, Prix, coût, dépense, frais; **capital** —, frais d'installation; **first** —, prix d'achat; **low in** —, bon marché; **operating** —, frais d'exploitation; — **of upkeep**, frais d'entretien; — **price**, prix de revient.

to Costean, Creuser des puits en arrière des filons pour rechercher la direction de ces derniers.

Cotangent, Cotangente (math.).

Cotter, Clavette, goupille; **gib and** —, contre-clavette; clavette double; clavette et contre-clavette; **split** —, clavette fendue; **spring** —, clavette à ressort; **tapered** —, clavette conique; **to drive in a** —, chasser une clavette dans son logement; **to tighten up a** —, serrer, resserrer une clavette; — **bolt**, boulon à clavette; — **file**, carrelet plat; — **pin**, goupille d'une clavette; — **plates**, oreilles, brides, taquets (d'un châssis de moulage); — **with screw end**, clavette de réglage.

to Cotter, Goupiller, claveter.

Cottered into, Logé, claveté dans.

Cottering, Calage, coinçage.

Cottles, Parties de moules (fonderie d'étain); côtés de moules.

Cotton, Coton; **double — covered**, à double couche de coton; **printed** —, toile peinte, indienne; **single — covered**, à simple couche de coton; **silicate** —, laine de scories; **spun** —, coton filé; — **cloth**, toile de coton; — **fabric**, étoffe de coton; — **factory**, filature de coton; — **foxes**, tresses de coton; — **gin**, machine à égrener; égreneuse; — **mill**, filature de coton; — **press**, presse à emballer le coton; — **powder**, fulmicoton; — **rock**, feldspath décomposé; — **spinning**, filature de coton; — **spirits**, solution de chlorure stanneux; — **stuffs**, cotonnades; — **thread**, fil de coton, coton retors; — **tissue**, calicot; — **waste**, déchets de coton; — **wood**, peuplier du Canada; — **wool**, ouate; — **yarn**, fil de coton.

to Couch, Emboîter, encastrer, embréver.

Coulomb, Coulomb (élec.).

Coulometer, Voltamètre.

Coulometric, Coulométrique; — **titration**, titrage coulométrique.

Coumarins, Coumarines (chim.).

Countable groups, Groupes dénombrables (Math.).

Counter, Cote d'un dessin; marque, repère; compteur; fausse paroi; voûte (N.); marron (jeton de présence); **crystal** —, compteur à cristal; **diamond conduc-**

tion —, compteur à conduction à diamant; **electronic** —, compteur électronique; **gamma ray** —, compteur à rayons gamma; **gas discharge** —, compteur à décharge gazeuse; **G. M.** —, compteur Geiger-Müller; **integrating** —, compteur totalisateur; **scintillation** —, compteur à scintillations; **wire and plate** —, compteur à fils et plaque; — **for revolutions**, compteur de tours; — **spectrometer**, spectro-mètre-compteur; — **tube**, tube-compteur.

Counter (mots composés avec contre); — **arch**, arc renversé; — **balance**, contrepoids; croissant (locomotive); **to — balance**, équilibrer; — **balanced**, équilibré; — **batter**, surplomb; — **bit**, contre-panneton; — **bore**, élargissement à fond plat de l'orifice d'un trou; trou pour rivet ou boulon à tête noyée; — **bracing**, contre-appui; — **buff**, contre-coup; — **check**, force antagoniste; — **clockwise**, dans le sens inverse des aiguilles d'une montre; — **clout**, clou à pointe émoussée; — **current**, contre-courant; **to — cut**, contre-tailler; — **diagonal**, diagonale secondaire; — **die**, contre-étampe, étampe secondaire; — **drain**, fosse de décharge (pour recueillir les eaux d'infiltration); **to — draw**, décalquer; — **electromotive** (force), contre-électromotrice (force); — **excavation**, fouille percée au devant d'une autre; — **flow**, à contre-courant; — **flush**, à injection inversée (sondage); — **foil**, souche; **to — gauge**, contre-jauger (les assemblages); — **knocker**, contre-heurtoir; — **mure**, revêtement; — **nut**, contre-écrou; vis de rappel; — **part**, talon d'un billet; — **poise**, contre poids, terre artificielle (T.S.F.); **to — poise**, faire contrepoids, équilibrer; — **pressure**, contre-pression; — **punch**, contre-poinçon;

— **scarpe**, contre-escarpe; — **set**, contre-bouterolle. — **shaft**, renvoi de mouvement; arbre de renvoi; contre-arbre; renvoi à courroie; — **shaft suspension arms**, chaises de renvoi; — **sink** (voir plus bas); — **slope**, contre-escarpe; contre-fruit; — **spring**, contre-ressort; — **stop**, contre-butée; — **streaming**, à contre-courant; — **torque**, couple antagoniste; — **vault**, voûte renversée; — **voltage**, force contre-électromotrice; — **weight**, contrepoids; **to — weight**, faire contre poids; équilibrer, munir d'un contrepoids; — **weight lever**, levier à contrepoids; — **weighted**, à contrepoids, équilibré.

Countersink, Fraise, fraisure; **rose** —, fraise à roder; — **bit**, fraisoir; — **hole**, fraisuré; — **rivet**, rivet à tête fraisée.

to Countersink, Fraiser.

Countersunk, Fraisé, noyé; — **head**, tête fraisée.

Countesses, Ardoises de seconde qualité.

Counting, Comptage, dénombrement.

Country, Lit des filons.

Couple, Couple (méca., élec.); moise, ferme.

to Couple, Engrener, embrayer, jumeler, accoupler, atteler.

Coupled, Engrené, embrayé, jumelé; **direct — system**, système direct; **inductively — system**, système indirect; — **poles**, poteaux jumelés.

Coupler, Assemblage, coupleur, accouplement; **automatic** —, accouplement automatique.

Coupling, Assemblage, embrayage, accouplement; liaison; attelage; accrochage; jumelage; couplage (T. S. F.); coupleur; **back** —, couplage à réaction; **band** —, accouplement à ruban; **brush** —, embrayage à brosses; **capacitive or capacity** —, par capacité; **centrifugal** —, coupleur centrifuge; **cheese** —, embrayage à T; **claw** —, accouplement à griffes; **cone** —, accouplement par cône, accouplement à cône de friction; **critical** —, couplage critique; **direct** —, couplage direct; **disc** —, accouplement à plateaux; **electromagnetic** —, accouplement électromagnétique; **electronic** —, couplage électronique; **electrostatic** —, couplage électrostatique; **expansion** —, accouplement à mouvement longitudinal; **fast** —, accouplement fixe; **feed back** —, couplage à réaction; **flange** —, joint à brides; accouplement à plateaux; **flexible** —, accouplement flexible, élastique; **flexible head** —, accouplement à tête articulée; **friction clutch** —, accouplement à friction; **half** —, coquille; demi-manchon d'accouplement; **impedance** —, couplage par impédance; **inductive** —, couplage par induction; **interstage** —, couplage entre étages (T. S. F.); **jointed** —, accouplement articulé; **knot** —, attache à nœud; **loose** —, accouplement lâche (T. S. F.); **magnetic** —, couplage magnétique; **muff** —, accouplement par manchon; **needle** —, accouplement à broches; **optimum** —, couplage optimum, couplage critique; **overload** —, accouplement à friction; **pawl** —, accouplement à cliquet; **plate** —, accouplement par plateaux; **railway** —s, attelages des chemins de fer; **resistance** —, couplage par résistance; **screw** — **box**, manchon à vis; **screw flange** —, joint à brides et à boulons; **screw pipe** —, assemblage à vis de tuyaux; **sleeve** —, accouplement à douille; **shaft** —s, accouplements pour arbres de transmission; **slip clutch** —, embrayage à plateaux mobiles; **split** —, accouplement à coquilles; **spring ring** —, accou-

plement à segments extensibles; **steel lamination** —, accouplement à lames; **tight** —, accouplement serré (T. S. F.); **vice** —, accouplement à broche filetée; **wedge for** —, cône de pression pour accouplement.

— **box**, manchon d'accouplement; — **capacitor**, condensateur de couplage; — **chain**, chaîne d'attelage; — **clip**, agrafe de serrage; — **fork**, chape d'accouplement; — **joint**, joint d'accouplement; — **link**, bielle d'accouplement; —**s of shafts**, tourteaux de jonction des arbres; — **transformer**, transformateur de couplage; — **waves**, ondes de couplage.

Coupon, Coupon.

Course, Filon, couche, veine; pendage (min.); roisse; direction de filon; veine riche en minerai; assise; virole de corps de chaudière; série des tailles parallèles d'une lime; route, cap; **air** —, puits d'aérage; **angle** — **beam**, console sur poutrelle; **broken** —, assise à joints croisés; **corbel** —, chapeau; **tail water** —, canal de décharge; **track** — **angle**, angle de cap; — **computer**, intégrateur de route (aviat.); — **setting knob**, bouton de réglage de cap.

Coursed work, Maçonnerie par assises.

Coursing, Installation pour la ventilation.

Covalency, Covalence.

Covariant, Covariante.

Cover, Couvercle, recouvrement (tiroirs); chapeau (palier); capot (cheminée); plaque de recouvrement; mort terrain; chapelle (d'alambic); enveloppe; guipage, housse; **dust** —, cache-poussière; **grooved** —, enveloppe à rainures; **hatch** —, panneau de cale; **hinged** —, couvercle à rabattement; **inspection** —, regard; **propeller** —, housse d'hélice; **square tread** —, enveloppe lisse; **valve** —, cache soupape; **wire guarded** —, pneumatique à tringles; — **less**, sans culasse; — **plate**, mouton de pressoir; couvre-joint; — **plate joint**, joint; assemblage; nœud; **butt** — **plate**, couvre-joint; — **with beaded edges**, pneumatique à talons.

to Cover, Guiper (conducteur, élec.); recouvrir, revêtir.

Coverage, Couverture; **photographic** —, couverture photographique.

Covered, Recouvert, guipé.

Covering, Recouvrement (tiroir); enveloppe; couverture; feutrage (chaud.); revêtement (aéroplane); entoilage; capotage; **plywood** —, recouvrement en contreplaqué; — **board**, plat bord (N.); — **plate**, tôle de recouvrement; **fabric** —, entoilage; **metal** —, recouvrement métallique.

Cowl, Chapeau, mitre, hotte, capuchon (de cheminée); capot; **nose** —, capotage avant; — **flaps**, volets de capot; — **gills**, volets d'air du capot.

Cowled, Capoté.

Cowling, Capot; carènage; capotage (av.).

C. P., Abréviation pour **Candle Power** (pouvoir éclairant) et aussi pour **Controllable Pitch** (pas variable).

Cps (cycles per second), Périodes par seconde.

Crab, Chèvre; chariot; treuil; **chain** —, chariot commandé par chaîne; **crane** —, chariot de pont roulant; treuil de grue; **hatch** —, grue de lucarne; — **bolt**, boulon d'ancrage passant; — **claw**, déclenchement de distribution Corliss; — **runway**, commande de translation du chariot; — **track**, voie de roulement du chariot; — **travel**, déplacement du chariot; — **traverse**, Voir **Crab runway**; — **winch**, petit treuil.

Crack, Crevasse, criqûre, crique, gerçure, soufflure; **electromagnetic** — **detector**, appareil électromagnétique de repérage des soufflures; **quench** —, tapure de trempe.

Cracked, Gercé; fêlé; — **gasoline**, essence de cracking.

Cracker, Installation de craquage (pétr.).

Cracking, Étonnement (refroidissement brusque); criquage, formation de criques; craquage, dislocation de l'hydrocarbure (pétr.), gerçure; fissuration, fissure; fêlure; **cat or catalytic** —, craquage catalytique; **cold** —, fissuration à froid; **thermal** —, craquage thermique; — **gasoline**, essence de craquage; — **kiln**, four de craquage; — **test**, essai de fissuration.

Cradle, Châssis (fond.); coussinet (rail); berceau (c. n.); plancher volant dans un puits; berceau pour le lavage des minerais; berceau-moteur; chevalet de chaudière; **shipping** —, berceau d'expédition.

to Cradle, Laver des minerais au berceau.

Craft, Métier; bac, chaland, allège, petits bâtiments (nom collectif); **air** —, avion, aéronef; **motor** —, canot automobile.

Craftsman, Ouvrier, artisan.

Cramp, Tirant, crampe, griffe, happe, crampon; presse; tenaille à bec; serre-joint; bascule à percer; **iron** —, bride en fer; **jointing** —, serre-joint; — **folding machine**, machine à plier; — **frame**, presse à main; serre-joint, valet d'établi, sergent; — **gauge**, gabarit à sabotage; — **hole**, trou de crampon; — **iron**, main de fer, ancre, tirant.

to Cramp, Cramponner, accrocher.

Crane, Grue, chèvre, cabestan; pont-roulant; **angle** —, grue à support triangulaire; **bar iron**

—, grue pour transporter les barres de fer; **blocksetting** —, bardeur; **bracket** —, grue à console; **break down** —, grue de manœuvre; **bridge** —, grand portique sur piliers; **bucket handling** —, grue à benne; **building** —, grue de chantier de construction; **cantilever** —, grue à flèches horizontales; **caterpillar** —, grue sur chenilles; **clamshell** —, grue à benne preneuse; **claw** —, grue à griffes; **coaling** —, grue à charbon; **column** —, grue à colonne; **crawler** —, grue sur chenilles; **curb ring** —, grue à plaque tournante; **deck** —, grue de pont de navire; **derrick** —, grue de chevalement; derrick; **double** —, grue à double volée; **elevated cableway** —, blondin ; **equipment** —, grue d'armement; **erecting** —, grue ou pont de montage; **floating** —, ponton-grue; **forge** —, grue de marteau-pilon; **forging** —, pont de forge; **frame** —, grue-portique; **gantry** —, grue à portique; **giant** —, **Goliath** —, grue géante, grue Titan; **grab or grabbing** —, grue à benne preneuse; **gripping** —, pont à pinces; **hammer head** —, grue à marteau, grue à volée horizontale; **hand** —, grue pour charges légères; grue à bras; **hatch** —, grue de lucarne; **jib** —, grue à flèches; **ladle** —, pont de coulée; **locomotive** —, grue de manutention, grue-locomotive, grue à soulever les locomotives; **luffing** —, grue à volée variable; **magnet** —, grue à crochet magnétique; **mast** —, bigue, grue-ciseau; grue à mâter; **moveable** —, grue mobile; **overhead travelling** —, pont roulant aérien; **pillar** —, grue à fût; **pivoting** —, grue à pivot; **pontoon** —, ponton grue; **port** —, grue de port; **portable** —, grue roulante; **portal** —, grue-portique, grue à portique; **quick handling** —, grue ou pont à manutention rapide : **quick lowering** —, pont à affalage rapide; **revolving** —, grue à pivot: roof —, grue de toit: **screw** —, vérin; **self-propelling** —, grue automotrice; **sheer legs** —, grue ciseau; **slewing** — grue pivotante; **steam** —, grue à vapeur; **stripping** —, grue à tirants, pont-roulant démouleur; **shipyard** —, grue de cale; **tower** —, grue à tour; **transfer or transhipment** —, grue de transbordement; **travelling** —, grue locomobile; pont-roulant ; **overhead travelling** —, pont roulant aérien; **truck** —, grue sur camion; **visor** —, grue à volée variable; **water** —, grue d'alimentation (ch. de fer); **wall** —, grue murale ou d'applique; **wharf** —, flèche formée d'une poutre; **yard** —. grue de cour; **— beam**, volée, flèche, potence d'une grue; **— bill**, bec de grue; **— boom**, volée de grue; **— bridge**, pont roulant; **— frame**, bâti de grue; **— head**, bras, flèche de grue; **— hook**, crochet de grue; **— hut**, cabine de grue; **— jib**, flèche de grue; **— man or — operator**, grutier; **— post**, flèche de grue; **— trolley**, chariot de pont-roulant, de grue; **— winch**, treuil de grue; **— with jib**, pont à bec; **— with tongs**, pont à griffes.

Crank, Coude; manivelle; essieu; bascule de scierie; échancrure de banc de tour; **bell** —, levier coudé; **bent** —, levier cintré ou en forme de faucille; **counter** —, bouton de manivelle en porte à faux; **counterbalanced** — **shaft**, vilebrequin à manetons équilibrés; **cross** —, contre-manivelle; **disc** —, plateau-manivelle; **double** —, manivelle composée; **four** — **shaft**, arbre à quatre manivelles; **ideal** —, manivelle fictive; **oblique** —, essieu à corps oblique; **one man** —, manivelle actionnée par un homme; **opposite** —s, manivelles équilibrées; oscillating — **gear**, coulisse oscillante à manivelle; **overhung** —, manivelle en bout; **return** —, contre-manivelle; **slot and** —, coulisse manivelle; **slotted** — **plane**, manivelle à coulisse; **winch and** — **handle**, manivelle à bras; — **of a centrebit**, arçon; — **arm**, corps, bras de manivelle; — **axle**, essieu coudé, à manivelle (ch. de fer); — **bearing**, palier principal; — **boss**, tourteau de manivelle; — **brace**, fût; — **case or** — **chamber**, carter; — **cheeks**, joues de manivelle; — **connecting link**, accouplement de manivelles; — **coupling**, accouplement de manivelles; — **disc**, plateau-manivelle; — **driven**, commandé par bielle; — **effort**, force tangentielle; couple exercé par ou sur une manivelle; — **gear**, transmission par manivelle; mécanisme de mouvement par bielle et coulisseau; — **guide**, coulisse manivelle; coulisse excentrique; — **handle**, menotte d'une manivelle; manivelle de démarrage; — **pin**, bouton, soie de manivelle; tourillon; maneton; — **pin steps**, palier de maneton; — **planer**, raboteuse à manivelle; machine à raboter les manivelles; — **race**, excavation pour la manivelle; — **rod**, tringle de manivelle; — **shaft**, arbre à manivelles; arbre coudé; — **shaft bearing**, coussinet de vilebrequin; — **shaft bracket**, palier de l'arbre à manivelle; — **shaft grinding machine**, machine à rectifier les vilebrequins; — **shaft thrust ball bearing**, roulement de butée de vilebrequin; — **web**, bras de manivelle; — **wrist**, maneton.

to Crank, Couder; faire démarrer un moteur.

Cranked, Coudé.

Cranking, Démarrage.

to Crankle, Couper en zigzag.

Craping iron, Godron.

Crash switch, Interrupteur automatique à l'atterrissage (aviat.).

Crate, Caisse en bois; harasse; emballage en bois; zinc (argot pour avion).

to Crate, Emballer, mettre en caisse.

Crated, En caisse.

Crater, Cratère; **positive** —, cratère positif.

Crating, Emballage, mise en caisse.

Craunch, Pilier (mines).

Crawler, A chenilles; — **crane**, grue sur chenilles; — **chain**, train de chenilles; — **mounted**, sur chenilles; — **truck**, camion sur chenilles.

to Craze, Se fendiller, se fêler.

Craze mill, Machine à bocarder le minerai d'étain.

Crazing, Craquelures.

Cream of lime, Lait de chaux.

Crease, Étampe de la machine à gouttière.

to Crease, Rabattre, tomber un bord.

Creases, Parties de minerai lavé.

Creasing, Tombage d'un bord.

Creasing die, Bille à moulures;

Creasing tool, Tas à soyer.

Credit, Crédit; **letter of** —, lettre de crédit.

Creditor, Créancier.

Creep, Poussée du sol; coulée, glissement; soulèvement du mur ou du toit des galeries; fluage (métal.): allongement graduel et permanent d'un métal avec la charge, le temps et la température; — **contacts**, contacts à séparation très lente (thermostat); — **resisting**, à haute limite de fluage; — **strength**, résistance au fluage; — **testing**, essai de fluage.

to Creep, Grimper, glisser (en parlant d'une courroie).

Creepable, Fluable.

Creeper, Grappin, vis sans fin.

Creeping, Hystérésis visqueuse (élec.); fluage; ascension capillaire.

Creosote, Créosote; — **oil,** huile créosotée.

to Creosote, Créosoter.

Creosoted, Crésoté.

Creosoting, Créosotage; — **plant,** outillage à créosoter.

Creosotinic ester, Ester créosotique.

Crescent, Croissant; — **shaped,** en forme de croissant; — **gearing,** engrenages à chevrons; — **wing,** aile en croissant.

Cress, Bouterolle.

Crest, Crête, pointe; — **gate,** vanne de retenue; — **of a dam,** crête d'un barrage; — **tile,** tuile faîtière; — **voltage,** tension de pointe.

Crevet, Creuset.

Crevice, Poche de minerai.

Crew, Équipage; **ground —,** personnel non navigant; **operating —,** personnel navigant (aviat.).

Crib, Briquet (de mineur); rouet de cuvelage; petit train de bois; **tool —,** armoire aux outils.

Cribbing, Calage en bois.

Cribling, Cuvelage; couronne de fosse de plaque tournante.

Cribble, Crible, van, sas, tamis.

Crimp, Cuir embouti.

to Crimp, Sertir.

Crimped, Serti.

Crimper, Pince à sertir.

Crimping, Sertissage; — **press,** presse à sertir.

Crippling load, Charge de déformation permanente, charge critique.

Critical, Critique; — **angle,** angle critique; — **damping,** amortissement maximum; — **frequency,** fréquence critique, fréquence de seuil; — **mass,** masse critique; — **point,** point critique; — **pressure,** pression critique; — **speed,** vitesse critique; — **voltage,** tension critique (élec.).

Critlings, Cretons.

Crocus, Safran; rouge à polir; **martial —,** potée d'acier; — **of antimony,** safran d'antimoine; — **of venus,** oxyde de cuivre.

Crook, Croc, crochet, tisonnier.

Crooked, Courbé, crochu, arqué.

Crooking, Gauchissement.

Crop, Minerai d'étain bon pour la fusion; affleurement (min.); déchet; chute d'extrémité (métall.).

to Crop, Affleurer (min.); cisailler.

Croppie, Tenaille de verrerie.

Cropping, Affleurement, chapeau (min.); cisaillement.

Cross, Croix; oblique, en croix; — **axle,** essieu moteur à manivelles calées à 90° l'une de l'autre; — **bar,** épart, épar; traverse; palonnier; entre toise, tirant; étrier de trou d'homme; veine coupant le filon principal; traversine (hyd.); pince (levier); — **beam,** balancier transversal, poutre transversale; entretoise croisée; — **braced,** croisillonné; — **branch,** rameau de traverse (min.); — **butt,** bielle latérale du grand T (machine à balancier); — **chap,** étau à grandes mâchoires; — **columns,** croix de Saint-André; — **connector,** travers banc; — **course,** filon de travers; — **course spar,** quartz radié; — **cut,** galerie à travers banc; traverse; — **cut chisel,** bec d'âne; — **cut file,** lime à taille croisée; — **cut saw,** scie passe-partout; — **cutter,** haveuse mécanique; — **cutting chisel,** bec d'âne; — **cutting teeth,** dents contournées; — **dike,** duit; — **flux,** flux transversal (élec.); — **frames,** bâtis en croix; arcs-boutants; — **girder,** sommier; — **half lattice**

iron, fer à T double à quatre bourrelets croisés; — hammer, traverse; — handle, manivelle de trépan; — head, tête de bielle; croisillon; crosse (de piston); traverse; chapiteau d'entretoisement supérieur de presse; té ou T. (voir Head); — head guides, guides de la traverse, glissières, coulisseaux; — head guide block, patin de la traverse ou du T; — head pin, tourillon de traverse, tourillon de pied de bielle; — joint, assemblage en enfourchement; — keyed connection, assemblage à clavettes transversales; — leakage, montage en dérivation; — mouth chisel, ciseau cylindrique à taillant transversal; — opening, taille transversale; — over, traversée; — piece, traverse entretoise (de bigues, etc.); — piling, mise en paquet; — quarter, entretoise croisée; — rafter, linçoir; — section, section, coupe transversale; maximum — section, maître-couple; — shaped en forme de croix; — sleeper, traversine, traverse (de ch. de fer); — slide, traverse, chariot transversal (tour); — staff, équerre d'arpenteur, alidade, pinnule; — stay, croix de Saint-André; — stud or — stretcher, entretoise, jambe de force; — table, table en potence; — tail, T renversé; — tail butt or strap, bielle latérale du grand T; — tie, traverse, tirant transversal; — valve, soupape à trois voies; — way, travers (min.); — wire, réticule; — wise, en croix, en travers, transversal; — working, travers banc.

Saint Andrew's cross, Croix de Saint-André.

to Cross, Mettre en croix, traverser, être en travers.

Crossed belt, Courroie croisée; half crossed belt, courroie demi-croisée.

Crosshead, Voir Cross, Crosse, croisillon; forked —, crosse en fourche.

Crossing, Passage, traversée changement de voie (ch. de fer); croisement, cœur (ch. de fer); diamonds —, croisement double, croisement oblique; level —, passage à niveau; overhead —, passage supérieur; —s, traversées; — loop, voie de croisement; — rails, rails d'évitement.

Crosstalk, Diaphonie.

Crosswise, Transversal; — carriage, chariot transversal (mach.-outil).

Crotch, Crochet, hameçon. Voir Crutch.

Crotchet, Étai (architecture).

Crotonic acid, Acide crotonique.

Crow, Levier, barre, pinces; étrier (pour maintenir un cliquet de perçage); claw ended — bar, pince à pied de biche; crooked — bar, pince à panne fendue; shackle —, loup (arrache-clous); splitted — bar, verdillon à pied de biche; heel of a — bar, talon d'une pince; — bar, ringard, grosse pince; —'s foot, droc à sonde, à fleuret.

Crown, Couronne; crosse; galbe; denture-bâteau, diamant d'une ancre; ennillage d'un moulin; roue à cames; voûte; coupole de dôme (chaud.), ciel de foyer, clef de voûte; piston —, tête, fond de piston; — bar, ferme de clef de foyer; — gate, porte d'amont (écluse); — gear, couronne dentée; — glass, verre à boudines; crown-glass; — hinge, articulation à la clef; — iron, chapelet; — joint, articulation au sommet; — lens, lentille convexe en crown-glass; — of aberration, cercle d'aberration; — of cups, batterie à couronne; — of the fire-box, ciel de la boîte à feu; — plate, tôle de ciel; — post, poinçon; — rail, bras transversal, glissière transversale (mach.-outil); — **post,** poinçon; — **saw,** scie circulaire, scie annulaire; — **sheet,** ciel de fourneau; — **valve,** soupape à chapeau; — **wheel,** roue à dents de côté; roue à rochet.

Crowning, Renflement d'une poulie; obtention de la denture-bâteau.

Croze, Jable.

Crucible, Creuset (h. f., etc.); — **belly,** ventre du creuset; — **lined with charcoal,** creuset brasqué; — **furnace,** fourneau à vent; — **shank,** porte-creuset; — **stand,** fromage; — **steel,** acier au creuset; — **cast steel,** acier fondu au creuset; **travelling** — **wagon,** creuset sur roues

Cruciform grooves, Pattes d'araignée (mach.).

Crude, Brut; — oil, pétrole brut, huile lourde.

Cruising range, Rayon d'action à la vitesse de croisière.

Cruising speed, Vitesse de croisière.

Cruising turbine, Turbine de croisière.

Crumbling, Émiettage; grippure, grippage.

Crush, Choc; — **forming,** dressage de forme à la molette.

to Crush, Broyer,-écraser, concasser.

Crushed steel, Acier à égriser.

Crusher stone, Cailloutis.

Crusher, Broyeur, écraseur, concasseur; **alligator** —, concasseur à mâchoires; **ball** —, broyeur à boulets; **bell** —, broyeur à cloche; **fine reduction** —, gravillonneur; **giratory** —, broyeur giratoire; **hammer** —, broyeur à marteaux; **jaw** —, broyeur à mâchoires; **rock** —, concasseur; **rod** —, broyeur à barres; **rolling** —, broyeur à meules; — **crusher or gauge,** dynamomètre à écrasement (art.).

Crushing, Broyage, écrasement, concassage; **coarse** —, préconcassage; **primary** —, concassage primaire; **secondary** —, concassage secondaire; — **cylinder,** cylindre broyeur; — **mill,** machine à broyer; — **rollers,** cylindres, rouleaux concasseurs, écraseurs; — **weight,** poids produisant l'écrasement.

Crust, Croûte; — **of iron,** battitures de fer.

Crutch, Béquille, corne de la crémaillère; tôle de jonction, gousset horizontal (c. n.).

Cruzol, Suintate de soude.

Cryogenic, Cryogénique.

Cryoscopy, Cryoscopie.

Cryostat, Cryostat.

Crystal, Cristal; **cubic** —, cristal cubique; **incoherent** —**s,** cristaux libres; **mountain** —, cristal de roche; **non gem** —, cristal synthétique; **quartz** —, cristal de quartz; **single** —**s,** monocristaux; **synthetic** —, cristal synthétique; — **amplifier,** amplificateur à cristal; — **counter,** compteur à cristal; — **detector,** détecteur à cristaux (T. S. F.); — **diode,** redresseur à cristal; — **filter,** filtre à cristal; — **growth,** croissance des cristaux; — **lattice,** réseau cristallin; — **structure,** structure cristalline; — **violet,** violet cristallisé.

Crystalline, Cristallin; — **silicate,** silicate cristallin.

Crystallization, Cristallisation.

to Crystallize, Cristalliser, faire cristalliser.

Crystallizer, Cristalliseur.

Crystallography, Cristallographie; **synthetic** —, cristallographie synthétique.

Crystolon, Crystolon; — **wheel,** meule en crystolon.

C shaped bar iron, Fer en C.

C. S. T., Central Standard Time.

Cu Cm (Cubic centimeter), Centimètre cube.

Cu ft (Cubic foot), Pied cube.

Cu in (Cubic inch), Pouce cube.

Cubature, Cubature; cubage.

Cube, Cube.

Cubic, Cubique; — **centimeter**, centimètre cube; — **decimeter**, décimètre cube; — **meter**, mètre cube; — **root**, racine cubique.

Cubical, Cubique.

Cubicle, Cabine blindée (élec.); **control** —, poste de commande.

Cuddy, Chèvre.

Cueing attenuator, Atténuateur avertisseur.

Cuinage, Poinçonnage officiel de l'étain menu.

to Cull, Trier; klauber le minerai.

Cullender, Crible, van, sas, tamis, passoire.

Culm, Tuyau, tige; poussier de charbon, fraisil, anthracite.

Culvert, Rigole; ponceau; drain; égout; cassis.

Culvertail, Queue d'aronde.

Cumene, Cumène.

Cumulative, Totaliseur, intégrateur; — **rule**, règle de cumul.

Cuniform or **Cuneated** or **Cuneal**, En forme de coin.

Cup, Coupelle; godet; bouterolle; chasse-rivet; cloche d'isolateur; vase; **closed** —, vase clos; **head** —, tas; **leather** —, cuir embouti; **open** —, vase ouvert; **spherical** —, Voir **Spherical**; — **and ball joint**, joint à boulet; joint sphérique; — **and cone**, appareil de Parry (fermeture des hauts fourneaux par cône et entonnoir); — **assay**, coupellation; — **grease**, graisse consistante; — **head**, tête de rivet hémisphérique; — **pan**, moule, creuset de la coupelle; — **shaped dies**, bouterolles à œil; — **valve**, clapet à couronne, soupape à cloche; — **weights**, pile de poids; collection de poids; — **wheel**, meule en cuvette.

to Cup, Emboutir.

Cupellation, Coupellation.

Cupferrates, Cupferrates.

Cupola or **Cuppola**, Coupole, dôme; four à manche; cubilot; four circulaire à toit bombé pour la cuisson des briques; **rapid** —, cubilot à rigole; — **furnace**, cubilot.

Cupping, Emboutissage.

Cupram, Carbonate de cuivre ammoniacal.

Cupreous or **Cuprous**, Cuivreux; — **chloride**, chlorure cuivreux; — **cyanide**, cyanure cuivreux; — **oxide**, oxyde cuivreux.

Cupric, Cuivrique; — **salt**, sel cuivrique.

Cupronickel, Cupronickel.

Curb, Rouet; couronne; bordure; paroi des chambres de plomb; — **plate**, lunette à charpente; — **ring**, plaque tournante de grue; — **stone**, margelle de puits; bouteroue.

Curbing, Bride; frette.

Curing, Traitement.

Curium, Curium.

Curl, Boucle; **piston** —, anneau, tendeur de piston.

Currency, Cours (comm.); monnaie.

Current, Courant, intensité; **absorption** —, courant d'absorption; **active** —, courant watté; **air** —, courant d'air; **alternating** —, courant alternatif; **back** —, contre-courant; **belt of** —, bande de courant; **break induced** —, courant de rupture; **breaking contact** — or **extra** — **on breaking**, extra-courant de rupture; **carrier** —, courant porteur; **charging** —, courant de charge; **commutated** —, courant renversé; **conduction** —, courant de conduction; **continuous** —, courant continu; **convection** —, courant de convection; **direct** —, courant continu; **discharge** or **discharging** —, courant de décharge; **double key**, manipulateur de courant alternatif; **equalising** —, courant compensateur; **field** —, courant inducteur; **filament** —, courant de chauffage (T. S. F.); **high frequency** —, courant à haute fréquence; **idle** —, courant déwatté; **induced** —, courant induit; **inrush** —, appel de courant; **make and break** —, commutateur inverseur; **making contact** — or **extra** — **on making**, courant de fermeture; **no load** —, courant à vide; **periodic** —, courant périodique; **plate** —, courant de plaque; **primary** —, courant primaire; **reactive** —, courant réactif; **rectified** —, courant redressé; **return** —, courant de retour, **reverse** —, courant inverse; **rush of** —, accroissement subit de courant; **saturation** —, courant de saturation; **secondary** —, courant secondaire; **short circuit** —, courant de court-circuit; **starting** —, courant, intensité de démarrage; **thermoionic** —, courant thermoionique; **to cut in the** —, lancer le courant; **transient** —, courant transitoire; **wattless** —, courant déwatté; — **balance**, électrodynamomètre, balance; — **building up time**, temps d'établissement du courant; — **carrying capacity**, capacité de transport de courant; — **density**, densité de courant; — **loop**, ventre d'intensité; — **node**, nœud d'intensité; — **relay**, relais d'intensité; — **rectifier**, redresseur de courant —; **reverser**, commutateur inverseur; — **surges**, pointes de courant;

— **transformer**, transformateur d'intensité; — **wheel**, roue de rivière.

Currier, Corroyeur.

to **Curtail**, Retrancher, ôter, rogner.

Curvature, Courbure.

Curve, Courbe, virage; **Fletcher** —, courbe Fletcher (courbe de sensibilité de l'oreille); **flexible** —, règle flexible; **inflected** —, contre-courbe; **irregular** —s, pistolets, règle courbe; **probability** —, courbe de probabilités; **response** —, courbe de réponse; **single** — **gear**, denture à développante de cercle; **sinusoidal** —, sinusoïde; **wing** —, section, profil de l'aile; — **rail**, rail courbe; — **tracer**, curvigraphe.

to **Curve**, Cintrer, cambrer.

Curved, Cintré, courbé; — **frame**, châssis cintré.

Curves, Pistolet (dessin).

Curvimeter, Curvimètre.

Cushion, Matelas (de vapeur); compression de la vapeur dans un cylindre; coussin, coussinet; frottoir; faux-pilot; pieu; palier; **air** —, matelas d'air; **water** —, matelas d'eau; — **frame**, parclose; — **tyre**, bandage creux.

Cushioning, Compression élastique (cyl. à vap.); amortissement; effet de sol (aviat.).

Cusp, Point de rebroussement; — **station**, station de tête, à cul-de-sac (ch. de fer).

n **Cusped**, A n rebroussements.

Custom or **Customs**, Douane, droits de douane; — **clearance**, dédouanement; — **debenture**, certificat de droit au remboursement des droits de douane; — **declarations**, déclarations en douane; — **duties**, droits de douane; — **security**, caution en douane; — **tariffs**, tarifs douaniers; —**s union**, union douanière.

Customer, Abonné; client.

Customhouse, Douane (bâtim.).

Cut, Entaille; taille (de lime); gravure; coupe; passe d'outil; pièce, morceau; coupé, découpé (adj.); **depth of** —, profondeur de coupe; **double** —, taille croisée (lime); **finishing** —, passe de finissage; dernière passe (mach.-outil); **heavy** —, passe forte; **mitre** —, coupe d'onglet; **open** —, tranchée; **lower** —, première taille (lime); **roughing** —, passe de dégrossissage; **roughing out** —, première passe (mach.-outil); **smooth** —, taille-douce; **upper** —, seconde taille; — **away drawing**, dessin en coupe, coupe; perspective; — **of a file**, taille d'une lime; — **off**, détente (mach.); degré d'admission (mach. à vap.); — **off valve gear**, distribution à détente; — **out**, commutateur, interrupteur-disjoncteur; coupe-circuit; fusible; entaille; — **ring**, segment fendu;

to Cut, Tailler, trancher; gripper (mach.); tarauder; haver, exploiter (la houille); **to** — **across**, rejoindre la couche par une percée transversale; traverser un filon (min.); **to** — **again**, retailler une lime; **to** — **down**, abattre (arbres); **to** — **grooves**, mortaiser; rainer; faire des rainures; **to** — **grossly**, ébaucher; **to** — **in**, mettre en circuit; **to** — **off**, cisailler, couper, tronçonner; détendre (vapeur); **to** — **off the slags on the conduit pipe**, retrancher le nez de la tuyère; **to** — **screws (by hand, with a die)**, tarauder (à la volée, à la filière); **to** — **the engine**, couper le moteur; **to** — **out**, découper, débiter, dégauchir; **to** — **to fit well**, couper à la demande; **to** — **untrue**, brouter, dévier (mèche, foret); **to** — **up**, débiter (bois).

Cutch, Cachou.

Cutlery, Coutellerie.

Cutout, Coupe-circuit; **fuse** —, coupe-circuit à fusible.

Cutter, Lame, taillant, tranche, tranchant d'un outil; tranchet; fraise; machine à tronçonner; burin; coussinet de filetage; foret à centre; emportepièce; fenderie; machine à fendre le fer; haveur; angle; **abrasive** —, machine à tronçonner à la meule; **angle** —, fraise conique d'angle; **angular** —; fraise d'angle; **backed off** —, fraise à profil invariable; **boring** — **block**, porte-outil à forme d'alésoir; **grooving** — **block**, disque à enfourchements (machine à fraiser le bois); **boring** —, lame d'alésage — **carbide** —, fraise-carbure; **chain** —, chaîne dentée (mortaiseuse); **coal** —, haveuse; **convex**, **concave** —, fraise de forme convexe, concave; **cylindrical** —, fraise cylindrique; **dresser** —, molette à dresser; **drunken** —, porte-lames elliptique; **end** —, fraise en bout; **face and side** —, fraise à disque; fraise cylindrique; fraise à deux faces; **face milling** —, fraise plane, fraise de front; **facing** —, fraise de fraiseuse raboteuse; **fluting** — **for taps**, fraise à tailler les rainures, de tarauds; **fly** —, fraise à volant; **flying** —, porte-outil pivotant; **form** —, fraise de forme; **formed** —, fraise profilée; fraise de forme; **gear** —, fraise pour engrenages; **grooving** —, fraise à rainer; fraise à rainures; **grouped** —**s**, fraises combinées, train de fraises; **hole boring** —, fraise à aléser; **jointer** —, fraise pour faire les joints; **key way** —, outil à raboter les rainures; **milling** —, fraise; **milling** — **grinder**, machine à affûter les fraises; **backed off milling** —, fraise à dépouiller; fraise à profil constant; **cone milling** —, fraise conique; **conical side**

milling —, fraise angulaire; grooved milling —, fraise à denture cannelée; inserted teeth milling —, fraise à dents rapportées; internal milling —, fraise aléseuse; pipe —, coupe-tubes; appareil à tronçonner les tuyaux; profile —, fraise profilée; fraise de forme; fraise à profiler; rebating —, fraise à feuillures; rounding —, fraise pour barreaux; set of —s, jeu de fraises; side —, fraise à denture latérale, fraise de côté; side and face —, fraise de face à trois tailles; slot —, fraise pour rainures; fraise raineuse; spherical —, fraise sphérique; thread milling —, fraise à fileter; tonguing —, fraise à bouveter; wheel —, fraise pour engrenages; — arbor, mandrin porte-fraise, couteau générateur (mach.-outil); — bar, tige porte-foret; barre d'alésage; — blank, flan de fraise; — block or head, porte-outil à forme d'alésoir; manchon, porte-lame, tourteau (d'une machine à percer); — block with hook tool, porte-outil avec fer à tranchant courbé; — block with turned steel —s, porte-outil avec couteaux disques; — disc, disque à couteaux; — drill, lame; — for fluting twist drills, fraise à tailler les gorges des forets hélicoïdaux; — for fluting taps, fraise à tailler les alésoirs; — for gear wheels, fraise à tailler les engrenages; — grinding machine, machine à affûter les fraises; — head, porte-lame; tête de fraisage; plateau fraiseur; — hole, mortaise pour le passage d'une clavette; — of a centre-bit, cuiller d'une mèche; — of a planing machine, crochet, burin, outil d'une machine à raboter; — of cross galleries, boveteur (min.); — of the splitting mill, fendeur, cylindre fendeur; — slide, chariot à couteaux (raboteuse à bois); — spindle, barre d'alésage; arbre,

mandrin porte-fraise; — with inserted teeth, fraise à dents rapportées.

Cutting, Rayure, passe, coupe (mach.-outil); ébarbage (tôle, fonte); usinage, taillage (de limes); rhabillage de meules; fraisage; passe; coupe; tranchée; abattage (du bois); déblai; havage; coupage, découpage, décolletage; cross —, cisaillement transversal; flame —, oxycoupage; free —, décolletage; level —, tranchée de niveau; oxy —, oxy-coupage; powder —, découpage à la poudre; stack —, découpage en paquets; thread —, filetage; toothed —, mandrin; torch —, oxy-coupage; underwater —, découpage sous l'eau; width of —, largeur de la coupe; — across, percement souterrain; — action, cisaillement; — angle, angle de coupe, de taille, de taillant, de résistance; angle d'entaillage de la surface de coupe; — block, enclume à limes; — capacity, rendement du débitage; — depth, profondeur de la passe; — die, peigne de filière; — down, abatage (du bois); — edge, tranchant d'outil; fil; blunt — edge, tranchant émoussé; cross side — edge, taillant transversal, latéral; — engine, machine à tailler les roues d'engrenages; — fluid, fluide de coupe; — gauge, trusquin à lame; — hardness, trempe active, trempe d'outil coupant; — jet, jet de coupe; — lathe, tour à tronçonner; — machine, machine à tailler; fret — machine, scie à chantourner, à découper; gas — machine, machine d'oxycoupage; gear — machine, machine à fraiser, à tailler les engrenages; groove — machine, machine à canneler; key way — machine, machine à rainer; mitre — machine, appareil à couper en biais; plate — machine, cisaille à tôles; screw —

machine, machine à fileter les vis, à tarauder les écrous; **spiral gear — machine,** machine à tailler les engrenages hélicoïdaux; **spur gear — machine,** machine à tailler les engrenages droits; **thread — machine,** machine à fileter; taraudeuse; **worm — machine,** machine à tailler les vis sans fin; **worm wheel — machine,** machine à tailler les roues de vis sans fin; — **off machine,** machine à tronçonner; — **off tool,** outil à tronçonner, outil droit à saigner; — **oil,** huile de coupe (mach.-outil); — **point,** taillant de l'outil; pointe à tracer; — **power,** force de coupe; — **press,** machine à découper; découpoir; poinçonneuse, cisaille, machine à cisailler; — **resistance,** résistance à la coupe; —**s,** débris de fer, copeaux; — **speed,** vitesse de coupe; — **stress,** effort de coupe; — **thread on the lathe,** filetage sur le tour; — **tool,** outil tranchant; grain d'orge; burin; plane; **female — tool** or **outside screw — tool,** outil à fileter intérieurement; outil à tarauder; **male — tool** or **outside screw — tool,** outil à fileter extérieurement; — **torch,** chalumeau oxycoupeur;— **work,** travail d'usinage.

Cuttings, Débris de forage.

Cut up, Échancrure.

Cutwater, Bec d'une pile de pont.

C. W. (Continuous waves), Ondes entretenues.

Cwt, Abréviation pour centum weight : quintal, 50,802 kg.

Cyanide, Cyanure; **cuprous —,** cyanure cuivreux.

Cyaniding, Cyanuration.

Cyanines, Cyanines.

Cyanoacetic ester, Ester cyanoacétique.

Cyanoethylation, Cyanoéthylation.

Cyanogen, Cyanogène.

Cyanometric, Cyanométrique.

Cyanometry, Cyanometrie.

Cycle, Cycle, période (élec.); **closed —,** cycle fermé; **efficiency of —,** plein du diagramme (mach. à vapeur); **limit —,** cycle limite; **open —,** cycle ouvert; **processing —,** cycle d'opérations; **reversible —,** cycle réversible; **two — engine,** machine à deux temps; n — **motor,** moteur à n périodes (élec.); — **of action,** période de travail.

Cyclic, Cyclique, périodique; — **compounds,** composés cycliques; — **error,** erreur périodique; — **ketones,** cétones cycliques; — **loading,** charge cyclique; — **pitch,** pas cyclique; — **stresses,** efforts cycliques.

Cycling, Réinjection.

Cyclization, Cyclisation; **reductive —,** cyclisation réductive.

Cyclohexane, Cyclohexane.

Cyclograph, Curvigraphe.

Cycloid, Cycloïde.

Cyclone, Cyclone (séparateur à).

Cyclotron, Cyclotron.

Cyl, Abréviation pour **Cylinder.**

Cylinder, Cylindre; bouteille, barillet; éprouvette; **blowing —,** cylindre à air (d'une soufflante); **bridge foundation —s,** caissons de fondation pour ponts; **casing of the —,** enveloppe du cylindre; **draining the —,** purge du cylindre; **drying —,** tambour sécheur; **effective capacity of the —,** volume du cylindre moins les espaces neutres; **gas —,** bouteille à gaz; **high, low pressure —,** cylindre à haute, à basse pression; **indicator —,** cylindre porte-papier d'un indicateur; **lining of the —,** revêtement du cylindre; **main —,** cylindre moteur (moteur à gaz); **master —,** cylindre moteur; **multi — engine,** moteur à plusieurs cylindres; n — **engine,**

moteur à *n* cylindres; **oil** —, cylindre à huile; **one** —, monocylindre; **oscillating** —, cylindre oscillant; **out of round** —, cylindre ovalisé; **paired** —**s**, cylindres couplés; **piston valve** —, cylindre distributeur; **power** —, cylindre moteur; **printing** —, cylindre imprimeur; **rebored** —, cylindre réalésé; **ribbed** —, cylindres à ailettes; **roughing** —, cylindre ébaucheur; **single** —, monocylindrique; **single engine**, moteur monocyclique; **toothed** —, cylindre denté; **twin** —**s**, cylindres jumelés; **V type** —**s**, cylindres en V; **vertical** —, cylindre vertical; **W type** —**s**, cylindres en W; **working** —, cylindre de travail; **working surface of** —, portée du cylindre.

n Cylindered, A *n* cylindres.

Cynometer, Cynomètre.

Cynoscope, Cynoscope.

Cynurite, Cynurite.

Cystine, Cystine.

Cytoscope, Cytoscope.

D

D valve, Tiroir en D.

Dab, Pointeau, tracé.

Daily, journalier, par jour.

Dale, Dalot, dalle.

Dam, Disque, jetée, barrage, bâtardeau; serrement (mines); **arch** —, barrage voûte; **beam** —, palplanche de digue; **earthen** —, barrage en terre; **gravity** —, barrage poids; **impounding** —, barrage de retenue; **multiple arch** —, barrage à voûtes multiples; **rockfill** —, digue en enrochements; **run of river** —, barrage en rivière; **stone** —, trou de laitier, chio (h. f.).

to Dam, Barrer (une rivière...).

Damage, Avarie, dommage.

Damaged, Avarié, gâté.

Damages, Dommages et intérêts.

to Damascene or **damaskeen**, Damasquiner.

Damasked, Damassé.

Damasking, Damasquinage.

Damming up the air, Accumulation d'air.

Damming water, Éclusée.

Damp, Vapeur, exhalaison, air; **choke** —, gaz méphitique; mofettes; **fire** —, grisou; **fulminant** —, grisou.

to Damp, Amortir, modérer; décatir; bourrer un fourneau de mines; — **down**, couvrir les feux, mettre hors feu (un four); boucher (un haut fourneau).

Damped, Amorti, décati; — **down**, à feux étouffés (h. f.); — **impedance**, impédance infinie; — **oscillations**, oscillations amorties.

Damper, Porte, écran du cendrier (loc.); étouffoir; registre de la cheminée (chaud.); amortisseur (élec., etc.); clef; modérateur; **ash pit** —, clapet du cendrier; **control** —, amortisseur de commande; **copper** —, amortisseur en cuivre; **expansion** —, papillon de détente; **pulsation** —, amortisseur de pulsations; **revolving** —, papillon de tirage; **sliding** —, registre vertical; **swivel** — papillon de tirage; **vibration** —, amortisseur de vibrations; — **pit**, logement du registre; — **wing**, palette d'amortissement.

Damping, Amortissement, arrêt momentané; **copper** —, amortissement par cadre de cuivre; **magnetic** —, amortissement magnétique; **viscous** —, amortissement visqueux; — **by steam**, décatissage à la vapeur; — **down**, bouchage (de h. f.); extinction du coke; — **factor**, décrément, facteur d'amortissement; — **of oscillations**, amortissement des oscillations (élec.); — **spring**, ressort amortisseur.

Dampy, Méphitique.

Damsel, Saillie de meule.

Danaide, Roue hydraulique à poire.

Dancing, Affolement (d'un mécanisme); **governor** —, oscillations incessantes du régulateur.

Dandy, Brouette à deux roues pour le transport du minerai, du combustible; — **roll**, cylindre égoutteur; — **roller**, cylindre à filigraner.

Danforth's frame, Barre à tubes.

Danforth's oil, Produit de distillation du pétrole (composé en majeure partie d'heptane).

Danks, Schiste noir mélangé de fines de charbon.

Daraf, Unité d'élastance (inverse de la capitance

Darby, Aplanissoir à deux mains.

« **Daring** » **type Thornycroft boiler,** Chaudière aquatubulaire à tubes courbés avec guidage de la flamme par chicanes tubulaires.

Dark, Foncé; — **adaptation,** Adaptation à l'obscurité (aviat.).

to Dart, Piquer (aviat.).

Dash, Trait de plume, repère; choc; trait (alphabet Morse); — **board,** tablier; tableau de bord; **to draw** — **line,** faire du pointillé droit; — **pot,** amortisseur; retardateur; cylindre modérateur; frein dashpot; **air** — **pot,** amortisseur pneumatique.

Dashpot, Voir **Dash.**

Data, Données; références; ensemble des résultats; **statistical** —, données statistiques; **test** —, résultats d'essais.

Datum, Donnée, référence.

Datum line, Ligne de niveau; ligne de terre.

Daubing, Gobetage; hourdage d'enduit.

Davits, Bossoirs (N.); daviers.

Davyman, Lampiste (min.).

Day, Jour, journée; **lay** —**s,** jours de planche, surestaries; **weather** —**s,** jours ouvrables où le temps permet de travailler; **working** —**s,** jours ouvrables; — **coal,** charbon de la couche supérieure; — **light,** lumière du jour; — **shift,** équipe de jour; — **work,** travail à la journée.

Daze, Mica; pierre brillante.

Db, Abréviation pour Décibel.

D. C. (Direct current), Courant direct, courant continu.

d. c. c. (double coton covered), à double couche de coton.

Deacceleration, Accélération négative.

Debunching, Effet de charge d'espace tendant à annuler le « bunching ». (voir ce mot).

De-icer, Dégivreur.

Dead, Faux; imité; mat; fixe; calé (hélice); pourri (bois); stérile (min.); fil sans emploi, sans tension (élec.); — **airscrew,** hélice calée; — **beat,** apériodique; — **beat discharge,** décharge instantanée; — **burnt,** cuit à mort; — **centre,** point mort (mach.), pointe fixe; pointe de la poupée mobile d'un tour; — **center hand tool lathe,** tour d'horloger à pointes; — **corner,** angle mort de carneau; — **earth,** contact de terre parfait; — **end,** bout mort; — **ended wire,** fil télégraphique à bout perdu; — **engine,** moteur calé; — **eyes,** moques; — **fall,** plateforme à culbuter; — **grate area,** surface des pleins de la grille; surface inactive de la grille; — **ground,** terrain stérile, mort-terrain (min.), contact parfait avec le sol (élec.); — **head,** masselotte; jet (fond.); poupée fixe d'un tour; — **line,** ligne sans courant; — **load,** charge constante; charge statique; — **main,** canalisation sans courant; — **man's handle,** manette à dispositif de sûreté pour contrôleur de tramway électrique; — **oil,** huile **morte,** privée de son gaz; — **plate, sole** d'un fourneau, plaque de distillation (foyer); — **point, point** mort (mach.); — **rise,** angle de quille (avion et C. N.); — **roasted,** grillé à mort; cuit à fond; — **short circuit,** court-circuit franc; — **smooth cut,** taille superfine (lime); — **space,** espace nuisible; — **spindle of a lathe,** pointe fixe d'un tour; — **spot,** partie mate (métallographie); — **steam,** vapeur perdue, vapeur d'échappement; — **stroke,** course sans recul; — **stroke hammer,** marteau à amortisseur, marteau à ressort; — **weight,** poids mort, port en lourd, tonnage en lourd; — **weight valve**, soupape à charge directe; — **well**, puits perdu; — **wire**, partie morte des tours (bobinage des dynamos); — **work**, chantier ne produisant pas directement de minerai; travail inachevé; — **works**, œuvres mortes (N.); travaux préparatoires (min.).

to Dead melt, Fondre jusqu'à fusion tranquille.

to Deaden, Amortir.

Deadening, Mattage; amortissement du son.

Deading, Enveloppement calorifuge.

Deadrise, Angle de quille (avion et C. N.).

Deads, Perte au feu; gangue.

Deadweight, Port en lourd.

to De-aerate, Purger d'air, dégazer.

De-aerated, Purgé d'air, dégazé.

De-aerating ring, Anneau dégazeur.

Deaeration, Désaération, dégazage.

Deaerator, Désaérateur, dégazeur.

Deactived, Désactivé.

Deal, Planche de sapin; madrier pour plancher; — **boards**, planches en sapin; — **ends**, planches de moins de 1,80 m de longueur; — **five cut stuff**, planches de 12,7 mm d'épaisseur et moins; **slit** —**s**, planches de 1,6 cm d'épaisseur; **standard** —**s**, planches de 7,6 m à 22,8 cm d'épaisseur et 3,60 m de long; **whole** —**s**, planches de 3,1 cm d'épaisseur; — **wood**, bois de sapin.

Dealer, Négociant, commerçant; **wholesale** —, négociant en gros.

Deamination, Désamination.

Dean, Bout de galerie.

to Deaurate, Dorer.

Debenture, Obligation. Voir aussi **Customs**.

De-benzoling, Débenzolage.

Debit, Débit.

Deblooming, Blanchiment

Debris, Débris.

Debtor, Débiteur.

to De-burr, Ébarber.

De-burring, Ébarbage.

Decaborane, Décaborane.

to Decant, Décanter.

to Decarbonize an engine, Décrasser, décalaminer un moteur.

Decarboxylation, Décarboxylation.

Decarburation or **Decarburization**, Décarburation.

to Decarburize, Décarburer.

Decarburized, Décarburé, décémenté.

Decay, Délabrement, déclin; désintégration; affaiblissement; ruine, vétusté; **meson** —, désintégration du méson; **radioactive** —, désintégration radioactive; — **coefficient**, facteur d'amortissement; — **constants**, constantes de désintégration; — **process**, processus de désintégration.

to Decay, Corroder.

to Decelerate, Décélérer.

Deceleration, Accélération négative, décélération.

Decentered, Décentré.

Decentering, Décentrement.

Decibel, Décibel, unité d'intensité sonore (abr. : db).

Decimal, Décimal, décimale.

Decimeter, Décimètre; — **wave**, onde décimétrique.

Decimetric, Décimétrique; — **wave**, onde décimétrique.

Deck, Pont (N.); **between** —**s** entrepont; **double** — **construction**, construction en double pont; **flight** —, pont d'envol; **main** —, pont principal; —

beams, baux du pont (C. N.);
— landing, appontage (aviat.);
— plating, bordé de pont
(C. N.).

to Deck, Apponter (aviat.).

double Decked, A deux ponts,
à deux étages.

single Decked, A un pont, à un
étage.

Decking, Appontage; — brake,
frein d'appontage.

Declination, Déclinaison (aiguille
aimantée).

Declivity, Déclivité; longitudinal
—, pente.

to Declutch or De-clutch, Débrayer.

to Decohere, Décohérer (T. S. F.).

Decohering tap, Choc de décohésion.

Decompression, Décompression;
— chamber, chambre de décompression; — tap, robinet de
décompression.

Decoppering, Décuivrant.

Decortication, Décortiquage.

Decoupling, Découplage; — circuit, circuit de découplage; —
filter, filtre de découplage; —
network, réseau de découplage;
— résistance, résistance de
découplage.

Decrease, Abaissement, déperdition de courant.

Decrement, Décrément (T. S. F.).

Decremeter, Décrémètre.

Decuperated or Decoppered,
Décuivré.

Dedendum, Hauteur, longueur
du pied (engrenages); — circle,
cercle intérieur; — line, cercle
de pied.

to Dedust, Dépoussiérer.

Deduster, Dépoussiéreur.

Dedusting, Dépoussiérage.

Deed, Acte; private —, acte sous
seing privé.

De-enameling, Désémaillage.

to Deenergise or Deenergize,
Amortir, désélectriser, couper
le courant dans un circuit.

Deep, Partie inférieure de la
veine (charbonnage); — level,
galerie d'allongement; voie de
fond; — pit, bure.

to Deepen, Enlever (chaudronnerie); approfondir; creuser.

Deepfreezing, Traitement par le
froid (métall.).

Defect, Défaut; surface —, défaut
de surface; to make good —s,
réparer, corriger (mach.).

Defective, Affolé (aimant).

Deficiency area, Surface négative (diagramme).

Deficit, Déficit.

Definition, Définition (télévision);
high —, haute définition;
low —, basse définition.

to Deflagrate, Brûler avec
flamme.

Deflagration, Déflagration.

Deflagrator, Inflammateur.

to Deflate, Dégonfler.

to Deflect, Dévier; fléchir; faire
flèche; incurver, courber, plier;
cintrer.

Deflected, Dévié.

Deflecting cam, Came de déclenchement; deflecting cone, cone
déflecteur; deflecting plate, surface de choc (carneau).

Deflection, Écart, déviation;
flexion; tassement; fléchissement; déformation; courbage;
cintrage; pliage; flexion élastique; diffraction; angle of —,
angle d'écartement (régulateur
à boules); central —, flexion
médiane, flèche; jet —, déviation du jet, inversion de la
poussée (aviat.); magnetic —,
déviation magnétique; — pressure, pression de déviation (turbine).

Deflector, Chicane; déflecteur;
jet —, déviateur du jet, inverseur de la poussée; retractable

jet —, inverseur de poussée à grille rétractable; — cone, cône déflecteur.

Deflexion, Flux, courant; double —, à double courant.

to Deform, Déformer.

Deformation, Déformation; plastic —, déformation plastique; tensile —, déformation par traction.

Deformed, Déformé.

to Defrost, Dégivrer.

Defroster, Dégivreur.

Defrosting, Dégivrage.

to Defuel, Vidanger.

Defueling, Vidange.

to Defuse, Désamorcer.

Defused, Désamorcé.

Defusing, Désamorçage.

Degassed, Dégazé.

Degassing, Distillation sèche; dégagement des gaz, dégazage.

to Degauss, Démagnétiser.

Degaussing, Démagnétisation; — cable, câble démagnétisant; — circuit, circuit démagnétisant.

Degeneration, Réaction en sens inverse.

Degging machine, Machine à humidifier.

to Degrease, Dégraisser, décaper.

Degreasing, Dégraissage, décapage; — tank, cuve de dégraissage.

Degree, Degré.

Dehumidification or **Dehumidifying**, Déshumidification, séchage, déshydratation.

Dehumidificator, Déshumidificateur.

Dehumidifier, Séchoir.

to Dehumidify, Déshumidifier, sécher.

to Dehydrate, Déshydrater.

Dehydration, Déshydratation; — vats, cuves de déshydratation — vacuum —, déshydratation sous vide.

Dehydrator, Déshydrateur.

Dehydrohalogenation, Déshydrohalogénation.

De-icer, Dégivreur.

De-icing, Dégivrage; — fluid, liquide antigivre; — paste, pâte antigivre; — strip, boudin de dégivrage.

De-inking, Désencrage.

De-ionisation or **Deionization**, Dé-ionisation, désionisation; — potential, potentiel de désionisation.

to De-ionise, Déioniser.

De-ionising, Déionisant.

Delay, Retard, délai, temporisation; time —, retardement, temporisation; — action fuse, fusée à retard; — lines, lignes à retard.

Delayed, Temporisé, retardé; retardement; — opening, ouverture trop lente (déterminant le laminage de la vapeur).

to Delineate, Dessiner, tracer, esquisser.

to Deliquiate, Se liquéfier; tomber en déliquescence.

to Deliver, Offrir de la dépouille (fond.); débiter, refouler (pompe); livrer.

Delivering plate, Plaque de dégagement (banc de scie circulaire).

Delivery, Refoulement, sortie, décharge, hauteur de refoulement, débit, conduite; dépouille (fond.); cession de chaleur; rétrécissement d'un creuset; livraison; after —, après livraison; for —, à livrer; non —, manquant à la livraison (assurances); on —, à la livraison; — canal, conduit de décharge; — clack, clapet de refoulement; — end, extrémité de sortie; — flap, clapet de refoulement; — **free**, livré franc — **head**, hauteur de refoulement; — **hose**, tuyau de distribution, de remplissage; — **pipe**, conduite de refoulement, tuyau de décharge; — **rate analyser**, analyseur de débit; — **space**, conque, diffuseur de ventilateur centrifuge; — **trap**, tuyau d'émission; — **valve**, clapet de décharge; clapet, soupape de refoulement; — **van**, voiture de livraison.

Delta, Triangle (montage en); — **connection**, montage en triangle; — **metal**, métal Delta; — **rays**, rayons delta; — **wye**, triangle-étoile.

Demagnetisation or **Démagnetization**, Démagnétisation, désaimantation.

to Demagnetise, Démagnétiser.

Demagnetiser, Démagnétisant; dispositif de désaimantation.

Demand, Demande; **steam** —. demande, appel de vapeur; — **factor**, facteur de demande.

Demi-john, Dame-jeanne; tourie clissée.

to Demine, Déminer.

Demined, Déminé.

Demining, Deminage.

Demodulation, Démodulation.

Demolition, Démolition.

Demountable, Démontable.

Demulsibility, Démulsibilité; — **test**, essai de démulsibilité.

Demulsification, Démulsification.

Demulsifying, Démulsification.

Demurrage, Surestaries.

Demy, Coquille $(567 \times 438 \text{ mm})$.

to Denature, Dénaturer (alcool).

Denaturated, Dénaturé.

to Denaturise, voir **to Denature**.

Denitrification, Dénitrification.

Dendrite, Dendrite.

Dendritic, Dendritique.

Denomination, Unité de nombre, de poids, de monnaie; **valeur**; **small** —s, petites coupures.

Denominator, Dénominateur.

to Densify, Rendre dense.

Densimeter, Densimètre; **acid** —, pèse-acides.

Densitometer, Densitomètre.

Density, Densité, diminution **of** —, atténuation (b.asserie).

Densometer, Densimètre (fumées).

Dent, Dent, adent.

Denunciation, Dénonciation (d'un contrat).

Deoiler, Déshuileur.

to Deoxidate, Désoxyder, réduire.

to Deoxidize, Désoxyder.

Deoxidized, Désoxydé; **fully** — **steel**, acier calmé; **semi** — **steel**, acier demi-calmé.

Department, Service; centre; **account** —, service de la comptabilité; **despatch** —, service d'expédition; **engineering** —, service technique; **purchase** —, service des achats; **research** —, centre de recherches.

Dependability, Sécurité en service.

Dependable, De fonctionnement sûr.

to Deplet, Draîner; épuiser (un gisement).

Depleted, Epuisé (gisement).

Depolarization, Dépolarisation.

to Depolarize, Dépolariser.

Depolarizer, Dépolarisant.

Deposit, Dépôt, sédiment(chaud.), gîte, gisement; précipité; **carbonaceous** —, dépôt carboné; **centrifuged** —s, dépôts centrifugés; **dry** —, dépôt sec; **faulted** —, gîte disloqué; **inorganic** —, dépôt non organique; **organic** —, dépôt organique; **tin** —, gîte stannique; — **of scale**, entartrage.

to Deposit, Déposer, recharger.

Deposited, Rechargé; **electro** —, rechargé électrolytiquement.

Depositing, Rechargement.

Deposition, Dépôt; **ash** —, dépôt de cendres; — **deposition,** dépôt de carbone.

Depot, Magasin, entrepôt; gare des chemins de fer (Etats-Unis).

Depressed arch, Arc surbaissé.

Depressurized, Décomprimé.

Deproteinized, Déprotéinisé; — **rubber,** caoutchouc déprotéinisé.

Depth, Profondeur; jouée (archit.); creux d'une dent; profondeur d'une aile; **perpendicular** —, abattement; — **charge,** grenade, bombe sous-marine; — **gauge,** jauge de profondeur; — **of opening** jouée; — **of throat,** profondeur du col de cygne.

to Depurate, Épurer, purifier.

Deputy, Adjoint; surveillant d'aérage, de boisage (min.).

to Derail, Dérailler.

Derailing or **derailment,** Déraillage.

Derby, Aplanissoire manœuvré à deux mains.

Derivative, Dérivé; dérivée (math.); **first** —, dérivée première.

Derived, Dérivé (adj.); — **products,** produits dérivés; — **unit,** unité dérivée.

Deriving, Commande.

Derrick, Mineur; tour de sondage; bigue; chevalement de puits; mât de charge; — **crane,** grue de chevalement; **floating** —, ponton-grue; **hand** —, grue de chevalement à main.

Derusting, Dérouillage.

Desacetylation, Désacétylation.

to Descale, Décaper, décalaminer.

Descaling, Décapage, décalaminage.

Descent, Inclinaison; pente, larmier; entrée de mine; chute.

to Deseam, Décriquer.

Deseaming, Décriquage.

Design, Projet d'établissement; étude; plan; modèle, tracé; mode de construction; conception; système; type; vue; dessin; but; **fault in** —, défaut de construction.

to Design, Dessiner, projeter, concevoir.

Designer, Constructeur.

Designing, Tracé, projet, étude; **at** — **stage,** en cours d'étude.

to Desilverize, Désargenter.

to Desintegrate, Désintégrer.

Desintegrated, Désintégré.

Desintegration, Désintégration.

control Desk, Pupitre de commande.

to Desline, Laver (le charbon).

Deslining, Lavage (du charbon).

Desorption, Désorption.

Despatch, Contre-surestarie; expédition; — **department,** service d'expéditions; — **note,** bulletin d'expédition.

to Despumate, Écumer.

Dessicator, Dessiccateur.

Destroyer, Destroyer, contre-torpilleur (N.).

Destructive distillation, Distillation en vase clos.

Destructor, Incinérateur.

Desulfurisation, Desulphurization or **Desulphurizing,** Désulfuration.

to Desuperheat, Désurchauffer.

Desuperheated, Désurchauffé.

Desuperheater, Désurchauffeur.

Desuperheating, Désurchauffage, désurchauffe.

Detachable, Démontable; amovible; rapporté; — **float**, flotteur largable; — **rim**, jante amovible.

Detached escapement, Échappement libre (horlog.).

to **Detartarise**, Détartrer.

Detartarised, Détartré.

Detartariser, Détartreur(chaud.).

Detecting valve, Lampe détectrice (T. S. F.).

Detection, Détection; **sound** —, détection par le son; **submarine** —, détection sous-marine; — **device**, dispositif de détection.

Detectophone, Détectophone.

Detector, Détecteur, lampe détectrice (T. S. F.); avertisseur, signal d'alarme; cherche-fuites (gaz); galvanomètre portatif pour indiquer la direction d'un courant; **amplifying** —, détecteur amplificateur; **amplitude** —, détecteur d'amplitude; **crystal** —, détecteur à cristaux; **electrification** —, électroscope; **electrolytic** —, détecteur électrolytique; **fire** —, détecteur d'incendie; **flame** —, indicateur d'extinction; **ground** —, indicateur de pertes à la terre; **integrating** —, détecteur intégrant; **leak** —, détecteur de fuite; **leakage** —, cherche-pertes de courant; **magnetic** —, détecteur magnétique; **mine** —, détecteur de mines; **moisture** —, détecteur d'humidité; **neutron** —, détecteur de neutrons; **scintillation** —, détecteur à scintillations; **smoke** —, détecteur de fumée; **thermal** —, détecteur thermique; **thermionic** —, détecteur thermoionique; **vacuum tube** —, détecteur à tube à vide; **valve** —, détecteur à tube à vide; **wave** —, détecteur d'ondes.

Detector-oscillator, Lampe détectrice oscillatrice.

Detent, Détente, linguet; cliquet, déclic; organe d'arrêt ou de blocage; — **pin**, goupille d'arrêt; étoquiau, pivot d'arrêt.

Detergency, Détersion.

Detergent, Détersif, détergent; — **oil**, huile détergente; — **salt**, poudre pour le blanchiment; — **wax**, cire détersive.

to **Deteriorate**, Détériorer.

Deterioration, Détérioration.

Determinant, Déterminant; **modular** —, déterminant modulaire (math.).

Determination, Dosage; **iodometric** —, dosage iodométrique; **polarographic** —, dosage polarographique.

Determinator, Appareil de mesure, déterminateur.

Detonant, Détonant; **anti** —, antidétonant.

to **Detonate**, Faire détoner, détoner.

Detonating, Détonant; — **gas**, gaz tonant ; — **powder**, poudre fulminante; — **primer**, amorce; — **signal**, pétard pour chemin de fer; — **tube**, eudiomètre.

Detonator, Détonateur.

to **Detune**, Désaccorder (T. S. F.).

Detuned, Désaccordé.

Deuterated, Deutérié.

Deuteration, Deutération.

Deuterium, Deutérium, hydrogène lourd.

Deuteron, Deuton.

Devaporized, Déshydraté.

to **Develop**, Préparer l'exploitation; développer, mettre au point; — **the valve face**, dessiner la glace du tiroir en développement.

Developer, Révélateur.

Developing, Dégagement de gaz, développement (photo); **colour** —, développement chromogène.

Development, Développement (photo) ; perfectionnement, progrès, emploi; **dipping bath** —, développement en cuve verticale; — **bath**, révélateur.

Deviation, Déviation; **permissible** —, tolérance, marge.

Device, Devis; dispositif, moyen; appareil; **adjusting** —, dispositif de réglage; **building** —, devis de construction; **centring or centering** —, dispositif de centrage; **clamping** —, dispositif de serrage; **firing** —, dispositif d'allumage, appareil de mise à feu; **reversing** —, inverseur; **safety** —, appareil de protection; **truing** —, dispositif de profilage.

Devil, Loup; renard (scories de h. f.); filière à bois; brasero; déflocheur; béquille de voiture; diable; —'s **apple,** daturine; —'s **claw,** griffe, louve, renard; —'s **claw dogs,** tenaille à déclic.

Dew-point, Point de rosée.

to Dewater, Déshydrater.

Dewatered, Déshydraté.

Dewatering, Déshydratation; épuisement de l'eau; — **pipe,** tuyauterie d'exhaure; — **tank,** cuve de déshydratation.

Dextran, Dextranne.

Dezincification, Dézingage.

D. F., (Direction finding), Radiogoniométrie.

D. F. Station, Poste de radiogoniométrie.

Diacetate, Diacétate.

Diacrylate, Diacrylate.

Diadrom, Vibration complète.

Diagonal, Diagonale; — **stay,** entretoise diagonale.

Diagonally, Obliquement, en diagonale.

Diagram, Courbe, figure, épure ; graphique ; coupe ; courbe d'indicateur; chéma; diagramme; **circle or circular** —, diagramme circulaire;

closed stress —, polygone fermé; **complete** —, diagramme complet; **cylinder** —, diagramme des cylindrées; **entropy** —, diagramme entropique; **equilibrium** —, diagramme d'équilibre; **inlet** —, triangle d'entrée (turbine); **logarithmic** —, graphique logarithmique; **oval slide valve** —, ovale de tiroir; **piston (position time)** —, diagramme des cylindrées; **piston (pressure time)** —, diagramme des pressions sur le piston; **polar** —, diagramme polaire; **P. V.** —, diagramme des pressions et des volumes; **volume** —, diagramme des cylindrées; — **of stages,** plan des étages ou de l'étagement (turbine); — **of strains,** diagramme des forces.

Diagrammatic or Diagrammatical, Schématique.

Dial, Boussole de mineur, cadran, limbe; **luminous** —, cadran lumineux; **metering** —, cadran de mesures; **micrometer** —, cadran micrométrique; — **comparator,** comparateur à cadran; — **light,** lampe de cadran; — **lock,** serrure à secret; — **manometer,** manomètre à cadran; — **plate,** plaque de cadran; — **pointer,** aiguille du cadran.

to Dial, Lever un plan de mine.

toll Dialing, Automatique interurbain.

Dialkyl phosphite, phosphite dialcoylique.

Diallage rock, Euphotide.

to Dialyse, Dialyser.

Diam (Diameter) Diamètre.

Diamagnetic, Diamagnétique, de perméabilité magnétique inférieure à un.

Diamagnetism, Diamagnétisme.

Diamant mortar, Mortier d'Abiche.

Diameter, Diamètre; **apparent** —, diamètre apparent; **inside**

—, diamètre intérieur; outside
—, diamètre extérieur; overall
—, diamètre hors tout.

Diamond, Diamant; en losange;
— bort, égrisée; — carrier, appareil à diamanter; — crossing,
croisement oblique (ch. de fer);
— cutter, diamantaire; — drilling, forage au diamant; — file,
lime de cuivre dans laquelle a
été martelé du diamant; —
nail, clou à losange; — pass,
cannelure quadrangulaire (laminoir); — pavement, dallage
en échiquier; — point, pointe
de diamant; — tool, outil diamanté, outil diamant; — point
tool, grain d'orge; — wheel,
rouleau, meule diamantée.

Diaphragm, Diaphragme; vase
poreux; membrane (téléphone);
disque directeur (turbine); bellows —, soufflet (de régulateur
pour le gaz).

Diatomic, Diatomique; — molecule, molécule diatomique.

Diatomite, Terre d'infusoires, diatomite.

Diazocompounds, Composés diazoïques.

Diazonaphtol, Diazonaphtol.

Diazonium, Diazonium.

Diazophenol, Diazophénol.

Diazotisation, Diazotation.

Diazotised, Diazoté; — amines,
amines diazotées.

Dibenzyl, Dibenzyle; — ether,
éther dibenzylique.

Diborane, Diborane.

Dibromide, Dibromure; ethylene —, dibromure d'éthylène.

Dice coal, Charbon se brisant
facilement en petits cubes.

Dice scarf, écart double, écart
flamand.

Dicetones, Dicétones.

Dichroism, Dichroïsme.

Dichromate or **Dicromate,** Bichromate; potassium —, bichromate de potassium.

Dictating machine, Dictaphone.

Die, Dye (rare) (plur. **dies**),
Matrice, filière, étampe; coussinet de filière; frisoir; perçoir;
bouterolle; coin; piston plongeur; pilon de bocard; bloc
pour matrice; bed —, matrice,
perçoir; bottom —, étampe
inférieure; closed —, matrice
fermée ou à épaulement; cup
shaped —, bouterolle à œil;
female —, matrice à border;
forging —, matrice de forgeage;
forming —, matrice de forme;
hole in the —, calibre de
matrice; lower —, dessous d'é-
tampe (forge); movable —,
matrice éclipsable; plunger —,
poinçon emboutisseur; riveting
—, bouterolle; screw —s coussinets d'une filière; coins à vis;
self disengaging —, filière à
déclenchement automatique;
snap head —, bouterolle; stamping —s, matrices d'estampage; half stamping —, demi-matrice; stocks and —s, tourne
à gauche; trimming —, matrice
à façonner; wire drawing —s
filières d'étirage, presses de filage; wirestretching and drawing
—s, filières d'étirage et de tréfilage; to cut screws with a —,
fileter à la filière; top —, étampe
supérieure; — block, coulisseau, bloc pour matrice; pressure — cast, pièce moulée en
coquille sous pression; — cast
or casting, coulé en coquille,
moulage mécanique en coquille;
— casting machine, machine à
couler sous pression; — for
round head, bouterolle sphérique; — head, tête filière, tête
de pose; première tête (rivet);
filières; — holder, porte-matrices; porte-filière; tas, étampe;
— pad, éjecteur de la matrice;
— plate, filière simple; filière à
truelle; étampe, matrice à border ou à cuveler; —s, coussinets

de filière; — **sinker**, médailleur, graveur en creux; — **sinking machine**, machine à fraiser les matrices; — **stamp**, coin, poinçon; — **steel**, acier à matrices; — **stock**, filière à coussinets.

to Die or **die away**, S'amortir (oscillations).

Diedral, Dièdre.

Dieing press, Presse à matricer.

Dielectric, Diélectrique (élec.); — **absorption**, absorption diélectrique; — **constant** or — **coefficient**, constante diélectrique; — **current**, courant diélectrique; — **displacement**, déplacement diélectrique; — **guide**, guide d'ondes diélectriques; — **heating**, chauffage diélectrique; — **hysteresis**, hystérésis diélectrique; — **loss**, perte diélectrique; — **strength**, rigidité diélectrique; — **susceptibility**, susceptibilité diélectrique; — **tests**, essais diélectriques.

Dienes, Diènes; **conjugated** —, diènes conjugués.

Diesel or **Diesel oil engine**, Moteur Diesel; **marine** —, diesel marin; **stationary** —, diesel fixe.

Di-ester, Di-ester.

Diethylene peroxide, Péroxyde diéthylique.

D. F. (voir **Direction Finder**).

Differentiable, Dérivable.

Differential, Différentiel (adj.); différentiel (auto); **bevel** —, différentiel conique; **spur wheel** —, différentiel droit; — **braking**, freinage différentiel; — **calculus**, calcul différentiel; — **coefficient**, dérivée; — **gear box**, boîte de différentiel; — **housing**, carter de différentiel; — **microphone**, microphone différentiel; — **pinion**, pignon satellite; — **precipitation**, précipitation différentielle; — **relay**,

relais différentiel; — **thermometer**, thermomètre différentiel; — **winding**, enroulement différentiel.

Diffraction, Diffraction; **electron** —, diffraction électronique; — **camera**, chambre de diffraction; — **gratings**, réseaux de diffraction.

Diffused, Diffus; — **illumination**, éclairage diffus.

Diffuser, Diffuseur; **sub-sonic** —, diffuseur sous-sonique; **supersonic** —, diffuseur supersonique.

Diffusiometer, Diffusiomètre.

Diffusion, Diffusion; **gaseous** —, diffusion gazeuse; — **coefficient**, coefficient de diffusion; — **flames**, flammes de diffusion; — **pump**, pompe à diffusion; — **valve**, soupape de diffusion.

to Dig, Creuser, extraire; établir des fouilles; creuser les fondations; exploiter la tourbe; — **a shaft**, avaler un puits, une bure; — **up**, creuser, défoncer, découvrir (fond.); — **upwards**, abattre du minerai à la voûte.

to Digest, Faire digérer.

Digester, Digesteur; autoclave, digéreur; **sludge** —, digesteur de boues.

Digestion tank, Cuve de digestion.

Digestive salt, Chlorure de potassium.

Digger, Tige de commande des soupapes (moteur à combustion interne); terrassier, mineur; **back** —, pelle rétrocaveuse.

Digging, Fouille; galerie d'écoulement, tranchée, terrassement; placers; tourbage, mine; **bench** —, terrassement en gradins, par bancs; — **cable**, câble de cavage; — **drum**, tambour de cavage; — **face**, front d'abatage; **back** — **shovel**, pelle rétrocaveuse.

Dihedral, Dièdre.

Dihydric, Contenant deux groupes hydroxyles.

Dike, Digue, levée; endiguement; veine de substances pierreuses; **Pascal —,** digue Pascal; **— dam,** éperon.

Diketones, Dicétones.

Dilatancy, Dilatation.

Dilatation, Dilatation.

Dilatometer, Dilatomètre; **optical —,** dilatomètre optique.

Dilatometry, Dilatométrie.

Dilute, Dilué; **— sulfuric acid,** acide sulfurique dilué.

to Dilute, Diluer, laver le minerai au crible.

Diluting constituent, Principe diluant.

Dilution, Dilution; **oil —,** dilution de l'huile.

Dim, Terne (métaux, couleurs).

to Dim, Mettre au mat.

Dimension, Dimension, cote; **— drawing,** plan coté; **— figure,** cote; **— line,** ligne de cote.

to Dimension, Coter.

Dimensioned sketch, Croquis coté.

Dimensional, Dimensionnel; **n —,** à *n* dimensions; **one —,** unidimensionnel; **three —,** tridimensionnel; **two —,** bidimensionnel; **— analysis,** analyse dimensionnelle.

Dimensionality, Dimensionalité.

Dimensioning, Cotation.

Dimethylether, Ether diméthylique.

Dimetient, Diamétral.

to Diminish, Amincir, se perdre.

Diminution, Retrait d'un mur; fruit; recoupement; perte (métal); décri (monnaie).

Dimmer, Interrupteur à gradation de lumière; **— or dimming switch,** interrupteur à résistance réglable.

Dimming, Mise en veilleuse.

Dinas brick, Dinas; **Dinas clay,** terre de Dinas (grès désagrégé, très siliceux).

Dinge, Empreinte.

Dinghy or Dingy (pluriel : **Dinghies**), Canot, radeau; **inflatable or pneumatic —,** canot, radeau pneumatique.

Diode, Diode, lampe à deux électrodes; redresseuse.

Diophantine equation, Équation diophantienne (math.).

Diopter, Dioptre; viseur micrométrique.

Dioxane, Dioxanne.

Dioxide, Bioxyde; **carbon —,** bioxyde de carbone; acide carbonique; gaz carbonique; **solid carbon —,** neige carbonique; **chlorine —,** bioxyde de chlore; **sulphur —,** anhydride sulfureux; **titanium —,** rutile.

Dip, Plongée d'un four à réverbère; bain d'immersion; trempe; immersion (hélice, etc.); inclinaison (compas); pendage, plongement; inclinaison d'un filon; déclivité; abaissement (horizon); flèche, chute (de tension, etc.); **hot —,** trempe à chaud; **— head level,** galerie, principale; **— meter,** enregistreur de pente; **— pipe,** tuyau plongeur de barillet (gaz); siphon renversé (conduite d'eau); **— view,** projection horizontale; **—s,** liqueurs corrosives.

to Dip, Tremper, plonger, décaper, nettoyer; incliner (magn.); affleurer, dérocher, tremper (allumettes).

Diphase, Biphasé, diphasé.

Diphaser, Alternateur diphasé.

Diplex reception, Réception de deux signaux indépendants sur la même ligne ou en T. S. F. sur la même antenne; **diplex transmission,** transmission de deux signaux indépendants sur la même ligne, ou en T. S. F. sur la même antenne.

Dipole, Paire de sphères égales formant un oscillateur de Hertz; dipôle; **bent** —, dipôle replié; **crossed** —**s**, dipôles croisés; — **moment**, moment dipolaire.

Dipper, Puisoir, godet de pelle mécanique; pelle d'excavateur; décapeur; pince pour prendre les plaques photographiques dans les bains; — **interrupter**, interrupteur à mercure.

Dipping, Action de tremper dans un liquide; décapage; dérochage; inclinaison; plongée (mach.-outil); trempe (teinture); **table** — **adjustment**, réglage de l'inclinaison de la table (mach.-outil); — **circle**, boussole d'inclinaison; — **compass**, boussole d'inclinaison; — **needle**, aiguille d'inclinaison; — **plate**, plaque d'immersion (régulateur électrique); — **tube**, tube plongeur.

Direct, Direct; substantif (colorant); —**acting**, à effet direct; à action directe, à commande directe; — **center**, centre de similitude; — **connecting**, à attelage direct; — **drive**, prise directe (auto); — **process** (voir Process); — **reading**, à lecture directe; — **scanning**, balayage direct.

Directed Dirigé; — **wireless telegraphy**, radiotélégraphie dirigée.

Directing, Directeur;—**force**, force déviatrice, force directrice; — **magnet**, aimant correcteur; — **wheel**, roue d'orientation (moulin à vent) .

Direction, sens, direction, sens (d'aimantation); — **finder**, radiocompas; — **finding unit**, radiogoniomètre.

Directional, Directionnel; — **antenna**, antenne directionnelle; — **gyro**, compas gyroscopique; — **relay**, relais directionnel.

Directionality, Anisotropie.

Directions, Mode d'emploi.

Directive aerial, Antenne directive.

Directly heated cathode, Cathode à chauffage direct.

Director, Administrateur (d'une société); **governing** —, gérant de société; **board of** —**s**, conseil d'administration; — **system**, télépointage.

Directory, Annuaire, bottin.

Dirigible, Dirigeable; **non rigid** —, dirigeable souple.

Dirt, Boue, dépôt vaseux (chaud.), terre d'alluvion, gravier; air inflammable; curures, crasse; boue de polissage; — **lighter**, marie-salope.

Dirty, Encrassé.

Dirtying, Encrassement.

Disabled, Endommagé, avarié.

Disassembly, Démontage.

to Disbark, Décortiquer.

Disbarking, Décortiquage; — **machine**, machine à décortiquer.

Disc (voir **Disk**), Disque, plateau; **atomizing** —, plaque de pulvérisation; **cam** —, came; **friction** —, disque de friction; **full** —, disque plein; **high pressure** —, roue à haute pression (turbine); **lateral cut** —, disque à gravure latérale; **polishing** —, disque polisseur; **sander** —, disque de ponçage; **shaft** —, bride d'arbre; **solid** —, plateau plein; — **crank**, plateau manivelle; — **friction wheels**, transmission par plateaux à friction; — **mill**, laminoir à roues; — **piston**, piston plat; — **recording**, enregistrement sur disque; — **turbine**, turbine à disque ou à plateau.

to Discard, Rebuter.

Discard head, Jet; masselotte.

Discharge, Quittance, écoulement; décharge (élec.), évacuation; chute, débit; refoulement; renvoi (d'un ouvrier); enlevage sur mordant (teinture); **alternating or oscillating or oscillatory** —, décharge oscillante (élec.); **back** —, décharge en retour; **barometric — pipe**, tuyau de chute barométrique; **brush —**, décharge en brosse; **brush and spray —**, décharge rayonnante; **coefficient of —**, coefficient de débit; **dead beat —**, décharge apériodique (élec.); **disruptive —**, décharge disruptive; **glow —**, décharge lumineuse; **overboard —**, évacuation à l'extérieur; **point —**, décharge par les pointes; **rate of —**, débit; **self—**, décharge spontanée; **steam —**, écoulement de la vapeur; **strain of —**, régime de décharge; **— accelerator**, renforceur de débit; **— aperture**, chio d'un four à réverbère; **— capacity**, capacité de décharge; **— chute**, couloir d'éjection; **— cone**, tuyère de refoulement; **— current**, courant de décharge; **— diameter**, diamètre de sortie; **— flange**, bride côté évacuation; **— head**, hauteur de refoulement, charge à la sortie; tête d'une pompe de forage; **— nozzle**, tuyère d'éjection, orifice de décharge; **— pipe**, tuyau de décharge.

to Discharge, Décharger, débarquer; verser, déverser (liquide); s'écouler, s'échapper; débiter; renvoyer (un ouvrier).

Discharger, Sommier; excitateur (élec.); défourneuse; déchargeur.

Discharging, Décharge, défournement; **— acids**, acides d'enlevage; **— current**, courant de décharge; **— hole**, ouverture de défournement; **— trough**, fond de puits.

Disconnect, Coupe-circuit, sectionneur.

to Disconnect, Débrayer; interrompre la communication; déconnecter; sectionner.

Disconnected, Sectionné, déconnecté.

Disconnecting, Désembrayage; **— gear**, mécanisme de désembrayage; déclenche; **— switch**, sectionneur; disjoncteur.

Disconnector, Disjoncteur.

Disconnexion, Coupure (d'un circuit).

Discontinuity (of a curve), Inflexion d'une courbe.

Discount, Escompte.

Discriminator, Discriminateur; **control —**, discriminateur de contrôle; étage de conversion en basse fréquence.

Discus, Disque.

Disedged, Émoussé, obtus.

Disencumbered, Sans charge.

to Disengage, Désembrayer, débrayer; défaire; désassembler, dégager.

Disengaging, Désembrayage, déclenchement; **— clutch**, manchon mobile (d'appareil de débrayage); **— coupling**, accouplement amovible; accouplement à débrayage; **— fork**, fourche de débrayage; **— gear**, appareil de déclenchement, de débrayage; **— lever**, levier de déclenchement; **— rod**, poussoir de décollage; **— shaft**, arbre de débrayage.

to Disgorge, Décharger, dégager.

Dish, Auge de 71 cm de long, de 10 cm de profondeur et 15 cm de large servant à mesurer le minerai; battée; redevance minière due au propriétaire du terrain : 3,7 l de minerai d'étain bon pour la fonte; capsule (chim.); **ash —**, cendrier de lampe à arc.

Dished, Bombé, en forme de calice; embouti; **— bottom**, fond embouti; **— electrode**, électrode à capsule; **— end**, fond bombé; **convex — end**, fond convexe (chaud.); **— plate**, tôle ondulée.

Disincrustant, Désincrustant.

Disinfecting apparatus, Appareil de désinfection.

Disinfection, Désinfection.

Disintegration, Désintégration; **nuclear —,** désintégration nucléaire.

Disintegrator, Broyeur, bocard, désagrégateur; pulvérisateur; désintégrateur.

to Disjoin, Détacher, désunir.

Disjunctor, Disjoncteur (élec.).

Disk, voir **Disc,** Disque; tambour de colonne; **crank —,** plateau manivelle; **eccentric —,** plateau d'excentrique; **microgroove —,** disque microsillon; **phonograph —,** disque de phonographe; **— clutch,** embrayage à disques; **— crank,** manivelle à disque, manivelle à tourteau; **— file,** lime tournante; **pile —,** pieu à disque; **— piston,** piston plein; **— saw,** scie circulaire; **— valve,** soupape à clapet; soupape de Cornouailles, à siège plan, à plateau.

to Dismantle, Démonter, démanteler.

Dismantled, Démonté, démantelé.

Dismantling, Démantèlement, démontage.

to Dismount, Démonter.

Dispatcher, Répartiteur; **load —,** poste central répartiteur (élec.).

Dispatching, Service de répartition (élec.).

Dispersion, Dispersion; **rotational —,** dispersion rotationnelle.

Displacement, Déplacement (N.) (chim.); décalage, translation, glissement; **angular —,** déplacement angulaire; **crank —,** calage des manivelles; **light —,** déplacement lège (N.); **load —,** déplacement en charge; **phase —,** décalage de phase (élec.); **piston —,** cylindrée; **— current,** courant de déplacement.

Displacer, Piston auxiliaire utilisé dans quelques moteurs à gaz pour comprimer le mélange explosif avant son entrée dans le cylindre moteur.

electric Display apparatus, Appareil de publicité lumineuse.

Disposable load, Charge utile (aviat.).

Disposition, Arrangement en grandes masses (min.); mise (mét.).

Disruptive, Disruptif; **— discharge,** décharge disruptive; **— strength,** rigidité diélectrique (élec.); **— voltage,** tension disruptive.

Dissipation, Dissipation (élec.), effluves; **— factor,** facteur de dissipation.

Dissociation, Dissociation; **catalytic —,** dissociation catalytique.

Dissolution, Dissolution; **anodic —,** dissolution anodique.

to Dissolve, Dissoudre.

Dissolved, Dissous; **— oxygen,** oxygène dissous.

Distance, Distance, écartement; **angular —,** distance angulaire; **sparking —,** distance explosive des étincelles; **— between centers,** distances entre pointes (mach.-outil); **— bolt,** boulon d'écartement; **— piece,** cloison de séparation; lanterne d'entretoisement (mach. à vap.); **— sink bolt,** boulon d'entretoisement; **— terminal,** borne d'écartement (élec.).

Distemper painting, Peinture à la détrempe.

to Distill, Distiller.

Distillate, Distillat; **aromatic —,** distillat aromatique; **— well,** puits de distillat.

Distillation, Distillation; **— head,** ajoute pour appareil de distillation; **azeotropic —,** distillation azéotropique; **fractional —,** distillation fractionnée; **isothermal —,** distillation isotherme; **molecular —,** distillation moléculaire; **reflux — apparatus**, appareil à distiller à reflux; **steam —**, distillation à la vapeur d'eau; **straight run —**, distillation directe; **vacuum —**, distillation sous vide.

Distilled or **Distillated**, Distillé; **— water**, eau distillée.

Distillery, Distillerie.

Distilling plant, Bouilleur; **distilling water apparatus**, bouilleur.

Distillor, Appareil à distiller.

to Distort, Se voiler; se déjeter; travailler (bois); se gauchir, se déformer.

non Distorting, Indéformable.

Distortion, Distorsion, gauchissement; **amplitude —**, distorsion d'amplitude; **image —** distorsion d'image; **non —**, indéformable; **phase —**, distorsion de phase.

Distress, Déformation (métal.).

to Distribute, Répartir.

Distributed, Réparti; **— inductance**, inductance répartie.

Distribute, voir **Distributor**, Distributeur (auto).

Distributing, De branchement; **— board**, tableau de branchement; **— box**, boîte à vapeur; boîte de distribution (élec.) ou de branchement; **— fuse**, coupe-circuit de distribution (élec.); **— lever**, levier de mise en marche; **— network**, réseau de distribution; **— track**, voie de triage.

Distribution, Répartition, distribution (vapeur, etc.); **charge —**, répartition de charges; **field —**, répartition du champ (élec.); **— board**, tableau de distribution; **— box**, coffret de répartition, boîte de dispersion ou de départ (élec.); **— gear**, mécanisme de distribution; **— line**, ligne de distribution; **— network**, réseau de distribution; **— of load**, répartition de la charge; **— of the flux**, répartition du flux; **—**

substation, sous-station de distribution; **— transformer**, transformateur de distribution.

Distributor, Distributeur (auto, etc.); **— disc**, plaque de distributeur; **— head**, tête d'allumeur; **— plate**, voir **Plate**.

Disturbance, Perturbation.

Disubstituted, Disubstitué.

Disulfide, Disulfure; **alkyl —**, disulfure d'alcoyle.

Ditch, Perré, fossé.

Ditcher, Excavateur, excavatrice pour fossés.

Ditching, Amerrissage forcé, percutage au sol (avion); **— drill**, exercice de percutage au sol.

Diterpenes, Diterpènes.

Ditertiary, Bitertiaire.

Diurnal, Diurne; **— motion**, mouvement diurne (astr.).

Dive, Plongée, descente; **spinning —**, descente en spirale; **spiral —**, piqué en spirale; **throttled —**, piqué moteurs réduits; **— angle**, angle de piqué; **— bomber**, bombardier en piqué; **— brake**, frein de piqué; **— flaps**, volets de piqué; **— turn**, virage en piqué.

to Dive, Plonger, piquer, descendre à la verticale.

Diver, Plongeur, scaphandrier; **— bib**, bavette de scaphandrier; **— breast plate**, plaque de poitrine; **— collar**, collier; **— cuffs**, manchettes; **— dress**, habit; **— helmet**, casque; **— leaden shoes**, bottes plombées; **— shoulder plate**, plaque d'épaule.

Divergent or **Diverging**, Divergent; **— beam**, faisceau divergent; **— lens**, lentille divergente.

Diversion, Détournement du trafic téléphonique; dérivation; déroutement (avion); **— cut**, saignée, rigole.

Diversity curve, Courbe de diversité.

Diversity factor, Facteur de diversité.

to Divert, Détourner.

Diverter, Dériveur.

to Divide, Rader (du marbre); piéter, trancher le (verre); graduer.

Divided, Gradué; en plusieurs pièces; cloisonné; — **blast,** échappement cloisonné.

Dividend, Dividende; coupon; ristourne.

Divider, Diviseur.

Dividers, Compas à pointe sèche; compas à diviser; compas de mesure.

Dividing head, Diviseur.

Dividing machine, Machine à diviser; **circular** —, machine à diviser circulaire; **linear** —, machine à diviser linéaire.

Diving, De plongée; — **apparatus,** scaphandre; — **bell,** cloche à plongeur; — **flight,** vol piqué; — **gear,** régulateur d'immersion (torpilles); — **plane,** barre de plongée (s. m.); — **speed,** vitesse de piqué; — **stone,** espèce de jaspe.

Divisor, Diviseur (arith.).

Dobby, Machine à brillantés.

Dobereiner's alloy, Alliage (Bi, 46,6 pour 100; Sn, 19,4 pour 100; Pb, 34 pour 100) fondant à 99° C.

Dock, Dock, bassin (port), échafaudage; **dry** —, cale sèche; **fitting out** —, bassin d'armement; **graving** —, forme de radoub; **floating** —, dock flottant; **portable** —, échafaudage mobile; **tidal** —, bassin de marée.

to Dock, Faire entrer au bassin.

Docker, Débardeur; couteau à couper la pâte.

Dockgate, Caisson.

Docking, Passage au bassin.

Dockyard, Arsenal maritime.

Doctor, Tout appareil pour remédier à une difficulté; par exemple racloir pour enlever l'excès de couleur des rouleaux d'impression; petit cheval auxiliaire (mach. à vap.); balai (à électrode pour la galvanoplastie de pièces ne pouvant être placées dans le bassin de galvano); outil à souder; appareil pour roder un palier; — **test,** essai au plombite; — **treating,** traitement au plombite.

to Doctor, Falsifier.

Dod, Matrice pour poterie; presse à drains.

Dodge, Tour de main; — **chain,** chaîne dont les parties des maillons en contact sont séparées par une pièce amovible.

Dodecane, Dodécane.

Doeglic, Doeglique; — **acid** ou — **oil,** acide doeglique (obtenu par saponification de l'huile de baleine).

Doffer, Déchargeur; peigneur.

Doffing, Levée; — **cylinder,** déchargeur.

Dog, Valet (d'établi); renard (crochet à bois); triangle; toc (tour); cavalier (chaud.); tréteau; sergent; crochet; griffe; tampon; étrier; taquet; butée; coussinet de serrage; pompe de serrage (pour plateau de machine-outil); **clamping** —, mors; **safety** —, butée de sûreté; — **and chain,** système de traînage à main d'homme (min.); — **bolt,** clameau; — **chuck,** plateau à griffes (tour); — **clutch,** accouplement à griffes; embrayage à dents; — **clutch sleeve,** manchon d'accouplement; — **head,** mordache; — **head hammer,** marteau pour faire les scies; — **hook,** étau, crampon, griffe de serrage; — **house,** logement du système d'accord d'antenne; — **iron,**

renard pour haler le bois; crampon; — **lead**, guide; — **nail**, clou à large tête; clou à crochet; caboche; crampon de rail; — **nose handvice**, tenaille à vis à ouverture étroite; — **plate**, plateau porte-mandrin; — **spike**, crampon de rail; —**'s tooth**, dent de scie; poinçon d'acier; —**'s tooth spar**, variété de calcite; — **tail** (voir Tail); — **vane**, pennon.

Doggy, Surveillant (min.).

Dogs, Tenailles, pinces.

Dole, Lot de minerai.

Dollar, Dollar (monnaie américaine) (voir Tableaux).

Dolly, Mandrin d'abatage, tas, étampe de forgeron, tasseau à river; contre-rivoir; contre-bouterolle; allonge (battage de pilotis); chariot à roues; plate-forme pour le transport d'objets lourds et longs; brosse de brunissage; patouillet; cuve à rincer (l'or); mortier (pour le broyage du minerai); instrument de bois pour battre les toiles (préparation mécanique des minerais); **lever** —, levier à bouterole; **nosewheel** —, chariot de la roue avant (aviat.); **propeller** —, chariot porte-hélices; **screw** —, turc ou turk; vérin de rivetage; — **bar**, griffe; brimbale de contre-bouterolle; levier porte-tas; — **device**, tas; — **tub**, voir **Tub**.

to Dolly, Cingler, étirer le lopin de fer au marteau; laver les minerais sur tables à toiles; rendre (préparation mécanique des minerais).

Dolomite, Dolomie.

Dolphin, Patte d'oie.

Dome, Chambre de vapeur; dôme; coupole; calotte de timbre; — **nozzle on** —, tubulure du dôme; **stand pipe on** —, tubulure du dôme; **truncated** —, voûte en bonnet de prêtre; —

crown, coupole de dôme; — **shell**, corps de dôme.

work Done, Travail fourni; travail engendré.

Donkey, Petit cheval (mach. auxiliaire pour l'alimentation), abréviation pour Donkey engine, Donkey pump, etc.; **bilge** —, petit cheval, pompe d'assèchement de la cale; — **boiler**, chaudière auxiliaire; — **crosshead**, crosse de pompe à action directe; — **engine**, petit moteur auxiliaire; — **pump**, pompe à action directe; petit cheval alimentaire.

Dook, Blochet de bois enfoncé dans un mur.

Door, Porte; bouche de foyer; **bomb** —, trappe des bombes; **charging** —, clapet de remplissage; **clam shell** —, porte à deux battants, en coquille; **clamped** —, porte assemblée à rainures et languettes emboîtées; **cleaning** —, porte de vidange; **fire** —, porte de foyer; **hand hole** —, fermeture de collecteur (chaud.); **pit** —, porte de cendrier; **single (swing)** —, porte à un battant; **sliding** —, porte glissante; **sludge** —**s**, portes autoclaves; **trap** —, porte d'aérage; **watertight** —, porte étanche; — **case**, châssis de porte; — **contact switch**, interrupteur de porte; — **head**, linteau de porte; — **hinge**, fiche de porte; — **latch**, fermeture de porte; — **post**, jambe de porte; — **push**, contact de porte; — **to shaft**, entrée de la cage, ou du puits.

Dop, Serre-diamants, cupule de sertissage.

Dope, Enduit pour voilure, émaillite; **active** —, base active; **flame resistant** —, enduit incombustible.

to Dope, Enduire (les ailes d'un avion), laquer (auto); — **the engine**, introduire de l'essence dans les cylindres.

Doping, Action d'assurer la tension d'une aile, d'un câble, etc., enduisage (des ailes).

Dormant tree, Sommier.

Dorsal fin, Dérive (aviat.).

Dorsel, Panier à porter sur l'épaule.

Dosage, Dosage; — **meter**, dosimètre.

Dosimeter, Dosimètre.

Dot and dash line, Trait mixte (dessin); **dots and dashes**, points et traits de l'alphabet Morse.

Dotted, Ponctué, pointillé.

Dotting needle, Aiguille à pointer; **dotting pen**, tire-ligne à pointillé; **dotting wheel**, roue à pointillé.

Double acting, A double effet; **double anode valve**, lampe à trois électrodes (T. S. F.); **double casing**, double paroi, double fond; **double cone clutch**, embrayage conique double; **double column**, à double montant (mach.-outil); **double edged**, à double biseau; **double entry**, partie double; **double gear**, voir **Gear**; **double line**, voie double; **double loop**, en boucles doubles; **double plated**, à double bordé (N.); **double reduction gear**, engrenage à double réduction; **double track**, voie double; **double way**, voie double; **double throw crank**, vilebrequin.

Doubler, Duplicateur (électrique).

Doublet, Système de deux particules chargées de quantités égales d'électricité mais de charges contraires; doublet; lentille double; **close** —, doublet serré.

Doubling, Doublage, renfort; extraction de l'antimoine par fusion avec du fer; renforcement; seconde distillation; — **machine**, retordoir.

Dove colour, Couleur gorge de pigeon.

Dovetail, Queue d'aronde, queue d'hironde; tenon à queue; — **hole**, entaille d'aronde; — **plane**, rabot, bouvet à queue d'aronde; — **saw**, scie pour couper les queues d'aronde.

to Dovetail, Assembler à queue d'aronde.

Dovetailed, Assemblé en crémaillère, à queue d'aronde.

Dovetailing, Assemblage à queue d'aronde; queue d'aronde; — **machine**, machine à faire les tenons; **concealed** —, assemblage à recouvrement; **ordinary** —, queues d'aronde traversantes; **secret** —, queues d'aronde à mi-bois; **spindle moulder for** —, machine à fraiser les tenons.

Dowel, Dé (d'assemblage); goujon; cale en bois; tampon, cheville, languette d'union de deux pièces; **knob** —, goujon; tampon à bouton; **shrunk** —, agrafe posée à chaud; **spiral** —, goujon hélicoïdal; **wall** —, goujon mural; — **axe**, doloire (charp.); — **bit**, mèche, cuiller à pointe; — **pin**, goujon.

to Dowel, Assembler au moyen de goujons.

Dowelling, Assemblage par clavettes; **flywheel** —, agrafage de volant.

Down cast, Renforcement d'une couche; puits d'aérage; courant d'air entrant dans la mine; **down comer**, tube de descente (chaud. tubulaire); tuyau vertical; tuyau de descente, d'évacuation; **down go board**, puits d'aérage descendant; **downlead**, descente (d'antenne); **down pipe**, tuyau de décharge; **down stream**, aval; **down stream gate**, porte aval; **down stroke**, descente; mouvement descendant; **down take**, tuyau de descente, d'évacuation, prise de gaz; **up and down movement**, mouvement de montée et de descente.

Downing lever, Crosse.

D. p. (Difference of potential), Différence de potentiel.

D. p. d. t., Double pole double throw.

Dredge ore (voir **Dredge**).

Draff, Lie, sédiment, dépôt (chaud.).

Draft or Draught, Tirage (cheminée); dessin, plan, projet; traite; tirant d'eau (N.); débit, écoulement; angle; conicité; fruit; évasement; dépouille d'un modèle; pourcentage de réduction de section (laminoir); réduction (fond.); pour certains mots, voir : **Draught**; — **engine,** pompe; — **indicator,** indicateur de tirage; — **scheme** avantprojet; — **tube,** tube d'aspiration.

Drafting, Étirage; dessin; — **mechanical** —, dessin industriel; — **cloth,** toile à dessin; — **paper,** papier à dessin; — **room,** sable de dessin.

Draftman or Draughtman, Dessinateur; **topographic** —, dessinateur topographe.

Drag, Drague; chariot d'une scierie; croc; harpon; dessous de châssis (chaud.); châssis inférieur de moulage; frein à sabot; traînage (d'un moteur accouplé à un autre); traînée (aviation); **profile** —, résistance de profil; **induced** —, traînée induite; — **anchor,** ancre de dérive; — **bar,** barre d'attelage; — **bench,** barre à tréfiler; — **bolt,** boulon, soie d'accouplement; — **cable,** câble de traînée; — **chain,** chaîne d'attelage; chaîne traînante; — **crank,** double manivelle dont un maneton a un certain jeu latéral; — **link,** voir **Link**; — **load,** effort résistant ; — **parachute,** parachute de freinage; — **per unit of area,** traînance; — **reducing device,** dispositif de réduction de la traînée; — **saw,** scie de long;

— **spring,** ressort de traction; — **stone mill,** broyeur composé d'une pierre traînée sur un lit de pierres; — **strut,** mât de traînée (aviat.); — **twist,** curette de sondage; — **valve gear,** distribution par entraînement; — **washer,** rondelle à crochet; — **wheel,** frein; — **wire,** câble de traînée.

Dragline, Téléphérique à câbles mous, drague à câble, benne dragueuse.

Dragon beam, Arc-boutant; contrefiche.

Drain, Collecteur; drain; fossé, canal, rigole d'écoulement; tranchée, canal de fuite, de décharge; exhaure; consommation (essence...), purge, canal de coulage (fond.); **air** —, purge d'air; **atmospheric** —, mise à l'air; **cylinder** —, purge du cylindre; **heater** —, purge du réchauffeur; **low** —, faible consommation (d'essence...); **metal** —, chenal de coulée; **oil** —, orifice, tuyau de vidange; — **box,** bâche; — **cock,** robinet de purge, robinet de vidange; — **cooler,** réfrigérant des purges; — **gallery,** galerie d'épuisement (mines); — **hole,** trou de vidange; — **metal,** écheneaux; résidus de métal; — **oil,** huile de vidange; — **pipe,** tuyau d'échappement, tuyau de purge; — **plug,** bouchon de vidange; — **tile,** tuile à drainer, tuyau de drainage; — **trap,** soupape à égouts; — **valve,** soupape de purge.

to Drain, Purger; assécher; exhaurer (une mine); égoutter le cuir; — **off,** vider; — **up,** assécher.

Drainage, Épuisement, asséchement, drainage; **surface** —, drainage en surface; — **basin,** bassin d'alimentation; — **gallery,** galerie d'exhaure; — **pump,** pompe d'épuisement.

Drained, Vidangé, purgé, asséché.

Drainer, Purgeur.

Draining, Desséchement, écoulement, vidange, purge (d'air...); **quick** —, vidange rapide; — **bac**, cristallisoir; — **cock**, robinet-vidange; — **device**, purgeur; — **dish**, passoire, égouttoir; — **engine**, machine d'épuisement; — **the cylinder**, purge du cylindre; — **well**, puisard.

Draught or **Draft**, Dessin, projet; traite (commerce); tirage de cheminée; tirant d'eau (N.); appel; bon poids; voir aussi **Draft**; **air** —, courant d'air; **airscrew** —, vent de l'hélice; **artificial** —, tirage forcé; **forced** —, tirage forcé; **induced** —, tirage induit par aspiration; **induced** — **fan**, ventilateur pour tirage induit; **light** —, tirant d'eau en lège; **load** —, tirage d'eau en charge; — **mechanical**, tirage mécanique; **natural** —, tirage naturel, libre; **rough** —, ébauche, esquisse; **sharp** —, tirage intensif; **sheer** —, coupe longitudinale (N.); — **angle**, angle de dépouille; — **bar**, timon; — **bolt**, punaise (dessin); — **edge**, arête vive; — **gauge**, manomètre, indicateur de tirage; — **head**, hauteur d'aspiration (hyd.); — **hole**, regard, trou de regard; — **plates**, registres de cheminée; — **regulating wheel**, registre de ventouse; — **regulator**, régulateur de tirage; — **retarder**, retardateur de vitesse de tirage; — **stove**, fourneau d'appel.

Draughtsman or **Draftsman**, Dessinateur.

Draw, Dépouille d'un modèle (fond.); revenu (métall.); — **back**, pièces de rapport (fond.); revenu (métall.); remise des droits de douane; — **back furnace**, four à revenir; — **back piston**, piston de rappel; — **bar**, barre d'attelage; — **bar**

horsepower, force au crochet; — **bench**, banc à étirer; — **block**, bobine de barre à étirer; rouleau de papier à dessin; — **bolt**, boulon d'attelage; — **bore**, trou de rappel d'un tenon dans sa mortaise; — **bore pin**, voir **Pin**; — **box**, regard; — **bridge**, pont tournant, basculant, à levée; — **chain**, chaîne d'attelage; — **cut**, coupe faite en tirant; — **down**, abaissement (d'un niveau); **to** — **file**, tirer de long (à la lime); — **gear**, attelage; — **head**, voir **Head**; — **hole**, orifice de tréfilage; — **hook**, crochet de traction, d'attelage; — **in system**, système de tirage (pose des câbles électriques); — **key**, clavette mobile ou coulissante; — **kiln**, four coulant; — **knife**, plane; — **pipe**, tube, tuyau (élec.); — **plate**, filière à étirer; lunette; — **point**, pointe à tracer; — **rod**, tige de traction; — **shaft**, puits ordinaire; — **shave**, plane; — **spring**, ressort de traction, d'attelage; — **taper**, dépouille d'un modèle; — **tongs**, tendeur; — **tube**, tube télescopique; — **vice**, tendeur; — **well**, puits à roue, à poulie, à levier; — **works**, treuil de sondage, de forage.

to Draw, Tréfiler, étirer, laminer; mettre bas (les feux); caler (N.); dessiner, tracer, restreindre; trusquiner; étrangler (la vapeur); décrasser un fourneau; décharger les cornues (gaz); aspirer (pompe); — **down**, soutirer; étirer une tôle au marteau; — **free hand**, dessiner à main levée; — **in**, aspirer (moteurs à explosion); — **in lead**, tracer, dessiner au crayon; — **off**, extraire, distiller, soutirer; tirer (cheminée); — **out**, cingler; étirer (le fer); pomper; dessiner; arracher les pieux; extraire; — **together**, assembler; — **to scale**, dessiner à l'échelle; — **up**, puiser, extraire (min.); amorcer un gazogène.

Drawback, Remboursement de droits de douane; revenu (métall.).

Drawbridge, Pont à bascule.

Drawer, Dessinateur; tiroir; châssis-magasin (photo); **tape** —, magasin à papier (télégraphe).

Drawing, Dessin, épure, plan, tracé, projet; extraction; étirage, tréfilage; passe sur un banc à étirer; revenu (métall.); emboutissage; **continuous** —, étirage continu; **cut away** —, dessin en coupe, coupe; **deep** —, emboutissage profond; **detail** —, dessin de détail; **dimension** —, plan coté; **engineering** —, dessin industriel; **free-hand** —, dessin à main levée; **perspective** —, dessin en perspective; **preliminary** —, dessin de projet; **sheer** —, devis de la coque; **single draft** —, étirage discontinu; **wash** or **washed** —, dessin au lavis; **working** —, dessin d'atelier; dessin d'exécution; — **back,** revenu; — **bench,** banc à étirer; — **board,** planche à dessin; — **engine,** baritel; machine d'extraction; — **frame,** filière à étirer; banc d'étirage; machine à étirer; — **hole,** trou de la filière; — **in box,** boîte à tirer les câbles; — **knife,** plane; — **mill,** tréfilerie; — **office,** bureau de dessin; — **off,** soutirage; prise de vapeur; — **paper,** papier à dessin; — **pen,** tire-lignes; — **plate,** filière (à étirer); — **pliers,** tenaille continue; — **press,** presse à tréfiler; — **rod,** tirant; — **roller,** cylindre étireur; — **shaft,** puits d'extraction; — **shave,** plane; — **sheet,** feuille de papier à dessin; — **table,** table à dessin.

Drawn, Débarrassé de particules de fer au moyen d'un aimant; étiré; **as** —, brut d'étirage; **seamless** —, étiré sans soudure; — **clay,** argile contractée par exposition au feu; — **tube,** tube étiré; — **out iron,** fer laminé; **solid** — **tube,** tube étiré.

Drawoff, Soutirage.

Dredge, Minerai de qualité inférieure séparé par tirage; substance très fine maintenue en suspension dans l'eau trouble; drague; bigue; **dipper** —, drague à godets; **floating** —, drague flottante; **hopper** or **hydraulic** —, drague suceuse.

to Dredge, Draguer.

Dredger, Drague, excavateur; **bucket chain** —, drague avec chaîne à godets; **deep** —, drague de creusement; **flushing** —, drague à courant d'eau aspirant; **grab** —, excavateur à tenailles; **grip** —, excavateur à griffes; **net** —, drague à sac ou à filet; **pump** —, drague suceuse; **seagoing** —, drague de haute mer; **sewerage** —, drague à courant d'eau aspirant; **shallow** —, excavateur en hauteur; **suction** —, suceuse; — **barge,** marie-salope; — **bucket,** godet de drague; — **hopper,** bac de transport de la vase.

Dredging, Dragage; — **pump,** pompe d'épuisement.

Dregs, Drèches, lie.

to Dress, Ébarber; dresser, démouler (fond.); nettoyer; parer finir; dresser; approprier; dégrossir; piquer, rhabiller (meule); couper à dimensions; enrichir (un minerai).

Dresser cutter, Molette à dresser.

Dressing, Finissage, ébarbage; dressage, démoulage; préparation mécanique des minerais; rhabillage des meules; triage du charbon; **belt** —, apprêt pour courroie; **flax** —, sérançage; — **bench,** banc de redressage; — **floor,** atelier de préparation mécanique; — **plate,** marbre; table en fonte; plaque à dresser.

Dried, Séché, déshydraté.

Drier, Siccatif, séchoir (voir aussi **Dryer**).

Drift, Dérive, dérivation; déplacement, refouloir; broche conique (pour élargir un trou); étampe; mandrin à sertir les tubes; chasse, poinçon; effort, poussée d'une voûte; chantier; galerie à travers bancs; relâchement de câble; différence entre le diamètre d'un boulon et celui du trou destiné à le recevoir; **angle** —, alésoir rectangulaire; **spring** —, mandrin élastique; mandrin ressort; **stretching** —, broche conique; **toothed** —, mandrin cannelé pour finissage; — **bolt,** châsse, boulon, cheville d'assemblage; — **hole,** rainure pour chasse-clavette; trou de coin à chasser (porte-foret); — **indicator,** indicateur de dérive; — **maker,** mineur travaillant à une galerie; — **meter,** dérivomètre; — **sand,** sable mouvant; — **sight,** dérivomètre; — **way,** passage souterrain; chantier.

to Drift, Chasser, pousser avec violence; égaliser (trous); mettre en tas; percer des galeries; mandriner; étamper; percer.

Drifting, Mandrinage; passage d'une broche (pour égaliser les trous); ébarbage; mouvement lent de l'aiguille d'un galvanomètre; — **angle,** angle de dérive; — **method,** procédé d'entaillage; — **out,** mandrinage.

Drill, Foret, alésoir, vilebrequin; sondeur, perforateur, mèche; aiguille perforatrice; marteau perforateur; fleuret; exercice; **archimedean** —, foret à vis d'Archimède; **breast** —, vilebrequin; **carbide** —, foret-carbure; **centre** —, mèche à téton; foret à centre; **churn** —, sonde, tarière pour le sol; **compressed air** —, perforateur à air comprimé; **corner** —, foret à angle; **countersinking** —, fraise; **double chamfered,** foret à deux tranchants; **cutter** —, lame; **double cutting** —, mèche à deux tranches; **ditching** —, exercice de percutage au sol

(aviat.); **fiddle** —, foret à l'arçon; **fire emergency** —, exercice d'incendie; **flat** —, mèche plate; foret à langue d'aspic; **hand** —, perçeuse à main; **high speed** —, foret à grande vitesse; **high speed steel** —, foret à acier rapide; **left hand** —, foret à gauche; **right hand** —, foret à droite; **mining hollow** —, trépan creux; **mining solid** —, trépan plein; **pin** —, mèche à téton; tarière; **pointed (end)** —, foret à langue d'aspic; **ratchet** —, perçoir à rochet; fût à rochet; cliquet à percer; **rose** —, gouge; **running out of the** —, déviation du foret; **seed** —, semoir; **shank of** —, cône du foret; **single cutting** —, foret mèche à une tranche; **sliding** — **arm,** chariot de guidage (perceuse); **slotting** —, fraise, mèche pour percer une mortaise; **spiral** —, foret à vis d'Archimède; **straight fluted,** — **straight shank** —, foret à lèvres droites; **cylindrical shank twist** —, foret à queue cylindrique; **taper shank twist** —, foret à queue conique; **stone** —, tamponnoir; **twist** —, tarière en hélice, mèche en spirale, foret hélicoïdal, mèche américaine; **upright** —, foret à trépan; **upright** — **press,** foreuse, perceuse à colonne; **wall** —, potence; — **barrel,** foret; — **bow,** archet; — arçon (ajust.); — **box,** vilebrequin; boîte à foret; **brace,** archet; perceuse à engrenage conique; vilebrequin (auto); — **bushing,** guide-mèche; **chuck,** mandrin à foret, manchon porte-foret; — **crank,** vilebrequin; forerie à manivelle; — **edge,** dent; — **grinding machine,** machine à affûter les forets; — **hammer,** marteau perforateur; — **holding,** fixation du foret; — **hole,** trou de mine; — **jar,** trépan; — **pipe,** tige de forage; — **pipe string,** train de sonde; — **plate,** disque de perceuse; plomb de trépan; — **press,** perceuse sensitive; machine à percer; — **rod,** tourniquet; —**s,** outils de perçage; — **socket,** manchon pour foret; manchon pour le faux bouton; — **speeder,** changement de vitesse de machine à percer; — **spindle,** porte-outil; porte-mèche (mach. à percer); — **stock,** vilebrequin; porte-foret; — **stroke,** course du foret; — **templet or template,** gabarit pour le perçage; — **test,** essai de perçage; — **with bow,** foret à l'archet, foret à l'arçon; — **with ferrule,** or ferrule — foret à l'archet.

to Drill, Percer; percer au foret; forer; — **out rivets,** enlever les rivets par forage.

Drilled web, Ame ajourée.

Driller, Foret; perçoir, perceuse; **automatic** —, perceuse automatique; **bench** —, perceuse d'établi; **multispindle** —, perceuse multiple; **precision** —, perceuse de précision; **sensitive** —, perceuse sensitive; **slot** —, esseret; **straight line** —, perceuse à broches alignées.

Drilling, Perçage, forage, alésage, sondage; **churn** —, forage par percussion; **diamant** —, forage au diamant; **dry** —, forage à sec; **mining** —, fleuret, trépan; **percussive** —, forage par percussion; **pressure** —, forage sous pression; **reverse circulation** —, forage à injection inverse (pétr.); — **bench,** machine à percer fixée; — **bit,** outil de forage; — **capacity,** capacité de perçage; — **clamp,** serre-câble; — **diameter,** diamètre de forage; — **equipment,** matériel de sondage; — **fluid,** fluide de forage; — **frame,** potence, bascule à percer; — **head,** tête de perçage; — **jig,** perceuse transportable à main; — **lathe,** machine à percer horizontale; machine à aléser horizontale; — **machine,** machine à percer, perceuse; **and tapping machine,** perceuse, taraudeuse; **automatic** — **machine,** perceuse automatique;

bench — **machine,** perceuse d'établi; **bench type** — **machine,** perceuse d'établi; **boiler shell** — **machine,** machine à percer les chaudières; **center** — **machine,** machine à centrer; **column** — **machine,** perceuse à colonne; **deep hole** — **machine,** perceuse à grande course; **electric** — **machine,** perceuse électrique; **gang** — **machine,** perceuse multiple; **hand** — **machine,** perceuse à main; **heavy duty** — **machine,** perceuse rigide; **high speed** — **machine,** perceuse rapide; **horizontal** — **machine,** perceuse horizontale; **multiple** — **machine,** perceuse multiple; **multiple spindle** — **machine** (duplex-quadriplex), perceuse à broches multiples; **pillar** — **machine,** perceuse à colonne; **pneumatic** — **machine,** perceuse pneumatique; **radial** — **machine,** perceuse radiale; **rail** — **machine,** machine à percer les rails; **rigid** — **machine,** perceuse rigide; **sensitive** — **machine,** perceuse sensitive; **universal** — **machine,** perceuse universelle; **upright or vertical** — **machine,** perceuse verticale; **wall** — **machine,** perceuse murale; machine à percer d'applique; — **rig or** — **equipment,** équipement de forage; —**s,** forures; — **shaft,** corps de sonde.

Drillometer, Drillomètre.

Drip, Goutte, larmier; égouttoir; tuyau de purge; récipient pour recevoir les gouttes d'huile, d'eau...; plongement d'une couche; — **cover,** champignon d'isolateur; — **cup,** cuvette d'égouttage; godet à huile; — **furnace,** foyer à dégouttement (d'Audouin); — **joint,** joint à gorge; — **loop,** voir **Loop;** — **pan,** cuvette d'huile (palier); — **pipe,** tuyau de purge; — **pump,** pompe pour purger d'eau les conduites de gaz; — **ring,** bague d'égouttage; —**stick,** voir **Stick;**

— **stone,** pierre filtrante; carbonate de chaux sous forme de stalactite ou de stalagmite; — **tap,** purgeur continu.

to Drip, S'égoutter.

Dripping, Petite fuite d'eau dans les chaudières; suintement; coulage; — **board,** planche employée pour amener un lubrifiant sur un outil en travail; flotteur; — **cooling plant,** réfrigérant à ruissellement; — **cup,** cuvette d'huile (palier); — **tube,** pipette (chim.).

Drive, Entraînement, attaque, propulsion, transmission; commande (par chaîne, par courroie); galerie (min.); conduite; direction; prise (auto); **angle —,** transmission à angle; **belt —,** commande par courroie; **cap gas —,** entraînement (du pétrole) par poche de gaz sous pression; **compressor —,** commande du compresseur; **dissolved gas —,** entraînement (du pétrole) par les gaz dissous; **direct —,** prise directe; **eccentric —,** commande par excentrique; **electric —,** commande électrique; **fluid —,** transmission hydraulique; **friction —,** transmission à friction; **governor —,** commande du régulateur; **hand —,** commande à main; **left hand —,** direction à gauche (auto); **right hand —,** direction à droite; **hydraulic —,** commande hydraulique; **screw —,** voir **Screw; top —,** prise directe; **water —,** entraînement (du pétrole) par l'eau salée; **four wheel —,** traction sur les quatre roues; **four wheel — tractor,** tracteur à quatre roues motrices; **front wheel —,** traction avant (auto); — **axle,** essieu moteur; **inside — body,** conduite intérieure; — **cap,** housse pour protéger un outil aiguisé; — **head,** voir **Head;** — **plate,** flasque d'entraînement; — **ratio,** rapport de réduction; — **screw,** vis enfoncée au marteau; — **shaft,** arbre de commande.

to Drive, Enfoncer, chasser; mener; commander; actionner; entraîner; chasser; percer; enfoncer un clou, une broche; battre des pieux; avancer (des galeries); purger (mach. à vap.), voir **to Drift;** — **a rivet,** poser un rivet; — **home,** battre à refus (des pilotis); — **in,** enfoncer, billarder; frapper (pour enfoncer); chasser; serrer une clavette; placer (un rivet); mater une garniture; — **on cold,** emmancher à froid; — **out,** purger; refouler; chasser; enlever; — **out the rivets,** dériveter.

Driven, Entraîné par, commandé par; **crank —,** commandé par bielle; **diesel —,** commandé par moteur diesel; **eccentric —,** commandé par excentrique; **motor —,** commandé par moteur; **rack —,** commandé par crémaillère; **self —,** autopropulsé; — **drum,** tambour entraîné; — **side of belt,** brin conduit (de courroie).

Driver, Chassoir, chasse-pointes, toc, tringle, butoir, taquet; d'une façon générale toute pièce communiquant un mouvement à une autre pièce, par exemple : roue d'un engrenage; came; poulie de commande; poulie menante; pignon; heurtoir; casse fonte; broche; billard; conducteur de chevaux; machiniste; mécanicien (locomotive); — **cotter —,** chasse-clavette; **screw —,** visseuse, tourne-vis; — **assistant,** aide-mécanicien; — **drum,** tambour entraîneur; — **gear,** pignon d'entraînement; — **plate,** plateau à toc.

Driving, Moteur; motrice; entraînement, commande; percement; fouille de galerie; battage (de pieux); **belt —,** transmission par courroie; **electronic —,** commande électronique; **steam —,** fonctionnement à la vapeur; — **belt,** courroie de commande; — **cap,** tête de tubage; — **gear,**

commande, transmission; mécanisme de transmission; appareil de commande; — **head ways**, travail préparatoire (min.); — **horn**, voir **Horn**; — **mallet**, maillet; mailloche; — **pin**, verrou d'entraînement; — **pinion**, pignon de commande; — **plate**, plateau à toc; — **pulley**, poulie d'entraînement; — **rod**, bielle directrice; — **shaft**, arbre moteur; arbre de couche; arbre de commande; — **side of belt**, brin conducteur de la courroie; — **spring**, ressort moteur; — **up**, refoulement vers le haut; — **weight**, poids moteur; — **with clutch**, commande par accouplement à débrayage; — **wheel**, commande; roue motrice.

Drogue, Cône, ancre; **aerial** —, contrepoids d'antenne (aviat.).

Drone or **Drone airplane**, Avion robot.

Drooping, Tombant; — **characteristic**, caractéristique tombante.

Drop, Goutte; chute (de pression, de tension); cache-entrée (serrure); crache de haut fourneau; distance de l'axe d'un arbre au-dessous de la base d'une chaise; coup du pilon du bocard; ponte d'un fusil; **arc** —, chute d'arc; **board** — **stamp**, marteau à planche; **potential** —, chute de potentiel (élec.); **reactive** —, chute réactive; **voltage** —, chute de tension (élec.); — **arch**, ogive surbaissée; — **bars**, grille à bascule; — **bottoms**, fonds à bascule; — **door**, clapet; — **elbow**, coude employé pour le montage des tuyaux de gaz, d'eau; — **flue boiler**, chaudière à flamme renversée; **forging** —, estampage; — **forgings**, pièces matricées, embouties; — **glass**, compte-gouttes; — **hammer**, mouton; marteau à chute libre; marteau-pilon; marteau mécanique; **friction** — **hammer**, marteau à planche; **friction roll** — **hammer**, marteau à courroie

de friction; — **hanger bearing**, chaise; — **hanger frame**, chaise suspendue; voir **Hanger**; — **hook**, crochet articulé; — **indicator board**, tableau indicateur à volets; — **meter**, pipette; — **pawl**, linguet, rochet, déclic; — **point**, pointe à tracer; point de goutte; — **press**, mouton à chute libre; marteau à chute amortie; — **shutter**, obturateur; — **stamp**, mouton à chute libre; — **sulphur**, soufre granulé; — **test**, essai à la goutte; — **tin**, étain granulé; — **weight**, masse tombante; mouton; — **work**, mouton à estamper.

Drop out action, Action de déclenchement d'un court-circuit (él.).

to Drop, Décliqueter; gauchir; forger au marteau-pilon; larguer.

Droplet, Gouttelette; **wax — method**, méthode des gouttelettes de cire.

Droppable, Largable; — **tank**, réservoir largable.

Dropper, Pulvérisateur; veine partant du fond de la veine principale; **eye** —, comptegouttes.

Dropping board, Égouttoir; **dropping bottle**, flacon comptegouttes; **dropping out (the water)**, faible fuite d'eau; **droppin tube**, pulvérisateur.

Dross, Laitier; écume; scorie de métal; nez (de la tuyère); crasse; croûte; arcot; matière à rejeter; menu de houille, de coke.

to Dross, Fabriquer du massicot.

Drossing oven, Fourneau à écume.

Drove, Ciseau large de tailleur de pierres; **short drove bolt**, cheville à bout perdu.

Drowned tube boiler, Chaudière à tubes d'eau noyés.

Drum, Tambour, caisse, barillet; collecteur de chaudière; tambour (de turbine); fût; rouet, rouleau de phonographe: bobine; treuil d'une grue; **aerial or antenna** —, rouet d'antenne; **air** —, réservoir d'air; **brake** —, tambour de frein; **cable** —, tambour de câble; **conical** —, tambour conique; **corrugations of a** —, viroles d'un fût; **cylindrical** —, tambour cylindrique; **paying out** —, tambour dérouleur (câbles sous-marins); **rope** —, tambour à corde; **rotating** —, tambour tournant; **spring** —, barillet de ressort; **steam** —, réservoir de vapeur; **stepped** —, tambour à gradins; **weight** —, tambour à contrepoids d'accumulateur; **wind** —, tambour atmosphérique; **armature**, induit en tambour; — **bench**, filière à bobine; — **camera**, caméra à tambour; — **controller**, contrôleur à tambour; — **fed**, alimenté par tambour; — **head**, moyeu, tête de cabestan; — **of a boiler**, dôme d'une chaudière; — **sander**, machine à tambour ponceur; — **saw**, scie cylindrique; — **speed**, vitesse du tambour; nombre de lignes de balayage par minute (télévision); — **spider**, nervure de tambour de treuil; — **starter**, démarreur à cylindre (élec.); **mud** — **tube**, tube à boues (chaudière); — **wheel**, roue pour bobiner un câble.

Drunken cutter, Porte-lames elliptique.

Druse, Géode; surface recouverte de petits cristaux.

Druss, voir **Dross**, Menu; charbon fin.

Dry, Sec, cassant; défectueux (métal.); — **bath**, étuve; — **battery**, pile sèche, batterie de piles sèches; — **blowing**, concentration des alluvions aurifères au moyen d'un courant d'air; — **bone**, smithsonite; carbonate de zinc; — **cell**, pile sèche; pile à liquide immobilisé; pile bouchée hermétiquement; — **concentration**, enrichissement des minerais au moyen de l'air; — **casting**, moulage en sable sec; — **core cable**, câble téléphonique à isolement d'air; — **disk rectifier**, redresseur à disque sec; — **dock**, forme sèche; bassin de radoub; — **gas**, voir **Gas**; — **ice**, glace sèche; — **method**, voie sèche (chim.); — **moulding**, moulage en sable, sec; — **ores**, voir **Ore**; — **pipe**, tuyau sécheur, crépine; — **process**, procédé par voie sèche (chim.); — **return**, tuyau de retour d'eau de condensation et d'air; — **sand**, sable étuvé; sable gras; — **sulfuric acid**, voir **Sulfuric**; — **wall**, murtia.

to Dry, Sécher, faire sécher; étancher; essorer, étuver; dessécher; — **up**, dessécher complètement; désamorcer une pompe.

Dryer or **Drier**, Sécheur, dessiccateur, séchoir; siccatif; **air** —, dessiccateur d'air; **centrifugal or rotary** —, sécheur centrifuge, séchoir rotatif; **steam** —, sécheur de vapeur; — **coater**, sécheur-enrobeur.

Drying, Essorage, séchage; dessiccation; **air** —, séchage à l'air (du bois); **core** —, séchage des noyaux; **fuel** —, déshydratation du combustible; **kiln** —, séchage au four; **quick** —, à séchage rapide; — **apparatus**, appareil de dessiccation; — **basket** or — **kettle**, panier à sécher (fond.); — **cylinder**, essoreuse, cylindre sécheur; — **off**, passage de l'amalgame d'or; — **oil**, huile siccative; — **oven**, étuve; — **stove**, étuve; — **tube**, tube sécheur (chim.).

Dryness fraction, Pour 100 de vapeur sèche.

D. S. C., **Double silk covered** (à double revêtement de soie).

Dual, Double; — **control**, double commande; — **element**, à double élément (fusible); — **ignition**, double allumage; — **magneto**, double magnéto; — **purpose,** à double but; — **wheels,** roues doubles.

Dualism, Théorie dualistique (chim.).

to Dub, Dresser le bois à l'herminette; troussequiner; — **out,** renformir (un mur).

Duckbill, Bec de canard; **duckbill, duck's bit,** foret-cuiller; **duck nose bit,.** mèche; cuiller creusée en gouge.

Duct, Conduit, canal, canalisation, tubulure, gaîne; tuyau; passe-fil, douille (élec.); **exposed** —, conduit aérien; **flexible** —, conduit flexible; **intake** —, conduite d'amenée; — **loss,** perte de charge.

Ducted, Conduit (adj.), passant par.

Ductile, Malléable; ductile; — **castiron,** — **iron,** fonte ductile.

Ductility, Ductilité.

Ducting, Canalisations.

Due, Droit de terrage; dû; quantité de charbon ou de minerai qui revient au propriétaire du sol; **to fall** —, échoir; **when** —, à échéance.

Dues, Droits (à payer); **mooring** —, droits d'amarrage; **town** —, droits d'octroi.

Duff, Fines de charbon; poussières; — **tail,** en queue d'aronde (voir **Dovetail**).

Duffer, Mine improductive.

to Dulcify, Édulcorer; éthérifier (un acide minéral).

to Dull, Émousser; mater; polir.

Dull, Émoussé (outil).

Dull coal, Charbon mat; **dull edged,** à arêtes arrondies.

Dulling, Émoussage.

Dum, Châssis de bois; — **craft,** cric à rochet.

Dumb antenna, voir **Antenna.**

Dumb drift, Conduit d'air d'un foyer pour l'aérage (min.); **dumb furnace,** foyer d'aérage (min.).

Dummy, pluriel **Dummies,** Artificiel, faux; locomotive à vapeur marchant à condensation; outil pour enlever les bavures des tuyaux de plomb; pièce tronconique d'une machine à profiler; joint en labyrinthe; — **aerial,** antenne artificielle; — **piston,** piston d'équilibrage; — **rivet,** rivet posé d'avance; rivet de montage; rivet mal placé; — **slot,** encoche sans enroulement (élec.).

Dummy, Faux, feint; — **aerial or antenna,** antenne artificielle; — **valve,** fausse soupape.

Dummying, Emboutissage.

Dump, Clou à bordage, terril; crassier; halde; décharge; lieu de déversement; tas; monceau; basculage, culbutage, déversement; **ammunition** —, dépôt, soute à munitions; **automatic** —, déversement automatique; **bottom** —, déversement par le fond; **self** —, à déversement automatique; **side** —, déversement par le côté; — **bolt,** clou à bordage; — **bucket,** benne basculante; — **(ing) car,** tombereau à bascule; wagon à renversement; — **hook,** crochet à déclic (grues); — **truck,** camion basculant; **rear** — **truck,** camion à basculement par l'arrière; **side** — **truck,** camion à basculement latéral.

to Dump, Basculer (un wagon).

Dumper, Culbuteur; basculeur; châssis à benne basculante; **car** —, culbuteur de wagons.

Dumping or Dump, Basculage, bascule, basculement, culbutage, décharge; **self** —, à déversement automatique; **sideways** —, basculement latéral; — **cart,** chariot à bascule; — **grate,** grille à scories; grille basculante; — **press,** presse à faire des balles de laine.

Dumply level, Niveau télescopique, à lunette.

Dung water, Eaux vannes.

Duodiode, Diode double.

Duotriode, Triode double.

Duplex carburettor, Carburateurs jumelés; **duplex operation,** fonctionnement en duplex; **duplex purchase,** palan à deux roues perpendiculaires l'une à l'autre; **duplex steam engine,** machine à vapeur jumelle; **duplex telegraphy,** réception et transmission simultanées de signaux sur la même ligne, ou en T. S. F. à la même station.

Duplexing, Marche en duplex (métall.).

to Duplicate, Reproduire.

Duplicates, Pièces de rechange.

Duplicating printer, Tireuse de contretypes.

Dural or **Duraluminium,** Duralumin.

Duration, Durée.

Durns, Cadre complet de boisage (min.).

Dust, Poussière; braise; débris; farine; limaille; sciure; **file —,** limaille; **filing —,** poussière de limage; **saw —,** sciure de bois; **— bin,** baignoire; **— catcher,** caisse à poussière; dépoussiéreur; **— collector,** capteur ou collecteur de poussières; **— cover,** cache-poussière; **cover — guard,** pare-poussière; **— shield,** obturateur antipoussières; **— shot,** cendrée; **— sieve,** tamis, van, crible.

Dusts, Poussières (particules solides de 1 à 150 microns).

to Dust, Épousseter; devenir, rendre pulvérulent.

Dusty, Noircissement des moules (fond.); **— brush,** pinceau à noir de fumée.

Dusty, Poussiéreux; pulvérulent.

Dutch brass, Tombac; **dutch case,** châssis hollandais (min.); **dutch foil,** tombac en feuille mince; **dutch liquid,** chlorure d'éthylène; **dutch scoop,** pelle à irrigation; **dutch white,** voir **White.**

Duty, Rendement, débit, effet utile; droit, taxe (douane); **ad valorem —,** droit proportionnel; **differential —,** droit différentiel; **export —,** droit de sortie; **harbour —,** droit de port; **heavy —,** de grande puissance; dans des conditions de service très dures; **heavy — machine,** machine rigide; **high —,** à grand rendement; **high — metal,** métal à haute résistance; **import —,** droit d'entrée; **wharf —,** droit de quai; **— free,** exempt de droits.

D. W., Deadweight.

Dwang, Espèce de pied-de-biche; grande clef à vis.

Dwarf boiler, Chaudière naine.

Dwell, Bref arrêt de mouvement.

to Dwindle, Disparaître (min.).

Dwt, Abréviation pour penny-weight ($1^g,5552$).

Dyad, Radical divalent (chim.).

Dye (pluriel **Dyes**), Colorant, matières colorantes; **organic —,** colorant organique; **— house,** usine de teinture; **— retouching,** retouche par colorants; **— stone,** argile ferrugineuse, employée en teinture; **— stuff,** colorant; **— works,** usine de teinture, teinturerie.

to Dye, Teindre.

Dyeing, Teinture; **molten metal —,** teinture au métal fondu; **naphtol —,** teinture au naphtol; **— machine,** machine à teindre.

Dying out of the arc, Étouffement de l'arc.

Dyke, Faille; filon stérile.

Dynafocal, Dynafocal.

Dynamic, Dynamique (adj.); — **balancing,** équilibrage dynamique; — **characteristic,** caractéristique dynamique; — **load,** charge dynamique; — **sensitivity,** sensibilité dynamique (phototube).

Dynamically, Dynamiquement.

Dynamite, Dynamite; — **works,** dynamiterie; **gum** —, dynamite gomme.

Dynamo, Dynamo; **balancing** —, dynamo égalisatrice, compensatrice; **calling** —, dynamo d'appel; **compound wound** —, dynamo compound; **disc** —, dynamo à induit à disque; **double coil** —, dynamo à double excitation; **double current** —, dynamo bimorphique; **exciting** —, dynamo excitatrice; **flywheel** —, dynamo volant; **gas** —, dynamo à gaz; **hypercompound** —, dynamo hypercompound; **iron clad** —, dynamo cuirassée; **lighting** —, dynamo d'éclairage; **multicurrent** —, génératrice polymorphique; **open type** —, dynamo ouverte; **overtype** —, dynamo du type supérieur; **power** —, dynamo pour force motrice; **self exciting** —, dynamo auto-excitatrice; **separate circuit** —, **or separately excited** —, dynamo à excitation séparée; **series** —, dynamo série; **series wound** —, dynamo excitée en série; **shunt** —, dynamo dérivation; dynamo **shunt**; **shunt wound** —, dynamo excitée en dérivation; **(short shunt)** (à courte dérivation); **(long shunt)** (à longue dérivation); **the** — **sparks,** la dynamo crache; **steam** —, dynamo à vapeur; **undertype** —, dynamo du type inférieur; **unidirectional** —, dynamo à courants redressés; — **car,** voiture d'éclairage; — **electric,** dynamoélectrique; — **electric machine,** machine dynamoélectrique; — **frame,** bâti de dynamo.

Dynamometer, Dynamomètre; **absorption** —, dynamomètre d'absorption; **air friction** —, moulinet dynamométrique Renard; **belt** —, dynamomètre de transmission; **brake** —, dynamomètre à frein; **fan** —, moulinet dynamométrique Renard; **heat** —, dynamomètre thermique; **toothed wheel** —, dynamomètre à roues dentées; **torsion** —, dynamomètre de torsion.

Dynamometric supplymeter, Compteur dynamométrique.

Dynamometrical brake, Frein de Prony.

Dynamotor, Dynamoteur.

Dynation, Dynation (T. S. F.).

Dynatron, Dynatron.

Dyne, Dyne (unité de force).

Dynetric balancing, Équilibrage électronique.

Dynode, Dynode, miroir électronique.

E

E, Zone réfléchissante de la ionosphère.

Eg, Tension grille.

Ep, Tension plaque.

E wave, Onde magnétique transversale.

Eager, Cassant; aigre (mét.).

Ear, Oreille, mentonnet; **splicing** —, pince de jonction (ch. de fer); — **bed,** traverse; — **phone,** écouteur; — **piece,** récepteur.

Earning capacity, Rapport; productivité financière.

Earnings, Recettes; net —, recettes nettes.

Earth, Terre; dérangement provenant d'un contact avec la terre (élec.); **absorbent** —, terre absorbante; **dug out** —, déblaiement, creusement; **fuller's** —, argile grasse; **good** —, contact parfait avec le sol; **rare** —, terre rare; **to connect to** —, relier à la terre; **to put to** —, mettre à la terre; **solid** —, contact complet avec le sol (élec.); **swinging** —, contact intermittent avec le sol (élec.); — **bank,** levée de terre; talus; remblai; — **borer,** tarière; trépan mineur; — **cell,** pile formée par deux électrodes de métaux différents plongés dans le sol; — **circuit,** circuit de retour par la terre; — **connection,** mise à la terre; — **connection box,** boîte de jonction souterraine; — **current,** courant de la plaque de terre; — **currents,** courants terrestres; — **digging,** terrassement; — **electrode,** électrode de masse; — **flax,** amiante; — **grab,** bennedrague; cuiller d'excavation; — **hopper,** trémie en sous-sol; — **indicator,** indicateur de pertes à la terre; — **inductor,** inducteur de terre; — **leakage,** perte à la terre; — **magnetic state,** état magnétique terrestre; — **moving,** terrassement; — **moving equipment,** matériel de terrassement; — **oil,** naphte; — **pitch,** pissalphalte; — **plate,** plaque de terre (élec.); — **plate currents,** courants telluriques; — **potential,** potentiel de terre; — **rammer,** hie à main; demoiselle; — **retaining,** soutènement des terres; — **return,** perd-fluide; retour par la terre; — **terminal,** borne de mise à la terre; — **wire,** fil de masse; ligne de mise à la terre; — **work,** terrassement, déblai, remblai; terre d'apport; mouvement de terre; — **working,** travaux de terrassement.

to Earth, Terrasser, terrer; mettre à la terre.

Earthed, Mis à la terre (Angleterre).

Earthen ware, Poterie.

Earthing, Mise à la terre; — **system,** système de mise à la terre; **water jet — device,** dispositif de mise à la terre par jet d'eau.

Earthy water, Eau dure.

to Ease, Donner du jeu à une pièce; desserrer (vis...).

Easel, Chevalet.

Easing, Allégement, déchargement; — **fish plate,** éclisse de soulagement; — **lever,** levier de soulèvement (soupape de sûreté); — **rail,** rail éclisse; — **valve,** tiroir secondaire (locomotive).

Easy return bend, Coude de retour à grand rayon.

Easy-to-handle, Maniable.

East variation, Déclinaison de l'aiguille aimantée du côté nord-est.

Eaten, Rongé, mangé.

Eave lead, Noulet intérieur; **eave trough**, écheneau.

to Ebonise, Imiter l'ébène.

Ebonite, Ébonite.

Ebony, Ébène.

Ebullient, En ébullition.

Ebulliometer, Ébullioscope, ébulliomètre.

Ebullition, Ébullition.

Eccentric, Excentrique; **adjustable —**, excentrique à calage variable; **back —**, or **backward —**, excentrique pour la marche arrière; **differential — and frame**, courbe en cœur se mouvant dans un cadre; **fore** or **forward —**, excentrique pour la marche avant; **fore — rod**, bielle d'excentrique pour la marche avant; **lever with — fulcrum**, levier monté excentrique; **shifting —** excentrique dont on peut déplacer le rayon d'excentricité relativement à la manivelle; **side —**, excentrique latéral; **slipping —**, excentrique mobile; **the — leads**, l'excentrique est en avance sur la manivelle; **throw of the —**, rayon d'excentricité; **— action**, commande par excentrique; **— beam**, chariot d'excentrique; **— beam and balance**, chariot d'excentrique avec son contrepoids; **— belt**, bride, collier d'excentrique; **— catch**, butoir d'excentrique; **— chuck**, mandrin excentrique (tour); **— clip**, collier d'excentrique; **— disk** or **disc**, plateau d'excentrique; **— drive**, commande par excentrique; **— driven**, commandé par excentrique; **— fork**, bielle d'excentrique à fourche; **— friction**, frottement d'excentrique; **— gab**, encoche de la bielle d'excentrique; **— gear**, tout le mécanisme d'un excentrique; **— hook**, encoche de la bielle d'excentrique; **— hoop**, collier d'excentrique; **— motion**, commande par excentrique; **— press**, presse à excentrique; **— pulley**, tourteau, chariot d'excentrique; **— radius**, rayon de l'excentrique; rayon d'excentricité; **— ring**, collier d'excentrique; **— rod**, barre, tige, bielle d'excentrique; **— rod gear**, renvoi du mouvement de l'excentrique; **— shaft**, arbre d'excentrique; **— sheave**, chariot d'excentrique; plateau, disque d'excentrique; **— stops**, tocs de l'excentrique; **— strap**, collier d'excentrique; **— stirrup**, collier d'excentrique; **— to**, opposé à.

Eccentricity, Excentricité; **degree of —**, excentricité.

Echo, Écho; **— chamber**, chambre d'écho; **— meter**, échomètre; **— sounding recorder**, enregistreur d'échos, sondeur par écho; **supersonic — recorder**, sondeur à ultrasons.

Eco, Electron coupled oscillator (oscillateur à couplage électronique).

Econometer, Écomomètre (appareil enregistreur de la quantité d'acide carbonique contenue dans le gaz de combustion).

Economiser or **Economizer**, Économiseur.

Eddies, Remous.

Eddy, Remous; **— currents**, courants de Foucault ou parasites; **— current constant**, constante des courants parasites; **— loss**, perte par tourbillons (turbine); **— space**, espace de remous (turbine).

Eddying, Tournoiement; remous; tourbillonnement.

Edestin, Edestine.

Edge, Can, arête; taillant, tranchant (d'un outil); bord; rebord; tranche de monnaie; biseau; mèche; morfil; couteau; margelle; panne de marteau; **beaded —**, bourrelet de bordure; **beveled**

—, chanfrein; **calking** or **caulking** —, tranche matée ou à mater; tranche de matage; **chamfered** —, biseau, chanfrein; **chipped** —, bavure; morfil; **cutting** —, tranchant, fil; **angle of cutting** — or **cutting edge** —, arête coupante, angle d'attaque; **dividing** —, arête médiane (turbine); **draught** —, arête vive; **drill** —, dent de fraise; **dull** —, flache; **entering** —, bord d'attaque **exposed** —, bord extérieur; **feather** —, lime à pignon; **guiding** —, rebord-guide (rail); **knife** —, couteau (de balance); boudin de roue aminci par l'usure; **leading** —, bord principal, arête travaillante du tiroir; bord d'attaque (aviat.) ou antérieur; **double swept leading** —, bord d'attaque à double flèche; **loading** —, trottoir de chargement ou de déchargement (ch. de fer); **mirror knife** —, couteau de support du miroir (essai des métaux); **on** —, de champ; **on** — **ways**, de champ; **rounded** —, arrondi; **running** —, côté de roulement; côté de la roue; **sharp** —, biseau, arête vive; **side cutting** —, tranchant oblique; **to cut off an** —, abattre un chanfrein; **to set an** —, affûter, aiguiser; **to take off the** —, émousser; **trailing** —, bord de fuite, bord de sortie ou postérieur; **wire** —, fil, morfil (d'un outil); — **crack**, fissure d'angle; — **fastening**, couture; — **iron**, fer de bordure; — **joint**, assemblage d'angle; — **joint by grooves and dovetail**, assemblage à grain d'orge; — **mill**, broyeur à meules verticales; — **milling machine**, chanfreineuse; — **of degression**, arête de rebroussement; — **of rim**, accrochage de la jante; — **plane**, rabot à écorner; — **rail**, rail à rebord, garde-aiguilles; — **runner**, meule courante; meule verticale; broyeur à meules; — **saw**, scie à écorner; — **seam**, dressant droit; pendage vertical; — **side**,

arête, extrémité; — **stone**, voir **Edgemill**; — **strip**, couvre-joint (à franc bord); — **strip coil**, bobine en bande de cuivre (élec.); — **tool**, outil tranchant; instrument à arête vive; pointe à rabaisser; cavoir; — **tool maker**, taillandier; — **tools**, taillanderie; — **wheel**, voir **Edgemill**; — **wise**, de champ.

to Edge, Aiguiser, affiler; border, tomber un bord; fortifier par des cornières; repiquer (meule); **to** — **off**, ébarber, amincir.

Edged, Tranchant, affilé, anguleux; **sharp** —, à arête vive; — **belt**, courroie à talon.

Edgeway, De champ.

Edging, Repiquage; bord; cordonnet; fourreau; coude; arc; dressage (de planches); — **knife**, rainette; — **tile**, tuile à border.

Educt, Résidu (chim.).

Eduction, Sortie, décharge, évacuation; échappement; vidange; — **pipe**, tuyau d'émission; — **port**, orifice d'émission.

to Edulcorate, Purifier par lavage; débarrasser de l'acidité.

Edulcorator, Fiole de lavage.

E. E., **Errors excepted** (Comm.).

E. and O. E., **Errors and Omissions excepted.**

Effect, Effet; **aerial** —, effet d'antenne; **double** —, double effet; **gross** —, effet dynamique; effet total; **gyroscopic** —, effet gyroscopique; **impeding** —, effet nuisible; effet perdu; **multiple** —, multiple effet; **Peltier** —, effet Peltier; **skin** —, effet de peau, effet pelliculaire; localisation superficielle (élec.); **space charge** —, effet de charge d'espace; **thermoelectric** —, effet thermoélectrique; **Thomson** —, effet Thomson; **useful** —, travail utile; effet utile; rendement; **whole** —, effet absolu; travail total.

Effective, Efficace (élect.); — **head,** chute effective; — **power,** travail utile; — **pull,** force transmise par une courroie.

Effervescence, Effervescence.

Effervescent, Effervescent; — **steel,** acier effervescent.

Efficiency, Rendement; effet utile; puissance; coefficient de rendement; efficacité; **combustion** —, rendement de combustion; **electric** —, rendement électrique; **guaranteed** —, rendement garanti; **heat** —, rendement thermique; **luminous** —, rendement lumineux; **measured** —, rendement mesuré; **overall** —, rendement industriel, rendement global; **volume** —, rendement volumétrique; **wing** —, rendement de l'aile; — **of a joint,** voir **Joint**; — **of cycle,** plein du diagramme (mach. à vap.); — **of supply,** degré d'admission (mot. à explosion).

Efficient, Facteur (mathématiques).

to Effloresce, S'effleurir.

Effluve or **Effluvium,** Effluve.

Efflux, Écoulement d'un liquide; **jet** —, échappement.

Effort, Effort; **tractive** —, effort de traction.

Egg coal, Ovoïde, charbon calibré de dimensions comprises entre 44 et 63 mm; **egg insulator,** isolateur à œuf; **egg shaped,** en œuf, ovale.

Egress, Sortie, échappement.

Eight angled, Octogonal.

Eikonogen, Iconogène (photographie).

Einstein coefficients, Coefficients d'Einstein.

Einthoven galvanometer, Galvanomètre à corde.

to Eject, Éjecter.

Ejected, Éjecté.

Ejection, Éjection; — **seat,** siège éjectable (aviat.).

Ejector, Éjecteur; **air** —, éjecteur d'air; **ash** —, éjecteur d'escarbilles; **pneumatic** —, éjecteur pneumatique; **steam jet** —, éjecteur à jet de vapeur; — **spring,** ressort d'éjecteur.

to Eke, Augmenter; perfectionner.

Elacoptene or **Eleoptene,** Partie liquide d'une huile volatile.

Elaidate, Élaïdate; **methyl** —, élaïdate de méthyle.

Elaidic acid, Acide élaïdique.

Elaiding test (voir **Test**).

Elastance or **stiffness,** Inverse de la capacitance.

Elastic, Élastique; — **bitumen,** élatérite, caoutchouc fossile; — **cord,** sandow; — **counter stress,** force élastique antagoniste; — **limit,** limite d'élasticité; — **limit in bending,** limite de flexion; — **line,** ligne de flexion élastique; — **pressure,** force élastique; — **reaction,** déformation élastique subséquente; force élastique antagoniste; — **sleeve,** douille élastique; — **stability,** stabilité élastique; — **support,** support élastique; — **time effect,** déformation élastique subséquente (essai des métaux); — **wave,** onde électrique.

Elasticity, Élasticité; **bending** —, élasticité de flexion; **limit of** —, limite d'élasticité; **modulus of** —, module d'élasticité; **modulus of** — **for tension,** coefficient d'allongement; **tensile** —, élasticité de traction; **torsional** —, élasticité de torsion; **transverse modulus of** —, coefficient de glissement; — **in shear,** élasticité de cisaillement; — **of elongation,** élasticité de traction.

Elastometer, Élastomètre.

Elbow, Coude; genou; pièce d'angle; conduit coudé; saut de minerai; **duct** —, coude; **flanged** —, raccord à brides en équerre; **reducing** —, genou de réduction; **round** —, genou arrondi coude; **square** —, genou vif;

coude; — **grease**, huile de bras (argot d'atelier); — **joint**, raccord coudé en équerre; jointure en T; genouillère de tuyau; — **joint lever**, mouvement de sonnette; — **lever**, levier coudé; — **pipe**, tuyau coudé; — **tongs**, attrape (fond.); tenailles à creuset.

to Elbow, Faire un coude.

Electrepeter, Inverseur de courant.

Electret, Électret.

Electric, Corps diélectrique; tramway, voiture électrique; électrique (adj.); — **accumulator**, accumulateur électrique; — **axis**, axe électrique; — **bell**, sonnette électrique; — **brazing**, brasure électrique; — **bulb**, ampoule électrique; — **charge**, charge électrique; — **chronograph**, chronographe électrique; — **circuit**, circuit électrique; — **clock**, horloge électrique; — **controller**, contrôleur électrique; — **current**, courant électrique; — **depth finder**, sondeur électrique; — **detonator**, détonateur électrique; — **displacement**, déplacement électrique; — **doublet**, doublet électrique; — **eye**, cellule photoélectrique; — **field**, champ électrique; — **field strength**, intensité d'un champ électrique; — **filter**, filtre électrique; — **flux**, flux électrique; — **furnace**, four électrique; — **generator**, générateur électrique; — **heating**, chauffage électrique; — **image**, image électrique; — **induction**, induction électrique; — **intensity**, intensité électrique; — **jar**, bouteille de Leyde; — **lamp**, lampe électrique; — **lift**, ascenseur électrique; — **light**, lumière électrique; — **lighting**, éclairage électrique; — **locomotive**, locomotive électrique; — **motor**, électromoteur; — **organ**, orgue électrique; — **oscillations**, oscillations électriques; — **phonograph**, phonographe électrique;

— **power**, énergie électrique; — **precipitation**, précipitation électrique; — **shock**, commotion; —, **signalisation**, signalisation électrique; — **spark**, étincelle électrique; — **steel**, acier électrique; — **telemeter**, télémètre électrique; — **traction**, traction électrique; — **transducer**, transducteur électrique; — **varnish**, vernis isolant; — **welding**, soudure électrique.

Electrical, Électrique; — **angle**, angle électrique; — **center**, centre électrique; — **control**, commande électrique; — **degree**, degré électrique; — **inertia**, inertie électrique (inductance); — **length**, longueur électrique (d'une antenne); — **modulation**, modulation électrique; — **precipitation**, précipitation électrique; — **transcription**, enregistrement électrique; — **twinning**, maclage électrique (cristaux).

Electrically, Électriquement; — **operated**, à commande électrique; — **strained**, soumis à un effort électrique.

Electrician, Électricien.

Electricity, Électricité; **magneto** —, électricité magnétique; **negative** —, électricité négative; **positive** —, électricité positive; **static** —, électricité statique; — **in motion**, électricité dynamique; — **works**, centrale électrique.

Electrification, Électrisation; électrification; **bound** —, électricité latente; **railroad** —, électrification des chemins de fer; **rural** —, électrification rurale.

to Electrify, Électriser, électrifier.

Electro, Électro; — **acoustic**, électroacoustique; — **analysis**, électroanalyse; — **ballistics**, électroballistique; — **bioscopy**, électrobioscopie; — **capillarity**, électrocapillarité; — **chemical**, électrochimique; — **chemistry**, électrochimie; — **crystallisation**, électrocristallisation; — **deposited**, déposé par voie galvanique; — **deposition**, dépôt électrolytique; — **dissolution**, dissolution électrolytique; — **dialysis**, électrodialyse; — **dynamometer**, électrodynamomètre; — **extraction**, extraction électrolytique; — **forming**, reproduction électrolytique; — **gilding**, dorure galvanique; — **kymograph**, électrokymographe; — **lier**, chandelier électrique; — **luminescence**, électroluminescence; — **lyser**, électrolyseur; — **lysis**, électrolyse; — **lyte**, électrolyte; **alkaline** — **lyte**, électrolyte alcalin; **amphoteric** — **lyte**, électrolyte amphotère; **colloidal** — **lyte**, électrolyte colloïdal; — **lytic**, électrolytique; — **lytication**, effet électrolytique; — **lytic arrester**, parafoudre électrolytique; — **lytic cell or pile**, pile électrolytique; — **lytic condenser or capacitor**, condensateur électrolytique; — **lytic conduction**, conduction électrolytique; — **lytic copper**, cuivre électrolytique; — **lytic deposition**, dépôt électrolytique; — **lytic interrupter**, interrupteur électrolytique; — **lytic pickling**, décapage électrolytique; — **lytic plate**, électroplastie; — **lytic solution**, solution d'électrolyte; — **magnet**, électroaimant; **bifurcate** — **magnet**, électroaimant en fer à cheval; **club foot** — **magnet**, électroaimant boiteux; **field** — **magnet**, électroaimant de champ; **lagging** — **magnet**, électroaimant boiteux; **plunger** — **magnet**, électroaimant à noyau noyé; — **magnetic**, électromagnétique; — **magnetic field**, champ électromagnétique; — **magnetic induction**, induction électromagnétique; — **magnetic unit**, unité électromagnétique; — **magnetic wave**, onde électromagnétique; — **mechanical**, électromécanique; — **metallurgy**, électrométallurgie; — **meter**,

électromètre; — **meter amplifier**, amplificateur électromètre; **absolute** — **meter**, électromètre absolu; **bell** — **meter**, électromètre à cloche; **calibrating** — **meter**, électromètre étalon; **condenser** — **meter**, électromètre condensateur; **fibre** — **meter**, électromètre à fil; **quadrant** — **meter**, électromètre à quadrants; **sine** — **meter**, électromètre à sinus; **straw** — **meter**, électromètre à brins de paille; **testing** — **meter**, électromètre d'essai; **thread** — **meter**, électromètre à fil; **weight** — **meter**, balance électrométrique; — **migration**, électromigration; — **motive**, électromoteur; locomotive électrique; — **motive force**, force électromotrice; **back or counter** — **motive force**, force contre-électromotrice; **opposing** — **motive force**, force contre-électromotrice; — **motive force of rest**, force électromotrice au repos; — **osmosis**, électroosmose; — **P. R.** (periodic reverse current), à courant inversé périodiquement; — **phoresis**, électrophorèse; — **plating**, électroplastie, galvanoplastie; — **plating bath**, bain d'électroplastie; — **polishing**, polissage électrolytique; — **reduction**, réduction électrolytique; — **refining**, raffinage électrolytique; — **scope**, électroscope; **condensing** — **scope**, électroscope à condensateur; **quartz fibre** — **scope**, électroscope à fibre de quartz; — **static**, électrostatique; — **static analyser**, analyseur électrostatique; — **static charge**, charge électrostatique; — **static field**, champ électrostatique; — **static focusing**, concentration électrostatique; — **static generator**, générateur électrostatique; — **static precipitation**, précipitation électrostatique; — **static separator**, séparateur électrostatique; — **static shield**, écran électrostatique; — **static unit**, unité électrostatique; — **static** voltmeter, voltmètre électrostatique; — **striction**, électrostriction; — **technology**, électrotechnologie; — **valve**, électrovalve.

Electrode, Électrode; **austenitic** —, électrode austénitique; **bare metal** —, électrode nue; **bipolar** —, électrode bipolaire; **carbon bag** —, électrode à sachet de charbon; **coated** — or **coated metal** —, électrode enrobée; **concave** —, électrode concave; **conical shell** —, électrode conique; **control** —, électrode de contrôle; **covered** or **coated** —, électrode enrobée; **deflecting** —, électrode déviatrice; **dished** —, électrode capsule; **dripping** —, électrode à gouttes; **dropping mercury** — or **mercury capillary** —, électrode à goutte de mercure; **fixed** —, électrode fixe; **focusing** —, électrode de contrôle; **graphite** —, électrode de graphite; **grid** —, électrode à grille; **naked** —, électrode nue; **negative** —, électrode négative; **positive** —, électrode positive; **rutile** —, électrode en rutile; **standard** —, électrode normale; — **coating**, enrobement d'électrode; — **current**, courant d'électrode; — **holder**, porte-électrode; — **potential**, potentiel d'électrode; — **spacing**, écartement des électrodes; — **tip**, pointe d'électrode; — **voltage**, tension d'électrode.

Electrodynamometer (voir **Electro**).

Electrolysis (voir **Electro**).

Electrolyte (voir **Electro**).

Electrolytic (voir **Electro**); — **refining**, affinage électrolytique.

Electromagnet (voir **Electro**).

Electromagnetic (voir **Electro**).

Electrometer (voir **Electro**).

Electromotive (voir **Electro**).

Electron, Électron; **free** —, électron libre; **low energy** —, électron de faible énergie; **primary**

—, électron primaire; **secondary** —, électron secondaire; **thermo** —, thermoélectron; — **beam**, faisceau d'électrons; — **bombardment**, bombardement d'électrons; — **commutation**, commutateur électronique; — **control**, commande électronique; — **coupling**, couplage électronique; — **diffraction**, diffraction électronique; — **drift**, déplacement d'électrons; — **emission**, émission d'électrons; — **flux**, flux d'électrons; — **generator**, générateur d'électrons; — **gun**, concentrateur d'électrons, canon à électrons; — **instrument**, instrument électronique; — **lens**, lentille électronique; — **micrograph**, micrographe électronique; — **microscope**, microscope électronique; — **microscopy**, microscopie électronique; — **mirror**, miroir électronique; — **optics**, optique électronique; — **orbits**, orbites électroniques; — **periscope**, périscope électronique; — **photometer**, photomètre électronique; — **profilometer**, profilomètre électronique; — **rangefinder**, télémètre électronique; — **rectifier**, redresseur électronique; — **scanning**, balayage électronique; — **showers**, gerbes électroniques; — **switch**, commutateur électronique; — **telescope**, télescope électronique; — **television**, télévision électronique; — **transit tube**, tube de déplacement d'électrons; —**tube**, tube électronique; — **volt**, électron-volt; — **voltmeter**, voltmètre électronique.

Electronic, Électronique; — **circuit**, circuit électronique; — **control**, commande électronique; — **coupling**, couplage électronique; — **excitation**, excitation électronique; — **heating**, chauffage par hystérésis diélectrique; — **wattmeter**, wattmètre électronique.

Electronically, Électroniquement.

Electronics, Électronique (Science de l').

Electroosmosis, Électroosmose.

Electrophoresis, Électrophorèse.

Electroplating (voir **Electro**).

Electroscope (voir **Electro**).

Electrostatic (voir **Electro**).

Electrothermic, Électrothermique.

Electrowinning, Procédé d'électroplastie par anodes insolubles.

Electrum, Ambre; alliage jaune pâle d'or et d'argent; alliage natif d'or et d'argent; ruolz.

Elektron, Elektron; — **sheet,** feuille d'élektron.

Element, Génératrice (d'une courbe); élément; **heavy** —, élément lourd.

Elemental, Élémentaire; — **area,** surface élémentaire.

Elementariness, État élémentaire.

Elementary, Élémentaire; — **body,** corps simple (chimie); — **charge,** charge élémentaire.

Elephant paper, Double couronne; papier éléphant (28×62^{cm}).

to Elevate, Soulever, élever; pointer (canon).

Elevated cableway crane, Grue à câble aérien.

Elevating screw, Vis de pointage en hauteur (canon).

Elevation, Élévation; vaporisation; surhaussement; soulèvement (géologie); **angle of** —, angle de tir, de pointage (positif); **end** —, vue de bout; **front** —, vue de face; **side** —, vue de côté.

Elevator, Élévateur; monte-charge; noria; ascenseur; gouvernail, gouverne de profondeur (aviat.); **belt** —, élévateur à bande; bande à godets; **bonnet or casing of an** —, chapeau d'élévateur; **bucket** —, patenôtre; élévateur à godets; **coal** —, élévateur de charbon; **deck edge** —, ascenseur (d'avions) en abord; **deep well** —, éjecteur placé dans un puits; **freight** —, monte-charges; **grain** —, élévateur de grains; **hydraulic** —, élévateur hydraulique; **portable** —, élévateur mobile; **ship's** —, monte-charge pour bateaux; **shore** —, monte-charge de quai; **suction** —, élévateur à aspiration.

to Eliquate, Ressuer; soumettre à la liquation.

Eliquation, Ressuage (mét.), liquation.

Ellipse or Ellipsis, Ellipse.

Ellipsoid, Ellipsoïde.

Elliptic or Elliptical, Elliptique; **para** —, para-elliptique; — **conoid,** ellipsoïde; — **polarisation,** polarisation elliptique; — **spring,** ressort elliptique; **to make** —, surbaisser.

Ellipticity, Aplatissement.

Elm, Orme.

Elongated, De forme allongée.

Elongation, Déviation, élongation; allongement total; extension; **breaking** —, allongement de rupture; — **at rupture,** allongement de rupture; — **per unit of length,** allongement unitaire ou spécifique; — **test,** essai d'élasticité; épreuve d'allongement.

to Elutriate, Décanter.

Elutriation, Décantation; purification par lavage ou décantation; lavage; départ (mét.).

Elvan, Veine de porphyre feldspathique à travers banc; porphyre feldspathique.

Elve, Manche d'un pic, d'une masse.

E. M., Electromagnetic (units).

Emanation, Effluve, émanation.

to Emarginate, Rogner, ôter le bord.

to Embank, Encaisser.

Embankment, Remblai; levée de terre; jetée; encaissement.

Embargo, Arrêt, saisie, embargo.

to Embed (a cable), Poser (un câble) dans; noyer dans.

Embedded, Posé, enrobé, noyé dans; **concrete —,** noyé dans du béton.

Embers, Cendres; braise.

to Emboss, Graver en relief; bosseler; enter.

Embossed, Bosselé; embouti; à bossage.

Embosser (voir **Telegraphic**); **morse —,** récepteur Morse à pointes sèches.

Embossing, Bosselage, repoussage, gaufrage; — **machine,** machine à gaufrer.

Emerald, Émeraude; — **copper,** dioptase; — **like stone,** mère d'émeraude; — **nickel,** émeraude de nickel.

Embrittlement, Tendance à la fragilité; **hydrolyse —,** fragilité de l'acier par l'hydrogène.

to Emerge, Émerger.

Emergence, Émergence; **angle of —,** angle d'émergence.

Emergent, Émergent.

Emergency, D'urgence; de secours; — **brake,** frein de secours; — **exit,** sortie de secours; — **lighting,** éclairage de secours; — **tyre,** pneu de secours; — **wheel,** roue de secours..

Emery, Émeri; **coarse —,** emeri grossier; **F. F. —,** émeri ultrafin; **finest —,** doucé; **lapidary's —,** potée d'émeri; — **cutter,** roue d'émeri; — **cylinder,** tambour d'émeri; — **dust,** poudre d'émeri; potée d'émeri; émeri en poudre; — **grinder,** roue d'émeri; — **grinding machine,** machine de meules d'émeri; **canvas,** — **cloth,** toile d'émeri; — **paper,** papier d'émeri; — **stick,** rodoir, polissoir; — **stone,** meule d'émeri; — **tape,** ruban

émerisé; — **wheel,** meule d'émeri; roue d'émeri; pierre d'émeri; — **wheel dresser,** décrasse-meule; — **wheel truers,** appareils pour rectifier les meules d'émeri.

to Emery, Roder; polir à l'émeri.

E. M. F., Electro–motive force (Force électromotrice).

Emission, Émission; **electron —,** émission d'électrons; **primary —,** émission primaire; **thermo-ionic —,** émission thermoionique; **ultraviolet —,** émission en lumière ultraviolette; — **characteristics,** caractéristiques d'émission; — **spectrum,** spectre d'émission.

Emissive power, Pouvoir émissif.

Emissivity, Émissivité.

Emittance, Émittance.

Emitting power, Pouvoir émissif.

Emollescence, Ramolissement avant fusion (mét.).

Empennage, Empennage (aviat.).

Emphasiser, Renforçateur.

Empire cloth, Toile huilée.

Empirical, Empirique; — **equations,** équations empiriques.

Employe or **Employee,** Employé.

Employment, Emploi.

Empties, Récipients, wagons vides.

Empty, Vide; — **weight,** poids à vide.

to Empty, Vider.

Emptying chain, Câble de chargement (benne preneuse); **emptyings,** lie.

E. M. U., Electromagnetic units (Unités électromagnétiques).

Emulsibility, Émulsibilité.

Emulsification, Émulsification, émulsionnement.

Emulsified, Émulsionné.

Emulsifier, Émulseur.

to Emulsify, Émulsionner.

Emulsion, Émulsion; **nuclear —,** émulsion nucléaire; **photographic —,** émulsion photographique; **sensitive —,** émulsion sensible; **— number,** nombre d'émulsion (nombre de secondes nécessaire pour qu'une huile se sépare une fois émulsionnée et traitée dans certaines conditions).

Enamel, Émail; **porcelain —,** émail vitrifié; **synthetic —,** émail synthétique; **— cloth,** toile cirée; **— colour,** couleur fusible; **— paper,** papier glacé au moyen d'un enduit métallique; **—'s file,** couperet.

to Enamel, Émailler.

Enamelled, Émaillé; **— wire,** fil émaillé.

Enamelling, Émaillage; **cold —,** application d'émail à froid.

Enantiomorphic, Énantiomorphique.

to Encase, Munir d'une enveloppe, blinder.

Encased, Blindé; **fully —,** entièrement blindé.

Encasement, Revêtement, enveloppe, blindage.

to Enchase, Enchâsser, enlacer, encastrer; ciseler, graver.

Enclosed, Fermé; **— motor,** moteur fermé; **totally — motor,** moteur hermétique; **— type press,** presse à arcade.

Enclosing wall, Mur de clôture.

Enclosure, Capot, boîte, coffret, enclos; enveloppe.

Encowled, Capoté.

to Encroach, Avancer, empiéter (min.).

Encrustation, voir **Incrustation.**

End, Fin, bec, bout, extrémité; fond de galerie; bout de barre (mét.); pied de perpendiculaire; culasse; face de tête (four Martin); tête de four; tête de bielle; **— axle,** bout d'arbre; **basic —,** culasse basique; **big —,** tête de bielle; **boiler —,** fond de chaudière; **box —,** tête de bielle en étrier; tête à cage; **butt —,** tête de bielle avec chape; gros bout de poteau ou d'arbre; **collecting —,** brin collecteur (de transporteur à bande); **crop —,** chute; **dead —,** bout mort; **distributing —,** brin distributeur (de transporteur à bande); **egg —,** fond hémisphérique (chaud.); **jib and cotter —,** tête de bielle avec chape; **joined — plate,** fond en plusieurs pièces (chaud.); **hook —,** bec de crochet; **marine —,** voir **Marine; on —,** de bout; d'aplomb; **pressed — plate,** fond embouti à la presse; **rained —,** **ridged —,** nervure d'extrémité; **scrap —,** chute; **short dead —,** cul-de-sac (ch. de fer); **small —,** crosse de bielle; **solid —,** tête de bielle en étrier; tête à cage; **split —,** bord gercé, fissuré; **tang —,** tête de tringle (aiguillage de ch. de fer); **waste —,** chute; **— bearing,** palier frontal; **— boss,** moyeu d'extrémité; **— cap,** bouchon; coiffe; **— capacity,** capacité d'extrémité (antennes); **— course,** virole d'extrémité (chaud.); **— curve,** courbe finale (came); **— diagonal,** barre diagonale extrême (charpente métallique); **— effect,** effet d'extrémité; **— elevation or — view,** vue en bout; **— for —,** bout pour bout; **— gauge,** calibre de hauteur; **— girder,** entretoise; tête de pont; **— grain,** bois de bout; côté de la sève; **— journal,** tourillon frontal; **— journal bearing,** palier; **— lap weld,** soudure en tête (maillon de chaîne); **— line,** ligne de fermeture du polygone funiculaire; **— measuring rod,** calibre de hauteur; **— mill,** fraise à queue; **— of back forks,** pattes arrière; **— of stroke,** bout de course; **— piece,** bout, talon; **— pin,** fuseau de fermeture (chaîne); **— plane,** plateau de cylindre; **— plate,** plaque de

fond; plaque de tête (chaud.);
— **play**, jeu, temps perdu (vis);
— **point**, — **post**, montant
extrême (charpente métallique);
— **product**, produit final (chimie); — **pulley**, poulie de retour;
— **ring**, bague de couverture
(turbine); — **shell ring**, virole
d'extrémité (chaud.); — **shield**,
bouclier latéral (moteur électrique); — **sleeve**, manchon
d'extrémité de câble; — **tenon**,
tenon en about; — **tipping barrow**, brouette basculant en
avant; — **vertical**, barre verticale extrême (charpente métallique); — **view**, vue en bout;
— **wall bracket**, console à
équerre; — **ways**, dans les deux
sens; — **winding**, bobinage
frontal.

to **Endent**, Engrener.

4 **coupled double Ender**, Bogie
avant et deux essieux porteurs
arrière (locomotive).

6 **coupled double Ender**, Bogie
avant et trois essieux porteurs
arrière (locomotive).

Endless, Sans fin; — **belt**, courroie sans fin; — **chain**, chaîne
sans fin; — **screw**, vis sans fin.

Endodyne (voir **Self-heterodyne**).

Endorsee, Endossataire.

Endorser, Endosseur.

Endothermic, Endothermique.

Endurance, Endurance; rayon
d'action; **operational** —, autonomie (d'un avion...); — **limit**,
limité d'endurance; résistance à
la fatigue; — **test**, essai d'endurance.

to **Energize**, Faire passer du
courant dans un circuit; établir
le courant; mettre sous tension;
exciter.

Energizing, Mise sous tension,
excitation.

Energy, Énergie; **active** —, é-
nergie cinétique; **atomic** —,
énergie atomique; **binding** —,
énergie de liaison; **cinetic** —,

énergie cinétique; **heat** —, é-
nergie thermique; **mechanical**
—, énergie mécanique; **nuclear**
—, énergie nucléaire; **potential**
—, énergie potentielle; **reactive**
—, énergie réactive; **residual**
—, énergie résiduelle; — **meter**,
compteur de wattheures; — **of
flow**, énergie d'écoulement; —
spectrum, spectre d'énergie.

to **Engage**, Embrayer; engrener;
enclencher; venir en contact;
actionner (une machine); enlier
(maçonnerie).

Engaged test, Essai d'occupation
de la ligne (téléphone).

Engagement, Accrochement; engrènement; prise; **hook** —,
accrochage.

Engaging, Embrayage; — **and
disengaging gear**, accouplement
à débrayage; — **coupling**, embrayage; — **gear**, enclenchement; — **machinery**, embrayage
— **scarf**, enclenche, entaille
d'embrayage, adent d'em-
brayage.

Engine, Machine; moteur; locomotive; **adhesion** —, locomotive
à adhérence; **aero** —, moteur
d'avion; **air cooled** —, moteur à
refroidissement par air; **aircraft**
—, moteur d'avion; **airship** —,
moteur de dirigeable; **arrow** —,
moteur en W; **atmospheric** —,
machine atmosphérique à simple
effet; **auxiliary** —, petit cheval,
machine auxiliaire; **back acting**
—, machine à bielle renversée;
balanced —, moteur équilibré;
bank —, locomotive de renfort;
beam —, machine à balancier;
beam steam —, machine à
vapeur à balancier; **beating** —,
cylindre à broyer; **blast furnace
blowing** —, soufflerie de haut
fourneau; **blast furnace gas** —,
moteur à gaz de haut fourneau;
blowing —, soufflerie; machine
soufflante; **coal gas** —, moteur
à gaz d'éclairage, à gaz de
houille; **compound** —, machine
compound (à détente séparée);

condensing steam —, machine à condensation; non condensing —, machine sans condensation; coverless —, sans culasse; crosshead —, moteur à crosse; n cylinder —, moteur à n cylindres; dead —, moteur calé; Diesel oil —, moteur Diesel; direct acting —, machine à bielle directe; direct drive —, moteur avec hélice en prise directe; donkey —, petit cheval; double acting steam —, machine à vapeur à double effet; driving —, machine motrice; dummy —, machine des locomotives sans foyer; duplex steam —, machine à vapeur jumelle; expansion — or expansive —, machine à détente; explosion — or explosive —, moteur à explosion; fan shape —, moteur en éventail; fire —, pompe à incendie; four —, à quatre moteurs, quadrimoteur; flat four —, moteur à quatre cylindres horizontaux opposés deux à deux; four cycle (or stroke) —, moteur à quatre temps; four cylinder —, moteur à 4 cylindres; fixed —, moteur fixe; gas —, moteur à gaz; gasoline —, moteur à essence; geared —, moteur à réduction démultiplié; heat —, machine thermique; moteur thermique; high compression —, moteur surcomprimé; high speed —, moteur à grande vitesse, moteur rapide; hoisting —, machine à vapeur de levage; machine d'extraction; horizontal —, machine horizontale; 300 H. P. —, moteur, machine de 300 HP; hydraulic —, machine hydraulique; inboard —, moteur intérieur; injection —, moteur à injection; line —, moteur à cylindres en ligne; internal combustion —, machine à combustion interne; inverted cylinder —, machine à pilon; inverted V —, moteur en V inversé; inverted vertical —, machine à pilon; jet —, moteur à réac-

tion; land —, machine terrestre; lever —, machine à balancier; marine —, machine marine; mine —, machine d'épuisement (mines); monovalve —, moteur monosoupape; motor —, machine motrice; multicylinder —, moteur à plusieurs cylindres; multi-fuel —, moteur brûlant divers combustibles; non expansive —, machine sans détente; oil —, moteur à pétrole; one —, monomoteur; opposed cylinder —, moteur à cylindres opposés; opposed piston —, moteur à pistons opposés; oscillating —, machine oscillante; outboard —, moteur extérieur; overhead cylinder —, machine à pilon; overhead valve —, moteur à soupapes en tête; petrol —, moteur à essence; piston —, machine, moteur à piston; poling —, locomotive opérant le lancement au moyen d'un madrier; portable —, locomobile; producer gas —, moteur à gaz pauvre; propulsion —, moteur de propulsion; pulse jet —, moteur fusée; pumping —, machine d'épuisement; rack —, locomotive à crémaillère; radial or radial type —, moteur en étoile; ram —, mouton, sonnette; ram jet —, statoréacteur; rear end —, moteur à l'arrière; reciprocating steam —, machine à vapeur à piston; reversible —, moteur réversible; rotary —, moteur rotatif, machine rotative; rotary steam —, machine à vapeur rotative; scavenging —, moteur de balayage; self contained steam —, machine à vapeur indépendante; V shape —, moteur en V; shunting —, locomotive pour le triage; locomotive de manœuvre; side lever —, machine à balanciers latéraux; single —, monomoteur, à un moteur; single acting —, machine à simple effet; single cylinder —, moteur monocylindrique; six —, à six moteurs, hexamoteur;

sleeve valve —, moteur sans soupapes, moteur à chemise coulissante; **standard** —, moteur d'essai; **star shape** —, moteur en étoile; **stationary** —, moteur fixe; **steam** —, machine à vapeur; **steam pump** —, pompe à vapeur; **Still** —, moteur Still; **straight drive** —, moteur avec hélice en prise directe; **suction** —, machine aspirante (moteur à combustion interne); **supercharged** —, moteur suralimenté; **surcompressed** —, moteur surcompressé; **surface condensing** —, machine à condensation par surface; **tank** —, locomotive tender; coucou; **three crank** —, machine à 3 manivelles; **three cylinder** —, machine à 3 cylindres; **triple expansion** —, machine à triple expansion; **trunk** —, machine à fourreau; **trunking** —, machine à laver les minerais; **turbine** —, machine à turbines; **turbocompound** —, moteur turbocompound; **turbojet** —, turboréacteur; **ducted fan turbojet** —, turboréacteur à double flux ou à ventilateur auxiliaire; **twin** —, bimoteur, à deux moteurs (avion); machine à vapeur à deux cylindres; **twin screw** —, machine à hélices jumelles; **two cycle double acting** —, moteur à deux temps à double effet; **two cycle (or two stroke)** —, moteur à deux temps; **two vapour** —, machine à vapeurs combinées; **unsupercharged** —, moteur non suralimenté; **upright** —, moteur vertical; **V** —, moteur en V; **valve** —, moteur à soupapes; **valve-in-head** —, moteur à soupapes en tête; **valveless** —, moteur sans soupape; **waste gas** —, machine utilisant les chaleurs perdues; **water** —, pompe à eau; **water cooled** —, moteur à refroidissement par eau; **four, six wheeled** —, machine à quatre, six roues couplées (loc.); **winding** —, machine d'extrac-

tion; **wall-tank** —, locomotive-tender avec châssis de caisse à eau; **to back the** —, faire machine en arrière; **to crank an** —, faire démarrer un moteur; **to cut the** —, couper le moteur; **to decarbonize an** —, décalaminer un moteur; **to head the** —, mettre la machine en avant; **to line up or to make true an** —, niveler, dresser une machine; **to reverse the** —, renverser la marche d'une machine; **to slack the** —, ralentir l'allure de la machine; **to start an** —, démarrer un moteur; **to stoke the** —, chauffer la locomotive; **to throttle the** —s, réduire les moteurs; — **assembly**, montage du moteur; — **base**, socle d'un moteur; — **beam**, balancier d'une machine; — **bearer**, berceau moteur; — **bearers or sleepers**, carlingues d'une machine; — **bearings**, portées (des arbres de la machine); — **bed**, berceau moteur; — **building**, machinerie, construction de machines; — **case**, carter de moteur; — **cowl or cowling**, capot de moteur (aviat.); — **cradle**, berceau de moteur; — **driver**, machiniste; — **failure**, panne de moteur; — **fitter**, monteur; — **fittings**, accessoires de moteurs; — **framing**, bâti de la machine; — **hatch**, panneau de la machine; — **house**, dépôt des machines; bâtiment des machines; — **lathe**, trou à charioter et à fileter; tour parallèle; — **minder**, surveillant des machines; — **mounting**, berceau moteur; — **plane**, plan de manœuvre; — **priming**, appel d'essence dans les cylindres pour faciliter le départ; — **room**, chambre des machines, — **shaft**, puits de la machine d'épuisement; arbre de couche; arbre moteur; — **tool**, machine-outil compliquée; — **type generator**, dynamo dont le rotor est calé sur l'arbre de la machine motrice; — **waste**, déchet de coton; — **works**, atelier de construction de machines.

Engined, Pourvu de machines; (machine) construite par; **Diesel** —, à moteur Diesel; **four** —, à quatre moteurs, quadrimoteur; **piston** —, à moteurs à piston; **rear** —, avec moteur à l'arrière; **twin** —, à deux moteurs.

Engineer, Ingénieur mécanicien; soldat du génie; officier mécanicien (mar.); machiniste; mécanicien de train (aux Etats-Unis); constructeur mécanicien; **consulting** —, ingénieur-conseil; **managing** —, ingénieur du service technique; ingénieur d'exploitation.

Engineering, Technique; mécanique; applications, applications techniques; **civil** —, génie civil; **electrical or electro** —, électrotechnique; **forest** —, technique forestière; **mechanical** —, construction mécanique; **naval** —, mécanique navale; génie maritime; **railway** —, technique ferroviaire; **structural** —, construction métallique; construction mécanique; — **drawing**, dessin industriel; — **work**, construction mécanique; — **works**, atelier de construction de machines.

Enginemen, Machinistes.

Engler degrees or **Engler number**, Secondes Engler divisées par le temps en secondes nécessaires pour que 2 0 0 ml d'eau distillée à 2 0° C passent à travers l'orifice du viscosimètre Engler.

Engler seconds, Nombre de secondes nécessaires pour que 2 0 0 ml d'huile passent à travers l'orifice du viscomètre Engler à une température donnée.

to Engrave, Graver, imprimer.

Engraver, Graveur; **photo** —, photograveur; — **miller**, fraiseuse à graver.

Engraving, Gravure; **photo** —, photogravure.

Engyscope, Microscope à réflexion.

to Enlarge, Épanouir; évaser (des tubes); élargir, agrandir; aléser; emboutir.

Enlarged, Agrandi (photo...).

Enlargement, Carrefour de mine.

Enlarging, Agrandissement; — **hammer**, marteau plat; marteau à étendre; marteau de batteur d'or.

Enol, Énol.

Enolizable, Énolisable.

to Enrich, Laver, enrichir des minerais.

Enriched, Enrichi; **oxygen** —, enrichi en oxygène.

Ensiform file, Lime à pignon.

Ensurance, Assurance (voir **Insurance**).

Entablure, Entablement (mach.).

Entering edge, Bord d'attaque (aviat.).

Entering file, Langue d'oiseau; **entering gouge**, gouge à nez rond; **entering tap**, amorçoir.

Enthalpy, Enthalpie.

Entrained state, A l'état de suspension.

Entrapped gas, Gaz occlus.

Entropy, Entropie.

Entry, Inscription.

Envelope, Enveloppe; **cylinder** —, enveloppe du cylindre; **glass** —, ampoule; **vacuum** —, enceinte à vide.

Enveloping, Enveloppante.

Eosine, Éosine.

Epicyclic, Épicycloïdal; — **gear**, engrenage épicycloïdal; — **reduction gear**, réducteur épicycloïdal; — **train**, train épicycloïdal.

Epicycloid, Épicycloïde; — **gear**, engrenage épicycloïdal.

Episcotister, Disque tournant à encoches.

Epitrochoid, Épicycloïde engendrée par un point situé hors de la circonférence du cercle roulant.

Epsom salt, Sulfate de magnésie.

Epurator, Épurateur.

Equalisation box, Compensateur; **equalisation passage,** canal de compensation.

to Equalise or **Equalize,** Égaliser, compenser.

Equaliser or **Equalizer,** Compensateur, égaliseur, égalisateur; égalisatrice; compensatrice; balancier compensateur (ressort de voiture); **bell crank —,** levier compensateur d'équerre; **pressure —,** égalisateur de pression; **— feeder,** conducteur de compensation; **— spring,** ressort compensateur.

Equalising or **Equalizing,** Qui compense, qui égalise; compensation, égalisation; **— gear,** différentiel (auto); **— conductor,** fil neutre; **— mains,** conducteurs de compensation; **— pressure,** tension de compensation; **— ring,** anneau équipotentiel (élec.).

Equalling file, Lime rectangulaire.

Equation, Équation; **differential —,** équation différentielle; **empirical —s,** équations empiriques; **linear —,** équation linéaire; **non linear —,** équation non linéaire; **matric —,** équation matricielle; **to reduce an —,** réduire une équation; **secular —,** équation séculaire.

Equatorial, Équatorial; **— telescope,** télescope équatorial.

Equilateral, Équilatéral.

Equilibria, Équilibres; **metallurgical —,** équilibres métallurgiques.

Equilibrium, Équilibre; **— diagram,** diagramme d'équilibre; **— potential,** potentiel d'équilibre.

Equimileage, Parcours équivalent.

Equimolecular, Équimoléculaire.

to Equip, Équiper, installer sur.

Equipment, Matériel; aménagement; accessoires; appareillage; **airborne —,** équipement de bord; **control —,** équipement de contrôle; **earthmoving —,** matériel de terrassement; **navigational —,** instruments de navigation; **pit bank and bottom —** matériel de recette et d'accrochage (mines); **shaft —,** armement de puits; **sinking —,** matériel de fonçage; **winning —,** matériel d'abattage.

Equipoise, Équilibre, poids égal.

Equipotential, Équipotentiel; **— line,** courbe équipotentielle; **— surface,** surface équipotentielle.

Equipped, Muni de, équipé; **radio — car,** voiture munie de la T. S. F.

Equivalent, Équivalent; **Joule's —,** équivalent mécanique; **— circuit,** circuit équivalent; **mechanical — of heat,** équivalent mécanique de la chaleur; **— height,** hauteur équivalente; **— resistance,** résistance équivalente.

to Erase, Gommer; gratter.

Eraser, Gomme à effacer.

to Erect, Élever, dresser, monter (mach.); réaliser.

Erecter, Monteur.

Erecting, Montage; **— bay,** hall de montage; **— crane,** pont de montage **— machinist,** monteur; **— shop,** atelier de montage, d'ajustage.

Erection, Montage; assemblage; **under —,** en montage; **— at the plant,** montage sur place.

Erector, Ouvrier monteur; redresseur d'image.

Eremacausis, Oxydation progressive.

Erg, Erg (unité de travail).

Ergodic, Ergodique (math.).

Ericsson's screw, Tourbillon.

Erosion, Érosion.

Erratic, Irrégulier; — **vibrations,** vibrations irrégulières imprévisibles.

Erraticness, Irrégularité (de fonctionnement).

Error, Erreur, aberration; **cyclic** —, erreur périodique; **instrumental** —, erreur instrumentale; **mean** —, erreur moyenne; **probable** —, erreur probable; **quadrantal** —, erreur quadrantale; **residual** —, erreur résiduelle; **slit width** —, aberration de largeur de fente; **systematic** —, erreur systématique.

Eruginous, Cuivreux, de la nature du vert-de-gris.

E. S., Électrostatic (Units).

Escalator, Escalier mécanique.

Escape, Échappement (chronomètre); dégagement; purge; fuite de gaz; **air** —, purge d'air; — **detector,** cherche-fuite; — **pipe,** tuyau d'échappement; **air** — **valve** —, robinet de désaération.

Escapement, Échappement; **detached** —, échappement libre (horlog.); — **wheel,** roue d'échappement.

Escutcheon, Écusson; entrée, rouet de serrure.

Esparto, Alfa.

Essay, Analyse, essai; **dry** —, essai par la voie sèche; **spectral** —, analyse spectrale; **wet** —, essai par la voie humide; — **drop,** témoin; — **porringer,** essai scarificatoire.

to Essay, Essayer.

Essayer's tongs, Pince d'essayeur.

Essaying glass, Lunette d'épreuve.

Essence, Essence (de fleurs).

Essential oils, Huiles essentielles.

E. S. T., Eastern Standard Time.

Establishment, Érection, fondation, établissement.

real Estate, Propriété foncière.

Ester, Ester; **acid** —, ester acide; **cellulose** —, ester cellulosique; **creosotinic** —, ester créosotique; **cyanoacetic** —, ester cyanacétique; **methyl** —, ester méthylique; **organic** —, ester organique; **phosphate** —, ester phosphatique; **silicone** —, ester silicique; **sulphuric** —, ester sulfurique.

Estimate, Devis, estimations; **rough** —, devis approximatif.

Estimates, Prévisions.

Estimating office, Bureau des projets.

Estimation, Analyse; dosage; **polarographic** —, dosage polarographique.

inclination Estimator, Inclinomètre.

Estrogens, Oestrogènes.

Estuarine deposits, Terre d'alluvions.

E. S. U., Electrostatic unit (Unité électrostatique).

Etchent, Réactif.

to Etch, Graver à l'eau forte; attaquer à l'acide.

Etching, Gravure; décapage; attaque à l'acide; **acid** —, décapage; **steel** —, gravure à l'eauforte; — **figures,** figures de corrosion; — **polishing,** polissage par attaque à l'acide; — **test,** essai par corrosion.

Ethane, Éthane.

Ethanol, Éthanol; **anhydrous** —, éthanol anhydre.

Ether, Éther; **alkyl** —, éther alcoylique; **dibenzyl** —, éther dibenzylique; **dimetyl** —, éther diméthylique; **mesityl** —, éther de mésityle; **methyl** —, éther de méthyle; **polymeric** —, éther polymérique; éther polymère; **sulphuric** —, éther sulfurique.

Etheral oils, Huiles essentielles.

Ethyl, Éthyle; — **acetate,** acétate d'éthyle; — **alcohol,** alcool éthylique; — **bromide,** bromure d'éthyle; — **cellulose,** éthyle-cellulose; — **nitrate.** nitrate d'éthyle.

Ethyl glycol, Éthylglycol.

Ethylhydrazine, Éthylhydrazine.

Ethylation, Éthylation.

Ethylene, Éthylène; éthylénique; **polymerised** —, éthylène polymérisé; polythène; — **oxide,** oxyde d'éthylène; — **resin,** résine éthylénique.

Ethylenic, Éthylénique.

Eucalyptus, Eucalyptus.

Euclidean space, Espace euclidien.

Eureka wire, Fil pour résistances (cuivre et nickel).

Europium, Europium.

Eutectic, Eutectique.

Eutectoid, Eutectoïde.

Evactor, Pompe à air.

to Evacuate, Faire le vide.

Evacuated, Où l'on a fait le vide; — **space,** espace d'air raréfié.

Evacuation, Évacuation, vidange; — **gallery,** galerie de vidange.

to Evaporate, Évaporer, vaporiser; — **to dryness,** évaporer à sec.

Evaporating, Évaporatoire; — **apparatus,** appareil évaporatoire; — **channels,** canaux d'évaporation (métal.); — **surface,** surface évaporatoire.

Evaporation, Évaporation; **vacuum** —, évaporation sous vide.

Evaporative condenser, Condenseur à ruissellement.

Evaporative power, Puissance de vaporisation.

Evaporator, Évaporateur; machine évaporatoire; capsule (chim.); bouilleur; **tube** —, évaporateur tubulaire; **vacuum** —, évaporateur sous vide. **water** —, évaporateur d'eau.

Evaporatory efficiency, Puissance d'évaporation.

Even, Pair (chiffre), plan; en équilibre; — **pitch,** voir **Pitch;** — **with,** au niveau de; **to make** —, affleurer, araser; mettre de niveau.

Evenness, Planéité.

Evolute winding, Bobinage frontal (élec.).

Evolution, Dégagement.

Evolvent, Développante (géom.).

Exaltation, Raffinage; sublimation; exhaussement.

to Excavate, Saper, miner.

Excavation, Excavation; fouille; déblai.

Excavator, Excavateur, cuiller à grappin; **bucket** —, excavateur; drague sèche; **continuous bucket chain** —, excavateur à chaîne continue de godets.

Excelsior, Fibre de bois.

Excess, Excès; excédent; — **air** —, excès d'air; — **area,** surface positive (diagramme); — **of work,** excédent de travail; — **voltage,** surtension.

Exchange office, Bureau de change.

Exchange (bill of), Lettre de change.

heat Exchange, Échange de chaleur.

stock Exchange, Bourse (la).

Exchanger, Banquier; agent de change; **heat** —, échangeur de chaleur; **thermic** —, échangeur de température.

Excitation, Excitation (élec.); a-morçage (dynamo); **electronic** —, excitation électronique; **impact** — or **shock** —, excitation par choc; **no load** —, excitation à vide; **over** —, surexcitation; **refusal of** —, défaut d'amor-çage; **residual** —, excitation rési-duelle; **self** —, autoexcitation; **under** —, sous-excitation; — **anode,** anode d'excitation; — **circuit,** circuit d'excitation; — **curve,** courbe d'excitation.

Excited, Excité; **over** —, sur-excité; **under** —, sous-excité.

Exciter, Dynamo excitatrice; **shaft end** —, excitatrice en bout d'arbre; **static** —, excitateur statique.

Exciting converter, Transforma-teur d'excitation; **exciting cur-rent,** courant d'excitation; **exci-ting transformer,** transforma-teur d'excitation; **self exciting,** autoexcitateur (élec.).

Excrescence, Loupe (bois).

Execution, Saisie.

Exesion, Action de miner, de ronger.

to Exfoliate, Se déliter; se fendre.

Exhaust, Évacuation; échappe-ment (mach. à vap,); écoule-ment (turbine); **atmospheric** —, échappement à l'air libre; — **accelerator,** accélérateur d'é-chappement; — **blower,** ven-tilateur aspirant; — **box,** pot d'échappement; silencieux; — **cam,** came d'échappement; — **collector,** collecteur d'échappe-ment; — **draft,** tirage induit; tirage par aspiration; — **fan,** ventilateur aspirant; aspirateur; — **flange,** bride d'échappement; — **fumes,** vapeurs d'échappe-ment; — **gear,** commande de l'échappement; — **jet,** tuyère d'échappement; — **lap,** recou-vrement d'échappement; recou-vrement intérieur du tiroir; — **lead,** avance à l'échappement;

— **manifold,** collecteur d'échap-pement; — **muffler,** silencieux; — **nozzle,** buse d'éjection; — **pipe,** tuyau d'échappement; tuyère d'échappement (locomo-tive); — **pot,** pot d'échappe-ment; — **port,** lumière; orifice d'échappement; — **pressure,** pression à l'échappement; — **silence** or — **snubber,** silencieux; — **stroke,** temps d'échappe-ment; course d'échappement; — **tank,** silencieux; pot d'échap-pement; — **turbocharger,** turbo-compresseur à gaz d'échappe-ment; — **valve,** soupape d'é-chappement; — **valve box,** cha-pelle de soupape d'échappe-ment; — **valve chest,** chapelle de soupape d'échappement; **li-near** — **lead,** avance linéaire intérieure (distribution par ti-roir); **to hold the** — **valve,** bloquer la soupape d'échappe-ment.

to Exhaust, Vider; vidanger; aspirer; faire le vide; épuiser (min.); s'échapper.

Exhauster, Ventilateur aspirant; aspirateur, exhausteur, pompe de vidange; **air** —, ventilateur aspirant, aspirateur; **gas** —, aspirateur de gaz.

Exhausting, D'épuisement; — **the cylinder,** vidange du cy-lindre.

Exit, Sortie, émission; dégage-ment de vapeur; orifice de vidange; **gas** — **pipe,** prise de gaz (haut fourneau); — **gas,** gaz de sortie; — **side,** côté de la sortie (laminoir).

Exosphere, Exosphère.

Exothermic, Exothermique.

Exp, Exponent (Exposant).

to Expand, Élargir; emboutir; se dilater; expanser; détendre, al-longer; mandriner; évaser; se détendre; gonfler, pousser (mor-tier); développer (math.).

Expanded, Expansé, développé; — **metal,** métal déployé.

tube Expander, Dudgeon, appareil à mandriner les tubes, expanseur.

Expanding, A soufflets; à expansion; compensateur; expansible; divergent; mandrinage; — **borer,** foret à mèche variable; — **bullet,** balle expansive; — **center bit,** mèche à trois pointes universelles; — **clutch,** embrayage par segment extensible; — **pitch,** pas croissant (hélice); — **press,** presse à mandriner; — **roller,** rouleau de tension; — **test,** essai à l'élargissement; essai de mandrinage (tubes); — **wedge brake,** frein à cale.

Expansion, Détente; dilatation; effort; expansion, extension; **adiabatic** —, détente adiabatique; **adjustable** — **gear,** mécanisme de détente variable; **compound stage** —, double détente; **gland joint** —, tuyau à presse-étoupe; **linear** —, dilatation linéaire; **series** —, développement en série; **triple, quadruple** — **engine,** machine à triple, quadruple expansion; **thermal** —, dilatation thermique; **two stage** —, double détente; **variable** —, détente variable; — **bolt,** boulon de scellement; — **bracket,** repos amovible (chaud.); — **central plant,** centrale de détente; — **damper,** papillon de la détente; — **engine,** machine à détente; — **gear,** détente; mécanisme de détente; — **half on,** introduction de vapeur pendant la moitié de la course; — **joint,** fourreau compensateur, joint glissant; à soufflets; joint de dilatation; compensateur; — **line,** coulisse de la détente variable; courbe de détente; — **pipe,** tuyau extensible, tuyau compensateur; — **tank,** bac à expansion; — **waves,** ondes d'expansion.

Expansive engine, Machine à détente.

Expansively, A détente.

Expansivity, Dilatation.

Expedance, Impédance négative.

Expenditures, Dépenses, frais.

Expense, Dépense, frais; **maintenance** —**s,** frais d'entretien; **tooling up** —**s,** frais d'outillage; **travelling** —**s,** frais de déplacement; **working** —**s,** frais d'exploitation.

to Experience, Expérimenter, essayer.

Experiment, Expérience, épreuve.

Expert, Spécialiste, technicien.

Expletives, Petits moellons; blocailles.

to Explode, Éclater, faire sauter, faire explosion.

Exploder, Exploseur, amorce.

Exploding, Tirage à la poudre.

Exploit, Exploitation (min.).

Exploratory works, Travaux de recherche.

Exploring coil, Bobine d'exploration.

Exploring drift, Galerie de reconnaissance.

Explosion, Explosion; — **bulb,** ampoule d'explosion (chim.); — **chamber,** chambre d'explosion; chambre de Wilson; — **proof motor,** moteur anti-déflagrant.

Explosive, Explosif; **high** —, explosif à grande puissance; explosif brisant; — **charge,** charge explosive; — **gelatine,** dynamite-gomme.

Exponent, Exposant (math.); — **equation,** équation exponentielle; — **of capacity,** exposant de charge (c. n.).

Exponential, Exponentiel; — curve, courbe exponentielle.

to **Export,** Exporter.

Exposed, A découvert (min.); aérien; — ducts, conduites aériennes.

Exposure, Exposition, pose, temps de pose (photographie); cliché; over —, surexposition; under —, sous-exposition; — calculator, calculateur de pose; — meter, posomètre.

Express type of watertube boiler, Chaudière à tubes d'eau étroits (chaudière express).

Expulsion, Expulsion, éjection; — arrester, parafoudre à expulsion.

to **Extend,** Pousser, continuer (une fouille); sortir (train d'atterrissage).

Extended, Poussé; sorti (train d'atterrissage).

Extended rod, Contre-tige.

point **Extender,** Pigment pour peintures.

Extension, Traction; rallonge; prolongement, allongement; aerial or antenna —, faisceau d'antennes; elastic —, allongement unitaire élastique; permanent —, allongement permanent; strength for —, résistance à la traction; — arm, bras d'extension; — furnace, foyer antérieur; — pieces, prolongements; — shaft, arbre-rallonge.

Extensometer, Extensomètre; — fiber or fibre —, extensomètre à fibre.

Extent, Estimation; saisie.

External, Externe; — resistance, résistance extérieure.

Extinction, Extinction; — potential, potentiel d'extinction.

Extinguisher, Extincteur, éteignoir; fire —, extincteur d'incendie; spark —, souffleur d'étincelles.

to **Extract,** Extraire.

Extraction, Extraction, exploitation; solvent —, extraction par solvant; — pressure, pression d'extraction; — pump, pompe d'extraction; — residues, résidus d'extraction; — steam, vapeur d'extraction; — turbine, turbine d'extraction; double — turbine, turbine à double extraction.

Extractor, Extracteur; oil —, récupérateur d'huile; solvent —, extracteur de solvant; valve —, démonte-soupape.

to **Extrapolate,** Extrapoler.

Extrapolated, Extrapolé.

Extrapolation, Extrapolation.

Extreme, Extrême.

to **Extrude,** Filer, boudiner, refouler.

Extruded, Filé, flué, boudiné à chaud, refoulé; profilé; — section or shape, profilé.

Extruding machine, Machine à boudiner; boudineuse, machine à refouler.

Extruding press, Presse à filer, presse à forger par refoulement.

Extrusion, Filage, fluage, extrusion, refoulage; profilé; backward —, refoulage vers l'arrière (métal refoulé en sens opposé du poinçon); cold —, filage à froid; forward —, refoulage vers l'avant (métal refoulé dans le sens d'avancement du poinçon); hot —, filage à chaud.

Eye, Œil, œillet; anneau; regard; charnon (de charnière); chas; emmanchure (de marteau); douille de cognée; moyeu; bored

—, moyeu alésé; **dead** —, estrope; boucle de câble; **double** — **lever**, levier fourchu ou à chape; **fork** —, gueule de fourche (transporteur aérien); **small** —, œil du bouton de manivelle; **triangular lifting** —, crochet fermé (appareils de levage); **wall** —, piton mural à scellement; — **bar**, barre-tirant; — **bolt and key** boulon à clavette; — **dropper**, compte-gouttes; — **glass**, oculaire; — **holes**, trous de regard, de visite; — **hook**, crochet, à œillet; — **joint**, articulation; joint à manchon; — **lens**, oculaire; — **piece**, regard de four métallurgique, oculaire (lunette); — **ring**, cosse de câble; — **screw**, anneau à vis; piton à tige taraudée; — **sketch**, levée à vue; croquis; — **stone**, quartz agate; — **tube**, porte-oculaire; — **view**, vue à vol d'oiseau.

Eyelet, Œillet, piton d'articulation.

F

F —, Borne négative.

F +, Borne positive.

F layer, Couche ionisée de la ionosphère (F_1 couche la plus basse, F_2, couche la plus haute).

F. A. A., Free of all average (franco d'avarie).

F/s, Foot seconds.

Fabric, Étoffe, tissu, produit manufacturé (désuet); entoilage (aviat.); **cotton** —, étoffe, tissu de coton; **oil** —, toile huilée; **rubberized** —, toile caoutchoutée; — **covered**, entoilé (aviat.); — **covering**, entoilage.

to Fabricate, Fabriquer.

Fabrication, Fabrication.

Fabricator, Fabricant.

Fabrikoid, Cuir artificiel.

Face, Facette; table (d'enclume); panne (de marteau); front, face; parement, cadran; tranchant; surface; semelle de rabot; barrette (d'un tiroir); tête d'un voussoir; paroi de galerie (min.); fond de galerie; maintenage; taille; front de tailles (mines); revêtement (de h. f.); plan principal de clivage perpendiculaire à la stratification (min.); **bearing** —, surface d'appui; **guiding** —, face de guidage; **plane** —, face plane; **runner** —, glace (mach.); **slag** —, revêtement en laitier; — **centered**, à faces centrées (métal.); — **cog**, dent sur la face d'une roue; — **guard**, masque protecteur; — **jaw**, voir **Jaw**; — **of a tooth**, flanc, face d'une dent; — **of the wheel**, face, tranche de la meule; — **plate**, plateau; mandrin universel (tour); marbre d'atelier; — **value**, valeur nominale (comm.).

to Face, Planer, dresser, façonner, ajuster; saupoudrer un moule (fond.).

double Faced, A double face.

Facing, Surface de portée, d'une pièce sur une autre pièce; revêtement (h. f.), garniture;; revêtement; placage; poudre pour saupoudrer les moules de fonderie; **hard** —, rechargement; **rough** —, dressage d'ébauche; — **board**, fascine; bois de garnissage; — **lathe**, tour en l'air.

Facsimile, Facsimilé; téléphoto; système de transmission d'images.

Factor, Facteur; **amplification** —, facteur d'amplification; **correction** —, facteur de correction; **damping** —, facteur d'amortissement; **demand** —, facteur de demande; **dissipation** —, facteur de dissipation (élec.); **force** —, facteur de force (transducteurs); **form** —, facteur de forme; **power** —, facteur de puissance (élec.); **range** —, facteur d'autonomie (aviat.); **reduction** —, coefficient de réduction (élec.); **splitting** —, facteur de séparation (élec.); **transfer** —, facteur de transfert.

Factory, Factorerie, atelier, filature, fabrique, usine; **cotton** —, filature de coton; **underground** —, usine souterraine; — **assembled**, monté en usine.

Faculty, Force mécanique.

to Fade in, Réduire l'intensité d'un signal.

to Fade out, Augmenter l'intensité d'un signal.

Fader, Contrôleur de volume.

Fading, Altération des couleurs; affaiblissement (photographie); évanouissement (T. S. F.).

Fagot or **Faggot**, Paquet, lopin, fagot (mét.); — **iron**, ferraille.

to Fagot, Corroyer (mét.).

Fagotted iron, Fer corroyé.

Fagotting, Corroyage.

to Fail, Tomber en panne.

Failure, Panne; dérangement, avarie, mauvais fonctionnement; rupture; **bucket** —, rupture d'aubes; **engine** —, panne de moteur; **fatigue** —, rupture par fatigue.

Faint run, Mal coulé (fond.).

Fairing, Carénage.

Fake, Sable micacé.

Fall, Chute, pente, baisse; **cathode** —, chute cathodique; **free** —, chute libre (d'un trépan); — **proof**, épreuve à l'escarpolette (mét.).

to Fall in, S'effondrer; crouler; ébouler.

Falling axe, Cognée; **falling board**, abattant; bascule; **falling in**, devers (ardoisière); **falling leaf**, feuille morte (aviat.); **falling out of step**, décrochage (élec.).

False, Toute pièce disposée contre une autre pour la renforcer ou la protéger.

False core, Pièces rapportées.

Fan, Ventilateur; soufflerie; agitateur (savonnerie); **accomodation** —, ventilateur des aménagements (N); **axial flow** —, ventilateur hélicoïde; **di rected** — **engine**, turbo-réacteur à double flux ou à ventilateur auxiliaire; **forced draft** —, ventilateur à tirage forcé; **helicoidal** —, ventilateur hélicoïde; **induced draft** —, ventilateur à tirage induit; **motor** — **set** groupe moto-ventilateur; **propeller** —, ventilateur hélicoïde; **ventilation** —, ventilateur d'aérage; **wind tunnel** —, ventilateur de soufflerie; — **belt**, courroie de ventilateur; — **blade**, aile, ailette de ventilateur; — **blower**, soufflerie de forge; **centrifugal** — or **screw** —, ventilateur centrifuge; — **driving pulley**, poulie de commande de ventilateur; — **shaped**, en rideau; — **shaped antenna**, antenne en rideau; — **spindle**, axe de ventilateur.

Fang, Queue, soie, griffe (serrure); clapet (de pompe de cale...) (mar.); — **of a tool**, soie, queue d'un outil (lime...).

Fanners, Ventilateurs pour forges.

Farad, Farad (unité de capacité élec.).

Faraday chamber, Chambre d'ionisation.

Faradic currents, Courants faradiques.

Faradism, Faradisation.

Faradmeter, Faradmètre.

Fare, Tarif; **air** —, tarif aérien; **off peak** —, tarif hors pointe; **return** —, tarif aller et retour; **single** —, tarif aller.

F. A. S., Free alongside steamer (voir p. VIII).

Fash, Bavure, couture (fond.).

Fashion piece or **fashion timber**, Estain (c. n.).

Fast, Ferme, solide, compact, en avance (horlogerie); — **on nut**, écrou indesserrable; — **pulley**, poulie fixe; **to make** —, amarrer.

to Fasten, Attacher, serrer, caler, ficher (des chevilles).

Fastener, Fixeur; appareil de fixation; verrou, attache; **belt** —**s**, attaches, agrafes pour courroies; **strap type** —, verrou à courroies; **zip** —, fermeture éclair.

Fastening, Fixation, attache; amarrage, liaison; chevillage; ancrage; moules; **dumb** —, chevillage à bout perdu; **iron** —, étoqueresse; — **of moulds**, fermeture.

Fat, Gras.

Fathom, Brasse (1,829 m); — **wood**, bois de corde.

Fathometer, Fathomètre (sondeur).

Fatigue, Fatigue; — **failure,** rupture par fatigue; — **machine,** machine d'essai de fatigue; — **strength,** résistance à la fatigue; — **test,** essai de fatigue; — **testing machine,** machine d'essai de fatigue.

Fats, Corps gras; **animal** —, graisses animales.

Fatty acids, Acides gras.

Faucet, Rainure; bouteillon; échantillon; — **hole,** mortaise, enlaçure; — **pipe,** tuyau à emboîtement.

Fauld, Encorbellement de la tympe.

Fault, Défaut, perte (élec.); faille; mauvais charbon; — **of insulation,** défaut d'isolement (élec.).

Faulted, Avarié, en mauvais état.

Faulting, Faille.

Fay, Bouvet, rabot.

to Fay, Affleurer.

Fearnaught, Carde à laine.

Feather, Nervure, ergot, languette, tenon, clavette; — **alum,** alun capillaire; — **brick,** clef, claveau; — **edge,** chanfrein, biseau; quarre d'enclume; — **edged,** taillé en biseau; — **file,** losange; — **key,** voir **Key;** — **of a valve,** guide d'une soupape; — **tongue,** languette à rainure (charp.).

Feathered, Granulé (métal.); mise en drapeau (hélice).

Feathering, Mise en drapeau (hélice).

Feathering paddle, Palette mobile d'une roue.

Features, Caractéristiques.

Feazings, Étoupe.

Fed, Alimenté.

Fee, Taxe.

Fees, Droits, frais.

Feed, Épaisseur de métal enlevé par un outil; mécanisme qui gouverne l'avance d'un outil; alimentation; avance; approvisionnement; amenage (bois); **auto** or **automatic** —, approvisionnement automatique; avance automatique (outil); **automatic** — **regulator,** régulateur automatique d'alimentation; **bar** —, avance-barre (mach.-outil); **cross** —, avance transversale; **downwards** —, avance en plongée (mach.-outil); **fast** —, avance rapide; **force** or **forced** —, alimentation sous pression; **gravity** —, alimentation en charge par gravité; **hand** —, avance d'un outil à la main; **hand** — **wheel,** volant à main d'avancement; **in** —, avance en plongée; **longitudinal** —, avance longitudinale; — **apparatus,** appareil d'alimentation; — **apron,** courroie sans fin pour l'approvisionnement par une machine; — **arm,** levier d'alimentation; — **back,** réaction (T. S. F.); alimentation en retour; **degenerative** or **inverse** — **back,** réaction inversée; **inverse** or **negative** — **back,** contre-réaction; **stabilized** — **back,** réaction stabilisée; — **bar,** barre de chariotage; — **box,** boîte des engrenages d'avance (mach.-outil); — **by gravity,** alimentation par gravité; —, **chute,** goulotte d'alimentation; — **compressor,** compresseur d'alimentation; — **doubler,** doubleur d'avances (mach.-outil); — **engine,** machine auxiliaire; — **handle,** manette d'avance; — **head,** masselotte, jet de coulée; — **heater,** réchauffeur d'eau d'alimentation; — **index plate,** plateau indicateur des avances; — **lever,** levier d'avance (mach.-outil); — **mechanism,** mécanisme d'avance; — **movement,** marche, avance d'un outil; — **pump,** pompe alimentaire; — **rack,** crémaillère d'avance (outil); — **screw,** vis de commande de l'avance (tour); — **shaft,** arbre, barre de chariotage (tour); — **snout,** goulotte d'alimentation; — **tank,** bâche; — **tanks,** caisses à eau; — **tripping,** déclenchement des avances (tour); — **water,** eau d'alimentation; — **water heaters,** réchauffeurs d'eau d'alimentation; **plunge** —, avance en plongée; **power** —, avance automatique, avance mécanique; **pressure** —, alimentation sous pression; **rack** — **gear,** avance par cliquet; **rack and pinion** —, avance par pignon et crémaillère; **radial** —, avance radiale; **sensitive** —, avance sensitive; **slow** —, avance lente; **table** —, avance de la table; **traverse or transversal** —, avance transversale.

to Feed, Alimenter; — **the boiler,** alimenter la chaudière.

Feeder, Filon, veine; appareil d'alimentation d'une machine quelconque; petite veine latérale (min.); nourrice; feeder (élec.); alimentateur; embranchement (ch. de fer); **flight** —, voir **Flight; radial** —, feeder radial.

Feeding, Alimentation; — **box,** boîte alimentaire; — **cistern,** bâche alimentaire; — **head,** masselotte (fond.); — **pump,** pompe alimentaire; — **vessel,** réservoir alimentaire.

Feedwater, Eau d'alimentation.

Feel, Réaction; **proportional** —, réaction proportionnelle.

Feeler, Palpeur; **electric** —, palpeur électrique; — **gauge,** pige.

Feet per minute, Pieds par minute.

Feldspar or Feldspath, Feldspath; **changeable** —, feldspath opale.

to Fell, Abattre (bois).

Felled, Abattu; — **wood,** abatis.

Felling, Abatage du bois; — **axe,** cognée de bûcheron.

Felloe, Circonférence, jante d'une roue; — **auger,** tarière à jantière; **strengthening** —, jante de renforcement; **wooden** —, jante en bois.

Felly (voir **Felloe**).

Felt, Feutre, bourre; **asbestos** —, feutre d'amiante; — **joint,** joint de feutre; — **gasket,** garniture de feutre; — **lined,** doublé de feutre.

to Felt, Feutrer.

Felted, Feutré.

Felting, Feutrage, revêtement (d'une chaudière, d'un cylindre); **non** —, anti-feutrage.

Female, Femelle; — **screw,** écrou.

Fence, Conduit du fût d'un outil; fraise; fraisement hydraulique; — **of a plane,** épaulement d'un rabot.

Fender, Défense (mar.), amortisseur, chasse-pierres; aile (auto); garde-boue; éperon (de pile de pont); **front** —, aile avant; **rear** —, aile arrière.

Ferberite, Tungstate de fer.

Fermentation, Fermentation; **pure** —, fermentation pure; — **gases,** gaz de fermentation; — **vats,** cuves de fermentation.

Ferrate, Ferrate.

Ferrel (voir **Ferrule**).

Ferreous (rare; voir **Ferrous**), De fer; **non** — **metal,** métaux autres que le fer.

Ferric, Ferrique.

Ferrite, Ferrite; — **core coil,** bobine à noyau de ferrite.

Ferritic, Ferritique; — **steel,** acier ferritique.

Ferro, Ferro; — **chromium,** ferrochrome; — **cyanide,** ferrocyanure; — **electric,** ferroélectrique; — **magnetic,** ferromagnétique; — **magnetic resonance,** résonance ferromagnétique; — **manganese,** ferromanganèse; — **molybdenum,** ferro-molybdène; — **nickel,** ferro-nickel; — **phosphor** or **phosphorus**, ferro-phosphore; — **resonance**, ferro-résonance; — **silicon**, ferro-silicium; — **vanadium**, ferro-vanadium.

Ferrometer, Ferromètre.

Ferrosic, Ferrosique; — **hydride**, hydrure ferrosique.

Ferrous, Ferreux; **non** —, non ferreux; — **hydroxides**, hydroxydes ferreux; — **metals**, métaux ferreux.

Ferrule, Virole, bague, frette; fût; bobine de foret à l'archet; porte-électrode refroidi par l'eau (four élec.); **condenser** —, virole de condenseur.

to Ferrule, Ferrer un pieu, emboutir; tamponner.

aerial Ferry, Pont transbordeur.

Ferry boat, Bateau de passage, bac; **flying ferry**, pont volant.

Fertilizers, Engrais; **nitrogenous** —, engrais azotés.

Fescolising, Fescolisation.

Fettling machine, Machine à ébarber.

Fettling material, Matériau d'addition.

Fiber or **Fibre**; **cellulosic** —**s**, fibres cellulosiques; **neutral** —, fibre neutre; **quartz** —, fibre de quartz; **synthetic** —, fibre synthétique; **textile** —, fibre textile; **vegetable** —, fibre végétale; **vulcanized** —, fibre vulcanisée; — **breaker**, défibreur; — **clutch ring**, couronne d'embrayage en fibre; — **glass**, fibre de verre; — **tube**, tube en fibre.

Fibrils, Fibrilles;

Fibrous, Fibreux.

Fiddle, Tête porte-outil à secteur (étau-limeur); — **block**, poulie à violon; — **drill**, foret à l'archet.

Fidelity, Fidélité (de reproduction).

Fiducial mark, Marque-repère.

Field, Champ, gisement; campagne; corps (Math.); **A** — champ électrique; **air** —, aérodrome; **alternating** —, champ alternatif; **coal** —, bassin houiller; **deflecting** —, champ déviateur; **differential** —, champ différentiel (Math.); **electromagnetic** —, champ électromagnétique; **electrostatic** —, champ électrostatique; **G** —, champ magnétique; **gravitational** —, champ gravifique; **magnetic** —, champ magnétique; **meson** —, champ mésique ou mésonique; **oscillating** —, champ oscillant; **patch** —, champ particulaire; **pulsating** —, champ pulsant; **radial** —, champ radial (élec.); **rotary** or **rotatory** or **rotating current** —, champ tournant (élec.); **scalar** —, champ scalaire; **stray** —, champ de dispersion; **swinging** —, champ oscillant; **uniform** —, champ uniforme; **vector** —, champ vectoriel; — **coils**, bobines inductrices; — **colours**, jalon; — **control**, réglage de l'excitation; — **current**, courant inducteur; — **distribution**, répartition du champ (élec.); — **grid**, grille de champ; — **gun** or **piece**, pièce de campagne; — **intensity**, intensité du champ; — **lens**, verre de champ; — **mapping**,représentation d'un champ; — **pole**, pôle inducteur; — **rheostat**, rhéostat de champ; — **sketching**, dessin topographique; — **strength**, intensité du champ; — **of vision**, champ visuel; — **windings**, enroulements inducteurs.

Fighter, Avion de chasse, chasseur; **day** —, chasseur de jour; **jet** —, chasseur à réaction; **night** —, chasseur de nuit; **single seat** —, monoplace de chasse.

Figure, Chiffre; figure (géom.).

to Figure, Coter (dessin); façonner.

Figuring lathe, Tour de marqueterie.

Figuring machine, Machine à damasser.

Filament, Filament (d'une lampe à incandescence); **metal** —, filament métallique; — **circuit**, circuit filament (T. S. F.); — **current**, courant de chauffage; — **resistance or rheostat**, résistance de chauffage; — **voltage**, tension de chauffage.

Filatory, Machine à filer.

File, Lime; râpe, rangée; collection de journaux ou de papiers, dossier; **adjusting** —, lime d'ajusteur; **angular** —, lime angulaire; **arm** —, lime à bras, carreau; **auriform** —, petit tiers-point tombé sur un des côtés; **balance wheel** —, lime à roue de rencontre; **banking** —, lime plate triangulaire; **barrette** —, tiers-point taillé sur une de ses faces seulement; **bastard** —, lime bâtarde, craponne; **blade** —, lime à clef, lime fendante; **blunt** —, lime parallèle; **bone** —, lime à os; **bow** —, lime à archet; rifloir; **bundle** —, lime en paquet; **cabinet** —, lime d'ébéniste; **cant** —, tiers-point à biseau; lime pour queues d'aronde; **circular saw** lime sourde; **coach maker's** —, lime à carreau; **coarse** —, râpe grossière; **cotter** —, grande lime plate; **crochet** —, petite lime plate à champs ronds; **crossing** —, or **cross** —, feuille de sauge; **cross bar** —, lime de croisée; **cross cut** —, lime à taille croisée; **currycomb** —, lime à dossières; **curved** —, lime en voûte; **cut of a** —, taille d'une lime; **dead** —, lime sourde; **disc** —, lime tournante; **double cut** —, lime à taille double; **double half round** —, feuille de sauge; **dovetail** —, lime à queue d'aronde; **drill** —, lime pour charnières; **entering** —, lime d'entrée; **equaling** — or **equalizing** —, lime

à égalir; **feather edged** —, losange, lime à dossières; **fine toothed** —, lime douce; **five canted** —, lime pour queues d'aronde dont les côtés forment un angle de 108°; **flat** —, lime plate; **flat half round** —, lime plate demi-ronde; **float cut** —, lime écouenne; **frame saw** —, lime demi-ronde à scie; **gin saw** —, lime couteau pour scies; **grater** —, râpe à bois; **guletting** —, lime pour les scies à dent de loup ou en biseau; **great american** —, tiers-point bombé sur un des côtés; **hack** —, lime à pignon, lime à dossier; **half round** —, lime demi-ronde; **hollow edge pinion** —, lime à pignon à bords creux; **increment cut** —, lime à taille irrégulière; **key** —, lime fendante; **knife** —, lime à couteau; **lightning** —, voir **five canted** —; **lock** —, lime hexagonale peu épaisse, taillée sur un côté seulement; **middle** —, lime demidouce; **mill** —, lime amincie à la pointe, de taille bâtarde ou demi-douce; **mill saw** —, lime à scie; **needle** —, lime d'aiguilles; **noiseless** —, lime sourde; **notching** —, cranoir; **overcut** —, lime à première taille; **parallel** —, lime parallèle; **pinion** —, lime à pignon; **pillar** —, lime à pilier; **pippin** —, petit tiers-point bombé sur un des côtés; **pitsaw** —, lime demi-ronde à taille simple, non taillée à la pointe; **pivot** —, lime à pivots; **planchet** —, lime à ébarber; **planing** —, lime à planer; **polishing** —, carrelette; **potence** —, lime douce, carrelette, lime à potence; **rasp** —, râpe; **rat-tail** —, lime en queue de rat; **reaper** —, lime légèrement conique pour affûter les outils tranchants; **rifle** —, rifloir; **rough** —, lime grosse; lime d'Allemagne; **carreau**; **round** —, queue-de-rat, lime ronde; **round edge joint** —, lime à charnières; **round** —, carreau; **safe edge** —, off —, lime à arrondir; **rubber** lime non taillée sur un de ses côtés au moins; **saw** —, tierspoint; **circular saw** —, lime circulaire pour scies; **screw head** —, lime fendante; **second cut** —, lime demi-douce; **sharp** —, lime à bouter; **single cut** —, lime à tailler simple; **six canted** —, lime pour queues d'aronde dont les côtés égaux forment un angle de 120°; **slot** or **slotting** —, lime à pilier; **smooth** —, lime douce; **dead smooth** —, lime extra-douce; **square** —, lime carrée, carrelet; **heavy square** —, lime à carreau; **state saw** —, lime en forme de pain de sucre; **taper** —, lime pointue; **tarnishing** —, lime à mater, lime conique; **thin** —, feuille de sauge; **thinning** —, lime à efflanquer; **three square** —, tierspoint; **coarse tooth** —, lime d'Allemagne; **toothed** —, craponne; **topping** —, lime plate à champs ronds et non taillée à la pointe; **triangular** —, tiers-point; **tumbler** —, lime ovale et pointue; **turning** —, lime tournante; **up cut** —, lime à double taille; **warding** —, lime plate légèrement pointue pour tailler les gardes de serrure; **watch** —, lime d'horloger; — **cutter**, tailleur de limes; — **cutter's chisel**, étoile; — **cutting machine**, machine à tailler les limes; — **dust**, limaille; — **hardening**, trempe des limes; — **plate**, dosseret, dossier; — **stroke**, coup de lime, trait de lime; — **tooth**, dent de lime; **to cut a** —, tailler une lime; **to file across**, limer en travers; **to** — **lengthwise**, enlever à la lime; **to** — **over**, passer la lime sur.

to File, Limer, classer.

Filer, Limeur, ajusteur.

Filigrane, Filigrane.

Filigree, Filigrane.

Filing, Classement, limage; — **board**, bigorne d'enclume; — **block**, bigorne d'enclume; —

disk, disque de limage; — **machine**, limeuse, machine à limer; — **vice**, étau limeur, étau à main.

Filings, Limaille.

Fill, Décharge, remblai; — **earth**, terre à remblai.

to Fill, Emplir, remplir; faire le plein (chaud.); charger (un fourneau); **to** — **up**, remblayer; bourrer; s'envaser; brasquer (un creuset).

Filler, Pierre de taille; produits d'apport (soudure); chargeur.

back Filler, Remblayeuse.

Filler cup, Bouchon de remplissage.

Filler materials, Produits d'apport.

Filler metal, Métal d'apport.

Filler neck, Tubulure de remplissage.

Filler pieces, Cales.

Filler plug, Bouchon de remplissage.

Fillet, Filet (de vis); cordon de soudure, congé (mach.); listel; solement; bois de remplissage; **continuous** —, soudure continue; — **weld**, soudure d'angle.

Filling, Remplissage; chargement, âme d'un cordage; **beam** —, hourdage; — **place**, pierre de rustine; — **pile**, pilotis, pilot de remplage; — **substance**, matière inerte; — **trowel**, truelle à charger; — **up**, remblai, bourrage.

back Filling, Remblayage.

back Filling machine, Remblayeuse.

back Filling materials, Matériaux de remblayage.

Filling up putty, Mastic à spatule.

Fillister, Feuilleret, feuillure; — (**screw**) **head**, tête ronde; vis à tête ronde et à rainure cylindrique.

Film, Pellicule, film; **micro —,** microfilm; **organic —,** film organique; **oxide —,** pellicule d'oxyde; **resistive —,** pellicule résistive (élec.); **thin —,** film, couche mince; **— cartridge,** bobine de pellicules; **— developing machine,** machine à développer les pellicules; **— holder,** porte-film; **— pack,** bloc-film; **— reel,** rouleau de pellicules; **— splicer;** colleuse de films; **— spool,** bobine de pellicules.

Filter, Filtre, filtreur (T. S. F.); **air —,** filtre à air; **all pass —,** filtre passe-tout; **birefringent —,** filtre biréfringent; **carbon —,** filtre à charbon; **cascade —s,** filtres en cascade; **correcting —,** filtre correcteur; **crystal —,** filtre à cristal; **daylight —,** filtre à lumière du jour; **decoupling —,** filtre de découpage; **electric —,** filtre électrique; **folded —,** filtre à plis; **high pass —,** filtre passe-haut (T. S. F.); **light —,** écran; **low pass —,** filtre passe-bas; **mechanical —,** filtre mécanique; **optical —,** filtre optique; **resonant —,** filtre à résonance; **vacuum —,** filtre à vide; **wave —,** filtre, amortisseur à houle; **— attenuation band,** bande d'atténuation de fréquences; **— cap,** chausse; **— capacitor,** condensateur de filtrage; **— cartridge,** cartouche filtrante; **— choke,** bobine de filtrage; **— holder,** porte-filtres; **— pass band,** bande de transmission; **— press,** filtre-presse; **— stop band,** bande de suppression de fréquences.

to Filter, Filtrer; **to — into,** s'infiltrer.

Filtrate, Filtrat; **micro —,** microfiltration.

Filtration, Filtration; **pressure —,** filtration sous pression; **vacuum —,** filtration par le vide.

Fin, Bavure de fonte (fond.); battiture de laminage; ailette (tuyau); plan de dérive; dérive, empennage, plan fixe vertical; appendice; aileron; **cooling —,** ailette de refroidissement; **dorsal —,** dérive (aviat.); **stabiliser —,** plan, appendice stabilisateur; **twin —,** double dérive; **— tube,** tube à ailettes, tube ailetté.

Finance, Finance.

Financing, Financement.

Finder, Chercheur (lunette); viseur (photo); palpeur; **direction —,** radiocompas; **height —,** altimètre; **range —,** télémètre; **view —,** chercheur, viseur.

Fine, Fin, menu, à mailles fines; aigu, pointu, désagrégé (min.); fine; amende; **— grained,** à grains fins (fer, acier, etc.); **returned —s,** fines recyclées.

to Fine, Affiner (métal.); épurer, clarifier; **to — bore,** adoucir le canon d'une arme à feu, calibrer.

Fineness, Finesse (aviat.); **— ratio,** rapport de finesse.

Finer, Affineur.

Finery, Finerie; bas foyer; **— cinders,** scories de bas foyer.

Finger, Doigt, manette; **— board,** clavier; **— crucible,** creuset creux; **— grip,** extracteur (d'instruments de sondage); **— nut,** écrou à oreilles.

Fining, Affinage, finage; **german —forge,** renardière; **— slag,** scorie d'affinage.

Finish, Fini; **lap —,** polissage; **mirror —,** fini spéculaire; **satin —,** poli satiné; **surface —,** fini de surface; **— machined,** complètement usiné.

to Finish bore, Aléser.

Finishing, Apprêt; achèvement; finition; finissage; **satin —,** finissage satiné; **— bit,** alésoir, polissoir; **— cut or pass,** passe de finissage; **— lathe,** tour de reprise; **— machine,** finisseuse; **— rate,** régime de fin de charge (accus); **— tool,** outil de finition; **— work,** finition.

Fir, Sapin; — **joist,** sapine; **petrified** — **wood,** élatite; — **tree,** sapin; **silver** — **tree,** sapin blanc.

Fire, Feu, incendie; **back** —, retour de flamme; **banking up the** —**s,** action de pousser et d'entretenir les feux au fond des fourneaux; **bloomery** —, bas foyer; forge catalane; **dead** —, feu brûlant mal; — **assay,** essai à température élevée; coupellation; — **bar,** barreau de grille; — **box,** foyer, boîte à feu; — **box plate,** plaque de tête de la boîte à feu; — **box shell,** enveloppe du foyer; — **box top,** ciel de boîte à feu; — **bricks,** briques réfractaires; — **bridge,** autel de foyer; pont de chauffe; — **chest,** boîte à feu; — **clay,** argile réfractaire; — **coat,** pellicule d'oxyde se formant sur un métal chauffé; — **crack,** crique, crevasse de recuit; — **crown** ciel du foyer; — **damp,** grisou; — **detector,** détecteur d'incendie; — **door,** porte de foyer; — **engine,** pompe à incendie; — **extinguishers,** extincteurs d'incendie; — **fighting,** lutte contre l'incendie; — **flooring,** parquet de chauffe; — **grate,** grille de foyer; **bar of a** — **grate,** barreau de grille; — **hazards,** risques d'incendie; — **hole,** gueule d'un fourneau, d'un foyer; — **hook,** crochet (outil de chauffe); — **hose,** manche d'incendie; — **irons,** outils de chauffe (ringards; tisonniers; lances, etc.); — **lump,** brique réfractaire; — **pan,** brasier, réchaud; — **plug,** robinet d'extinction de feu; robinet d'incendie, prise d'eau; — **point,** point de combustion; — **power,** puissance de feu; — **precautions,** précautions contre l'incendie; — **pricker,** ringard; — **proof,** à l'épreuve du feu; — **proofness,** incombustibilité; — **proof bulkead,** cloison pare-feu; — **rake,** rouable; — **screen,** contre-feu; cloison pare-feu; —

shovel, pelle à feu; — **slice,** lance (outil de chauffe); — **stone,** pierre à feu, pierre réfractaire; pyrite de fer; — **surface,** surface de chauffe; — **tile,** tuile, brique réfractaire; — **tongs,** pinces, pincettes; — **tube,** bouilleur, tube de fumée (chaud.); — **vault,** chemin (verrerie); chaufferie (tuilerie); — **wall,** tôle, cloison, pare-feu; — **works,** feu d'artifices; **to brisk up the** —**s,** pousser les feux; **to draw the** —**s,** jeter bas les feux; **to** — **up the engine,** allumer les feux; **to hasten** or **to hurry the** —**s,** pousser les feux; **to let the** —**s down,** laisser tomber les feux; **to miss** —, rater; **to put back the** —**s,** pousser les feux au fond des fourneaux; **to put out the** —**s,** éteindre les feux, mettre bas les feux; **to stir, to urge the** —**s,** activer les feux.

to Fire, Chauffer.

Fired, Chauffé; — **with oil,** chauffé au pétrole; **gas** —, chauffé au gaz.

Fireman, Pompier; chauffeur.

Firkin, Mesure (voir Tableaux).

Firing, Chauffage; cuisson; allumage; tir; tir de mine; mise à feu; chaude; **oil** —, chauffage aux huiles combustibles; **pulverized coal** —, chauffage au charbon pulvérisé; **quick** —, tir rapide; — **angle,** angle de tir; — **apparatus** or — **device,** appareil de mise de feu; — **order,** ordre d'allumage (moteur); — **potential,** potentiel d'allumage; — **temperature,** température de chauffage; — **up,** action de pousser les feux.

Firm, Atelier, manufacture.

Firmer, Ciseau à biseau; poinçon.

First, Premier; — **aid,** premiers secours; — **bit,** amorçoir; — **speed,** première vitesse (auto); — **speed pinion,** pignon de la première vitesse; — **speed wheel,** roue de première vitesse.

Fish bolt, Boulon d'éclissage, de scellement, d'éclisse; **fish joint,** éclisse; **fish paper,** fibre isolante; **fish plate,** éclisse; **channel fish plate,** éclisse en U; **casing fish plate,** éclisse de soulagement; **fish plating,** éclissage; **fish tail burner,** brûleur à gaz à deux trous.

to Fish, Éclisser; armer une pièce de charpente par fourrures.

Fished beam, Poutre armée.

Fishing, Éclissage; — **beam,** poutre éclissée; — **tap,** taraud de repêchage (pétr.).

Fishplate, Éclisse; **angle** —, éclisse cornière; **exterior** —, éclisse extérieure; **interior** —, éclisse intérieure; **shallow** —, éclisse plate.

Fission, Fission; **atomic** —, fission atomique; **nuclear** —, fission nucléaire; — **chamber,** chambre à fission; — **products,** produits de fission.

Fissionable, Fissible.

Fissure, Criqûre; gerçure; renard; affaissement.

F. I. T., Free of income tax (voir p. VIII).

Fit, Ajusté; emmanchement; ajustage, calage; **clearance** —, ajustage à dépouille; **exact** —, ajustage serré, à frottement dur; **force** —, emmanchement à force; **pressed on** —, ajustage, calage à la presse; **shrink or shrunk on** —, emmanchement par retrait; calage à retrait; **tight** —, ajustage serré, à frottement dur, à refus.

Fitness, Aptitudes, qualification.

to Fit, Monter; garnir; exploiter (min.).

to Fit a tyre, Monter un pneu.

to Fit up an engine, Monter une machine.

Fitted, Placé, ajusté, monté, équipé.

Fitter, Monteur, ajusteur.

Fitting, Montage, ajustage; — **in,** encastrement; — **out dock,** bassin d'armement; — **shop,** atelier d'ajustage; — **up of a machine,** montage d'une machine.

Fittings, Accessoires (de machines, etc.); **boiler** —, accessoires de chaudières; **engine** —, accessoires de machines; **pipe** —, raccord.

Fix, Brasque.

to Fix, Fixer; se coaguler; se concréter; étendre (le mercure); poser (les rails).

Fixed, Fixe, non variable; — **bed,** banc fixe; — **disc,** disque fixe; — **capacitor,** condensateur non réglable.

Fixing, Pose, mise en place, fixation; montage; fixage (photo.).

Fixture, Montage, fixation, équipement, aménagement; appareil; dispositif; montage d'usinage; —**s,** objets d'attache; appareillage.

to Fizz, Fuser.

Fizzing, Suant, ressuant (mét.); — **heat,** blanc ressuant.

Flag basket, Panier à outils.

Flake, Flocon; flammèche; glaçon; châssis d'abri (min.); **graphite** —**s,** flocons de graphite; **mica** —**s,** écailles de mica.

Flame, Flamme, chalumeau; **air acetylene** —, flamme aéroacétylénique; **back** —, retour de flamme; **direct** — **boiler,** chaudière à flamme directe; **return** —, retour de flamme; **return** — **boiler,** chaudière à retour de flamme; **white** —, chaude ressuante (forge); — **arrester,** pareflammes, dispositif anti-retour de flamme; — **bridge,** autel (foyer); — **cutter,** chalumeau coupeur; — **detector or failure indicator,** indicateur d'extinction; — **hardening,** cémentation à la flamme (oxy-acétylénique);

trempe au chalumeau; — **holder**, brûleur; — **microphone**, microphone à flamme; — **proof**, ignifugé; — resistant, incombustible; — **spinning**, repoussage à la flamme; — **stability**, stabilité de la flamme; — **thrower**, lanceflamme; — **trap**, pare-flammes; — **tube**, tube de flamme, bouilleur, carneau; chambre de combustion (turbo-réacteur).

Flaming, En flamme, enflammé; — **furnace**, four dormant; four à réverbère.

Flange or **Flanch** (rare), Rebord, bourrelet, saillie, semelle, flasque, joue, collet, bride; chape; flasque (d'un moteur), aile (d'une poutre); champignon (de rail); outil de mouleur pour façonner les bourrelets (fond.); **backing up** —, bride; **blank** — or **blind** —, bride d'obturation; joint plein; **bottom** —, table inférieure d'une longrine; **coupling** —, collerette de jonction; **discharge** —, bride côté évacuation; **exhaust** —, bride d'échappement; **hub** —, flasque de moyeu; **inlet** —, bride d'émission; **lower** —, semelle d'un rail; — **moveable** —, bride mobile (tuyau); **spindle** —, collet de la broche (mach.-outil); **tyre** —, talon d'enveloppe de pneu; **wheel** —, flasque de roue; **wide** — **beam**, poutre à larges ailes; — **angle**, cornière-bride; — **assembly**, joint à bride; — **connection**, joint à bride; — **of a wheel**, rebord; saillie d'une roue; — **of a pipe**, bride d'un tuyau; —**s of the half boxes**, oreilles des châssis (fond.).

Flanged, Embouti, à ailettes; à bourrelet, à collerette, à collet, à bords tombés; — **iron sheet**, tôle à bord tombé; — **motor**, moteur à nervures; — **radiator**, radiateur à ailettes (auto).

Flanger, Machine pour former des brides.

Flanging, Abatage, placement d'une bride sur un tuyau; tombage d'un bord; emboutissage; — **machine**, machine à rabattre; machine à border.

Flap, Clapet à charnière; palette; clapet; volet (aviat.); **balancing** —, aileron; **blast pipe** —, régulateur d'échappement; **brake** —**s**, volets-freins (aviat.); **camber** —, volet de courbure; **cowl** —**s**, volets de capot; **dive** —**s**, volets de piqué; **double slotted** —, volet à double fente (aviat.); **double split** —, volets à bords de fuite doubles; **full** —, volet braqué à fond; **high lift** —, volet hypersustentateur; **hinged** —, volet articulé; **landing** —**s**, volets d'atterrissage; **lower** —, volet d'intrados; **slotted** —, volet à fentes; **speed reducing** —, volet-frein; **split** —, volet d'intrados; **underwater** —, volet hydrodynamique; **wing** —, plan de gauchissement, volet de courbure, volet d'intrados; — **door**, trappe, registre; —**s down**, volets braqués; — **extension**, braquage des volets; — **shutter**, obturateur à volets; — **sight**, hausse à charnière; — **valve**, soupape à clapet.

Flapped, A bords rabattus; à volets.

Flapping, A battements; battements.

the belt Flaps, La courroie flotte.

Flaps deflected, down, lowered, volets abaissés, rabattus.

Flaps retracted, up, Volets redressés.

Flare, Tache centrale (photographie), fusée éclairante; **landing** —, fusée d'atterrissage; **parachute** —, fusée à parachute; —**s**, flammes; — **back**, retour de flamme.

to Flare, Briller; être en saillie.

Flared up tubes, Tubes évasés.

Flaring, Étincelant, brillant; dé-voiement, déviation d'un couple (c. n.).

Flash, Éclat, éclair; bavure; nour-rissage des filaments de lampe à incandescence; arc ou coup de feu au collecteur; — **boiler,** chaudière à vaporisation instan-tanée; — **burner,** brûleur à gaz à allumage électrique; — **drum,** ballon de détente; — **evapora-tion,** évaporation par détente (pétr.); — **lamp,** lampe à éclairs; — **light,** feu à éclats (phare); éclair photographique; — **point,** température d'inflam-mabilité; point éclair; — **tower,** tour de détente; — **tube,** lampe éclair; — **discharge tube,** tube à décharge condensée.

Flash over, Amorçage (arc).

to Flash over, S'amorcer (arc).

Flasher (voir **Flash boiler**).

Flashes, Coup de feu au collec-teur (élec.).

Flashlight batteries, Piles sè-ches.

Flashing, Bande de plomb ou de zinc pour joint; nourrissage d'un filament; — **lamp,** lampe à éclairs; — **point,** voir Point.

Flashover or **Flashingover,** For-mation d'arc, décharge disrup-tive.

Flask, Dessus et dessous de châssis (fond.); flasque; fiole (chim.); **air** —, réservoir d'air; **bottom** —, châssis de dessous (fond.); — **moulding,** moulage en châssis (fond.).

Flat, Plat, plan (adj,); méplat; veine horizontale (min.); plate-forme; cale; crevaison; — **bar,** plat, méplat; — **belt,** courroie plate; — **chisel,** burin; — **glass,** verre plan; — **headed bolt,** boulon à tête plate; — **pitch,** pas nul; — **sheet,** tôle plane; — **spin,** vrille à plat; — **top-ped,** à sommet plat.

Flatness, Planéité.

Flats, Produits plats.

to Flatten, Laminer, planer, apla-nir; étendre le verre; — **out,** se redresser (aviat.).

Flattener, Chasse à parer (forge); étendeur (verrerie).

Flattening, Adoucissement des glaces, étendage; laminage; — **machine,** machine à planer; — **oven,** four d'étendage; — **stone,** pierre à étendre; lagre.

Flatter, Rouleau, laminoir-éti-reur, châsse à parer.

Flatting, Laminage; décapage; ponçage; adoucissement des gla-ces; pour certains mots compo-sés, voir **Flattening**; — **fur-nace** (voir **Oven**); — **mill,** lami-noir à fil de métal; moulinet; broyeur pour pulvériser le métal.

Flaw, Brèche, crevasse, fente; crique, paille, soufflure, moine (mét.).

Flawy, Crevassé, pailleux.

Flax, Lin; — **brake,** broyeur à lin; — **breaker,** machine à couper le lin; — **comb,** séran; — **dressing,** sérançage; — **mill,** manufacture de lin; — **seed coal,** anthracite en grain très fin; — **yarn,** fil de lin.

Flaxen, De lin.

Fleecing, Laine grasse; surge.

Fleet angle, Angle d'attaque d'un câble.

to Flesh, Écharner; ratisser.

Fleshing, Écharnage.

Fletners, Fletners, surfaces de compensation des gouvernes (aviat.).

Fletz, Couche horizontale (min.); — **formation,** rocher secondaire.

Flexible, Souple, flexible, articulé; — **axle,** essieu orientable; — **cable,** câble souple; — **coupling,** joint, accouplement flexible, ac-couplement élastique; — **duct,** conduit flexible; — **head,** tête articulée; — **resistor,** résistance souple; — **shaft**, arbre flexible; — **shafting**, transmission flexible; — **tube**, tube flexible.

Flexibility, Souplesse, adaptabilité.

Flexural members, Membrures soumises à la flexion.

Flexural strength test, Essai de flexion.

Flexure, Courbure.

Flicker, Variation, pulsation d'intensité lumineuse, éclat; scintillement; — **photometer**, photomètre à éclats.

Flight or **Flying**, Vol; escadrille; **acceptance** —, vol de réception; **asymetric** —, vol asymétrique; **blind** —, vol aveugle, sans visibilité; **cruising** —, vol de croisière; **diving** —, vol piqué; **forward** —, vol en avant; **gliding** —, vol plané; **group** —, vol de groupe; **high** —, vol en hauteur; **high altitude** —, vol aux hautes altitudes; **horizontal** —, vol en palier; **inverted** —, vol sur le dos; **long** —, vol en longueur; **maiden** —, premier vol; **night** —, vol de nuit; **non-stop** —, vol sans escale; **pratice** —, vol d'entraînement; **solo** —, vol seul; **stunt** —, vol d'acrobatie; **survey** —, vol de reconnaissance; **training** —, vol d'entraînement; — **analyser**, analyseur de vol; — **boat**, hydravion à coque; — **feeder**, convoyeur à raclettes; — **log**, traceur de route (aviat.); — **security**, sécurité aérienne; — **simulator**, simulateur de vol; — **test**, essai en vol; — **tested**, essayé en vol; — **testing**, essais en vol.

Flint, Quartz, silex; — **brick**, brique réfractaire contenant une forte proportion de silex pulvérisé; — **clay**, argile réfractaire.

Flip coil, Bobine d'exploration.

Flip flop circuit, Circuit de multivibrateur (circuit Eccles Jordan).

Flipper, Gouvernail de profondeur (aviat.).

Float, Flotteur; radeau; ras; aube; pale (roue); **alarm** —, flotteur avertisseur; **amphibious** —, flotteur amphibie; **annular** —, flotteur annulaire; **ball** —, flotteur sphérique; **carburettor** —, flotteur de carburateur; **detachable** —, flotteur largable; **twin** —**s**, flotteurs jumelés; **wing tip** —, flotteur de bout d'aile; — **and set**, enduit; — **board**, aube d'une roue en dessous; — **case**, caisson de renflouage; — **chamber**, pot, cuve à niveau constant (carburateur); — **copper**, cuivre à l'état de fines particules en suspension dans l'eau; cuivre natif trouvé loin de la roche d'origine; — **cut**, taille simple (lime); — **gauge**, niveau à flotteur, régulateur (chaud.); — **hull**, coque d'hydravion; — **needle**, pointeau, tige du flotteur; — **operated valve**, soupape à flotteur; — **skin**, crépi; — **switch**, interrupteur à flotteur; — **valve**, soupape à flotteur, clapet flottant; — **water wheels**, roues à aubes; — **weight**, contrepoids (du carburateur).

to Float, Crépir (un mur); faire flotter (minerais); lancer (une compagnie, une affaire); émettre (un emprunt).

Floation, Flottation; — **landing gear**, rain à flotteurs (aviat.).

Floating, Flottant; — **battery**, batterie flottante; — **charge**, charge flottante; — **derrick**, ponton-grue; — **dock**, dock flottant; — **grid**, grille libre, grille flottante; — **in**, flottage d'un tube (pétr.).

Flock, Flocon; **silk** —, flocon de soie; — **test**, essai de floculation.

Flocking, Flockage (text.).

Flogging chisel, Large ciseau à froid pour l'ébarbage; **flogging hammer**, marteau pour frapper sur le ciseau d'ébarbage.

Flood, Crue; — **gate,** venteau; haussoir; vanne.

to Flood, Noyer (soutes, carburateur).

Flooding, Noyage, inondation, remplissage (d'un surchauffeur, etc.); **carburettor** —, noyage du carburateur; **water** —, injection d'eau.

Floodlight, Projecteur, lampe d'atterrissage.

Floodlighting, Éclairage par projecteurs.

Flookam, Argile.

Floor, Radier (bassin à sec); tablier (de pont); varangue (c. n.); parquet; plancher; salle; **bridge** —, tablier de pont; **cant** —, fourcat (c. n.); **deep** —, haute varangue (c. n.); **derrick** —, plancher de travail (pétr.); **machine** —, salle des machines; **shaft** —, salle des arbres; **testing** —, plateforme d'essais — **board,** plancher; — **cloth,** linoléum; — **plan,** plan horizontal (c. n.); — **plate,** tôle varangue (c. n.); — **space,** encombrement, cubage.

Flooring, Plate-forme, plancher, planchéiage.

Flooring machine, Machine à bouveter.

Floridin, Floridine.

Floss, Laitier de four à pudler; trou à laitier; fonte blanche pour acier; — **hole** (voir **Hole**); — **silk,** bourre de soie.

Flotation, Flottation, flottage, flottaison; — **concentrator,** concentrateur par flottation.

Flour, Potée d'émeri; farine; — **mill,** minoterie.

to Flour, Amener à l'état de fines particules.

Flow, Flux, fluage, écoulement, débit, courant; **air** —, débit d'air; **axial** —, écoulement, flux axial; **burner** —, débit de l'injecteur; **cold** —, fluage à froid; **counter** —, à contre-courant, à courants opposés; **double** —, à double écoulement; **free surface** —, écoulement libre; **laminar** —, écoulement laminaire; **multiple** —, à écoulement multiple; **parallel** —, à courants de même sens; **radial** —, flux radial; **rate of** —, débit; **reverse** —, flux inversé; **single** —, à simple écoulement; **streamline** —, écoulement continu; **subsonic** —, écoulement subsonique; **supersonic** —, écoulement supersonique; **turbulent** —, écoulement turbulent; **visible** —, débit visible; — **chart,** diagramme des débits; — **control,** régulateur de débit; — **gauge,** jaugeur de débit; — **governor,** régulateur de débit; — **meter** or — **indicator,** fluxmètre, débitmètre; **ring balance** — **meter,** débitmètre à tore pendulaire; — **pattern,** diagramme d'écoulement — **rate,** débit unitaire; — **recorder,** enregistreur de débit; — **regulator,** régulateur de débit.

to Flow, Couler; fondre.

Flowers of benzoin, Acide benzoïque; **flowers of sulphur,** soufre sublimé.

Flowing back, Refoulement (hyd.); **flowing battery,** pile à écoulement; **flowing furnace,** four à manche; cubilot.

Flowmeter (voir **Flow**).

Fluccan, Filon argileux; terre glaise.

Flue, Courant de flammes; carneau, bouilleur; **bottom** —, carneau de sous-sole (four à coke); **down** —s, courants de flamme de haut en bas; **flash** —s, courants de flamme dans le sens de la longueur de la chaudière; **upper** —s, courants de flamme de bas en haut; — **gas,** gaz de combustion; — **gas analyser,** analyseur de gaz de combustion; — **plate** or — **sheet,** plaque de tête des tubes; — **surface,** surface de chauffe.

Fluid, Fluide; — **bearing,** palier fluide; — **drive,** transmission hydraulique; — **mecanics,** mécanique des fluides.

Fluidity, Fluidité, coulabilité; **casting** —, coulabilité.

to Fluidize, Fluidifier, liquéfier.

Fluidness, Fluidité.

Fluid dram, Drachm : $1/8^e$ de fluid ounce; **fluid ounce,** $29,6$ cm^3 (Amérique), $28,4$ cm^3 (Angleterre).

Flume, Canal, conduit; **head** —, canal de tête.

Fluoborate, Borofluorure.

Fluometer, Appareil pour le dosage volumétrique du fluor.

Fluor or **Fluorin,** Fluor; **compact** —, chaux fluatée compacte; — **spar,** spath fluor.

Fluorescein, Fluorescéine.

Fluorescence, Fluorescence; — **lighting,** éclairage par fluorescence.

Fluorescent, Fluorescent; — **lamp,** lampe fluorescente; — **screen,** écran fluorescent.

Fluoride, Fluorure; **calcium** —, fluorure de calcium; **manganous** —, fluorure manganeux.

Fluorination, Fluoration.

Fluorite, Fluorure de calcium; spath fluor.

Fluorocarbon, Fluorocarbure.

Fluorobenzene, Fluorobenzène.

Fluorogermanate, Fluorogermanate.

Fluorophosphoric acid, Acide fluorophosphorique.

Fluoroscope, Fluoroscope; **electronic** —, fluoroscope électronique.

Fluoroscopic, Fluoroscopique; — **screen,** écran fluoroscopique.

Fluoroscopy, Fluoroscopie.

Flush, Affleurant, encastré.

to Flush, Rincer.

Flush box, Boîte de branchement pour câbles (élec.).

Flush fitted, Assemblé à joints lisses.

Flush valve, Robinet ou soupape de vidange.

Flush with, A fleur de, au niveau de.

Flushed, Rincé.

Flusher, Appareil pour le nettoyage des égouts.

Flushing, Raccordement, affleurement; lessivage, lavage, vidange; — **valve,** voir Flush valve.

Flute, Cannelure, rainure; navette (instrument de modeleur pour canneler); — **bit,** mèche à pointe pyramidale de section carrée et à deux tranchants.

to Flute, Tailler, canneler.

Fluted, Cannelé; **spiral** —, à cannelures en spirales; **straight** —, à cannelures droites; — **plug,** tampon cannelé; — **ring,** bague cannelée.

Fluting, Gouge de 150 à $180°$; **cutter for** — **taps,** fraise à tailler les alésoirs; — **machine,** machine à canneler; — **plane,** rabot à gorge; guillaume à canneler.

Flutter, Flottement.

Flux (pluriel **fluxes**), Fondant, castine, débit, flux (mét.); flux (opt.); flux (élec.); **aluminous** —, fondant alumineux; **armature stray** —, flux de dispersion dans l'induit; **heat** —, flux thermique; **limestone** —, fondant calcaire, castine; **luminous** —, flux lumineux; **powdered** —, fondant en poudre; **reaction** —, flux de réaction (élec.); **salt** —, fondant salin; **stray or leakage** —, flux de dispersion; **welding** —, flux décapant; — **meter,** fluxmètre.

to Flux, Désagréger.

Fluxed, Désagrégé; traversé par le flux (élec.).

Fluxgraph, Fluxgraphe.

Fluxmeter, Fluxmètre.

Fluxing, Écoulement.

Fly, Moulinet régulateur à ailettes; volant; balancier; — **ash,** escarbilles; — **ash arrester,** séparateur d'escarbilles; — **cutter,** outil pivotant; — **drill,** perceuse à main munie d'un petit volant; — **press,** presse rapide; balancier à vis; — **rope,** câble télédynamique; — **wheel,** voir **Flywheel.**

to Fly, Voler (aéroplane); — **blind,** voler à l'aveugle; — **into the wind,** voler contre le vent.

Flying (voir aussi **Flight**); **high altitude** —, vol aux hautes altitudes; **charter** —, vol d'affrètement; — **boat,** hydravion à coque; — **shear,** cisaille volante; — **spot,** spot mobile; — **wing,** aile volante.

Flywheel, Volant (mach.); **boss of the** —, moyeu de volant; **overhung** —, volant monté en porte à faux; **split** —, volant fendu; **toothed** —, volant denté; — **cover,** couvercle du volant; — **lathe,** tour en l'air.

F. M., Frequency modulation, Modulation de fréquence; — **transmitter,** émetteur à modulation de fréquence.

F. O., For orders (pour ordres).

F. O. B., Free on board (voir p. VIII).

F. O. C., Free of charge (sans frais).

Foam, Écume, mousse; — **sprayer** extincteur à mousse; — **generator,** générateur de mousse; — **rubber,** caoutchouc mousse.

Foamed, En mousse; — **plastic,** matière plastique mousse.

Foaminess, Formation de mousse.

Fobs, Goussets.

Focal, Focal (adj.); focale; — **axis,** axe focal; — **distance** or — **length,** distance focale, focale; — **plane,** plan focal; — **spot,** tache focale.

Foci, Foyers; **conjugate** —, foyers conjugués.

Focus (pluriel **Focuses** or **Foci**), Foyer (opt.); **depth of** —, profondeur de foyer; **pre** — **cap,** calotte préfocale.

to Focus, Mettre au point, focaliser, concentrer.

Focused or **Focussed,** Dirigé vers le foyer.

Focusing or **Focussing,** Focalisation, concentration, mise au point (opt.); **helical** —, focalisation hélicoïdale; **magnetic** —, focalisation magnétique; **sharp** —, à foyer précis; — **adjustment,** dispositif de mise au point; — **button,** bouton de mise au point; — **coil,** bobine de contrôle du faisceau électrique; enroulement de focalisation; — **electrode,** électrode de contrôle.

Fodder, Huit gueuses de fonte.

to Fodder, Aveugler une voie d'eau.

Foil, Feuille mince de métal, clinquant; tain (miroir); plan; **aero** or **air** —, plan aérodynamique, aile portante; **aero-section,** profil d'aile portante; **thin air** —, plan mince; **aluminium** —, feuille d'aluminium; **dutch** —, tombac en feuille mince; **gold** —, feuille d'or; **lead** —, mince feuille de plomb; **silver** —, feuille d'argent.

Fold, Onglet, bord rabattu; arche, de tympe (mét.); repli, agrafe, pince; pli, plissement.

to Fold, Plier, agrafer.

Folded, Plié; — **cavity,** cavité à effet cumulatif.

Folder, Plieuse.

time Folder, Feuille de marche (d'un train).

Folding, Plissement, courbure de terrain; pliant (adj.); — **hood**, capote pliante; — **machine**, plieuse; — **pannel**, panneau pliant; — **press**, presse à plier; — **seat**, strapontin; — **top**, capote.

Foliated, Feuilleté, lamelleux.

Folinic acid, Acide folinique.

Folium, Feuille.

Follow die, Outil composé permettant d'effectuer plusieurs opérations en peu de mouvements (« Gang and follow system »).

Follow up system, Système d'asservissement.

Follower, Roue, pièce commandée par une autre; palpeur; allonge pour pilots; plateau de piston; bague de presse-étoupe; **ball** —, chapeau de bille; **cam** —, galet de came.

Foolproof, A l'abri des fausses manœuvres.

Foot, Pied (mesure); pied; patin de rail; dépôt; sédiment, résidu; **anvil** —, jambe d'enclume; **crow's** —, caracole; **cubic** —, pied cube; **square** —, pied carré; — **board**, marchepied, pédale; — **brake**, frein à pied; — **bridge**, passerelle; — **candle**, pied-bougie; — **of a chair**, semelle d'un coussinet (ch. de fer); — **guard**, garde-pied (rail); — **hook**, genou, allonge (c. n.); — **lbs**, livres-pied (mesure de travail); — **of a spoke**, patte, tenon d'un rayon de roue; — **path**, chemin de contre-halage; — **plate**, plateforme; parquet de chauffe (loc.); — **press**, presse à pédale; — **rest**, repose-pied; — **screw**, vis calante; — **step**, marchepied; collier inférieur; pivot; — **step bearing**, crapaudine; — **stock**, contrepointe; — **ton**, tonne-pied (mesure de travail); — **valve**, clapet de pied (condenseur).

Foot operated, A commande au pied.

Footing, Socle; pied d'un mur; bâti (mach.); semelle.

F. O. R., **Franco on rail** (Franco sur voie).

Footwall, Mur (mine).

Force, Force; **accelerating** —, force d'accélération; **carrying** —, force portante (aimant); **centrifugal** —, force centrifuge; **centripetal** —, force centripète; **electromotive** —, force électromotrice; **back** or **counter electromotive** —, force contre-électromotrice; **line**, **flux of** —, ligne; flux de force (élec.); **magnetomotive** —, force magnétomotrice; **repelling** or **repellent** —, force répulsive; **restoring** —, force de rappel; **tensor** —, force tensorielle; — **factor**, facteur de force (transducteurs); — **feed**, forcé, sous pression (graissage); — **oscillations**, oscillations forcées; — **pipe**, tuyau de refoulement; — **pump**, pompe foulante.

to Force back, down, in, out, Faire descendre; refouler; faire entrer, faire sortir par force.

Forced, Forcé; sous pression; — — **draught**, tirage forcé; — **feed**, voir **force feed**; — **lubrication**, graissage forcé; — **oscillations**, oscillations forcées; — **vibrations**, vibrations forcées.

Forcer, Piston d'une pompe foulante; petite pompe à main.

Forcing pump, Pompe foulante; **forcing valve**, soupape d'expiration.

Fore, Avant (N.); — **castle**, gaillard d'avant; — **casts**, prévisions (du temps); — **field**, front des travaux (min.); — **foot**, brion (c. n.); — **head**, voir **Field**; — **hearth**, avant-foyer, sous-creuset (h. f.); four à avant-creuset; foyer à réchauffer; — **hold**, cale avant (N.); — **lock**, clavette, goupille, esse; — **lock bolt**, cheville à goupille; — **man**, contremaître (atelier), chef ouvrier, chef d'équipe; — **nave,** petit bout de moyeu; — **poling,** soutènement provisoire.

Forge, Forge; **boiler** —, chaudronnerie; **portable** —, forge portative; **rivet** —, **four à rivets;** — **bellows,** soufflets de forge; — **hammer,** marteau de forge; — **hearth,** feu de forge; — **pig,** fonte d'affinage, fonte blanche; — **scales,** oxydes, battitures.

to Forge, Forger, corroyer, cingler.

Forgeable, Forgeable.

Forged, Forgé; **as** —, brut de forge; **cold, hot** —, forgé à froid, à chaud; **solid** —, monobloc; — **steel,** acier forgé.

Forger or **Forgeman,** Forgeron.

Forger, Maître de forges.

Forging, Action de forger, forgeage; pièce de forge; **drop** —, estampage; **drop** —**s,** estampages, pièces matricées; estampées; **drop** — **press,** presse à estamper; **internal** —, forgeage interne; — **alloy,** alliage forgeable; — **hammer,** marteau de forge; — **steel,** acier de forge.

Forjoining, Jonction.

Fork, Fourche, fourchette; fourche d'un filon (min.); **in** —, à sec (se dit d'une mine dont le puisard est à sec); **shifting** —, fourchette de désembrayage (courroie); **wheel** —, fourche de roue; — **anvil,** plaque de fer sur laquelle on forge les fourches; — **carriage,** support de fourche; — **head,** articulation à fourche; — **joint,** chape; — **link,** étrier; enfourchement; — **support,** support de fourche; — **wrench,** clef à fourche; — **yoke,** chape.

to Fork, Pomper l'eau d'une mine.

Forked, Fourchu, en forme de fourche; **the water is** —, l'eau (du puisard) est épuisée (min.).

Form, Forme, cadre, coffrage, moule pour béton; siège de pompe de puits de mine; imprimé; formulaire; **arch** —, coffrage en voûte; **ceiling** —, coffrage de toit; **invert** —, coffrage intérieur; **linear** —**s,** formes linéaires; forme (math.); **order** —, bon de commande; **outside** —, coffrage extérieur; **quadratic** —**s,** formes quadratiques; **steel** —, coffrage métallique; **telescopic** —, coffrage télescopique; **stripping of** —**s,** décoffrage; **to strip a** —, décoffrer; — **block,** bloc d'emboutissage; — **factor,** facteur de forme; — **tool,** outil de forme.

to Form, Coffrer.

Formaldehyde, Formaldéhyde.

Formamide, Formamide.

Formed, Coffré.

Former, Filière, matrice; cadre; fondeur; fermoir; ciseau à planche.

Formic, Formique.

Formica, Composé phénolique isolant.

Forming, Mise en forme, formage, façonnage, emboutissage; **cold** —, formage à froid; **electro** —, reproduction électrolytique; **hot** —, matriçage à chaud; **metal** —, traitement du métal; **stretch wrap** —, mise en forme par étirage sur gabarit; — **die,** matrice de forme; — **press,** presse à former, à gabarier.

Formula (pluriel **Formulae**), Formule.

Fornication, Voûte; voussure; cintre.

Forturntable, Tourne-disques.

Forward, A l'avant, sur l'avant.

Forwarding, Expédition; transit.

Foss, Lingotière; force (d'une chute d'eau).

Fossil coal, Lignite; **fossil oil,** pétrole.

Foul, Engorgé (orifice); sale, encrassé.

to Foul, S'encrasser; boucher, encrasser.

Fouled, Encrassé, engorgé.

Fouling, Engorgement, encrassement; **lead —,** encrassement par le plomb.

Foundation, Fondation, infrastructure; **elastic —,** fondation élastique; **— bolt,** boulon de fondation; **— on piles,** fondation sur pilotis; **— plate,** plaque de fondation; **— stone,** pierre de fondation.

to Found, Fondre, mouler.

Founder, Fondeur; **—'s lathe** tour à calibre, à noyaux (fond.).

Founding, Moulage.

Foundry, Fonderie; **steel —,** fonderie d'acier; **— coke,** coke de fonderie; **— pig,** fonte de moulage; **— pit,** fosse de moulage; **— sand,** sable de fonderie.

Four cycle engine, Moteur à quatre temps.

Fourier's series, Séries de Fourier (math.).

Foveal, Fovéal.

Fox bolt, Goupille fendue pour contre-clavette; **fox key,** or **fox wedge,** contre-clavette; **fox lathe,** tour à fileter.

Foxtail, Dernières scories d'affinage.

F. P., Freezing point; Point de congélation.

F. P. A., Free of particular average; Franc d'avaries particulières.

f. p. m., Feet per minute (Pieds par minute).

F. P. S., Système anglais d'unités (Foot, pound, second).

f. p. s., feet per second (Pieds par seconde).

Fraction, Fraction (math.).

Fractional, Fractionné; **— condensation,** condensation fractionnée; **— distillation,** distillation fractionnée; **— melting,** fusion fractionnée; **— h. p. motor,** moteur à fraction de cheval.

Fractionating column or **tower,** Tour de fractionnement, colonne de distillation.

Fractionation, Fractionnement.

Fractographic, Fractographique.

Fractography, Fractographie.

Fracture, Cassure (minerais); rupture; **coarse granular —,** cassure à gros grains; **fine granular —,** cassure à grains fins; **fibrous —,** cassure fibreuse.

Fragment, Brin; éclat; débris de minerai.

Fragmentation, Fragmentation; **— bomb,** bombe à fragmentation.

to Fraise, Aléser, élargir un trou; découper à dimension.

Frame, Châssis (auto); affût (canon); bâti; couple (c. n.); cadre (hélice); charpente; grillage (accumulateur); table à toile (préparation mécanique du minerai); cadre; trame; carcasse (d'un moteur); **A —,** chevalet; **adjusting —,** cadre adaptateur (photogr.); **air —,** cellule d'avion; **boring —,** potence à forer; machine à percer; **bracket —,** mouchoir (c. n.); **Brunton's —,** table à toile sans fin; **cant —,** couple dévoyé (c. n.); **chief —,** couple de levée (c. n.); **drawing —,** banc d'étirage, laminoir, filière (tréfilerie); **gantry —,** portique; **gooseneck —,** bâti en col de cygne; **hard lead —,** cadre en plomb durci (accus); **head —,** cadre support, chevalement (mines); **joggled —,** châssis coudé; **midship —,** maître-couple (c. n.); **panel —,** cadre de panneau; **pile —,** charpente de sonnette; **pit head —,** chevalement de puits de mine;

radiator —, calandre de radiateur; relief —, cadre compensateur (tiroir); rigid —, carcasse rigide, charpente rigide; side —, longeron; spacing of the —s, or — space, espacement; square —, couple droit (c. n.); stator —, bâti du stator (élec.); stern —, carcasse (c. n.); sternmost —, estain (c. n.); stiffening —, cadre raidisseur; truck —, châssis de bogie; swing —, bâti, châssis, cadre oscillant; tubular —, châssis tubulaire; welded —, châssis soudé; — frequency, fréquence de balayage (télévision); — member, longeron; — of an engine, bâti d'une machine; — of a house, charpente d'une maison; — of a locomotive or — plate, cadre, châssis, longerons d'une locomotive; — of a shaft, cadre, boisage d'un puits; — stay, traverse, entretoise de châssis; — with cramps or cramping, serre-joints, col-de-cygne; — work, charpente.

to Frame, Modeler, régler, ajuster, faire la charpente de; assembler une ferme.

Framework, Bâti, carcasse, châssis, charpente.; metal —, charpente métallique; tubular —, carcasse tubulaire.

Framing, Charpente; bâti; positionnement; — chisel, gros marteau à mortaiser.

Franchise, Franchise.

to Fray, Se gripper, se ronger.

Fraying, Éraillure.

Free, Libre; qui a du jeu (mach.); exempt; franc (pompe); duty —, exempt de droits; — electron, électron libre; — exhaust, échappement libre; — grid, grille libre; — hand drawing, dessin à main levée; — milling (minerai) donnant de l'or ou de l'argent sans grillage ni autre traitement chimique; — of charge, franco; — on board (F. O. B.), franco à bord, rendu à bord; — oscillation, oscillation libre; — wave, onde libre.

to Free, Dégorger, franchir (une pompe).

Freeboard, Franc-bord (N.).

to Freeze, Se congeler, se solidifier.

Freezed, Congelé.

Freezer, Congélation.

Freezing, Congélation, gel; calage (pétr.); anti —, anti-gel; quick —, congélation rapide (ou froid atomisé); — mixture, mélange réfrigérant; — point, point de congélation; — process, procédé de fonçage par congélation.

Freight, Fret, cargaison; air —, fret aérien; — car, wagon à marchandises; — compartment, soute à bagages; — elevator, monte-charges; — rates, tarifs de transport; — train, train de marchandises.

to Freight, Affréter, fréter.

Freighter, Affréteur; cargo, avion-cargo.

French chalk, Talc.

French tub, Bain composé de protochlorure d'étain et de bois de campêche.

Frequency or **Frequence** (rare), Fréquence; carrier —, fréquence porteuse; center —, fréquence de repos, fréquence du courant porteur; cut off —, fréquence critique (d'un filtre); frame —, fréquence de balayage (télévision); fundamental —, fréquence fondamentale; high —, haute fréquence; high — current, courant à haute fréquence; intermediate —, moyenne fréquence; low —, basse fréquence; natural —, fréquence propre; radio —, radiofréquence; haute fréquence; resting —, voir center —, supply —, fréquence d'alimentation; video —, fréquence de télévision; — analyser, analyseur de fréquence; — band, bande de fréquences; — **bridge**, pont de fréquences; — **changer**, changeur de fréquence; — **constant**, constante de fréquence; — **controller**, contrôleur de fréquence; — **corrector**, correcteur de fréquence; — **distorsion**, distorsion de fréquences; — **doubler**, doubleur de fréquence; — **modulation**, modulation de fréquence; — **range**, bande, gamme de fréquences; — **regulator**, régulateur de fréquence; — **relay**, relais de fréquence; — **separator**, séparateur de fréquences; — **transformer**, transformateur de fréquences; — **tripler**, tripleur de fréquence.

Freshwater, Eau douce, eau potable.

Fresnel, Unité de fréquence (10^{12} cycles).

Fret, Éraillure, grippure.

to **Fret**, Frotter, érailler, user en frottant.

Fretting or **Fretting corrosion**, Type de corrosion résultant du portage d'une pièce lourde tournant sur une autre; entraînement de métal, grippage.

Friction, Friction, frottement; air —, frottement de l'air; **angle of** —, angle de frottement; **skidding** —, frottement de dérapage; **skin** —, frottement superficiel (aviat.); **sliding** —, frottement de glissement; — **brake**, frein de Prony; — **clutch**, embrayage à friction; — **coefficient**, coefficient de frottement; —, **disc**, disque de friction; — **head**, perte de charge (hyd.); — **less**, sans frottement; — **less bearings**, roulements sans frottement; — **of rolling** or **rolling** —, frottement de roulement; — **of sliding**, frottement de glissement; — **(screw) press**, presse à friction; — **shoe**, sabot, semelle de frottement; — **socket** —, cône de friction.

Fringe, Crépine de pompe ou de prise d'eau; frange; — **intensity**, intensité des franges (opt.).

Frictional, A friction, de frottement; — **losses**, pertes par frottement; — **resistance**, resistance de frottement.

Fritted, Mâché.

Frog, Rail, aiguillage, cœur de croisement (ch. de fer); **aerial** —, aiguillage aérien.

Front, Façade, devant, avant; tête de pont; **flame** —, front de flamme; **steep** or **abrupt** —, front raide; **wave** —, front d'onde; — **axle**, essieu avant; — **ball bearing race**, cage de roulement à billes avant (auto); — **beam**, traverse frontale; — **plate**, laiterol, chio, plaque à laitier (mét.); — **spring bracket**, main avant; — **view**, vue avant, vue de face, élévation.

Frontal, Frontal.

Froster, Congélateur.

Frozen, Grippé, congelé.

Frustrum, Tronc de cône.

ft, foot, pied.

ft-cl, foot candle (pied bougie).

ft lb, foot pound (livre par pied).

Fuel, Combustible, carburant; chauffage; **anti-knock** —, combustible anti-détonant; **boiler** —, fuel oil lourd; **bunker** —, mazout; **gaseous** —, combustible gazeux; **high octane** —, combustible à indice d'octane élevé; **high** or **highly aromatic** —, combustible à haute teneur en aromatiques; **jet** —, carburant pour réacteurs; **leaded** —, combustible au plomb; **liquid** —, combustible liquide; **low aromatic** —, combustible à basse teneur en aromatiques; **oil** —, huile combustible (pétrole, naphte, etc.; **paraffinic** —, combustible paraffinique; **patent** —, agglomérés; **premium** —, supercarburant; **reserve** —, combustible de réserve; **residual** —, carburant résiduel; **solid —,** combustible solide; **— consumption,** dépense de combustible; **— gallery,** collecteur de combustible; **— gauge,** jauge d'essence; **— injection,** injection du combustible; **— jet,** jet de combutible; **— oil,** mazout; **— pump,** pompe à combustible (Diesel); pompe à essence (auto;) **— tank,** réservoir à combustible; **— valve,** soupape de combustible; aiguille d'injection (Diesel), injecteur.

to Fuel, Ravitailler en combustible.

Fueller, Ravitailleur, citerne; station de remplissage.

Fuelling, Ravitaillement; remplissage; **pressure —,** remplissage sous pression; **overwing —,** remplissage sur l'aile; **underwing —,** remplissage sur l'aile; **— pression,** pression de remplissage; **— station,** station de remplissage. **— tank,** cuve de stockage; **— vehicule,** camion-citerne.

Fulchronograph, Fulchronographe.

Fulcrum, Support, palier, crapaudine, portée, point d'appui; **bearing —,** palier, coussinet.

Full, Plein; fort (à la suite d'un chiffre); **— level indicator,** indicateur de remplissage; **— power,** pleins gaz, à toute puissance; **— speed,** à toute vitesse.

Fuller, Étampe, chasse demironde (forge); foulon; **bottom —,** tranchet à dégorger (forge); **top —,** chasse ronde, dégorgeoir (forge).

Fullering, Action de chasser, étendre un métal de manière à le faire adhérer contre l'objet qui le traverse.

Fulminate, Fulminate; **— of mercury,** fulminate de mercure.

Fumes, Vapeurs, fumées (particules de 0,1 à 1 μ); voir **Smoke; exhaust —,** vapeurs d'échappement; **gasoline —,** vapeurs d'essence; **oil —,** vapeurs d'huile.

Fumigant, Fumigène.

to Fumigate, Fumiger.

Fumigation, Fumigation.

Fuming, Fumant.

Function, Fonction (math.); **analytic —,** fonction analytique; **circular —,** fonction circulaire; **continuous —,** fonction continue; **explicite —,** fonction explicite; **exponential —,** fonction exponentielle; **harmonic —,** fonction harmonique; **hyperbolic —,** fonction hyperbolique; **potential —,** fonction potentielle; **rectangle —,** fonction de rectangle; **recursive —,** fonction récursive; **scalar —,** fonction scalaire; **trigonometric —,** fonction trigonométrique; **univalent —,** fonction univalente; **wave —,** fonction d'onde.

Functional, Fonctionnelle; pour applications spéciales; **linear —,** fonctionnelle linéaire; **— test,** essai de fonctionnement; **transformer,** transformateur pour applications spéciales.

Fundamental, Fondamental; **— frequency,** fréquence fondamentale; **— harmonic,** harmonique fondamental; **— oscillation,** oscillation fondamentale; **— units,** unités fondamentales; **— wavelength,** longueur d'onde fondamentale.

Fungicide, Fongicide.

Fungistatic, Fongistatique.

Funnel, Évent; entonnoir; cheminée (N.); **air —,** manche à air; **hinged —,** cheminée à charnière, à rabattement; **telescopic —,** cheminée à télescope; **— casing,** enveloppe de la cheminée; **— cowl,** capot de cheminée.

Fur, Fourrure; soufflage; crasse, tartre (chaud.).

to Fur, Détartrer, décrasser (chaud.).

Furan, Furanne.

Furano compounds, Composés furanniques.

Furfural, Furfural.

Furlong, Mesure (voir Tableaux).

Furnace, Foyer, fourneau, haut fourneau (abréviation de " blast furnace "); four; **air** —, four à réverbère; **annealing** —, four à recuire; **annular** —, four annulaire;; **assay** —, fourneau d'essai, four à coupelle; **balling** —, four à réchauffer; **bar heating** —, four à réchauffer les barres; **batch — or counter currents** —, four discontinu; **bending** —, four à cintrer; **blast** —, haut fourneau; **all welded blast** —, haut-fourneau entièrement soudé; **fully cased blast** —, haut-fourneau entièrement blindé; **blast — armour or casing**, blindage de haut-fourneau; **blast — gas**, gaz de haut-fourneau; **blast — gas blowing engine**, machine soufflante à gaz de h. f.; **blast — mantle or structure**, marâtre de haut-fourneau; **blast — throat or top**, gueulard de haut-fourneau; **blast — with chamber hearth**, haut fourneau enveloppé; **blast — with open hearth**, haut-fourneau à creuset ouvert; **blast — with oval hearth**, haut-fourneau à creuset oval; **block** —, foyer à loupes; **bloomery** —, four à loupes; **calcining** —, four à calciner; **car bottom** —, four à chariot; **carburising** —, four de cémentation; **cathode ray** —, four à rayons cathodiques; **charge resistance** —, four à charge formant résistance; **controlled atmosphere** —, four à atmosphère contrôlée; **cementing** —, fourneau de cémentation; **coreless induction** —, four à induction à haute fréquence; **corrugated** —, **foyer ondulé**; **cracking** —, four de craquage; **crucible** —, fourneau à creuset; **cupel** —, four à coupeller; coupelle; **cupola** —, cubilot; **dead plate of a** —, sole d'un foyer; **direct arc** — four à arc direct; **draught** —, four à réverbère; **draw back** —, four à revenir; **electric** —, four électrique; **glass** —, four de verrerie; **gutter** —, fourneau à rigole; **heating** —, four de réchauffage; **high frequency (or ironless) induction** —, four à induction à haute fréquence; **indirect arc** —, four à arc indirect; **low frequency** —, four à basse fréquence, four à noyau; **melting** —, fourneau de fusion; **muffle** —, fourneau à moufle, à coupelle; **oil** —, fourneau à huile lourde; **open hearth** —, four à sole, four Martin; **ore** —, four à fondre le minerai; **outer shell of a blast** —, revêtement extérieur d'un h. f.; **pot** —, four à creuset; **preheating** —, four de préchauffage; **puddling** —, four à puddler; **reformation** —, four de réformation (pétr.); **reheating** —, four à réchauffer; **reverberatory** —, four à réverbère; **roasting** —, four de calcination; **rocking** —, fourneau oscillant; **scaling** —, four à décaper, four de réduction; **shaft** —, fourneau à cuve; **shell of a** —, enveloppe chemise d'un fourneau; **solar** —, four solaire; **spectacle** —, fourneau à lunettes, à deux foyers; **tilting** —, four oscillant; **top of a** —, gueulard d'un h. f.; ciel d'un foyer; **topping** —, four de distillation; **welding** —, four à réchauffer; **— bars**, barreaux de grille; **— body**, cuve de four; **— brazing**, brasage au four; **— door**, porte de fourneau; **— mantle**, enveloppe du fourneau; **— mountings**, accessoires d'un fourneau; **— top**, gueulard (h. f.), ciel de foyer (chaud.); **— with two hearths**, fourneau à lunettes; **to blow down**

the —, mettre le fourneau hors feu; **to blow in the —,** allumer un h. f.; **to blow out the —,** décharger le h. f.; **to charge the —,** charger le fourneau; **to clear a —,** décrasser un fourneau; **to draw the —,** décharger, jeter bas les feux d'un fourneau; **to feed the —,** alimenter, charger le fourneau.

Furol, Fuel and road oils (voir **S. S. Furol**).

Furred, Entartré, encrassé.

Furring, Soufflage; détartrage, décrassage (chaud.).

Furrow, Rayure, cannelure, grippure.

to Furrow, Gripper.

Fuselage or **Fusilage,** Fuselage; **monocoque —,** fuselage monocoque; **plywood —,** fuselage de contreplaqué; **sharp —,** fuselage effilé; **— intersection** or **— junction,** emplanture.

Fuse, Fusée; fusible (élec.); **blown —,** fusible fondu; **delay action —,** fusée à retard; **dual element —,** fusible à double élément; **hydrostatic —,** fusée hydrostatique; **inertia —,** fusée à inertie; **percussion —,** fusée à percussion; **proximity —,** fusée de proximité; **safety —,** plomb fusible; **time —,** fusée à temps; **tracer —,** fusée traceuse; **— block,** tablette à bornes pour fusibles; **— holder,** porte-fusible.

to Fuse, Fondre.

Fusible, Fusible; **— plug,** bouchon fusible.

Fusion, Fusion; combinaison; synthèse; **vacuum —,** fusion sous vide; **— welding,** soudage par fusion.

Futtock, Genou, allonge, jambe (c. n.).

Fuze, voir **Fuse.**

G

G, gram (gramme).

G, Generator (Générateur); **Grid** (Grille).

GA, General Assembly.

G. A. drawing, Dessin d'ensemble.

Gab, Entaille, encoche, enclenche; **eccentric —**, encoche de la bielle d'excentrique; **— pin**, toc.

Gad, Morceau d'acier, burin; coin, poinçon, aiguillon, tête de flèche, etc.

Gadget, Dispositif, accessoire.

Gag, Garrot; obstacle dans un robinet; masse pour redresser les rails.

to Gag, Engager, obstruer, coller (soupapes).

Gage, Voir **Gauge**.

Gain, Rapport des valeurs d'une variable (tension, intensité, puissance...) à la sortie et à l'entrée.

Gains, Rayures, rainures.

Gaiter, Gaître, manchon.

Gal, Gallon.

Galactic, Galactique.

Galaxy, Galaxie.

Galena, Galène; **silver bearing —**, galène argentifère.

to Gall, Ronger, mâcher (câble...), user par frottement.

Gall nut, Noix de galle.

Gallery, Galerie; **drainage —**, galerie d'exhaure; **evacuation —**, galerie de vidange; **fuel —**, collecteur de combustible; **— frame**, cadre de boisage d'une galerie (mines).

Galling, Friction, usure par frottement; corrosion; **non —**, non corrosible.

Gallium, Gallium.

Gallon, Mesure de capacité. Le Gallon américain vaut 3 l 785; le Gallon anglais vaut 4 l 543 (voir Tableaux).

Gallonage capacity, Capacité en gallons.

Gallows-frame, Bâti de machine à balancier.

Galvanic, Galvanique; **— cell or battery**, élément galvanique.

Galvanisation or **Galvanization**, Galvanisation.

to Galvanise or **to Galvanize**, Galvaniser.

Galvanised or **Galvanized**, Galvanisé; **— iron**, fer galvanisé; **— sheet**, tôle galvanisée; **— tank**, bac galvanisé.

Galvanizing, Galvanisation; **hot —**, galvanisation à chaud.

Galvanometer, Galvanomètre (élec.); **absolute —**, galvanomètre absolu; **aperiodic —**, galvanomètre apériodique; **astatic —**, galvanomètre astatique; **ballistic —**, galvanomètre balistique; **dead beat —**, galvanomètre apériodique; **differential —**, galvanomètre différentiel; **Einthoven —**, galvanomètre à corde; **mirror —**, galvanomètre a réflexion; **sine —**, boussole des sinus; **string —**, galvanomètre à corde; galvanomètre d'Einthoven; **tangent —**, boussole des tangentes; **torsion —**, galvanomètre à torsion; **— constant**, constante d'un galvanomètre; **— shunt**, shunt d'un galvanomètre.

Gammexane, Gammexane.

Gang, Escouade, poste, équipe (ouvriers); batterie, ensemble; gangue (minerai); — **capacitor,** ensemble de condensateurs variables à contrôle unique; — **control,** appareils semblables à contrôle unique; — **drill,** perceuse multiple; — **switch,** Voir Control; — **tool,** outil-multiple.

Gangue, Gangue (minerai).

Gangway, Coupée, passerelle, passavant (N.).

Ganister, Mélange calorifuge, sable réfractaire; — **mud,** boue réfractaire.

Gannister, Voir **Ganister.**

Gantry, Chantier, support, portique, console; **braking** —, portique de freinage; **concrete pouring** —, portique bétonneur; **travelling** —, portique bardeur; — **crane,** grue portique; — **frame,** portique.

Gap, Ouverture, brèche, trou, interstice, col de cygne (presse); profondeur du col de cygne; trou; interstice; rompu (tour), éclateur (T. S. F.); intervalle isolant; **air** —, entrefer; **bed with** —, banc rompu (tour); **ball spark** —, éclateur à boules; **bridged** —, électrodes en court-circuit (bougie); **depth of** —, profondeur du col de cygne (presse); **plug** —, écartement des pointes (d'une bougie); **protective** —, parafoudre; **quenched** —, éclateur fractionné (T.S.F.); **rotary spark** —, éclateur tournant; **spark** —, éclateur (élec.); **synchronous spark** —, éclateur synchrone; **non synchronous spark** —, éclateur asynchrone; — **bed,** banc rompu; — **bridging,** mise en court-circuit des électrodes (bougie); — **frame press,** presse à bâti en col de cygne; — **gauge,** calibre à mâchoires; — **width,** écartement des électrodes (bougie).

to Gape, Bailler (coutures), crevasser.

Gaping, Fente, brèche.

Garage, Garage; — **mechanic,** mécanicien de garage.

Garboard, Galbord (c. n.); — **strake,** virure de galbord.

Garnet, Palan de charge.

Gas (pluriel **Gases**), Gaz; abréviation de Gasoline; **asphyxiating** —, gaz asphyxiant; **blast furnace** —, gaz de haut-fourneau; **blister** —, gaz vésicant; **coal** —, gaz d'éclairage; **detonating** —, gaz tonant; **dry** —, gaz pour force motrice produit sans envoi de vapeur dans le gazogène; **entrapped** —, gaz occlus; **exhaust** —es, gaz d'échappement; **flue** —, gaz de combustion; **imperfect** —, gaz imparfait; **inert** —, gaz inerte; **lighting** —, gaz d'éclairage; **liquefied** —, gaz liquéfié; **marsh** —, gaz des marais; **mustard** —, gaz moutarde; **natural** —, gaz naturel; **occluded** —, gaz occlus; **out of** —, en panne d'essence; **producer** —, gaz de gazogène; **producer** — **engine,** moteur à gaz pauvre; **rare** —, gaz rare; **smelter** —es, gaz de fours de fusion; **tear** —, gaz lacrymogène; **town** —, gaz de ville; **toxic** —, gaz toxique; **waste** —es, gaz perdus (h. f.); **wasted** — **engine,** moteur à gaz de h. f.; **water** —, gaz à l'eau; — **analyser,** analyseur de gaz; — **apparatus,** appareil à gaz; — **blowpipe,** chalumeau à gaz; — **burner,** bec de gaz; — **cleaner,** épurateur de gaz; — **coke,** coke; — **cutting,** oxycoupage; — **cylinder,** bouteille à gaz; — **discharge,** décharge dans un gaz; — **engine,** moteur à gaz; — **escape,** fuite de gaz; — **exit pipe,** prise de gaz (h. f.); — **filled cable,** câble plein de gaz; — **filled lamp,** lampe pleine de gaz; — **fired boiler,** chaudière chauffant au gaz; — **generator,** générateur à gaz; — **holder,** gazomètre; *n* **stroke**

— **holder**, gazomètre à *n* levées; — **lamp**, bec de gaz; — **lever**, manette des gaz (auto); — **line**, conduite de gaz; — **main**, tuyau de conduite de gaz; — **mask**, masque à gaz; — **meter**, compteur à gaz; — **oven**, four à gaz; — **pipe**, tuyau à gaz; — **producer**, gazogène; — **proof**, étanche aux gaz; — **purger**, épurateur de gaz; — **reducing valve**,—mano-détendeur; **scrubber**, barboteur à gaz; — **station**, poste à essence; — **suction plant**, gazogène par aspiration; — **tank**, réservoir d'essence (auto); gazomètre; **dry** — **tank**, gazomètre sec; **telescoping** — **tank**, gazomètre télescopique; **water moat** — **tank**, gazomètre à cuve d'eau; — **tank on spiral guides**, gazomètre à guidages hélicoïdaux; — **tank on straight guides**, gazomètre à guidages droits; — **tar**, coaltar; — **tight**, étanche aux gaz; — **trap**, séparateur de gaz; — **turbine**, turbine à gaz; — **tube** ór — **filled tube**, tube à gaz; — **valve** or **vent**, soupape à gaz; — **welding**, soudure au gaz; — **works**, usine à gaz.

Gaseous, Gazeux; — **conduction**, conduction gazeuse; — **diffusion**, diffusion gazeuse; — **fuel**, combustible gazeux; — **ion**, ion gazeux; — **mixture**, mélange gazeux.

Gasification, Gazéification; — **underground** —, gazéification souterraine.

Gasket, Tresse en chanvre ou en coton, garniture, obturateur, raban, garcette; **felt** —, garniture de feutre; **metal** —, garniture métallique; **oil soaked** —, tresse huilée; **sparking plug** —, joint de bougie; — **soaked in red or white lead**, tresse enduite de minium ou de blanc de céruse.

Gasol, Gaz liquéfié (ne pas confondre avec **gas oil**).

Gasolene (rare) or **Gasoline**, Essence (aux Etats-Unis); **aviation** —, essence d'aviation; **casinghead** —, essence de gaz naturel; **cracked** or **cracking** —, essence de cracking ou de craquage; **straight run** —, essence de distillation; **synthetic** —, essence synthétique; — **consumption**, consommation d'essence; — **engine**, moteur à essence; — **fumes** or **vapours**, vapeurs d'essence.

Gasometer, Gazomètre.

Gassing, Dégagement gazeux; qui dégage des gaz.

Gassy tube, Tube à vide contenant un peu de gaz.

Gate, Porte; porte d'écluse ou de bassin; évent; vanne; tablier; **ball** —, jet de coulée simple; **barrage** —, vanne de barrage; **bottom** —, vanne de fond; **control** — vanne de garde; **crest** —, vanne de retenue; **crown** —, porte d'amont (d'écluse); **downstream** —, porte d'aval; **draft tube** —, vanne batardeau; **head** —, vanne de tête; **lifting** —, porte levante; **lock** —, porte d'écluse; **mitre** —, porte busquée; **pouring** —, trou de coulée; **regulator** —, vanne de réglage; **reservoir** —, vanne de prise d'eau; **reservoir** —, vanne de réservoir; **sector** —, vanne segment; **slide** —, vanne-wagon, porte coulissante; **sluice** —, vanne plate de prise (hydr.); porte d'écluse; **spillway** —, clapet déversant; **undersluice** —, vanne de fond, vanne de dégravement; **wicket** —, aube distributrice; — **of a mould**, trou de coulée d'un moule; — **shear**, cisaille à guillotine; — **valve**, robinet-vanne; vanne-wagon.

Gauge or **Gage**, Jauge, jaugeur, indicateur, tirant d'eau (N.); écartement des rails (ch. de fer) épaisseur; calibre; **adjustable** —, calibre réglable; **air** —, calibre pneumatique; **angle**

—, goniomètre; **boost** —, indicateur de pression d'admission; — **cock**, robinet-jauge; — **glass**, tube de niveau; — **plate**, lunette d'un banc à étirer; — **rod**, tige de sonde, sonde; — **tap**, robinet indicateur; **angle** —, goniomètre; **brine** —, salinomètre; **broad** —, voie à grand écartement; **caliper** —, jauge à coulisse, calibre-mâchoire; **carpenter's** —, trusquin (men., ajus.); **cask** —, pithomètre; **centre** —, calibre de filetage; calibre pour vérifier l'angle des pointes d'un tour; **coating thickness** —, jauge d'épaisseur de dépôt; **condenser** —, indicateur de vide; **cutting** —, trusquin à lame; **decimal** —, calibre décimal; **depth** —, jauge de profondeur; **draft or draught** —, manomètre, indicateur de tirage; **end** —, calibre de hauteur; **external** —, calibre extérieur; **float** —, niveau à flotteur, régulateur (chaud.); **flow** —, jaugeur de débit; **fuel** —, jauge à combustible, jaugeur d'essence; **gap** —, calibre à mâchoires; **internal** —, calibre intérieur; **level** —, indicateur de niveau; **limit** —, calibre de tolérance, d'alésage; **marking** —, trusquin; **master taper** —, vérificateur conique; **metallic** —, manomètre métallique; **meter** —, voie métrique; **micrometer** —, pied à coulisse; **oil pressure** —, indicateur de pression d'huile; **petrol** —, indicateur d'essence; jauge à essence; **pitch** —, calibre à vis; **plate** —, calibre pour tôles; **plug** —, tampon, calibre à tampon; **pressure** —, manomètre; **manographe**; jauge de pression; **recording** —, jauge enregistreuse; **resistance wire** —, extensomètre à fil résistant; **salt** —, pèse-sel; **screw** —, calibre à vis; **screw thread** —, calibre de filetage; **shifting** —, trusquin; **sliding** —, règle à diviser; vernier; pied à coulisse; **standard** —, gabarit; **steam** —,

manomètre; **strain** —, tensomètre ou extensomètre, jauge de contrainte; **thickness** —, calibre, jauge d'épaisseur t **hread** —, calibre pour filetage; **water** —, tube de niveau, tube indicateur de pression hydraulique; doseur; robinet-jauge; **water temperature** —, indicateur de température d'eau; **weather** —, baromètre; **wind** —, anémomètre; **wire** —, calibre pour fils; — **cock**, robinet-jauge; — **glass**, tube de niveau; 12 — **gun**, fusil calibre 12; — **plate**, lunette d'un banc à étirer; — **rod**, tige de sonde, sonde; — **tap**, robinet indicateur.

to Gauge, Calibrer, jauger, étalonner; gâcher le plâtre.

Gauged, Jaugé, mesuré, étalonné, calibré.

Gauger, Vérificateur, jaugeur, ajusteur; **bore** —, vérificateur d'alésage.

Gauging, Jaugeage, calibrage, mesurage, contrôle.

Gauss, Gauss (unité d'intensité du champ magnétique; élec.).

Gauss theorem, Théorème de Gauss.

Gaussage, Force magnétomotrice exprimée en gauss.

Gauze, Gaze, tissu, toile métallique; — **wire**, toile métallique.

Gazoline, Voir **Gasoline**.

Gear, Tout mode de transmission de mouvement; appareil; accessoires; mécanisme; outillage; pignon, engrenage; **algebric** —, engrenage à fonction algébrique; **alighting** —, train d'atterrissage; **arresting** —, dispositif de freinage; **back** —, harnais; contre-arbre (tour); **backward** —, embrayage pour la marche arrière; **bevel or beveled** —, engrenage conique; **chain** —, transmission par chaînes; **change** —, mécanisme de renversement de marche (tour); changement de vitesse (auto); change —s, harnais d'engrenages; change speed —, boîte de changement de vitesses; crank —, transmission par manivelle; mécanisme de mouvement par bielle et coulisseau; oscillating crank —, coulisse oscillante à manivelle; crypto —, engrenage épicyclique; distribution —, mécanisme de distribution; double —, agencement à vitesse variable (tour); double helical —, engrenage à chevrons; double reduction —, engrenage à double réduction; draw —, attelage; driver —, pignon d'entraînement; driving —, appareil de commande, mécanisme de distribution; eccentric —, tout le mécanisme d'un excentrique; eccentric rod —, renvoi du mouvement d'un excentrique; elevating —, appareil de pointage en hauteur; engaging —, enclenchement; epicyclic —, engrenage épicyclique; epicyclic reduction —, réducteur épicycloïdal; firing —, dispositif de mise de feu; forward —, embrayage pour la marche avant; helical involute —, Voir Involute; herringbone —s, engrenages à chevrons; hoisting —, appareil de hissage; in —, en jeu, embrayé; interlocking —, appareil à enclenchement (ch. de fer, etc.); landing —, train d'atterrissage; lifting —, appareil de hissage; mid —, position à mi-course (levier de mise en train, etc.); mitre —, engrenage à chevrons; movable —s, baladeurs; nose —, train avant (aviat.); operating —, mécanisme; out of —, désembrayé; rendue folle (roue, hélice, etc.); planetary —s, engrenages planétaires; rawhide —s, engrenages en cuir vert; reciprocal —, engrenage réciproque; reducing —, engrenage démultiplicateur; reduction —, engrenage réducteur; démultiplica-

teur; return to zero —, appareil de réduction au zéro; reverse —, inverseur; reversing —, mécanisme de renversement de marche; screw —, appareil à vis; single curve —, denture à développante de cercle; skew —, engrenage hélicoïdal; sliding —, train baladeur (auto); speed reducing —s, réducteurs de vitesse; spiral —, engrenage hélicoïdal; spindle —s, engrenages de la broche (mach.-outil); spiral helical — or spiral bevel —, engrenage conique à denture spirale; spur —, engrenage droit; starting —, mise en train; steering —, appareil à gouverner (N.); mécanisme de direction (auto); sun —, engrenage principal, engrenage conducteur; switch —, Voir Switch; telemotor controlling —, commande à distance; timing —, engrenage de distribution; top —, prise directe (auto); track tread landing —, train à chenilles; training —, dispositif d'entraînement; tricycle —, train tricycle (aviat.), turning —, vireur (mach.); valve —, mécanisme communiquant le mouvement au tiroir; mécanisme de distribution par soupapes; cut off valve —, distribution à détente; drag valve —, distribution par entraînement ; variable —, train à rapport variable; — box, boîte des vitesses (auto), carter de transmission; — casing, carter d'engrenages; — change, changement de vitesse (autos); preselective — change, changement de vitesse présélectif; — changes, harnais d'engrenages; — cutting machine, or — cutter or — shaper, or — shaping machine, machine à tailler les engrenages; — grinding machine or — shaving machine, machine à rectifier les engrenages; — for starting, mécanisme de mise en train (mach.); — hobbing machine, machine à tailler les engrenages par vis-fraise; — **lever**, levier de changement de vitesse; — **motor**, moteur à réducteur; — **of wheels**, train d'engrenages; — **oiler**, pompe à huile à engrenages; — **pump**, pompe à engrenages; — **shaft**, arbre du harnais d'engrenages; — **shaving machine** or — **grinding machine**, machine à rectifier les engrenages; — **shift**, changement de vitesses; — **shift** or **shifting**, passage des vitesses (auto); — **shift lever**, levier des vitesses; — **shifting arm**, bras de commande (pignon baladeur); — **withdrawer**, arrache-pignon; **to shift** —**s**, changer, passer, les vitesses (auto).

to Gear, to put in gear, embrayer; to throw into gear, enclencher; **to change** or **to shift gears,** passer les vitesses (auto); **to throw out of gear,** déclencher, désembrayer.

Geared, A engrenages; **low** —, démultiplié; — **down**, démultiplié; — **engine**, moteur à réducteur, démultiplié; — **turbine**, turbine à engrenages.

Gearing, Engrenage, denture, communication de mouvement; **angular** —, engrenage conique; **bevel** —, engrenage conique; **cam** —, distribution à cames; **chain** —, transmission par chaînes; **conical** —, engrenage conique; **crescent shaped** —, engrenage à chevrons; **friction** —, entraînement par frottement; **planet reduction** —, réducteur à trains planétaires; **worm** —, engrenage à vis sans fin; — **chains,** chaînes de transmission; — **of 7 to 1,** engrenage dans le rapport de 7 à 1.

Gearless, Sans engrenages.

Gel, Gel; **cellulose** —, gel cellulosique; **silica** —, silicagel; — **formation,** gélification.

Gelatin or **Gelatine,** Gélatine; **blast** —, dynamite gomme; **explosive** —, dynamite gomme; **sensitized** —, gélatine sensibilisée.

Gelation, Gélification.

Genemotor, Dynamoteur amélioré.

General, Général; en cueillette (cargaison d'un N.); **loaded with general cargo,** chargé en cueillette.

Generating, Générateur; — **set,** groupe électrogène; gazogène; — **station,** station génératrice.

Generation, Production; **steam** —, production de vapeur.

Generator, Générateur; génératrice (élec.); **acetylene** —, générateur d'acétylène; **alternator** —, générateur à alternateur; **arc** —, générateur à arc; **clawfield** —, génératrice à pôles dentés; **double current** —, génératrice polymorphique; **electric** —, générateur électrique; **electronic** —, générateur électronique; **electrostatic** —, générateur électrostatique; **gas** —, générateur à gaz; **harmonic** —, générateur harmonique; **heteropolar** —, génératrice hétéropolaire ou à flux alternés; **high frequency (h. f.)** —, générateur haute fréquence; **homopolar** —, génératrice homopolaire ou à flux ondulés; **impulse** —, générateur d'impulsions; **motor** —, moteur-générateur (voir Motor); **multicurrent** —, génératrice polymorphique; **multiphase** —, génératrice polyphasée; **polycurrent** —, génératrice polymorphique; **polyphase** —, génératrice polyphasée; **radial pole** —, génératrice à pôles radiaux; **salient pole** —, génératrice à pôles saillants; **signal** —, générateur de signaux; **single phase** —, génératrice monophasée; **spark** —, générateur à étincelles, poste à éclateur; **steam** —, générateur de vapeur; **surge** —, générateur de très hautes tensions; **sweep** —, générateur à balayage; **turbine** —, turbogénérateur; **two phase** —, génératrice diphasée; **ultrasonic** —, générateur d'ultra-sons; **water wheel** —, génératrice à roue hydraulique; — **set**, groupe électrogène; — **voltage**, tension de décomposition.

Geochemistry, Géochimie.

Geodesical, Géodésique.

Geodesy, Géodésie.

Geodetic, Géodésique.

Geology, Géologie.

Geomagnetic, Géomagnétique.

Geometric, Géométrique.

Geometrical, Géométrique; — **progression**, progression géométrique.

Geometrically, Géométriquement.

Geometry, Géométrie; **algebric** —, géométrie algébrique; **analytic** —, géométrie analytique; **descriptive** —, géométrie descriptive; **solid** —, géométrie descriptive.

Geophysical, Géophysique (adj.); — **prospecting**, prospection géophysique.

Geophysics, Géophysique.

Georgi units, Unités électromagnétiques basées sur le mètre, kilogramme, seconde.

Germanate, Germanate; **magnesium** —, germanate de magnésium.

Germanium, Germanium; — **diode**, diode au germanium; — **oxide**, oxyde de germanium.

to Get, Obtenir, placer; — **afloat**, renflouer (un navire); — **off**, renflouer, déséchouer, mettre à flot (N.); — **steam**, chauffer (N.).

Getter, Produit chimique absorbant les dernières traces de gaz dans un tube à vide.

Ghost, Défaut dans un métal.

Gib, Contre-clavette; — **and cotter**, — **and key**, clavette et contre-clavette; — **and cotter end**, tête de bielle avec chape.

Gilbert, Unité de force magnétomotrice.

Gilding, Dorure; **electro** —, dorure galvanique; **pigment** —, dorure à mordant; **water** —, dorure par immersion.

Gill, 0,14198 litre; ouïe, volet de capot.

Gilled radiator, Radiateur à ailettes (auto).

cooling Gills, Volets de capot (aviat.).

cowl Gills, Volets d'air du capot.

Gimbal (pluriel **Gimbals**, plus usité), Suspension à la cardan; — **bearing** or — **frame**, même sens; — **ring**, cercle de suspension.

Gimblet or **Gimlet**, Foret à bois, vrille, perçoir de tonnelier.

Gin, Chèvre, mouton, sonnette (appareils de levage); chape (poulie en fer); **cotton** —, égreneuse de coton; — **block**, chape; — **screw**, cric à manivelle.

Girder, Poutre, poutre-maîtresse, sommier, longrine, solive, soliveau, support (c. n., voir Plate); **arched** —, ferme en arc; **articulated** —, poutre articulée; **bow string** —, poutre bow spring; **box** —, poutre caisson; **built up** —, poutre d'assemblage, poutre composée; **cantilever** —, poutre en console, en encorbellement; **centre** —, carlingue (c. n.); **cross** —, sommier; **end** —, entretoise; tête de pont; **flitch** —, poutre en bois à âme métallique; **hinged** —, poutre articulée; **lattice** or **latticed** —, poutre en treillis; **longitudinal** —, guirlande (c. n.); **main** —, maîtresse-poutre; **overhung** —, poutre en console, en encorbellement; **plate** —, poutre à âme pleine; **runway** —, poutre de roulement; **side** —, longeron; **trussed** —, poutre armée, renforcée; ferme; **web** —, poutre à âme pleine; — **box**, poutre caissonnée; — **rolling mill**, laminoir à poutrelles.

Girderage or **Girdering**, Poutrage, solivage.

Git, Jet de fonte, trou de coulée (fond.).

Give, Jeu.

to **Give**, Donner (objet qui cède); — **way**, céder, se fendre, se casser.

Glacis, Glacis (construction); — **plate**, surbau (c. n.).

Glance, Sulfure (de plomb, de cuivre), galène; **copper** —, cuivre sulfuré; — **coal**, anthracite.

Glancing angle, Angle de réflexion.

Gland, Collet; chapeau de presse-étoupe; gland; presse-étoupe; **molecular** — **s**, manchons moléculaires; — **housing**, porte-garnitures; — **nut**, écrou de presse-étoupe; — **of a stuffing box**, gland, chapeau de presse-étoupe; — **oil**, huile de refroidissement de presse-étoupe, — **rings**, bagues d'étanchéité.

Glandless, Sans presse-étoupe.

Glands, Boîte d'étanchéité; **sealing water** —, joint hydraulique d'étanchéité.

Glare, Reflet, éblouissement; — **free** or — **less**, non éblouissant; — **rating**, taux d'éblouissement; **reflected** —, éblouissement par réflexion.

Glass, Verre; vitre; baromètre; lunette, longue-vue; **blown** —, verre soufflé; **bevelled** –, verre biseauté; **binocular**

—**es**, jumelles; **bore** —, verre opale; **broad** —, verre à vitre; **bullet resistant** —, verre résistant aux balles; **coloured** —, verre coloré; **crown** —, crownglass, verre à boudines; **drawn** —, verre étiré; **drop** —, comptegouttes; **eye** —, oculaire; **fiber** —, fibre de verre; **field** —**es**, jumelles; **flashed** —, verre à boudines, verre en plats; **flat** —, verre plan; **frosted** —, verre craquelé; **gauge** —, tube de niveau; **ground** —, verre dépoli; **heat resisting** —, verre réfractaire; **measuring** —, verre gradué; **metalized** —, verre métallisé; **optical** —, verre optique; **pane of** —, vitre; **plate of** —, verre à vitres; **rolled** —, verre laminé; **safety** —, verre de sécurité; **stained** —, vitrail; **unbreakable** —, verre incassable; **water** —, silicate de potasse ou de soude; **window** —, verre à vitre.

Glassed, Vitré; — **cabin**, cabine vitrée.

Glasswork, Verrerie.

Glassy, Vitreux.

Glaze, Vernis, enduit.

to **Glaze**, Lustrer, satiner.

Glazed, Glacé; — **paper**, papier glacé.

Glazier, Vitrier.

Glazing, Polissage, lustrage, rodage à l'émeri; vitrerie; — **of a wheel**, lustrage d'une meule.

Glide, Vol plané; **spiral** —, vol plané en spirale; — **path**, trajectoire de plané; — **slope**, trajectoire de descente.

Glider, Planeur; **motor** —, moto-planeur.

Gliding, Plané; — **angle**, angle de plané; — **bomb**, bombe planante; — **fall**, descente en vol plané; — **flight**, vol plané, glissade.

Globe or **bulb**, Ampoule électrique.

Glossing, Lustrage.

Glow, Incandescence; **after —,** incendescence résiduelle; **— lamp,** lampe à incandescence; **— plug,** bougie incandescente.

Glowing coal, Charbon incandescent.

Gluconate, Gluconate; **calcium —,** gluconate de calcium.

Glue, Colle forte; **fish —,** colle de poisson; **lip —,** colle à bouche; **marine —,** glue marine.

to Glue, Coller.

Glued, Collé.

Glueing or **Gluing,** Collage; **wood —,** collage du bois.

Glut, Agrafe.

Glyceregia, Glycérégia.

Glycerin, Glycérol.

Glycerine, Glycérine.

Glycerol, Glycérol.

Glycerogen, Glycérogène.

Glycogen, Glucose.

Glycol, Glycol.

Gm, Conductance mutuelle d'un tube à vide.

Gnar, Nœud du bois.

to Gnaw, Ronger, corroder.

Gnd, Ground (terre).

Go ahead ! En avant ! (mach.); **go astern !** en arrière ! **go slow !** doucement !

Gobbing, Remblayage (mine).

act of God, Imprévu, cas imprévus (commerce).

Go-devil, Ramoneur; appareil de nettoyage des conduites (pétr.).

Goggles, Lunettes; **welding —,** lunettes de soudeur.

Gold, Or; **solid —,** or massif; **— beater's skin,** baudruche; **— dust,** poudre d'or; **— foil,** feuille d'or; **— leaf electro-meter,** électromètre à feuilles d'or; **— sand,** sable aurifère.

Golden, D'or, en or.

Gome, Cambouis.

Gondola, Nacelle (de dirigeable); wagon plat.

Goniometer, Goniomètre; **panoramic —,** goniomètre panoramique; **Wollaston's —,** goniomètre à réflexion de Wollaston.

Goniometry, Goniométrie.

Good, Bon; **to make —,** corriger, réparer.

Goods, Marchandises; **— depot,** dépôt, hangar de marchandises.

Goose-foot, Patte d'oie.

Goose-neck, Col de cygne; **— boom** or **jib,** flèche en col de cygne; **— frame,** bâti en col de cygne.

Gore, Langue de toile.

to Gore, Tailler en pointe.

Gorge, Gorge (de poulie).

Gouge, Gouge; **bent —,** gouge à bec de corbin; **carving —,** ciseau cintré, gouge; **entering —,** gouge à nez rond.

to Gouge, to Gouge out, Gouger ou goujer.

Gouging, Goujure, engoujure; opération de goujer; **— torch,** chalumeau rainureur.

Governing, Régulation (mach.).

Governor, Régulateur (mach., élec.); **ball** or **flyball —,** régulateur à boules; **flow —,** régulateur de débit; **gas —,** régulateur de débit du gaz; **oil relay —,** régulateur à relais d'huile; **orifice —,** régulateur à orifice; **actuated —,** régulateur à piston; **piston propeller —,** régulateur d'hélice; **speed —,** régulateur de vitesse; **water turbine —,** régulateur de turbine hydraulique; **— actuator,** régulateur activateur; **— drive,** commande du régulateur; **— head,** pendule, tachymètre du régulateur; **— pump,** pompe de régulation.

G. P. (General Purpose), A tous usages.

G. P. M., Gallons per minute.

G. P. S., Gallons per second.

Grab, Benne, pelle automatique; **earth —,** cuiller d'excavation; benne-drague; — **crane,** grue à benne preneuse; — **dredger,** excavateur à tenailles.

Grabbing, Pont à benne preneuse.

Grad, Grade.

Gradation, Échelonnement; **grain —,** échelonnement des grains.

Grade, Grade; nuance; rampe; dureté d'une meule; qualité; **low —,** mauvaise qualité; — **crossing,** passage à niveau (Etats-Unis).

Grademeter or **Gradometer,** indicateur de pente.

Grader, Niveleuse; **elevating —,** chargeuse.

Gradient, Pente, inclinaison, rampe, gradin, gradient: **high —.** forte pente; **potential —,** gradient de potentiel; **voltage —,** chute de tension par unité de longueur; gradient de tension.

Grading, Voir **Grade.**

Gradometer, Voir **Grademeter.**

Graduate. Fiole graduée.

to Graduate, Graduer.

Graduated, Gradué; — **circle,** cercle gradué; — **scale,** échelle graduée.

Grain, Grain (de bois, de métal); mesure de la dureté d'une eau (calcaire); coussinet; veine du bois; **across the —,** perpendiculairement aux fibres, à contre-sens; **assay —,** bouton, culot, régule; **coarse —,** à gros grain; **end —,** bois debout; **fine —,** à grain fin; **in the direction of —,** debout (bois); **metal in —s, minute —s, refuse —,** grenailles; **with the —,** dans le sens du fil, des fibres, de droit grain; — **boundary,** limite, joint, pourtour; — **growth,** croissance du grain; — **oriented steel,** acier à grains orientés; — **size,** grosseur du grain.

I Grain (troy), = $64,799$ milligrammes.

Grains, Grains; **coarse —,** à gros grains; **close —,** à grains fins; à grains serrés; **fine —,** à grains fins; — **boundary,** limite, joint des grains.

Gramme ring, Anneau Gramme (élec.).

Gramophone, Gramophone.

Granite, Granit.

Granular, Granuleux, granulé; **coarse —,** à gros grains; **fine —,** à grains fins.

Granulated, Granulé.

Granulated carbon powder, Poudre de charbon.

Granulation, Granulation.

Granules, Granules.

Graph, Courbe, abaque, graphique; **flow —,** graphique des débits.

Graphic, Graphique (adj.); — **chart,** abaque.

Graphical, Graphique; — **analysis,** analyse graphique.

Graphically, Graphiquement.

Graphite, Graphite; **colloidal —,** graphite colloïdal; **flaky —,** graphite écailleux; **retort —,** graphite de cornue; — **electrode,** électrode de graphite; — **flake,** flocon de graphite; — **grease,** graisse graphitée; — **resistance,** résistance en graphite.

Graphited, Graphitée; — **oil,** huile graphitée.

Graphitic, Graphitique.

Graphitization, Graphitisation.

Grapnel, Grappin; — **rope,** câblot.

Grapple, Grappin, croc, harpon; **stone —s,** grappins de terrassement; **wood —s,** grappins à bois.

Grappling bucket, Benne à grappin.

Grasp, Poignée.

Grate, Grille; charbon de grosseur comprise entre 6,3 et 10 cm; **chain —,** grille à chaîne sans fin; **cylinder —,** grille à rouleau; **dumping —,** grille à scories, grille basculante; **movable —,** grille mobile; **revolving —,** grille tournante; **steep —,** grille inclinée; **travelling —,** grille mobile; **— area,** surface de grille; **— bar,** barreau de grille; **— bar bearer,** sommier, châssis de grille; **— of tubes,** grille tubulaire; **— surface,** surface de grille; **— with steps,** grille à gradins; **— with stories,** grille en étages.

Graticule, Micromètre.

Grating, Grillage, grille, treillis crépine; réseau de diffraction; **circular —,** réseau circulaire; **diffracting** or **diffraction —s,** réseaux de diffraction; **radial —,** réseau radial; **reciprocal —s,** réseau réciproque; **—s,** caillebotis, réseaux.

to Grave, Radouber, espalmer (c. n.).

Gravel, Gravier, gravillon. **concrete —,** gravier à béton; **— bed,** lit de gravier; **— loader,** chargeur de gravillon; **— washing and screening plant,** cribleur-laveur de gravillon.

Gravelly, De gravier.

Graver, Poinçon; graveur; **square —,** poinçon carré.

Gravimeter, Gravimètre.

Gravimetry, Gravimétrie.

Graving, Radoub; **— beach,** cale d'échouage (naturelle); **— dock,** forme de radoub.

to Gravitate, Graviter.

Gravitation, Gravitation.

Gravitational, Gravifique; gravitationnel; **— current,** courant gravitationnel; **— invariant,** invariant gravitationnel; **— wave,** onde gravitationnelle.

Gravitetic, Gravifique; **— field,** champ gravifique.

Gravity, Gravité, poids; **centre of —,** centre de gravité; **— A.P.I.,** densité A. P. I. (voir A. P. I.); **sorting by —,** triage par gravité; **specific —,** densité; **— dam,** barrage poids; **— fed,** alimenté par gravité, en charge; **— feed,** alimentation par gravité; **— head,** charge statique; **— wave,** onde de gravité.

Gray, Voir **Grey.**

Grease, Graisse, enduit; **antifreezing —,** graisse incongelable; **axle —,** graisse pour essieux; **carriage —,** cambouis; **cup —,** graisse consistante; **fiber —,** graisse consistante fibreuse; **graphite —,** graisse graphitée; **thick —,** graisse consistante; **— box,** boîte, godet, seau à graisse; **— channels,** pattes d'araignée (mach.); **— cock,** robinet graisseur; **— cup,** godet graisseur; **— gun,** pistolet graisseur; **— injector,** injecteur à graisse.

to Grease, Graisser.

Greased, Graissé.

Greaser, Graisseur.

Greasy, Gras, graisseux.

Green, Vert; **— clay,** argile maigre; **— copperas,** sulfate de fer; **— stone,** diorite.

Grenade, Grenade; **anti-tank —,** grenade anti-tank.

Greenhart, Greenheart (bois).

Grey, Gris; **— clay,** colubrine; **— iron,** fonte grise.

Grid, Grille (T. S. F., élect.), grillage; réseau, quadrillage, corroyage; **bar of a —,** barre de grillage; **close meshed —,** grillage à petites alvéoles; **control —,** grille de commande; **field —,** grille de champ; **flat —,** grille plane; **half —,** or **free —,** grille libre; **interstice of a —,** alvéole de grillage; **lead —,** grille, carcasse en plomb; **screen —,** grille-écran; **split —,** demi-grillage; **squared —,** corroyage, grille; **wide meshed** —, grillage à larges alvéoles; **wire** —, grillage; — **accumulator**, accumulateur à grille; — **antenna**, antenne à grille; — **bias**, potentiel de grille (T. S. F.); — **capacitor**, condensateur de grille; — **characteristic**, caractéristique de grille; — **circuit**, circuit de grille; — **conductance**, conductance de grille; — **current**, courant de grille; — **electrode**, électrode à grille, à grillage; — **filling**, remplissage de grillage; — **leak**, résistance de grille; — **modulation**, modulation sur la grille; — **plate**, plaque à grille, à grillage; — **plate capacitance**, capacitance grille-plaque; — **voltage**, tension de grille.

Gridiron, Gril (carénage, c. n.).

Grille, Grille (de radiateur).

Grilled, A ailettes; — **radiator**, radiateur à ailettes.

to Grind, Roder, rectifier, meuler; affiler, repasser; — **dry**, meuler à sec; — **true**, rectifier; — **wet**, meuler à l'eau.

Grinder, Rodoir; broyeur, cylindre broyeur; meule; rectifieuse, affûteuse (voir aussi **Grinding machine**); — **automatic**, rectifieuse automatique; **contour** —, rectifieuse à copier, rectifieuse à profiler; **cutter and reamer** —, machine à affûter les fraises et les alésoirs; **emery** —, meule d'émeri; **internal** —, appareil de rectification intérieure; **milling cutter** —, machine à affûter les fraises; **saw blade** —, affûteuse de lames; **stone** —, meule lapidaire; **surface** —, rectifieuse plane; **twist drill** —, machine à affûter les forets hélicoïdaux; **wheel** —, machine à planer les roues.

Grinding, Polissage à la meule; meulage; rectification; rodage, affûtage; action de presser, d'écraser; mouture; **centre hole**

— **machine**, machine à rectifier les centres d'arbres; **centreless** —, meulage sans centre; **centreless** — **machine**, machine à rectifier sans centre; **crankshaft** — **machine**, machine à rectifier les vilebrequins; **cylinder** — **machine**, rectifieuse cylindrique; machine à rectifier les cylindres; **cylindrical** —, meulage cylindrique; **dry** —, meulage à sec; **flat** — **machine**, rectifieuse plane; **form** —, meulage de forme; **gear** — **machine**, machine à rectifier les engrenages; **internal** —, meulage intérieur; **internal** — **machine**, machine à rectifier intérieurement; **oval** — **machine**, machine à rectifier les ovales; **plane cylindrical** — **machine**, machine simple à rectifier cylindrique; **plane surface** —, meulage de surfaces planes; **roll** — **machine**, machine à rectifier les cylindres de laminoir; **rough** —, dégrossissage à la meule, ébauchage; **saw blade** — **machine**, affûteuse de lames; **slideway** — **machine**, machine à rectifier les glissières; **surface** —, meulage de surfaces planes; **surface** — **machine**, machine à rectifier les surfaces planes; **taper** —, meulage conique; **thread** — **machine**, machine à rectifier les filetages, machine à fileter à la meule; **tool** — **machine**, affûteuse à outils; **universal** — **machine**, machine à rectifier pour extérieur et intérieur; **universal cylindrical** — **machine**, machine universelle à rectifier cylindrique; **valve** — **machine**, machine à rectifier les soupapes; **wet** —, meulage à l'eau, avec arrosage; — **allowance**, surépaisseur pour le meulage; — **angle**, angle d'affûtage; — **fluid**, réfrigérant de meulage; — **in valves**, rodage de soupapes; — **machine** (voir aussi Grinder et Machine), machine à meuler, meuleuse, machine à rectifier, rectifieuse, affûteuse; machine à affûter, machine à broyer; — **powder**, poudre abrasive; — **slope**, pente d'affûtage; — **stone**, pierre à aiguiser; — spindle, arbre porte-meules; — **tool**, rodoir; — **wheel**, meule (voir **wheel**); **to finish by** —, finir à la meule.

Grindstone, Meule à aiguiser; — **dresser**, appareil à rectifier les meules; — **set**, machine à meuler.

Grip, Étreinte, adhérence, prise; — **block**, taquet d'arrêt; — **dredger**, excavateur à griffes.

to Grip, Gripper.

Gripe, Brion (c. n.); prise, étreinte.

to Gripe, Serrer (étaux, tenaille, etc.); gripper (mach.).

Griping or **Gripping**, Grippage.

Gripper, Pince.

Grit, Gravier, gravillon; grès, grain d'une meule; **clay** —, marne argileuse; **coarse** —, à gros grain; — **blasting**, nettoyage par sablage; — **rolling**, cylindrage de gravillon; — **stone**, grès.

Gritter, Gravillonneuse.

Groin, Arête (architect.).

Grommet, Rondelle isolante.

Groove, Rainure, cannelure; feuillure, encoche; sillon; gorge; ornière; sillon (disque); rayure (canon); **box** —, Voir Box; **channel** —, rainure; **cruciform** —**s**, pattes d'araignée (mach.); **piston ring** —, rainure de segment; **to cut** —**s**, mortaiser, rainer, faire des rainures; **V** —**s**, rainures en V; **ventilated** —**s**, encoches ventilées; — **hole**, rainure de dudgeonnage.

to Groove, Rayer, creuser, évider, bouveter, canneler.

Grooved, Creusé, rayé, bouveté; cannelé; — **pulley**, poulie à gorge; — **shaft**, arbre cannelé.

Grooving cutter, Fraise à rainer, fraise à rainures; **grooving plane**, bouvet femelle.

Gross, Brut, global; grosse; — **head**, chute globale, chute brute (hyd.); — **profit**, bénéfice brut; — **weight**, poids total (cargaison).

Ground, Terre, terrain, sol; masse (auto); rectifié, meulé; **absorbent** —**s**, détrempe; **dead** —, terrain stérile, mort terrain (mines); — **angle**, angle de prise de sol (avia.) — **auger**, sonde; — **circuit**, retour par la terre (élec.); — **clamp**, prise de terre; — **coat**, peinture de fond; — **detector or indicator**, indicateur de pertes à la terre (élec.); — **glass**, verre dépoli; — **handling trials**, essais de comportement au sol (aviat.); — **loop**, cheval de bois (aviat.); — **ore**, minerai natif; — **organization**, infrastructure; — **photogrammetry**, photogramétrie terrestre; — **pipe**, canalisation enterrée; — **plate**, plaque de terre (élec.); — **potential**, potentiel de terre; — **resistance**, résistance de terre; — **rod**, tige de mise à la terre; — **speed**, vitesse au sol; — **steel**, acier meulé; — **system**, système de terre; — **telegraphy**, télégraphie par le sol; — **test**, essai au sol; — **testing**, mesure des pertes à la terre; — **transmitter**, émetteur au sol; — **wave**, onde de sol; — **wire**, prise de terre; fil de masse.

to Ground, Mettre à la terre.

Grounded, Mis à la terre (États-Unis); — **neutral**, neutre à la terre.

Grounding, Mise à la terre; **single wire** —, mise à la terre par un seul fil.

Groundometer, Indicateur de pertes à la terre.

Group, Groupe (chim.); **methyl** —**s**, groupements méthylés; **nitro** —**s**, groupements nitrés.

to Group, Grouper.

Grouping, Groupage.

Grout, Enduit, mortier.

to Grout, Remplir, couler, maçonner.

Grover washers, Rondelles Grover.

Growler, Indicateur de court-circuit.

Growth, Croissance, agrandissement; **crystal** —, croissance du cristal; **grain** —, croissance du grain.

Grub screw, Vis sans tête, ergot.

Guarantee, Garantie.

to Guarantee, Garantir.

Guaranteed, Garanti (adj.).

Guard, Tasseau, butoir, griffe, garde; chef de train (Grande-Bretagne); dispositif de sécurité d'une machine; **axle** —, plaque de garde, happe (ch. de fer); **chain** —, chape guide-chaîne, étrier guide-chaîne; **mud** —, garde-boue; **propeller** —, garde d'hélice; **saw** —, appareil protecteur de scie; **valve** —, butoir de clapet; **wheel** —, protège-meule; — **lamps**, lampes de protection (T. S. F.); — **rail**, contre-rail; garde-corps.

Gudgeon, Goujon, tourillon, axe en général; **ball** —, tourillon sphérique; — **pin**, axe de pied de bielle.

Guidance, Guidage.

Guide, Guide; coursier (roue hydraulique); **axle box** —, plaque de garde (ch. de fer); **cable** —, glissière; **cross-head** —s, guides de la traverse, glissières, coulisseaux; **roll** —, cylindre de guidage.

to Guide, Guider.

Guided, Guidé; **radio** —, radioguidé; **radio** — **bomb**, bombe radioguidée; **stem** —, guidé par goujon (clapet); — **missile**, projectile téléguidé; — **wave**, onde guidée.

Guiding, Guide, de guidage; — **edge**, rebord guide (rail); — **face**, face de guidage.

Guijo, Guijo (bois).

Guillotine shears, Cisailles à guillotine.

Gulley siphon, Siphon de dépôt.

Gully, Cassis.

Gum, Gomme; **british** —, dextrine commerciale; — **lac**, gomme laque; — **tree**, gommier.

to Gum up, Gripper, gommer.

Gumming, Affûtage des dents de scie; — **up**, épaississement.

Gun, Canon, fusil; pistolet; machine à boucher (mét.), pistolet métalliseur; **antiaircraft** —, canon antiaérien; **antitank** —, canon antichar; **atomic** —, canon atomique; **cement** —, injecteur de ciment; **clay** —, machine à boucher le trou de coulée; **ejector** —, fusil à éjecteur; **electron** —, concentrateur d'électrons, canon à électrons; **field** —, canon de campagne; **12 gauge** —, fusil calibre 12; **grease** —, pistolet graisseur; **machine** —, mitrailleuse; **recoiless** —, canon sans recul; **scope sighted** —, fusil à lunette; **self propelled** —, canon autopropulsé; **shot** —, fusil de chasse; **under-rover shot** —, fusil à canons superposés; **spray or spraying** —, pistolet métalliseur; **steam** —, pistolet à vapeur; **submachine** —, mitraillette; **tapped** —, coulisseau; **valve** —, guide soupape; **valve stem** —, guide de tige de soupape; **wave** —, guide d'ondes; **wave conducting** —, guide d'ondes; — **bars**, glissières; — **blade**, aube directrice (turb.); — **blade disc**, plateau directeur; — **block**, patin; — **boat**, canonnière; **river** — **boat**, canonnière fluviale; — **bracket**, boîte de guidage; — **cotton**, coton-poudre; **compressed** — **cotton**, coton-poudre comprimé;

dry — **cotton**, coton-poudre sec; — **metal**, bronze; — **mounting**, support, affût de canon; — **platform**, plate-forme de tir; — **powder**, poudre à canon; — **powder mill**, poudrerie; — **rails**, rails de guidage; — **rods**, coulisseaux, patins, glissières; — **scale**, hausse d'un canon; — **shoe**, sabot de guidage; — **sight**, viseur collimateur d'artillerie; **gyro** — **sight**, viseur gyroscopique; — **smith**, armurier; — **turret**, tourelle; — **vane**, aube directrice.

Gunnel, Voir **Gunwale**.

Gunner, Canonnier, mitrailleur; **aft** —, mitrailleur arrière.

Gunnery, Artillerie; **antiaircraft** —, artillerie contre-avions.

Gunsmith, Armurier.

Gunter's chain, Voir **Chain**.

Gunwale, Plat-bord (N.).

to Gush, Jaillir (pétr...).

Gusher, Éruption, jaillissement (pétr.).

Gusset, Cornière de jonction; gousset; — **plate**, gousset.

Gustiness, Tendance aux rafales.

Gut, Rigole, canal, engoujure, gorge.

Gutta-percha, Gutta-percha.

Gutter, Cannelure; rigole; noulet; gouttière; caniveau; — **furnace**, fourneau à rigole.

Guy, Retenue; hauban (de cheminée); suspente.

to Guy, Retenir.

Guying, Haubannage.

Gypseous, Gypseux.

Gypsum, Gypse.

Gyral, Gyroscopique.

Gyration, Giration; **centre of** —, centre de giration; **radius of** —, rayon de giration.

Gyratory, Giratoire.

Gyro, Gyroscope; **directional** —, compas gyroscopique; **vibratory** —, gyroscope à vibrations; — **dyne**, gyrodyne; — **gunsight**, viseur gyroscopique; — **instruments**, instruments gyroscopiques.

Gyrocompass (pluriel **gyrocompasses**), Gyrocompas.

Gyromagnetic, Gyromagnétique; — **compass**, compas gyromagnétique.

Gyroplane, Autogyre.

Gyroscope, Gyroscope; voir **Gyro**.

Gyroscopic, Gyroscopique; — **compass**, compas gyroscopique; — **couple**, couple gyroscopique; — **effect**, or — **action**, effet gyroscopique; — **level**, niveau gyroscopique; — **meter**, compteur gyroscopique; — **pilot**, appareil de pilotage gyroscopique.

Gyrostabilization, Stabilisation gyroscopique.

H

H armature, Induit Siemens.

H bar, Fer double T.

H iron, Fer à double T.

H. V. (High velocity), A grande vitesse.

H wave, Onde magnétique longitudinale.

Hack, Entaille, brèche, pioche, pic.

Hackmatack, Hacmatack (bois).

Hack saw, Scie alternative; — frame, porte-scie.

Hacksawing machine, Scie à mouvement alternatif.

Hade, Pente (d'un filon); pendage d'une faille.

Hafnium, Hafnium.

Haft, Manche, poignée (d'un outil).

to Haft, Emmancher.

Hairpin shaped, En forme d'épingle à cheveux.

Hairspring, Ressort spirale.

Half, Demi; — **axle-tree,** demi-essieu; — **time** or — **speed shaft,** arbre à cames, arbre de distribution (auto).

Halide, Halogénure; **alkali** —, halogénure alcalin; **organic** —, halogènure organique; **silver** —, halogènure d'argent; **vinyl** —, halogènure vinylique.

Hall, Hall, halle; **assembly** —, atelier de montage; **scrap** —, halle à riblons; **storing** —, halle d'emmagasinage.

Halogenation, Halogénation.

Halogens, Halogènes.

Halophosphate, Halophosphate, phosphate halogéné.

to Halve, Assembler à mi-bois.

Halving, Assemblage à mi-bois.

Ham Amateur (T.S.F.).

Hammer, Marteau, percuteur; **ball faced** —, marteau à goutte de suif; **bench** —, marteau d'établi, rivoir; **great bench**—, masse; **small bench**—, demi-masse; **block** —, marteau-pilon; **chasing** —, marteau, maillet à emboutir; **chipping** —, picoche; **chop** —, marteau à tranche; **claw** —, marteau à panne fendue; **clinch** —, marteau à panne fendue; **closing** —, marteau à soyer; **coining** —, bouvard; **compressed air** —, marteau pneumatique; **dead stroke** —, marteau à amortisseur, marteau à ressort; **dog head** —, marteau pour faire les scies; **drill** —, marteau perforateur; **drop** —, mouton, marteau à chute libre, marteau-pilon; marteau mécanique; **friction drop** —, marteau à planche; **face** —, marteau à panne; **facing** —, marteau à créper le fer; **flatting** —, marteau à planir; **flogging** —, marteau à main (voir flogging); **fore** —, marteau à devant; **forge or forging** —, marteau de forge; **framing** —, marteau court et lourd de charpentier; **friction roll** —, marteau à courroie de friction; **furring** —, picoche, marteau à piquer le sel; **granulating** —, boucharde; **hack** —, marteau à panne plate; **half round set** —, chasse demi-ronde; **hand** —, marteau à main; **handle of a** —, manche de marteau; **holding up** —, mandrin d'abatage (riveurs); **iron** —, masse; **level** —, martinet; **lift** —, cingleur; **pane of a** —, panne d'un marteau; **percussion** —, marteau; **planishing** —, marteau à planer; **pointed** —, marteau à pointe; **power** —, marteau de grosse forge, marteau-pilon; **rivetting —**, marteau à river, rivoir; **set —**, chasse à parer (forge); **shingle —**, marteau à cingler; **sledge —**, marteau à deux mains, masse; **square set —**, chasse carrée; **steam —**, marteau-pilon; **tack —**, marteau à panne fendue; **tilt —**, martinet; **two handed —**, martinet à deux mains; **water —**, marteau d'eau, coup de bélier; **wooden —**, maillet en bois; **adze**, essette (charp.); **— break**, interrupteur à marteau; **— crusher**, broyeur à marteaux; **— face**, table du marteau; **— gun**, fusil à chiens ; **— forged**, forgé au marteau; **— hardening**, écrouissage, battage à froid; **— mill**, ordon; **— slags**, pailles, écailles, battitures de fer.

to **Hammer**, Marteler, battre, écrouir, corroyer, forger; **to cold-hammer** or **to hammer harden**, écrouir.

Hammered, Martelé; corroyé; **— iron**, fer martelé; **— sheet iron**, tôle martelée.

Hammering, Martelage, corroyage; battage; **cold —**, écrouissage, battage à froid.

Hammersmith, Forgeron, marteleur.

Hammock, Suspension, berceau, support.

Hand, Ouvrier, homme; main, à main; aiguille (horloge, etc.); **free — drawing**, dessin à main levée; **in —**, en main, en train; disponible; **left — drill**, foret à gauche; **right — drill**, foret à droite; **second —**, d'occasion; **second — car**, voiture d'occasion; **— brace**, foret à vilebrequin; **— brake**, frein à main (auto); **— of a clock**, aiguille d'une pendule; **— drive**, commande à main; **— feed**, avance d'un outil à la main; **— hold**, poignée, main de fer; **— hole**, trou de visite (chaud.);

— lamp, baladeuse; **— made**, fait à la main; **— rail**, main courante, rambarde; **— railing**, garde-fou, rampe; **— riveting**, rivetage à la main; **— saw**, scie à main, petite scie; **— tools**, outils à main; **— wheel**, volant à main; **— wheel for longitudinal feed**, volant à main d'avance longitudinale (mach.-outil); **the finishing —**, la première main; **to bear a —**, donner un coup de main.

Hand operated, A commande à main.

left, right Handed, A pas à gauche, à pas à droite (vis...).

Handicraft, Métier, profession.

Handle, Poignée, manche; **back gear shaft —**, levier de renversement de marche (mach.-outil); **change gears —**, levier du harnais d'engrenages (mach.-outil); **loose —**, nille (d'outil); **starting** or **starting crank —**, manivelle de mise en marche (auto); **— for top slide**, manette du support du porte-outil (mach.-outil); **— for cross hand feed**, manette d'avance transversale (mach.-outil); **— for cross power feed**, manette d'embrayage d'avance transversale (mach.-outil); **— for longitudinal power feed**, manette d'embrayage d'avance longitudinale (mach.-outil).

to **Handle**, Manier, manœuvrer.

Handling, Maniement, manœuvre, maniabilité, manutention; **coal —**, manutention du charbon; **easy —**, facilement maniable; **ground — trials**, essais de comportement au sol (aviat.); **mechanical** or **mechanised —**, manutention mécanique.

Handrail, Barre d'appui, main courante.

Hands off, Commandes libres (aviat.).

Hangar, Hangar; **aeroplane —**, hangar pour avions.

Hanger, Console à palier suspendu, chaise; bride de support; **door** —, charnière; **drop** — **bearing,** chaise; **drop** — **frame,** chaise suspendue; **drop** — **frame T form,** chaise ouverte; **drop** — **frame V form,** chaise fermée; **post** —, chaise à colonne; **post** — **bearing,** palier-console à colonne; **ribbed** —, chaise à nervures; **longitudinal wall** — **bearing,** palier-console fermé.

Hangfire, Retard de mise de feu.

Hanging, Suspendu, pendant, vertical, debout; — **bridge,** pont suspendu.

Hank, Bague, cosse; manoque (de fil).

Harbour, Port (les bassins et les quais); **commercial** —, port de commerce; **fishing** —, port de pêche; **inner** —, port intérieur, darse; **outer** —, port extérieur, avant-port; — **master,** capitaine de port; — **of refuge,** port de refuge.

Hard, Dur; blanc (fonte); cale (quai); — **chrome,** chrome dur; — **facing,** Voir **Hardfacing;** — **soldering,** soudure forte, brasure; — **tube** or — **valve,** lampe dure, lampe à vide parfait (T. S. F.); — **wheel,** meule dure.

to Harden, Durcir, tremper.

Hardenability, Aptitude à la trempe, trempabilité.

Hardenable, Trempant; **non** —, non trempant; — **steel,** acier trempant.

Hardened, Durci, trempé, traité; **case or face** —, aciéré superficiellement, cémenté, trempé au paquet; **nitrogen** —, nitruré; — **right out,** trempé sec.

Hardening, Trempe, traitement, durcissement, cémentation; **age** —, durcissement structural, durcissement par vieillissement; **air** — or **self** —, trempe à l'air, trempant à l'air, auto-trempant; **case** —, trempe au pa-quet; cémentation; **contour** —, trempe superficielle; **differential or local** —, trempe partielle; **flame** —, trempe au chalumeau; cémentation à la flamme (oxy-acétylénique); **induction** —, trempe par induction; **oil** —, trempe à l'huile; **precipitation** —, durcissement structural; **quick** —, à prise rapide (ciment); **selective** —, trempe sélective; **self** —, auto, trempant; **shallow** — **steel,** acier peu trempant, à faible pénétration de trempe; **slow** —, à prise lente (ciment); **strain** —, écrouissage; **surface** —, trempe superficielle; **temper** —, trempe secondaire; **thorough** —, trempe profonde; **torch** —, trempe au chalumeau; **work** —, durcissement par travail; — **furnace,** four à cémentation; — **test,** essai de trempabilité.

Hardness, Dureté, degré de vide; **abrasion** —, dureté à l'abrasion; **red or secondary** —, dureté secondaire; **scratch** —, dureté à la rayure; — **test,** essai de dureté; — **testing machine,** machine d'essai de dureté.

Hardfacing, Surfaçage, glaçage.

Hardware, Quincaillerie.

Hardwood, Voir **Wood.**

Harmonic, Harmonique; **fundamental** —, harmonique fondamental; — **analysis,** analyse harmonique; — **component,** composante harmonique; — **detector,** détecteur d'harmoniques; — **distortion,** distorsion harmonique; — **filter,** filtre d'harmoniques; — **generator,** générateur harmonique.

Harmonics, Harmoniques; **even** —, harmoniques pairs; **odd** —, harmoniques impairs.

Harness, Rampe (d'une bougie); harnais; **ignition** —, rampe d'allumage; **safety** —, harnais de sécurité.

to **Harness,** Capter (l'énergie).

Harnessing, Utilisation.

Harp antenna, Antenne en harpe.

Harpings, Lisses avant ou arrière d'un navire (c. n.).

Harsh, Rugueux.

Hartshorn (spirits of), Ammoniaque.

to **Harvey,** to **harveyize,** Harveyer.

Harveyed steel, Acier harveyé.

Hash, Bruit d'étincelles.

Hasp, Agrafe, bouton, blin.

Hastelloys, Alliages nickel-fer-molybdènę.

Hat, Chapeau.

Hatch, Écoutille, panneau (N.); **close** —, panneau plein, panneau de mer; **under** —es, dans la cale; — **cover,** panneau de cale.

to **Hatch,** Hachurer (dessin).

Hatched, Hachuré.

Hatchel, Peigne pour le chanvre; sérançoir.

Hatchet, Hachette.

Hatchett, Niobium, colombium.

Hatching or **hatching stroke,** Hachure (dessin); **counter** —, hachure croisée.

Hatchway, Écoutille, panneau (N.).

to **Haul,** Haler, peser sur, tirer, remorquer.

Haulage, Halage; — **plant,** appareil de halage.

Hauled, Halé, remorqué.

Hauling, Halage, remorque, remorquage.

Haulage plant, Appareil de halage.

vibrating Hawks, Taloches vibrantes.

Hawse, Écubier (ancien) (N.); — **hole,** écubier; — **pipe,** écubier; — **plug** or **block,** tampon d'écubier.

Hawser, Grelin, aussière; **steel** —, aussière en acier; — **laid,** commis en aussière.

fire Hazard, Danger d'incendie.

Head, Tête, fond, poupée, objet principal; tête de puits, de fonçage, fond d'une presse; objet principal; cône de charge (torpille); hauteur de charge; hauteur de chute; **heads,** concentrés, têtes (lavage des minerais); **available** —, chute disponible; **average** —, chute moyenne; **axe** —, dos de la hache; **ball** —, pendule, tachymètre à boule; **bank** —, ouverture d'un puits; **bent** —, bâti à col de cygne; **bill** —, bec de corbin; **boiler** —, fond de chaudière; **boring** —, noix d'alésage; **brace** —, Voir **Brace**; **bulk** —, chute brute; serrement : batardeau (mines); **capstan** —, tourelle revolver; poupée de cabestan; **casing** —, tête de sonde; **cat** —, cabestan, petit treuil; **centrifugal** —, pendule, tachymètre (d'un régulateur); **collecting** —, collecteur; **combustion** —, tête de brûleur; **crane** —, bras, flèche de grue; **cross** —, traverse, té (ou T'); tête de bielle, croisillon, crosse; traverse de guidage (presse hydraulique); **cross** — **and slipper,** guidage à crosse; **cross** — **block,** glissière; **cross** — **center,** tourillon de crosse; **cross** — **end,** tête de bielle; **cross** — **engine,** moteur à crosse; **cross** — **guides,** guides de la traverse; glissières, coulisseaux; **cross** — **guide block,** patin de la traverse ou du T; **cross** — **pin,** tourillon de traverse, tourillon de pied de bielle; **cross** — **slipper,** patin de crosse; **cup** —, tête de rivet hémisphérique; **cutter** —, portelame; tête de fraisage; plateau fraiseur; **cylinder** —, culasse (auto); couvercle, dessus de cylindre; **dead** —, masselotte, jet de fonte (fond.); **delivery** —, hauteur de refoulement; **die** —, tête filière; **discharge** —, hauteur de refoulement; **dished** —, fond bombé; **dividing** —, poupée diviseur (mach.-outil); **dog** —, mordache; **draft** —, hauteur d'aspiration; **draw** —, partie tractrice d'une machine à essayer; tampon de choc dans lequel est placée une cheville d'attelage; **drilling** —, tête de perçage; **drive** —, bouchon vissé dans une partie creuse pour la protéger; **drum** —, tête de cabestan; **effective** —, hauteur effective; **escape** —, trop plein; **feeding** or **feed** —, masselotte, jet de coulée (fond.); **flow** —, tête d'éruption (pétr.); **fork** —, articulation à fourche; **friction** —, hauteur correspondant aux pertes de charge; **governor** —, pendule, tachymètre régulateur; **gravity** —, charge statique; **gross** —, chute globale, chute brute; **high** —, haute chute; **hob** —, tête de fraisage; **indexing** —, index diviseur; **low** —, basse chute; **medium** —, chute moyenne; **milling** —, tête de fraisage; **mine** —, carreau de la mine; **multiple** —, tête multiple; **net** —, chute nette; **operating** —, chute utile; **piston** —, tête de piston, dessus de piston; **pitot** —, tube Pitot; **position** —, charge statique; **practice** —, cône d'exercice; **productive** —, chute utile; **rail** —, champignon de rail; **reading** —, tête de lecture; **revolving cutter** —, porte-foret révolver; **static** —, hauteur statique; **stamped** —, fond embouti; **steady** —, tête de fixage (tour); **suction** —, hauteur d'aspiration (turbine); charge; hauteur à l'aspiration (pompe); **tilting** —, tête oscillante (mach.-outil); **total** —, chute totale (turbine hydraulique); élévation totale ou manométrique (d'une pompe); **valve** —, chapeau de soupape; **war** —, cône de combat; **atomic war** —, cône atomique;

welding —, tête de soudage; **wheel** —, poupée porte-meule (rectifieuse); **work** —, poupée porte-pièce; **working** —, charge utile, effective; — **bag**, bief d'amont (hyd.); — **beam**, solive de tête, traverse, balancier; — **bolt**, boulon à tête; — **box**, boîte de tête; — **cup**, tas; — **flume**, canal de tête; — **frame**, chevalement; (mines); — **gear**, chevalement de mine; — **ledges**, hiloires (c. n.); — **light**, phare (auto); — **losses**, pertes de charge; — **motor**, tête moteur; — **race**, canal amont, canal d'amenée; — **resistance**, résistance à l'avancement; — **rest**, appuie-tête; — **stock**, porte-outils; poupée (tour); — **stone**, clef de voûte, pierre angulaire;

to Head, Mettre en avant (les machines).

Headache post, Pilier spécial de derrick.

round Headed, A tête ronde (vis, etc.).

Header, Étampe; frappe du marteau; sommier (d'une presse); collecteur, distributeur, tête de tube, lame d'eau; tube de retour d'eau; pipe, tubulure; **boiler** —, collecteur de chaudière; **steam** —, collecteur de vapeur; — **box**, boîte de retour; — **tank**, nourrice.

Headgear, Chevalement de mine.

Heading, Fond (de barrique), refoulement; cap (d'un avion); **cold** —, refoulage à froid; **downstream** —, sortie aval.

Headlamp, Phare (auto); **electric** —, phare électrique; — **with combined generator**, phare autogénérateur; — **with separate generator**, phare avec générateur.

Headless, Sans tête (clou...).

Headlight, Phare (auto).

Headman, Contremaître.

Headphone, Écouteur; casque.

Headrace, Eau d'amont.

Headstock, Support d'une partie tournante; poupée fixe, poupée porte-pièce (tour, machine à meuler, etc.); **loose —,** poupée mobile.

Headwheel, Poupée porte-meule.

Heap, Tas.

Heaped, En tas.

Heart, Cœur; âme; mèche; moque; — **shaped,** en forme de cœur.

Hearth, Foyer de fusion, âtre, sole, creuset (h. f.); **blacksmith —,** feu de forge; **blast —,** four écossais pour la galène; **by —,** foyer accessoire; **fining forge —,** foyer d'affinerie; **fore —,** avant-foyer, four avant-creuset, foyer à réchauffer; **open — furnace,** four à sole, four Martin; **rotary —,** sole tournante; — **bricks,** briques réfractaires; — **stone,** rustine (h. f.).

Heat, Chaleur; charge (h. f.); chaude (forge); coulée; **blast —,** chaleur du vent (h. f.); **blood red —,** chaude à la température du rouge sombre; **boiling —,** température d'ébullition; **cherry red —,** chaude au rouge cerise; **blight cherry red —,** chaude au rouge cerise clair; **dark red —,** chaude au rouge sombre; **latent —,** chaleur latente; **radiant —,** chaleur radiante; chaleur rayonnante; **solar —,** chaleur solaire; **sparkling —,** chaude suante; **specific —,** chaleur spécifique; **white —,** chaude grasse, chaude ressuante (forge); incandescence; — **barrier,** mur thermique (aviat.); — **capacity,** capacité calorifique; — **cast,** moulé par fusion; — **conductivity,** conductivité thermique; — **control,** régulateur de chaleur; — **dynamometer,** dynamomètre thermique; — **energy,** énergie thermique; — **engine,** machine thermique, moteur thermique; — **engine station,** centrale thermique; — **exchange,** échange de chaleur; — **exchanger,** échangeur de chaleur; — **insulation,** calorifugeage; — **pump,** pompe à chaleur; — **resistant or resisting,** réfractaire; — **resistant or resisting steel,** acier résistant à la chaleur; acier réfractaire; — **sink,** source froide; — **treatable,** pouvant se traiter à la chaleur; — **treatment or treating,** traitement thermique; — **unit** = 0,252 calorie (kg.d.).

to Heat, Chauffer, traiter à la chaleur.

Heated, Chauffé; **electrically —,** chauffé électriquement.

Heater, Réchauffeur; élément de chauffage indirect; four; **air —,** réchauffeur d'air; calorifère à air chaud; **combustion —,** réchauffeur à combustion; **coolant —,** refroidisseur-réchauffeur (auto); **feed water —,** réchauffeur d'eau d'alimentation; — **drain,** purge de réchauffeur.

Heating, Échauffement (mach. élec.); chauffage; chaude; **central —,** chauffage central; **convective —,** chauffage par convection; **electronic —,** chauffage électronique; **fuel —,** réchauffage du combustible; **H. F. —,** chauffage à haute fréquence; **induction —,** chauffage par induction; **radiant —,** chauffage par rayonnement; **radio frequency —,** chauffage à haute fréquence; **ram —,** échauffement aérodynamique; **sparkling —,** chaude suante; **specific —,** chaleur spécifique; **steam —,** chauffage à la vapeur; **white —,** chaude grasse, chaude ressuante (forge); incandescence; — **apparatus,** calorifère; — **battery,** batterie de chauffage (T. S. F.); — **coil,** serpentin de chauffage; — **furnace,** four de réchauffage; — **oven,** four calorifère; — **panel,** panneau chauffant; —

steam, vapeur de chauffage;
— surface, surface de chauffe;
— value, pouvoir calorifique.

Heave, Rejet, déplacement d'une couche (mines); élévation, levée.

to Heave (parfait et participe heaved ou hove), Virer, haler; to — away, virer (au cabestan, etc.); to — down, abattre en carène (c. n.).

Heaving, Lancement; jet; secousse; pesée; heaving down, abattage en carène (c. n.).

Heaviside layer, Couche d'Heaviside (T. S. F.).

Heavy, Pesant, lourd; — cut, passe forte; — duty, de grande puissance; — electron, électron lourd; — hydrogen, hydrogène lourd; — water, eau lourde.

Heddle, Lisse (text.).

Heel, Talon; tenon; talon (de la quille d'un N.); pied, caisse (d'un mât); diamant (de pince); bande (d'un N.); — chair, coussinet de talon (aiguille de ch. de fer); — of a frame, pied d'un couple; — tool, grain d'orge, crochet, etc. (outils de tour).

to Heel or to — over, Donner de la bande (N.).

Heeling error, Erreur due à la bande (compas).

Height, Hauteur, élévation; available —, hauteur libre; ceiling —, hauteur de plafond (aviat.); equivalent —, hauteur équivalente; hoisting —, hauteur de levage; maximum —, hauteur libre; running —, hauteur d'encombrement; spot —, point coté; working —, hauteur de travail; — adjustable, réglable en hauteur; — finder, altimètre.

Helical, En hélice; — gear, Voir skew gear; — spring, ressort hélicoïdal.

Helicoid, Hélicoïde.

Helicoid, Helicoidal, Hélicoïdal; — fan, ventilateur hélicoïde.

Helicometer, Hélicomètre.

Helicopter, Hélicoptère; co-axial —, hélicoptère coaxial; jet propelled —, hélicoptère à réaction; pressure jet —, hélicoptère à tuyère à combustion; pulse jet —, hélicoptère à pulsoréaction; ram jet —, hélicoptère à statoréacteur; rotor of a —, voilure tournante d'un hélicoptère; tandem rotor —, hélicoptère à rotors en tandem; torqueless —, hélicoptère sans couple.

Heliport, Héliport.

Helium, Hélium; liquid —, hélium liquide.

Helix (pluriel helixes ou helices), Hélice (courbe); serpentin.

Helm, Gouvernail, barre (N.); — hole, jaumière; — indicator, axiomètre.

Helmet, Casque; smoke —, casque pare-fumée.

Helper, Manœuvre (ouvrier).

Helve, Manche d'un outil.

to Helve, Emmancher.

Hematite, Hématite; brown —, hématite brune; red —, hématite rouge; yellow —, hématite jaune.

Hemisphere, Hémisphère.

Hemispherical, Hémisphérique.

Hemlock, Hemlock (bois), sapin noir du Canada.

Hemp, Chanvre; filasse; male —, chanvre mâle; manilla —, chanvre de Manille, abaca; raw —, filasse brute; — comb, séran; — coiling, tresse de chanvre; — core, âme de chanvre; — hawser, aussière en chanvre; — packing, garniture de chanvre; to beat —, broyer le chanvre; to steep —, rouir le chanvre; to swingle, to tew —, espader le chanvre.

Hempen, De chanvre.

Henry (pluriel henries); Unité d'induction (élec.).

Heptane, Heptane.

Heptode, Tube à 7 électrodes.

Hermetically, Hermétiquement; — **sealed,** fermé hermétiquement.

Herring bone, Denture à chevrons; — **gears,** engrenages à chevrons.

Hertzian, Hertzien; — **oscillator,** oscillateur d'Hertz; — **resonator,** résonateur d'Hertz; — **waves,** ondes hertziennes.

Het, Abréviation pour Héterodyne.

Heterocyclic, Hétérocyclique.

Heteroderivatives, Hétérodérivés.

Heterodyne, Hétérodyne (T.S.F.); — **detector,** détecteur hétérodyne; — **reception,** réception hétérodyne.

Heterogeneous, Hétérogène.

Heteropolar, Hétéropolaire ou à flux alternés (élec.).

to Hew, Saper, entailler (mines), tailler, équarrir; **to** — **down,** couper, abattre; **to** — **roughly,** ébaucher.

Hewer, Piqueur (mine).

Hexabromoethane, Hexabrométhane.

Hexachloroethane, Hexachloroéthane.

Hexafluoride, Hexafluorure.

Hexagon, Hexagone; — **head,** Tête à six pans; — **iron,** fer à six pans; — **turret,** tourelle hexagonale (mach.-outil).

Hexagonal, Hexagonal, à 6 pans; — **bar iron,** fer hexagonal; — **nut,** écrou à 6 pans.

Hexametaphosphate, Hexamétaphosphate.

Hexamethylethane, Hexaméthyléthane.

Hexapolar, Hexapolaire.

Hexavalent, Hexavalent.

Hexode, Tube à 6 électrodes.

Hexose, Hexose.

Hexyl, Hexylique; — **alcohol,** alcool hexylique.

H. F. (High frequency; de **3** à 3o mégacycles), Haute fréquence; — **circuit,** circuit à haute fréquence; — **current,** courant à haute fréquence; — **heating,** chauffage à haute fréquence.

H. F. I. (High frequency induction), Induction à haute fréquence.

Hickory, Carya, noyer d'Amérique.

Hide, Peau, cuir; — **rope,** courroie; **raw** — **gears,** engrenages en cuir vert.

Hiding power, Pouvoir couvrant (peinture).

High, Haut; à forte teneur en; **three** — **mill,** laminoir trio; **two, three, four** —, à deux, trois, quatre cylindres (laminoir); — **duty,** à grand rendement; — **explosive,** explosif à haute puissance; — **pressure cylinder,** cylindre à haute pression; — **rated,** de forte puissance; — **speed steel,** acier à coupe rapide; acier rapide; — **sulphur,** à forte teneur en soufre; — **vacuum,** vide poussé.

Hinge, Gond; penture (gouvernail, etc.); charnière; articulation; **butt** —, penture; **butt** —**s** gonds; **casement** —, gond de croisée; **flap** —, patte à charnière; **T** —, té à charnière; **wing flap** —, charnière d'aileron; — **stocks,** filière à charnière.

Hinged, A charnière, à rabattement; — **cover,** couvercle à rabattement; — **levers,** brimbales; — **lid,** couvercle à charnières.

Hip, Point d'appui.

Hissing arc, Arc sifflant (élec.).

Histogram, Histogramme.

Hitch, Nœud, clé; attelage; **automatic** —, attelage automatique; **half** —, demi-clé; **timber** —, nœud de bois.

Hob , Plaque (cheminée); moyeu de roue; fraise; mère; **radical or worm** —, fraise mère; **grinder,** machine à rectifier les fraises.

Hobber, Machine à fraiser les engrenages.

gear Hobbing machine, Machine à tailler les engrenages par vis-fraise.

Hodographic, Hodographique.

Hodoscope, Hodoscope.

Hoe, Houe, racloir; **trench** —, pelle de tranchée.

Hog, Goret.

to Hog, Goreter; avoir de l'arc (N.).

Hogged, Arqué (N.).

Hogging, Arc (N.); goretage; — **strains,** efforts de l'arc.

Hogshead, Mesure de capacité (voir Tableaux).

Hoist, Élévateur, appareil de levage, monte-charge, treuil; **bucket** —, monte-charge à benne trémie; **electric** —, monte-charge électrique; **inclined** —, monte-charge incliné; **mine** —, machine d'extraction; **pneumatic** —, monte-charge pneumatique; **ratchet** —, palan à rochet; **sinking** —, treuil de fonçage; **staple shaft** —, treuil de bure; — **conveyor,** élévateur transporteur; — **drum,** tambour de levage; — **engine,** moteur de levage; — **hook,** crochet de levage; — **motor,** moteur de levage.

to Hoist, Hisser.

Hoisting, Hissage, levage; de hissage; — **block,** moufle; — **cage,** cage d'extraction; — **engine,** machine à vapeur de levage; — **gear,** appareil de hissage; — **height,** hauteur de levage; — **machinery,** appareils de levage; — **speed,** vitesse de levage; — **trolley,** chariot-treuil; — **winch,** treuil de levage.

Hold, Poignée, tenue, prise; soute, cale d'un N.; **after** —, cale arrière; **fore** —, cale avant.

to Hold, Tenir (être solide).

Holder, Douille, réservoir; **air** —, réservoir d'air; **blade** —, porte-scie; **blank** —, porte-flan; **brush** —, porte-balai (élec.); **carbon** —, porte-charbon (élec.); **die** —, porte-matrice; porte-filière; **electrode** —, porte-électrode; **lamp** —, douille de lampe; **lens** —, porte objectif.

Holdfast, Varlet.

Holding, Maintien, tenue; assemblage; **automatic** —, maintien automatique; **road** —, tenue de route; — **bolt,** boulon d'assemblage; — **down bolt,** boulon de fondation.

Hole, Trou, fosse, creux, mortaise; **air** —, évent d'un moule; **axe** —, œil de la hache; **blast** —, trou d'aspiration; fourneau de mine; **blind** —, trou borgne; **blown** —, soufflure (fonte); **bore** —, trou de sonde, forure; **bored** —, trou foré, percé, alésé; **bottoming** —, bouche de four de verrerie; **breast** —, trou d'évacuation des scories (cubilot); **bung** —, bonde (d'un fût); **clearance** —, trou de débourrage (poinçonneuse); **clearing** —, Voir **Clearing; clicker** —, valve de soufflet; **clinker** —, orifice de décrassage; **core** —, trou de dessablage (fond.); **cotter** —, mortaise pour le passage d'une clavette; **countersunk** —, trou de crampon; **creep** —, petite galerie (mines); **discharging** —, trou de défournement; trou de vidange; **draught** —, trou de regard; **draw** —, orifice de tréfilage; retassure; **drawing** —, trou de la filière; **drift** —, rainure pour chasse-clavette; trou de coin à chasser (porte-foret); **drill** —.

trou de mine; **feed** —, trou de remplissage; **fire** —, gueule d'un fourneau, d'un foyer; **floss** —, laiterol, chio, trou de coulée; **hand** —, trou de visite; **lading** —, sabord de charge (N.); **lightening** —, trou d'allégement; **man** —, trou d'homme; **mud** —, trou de visite, de nettoyage, trou de sel; **peep** —, trou de regard; **port** —, hublot; **rivet** —, trou de rivet; **shrink** —, retassure; **sight** —, trou de regard; **sink** —, puisard; **sludge** —, trou de visite; **spindle** —, alésage; **tap** —, trou de coulée, chio, bouche (h. f.); **tapping** —, (idem); **tapped** —, trou taraudé; — **borer cutter**, fraise à aléser; — **in the die**, calibre de matrice; — **capacity**, capacité de perçage (perceuse).

to Hole, Percer, creuser, entailler; **to shoot** or **to blast a hole**, tirer un trou de mine; **to tamp a hole**, charger un trou de mine.

Holed, Percé, entaillé, creusé.

Hollow, Creux, encastrement; — **of a cock**, boisseau de robinet; — **of a mould**, noyau d'un moule; — **punch**, emportepièce; — **tyre**, bandage creux; — **ware**, gobleterie; — **wood**, bois creux.

to Hollow, Creuser; **to hollow out**, évider.

Hollowed, Creusé.

Home, La métropole; — **ports**, ports de la métropole; — **trade**, cabotage (mers du Royaume-Uni).

Home, A joindre (assemblage); à bloc, à fond, juste, à refus; **screwed** —, vissé à fond; **to drive** —, refouler; **to strike** —, frapper juste.

Homeomorphic, Homéomorphe.

Homeomorphism, Homéomorphisme.

Homer, Appareil de guidage.

Homing, Directionnel, de guidage; — **aerial**, antenne directionnelle; — **device**, dispositif de guidage; — **indications**, indications directionnelles.

Homogeneous, Homogène.

Homogeneousness, Homogénéité.

Homologated, Homologué.

Homological, Homologique.

Homologous, Homologue; — **points**, points homologues.

Homolytic, Homolytique; — **reaction**, réaction homolytique.

Homopolar, Homopolaire ou à flux ondulé (élec.).

Homotopy, Homotopie.

Hone, Pierre à huile, pierre à aiguiser; rodoir.

to Hone, Aiguiser, passer sur la pierre à huile, doucir.

Honey box, Collecteur de boues (chaud.).

Honeycomb or **Honey comb,** Soufflure, affouillement, crevasse (métal, bois); nid d'abeilles; — **coil**, bobine en nid d'abeilles; — **radiator**, radiateur en nid d'abeilles.

Honey combed, Crevassé, cloisonné; en nid d'abeilles.

Honey combing, Soufflure.

Honing, Aiguisage; rodage mécanique à la pierre; meulage; **superfinition** — **machine**, machine à superfinir; machine à doucir.

Hood, Capot, capuchon; capote (auto); chapeau (de cheminée); hotte de laboratoire; masque (de canon, de tourelle); mouchoir (bordage de joue ou de fesse; c. n.); **chimney** —, capuchon de cheminée; **lens** —, parasoleil; **skylight** —, capot de clairevoie (N.); **valve** —, chapeau, bouchon de valve.

Hooding, Capotage; **fixed** —, capotage fixe.

Hook, Hameçon, croc, crochet, griffe, fourcat (c. n.); guirlande, tablette (de pont); **arrester** —, crochet d'arrêt; **bill** —, faucille, serpe; **claw** —, crochet à griffes; **dog** —, étau; crampon; griffe de serrage; **drag** —, croc, crochet, grappin; **draw** —, crochet de traction, d'attelage; **drop** —, crochet articulé; **lifting** —, croc de hissage; **mooring** —, crochet, ancre d'amarrage; — **block,** poulie à croc; — **end,** bec du crochet; — **engagement,** accrochage; — **rope,** vérine.

to Hook, Crocher.

Hook up, Accouplement, connexion.

Hooke or **Hooke's joint,** Joint universel.

Hoop, Collier (mach.); cercle (tonneau, mât); frette (canon); bandage (roues); **binding** —, cercle, ruban, frette; **eccentric** —, collier d'excentrique; — **iron,** feuillard; — **stress,** tension périphérique.

to Hoop, Cercler, fretter.

Hooped, Cerclé, fretté; **self** —, autofretté.

Hooper, Tonnelier.

Hooping machine, Machine à cercler.

Hop, Saut de puce, déjaugeage (aviat.); réflexion sur l'ionosphère.

Hop, Houblon.

axle Hop, Frète.

Hopper, Trémie, porteur à clapet; **ash** —, trémie à cendres; **bath** —, trémie, de chargement; **gravel** —, trémie à gravier; **sand** —, trémie à sable; **tipping** — or **tippler** —, auge ou benne basculante; — **car,** wagon à trémie; — **dredge,** drague suceuse; — **punt** or **barge,** chaland, porteur à clapet.

Hopping, Déjaugeage (aviat.).

Horary, Horaire, d'heure.

artificial Horizon, Horizon artificiel.

Horizontal, Horizontal.

Horizontally, Horizontalement; — **polarized,** polarisé horizontalement.

Horn, Corne, avertisseur; antenne (torpille); trompe; **driving** —, cale d'entraînement; cale de retenue (bobinage des moteurs élec.); — **beam,** charme (bois); — **block,** plaque de garde; — **bulb,** poire de trompe; — **reef,** anche de trompe.

Horological, Horloger (adj.); — **industry,** industrie horlogère.

Horse, Cheval; chevalet; — **power,** cheval-vapeur; — **power hour,** cheval-heure; **B. H. P.** = **brake** — **power,** cheval indiqué au frein; — **I. H. P.** = **indicated** — **power,** cheval indiqué; **maximum boost** — **power,** puissance maximum au sol; **N. H. P.** = **nominal** — **power,** cheval nominal; **rated** — **power,** puissance nominale en vol; **sea level** — **power,** puissance au sol; **taxable** — **power,** puissance fiscale; **theoretical** — **power,** cheval théorique.

Horseshoe shaped, En forme de fer à cheval.

Hose, Manche d'une pompe, tuyau flexible; bonneterie; **canvas** —, manche en toile; **delivery** —, tuyau de remplissage; tuyau de distribution; **fire** —, manche à incendie; **silk** —, bonneterie de soie; **suction** —, manche d'aspiration; — **cock,** robinet d'incendie; — **pipe,** tuyau flexible; — **reel,** tambour d'enroulement; — **trough,** auget (mines).

Hosiery, Bonneterie; — **mill,** usine de bonneterie.

Hot, Chaud; sous tension; **red** —, chauffé au rouge; **white** —, chauffé au blanc; — **forming,** formage à chaud; — **pressing,** matriçage à chaud; frittage à chaud; — **wire amperemeter,**

ampèremètre thermique; — **wire voltmeter**, voltmètre thermique; **to run** —, s'échauffer (portages, coussinets, etc.).

Hotwell, Bâche (de mach.); citerne; réservoir à eau chaude.

Hourdi, Hourdis.

Hourly, Horaire; — **average**, moyenne horaire; — **variation**, variation horaire.

House, Maison; **lamp** —, boîtier de lampe.

to House, Loger, garer.

Household appliances, Appareils ménagers.

Housed, Enfermé, en boîte, logé; — **contacts**, contacts protégés.

Housing, Cadre, châssis, enveloppe, carter; montant; bâti; coffrage; lusin (cordage); boîtier, logement; garage; **axle** —, pont arrière (auto); **double** —, à double montant; **gland** —, porte-garnitures; **scavenger** —, collecteur de balayage (Diesel); **single** —, à un montant; **thrust** —, logement de butée; **two** —, à double bâti.

Hovering, Vol stationnaire (aviat.);

Howitzer, Obusier.

Hoy, Bugalet; **powder** —, bugalet à poudre.

hr (hour), Heure.

h. r. c., A haut pouvoir de coupure (élec.).

h. s. s., High speed steel (acier rapide).

H. T. (High tension), Haute tension.

Hub, Taraud mère (tour); moyeu; saillie; soie, maneton; **airscrew** or **propeller** —, moyeu d'hélice; **wheel** —, moyeu de roue; — **cap**, chapeau de moyeu; — **flange**, disque de moyeu.

Hubnerite, Tungstate de manganèse.

Hulk, Ponton; **coal** —, ponton à charbon; **shear** — or **sheer** —, ponton-mâture.

Hull, Coque (de navire, d'hydravion); **blended** —, aile-coque.

to Hull, Percer la coque de.

steel Hulled, A coque en acier.

wooden Hulled, A coque en bois.

to Humidify, Humidifier.

Humidification or **Humidifying**, Humidification; — **system**, système de pulvérisation d'eau.

Humidistat, Dispositif de réglage de l'humidité.

Humidity, Humidité; **absolute** —, humidité absolue; **relative** —, humidité relative; **specific** —, humidité spécifique.

Hump (**of a curve**), Maximum (d'une courbe); — **method**, méthode de la bosse (métal.).

Hundredweight, Quintal anglais (voir Tableaux).

Hung up, En panne (auto).

Hunting, Pompage (élec.); flottement, condition d'instabilité; oscillations de vitesse (voir **Dancing**), déplacement automatique.

Hurricanedeck, Pont-promenade (paquebots).

Hurrier, Rouleur (mine).

Hurter, Heurtequin, heurtoir.

Husk of walnut, Brou de noix.

H. V. (High voltage), Haute tension.

Hydantoins, Hydantoïnes.

Hydrant, Prise d'eau; **fire** —, prise d'eau contre l'incendie.

Hydratation, Hydratation; **heat of** —, chaleur d'hydratation.

Hydrate, Hydrate.

Hydraulic, Hydraulique; — **accumulator**, accumulateur hydraulique; — **brake**, frein hydraulique; — **capstan**, cabestan hydraulique; — **cement**, ciment hydraulique; — **clutch**, embrayage hydraulique; — **drive**, commande hydraulique; — **engineer**, ingénieur des travaux hydrauliques; — **jack**, vérin hydraulique; — **leathers,** cuirs à usage hydraulique; — **lift,** ascenseur hydraulique; — **lime,** chaux hydraulique; — **mining,** abattage hydraulique; — **press,** presse hydraulique; — **pressure,** pression hydraulique; — **pump,** pompe hydraulique; — **ram,** bélier hydraulique; — **shock absorber,** amortisseur hydraulique; — **turbine,** turbine hydraulique; — **type press,** presse à arcade.

Hydraulically, Hydrauliquement; — **controlled** or **operated,** commandé hydrauliquement.

Hydraulicing, Effet hydraulique.

Hydraulics, Hydraulique (science); **geometrical** —, hydraulique géométrique.

Hydrazides, Hydrazides.

Hydrazine, Hydrazine.

Hydrazinolysis, Hydrazinolyse.

Hydrazones, Hydrazones.

Hydride, Hydrure; **aluminium** —, hydrure d'aluminium; **lithium** —, hydrure de lithium; **sodium** —, hydrure de sodium, soude.

Hydrobromination, Hydrobromation.

Hydrocarbon, Hydrocarbure; **aromatic** —**s,** hydrocarbures aromatiques; **higher** —**s,** hydrocarbures élevés; — **mist,** brouillard d'hydrocarbure; **paraffinic** —, hydrocarbure paraffinique; — **oil,** huile minérale.

Hydrocodimers, Hydrocodimères.

Hydrochloric acid, Acide chlorhydrique.

Hydrodynamic, Hydrodynamique.

Hydroelectric, Hydro-électrique; — **plant,** centrale hydroélectrique.

Hydroelectrical cell, Élément électrique.

Hydroflaps, Volets de coque.

Hydrofluoric acid, Acide fluorhydrique.

Hydrogen, Hydrogène; **atomic** —, hydrogène atomique; **atomic** — **torch,** chalumeau à hydrogène atomique; **compressed** —, hydrogène comprimé; **heavy** —, hydrogène lourd; — **bomb,** bombe à hydrogène; — **cooled,** à refroidissement par l'hydrogène; — **ion,** cathion; — **peroxide,** bioxyde d'hydrogène; — **phosphide,** hydrogène phosphoré.

to **Hydrogenate,** Hydrogéner.

Hydrogenated, Hydrogéné; — **oil,** huile hydrogénée.

Hydrogenation, Hydrogénation; **high pressure** —, hydrogénation sous haute pression.

Hydrogenolysis, Hydrogénolyse.

Hydrokineters, Hydrokinètres.

Hydrographer, Ingénieur hydrographe.

Hydrographic, Hydrographique.

Hydrography, Hydrographie.

Hydrolysate, Hydrolysat.

Hydrologic, Hydrologique.

Hydrology, Hydrologie.

Hydrolube, Hydrolube.

Hydrolyse embrittlement, Fragilité (de l'acier) par l'hydrogène.

Hydrolysed, Hydrolysé.

Hydrometer, Aéromètre, densimètre.

Hydrophone, Hydrophone.

Hydroplane, Hydravion; barre de plongée (sous-marin); **after** —, barre arrière; **fore** —, barre avant; — **control,** commande de barre.

Hydroquinone or **Hydrokinone** or **Hydrochinone,** Hydroquinone.

Hydropneumatic, Hydropneumatique.

Hydro–skis, Hydroskis.

Hydrostatic, Hydrostatique (adj.); — **balance**, balance hydrostatique; — **disc** or **piston**, piston hydrostatique; — **fuse**, fusée hydrostatique; — **pressure**, pression hydrostatique; — **test**, essai hydrostatique.

Hydrostatics, Hydrostatique.

Hydrous, Hydraté.

Hydroxamic acid, Acide hydroxamique.

potassium Hydroxide, Potasse.

sodium Hydroxide, Soude.

Hydroxysalt, Sel hydroxylé.

Hydroxystearate, Hydroxystearate.

Hygrometer, Hygromètre.

Hygrometry, Hygrométrie.

Hygroscopic, Hygroscopique.

Hygroscopicity, Hygroscopicité.

Hygroscopy, Hygroscopie.

Hygrostat, Voir **Humidistat**.

Hyperbolic, Hyperbolique.

Hyperboloid, Hyperboloïde.

Hypercircle, Hypercercle.

Hypercompound, Hypercompound.

Hyperelliptic, Hyperelliptique.

Hypereutectic, Hypereutectique.

Hypereutectoid, Hypereutectoïde.

Hypergeometric, Hypergéométrique; — **identities**, identités hypergéométriques.

Hypersonic, Hypersonique; — **flow**, écoulement hypersonique.

Hypers, Pinces coupantes.

Hyperspace, Hyperespace.

Hyperoxygenation, Suroxygénation.

Hypochlorite, Hypochlorite.

Hypochlorous acid, Acide hypochloreux.

Hypocycloid, Hypocycloïde.

Hypoeutectoid, Hypoeutectoïde.

Hypoid gear, Engrenage hypoïde.

Hyposulphite, Hyposulfite; — **of soda** or **sodium**, hyposulfite de soude.

Hypotenuse, Hypoténuse (math.).

Hypsochromie shift, Déplacement hypsochrome.

Hypsometer, Hypsomètre.

Hysteresis, Hystérésis (élec.). **time,** — hystérésis de temps. — **curve** or **loop**, courbe d'hystérésis; — **losses**, pertes par hystérésis.

I

I bar, Fer double T.

I beam, Fer à I.

Ice, Glace; **dry** —, glace sèche; — **breaker**, brise-glace; — **machine**, machine à glace.

Icing, Givrage; congélation; **aircraft** —, givrage des avions; **non** —, ne givrant pas.

I. C. A. O., International Civil Aviation Organization.

Iconoscope, Iconoscope, tube émetteur de télévision.

I. C. W. (Interrupted continuous waves), ondes entretenues interrompues (T. S. F.).

I. D. (Inside diameter), Diamètre intérieur.

Idiochromatic, Idiochromatique.

Idle current, Courant déwatté (élec.).

Idle losses, Pertes à vide.

Idle running, Marche à vide.

Idle time, Temps mort.

to Idle, Faire tourner à vide (moteur); tourner au ralenti.

to run Idle, Marcher à vide.

Idler, Galopin, guide, pignon fou; tendeur (courroie); **belt** —, guide de courroie; — **pulley**, poulie-guide; — **roller**, galet de guidage.

Idling, Marche au ralenti ou à vide; repos.

I. E. S., Illuminating Engineering Society.

I. F., Intermediate frequency (moyenne fréquence).

I. F. F., Identification.

Igneous, Igné.

to Ignite, Mettre en feu; enflammer.

Igniter or **ignitor**, Inflammateur; bougie d'allumage; **dual** —s, double allumeur; **electric** —s, appareils d'allumage.

Ignitible, Inflammable.

Ignition, Ignition; inflammation (artillerie); allumage (moteurs); **advanced** —, avance à l'allumage; **burner** —, allumage par brûleur; **dual** —, double allumage; **high tension** —, allumage à haute tension; **low tension** —, allumage à basse tension; **low tension and high frequency** —, allumage basse tension à haute fréquence; **magneto** —, allumage par magnéto; **pre** —, auto-allumage; **retarded** —, retard à l'allumage; **self** —, auto-allumage, allumage spontané; **spark** —, allumage par bougie; **spontaneous** —, allumage spontané; — **analyser**, analyseur d'allumage; — **car**, chariot allumeur; — **circuit**, circuit d'allumage; — **coil**, bobine d'allumage; — **control lever**, manette d'allumage; — **key**, clef de contact; — **lead**, fil de bougie; — **spark**, étincelle d'allumage; — **switch**, bouton, commutateur d'allumage, contact; — **system**, système d'allumage; — **voltage**, tension d'amorçage (tube à vide); — **wire**, fil d'allumage; **to adjust the** —, régler l'allumage; **to cut off** —, couper l'allumage; **to switch off the** —, couper l'allumage.

Ignitor, voir **Igniter**.

Ignitron, Ignitron; **pumped** —, ignitron pompé; **sealed** —, ignitron scellé; — **rectifier**, redresseur à ignitrons.

to Illuminate, Éclairer.

Ihrigizing, Imprégnation des tôles au silicium.

Illuminating, Éclairant, qui éclaire; — **bomb,** bombe éclairante; — **engineer,** ingénieur éclairagiste; — **gas,** gaz d'éclairage; — **oil,** huile d'éclairage.

Illumination, Éclairage; éclairement.

Illuminator, Verre de hublot (N.).

Illuminometer, Photomètre portatif.

Ilmenite, Ilménite.

I. L. S., Système d'atterrissage aux instruments.

Image, Image; **latent** —, image latente; **virtual** —, image virtuelle; — **distortion,** distorsion d'image.

to Imbed, Encastrer, noyer.

Imbedded, Noyé, encastré.

to Immerge or **to immerse,** Immerger, plonger; enfoncer, s'immerger.

Immersed, Immergé; **oil** —, immergé dans l'huile.

Immersion, Immersion.

Immiscible, Non mélangeable.

Immovable, Immobile, dormant, fixe.

Impact, Choc; impact (tir); — **or shock excitation,** excitation par choc (T. S. F.); — **strength,** résistance aux chocs; — **test,** essai de résilience; — **value,** résilience.

Impedance, Impédance (élec.); **blocked** or **damped** —, impédance infinie; **characteristic** —, impédance caractéristique; **complex** —, impédance complexe; **conjugate** —**s,** impédances conjuguées; **input** —, impédance d'entrée; **plate** —, impédance de plaque; **stator** —, impédance de stator; **surface** —, impédance superficielle; **surge** —, impédance caractéristique; **terminal** —, impédance terminale; — **bridge,** pont d'impédance; —

coupling, couplage par impédance; — **matching,** adaptation d'impédance; — **mismatching,** désadaptation d'impédance.

Impedor, Impédance.

Impeller, Roue, roue à aubes, impulseur, rotor; **compressor** —, roue du compresseur; **pump** —, roue de la pompe.

Imperial, Papier « grand Jésus »; — **system,** système légal des poids et mesures.

Impermeable, Imperméable.

Impermeability, Imperméabilité.

Impermeator, Graisseur, lubrificateur.

Impervious, Imperméable, étanche.

Imperviousness, Imperméabilité.

Impetus, Impulsion.

Implement, Ustensile, accessoire, outil.

Import, Importation (marchandise importée), article d'importation.

to Import, Importer.

Importation, Importation (action d'importer); importation (article d'importation).

Imported, Importé.

Importer, Importateur.

Impregnant, Imprégnant.

to Impregnate, Imprégner, imbiber.

Impregnated, Imprégné; — **paper,** papier imprégné.

Impregnation, Imprégnation; **oil** —, imprégnation à l'huile; **vacuum** —, imprégnation sous vide; **varnish** —, imprégnation au vernis; — **of woods,** imprégnation, imbibition des bois; — **tank,** cuve d'imprégnation.

Impression, Empreinte, gravure, — **block,** bloc d'empreinte.

Impressor, Pénétrateur.

Improved, Perfectionné.

Improvement, Perfectionnement, amélioration, progrès.

Impulse, Impulsion, choc; action (turbine); **electrical —s,** impulsions électriques; **— blades,** aubages d'action; **— excitation,** excitation par impulsion (T. S. F.); **— generator,** générateur d'impulsions; **— stage,** étage d'action; **— testing equipment,** installation d'essais aux ondes de choc; **— turbine,** turbine à action; **— wheel,** roue à action (turbine).

Impulser, Impulseur.

Impulsion, Impulsion; **modulated —,** impulsion modulée; **— loading,** charge d'impulsion.

Impurity, (pluriel **Impurities**). Impureté.

In, Inch (Pouce).

In and out bolt, Boulon qui traverse de part en part. Boulon passant.

Inboard, A l'intérieur, de l'intérieur, intérieur (N.); de retour (coup de piston); **— engine,** moteur intérieur.

Incandescence, Incandescence.

Incandescent, Incandescent; **— lamp,** lampe à incandescence.

Inch, Pouce, mesure de longueur (voir Tableaux).

5 Inched, De 5 pouces.

n Incher, De n pouces (canon).

Inching, Marche par mouvements saccadés.

Incidence or incidency, Incidence; **angle of —,** angle d'incidence d'attaque; **grazing —,** incidence rasante; **point of —,** point d'incidence.

Incident, Incident; **— light,** lumière incidente; **— ray,** rayon incident.

Incidental charges, Faux-frais.

Incidentals or Incidents, Charges, faux-frais divers.

to Incinerate, Incinérer.

Incinerator, Incinérateur.

Inclinable, Inclinable; **— head,** tête inclinable.

Inclinated, Incliné; **— plan,** plan incliné.

Inclination, Inclinaison; **— estimator,** inclinomètre.

Incline, Plan incliné, pente, rampe.

Inclinometer, Inclinomètre.

to Include, Insérer.

Inclusions, Inclusions.

Incombustible, Incombustible.

Income, Rapport, revenu; **net —,** rapport net.

Incompressible, Incompressible.

Inconel, Inconel.

to Increase engine speed, Emballer le moteur.

fall or head Increaser, Renforceur de chute (hyd.).

Incremental, Incrémental.

Incrustation, Incrustation (chaud., etc.).

Indanamine, Indanamine.

Indemnity, Indemnité.

Indent, Empreinte; adent (construction).

Indentation, Adent, indentation.

Independent, Indépendant.

Indestructible, Indestructible.

Index, pluriel **Indices,** Index; indice; exposant; aiguille, alidade (sextant, etc.); caractéristique (des logarithmes); soupape à combustible (Diesel); **P —,** indice de cokéfaction; **refractive —,** indice de réfraction; **— error,** erreur de collimation; **— of refraction or refraction —,** indice de réfraction; **— head,** diviseur; **— plate,** plateau indicateur, plateau diviseur (mach.-outil);

to Index, Tourner la tourelle du tour à ses repères.

Indexing, Division (mach.-outil); — **machine,** machine à diviser.

Indiarubber, Caoutchouc; **vulca-nized** —, caoutchouc vulcanisé.

Indicated, Indiqué; — **horse power,** chevaux indiqués, puissance indiquée.

Indicator, Indicateur; réactif; **air speed** —, indicateur de vitesse d'air, badin, anémo-mètre; **balance** —, indicateur de compensation; **bank** —, indi-cateur d'inclinaison latérale; **blast** —, indicateur de tirage; **charge** —, indicateur de charge; **climb** —, variomètre; **current** —, indicateur de courant; **draft** —, indicateur de tirage; **drift** —, indicateur de dérive; **earth** —, indicateur de pertes; **flame failure** —, indicateur d'extinc-tion; **flow** —, indicateur de débit; débitmètre; **full level** —, indicateur de remplissage; **land-ding speed** — (L. S. I.), indica-teur de vitesse d'atterrissage; **level** —, indicateur de niveau; **light** —, indicateur lumineux; **null** —, indicateur de zéro; **phase** —, indicateur de phase; **pitching** —, indicateur d'incli-naison longitudinale; **polarity** —, indicateur de sens de cou-rant (élec.); **pressure** —, indi-cateur de pression, manomètre; **revolution** —, tachymètre; **side slip** —, indicateur de glissement latéral; **speed** —, compteur de tours, enregistreur indicateur de vitesse; **stick force** — (aviat.), indicateur d'intensité de réac-tion de manche; **vacuum** —, indicateur de vide; — **cards or diagrams,** courbes d'indicateur; — **cylinder,** cylindre porte-papier.

Indices, Exposants algébriques; pluriel de **Index**; **refraction** —, indices de réfraction.

Indirect, Indirect; — **light lamp, or** — **lamp,** lampe à éclairage indirect.

Indirectly heated cathode, Ca-thode à chauffage indirect.

Indium, Indium; **lead** —, indium au plomb; — **selenide,** sélénure d'indium.

Indole compounds, Composés indoliques.

Indones, Indones.

Indoor, A l'intérieur.

Induced, Induit (adj.); — **current,** courant induit; — **draught,** tirage induit; **break** — **current,** courant de rupture.

Inductance, Self-induction, induc-tance (élec.); **distributed** —, in-ductance répartie; **lumped or con-centrated** —, inductance concen-trée; **mutual** —, induction mu-tuelle; — **bridge,** pont d'induc-tion; — **coil,** bobine de self.

Induction, Admission, introduc-tion (mach.); induction (élec.); **electromagnetic** —, induction électromagnétique; **mutual** —, induction mutuelle; **nuclear** —, induction nucléaire; **self** —, self-induction; **static** —, induc-tion statique; — **accelerator,** bétatron; — **bridge,** balance d'induction; — **coil,** bobine d'induction — **furnace,** four à induction (voir **Furnace**; — **generator,** générateur d'induc-tion; — **heating,** chauffage par induction; — **loudspeaker,** haut-parleur à induction; — **motor,** moteur d'induction; **multiple cage** — **motor,** moteur d'induc-tion à plusieurs cages; **squirrel cage** — **motor,** moteur d'induc-tion à cage d'écureuil; **wound rotor** — **motor,** moteur d'induc-tion à rotor bobiné; — **pipe,** tuyau d'arrivée, tuyau d'ad-mission; — **regulator,** régula-teur d'induction; — **tracer,** traceur à induction; — **valve,** soupape d'admission.

Inductive, Inductif; — **capacity,** capacité inductive; — **circuit,** circuit inductif; — **coupling,** couplage par induction (T.S.F.); — **load,** charge inductive.

Inductor, Inducteur, bobine d'induction; conducteur utile d'un induit; — **alternator,** alternateur à fer tournant.

Inductorium, Toute espèce de bobine d'induction.

Industrial, Industriel.

Industry, Industrie.

Inelastic, Non élastique.

Inert, Inerte; — **gas,** gaz inerte.

Inertia, Inertie; **axis of** —, axe d'inertie; **moment of** —, moment d'inertie; **vis inertiae** , force d'inertie; — **fuse,** fusée à inertie; — **relay,** relais d'inertie; — **starter,** démarreur à inertie; — **stress,** effort d'inertie.

Inextensible, Inextensible.

auto Infeed attachment, Dispositif d'auto-calibrage;

to Infiltrate, S'infiltrer.

Infiltration, Infiltration.

Inflammability, Inflammabilité.

Inflammable, Inflammable.

Inflatable, Pneumatique.

to Inflate, Gonfler.

Inflated, Gonflé.

Inflation, Gonflement; inflation.

Inflexional, Inflexionnel.

Inflow, Entrée, courant.

Influx, Flux, écoulement.

Inframicroscopic, Infra-microscopique.

Infrared, Infrarouge; **near** —, proche infrarouge; — **radiation,** rayonnement infrarouge; — **ray,** rayon infrarouge.

Infrasonic, Infrasonique.

Infringment, Infraction.

Infusible, Infusible.

Infusional earth (or **kieselguhr**), Farine fossile, kieselguhr, terre d'infusoires, silice employée dans la confection de la dynamite.

Ingot, Lingot; **copper** —**s,** cuivre en lingots; — **mould,** lingotière; — **run,** expédition des lingots; — **turning lathe,** tour à lingots.

Ingoting, Lingotage.

Inhalator, Inhalateur.

In hand, En main; en train; disponible.

Inhibited, Inhibé; — **oil,** huile inhibée.

Inhibiting, Inhibition, protection; **dynamic** —, proctection dynamique;

Inhibitor, Inhibiteur, protecteur; **corrosion**—, inhibiteur de corrosion; **oxidation** —, inhibiteur d'oxydation; **prickling** —, inhibiteur de décapage; **synthetic** —, inhibiteur synthétique.

Inhomogeneity, Hétérogénéité.

Inhomogeneous, Non homogène, hétérogène.

Initial, Initial; — **velocity,** vitesse initiale.

Injection, Injection, insufflation; **bilge** —, injection à la cale; **cement** —, injection de ciment; **fuel** —, injection de combustible; **fuel** — **pump,** pompe d'injection; **pilot** —, injection pilote; **pneumatic** —, injection pneumatique; **solid** —, injection mécanique; **water** —, injection d'eau; — **air,** air d'insufflation; — **cock,** robinet d'injection; — **engine,** moteur à injection; — **machine,** machine à injection; — **nozzle,** tubulure d'injection; — **pipe,** tuyau d'injection; — **pump,** pompe d'injection; — **valve,** aiguille d'injection; — **water,** eau d'injection.

Injector, Injecteur; **cement** —, injecteur de ciment; **fuel** —, injecteur de combustible; **Giffard's** or **Giffard** —, injecteur Giffard; — **needle,** aiguille d'injecteur; — **pump,** pompe d'injection; — **tester,** vérificateur d'injecteur.

to Injure, Blesser (personne); avarier (matériel).

Injury, Blessure (personne); avarie (matériel).

Ink, Encre; **China** — or **indian** —, encre de Chine; **oily** —, encre oléique; **printing** —, encre d'imprimerie; — **eraser,** gomme à encre; — **writer,** appareil à molette, récepteur-imprimeur à encre (télégr.).

Inker, Appareil à molette, récepteur à encre (télég.).

Inland trade, Commerce intérieur.

to Inlay, Marqueter, incruster.

In leakage, Infiltration (d'air...).

Inlet, Entrée, arrivée, conduite, admission; **air** —, prise d'air; **cooling water** —, arrivée d'eau de refroidissement; **double** —, à entrée double; **gasoline** —, arrivée d'essence (auto.); **oil** —, entrée d'huile; **petrol** —, arrivée d'essence; **water** —, arrivée d'eau; — **fitting,** clapet de remplissage; — **flange,** bride d'admission; — **gate,** vanne de prise d'eau; — **manifold,** collecteur d'aspiration; — **pipe,** tuyau d'arrivée; **tapered** — **pipe,** cône d'entrée (d'une conduite forcée); — **tunnel,** galerie d'amenée (hydr.); — **valve,** soupape d'admission.

In-line machining, Usinage en série.

Inner, Intérieur; — **harbour,** arrière-port; — **shell,** culotte (cheminée); — **tube,** enveloppe.

Inoculant, Inoculant.

Inorganic, Inorganique; minéral; — **chemistry,** chimie minérale; — **depot,** dépôt non organique; — **electrolyte,** électrolyte minéral; — **sulphur,** soufre inorganique.

Inoxidizable, Inoxydable.

In phase, En phase.

Input, Alimentation; débit à l'arrivée; quantité; entrée; **water** —, injection d'eau; — **power,** puissance absorbée; — **transformer,** transformateur d'entrée; — **tube,** tube d'entrée.

Inquiry, Enquête; — **office,** bureau de renseignements.

Inrush, Afflux de courant; — **peak,** pointe de démarrage.

Insensitive, Insensible.

Insert, Pièce rapportée; élément encastré.

to Insert, Rapporter, insérer.

Inserted, Inséré, rapporté; — **teeth,** dents rapportées.

Insertion, Insertion.

Inside, Dedans, intérieur; — **drive body,** conduite intérieure (auto); — **screwtool,** peigne femelle (outil de tour).

Insolubility, Insolubilité.

Insoluble, Insoluble; **suspended** —**s,** produits insolubles en suspension.

Insolvency, Insolvabilité.

Insolvent, Insolvable.

Inspection, Visite, inspection; — **cover,** regard; — **door,** porte de visite; — **hole,** trou de visite.

Inspectoscope, Inspectoscope.

Instability, Instabilité; **dimensional** —, instabilité dimensionnelle.

Instable, Instable.

to Install, Installer (machine, appareil); monter, mettre en place; installer (fonction); faire des versements d'argent successifs (désuet).

Installation, Installation (d'appareil), mise en place; installation (appareil installé); **wireless** —, installation de télégraphie sans fil.

Instalment, Acompte; versement partiel; — **system,** vente à crédit.

Instantaneous, Instantané; — **armature,** armature de déclenchement instantané; — **power,** puissance instantanée (élec.); — **pressure,** pression instantanée; — **value,** valeur instantanée.

In step, En phase.

Institute, Institution, institut; usine; **steel** —, aciérie.

Instrument, Instrument, appareil; **gyro** —**s**, instruments gyroscopiques; **navigational** —**s**, instruments de navigation; **portable** —, instrument portatif; **precision** —, instrument de précision; **sighting** —, instrument de visée; — **approach**, approche aux instruments (aviat.); — **board** or **panel**, tableau de bord; — **flying**, vol aveugle (aviat.); — **let down**, atterrissage aux instruments.

Insubmergible, Insubmersible.

to Insulate, Isoler (élec.).

Insulated, Isolé; **paper** —, isolé au papier; **rubber** —, isolé au caoutchouc; **silicone** —, isolé au silicone; — **neutral**, neutre isolé; — **wire**, fil isolé.

Insulating, Isolant, calorifuge; — **brick**, brique isolante; — **oil**, huile isolante; — **stool**, tabouret isolant; — **strength**, rigidité électrique; — **tape**, chatterton, ruban isolant; — **varnish**, vernis isolant.

Insulation, Isolement, calorifugeage; isolation; **ceramic** —, isolation en céramique; **heat** —, calorifugeage; **sound** —, isolation phonique; **thermal** —, isolation thermique; — **material**, matériaux calorifuges; — **materials**, matières isolantes; — **resistance** or **strength**, résistance d'isolement; — **tape**, ruban isolant; — **test**, essai d'isolement; — **testing set**, appareil à mesurer l'isolement.

Insulator, Isolant, isolateur; **disc** —, isolateur à disques; **heat** —, matière calorifuge; **line** —, isolateur de ligne; **pin** —, isolateur à cloche; **shackle** —, isolateur d'arrêt; **spark plug** —, isolateur de bougie; **suspension** —, isolateur de suspension.

Insulite, Composé isolant.

Insurance, Assurance; **life** —, assurance sur la vie; **mutual** —, assurance mutuelle; — **company**, compagnie d'assurances.

to Insure, Assurer.

Insured, Assuré.

Insurer, Assureur.

Intaglio printing, Gravure en creux.

Intake, Aspiration; admission; arrivée; **air** —, prise d'air; **carburettor air** —, prise d'air de carburateur; **water** —, prise d'eau; **gate for water** —, vanne de prise d'eau; — **air**, air frais (mine); — **valve**, soupape d'aspiration.

Integer, Entier; — **function**, fonction entière.

Integral, Intégral (adj.); intégrale (math.); **discontinuous** —**s**, intégrales discontinues; **related** —, intégrale associée; — **calculus**, calcul intégral; — **function**, fonction entière.

Integral with, Solidaire de, faisant corps avec.

Integraph, Intégrateur.

Integrating, Totalisateur, intégrateur; — **computer**, calculateur intégrateur; — **meter**, compteur totalisateur.

Integration, Totalisation; intégration; **asymptotic** —, intégration asymptotique; **temporal** —, intégration dans le temps.

Integrator, Intégrateur.

Integro-differential, Intégrodifférentiel.

Intensifier, Amplificateur; **head** —, renforceur de chute (hyd.).

Intensimeter, Intensimètre.

Intensity, Intensité; **field** —, intensité du champ; **luminous** —, intensité lumineuse; — **modulation**, modulation en intensité.

Inter, Inter; — **action,** inter-action; — **atomic,** interato-mique; — **ceptor,** intercepteur; **slot — ceptor,** intercepteur de fente (d'aile); — **ceptor fighter,** avion de chasse et d'interception; — **changeability,** interchangeabilité; — **changeable,** interchangeable, âmovible; — **changer,** échangeur; — **com,** réseau téléphonique intérieur de bord (aviat.); **to — connect,** interconnecter; — **connected,** interconnecté; — **connexion,** interconnexion (élec.); — **cooler,** réfrigérant intermédiaire; — **crystalline,** intercristallin; — **face,** interface, tranche; — **ference,** interférence, interac-tion, perturbation, parasite (T. S. F.); — **ference eliminator** or **filter,** filtre à interférences; — **ferogram,** interférogramme; — **ferometer,** interféromètre; — **ferometry,** interférométrie; **multiple beam — ferometry,** interférométrie à faisceaux mul-tiples, — **feroscope,** interféro-scope; — **granular,** intergranu-laire; — **granular attack** or **corrosion,** corrosion intergranu-laire; — **laced,** entrelacé; — **laced winding,** enroulement im-briqué (élec.); — **leaved,** entre-lacé; — **leaved sheets,** tôles enchevêtrées; — **linked,** à phases reliées entre elles (élec.) (voir **System);**non — **linked,** à phases non reliées entre elles; — **linking point,** point de jonction des phases (élec.); — **linking of phases,** jonction des phases, rac-cordement; — **lock,** enclenche-ment, verrouillage; — **locks,** verrous; **to — lock,** couvrir la voie; — **locking,** enclenchement; verrouillage; — **locking gear,** mécanisme à actions solidari-sées; — **mediate,** intermédiaire; — **mediate circuit,** circuit inter-médiaire (T. S. F.); — **mediate frequency,** moyenne fréquence; — **meshing,** engrènement; — **mittent,** intermittent; — **mittent current,** courant intermit-tent; — **modulation,** intermodu-lation; — **molecular,** inter-moléculaire; — **national,** inter-national (ampère, coulomb,etc.); — **phone** (voir — **com**); — **planar spacing,** distance réticu-laire; — **planetary,** interpla-nétaire; — **polar,** interpolaire (élec.); **to — polate,** interpoler; — **polation,** interpolation; — **pole,** pôle auxiliaire (élec.); **to — rupt,** interrompre, couper un circuit; — **rupted,** interrompu; — **rupted current,** courant inter-rompu; — **rupter,** interrupteur (élec.); — **rupter switch,** inter-rupteur disjoncteur; **air — rupter,** interrupteur à air; **elec-trolytic — rupter,** interrupteur électrolytique; **mercury — rup-ter,** interrupteur à mercure; **mercury turbine — rupter,** turbo-interrupteur; — **rupting ca-pacity,** pouvoir de coupure, capacité de rupture; — **ruption arc,** arc de rupture (élec.); — **sected,** entre-croisé; — **stage,** entre étages; — **stage coupling,** couplage entre étages; — **stellar,** interstellaire; — **stitial,** intersti-tiel; — **valometer,** intervallo-mètre.

Internal, Interne; — **combustion engine,** moteur à combustion interne; — **resistance,** résistance intérieure.

Interphone, Interpolar, Inter-rupter..., etc., voir **Inter.**

Interrogator- responder, De-mande, réponse (système).

Intrados, Intrados.

In trade, En wagon.

Intramolecular, Intramolécu-laire.

to Introduce, Introduire.

Intuitionistic numbers, Nom-bres intuitionnistes.

Invariant, Invariant.

to Invent, Inventer.

Inventor, Inventeur.

Inventory, Inventaire; — of fixtures, état des lieux; to take, to draw up the —, dresser l'inventaire.

Inversion, Inversion; automatic —, inversion automatique.

Invert, Radier.

to Invert, Renverser (optique).

Inverted, Renversé, inversé; engine of the — type, machine à pilon; — cell or element, élément inversé; — cylinder engine, machine à pilon; — flying, vol sur le dos.

Inverter, Mutateur; convertisseur; inverseur; onduleur.

Investigation, Recherches, études.

Investment, Placement; capital.

Investor, Capitaliste, actionnaire.

Invoice, Facture (commerce); envoi (de marchandises).

Involute, Développante (math.); — curve, courbe en développante de cercle; — gear cutter, machine à tailler les engrenages à développante; helical — gear, engrenage hélicoïdal à denture en développante de cercle.

Involution, Involution; élévation à une puissance.

to Involve (a number), Élever à une puissance (un nombre).

Inwards, En dedans, intérieurement; pour l'importation (commerce).

I. O. U., Billet à ordre.

Iodacetic acid, Acide iodacétique.

Iodide, Iodure; potassium —, iodure de potassium; silver —, iodure d'argent.

Iodimeter, Iodomètre.

Iodimetric, Iodimétrique.

Iodinated, Iodé.

Iodination, Iodation.

Iodine, Iode; — number, indice d'iode.

Iodometric, Iodométrique; — determination, dosage iodométrique.

Iodoplatinate, Iodoplatinate.

Iodose, Iodose.

Ion, Ion; complex —s, ions complexes; hydrogen —, cathion; — cloud, nuage ionisé; — counter, compteur d'ions; — gun, source d'ions; — optics, optique des ions.

Ionic, Ionique; — crystal, cristal ionique; — refraction, réfraction ionique; — resonance, résonance ionique.

Ionisation or **Ionization,** Ionisation (élec.); — by impact, ionisation par choc; — chamber, chambre d'ionisation; grid — chamber, chambre d'ionisation à grilles; — constant, constante d'ionisation; — current, courant d'ionisation.

to Ionise, Ioniser.

Ionised, Ionisé; heavily —, fortement ionisé.

Ionization, voir **Ionisation.**

Ionizing, Ionisant; — particles, particules ionisantes; — potential, potentiel d'ionisation.

Ionometer, Ionomètre.

Ionosphere, Ionosphère; — layer, couche ionosphérique.

Ionospheric, Ionosphérique.

Ions, Ions; ferric —, ions ferriques.

I. P. C., Iraq Petroleum Co.

Ipil, Ipil (bois).

I. P. T., Institution of Petroleum technologists (Londres).

I. R. E., Institute of Radio Engineers.

Iridescence, Iridescence, irisation.

Iridium, Iridium.

Iron, Fer; fer (de rabot, varlope, etc.); fonte (parfois; voir cast iron); angle —, fer à cornières, cornière; **B. B.** — (best best iron), fer de première qualité; **bar** —, fer en barre; **binding** —, ferrure, patte d'attache; **black** —, fer malléable; **bloom** —, fer à loupe; **bloomery** —, fer au bois; **branding** —, fer à marquer; **break** —, contre-fer (rabot); **bulb** —, fer à boudin; **brittle** —, fer dur, aigre, cassant; **bucking** —, marteau à briser le minerai; **burned** —, fer rouverin; **calking or caulking**, —, matoir; **cast** —, fonte (voir **Pig**); **alloy cast** —, fonte alliée; **annealed cast** —, fonte malléable; **ductile cast** —, fonte ductile; **hard cast** —, fonte dure; **open cast** —, fonte fondue à découvert; **cast** — **N° 1**, fonte noire; **cast** — **N° 2**, fonte grise; **cast** — **N° 3**, fonte gris clair; **cast** — **N° 4**, fonte truitée; **cast** — **N° 5**, fonte blanche; **chain** —, maillon; **channel** —, fer en U; **chrome** —, fer chromé; **clearing** —, débouchoir; **cleaving** —, contrefendoir; **click** —, cliquet; **coarse grained** —, fer à gros grains; **core** —, armature de fer, tige de noyau; **corrugated** — **plate**, tôle ondulée; **cramp** —, main de fer, ancre, tirant; **cross** —, fer en croix; **cross half lattice** —, fer à T double à 4 bourrelets croisés; **crotchet** —, dent de loup (verrerie); **crown** —, chapelet; **crude** —, fonte, fer cru, fer brut; **dog** —, renard pour haler le bois, crampon; **double T** —, fer à double T; **edge** —, fer de bordure; **fagot** —, ferraille; **fagotted** —, fer corroyé, fer de riblons; **feeding head** —, masselotte (fond.); **fine grained** —, fer à grains fins; **fire** —, outils de chauffe (ringards, tisonniers, etc.); **flat** —, fer plat; **flawy** —, fer pailleux; **forged** —, fer forgé; **galvanized** —, fer galvanisé; **granular** —, fer à grain; **grey** —, fonte grise; **H** —, fer en H; **half round** —, fer demirond; **hammer hardened** —, fer écroui; **hammered** —, fer

martelé; **hammered sheet** —, tôle martelée; **hexagon** —, fer six pans; **hoop** —, feuillard; **laminated** —, fer laminé; **magnetic** —, fer magnétique; **malleable** —, fer malléable; **melt** —, fonte liquide; **metallic** —, fer métallique; **mottled** —, fer truité; **native** —, fer natif; **nodular** —, fonte nodulaire; **old** —, ferraille; **oligist** —, fer oligiste; **oligistic** —, fer oligiste; **pig** —, fer en saumons, fonte brute (voir **Pig**); **plate** —, tôle forte; **puddled** —, fer puddlé; **red short** —, fer rouverin; **refined** —, fer affiné; **refined cast iron**, fonte affinée; **rolled** —, fer laminé; **rolled sheet** —, tôle laminée; **round** —, fer rond; **scrap** —, riblons de fer; **sectional** —, fer profilé; **sheet** —, tôle mince; **short** —, fer cassant; **cold short** —, fer cassant à froid; **hot short** —, fer cassant à chaud; **small flat** —, feuillard; **soft** —, fer doux; **soldering** —, fer à souder; **spathic** —, fer spathique; **special** —, fer profilé; **specular** —, fer spéculaire; **sponge** —, fer spongieux; **strap** —, fer en rubans; **T** —, fer à T, té; **tilted** —, fer forgé, fer martelé; **tin plate or tinned sheet** —, fer blanc; **weld or welded** —, fer soudé; **white pig** —, fonte blanche; **wrought** —, fer forgé, fer battu; **Z iron**, fer en Z; — **bar**, barre de fer; — **bark**, bois de fer; — **bolt**, boulon; — **borings**, copeaux de fer; — **bound**, ferré (poulie, etc.); — **casting**, fonte, fonte moulée; — **cement**, mastic de fer; — **chain**, chaîne de fer; — **cinder**, scorie de fer; **clad**, cuirassé (dynamo, etc.); — **clay**, argile ferrugineuse; — **corners**, cornières; — **crow**, pince, pied de biche; — **dross**, scorie, laitier, mâchefer; — **dust**, poussière ou sable de fer; — **filings**, limaille de fer; — **foundry**, fonderie de fer; —

frames, couples de fer —; framing, charpente en fer; — gray, gris fer; — hammer, masse; — hook, croc en fer; tisonnier; — knee, équerre de fer; — in bars, fer en barres; — losses, pertes dans le fer (élec.) — master, maître de forges; — mill, forge; — monger, quincaillier; — mongery, quincaillerie; — mordant, gris de fer; — pig, saumon de fonte; — pin, boulon, goupille; — plate, plaque de fer, feuille de tôle forte; — plate core, noyau en tôles (élec.); — powder, poudre de fer; — pyrites, pyrites de fer; — scale, battiture de fer; — sick, qui tombe en morceaux (vieux navire, etc.); — slag, scorie d'affinage; — smith, forgeron; — spur, jambe de force; — square, équerre en fer; — stud, mentonnet; — thread, fil de fer; — tie, tirant en fer; — ware, quincaillerie; — wire, fil de fer; — wire core, noyau en fil (élec.); — work, ferrure, ferrements; — works, usine à fer; to draw out —, étirer le fer; to flatten —, aplatir le fer; to lengthen —, étirer le fer; to stretch —, étirer le fer.

to **Irradiate**, Rayonner.

Irradiated, Irradié.

Irradiation, Irradiation; pile —, irradiation par pile.

Irreversible, Irréversible; — cell, élément irréversible (élec.); — steering, direction irréversible (auto).

Irreversibility, Irréversibilité.

Irrigation, Irrigation; — canal, canal d'irrigation.

I. S. A., International Standardization Association.

Iso, Iso; — bar, isobare; — butene, isobutylène; — butyric acid, acide isobutyrique; — chromatic, isochromatique; — chronal, isochrone; — chronism, isochronisme; — chronous, isochrone; — cline, isoclinical; — clinic lines, lignes isoclines; — cyanate, isocyanate; — echo, isoecho; — methyl cyanide, isocyanure de méthyle; — isodimeter, isodimètre; — gonic lines, lignes isogones; — grams, isogrammes; — lantite, isolantite; — lator (voir **Insulator**), isolateur; suspension — lator, isolateur de suspension; — mer, isomère; — meric, isomère; — merisation, isomérisation; — merism, isomérisme; — rotational — merism, isomérie de rotation; — metric, isométrique; — octane, iso-octane; — perimetric, isopérimétrique; — propyl alcohol, alcool isopropylique; — scales, isocèle; — static, isostatique; — therm or — thermal, isotherme; — thermal annealing, recuit isotherme; — thermal expansion, détente isotherme; — thermal lines, lignes isothermes; — thioxyanate, isothiocyanate; — tope, isotope; odd odd — tope, isotope impair-impair; — tope shift, déplacement, séparation isotopique; — topic, isotopique; — topic tracer, traceur isotopique.

Issue, Sortie, édition, émission, distribution.

Iteration, Itération (math.).

Iterative solutions, Solutions itératives (math.).

J

Jack, Cric, vérin; prise de courant, fiche, conjoncteur, jack (élec.); **belt** —, vis à courroie; **black** —, blende; **chain** —, cric à noix; **hand** —, cric à main; **hand** — **with a claw**, cric à main à une griffe; **hand** — **with a double claw**, cric à main à deux griffes; **common hand** —, cric simple; **hydraulic** —, cric, vérin hydraulique; **multiple** —, jack multiple; **piston** —, vérin à piston; **rack and pinion** —, cric à pignon et crémaillère; **retracting** —, vérin d'escamotage; **screw** —, vérin; **spikes of a** —, griffes, cornes, pointe d'un cric; **spring** —, conjoncteur ou jack de liaison ou de jonction; **trunk** —, jack de départ; **twin** —, jack double; **undercarriage main** —, vérin de relevage de train d'atterrissage; — **body**, corps de cric; — **crow**, presse à cintrer les rails; — **handle**, levier de cric; — **head**, colonne d'eau alimentaire; — **latch**, loquet à ressort; — **plane**, varlope; — **screw**, vérin, cric.

Jacks, pluriel de **Jack**, charbon de qualité très inférieure.

to Jack, Dégrossir le bois.

to Jack, to jack up, Mettre sur cric, soulever.

Jacked, jacked up, Mis sur cric.

Jacket, Chemise, enveloppe (cylindre), manchon, jaquette (canon); **air** —, chemise ou enveloppe à circulation d'air; **cylinder** —, enveloppe des cylindres; **heating** —, enveloppe chauffante; **outer** —, manchon extérieur; **steam** —, chemise de vapeur; **water** —, chemise d'eau; four métallurgique à cuve avec circulation d'eau; — **cock**, robinet de purge de la chemise; — **water**, eau des chemises, eau de refroidissement.

Jacketed, Ayant une chemise; chemisé; **water** —, avec enveloppe à circulation d'eau (cylindre), à chemise d'eau.

Jacking, Mise sur cric, levage au cric; — **pad**, patin de levage; — **points**, points de levage.

Jag, Dent d'une scie; cran, coche, entaille; **dovetailed** —, entaille à queue d'aronde; **square** —, entaille carrée.

Jagging, Entaillage, entaillure.

Jam, voir **Jamming**.

to Jam, Accorer; gommer, coincer (soupapes); caler; gripper, s'enrayer, coincer, engager, bloquer, brouiller (T. S. F.).

Jam-nut, Contre-écrou.

Jamb, Jambage, chambranle.

Jammed, Mordu, engagé (cordage); bridé, bloqué (barre, N.); grippé; enrayé; coincée, gommée (soupape); brouillé; — **cock**, robinet coincé contre son boisseau; — **valve**, soupape collée sur son siège.

Jamming, Collage, coinçage, enrayage, gommage; brouillage (T. S. F.).

Jar, Unité de capacité égale à $1/900$ mfd; vibration, trépidation; bac d'accumulateur; **drill** —, trépan; **electric** —, bouteille de Leyde; **Leyden's** —, bouteille de Leyde.

to Jar, Vibrer, trembloter; brouter (outils).

Jarrah timber, Jarrah (bois).

Jarring, Vibration, trépidation; broutage (outil).

Jars, Coulisse de forage.

Jaunt, Jante d'une roue (voir **Rim**).

Jaw, Mâchoire, mors; gorge de poulie); **chuck** —, mors d'un plateau de tour; **cylinder** —, collet, collerette du cylindre; **face plate** —, mâchoire fixée sur un plateau de tour pour le transformer en mandrin; **gripping** —, mordache; **length of** —**s**, largeur de mors; **opening of** —**s**, ouverture de mors; — **crusher**, broyeur à mâchoires; —**s of a vice**, mâchoires d'un étau.

three Jawed, A trois mors.

Jerk, Poussée, saccade, élan; trait de scie; — **pump**, pompe à saccades.

Jerquer, Vérificateur des douanes.

Jerquing, Visite (douanes).

Jervine, Jervine.

Jet, Jais; injection, jet d'eau, de vapeur..., ajutage, gicleur (auto); tuyère; réacteur, moteur à réaction; abréviation pour **Jet plane**; **air** —, ajutage; **auxiliary** —, gicleur auxiliaire; **bore of** —, alésage du gicleur; **cold** — **system**, système sans réchauffage; **compensating** —, gicleur de compensation; **cutting** —, jet de coupe; **exhaust** —, tuyère d'échappement; **four** —, quadriréacteur; **main** —, gicleur principal; **multi-engine** —, multiréacteur; **multiple opening** —, gicleur à orifices multiples; **pilot or slow running or slow speed** —, gicleur de ralenti; **pure** —, réaction pure; **pulse** —, pulsoréacteur; **ram** —, statoréacteur; **ram** — **helicopter**, hélicoptère à statoréacteurs; **steam** —, jet de vapeur; **submerged** —, gicleur noyé; **turbo** —, **or turbo** — **engine**, turboréacteur; **axial flow turbo** —, turboréacteur à flux axial; — **blast**, souffle des moteurs à réaction; — **bomb**, bombe volante, bombe à réaction; — **bomber**, bombardier à réaction; — **car**, automobile à réaction; — **condenser**, ·condenseur à réaction; — **deflection**, déviation du jeu, inversion de la poussée; — **deflector**, inverseur de poussée, déviateur de jet; **retractable** — **deflector**, inverseur de poussée à grille rétractable; — **efflux**, échappement; — **engine**, moteur à réaction; — **fighter**, chasseur à réaction; — **fuel bracket**, carburateur; — **lift**, portance par réaction; — **pipe**, tuyère d'échappement; — **plane**, avion à réaction; **bi, tri, quadri** — **plane**, bi, tri, quadriréacteur; — **pump**, éjecteur; — **propelled or powered**, à propulsion par réaction; — **propulsion**, propulsion à réaction; — **resistant**, à l'épreuve des réacteurs; — **transport**, avion de transport à réaction; — **turbine**, turbine à réaction.

to Jet, Foncer (piles...) au moyen de jets d'eau.

to Jet out, Gauchir, se déjeter, se voiler.

Jetsam, Jet à la mer (d'une cargaison).

Jettison door, Porte largable.

Jettison gear, Dispositif de vidange rapide (aviat.).

Jettison valve, Vide-vite.

Jettisonable, Largable.

Jetty, Jetée; — **head**, môle, musoir.

Jew's harp, Cigale (d'ancre).

Jib, Bras, potence, flèche (d'une grue), volée; — **of a crane**, flèche, potence, volée d'une grue; — **crane**, grue à flèche; — **frame**, châssis triangulaire.

Jig, Gabarit de perçage, de machinage, calibre; montage bac à piston; **assembly** —, gabarit de montage, bâti de montage; **drilling** —, perceuse transportable à main; — **borer,** machine à pointer (type perceuse); — **boring machine,** machine à pointer; — **drill,** machine à pointer (type perceuse); — **grinder,** machine à pointer (type rectifieuse); — **mill,** machine à pointer (type fraiseuse); — **pin,** goupille, cheville d'arrêt; — **saw,** scie à découper.

Jigger, Palan à fouet; jigger (élec.); — **winding,** bobinage de jigger.

Jigging, Gabarit de montage; pose sur gabarit; **envelope** —, gabarit enveloppant.

Jit, Flèche.

Jitter, Souffle d'un magnétron.

Job, Tâche, travail, ouvrage; **precision** —**s,** travaux de précision; **tooling** —**s,** travaux d'outillage; — **shop,** atelier artisanal; **to work by the** —, travailler à la pièce.

Jog, Secousse, cahot, ébranlement.

to Jog, Remuer, secouer; — **a rivet head,** river, former la tête d'un rivet.

Jogging, Marche par mouvements saccadés.

Joggle, Entaille à crémaillère, pièce à queue d'aronde, adent; joint à goujon, à adent, à embrèvement (charp.); —**spring,** ressort oscillant.

to Joggle, Réunir en adents; secouer, pousser, vaciller, remuer.

Joggled, Entaillé, assemblé à crémaillère, à queue d'aronde.

Joggling, Assemblage par une rangée d'entailles.

to Join, Unir, assembler, joindre; empâter (torons); — **by coggings,** unir par des adents; — **up,** assembler, coupler, associer (élec.); — **up in parallel,** associer en parallèle; — **up in series,** associer en tension.

Joiner, Menuisier.

Joinery, Menuiserie.

Joining, Assemblage; empâtement (torons); **flush** —, assemblage à bois de fil; **metal** —, assemblage par soudage, rivetage ou brasage; — **by jags,** assemblage en adents; — **by rabbets,** assemblage à encastrement; — **up,** assemblage; association (élec.); — **up in parallel,** association en parallèle; — **up in quantity,** association en quantité; — **up in series,** association en série.

Joint, Joint, articulation; **abutting** —, joint plat; **american twist** —, torsade; **angle** —, joint à angles; **articulated** —, joint articulé; **ball** —, butée à bille, joint sphérique; **ball and socket** —, joint à genou, à rotule; **bayonet** —, joint à baïonnette; **bellows** —, joint à soufflet; **belt** —, attache de courroie; **bevel** —, assemblage en fausse coupe; **binding** —, solive; **bird's mouth** —, joint en biseau; **board** —, joint au carton; **bracket** —, écipse à cornières; **bridge** —, joint à pont; **bridle** —, joint à encastrement; **butt and butt** —, joint bout à bout; **butt** —, joint à francs bords; **Cardan** —, joint à la Cardan; **chain** —, manille, joint de chaîne; **cogging** —, joint à adents; **corner** —, contre-fiches; **covering** —, joint à recouvrement, à clin; **coverplate** —, joint, assemblage; **cramp** —, joint à agrafes; **cross** —, assemblage en enfourchement; **crown** —, articulation au sommet; **cup and ball** —, joint à boulet, joint sphérique; **diagonal** —, joint en équerre, en onglet; **double tongued** —, assemblage à tenon; **dovetail** —, joint à queue d'aronde; **drip** —, joint à gorge; **edge** —, joint angulaire; **edge** — **by grooves and dovetail,** assemblage à grain d'orge; **efficiency of a** —, rapport de la résistance à la rupture du joint à celle de la pièce si le joint n'existait pas; **elastic** —, jointure élastique; **elbow** —, jointure en T; genouillère de tuyau; **elbow — lever**, mouvement de sonnette; **expanding** —, joint glissant, à fourreau; **expansion** —, joint de dilatation; joint à fourreau; compensateur; **gland expansion** —, tuyau à presse-étoupe; **faucet** —, joint à douille; **feathered** —, joint à double tenon; **fish** —, éclisse; **flange** —, joint à bride; **flanged** —, joint à collerette; **flush** —, joint à francs bords; **following** —s, joints à emboîtement (pièces cylindriques); **fork** —, chape; **frame** —s, lisses de raccord; liures de couples (c. n.); **groove and tongue** —, assemblage à rainure et languette; **grooving and feathering** —, assemblage à tenon et à mortaise; **halved** —, assemblage à mi-bois; **Hooke or Hooke's** —, joint universel; **joggle** —, joint à adent, à embrèvement; **jump** —, joint à francs bords; **junction** —, about; **keyed** —, assemblage à clef; **knuckle** —, joint articulé; **lap** —, joint à recouvrement, à clin; **minium** —, joint au minium; **mitre** —, assemblage à onglet; **oil pressure** —, joint à pression d'huile; **paper** —, joint au papier; **pipe** —, bride de tuyau; **red lead** —, joint au minium; **revolving** —, joint tournant; **riveted** —, joint rivé; **scarfing** —, assemblage en sifflet; **sleeve** —, joint à manchon; **sliding** —, joint glissant; **slip** —, joint glissant; **socket** —, joint à douille, joint sphérique; **spigot and faucet** —, joint à emboîture avec clavette; **staggered** —s, joints croisés ou alternés; **steam tight** —, joint étanche à la vapeur; **stiff** —, joint rigide; **straight** —, joint à francs bords; **swivel** —, croc, manille à émerillon; **tallow** —, joint au suif; **tool** —, embout; **universal** —, joint universel; **water tight** —, joint étanche à

l'eau; **weld** —, couture à francs bords; **white lead** —, joint à la céruse; — **bolt**, broche, boulon à charnière; — **chair**, coussinet d'assemblage (ch. de fer); — **frame**, fiche; — **hinge**, charnière; — **lever**, levier coudé; — **pin**, broche de charnière, goupille; — **pipe**, tuyau de jonction; — **screw**, raccord à vis; — **tongue**, languette à rainure; — **with ball**, joint à genou, à rotule; — **with socket and nozzle**, joint à manchon, à douille.

to Joint, Joindre, unir, assembler.

Jointed, Joint, assemblé, articulé; **jump** —, jointif (tôle, etc.); — **coupling**, accouplement articulé.

Jointer, Varlope; **coopers's** —, rabot d'établi.

Jointing, Assemblage; jointement, garniture; — **cramp**, serre-joint; — **cutter**, fraise pour faire les joints; — **material**, matériau de jointoiement.

Joist, Solive, poutrelle, madrier; **bridging** —, soliveau; **trussed** —, solive armée.

Jolt, Cahot, secousse.

Joule, Joule (elec) unité de travail; — **effect**, effet Joule

Journal, Portée, partie de l'arbre qui tourne dans le palier, tourillon, soie, fusée (d'essieu), coussinet, portage; **ball** —, tourillon sphérique; **collar** —, tourillon à cannelures; **neck collar** —, tourillon intermédiaire; **end** —, tourillon frontal; — **bearing**, palier, support de l'essieu; palier lisse; **neck** — **bearing**, palier à collets; **solid** — **bearing**, palier fermé; — **box**, boîte d'essieu; — **of an axle or axle** —, fusée, tourillon d'un essieu; — **rest**, coussinet de palier.

Joy stick, Levier de commande de profondeur; manche à balai.

Jumbo, Jumbo.

Jump, Anomalie.

Jumper, Barre à mine; fil de fermeture d'un circuit (élec.); — **bar**, barre à mine, fleuret, refouloir; — **wire**, fil jarretière.

Jumping (of a tool), Broutement.

Junction, Jonction, jointure, branchement, bifurcation; — **bar**, barre d'attelage (élec.); — **boxes**, boîtes de jonction; — **curve**, courbe de raccordement; — **line**, ligne de raccordement; — **plate**, bande de recouvrement.

Junctor, Jonction.

Juncture, Jonction, liaison; **head to shell** —, jonction fond-paroi.

Juniper, Genévrier (bois).

Junk, Fourrure (vieux filin), bout de câble; — **head**, culasse de moteur sans soupape; — **ring**, garniture, couronne de piston.

Jury, De fortune (mât, gouvernail, etc.); — **strut**, chandelle.

Jut, Saillie, surplomb.

Jute, Jute (plante, fil); **saturated** —, jute saturé (câbles électr.); — **bag**, sac en jute; — **fiber**, fibre de jute; — **yarn**, fil de jute.

K

K, Cathode.

Kallirotron, Kallirotron (T.S.F.).

Kaolin, Kaolin.

Kapok, Kapok.

Karri, Karri (bois).

Kathode (rare, voir **Cathode**), cathode; — **rays,** rayons cathodiques.

Kauri or **cowdie,** Cèdre de la Virginie.

K. C. (Krupp cemented), acier Krupp cémenté.

K. c. s., Kilocycles per second.

to Keckle, Fourrer (un câble).

Keckling, Fourrure (garniture de câble).

Kedge, Ancre à jet, petite ancre (N.).

Kedging, Halage, touage.

Keel, Quille (d'un navire), carène; chaland charbonnier (Angl.); **angle** —, quille d'angle; **bilge** —, quille de roulis; **docking** —, quille d'échouage; **on an even** —, sans différence de tirant d'eau; **false** —, fausse quille; **lower** —, quille inférieure; **main** —, quille principale; **outer** —, fausse quille; **upper** —, quille supérieure; **vertical** —, carlingue centrale (c. n.); — **blocks,** tins (bassin); **to** — **over,** faire le tour (chavirer).

Keelson, Carlingue (c. n.), contre-quille (aviat.); **bilge** —, carlingue de bouchain; **main** —, carlingue principale; **middle line** —, carlingue centrale; **rider** —, carlingue superposée; **sister** — or **side** —, carlingue latérale.

Keen, Tranchant, aigu; **keen edged,** à pointe aiguë.

Keep, Dessus, chapeau de palier; garde, protection; **keeps,** taquets (mines).

Keeper, Gardien; armature (d'un aimant); **store** —, magasinier.

Kelvin scale, Échelle Kelvin; échelle de températures en degrés centigrades absolus; ajouter 273° C à la température en degrés centigrades ordinaires.

Kenetron or **kenotron,** Kenotron.

Kentledge, Lest permanent.

Keratine, Kératine.

Kerb, Accotement.

Kerf, Entaille, encoche, trait de scie.

Kernel, Noyau.

Kerogen, Kérogène.

Kerosene or **Kerosine,** Kérosine ou kérosène, pétrole lampant; **aviation** —, kérosène d'aviation; **vaporising** —, pétrole plus volatil.

Ketene, Cétène.

Ketals, Cétals.

Ketoacids, Acides cétoniques.

Ketones, Cétones; **aliphatic** —, cétones aliphatiques.

Ketonic, Cétonique; — **decarboxylation,** décarboxylation cétonique.

Ketosteroid, Cétostéroïde.

Kettle, Chaudron, marmite, bouilloire; **drying** —, panier à sécher (fond.); **gas** —, bouilloire à gaz; **steam** —, bouilloire à vapeur; — **maker,** chaudronnier.

Kevel, Gros taquet, oreilles d'âne.

Key, Clef, clavette, cale, coin; manipulateur (élec.); **adjusting** —, cale; **box** —, clef à douille (pour écrous et boulons); **catch**

—, clavette à mentonnet; **check** —, clef à loquet; **draw** —, clavette mobile ou coulissante; **eye bolt and** —, boulon à clavette; **feather** —, clavette non conique fixée à l'une des pièces et pouvant coulisser dans la rainure; **fox** —, contre-clavette; **headed** —, clavette à mentonnet; **ignition** —, clef de contact (auto); **latch** —, loquet, verrou; **listening** —, clef d'écoute; **master** —, passe-partout; **nose** —, contre-clavette; **paracentric** —; clef paracentrique; **shackle** —, clavette, boulon d'une manille, **spring** —, clavette à ressort, clavette fendue; **switch** —, clef de contact; **tightening** —, clavette de serrage; **wedge** —, clavette de serrage; — **board**, clavier; — **bolt**, boulon à clavette; — **hole**, logement d'une clef, d'une clavette, mortaise; — **hook**, mentonnet; — **seat**, siège d'une clavette, mortaise; — **seating machine**, fraiseuse à rainurer; — **stone**, clef de voûte, voussoir; — **way**, siège d'une clavette, mortaise; — **way cutter**, outil à tailler les rainures des clavettes; — **way milling machine**, machine à fraiser les rainures.

to **Key**, Claveter (une pièce sur une autre, une roue sur un arbre); fermer, arrêter, caler.

Keyed, Claveté, calé; à clavette; — **connection**, assemblage à clavette.

Keying, Clavetage.

Keyseater, Machine à rainer.

Keyway, voir **Key**.

Kg, Kilogram.

Kibble, Seau, benne... (charbon).

Kick, Recul.

to **Kick**, Reculer (arme à feu).

Kieselguhr, Silice (employée dans la confection de la dynamite).

Kilderkin, Quartant (mesure de capacité) (voir Tableaux).

to **Kill**, Arrêter une éruption (pétr.); calmer (acier).

Killed steel, Acier reposé, calmé qui a cessé de bouillonner, désoxydé; **semi** —, acier demi-calmé.

Killing, Tranquillisation du bain liquide (mét. de l'acier); calmage (de l'acier); désoxydation.

Kiln, Fourneau, four; **annular** —, four circulaire; **brick** —, four à briques; **cement** —, four à ciment; **charcoal** —, meule à charbon de bois; **coke** —, four à coke; **cracking** —, four de craquage; **draw** —, four coulant; **dry** —, four à sécher (le bois); **humidity regulated dry** —, four à sécher le bois à réglage d'humidité; **lime** —, four à chaux; **revolving** —, four rotatif; **roasting** —, four de grillage; **rotary** —, four rotatif; **tunnel** —, four tunnel; **water spray dry** —, four à sécher (le bois) à projection d'eau; — **dried wood**, bois séché au four; — **dryer**, four sécheur; — **drying**, séchage au four (du bois); — **for roasting**, four de grillage.

Kilocycle, Kilocycle.

Kilovolt, Kilovolt.

to **Kindle**, Allumer, enflammer.

Kinematic, Cinématique.

Kinematograph or Cinematograph, Cinématographe.

Kinescope, Kinescope, tube récepteur de télévision.

Kinetic, Cinétique; — **energy**, énergie cinétique.

Kink, Coque (cordage).

to **Kink**, Faire des coques.

Kip, Kilo-pounds (1000 pounds).

Kit, Équipement, ensemble; petit outillage; trousse, appareil vendu en pièces détachées; **test** —, appareil d'essai; **tool** —, trousse à outils; —**s of parts**, jeux de pièces.

to Kit off, Rebondir à l'atterrissage.

Kite, Cerf-volant; **box —**, cerf-volant cellulaire.

Klingelfuss coil, Bobine Klingelfuss (T. S. F.).

Klydonograph, Klydonographe.

Klystron, Klystron.

Knag, Nœud dans le bois, cheville.

Knar, Nœud dans le bois.

K. N. C. (Krupp non cemented), Acier Krupp non cémenté.

Kneading mill, Malaxeur.

Kneck, Tour (d'un câble que l'on file).

Knee, Genou; coude; courbe (c. n.); console d'une fraiseuse; **dagger —**, courbe oblique; **hanging —**, courbe verticale; **head —**, guibre; **lodging —**, courbe horizontale; **square —**, courbe rectangulaire; **— cap or — piece**, genouillère; **— of the deck**, courbe du pont (c. n.).

Knife, Couteau; lime à couteau; **clasp —**, couteau à bascule, à béquille; **draw — or drawing —**, plane; **edging —**, rainette; **erasing —**, grattoir (dessin); **pruning —**, serpette; **— edge**, couteau d'une balance; **— edge suspension**, suspension par couteaux.

Knight head, Apôtre (c. n.).

Knit, Noué, lié, tressé.

to Knit, Tricoter.

Knitting, Tricotage; **— machine**, machine à tricoter; **— needle**, aiguille à tricoter.

Knob, Dent, levée, came, bague, bouton; crochet; bosse, protubérance; **control —**, bouton de commande; **course setting —**, bouton de réglage de cap (avion); **— shaft**, axe du bouton.

Knock, Coup soudain; choc (machine); **anti —**, anti-détonant; **— out**, extracteur, expulseur; largable (aviat.): **— rating**, indice de détonation.

to Knock, Frapper, heurter, cogner (moteur); **to — out a rivet**, chasser un rivet, le repousser.

counter Knocker, Contre-heurtoir.

Knocking, Choc (mach.); cognage, détonation.

Knot, Nœud (amarrage); nœud (vitesse d'un navire); **flat —**, nœud plat; **man rope —**, cul-de-porc; **reef —**, nœud plat; **tack —**, cul-de-porc; **weaver's —**, nœud de tisserand; I knot = 1852,3 m/h.

to Knot, Nouer, lier, amarrer.

Knotter, Bateau qui donne tant de nœuds; **a 25 —**, navire de 25 nœuds.

Knuckle, Jointure, articulation; vive arête (construction); oreille d'une manille; **— joint**, joint articulé; **— pin**, cheville d'attelage; axe à rotule.

Knurl, Nœud du bois.

to Knurl, Moleter.

Knurled, Moleté.

Krypton, Krypton; **— lamp**, lampe au krypton.

Kv, Kilovolt.

Kvar, Reactive kilovoltampere.

Kymograph, Kymographe.

L

l, Lumen, Liter (litre), Length (longueur).

L, Lambert.

L. V., Low velocity (à faible vitesse).

Lab, Laboratory.

Laboratory, Laboratoire; **research** —, laboratoire de recherches; **testing** —, laboratoire d'essais.

Labour (**Labor** en Amérique), Main-d'œuvre, travail.

Labours, Travaux.

Labourer, Travailleur (terme général), manœuvre.

Laburnum, Cytise, faux ébénier.

Labyrinth, Labyrinthe (joints...); — **packing**, joint à labyrinthe; — **seals**, joints labyrinthe.

Lac, Laque; **gum** —, gomme laque.

to Lace, Transfiler, coudre une courroie.

Laced belt, Courroie cousue.

Lacing, Laçage.

Lacquer, Laque; vernis, vernissage (d'un cylindre...).

to Laquer, Laquer.

Lacquering, Laquage.

Lactate, Lactate; — n alkyl, lactate n.

Lactic acid, Acide lactique.

Lactic ester, Ester lactique.

Ladder, Échelle; — **beam**, montant d'échelle; — **step**, échelon; **stern** —, échelle de poupe (N.); **telescopic** —, échelle télescopique.

to Lade, Charger un navire (le participe passé **laden** seul est employé; aux autres temps on emploie **to load**).

to Lade, Faire de l'eau (N.).

Laden with, Chargé de.

Lading, Charge, chargement (N.); — **hole**, sabord de charge; **bill of** —, connaissement.

Ladle or **casting ladle**, Cuiller à couler, poche de fonderie; **hot metal** —, poche à fonte; — **carrier**, fourche à poche de coulée.

Lag, Retard; décalage en arrière (élec.); latte d'enveloppe (cylindre); garnissage, coffrage, boisage; **magnetic** —, hystérésis; **phase** —, retard de phase; — **screw**, grosse vis à bois à tête carrée.

Lagged, Calorifugé; — **beaker**, cuve calorifugée.

Lagging, Latte d'enveloppe, calorifugeage, revêtement (cylindre), garnissage, coffrage, boisage; décalé en arrière (élec.); — **load**, charge inductive.

Lamellar, Feuilleté.

Laminae, Tôles.

Laminar, Laminaire; — **flow section**, profil laminaire (aviat.); — **profile**, profil laminaire.

Laminary, Laminaire; — **flow**, écoulement laminaire; — **regime**, régime laminaire.

to Laminate, Laminer.

Laminates, Produits laminés; **silicone** —, silicones laminés.

Laminated, Laminé; feuilleté; en lames, stratifié; contreplaqué; — **iron**, fer laminé; — **plastics**, matières plastiques laminées.

Laminating rollers, Laminoir, cylindres du laminoir.

Lamination, Laminage; lamelles.

Lamp, Lampe; lanterne (auto); **acetylene** —, lanterne à acétylène; **a 16 candle** —, une lampe de 16 bougies; **arc** —, lampe à arc; **enclosed arc** —, lampe à arc en vase clos; **flame arc** —, lampe à arc à flamme; **shunt wound arc** —, lampe à arc en dérivation; **back** —, lanterne arrière; **Carcel's** —, lampe Carcel; **ceiling** —, plafonnier; **discharge** —, lampe à décharge; **electric** —, lampe électrique; **flash** — or **flashing** —, lampe à éclairs; **fluorescent** —, lampe fluorescente; **front** —, lanterne avant; **glow** —, lampe à incandescence; **head** —, phare; **incandescent** —, lampe à incandescence; **indicator** —, lampe témoin; **indirect** — or **indirect light** —, lampe à éclairage indirect; **krypton** —, lampe au krypton; **luminescent** —, lampe luminescente; **mercury vapour** —, lampe à vapeur de mercure; **cadmium mercury** —, lampe à vapeur de mercure au cadmium; **high pressure mercury** —, lampe à vapeur de mercure à haute pression; **short arc mercury** —, lampe à vapeur de mercure à arc court; **metal filament** —, lampe à filament métallique; **miniature** —, lampe miniature; **petroleum** —, lampe à pétrole; **photochemical** —, lampe photochimique; **pilot** —, lampe témoin; lampe de cadran; **portable** —, baladeuse; **safety** —, lampe de sûreté; **sodium vapour** —, lampe à vapeur de sodium; **soldering** —, lampe à souder; **warning** —, lampe témoin; — **black,** noir de fumée; — **carbon,** charbon de lampe à arc; — **holder,** douille (de lampe électrique); — **house,** boîtier de lampe; — **locker,** lampisterie; — **oil,** pétrole lampant, kérosène; **three** — **system,** montage des lampes en série par trois; — **trimmer,** lampiste.

Lance, Lance; flake —, lance à neige (tromblon); **foam** —, lance à mousse.

Lanch (voir **Launch**).

Land, Terre; cloison (de canon); filet de rainure (en saillie); recouvrement (des tôles d'un navire) (voir **Lap**); **ring** —, rainure de segment; — **chain,** chaîne d'arpenteur; — **drainage,** drainage du sol; — **plane,** avion terrestre; — **reclaiming,** amélioration du sol; — **surveying,** arpentage.

to Land, Atterrir.

Landing, Débarquement; plateforme; atterrissage; **belly** —, atterrissage sur le ventre; **blind** —, atterrissage sans visibilité; **dead stick** —, atterrissage hélice calée; **deck** —, apontage; **forced** —, atterrissage forcé; — **approach,** prise de sol (avion); — **area,** aire d'atterrissage; — **brace,** jambe de force; — **chart,** carte d'atterrissage; — **chassis,** châssis d'atterrissage; train d'atterrissage; — **flaps,** volets d'atterrissage; — **flare,** fusée d'atterrissage; — **gear,** train d'atterrissage; — **gear down,** train sorti; — **gear up,** train rentré; **floatation** — **gear,** train à flotteurs; **track tread** — **gear,** train à chenilles; **cross wind** — **gear,** train d'atterrissage pour vent de travers; — **place,** débarcadère, embarcadère; — **radar,** radar d'atterrissage — **run,** distance d'atterrissage; — **skis,** skis d'atterrissage; — **speed,** vitesse d'atterrissage; — **stage,** ras, quai de débarquement, appontement; — **strut,** jambe de force; — **T, T** d'atterrissage; — **wheel,** roue de train d'atterrissage; — **wire,** câble d'atterrissage.

Lane, Route, voie; **route** —, couloir aérien.

Lantern, Lanterne, fanal; — **wheel,** roue à lanterne.

Lap, Recouvrement (des tôles d'un N.); garniture de meule à émeri; **exhaust** —, recouvrement d'échappement; **inside** —, avance; **outside** —, retard; — **and lead of the valve**, retard et avance du tiroir; — **finish**, polissage; — **joint**, joint à recouvrement, à clin; — **jointed**, à recouvrement, à clin; — **stick**, rodoir; — **welded**, soudé à recouvrement.

to Lap, Poser, ajuster à recouvrement, croiser; roder.

to Lap-weld, Souder à recouvrement.

Lapped, A recouvrement; rodé; — **seam**, couture à clin (c. n.).

Lapper, Rodoir; machine à roder.

Lapping, Recouvrement, rebord, croisure; rodage; polissage; — **machine**, machine à roder; **cylinder** — **machine**, machine à roder les cylindres; — **over**, imbriqué.

Lapsided (voir **Lopsided**).

Larboard, Bâbord (N.).

Larch, Mélèze.

Lark's head knot, Nœud en tête d'alouette.

back Lash (voir **Back**).

to Lash, Amarrer, nouer, aiguilleter (mar.).

Lashing, Amarrage; aiguilletage (mar.); — **wire**, fil de liaison des aubes d'une turbine.

Lastage, Chargement (d'un N.); lestage; — **dues** or **rates**, droits de chargement et de déchargement.

Latch, Loquet; accrochage; **automatic** —, accrochage automatique; **disengaging** —, verrou de débrayage (mach.-outil); **falling** —, loqueteau; — **key**, passepartout.

Latching, Accrochage, verrouillage.

Latent, Latent; — **heat**, chaleur latente; — **roots**, racines latentes (math.).

Lateral, Latéral.

Latex, Latex.

Lath, Latte.

to Lath, Latter.

Lathe, Tour (mach.-outil); **apron** —, tour à tablier; **automatic** —, tour automatique; **axle** —, tour à usiner les essieux; **axle turning** —, tour pour les fusées d'essieux; **back centre of a** —, contre-pointe d'un tour; **bar** —, tour en l'air, tour à barre, à verge; **bar of gantry** —, tour à banc prismatique; **bench** —, tour d'établi; **boring** —, tour à aléser; **brass finisher's** —, tour à décolleter; **break** —, tour à banc rompu; **camshaft** —, tour pour arbre à cames; **capstan** —, tour revolver; **5 in-center** or 5″ —, tour de 5 pouces de hauteur de pointe; **centering** —, tour à pointes; **centre** —, tour à pointes, tour ordinaire, tour parallèle; **double centre** —, tour à deux pointes; **chasing** —, tour à repousser; **chuck** or **chuck plate** —, tour en l'air; **chucking** —, tour à mandrin; **copying** —, tour à copier, tour à reproduire (voir Copying.); **core** —, tour à noyaux; **crankshaft** —, tour à tourner les vilebrequins; **cutting off** —, tour à découper; **drilling** —, machine à percer, à aléser horizontale; **duplex** —, tour à double outil; **engine** —, tour parallèle, tour à charioter et à fileter; **face** —, tour en l'air; **facing** —, tour en l'air, tour à plateau; **finishing** —, tour de reprise; **flywheel** —, tour à plateau; **forming** —, tour à profiler, tour à copier; **founder's** —, tour à calibre, à noyau (fond.); **frame of** —, bâti de tour; **gap** —, tour à banc rompu; **glassmaker's** —, tour de verrier; **grinding** —, tour à guillocher, à roder; **hand** —, tour à main; **hand tool** —, tour à archet; **head of** —, poupée de tour; **high power** —, tour de grande puissance; **high speed** —, tour à grande vitesse; **manufacturing** —, tour de fabrication; **monitor** —, tour revolver; **motor driven headstock** —, tour à poupée moteur; **multicut** —, tour à outils multiples; **multitool** —, tour à outils multiples; **operation** —, tour d'opération; **parallel** —, tour parallèle; **precision** —, tour de précision; **production** —, tour de production; **relieving** —, tour à détalonner, tour à dépouiller; **roughing** —, tour à écroûter les ronds; **screw cutting** —, tour à fileter, tour à décolleter; **non screw cutting** —, tour à charioter; **second operation** —, tour de reprise; **semi-automatic** —, tour semi-automatique; **shafting** —, tour pour arbres de transmission; **short bed** —, tour à banc court; **side of a** —, jumelle d'un banc de tour; **single pulley** —, tour monopoulie; **slicing** —, tour à tronçonner; **slide or sliding** —, tour à charioter, tour parallèle; **regulator screw of the slide of a** —, vis régulatrice d'un chariot de tour; **sliding and screw cutting** —, tour à charioter et à fileter; **sliding and surfacing** —, tour à charioter et à surfacer; **spinning** —, tour à emboutir, tour à repousser; **stud** —, tour à boulons; **surface** —, tour à plateau; tour en l'air; **surfacing** —, tour à surfacer; **tailstock of a** —, contrepoupée; **threading or thread cutting** —, tour à fileter; **throw** —, tour à l'archet; **tool maker** —, tour d'outilleur; **tool room** —, tour d'outillage; **trunnioning** —, tour à tourner les tourillons; **turning** —, tour; tour à charioter; **contour turning** —, tour à copier; **profile turning** —, tour à copier; **roll turning** —, tour à tourner les cylindres de laminoir; **turret** —, tour revolver, tour à tourelle; **combination turret** —, tour à tourelle, à combinaison; **turret** — **with capstan**, tour à tourelle, revolver à cabestan; **tyre** —, tour pour bandages de roues; **universal** —, tour universel; — **bed**, banc de tour; — **centre**, pointe de tour; — **chuck**, mors du plateau universel d'un tour; mandrin de tour; — **for machining mill rolls**, tour à cylindre de laminoir; — **frame**, bâti de tour; — **spindle**, broche de tour; — **tools**, outils de tour; **to put the work in the** —, monter la pièce sur le tour.

Lathing, Lattis.

Latitude, Latitude (d'un lieu); tolérance.

Latten, Laiton, fer-blanc.

Lattice, Treillis, lattis, treillage; réseau cristallin; **cross half** — **iron**, fer à T double à quatre bourrelets croisés; **crystal** —, réseau cristallin; **reciprocal** —, réseau réciproque; **spin** —, réseau spin; — **constant**, paramètre de réseau; — **girder**, poutre en treillis; — **points**, points du réseau; — **spacing**, distance, intervalle réticulaire; — **work**, treillis, treillage; — **wound coil**, bobine en nid d'abeilles.

Launch, Lancement, mise à l'eau (d'un N.); chaloupe.

to Launch, Lancer (un N.).

Launcher, Appareil de lancement; **rocket** —, lance fusées.

Launching, Lancement; **ship completing after** —, navire en achèvement à flot; — **platform**, plate-forme de lancement; — **post**, poste de lancement; — **stand**, rampe de lancement.

Laundry, Buanderie.

Laurates, Laurates.

Lava, Lave; **acid** —, lave acide; **alkaline** —, lave alcaline.

Law, Loi; **Faraday's** —s, lois de Faraday.

Lay, Couche, rangée; part (de profit); **by the** —, à la part; — **days,** jours de planche (pour chargement et déchargement d'un N.); — **out,** installation, disposition, aménagement, montage, tracé, plan d'exécution; — **shaft,** arbre intermédiaire.

to Lay, Placer; commettre (un cordage); **to** — **down,** mettre en chantier (un N.); **to** — **up,** désarmer (navire de commerce).

Layer, Couche; assise; veine (mines); **backing** —, couche dorsale; **barrier or blocking** —, couche d'arrêt (cellules photoélectriques); **boundary** —, couche limite, surface de discontinuité; **double** —, à deux couches; **F** —, couche ionisée de la ionosphère; **heaviside** —, voir **heaviside** : **insulating** —, couche isolante; **peroxide** —, couche de peroxyde (accus); **active peroxide** —, couche active de peroxyde; **single** —, à une seule couche.

n Layered, A n couches.

Laying, Posage; pose; commettage (cordage); — **down,** mise en chantier (N.); tracé (dessin); — **up,** désarmement (d'un bateau); — **top,** cochoir (corderie).

Layout (voir **Lay**).

Lbs, Abréviation pour livres (poids) ou pour livres sterling (voir Tableaux).

to Leach, Lixiver.

Leaching, Lixivation, lessivage; **ammonia** —, lessivage à l'ammoniaque.

Lead, Plomb (métal); sonde, avance du tiroir (mach.); décalage en avant (élec.); avance (magnéto); retour (d'un cordage); fil, conducteur (élec.); **adjustable** —, avance réglable (magnéto); **angle of** —, angle de direction; **antimonial** —, plomb antimonié; **automatic** —, avance automatique; **black** —, plombagine, graphite; **black** — **ore,** plomb spathique; **dog** —, guide; **exhaust** —, avance à l'échappement; **fixed** —, avance fixe (magnéto); **grid** —, fil de grille; **hard** —, plomb dur, plomb antimonié; **ignition** —, fil de bougie; **inside** —, avance à l'évacuation (tiroir en coquille); avance à l'introduction (tiroir en D); **metallic** —, plomb métallique; **mock** —, blende; **oxide of** —, oxyde de plomb; **phase** —, avance de phase; **pig** —, plomb en saumons; **plate** —, fil de plaque; **spark plug** —**s,** fils de bougie; **red** —, minium; **reguline** —, plomb antimonié; **rolled** —, plomb laminé; **sheet** —, plomb en feuilles, feuille de plomb; **soft** —, plomb doux; **spongy** —, plomb spongieux; **tetraethyl or tetraethylene** —, plomb tétraéthyle; **thermocouple** —**s,** fils de thermocouple; **tinned** —, plomb étamé; **white** —, céruse, blanc de plomb; **white** — **paint,** peinture à la céruse; **yellow** —, massicot; — **accumulator,** accumulateur au plomb; — **angle,** angle d'avance; — **battery,** batterie au plomb; — **bearing,** plombifère; — **bromide,** bromure de plomb; — **chamber,** chambre de plomb; — **chromate,** jaune de chrome; — **coated,** plombé, garni de plomb; — **connector,** profil ou point de connexion en plomb (accus); — **core,** âme de plomb; — **covered,** sous gaine de plomb; **disc,** disque de plomb; — **dresser,** batte de plombier; — **dust,** plomb pulvérulent; — **foil,** mince feuille de plomb; — **fouling,** encrassement par le plomb; — **glance,** galène, sulfure de plomb; — **glass,** verre de plomb; — **glaze,** vernis de plomb; — **grid,** grillage, carcasse en plomb; — **indium,** indium au plomb; — **ions,** ions de plomb (élec.); —

monoxide, oxyde de plomb, litharge; — ore, minerai de plomb, colombin; — oxide, oxyde de plomb; — oxybromide, oxybromure de plomb; — oxysulphate, oxysulfate de plomb; — peroxide, peroxyde de plomb; — pig, saumon de plomb; — plate, plaque de plomb; — plug, bouchon en plomb; — salt, sel de plomb; — screw, vis-mère; — shot, grenailles de plomb; — solder, soudure de plombier; — sulphide or galena, galène, protosulfure de plomb; — vice grips, mordaches en plomb pour étau; — wall, paroi en plomb; — washer, rondelle en plomb; — wire, plomb filé; down — wire, fil de descente (T. S. F.); — work, plomberie; — works, fonderie de plomb.

Lead in wire (voir **Leading in wire**).

to Lead, Plomber; garnir de plomb; conduire; diriger; entraîner; interligner (lignes de composition).

Leaded, Plombé; non —, un —, sans plomb; — cable, câble sous plomb; — fuel, combustible au plomb.

Leaden, De plomb.

Leader, Conduit, chaumard pour cordages (N.); première passe de formation.

Leading, Conduite, direction; interlignage, plombage; — axle, essieu avant; — block, réa de conduite; — edge, bord d'attaque (d'une aile); — in wire, fil d'entrée (dans le poste), fil de descente (T. S. F.); — power, force motrice; — in insulator, isolateur d'entrée (T. S. F.).

Leads, Plombs de garantie.

Leaf, Grande branche d'un ressort; feuille; door —, vantail; falling —, feuille morte (aviat.); valve —, lentille, obturateur de vanne;

— brass, clinquant en feuilles; — brush, balai feuilleté; — of gold, feuille · d'or; — spring, ressort à lames.

League, Lieue.

Leak, Voie d'eau, fuite, diaphragme, infiltration; thermal —, diaphragme thermique; — detector, détecteur de fuite; to fother a —, aveugler une voie d'eau; to spring a —, faire une voie d'eau; to stop a —, aveugler une voie d'eau.

to Leak, Avoir une fuite, fuir; faire de l'eau (N.).

Leakage, Fuite, voie d'eau; dispersion (voir **Stray**); armature —, dispersion d'induit (élec.); earth —, perte à la terre (élec.); magnetic —, dispersion magnétique; pole —, dispersion polaire (élec.); slot —, dispersion d'encoches (élec.); steam —, fuite de vapeur; — currents, courants de perte, courants de décharge spontanée (élec.); — detector, cherche pertes de courant (élec.); — field, champ de dispersion; — flux, flux de dispersion (élec.); — of air, fuite d'air; — voltage, tension de dispersion.

Leakance, Inverse de la résistance d'isolement.

Leaky, Qui fuit, qui n'est pas étanche; qui fait eau (N.).

Lean, Maigre; — mixture, mélange pauvre (auto).

Lean ore, Minerai maigre.

to Lean, Pencher, incliner, surplomber.

Leaning, Devers; penchant; penché.

Lease, Concession, bail, terme.

Leather, Cuir; moroco —, maroquin; pump —, cuir de pompe; — belt, courroie en cuir; — cloth, simili-cuir; — cup, cuir embouti; — faced clutch, embrayage à cône en cuir; — strap, courroie en cuir.

Leathern, En cuir, de cuir.

Ledge, Bord, rebord; liteau; nervure, filet; hiloire transversale, surbau (c. n.).

Lees, Lie.

Leg, Jambe, béquille; branche (de compas); **articulated** —, jambe articulée (aviat.); **telescopic** —, jambe télescopique.

Lemniscate, Lemniscate.

Length, Longueur; **focal** —, distance focale, focale; **overall** —, longueur totale (aéroplane); **ripping** —, longueur de déchirure; — **between perpendiculars,** longueur entre perpendiculaires (N.); — **of the stroke,** longueur de la course (du piston...).

to Lengthen, Allonger, étirer; — **iron,** étirer le fer.

Lengthening, Allongement; — **coil,** self d'antenne (T. S. F.); — **piece,** rallonge.

Lengthways, Dans le sens de la longueur.

Lengthwise, Longitudinal; — **carriage,** chariot longitudinal (mach.-outil).

Lens (pluriel **lenses**), Lentille; dépôt, gisement; objectif; **achromatic** —, lentille achromatique; **annular** —, lentille annulaire; **biconvex** —, lentille biconvexe; **camera** —, objectif photographique; **cap of the** —, couvercle d'objectif; **condensing** —, lentille convergente; **converging** —, lentille convergente; **converging convex-concave** —, ménisque convergent; **dioptric** —, lentille dioptrique; **dispersing** —, lentille divergente; **diverging** —, lentille divergente; **diverging concavoconvex** —, ménisque divergent; **double** —, double objectif (photo); **double concave** —, lentille biconcave; **double convex** —, lentille biconvexe; **electronic** —, lentille électronique; **electrostatic** —, lentille électrostatique; **eye** —, lentille oculaire; **field** —, verre, lentille de champ; focus of a —, foyer d'une lentille; **Fresnel** —, lentille à échelons; **magnetic** —, lentille magnétique; **negative** —, lentille biconcave; **plano concave** —, lentille plan concave; **plano convex** —, lentille plan convexe; **portrait** —, objectif double à portraits; **projection** —, objectif de projection; **rectifying** —, objectif de redressement; **single** —, objectif simple; **step** —, lentille à échelons; **telescopic** —, lentille télescopique; **wide angle object** —, rectilinéaire grand angle; — **aperture,** ouverture d'objectif; — **finder,** chercheur focimétrique, iconomètre; — **holder** or **mount,** porte-objectif; — **hood,** or **shade,** or **pannel,** parasoleil; — **shaped,** lenticulaire, lentiforme; — **shutter,** obturateur d'objectif; — **tube,** monture d'objectif.

Lenticular, Lenticulaire.

Lentiform, Lenticulaire.

Lessee, Concessionnaire, preneur à bail; **patent** —, licencié.

to Let, Fréter (un N.); **to let off steam,** laisser échapper la vapeur.

Let down, Revenu (métal.); atterrissage (aviat.); **instrument** —, atterrissage aux instruments.

Let go, Lâchez-tout.

Letter, Lettre; **registered** —, lettre chargée, recommandée; — **of advice,** lettre d'avis; **rotary** — **press,** rotative typographique.

Letting, Tolérance.

Levee, Levée, endiguement, digue.

Level, Niveau; levé; niveau (instrument); **air** —, niveau à bulle d'air; **bank** —, recette (mines); **constant** —, à niveau constant; **deep** —, galerie d'écoulement, voie de fond (mines); **dumpy** —, niveau télescopique, à lunette; **gyroscopic** —, niveau gyroscopique; **intensity** —, niveau d'intensité; **loudness** —, niveau d'intensité sonore; **mercurial** —, niveau à mercure; **mid** —, mi-niveau; **oil** —, niveau d'huile; **reference** —, niveau de référence; **sea** —, niveau de la mer; **sound** —, niveau d'intensité sonore; **sound — meter**, appareil de mesure du bruit; **spherical** —, niveau sphérique; **spirit** —, niveau à bulle d'air; **water** —, clinomètre, niveau d'eau; niveau de l'eau; — **crossing**, passage à niveau; **unattended — crossing**, passage à niveau non gardé; — **cutting**, tranchée de niveau; — **flight**, vol en palier; — **gauge**, indicateur de niveau; — **hammer**, martinet; — **indicator**, indicateur de niveau; — **meter**, niveau-mètre; — **of the sea**, niveau de la mer, niveau de l'eau.

to Level, Niveler, planer.

Levelled, Nivelé, plané.

Leveler, Planeuse, surfaceuse.

Leveller, Répaleuse (fours à coke).

Levelling or **leveling**, Arasement; nivellement; **self** —, à niveau automatique; — **pole**, jalon d'arpentage; — **screw**, vis calante; — **staff**, mire pour nivellement.

Lever, Levier; **adjustment** —, levier de réglage; **aileron** —, guignol d'aileron (aviat.); **air** —, manette d'air; **angle** —, levier coudé; **balance** —, levier à contrepoids; **bent** —, levier coudé, brisé; **change over** —, levier de commutateur; **change speed** —, levier de changement de vitesse; **clutch** —, levier d'embrayage; **compensating** —, levier compensateur; **control** —, levier de commande; **coupling** —, levier d'embrayage; **easing** —, levier de soulèvement (soupape de sûreté); **elbow** —, levier coudé; **elevator** —, guignol de gouvernail en profondeur (aviat.); **engaging** —, levier d'embrayage; **feed** —, levier d'avance (mach.-outil); **gab** —, levier d'enclenche, levier d'encoche; **gas** —, manette des gaz (auto); **gear shift** — or **gear** —, levier de changement de vitesses (auto); **great** —, balancier; **hand** —, levier de manœuvre, manette; **hand brake** —, levier de frein à main; **hinged** —s, brimbales; **knee** —, levier coudé; **link** —, bielle de relevage; **locking** —, levier de blocage; **operating** —, levier d'embrayage (mach.-outil); **releasing** —, levier de débrayage; **reversing** —, levier de renversement de marche; **rocking** —, culbuteur; **shift** —, levier des vitesses; **side** —, balancier; **sparking** —, levier d'avance à l'allumage; **starting** —, levier de mise en marche; **suspension** —, bielle de relevage; **switch** —, levier de manœuvre (ch. de fer); **timing** —, levier d'avance à l'allumage; **tracer** —, palpeur; — **action**, voir **Action**; — **arm**, bras de levier; — **brace**, perçoir à levier, à rochet; — **brake**, frein à levier; — **chuck** (voir **Chuck**); — **drill**, perçoir à levier, à rochet; — **engine**, machine à balancier; — **for reversing table movement**, levier de renversement de marche (mach.-outil); — **for table feed**, levier commandant l'avance de la table (mach.-outil); — **valve**, soupape à levier.

Leverage, Bras de levier; abatage; rapport des bras de levier.

Levered, A leviers; équilibré; — **suspension**, suspension équilibrée.

Levitation, Lévitation; **magnetic** —, lévitation magnétique.

Leyden jar, Bouteille de Leyde (élec.).

L. F. (Low frequency), Basse fréquence).

L. F. C. (Low frequency current or circuit), Courant ou circuit à basse fréquence.

L. H., Left handed, Pas à gauche.

Liability, Responsabilité.

License or **licence,** Patente permis, licence; **pilot** —, brevet de pilote.

Lid, Couvercle; **hinged** —, couvercle à charnière; — **of the cylinder,** couvercle du cylindre; — **of a hatchway,** panneau d'écoutille.

Life, Vie, existence; — **boat,** canot de sauvetage; — **guard** or — **line,** garde-corps, garde-fou.

Lift, Dent, levée, came, crochet; ascenseur, monte-charge; sustentation; portance (d'un avion), pouvoir ascensionnel; décollement; hauteur d'élévation, de levage; **air** —, extracteur pneumatique; injection d'air comprimé (Pétr.); **bucket** —, pompe élévatoire inférieure (mines); **centre of** —, centre de sustentation; **electric** —, ascenseur électrique; **hydraulic** —, ascenseur hydraulique; **jet** —, portance par réaction; **static** —, force ascensionnelle; **suction** —, hauteur d'aspiration; **telescopic** —, levée télescopique; **valve** —, levée de soupape; — **carry power,** force sustentatrice; — **coefficient,** coefficient de sustentation; — **drag ratio,** finesse (aviat.); — **hammer,** cingleur; — **pump,** pompe élévatoire; — **and force pump,** pompe aspirante et foulante; — **slot,** fente de portance; — **truck,** chariot élévateur; — **wire,** câble porteur.

to Lift, Soulever, lever, démouler la fonte; renflouer (un N.).

Lifter, Appareil de levage, poussoir de soupape; décompresseur; **vacuum** —, appareil de levage par le vide; **valve** —, lève-soupape, démonte-soupape; **exhaust valve** —, décompresseur.

Lifters, Élévateurs.

Lifting, Démoulage de la fonte; levage, relevage, levée, de levage; hissage, de hissage; **automatic** —, relevage automatique; — **appliances,** appareils de levage; — **gear,** engin de levage; — **height,** hauteur de levage; — **magnet,** électroaimant de levage; — **power,** force portante (d'un aimant), puissance ascensionnelle, force de sustentation; — **pump,** pompe aspirante, pompe élévatoire; — **and forcing pump,** pompe aspirante et foulante; — **surface,** surface portante, surface alaire.

Ligature, Ligature.

Light, Voir aussi **Lights;** Clair, éclatant, feu; phare; lumière; léger, lège (flottaison); **artificial** —, lumière artificielle; **black** —, lumière noire; **boundary** —, feu de balisage (aviat.); **day** —, lumière solaire; **dial** —, lampe de cadran; **electronic flash** —, éclairage stroboscopique; **fixed** —, feu fixe; **flare up** —, feu à éclats; **flashing** —, feu à éclats; **head** —, phare (auto); **incident** —, lumière incidente; **indirect** — **lamp,** lampe à éclairage indirect; **landing** —, feu d'atterrissage; **monochromatic** —, lumière monochromatique; **revolving** —, feu tournant; **signal** —, signal lumineux; feu de signalisation; **sun** —, lumière solaire; **ultra** —, ultra-léger; **Very's** —, fusée Véry; , lumière visible; **warning** —, lampe témoin; — **filter,** écran; — **indicator,** indicateur lumineux; — **output,** intensité lumineuse; — **polarisation,** polarisation de la lumière; — **sensitive,** photo-sensible; — **sensitive tube,** phototube; — **wave,** onde lumineuse; — **water line,** flottaison lège (N.); — **year,** année lumière.

to Light, Allumer, éclairer, illuminer; **to light fires under two boilers,** allumer les feux de deux chaudières.

Lighted, Éclairé.

Lights, Feux; additional —, feux supplémentaires; **approach** —, feux d'approche, rampes lumineuses (aviat.); **flashing** —, feux à *n* éclats; **landing** —, rampe d'atterrissage; **navigation** —, feux de route; **parking** —, lanternes (auto); **tail parking** — **s,** lanterne arrière; **runway** —, feux de piste; **side** —, feux latéraux; **station** —, feux de position.

Light-boat, Bateau-feu.

to Lighten, Luire, éclairer, briller, alléger, décharger.

Lightened web, Ame allégée.

Lightening hole, Trou d'allégement.

Lighter, Allège, chaland, gabarre; allumoir; briquet; **coal** —, chaland de charbon; **electric** —, allumoir électrique; **mud** —, marie-salope.

Lighterage, Gabariage, transports par chalands.

Lighthouse, Phare, feu.

Lighting, Éclairage; **acetylene** —, éclairage à l'acétylène; **approach** —, approche lumineuse; **artificial** —, éclairage artificiel; **black** —, éclairage à la lumière noire; **city street** —, éclairage urbain; **cold cathode** —, éclairage fluorescent; **diffused** —, éclairage diffus; **down** —, éclairage direct; **electric** —, éclairage électrique; **emergency** —, éclairage de secours; **flare** —, phare; **flashing** —, feu à éclats; **fluorescence** —, éclairage par fluorescence; **gas** —, éclairage au gas; **highway** —, éclairage des voies publiques; **incandescence** —, éclairage par incandescence; **indirect** —, éclairage indirect; **luminescence** —, éclairage par luminescence; **magnesium** —, éclair au magnésium; **polarized** —, lumière polarisée; **runway** —, feux de piste; **white** —, lumière blanche;

— **battery,** batterie d'éclairage; — **dynamo,** dynamo d'éclairage (auto); — **gas,** gaz d'éclairage; — **transformer,** transformateur d'éclairage.

Lightning, Tonnerre, éclair; — **arrester,** paratonnerre, parafoudre; **vacuum** — **arrester,** parafoudre à air raréfié; — **conductor,** paratonnerre; — **coruscation,** éclair de l'argent (dans la coupellation); — **file** (voir **file**); — **rod,** tige de paratonnerre.

Ligneous, Ligneux.

Lignin, Lignine.

Lignite, Lignite.

Lignitic, Lignitique.

Lignum-vitæ, Gaïac.

Limb, Limbe (arc gradué); **five** — **magnetic circuit,** circuit magnétique à cinq noyaux.

Limber, Avant-train (artillerie); anguiller (conduit d'eau, N.); — **board** or **plate,** paraclose, ou parclose; — **chain** or **rope,** chaîne des anguillers; — **passage,** canal des anguillers.

Lime, Chaux, castine; **quick** —, chaux vive; **slack** —, chaux éteinte; **water** —, chaux hydraulique; — **kiln,** four à chaux; — **pit,** carrière de pierre à chaux; — **stone** (voir **lime-stone**); — **wash,** lait de chaux; — **water,** eaux de chaux; — **white,** lait de chaux.

Limestone, Pierre calcaire; **carboniferan** —, calcaire carbonifère; **metamorphic** —, calcaire saccharoïde; — **flux,** castine, flux, fondant.

Limit, Limite; **elastic** —, limite d'élasticité; **elastic** — **in bending,** limite de flexion; **proportional** —, limite de proportionnalité; — **angle,** angle limite; — **gauge,** calibre de tolérance; — **of elasticity,** limite d'élasticité.

to Limit, Limiter.

Limitator, Limitateur, limiteur; **current** —, limitateur de courant.

Limited, A responsabilité limitée (société).

Limiter, Limiteur.

Limonin, Limonine.

Limousine, Limousine.

Limpet, Caisse à plongeur adhérente à un dock.

Linch, Bord, rebord.

Linchpin, Esse, clavette, goupille d'un essieu.

Line, Ligne (chem. de fer, élec., téléphone, etc.); trait, corde, cordeau, filin, amarre; tuyautage, conduite, chaîne; raie, rangée, file, alignement; circuit, voie; chemise; formes (de navire); **absorption** —, raie d'absorption; **adjusting** —, repère; **aerial or air** —, ligne aérienne; **assembly** —, chaîne de montage; **bearing** —, ligne de relèvement; **bending** —, fibre élastique; **blocked** —, ligne bloquée; **branch** —, ligne de dérivation; embranchement (ch. de fer); **centre** —, axe, ligne de quille (c. n.); **clear** —, ligne libre; **coaxial or concentric** —, ligne coaxiale; **contour** —, ligne de niveau; **clear** —, ligne libre; **dash** —, trait plein (dessin); **datum** —, ligne de terre; ligne de foi; **dedendum** —, cercle de pied (engrenages); **dimension** —, ligne de cote; **dotted** —, ligne pointillée; **double wire** —, ligne à double fil; **expansion** —, courbe de détente; **floating** —, ligne d'eau à la flottaison (c. n.); **flow** —, conduite d'écoulement; **fuel** —, tuyautage de combustible; **ground** —, ligne de terre (descriptive); **high voltage** —, ligne à haute tension; **in** —, en ligne; **in** — **machining**, usinage en série; **isodynamic** —s, lignes d'égale intensité; **isoclinic** —s, lignes isoclines; **isogonic** —s,

lignes isogones; **junction** —, ligne de raccordement; **level** —, ligne de flottaison; ligne de niveau; **light** —, flottaison lège (N.); **line and** —, arête pour arête (tiroir); **load** —, flottaison en charge (N.); **loaded** —, ligne pupinisée; **loop** —, circuit en boucle; **main** —, canalisation principale; secteur (élec.); **main (trunk)** —, ligne principale (ch. de fer); **middle** —, axe, ligne milieu; **neutral** —, ligne neutre (élec.); **pickling** —, chaîne de décapage; **pipe** —, conduite forcée; **power** —, ligne de force, secteur; **production** — **up**, montage à la chaîne; **single** —, ligne simple; **single wire** —, ligne à simple fil; **solid** —, trait plein; **spectral or spectrum** —, raie spectrale; **stream** —, filet d'air; **subscriber's** —, ligne d'abonnement; **telegraph** —, ligne télégraphique; **telephone** —, ligne téléphonique; **thrust** —, axe de poussée, axe de traction; **tie** —, ligne de couplage; **tow** —, câble de remorque; **underground** —, ligne souterraine; **vent** —, tuyauterie de mise à l'air libre; **water** —, canalisation d'eau; — **breadth,** largeur des raies; — **losses,** pertes en ligne (élec.); — **of fire,** ligne de tir; — **of floating,** ligne de flottaison; — **of force,** ligne de force (élec.); — **of least resistance,** ligne de moindre résistance; — **of shafts,** ligne d'arbres; — **of sight,** ligne de mire; — **with a single set of tracks,** ligne à voie unique (ch. de fer); — **with two sets of tracks,** ligne à deux voies.

to Line, Dresser (pièce métallique); chemiser; revêtir, garnir (doublage); aligner; **to** — **a bearing,** garnir un coussinet; **to** — **up the brasses,** caler les coussinets (mach.); **to** — **with fur,** fourrer un cordage.

Lineal, Linéaire; — **drawing,** dessin linéaire.

Linear, Linéaire; **non** —, non linéaire; — **amplification**, amplification linéaire; — **detection**, détection linéaire; — **distortion**, distorsion linéaire; — **expansion**, dilatation linéaire; — **rectification**, redressement linéaire.

Linearity, Linéarité; **non** —, non linéarité.

Linearization, Linéarisation.

to Linearize, Rendre linéaire.

Linearized, Linéarité.

Lined, Doublé, chemisé, garni de; **acid** —, à garnissage acide; **basic** —, à garnissage basique; **refractory** —, à garnissage réfractaire; **stream** —, fuselé.

Lineman, Ouvrier de ligne.

Linen, Toile; **unbleached** —, toile écrue.

Liner, Paquebot; avion de ligne; cale (en fer, en bois); fourreau, enveloppe, blindage, chemise de cylindre; coquille; **air** —, avion de ligne; **cargo** —, cargo de ligne.

Lining, Doublage, renfort, revêtement, chemise, parois; lignage; garnissage (four, métal.); garniture (de frein); **acid** —, garnissage acide; **brake** —, fourrure de frein; **concrete** —, revêtement en béton; **inner** —, carcasse (d'un fourneau); **refractory** —, revêtement réfractaire; **rubber** —, revêtement en caoutchouc; **shaft** —, cuvelage; **tunnel** —, blindage en galerie; — **of a ship**, vaigrage d'un navire.

Link, Coulisse; chaîne; bielle, biellette; chaînon, anneau; bride; maille; maillon; biellette; étrier; cartouche (élec.); liaison (chim.); **adjusted spring** —, chandelle de suspension (ch. de fer); **back** —s, guides du parallélogramme; **breaking** —, biellette de sécurité; **co-ordinate** —, coordinence (chim.); **coupling** —, bielle de couplage; **crank with drag** —, contre-manivelle; **drag** —, accouplement de tourteaux; tige d'entraînement; bielle d'accouplement; menottes; articulation; **fork** —, étrier; **fuse** —, cartouche (élec.); — **block**, coulisseau d'un secteur; — **chain**, chaîne ordinaire; **flat** — **chain**, chaîne d'articulations; **hook** — **chain**, chaîne à crochets; **open** — **chain**, chaîne ordinaire; **stud** — **chain**, chaîne à étançons; — **lever**, bielle de relevage; — **motion**, secteur, coulisse de Stephenson; — **of solder**, paillon ou paillette de soudure; **straight** — **motion**, coulisse-droit.

to Link, Enchaîner, joindre, unir.

Linkage, Transmission par tringles, tringlerie; liaison (chimie).

Linked, Lié, attaché, articulé; — **arm**, biellette articulé; **short** — **chain**, chaîne à mailles étroites.

Linoleic acid, Acide linoléique.

Linoleum, Linoléum.

Linotype, Linotype.

Linotyper or **Linotypist**, Linotypiste.

Linseed oil, Huile de lin.

Lip, Lèvre, bord, rebord, gorge; **lips of a pair of boxes**, brides, oreilles d'un châssis de moulage.

Lipped, A lèvre, à gorge; — **tool**, outil à gorge.

to Liquate, Fondre, liquéfier, ressuer.

Liquation, Ressuage; — **hearth**, fourneau à ressuage.

Liquefaction, Liquéfaction.

Liquefiable, Liquéfiable.

Liquefied, Liquéfié — **air**, air liquéfié; — **gas**, gaz liquéfié.

Liquefier, Liquéfacteur.

to Liquefy, Liquéfier.

Liquefying temperature, Température de liquéfaction.

Liquid, Liquide; **active** —, liquide excitateur (élec.); **amalgamating** —, liquide à amalgamer; **exciting** —, liquide excitateur (élec.);

sealing —, liquide de remplissage; — fuel, combustible liquide; — oxygen, oxygène liquide; — rheostat, rhéostat liquide.

List, Catalogue, rôle; crew —, rôle d'équipage; price —, catalogue, tarifs.

Listening, Écoute (élec.); — plug, fiche d'écoute.

Lithium, Lithium; — hydride, hydrure de lithium; — stearate, stéarate de lithium.

Lithosphere, Lithosphère.

Litmus, Tournesol; — paper, papier tournesol; — solution, teinture de tournesol.

Live, Vif, ardent, vivant; sous tension; — centre, pointe tournante; pointe de la poupée fixe d'un tour; — circuit, circuit parcouru par du courant, circuit sous tension; — coal, charbon ardent; — wire, câble sous tension.

Lixivation, Lixivation.

Lloyd, Société d'assurances maritimes. Lloyd's Register, société de classification des navires marchands.

l. n., natural logarithm, (logarithme naturel).

Load, Veine, filon (voir Lode), couche d'une mine, charge, force (d'une grue); breaking —, charge de rupture; charging —, régime de charge; dead —, poids mort, charge constante, charge statique; disposable —, charge utile; distribution of —, répartition de la charge; drag —, effort résistant; dynamic —, charge dynamique; full —, pleine charge; inductive or lagging —, charge inductive; no — characteristic, caractéristique à vide (élec.); no — current, courant à vide; no — excitation, excitation à vide; partial —, charge partielle; pay —, charge payante; reactive —, charge réactive; starting

—, charge de démarrage; static —, charge statique; useful —, charge utile, poids utile; wheel —, charge roulante; zero —, charge nulle, à vide; — center, centre de charge; — displacement, déplacement en charge; — factor, facteur de charge (élec.); coefficient de charge (aviat.); — indicator, indicateur de charge; — less, à vide; — less starting, démarrage à vide; — line, flottaison en charge, ligne de charge; deep — line, flottaison en surcharge; — manifest, manifeste de charge; — peak, pointe de charge; — recorder, enregistreur de charge; — tap changing, commutation de prises en charge (élec.); — variations, variations de régime (élec.).

to Load, Charger; pupiniser.

Loaded, Chargé; pupinisé (élec.); spring —, chargé par ressort; — aerial, antenne à laquelle on a ajouté un condensateur ou une self.

Loader, Chargeur, excavateur continu, sauterelle; carpet —, chargeur à tapis roulant.

Loading, Chargement, charge, encrassement de la meule; impulsion —, charge d'impulsion; muzzle —, chargement par la bouche; off —, décompression, dispositif de sécurité contre les surpressions; push pull —, charge de compression et de traction; wing —, charge des ailes; — bay, halle de chargement; — coil, self d'antenne; — edge, trottoir de chargement ou de déchargement (ch. de fer); — hole, trou de charge; — machine, chargeuse; — station, poste de chargement; — table, barème de jaugeage.

Loadstone or lodestone, Aimant naturel.

Loadless, voir Load.

Loam, Argile, terre à mouler; — casting, moulage en argile (fond.); — core, noyau en terre (fond.); — **mould**, moule en argile; — **moulding**, moulage en argile.

Loan, Emprunt.

Lobe, Ventre (phys.).

Lobe-plate, Plaque de fondation.

Lobsided (voir **Lopsided**).

Local, Local; — **attraction**, attraction locale (élec.).

to Locate, Localiser, repérer.

Location, Arpentage, lever ou levé de plan, concession (aux Etats-Unis).

Locator, Détecteur, indicateur; **gas leak** —, détecteur de fuite de gaz.

Lock, Platine (arme à feu); serrure; verrouillage, verrou, blocage; sas (d'écluse), écluse à sas; **arm** —, blocage du bras; **ball** —, appareil de fermeture à boule; **Bramah's** —, serrure à pompe; **case** —, serrure à palastre; **cash box** —, serrure à palastre; **dead** —, serrure à un seul pène; **dial** —, serrure à secret; **german** —, bec-de-cane; **hydrostatic** —, eau dans les cylindres; **outlet** —, écluse de fuite; **pitch** —, blocage du pas; **safety** —, serrure de sûreté; **steering** —, verrouillage de la direction, angle de braquage; **twice turning** —, serrure à deux tours; **vacuum** —, vanne à vide (élec.); **vapour** —, tampon de vapeur, désamorçage par vaporisation; **ward of a** —, garde, barde d'un pène; **wire breakage** —, contrôleur de rupture de fil; — **bar**, pédale ou rail de calage; — **bay**, tête d'écluse; — **chain**, chaîne d'enrayage (voit.); — **chamber**, sas, chambre d'écluse; — **crown**, tête d'écluse; — **gate**, porte d'écluse; — **keeper** or — **guard**, éclusier; — **nut**, écrou indesserrable; — **out**, contre-écrou; — **out**, verrouillage; — **piston**, piston de blocage; — **sill**, seuil d'écluse; — **with two bolts**, serrure à deux pènes.

to Lock, Enrayer (voit.); fermer à clef; verrouiller, bloquer; **to lock in**, s'accrocher.

Lockage, Matériaux d'écluse; péage d'écluse; élévation ou descente que permet le sas.

Locked, Bloqué; **phase** —, asservi; **pressure** —, sous pression; pressurisé; — **brake**, frein bloqué.

Locker, Caisson; **cable** —, puits aux chaînes. (N.)

Locket, Loquet, agrafe.

Lockfiler's clamps, Étau à chanfrein.

Locking, Verrouillage, enrayage, blocage; **angle** —, tenon oblique; **corner** —, tenon droit; **self** —, autoserreur; **self** — **bolt**, boulon autoserreur; **wheel** —, blocage des roues; — **chain**, chaîne à enrayer; — **device**, dispositif de verrouillage; — **lever**, levier de blocage; — **pin**, clavette d'attelage; — **plate**, plaque de verrouillage; — **wire**, frein (d'un tendeur).

Locksmith, Serrurier.

Lockout, Lockout (fermeture volontaire d'usine).

Locomotive, Locomotive; **body of a** —, caisse de locomotive; **Diesel electric** —, locomotive Diesel électrique; **electric** —, locomotive électrique; **frame of a** —, cadre-châssis, longerons d'une locomotive; **mine** —, locotracteur de mine; **a. c. motor** —, locomotive à moteurs à courant alternatif; **d. c. motor** —, locomotive à moteurs à courant continu; **rectifier** —, locomotive à redresseurs; **steam** —, locomotive à vapeur; **switch** —, locomotive de manœuvre; **gas turbine** —, locomotive à turbine à gaz; **steam turbine** —, locomotive à turbine à vapeur.

Locotractor, Locotracteur; **electric** —, locotracteur électrique.

Locus, Lieu géométrique.

Locust, Acacia.

Lode, Couche d'une mine; filon, veine; **blind** —, filon aveugle, filon sans affleurement; **champion** —, veine principale; **copper** —, amas, filon de cuivre; — **tin,** étain de roche.

Lodestone, Aimant naturel, magnétite.

Loft, Hangar, salle; **mould** —, salle des gabarits.

to Loft, Tracer.

Lofted, Tracé.

Lofting, Traçage.

Log, Bille de bois, grume; souche; coupe; carlingue (c. n; voir **Keelson**); livret; carnet; **engine** —, livret du moteur; **flight** —, traceur de route (aviat.); **flying** —, carnet de vol; **signal** —, carnet de signalisation; **stop** —, bâtardeau (hyd.); **downstream stop** —, bâtardeau aval; **upstream stop** —, bâtardeau amont; — **book,** livre de bord; — **frame saw,** scie à grumes à cadre; — **scaling,** cubage des grumes.

Logarithm, Logarithme; **anti** —, cologarithme; **Brigg's or common** —**s,** logarithmes ordinaires; **hyperbolic, natural, Neperian or Napier's** —**s,** logarithmes hyperboliques, naturels, népériens.

Logarithmic, Logarithmique; — **curve,** courbe logarithmique; — **decrement,** décrément logarithmique; — **diagram,** graphique logarithmique; — **means,** moyenne logarithmique.

Logger, Bûcheron.

Logging, Forage, sondage, coupe du bois; relevé; carottage (pétr.) **electric** —, carottage électrique; **selective** —, carottage sélectif; — **men,** bûcherons.

Long, Abréviation pour **Longitude.**

Longitude, Longitude.

Longeron, Longeron.

Longitudinal, Longitudinal; — **girder,** guirlande (c. n.); — **rib,** nervure longitudinale; — **runner,** longeron; — **section,** coupe, section longitudinale.

Longshoreman, Docker (États-Unis), débardeur.

Loof, Épaule (d'un N.).

Loom, Métier à tisser; **carpet** —, métier à tapisserie; **power** —, métier mécanique; — **beam barrel,** ensouple; — **motor,** moteur de métier à tisser; — **oil,** huile pour métiers.

Loop, Nœud coulant, lacet, œil, boucle; ventre (phys.), voir aussi **Antinode**; cadre (T. S. F.); anneau; courbe; circuit fermé; **crossing** —, voie de croisement; **current** —, ventre d'intensité; **double** —, en boucles doubles; **drip** —, boucle faite par un fil électrique à son entrée dans un bâtiment; **ground** —, cheval de bois (aviat.); **hysteresis** —, courbe d'hystérésis; — **aerial,** cadre récepteur; **suppressed** — **aerial,** cadre récepteur anti-parasites; — **of current,** ventre d'intensité; — **of potential,** ventre de potentiel; — **reception,** réception sur cadre.

Looping, A boucle; — **mill,** train à boucle.

Loose, Libre, fou, non serré, lâche; — **axle,** arbre fou; — **pulley,** poulie folle; — **screw,** hélice folle, désembrayée; **to work** —, prendre du jeu, se desserrer (mach.).

to Loosen, Donner du jeu, desserrer.

Looseness, Jeu (mach.).

Loper, Émerillon de cordier, molette.

Lopsided, Qui a un faux bord (N.).

Loran, Long Range Navigation (Système Radar de Navigation); — **chain,** chaîne Loran.

Lorry (pluriel **lorries**), voir **Truck**; Camion; **breakdown** —, camion de dépannage; **light** —, camionnette; — **trailer**, camion remorque.

Loss (pluriel **losses**), Perte, déchet; perte, fuite (élec.); **blade** —**es**, pertes dans les aubes (turb.); **copper** —**es**, pertes dans le cuivre; **core** or **watt** —**es**, pertes dans le noyau, pertes totales (élec.); **duct** —, perte de charge; **eddy** —, perte par tourbillons; **eddy current** —**es**, pertes par courant de Foucault (élec.); **head** —**es**, pertes de charge; **hysteresis** —**es**, pertes par hystérésis; **idle** —**es**, pertes de charge; **iron** —**es**, pertes dans le fer (élec.); **line** —**es**, pertes en ligne (élec.); **low** — **steel**, acier à faibles pertes; **magnetic** —, perte magnétique; **pole-shoe** —**es**, pertes dans les pièces polaires; **watt** —, perte en watts, perte totale; — **meter**, indicateur de pertes.

Lossless, Sans perte.

Loudness, Sensation sonore.

Loudspeaker, Haut-parleur; **moving coil** —, haut-parleur à bobine mobile; **duo cone** —, haut-parleur à deux cônes; **crystal** —, haut-parleur à cristal; **dynamic** —, haut-parleur dynamique; **electrodynamic** —, haut-parleur électrodynamique; **electromagnetic** —, haut-parleur électromagnétique.

Louvres or **Louvers**, Persiennes (d'un radiateur); volets, ouies; jalousies.

Louvered or **Louvred wall**, Cloisonnement en persiennes.

Low, Bas; — **carbon**, à bas carbone; — **pressure cylinder**, cylindre de basse pression; — **tension** or — **voltage**, basse tension (élec.); — **water mark**, laisse de basse mer; — **water standard**, zéro des cartes.

Lower, Comparatif de **low**; — **block**, moufle du bas; — **box**, demi-châssis inférieur (fond.); — **camber**, courbure inférieure; — **cut**, première taille (limes); — **flange** or **edge of a rail**, base d'un rail (ch. de fer); — **plane**, plan inférieur; — **surface of a wing**, intrados (aviat.); — **wing**, aile inférieure.

to Lower, Abaisser, amener, sortir (train d'atterrissage).

Lowered, Abaissé, sorti (train d'atterrissage).

Lowering, Abaissement; **quick** —, affalage rapide; — **speed**, vitesse d'affalage.

Loxodromic, Loxodromique; — **line**, loxodromie.

Loxodromics, Loxodromie (science).

Lozenge, Losange.

L. P., Low pressure (Basse pression).

l. p. w., lumens per watt.

L. T., Low tension (Basse tension).

L. T. D., A responsabilité limitée.

Lube or **Lube oil**, Huile de graissage.

Lubricant, Lubrifiant.

to Lubricate, Lubrifier.

Lubrication, Graissage; **central** —, graissage centralisé; **forced** or **forced feed** —, graissage forcé; **ring** —, graissage à bague; **splash** —, graissage par barbotage; **timed** —, graissage (des cylindres) effectué en un point déterminé de la course.

Lubricator, Graisseur; **drip feed** —, graisseur à compte-gouttes; **dropping** —, compte-gouttes; **hand pump** —, graisseur à coup de poing; **sight feed** —, graisseur à débit visible; **Stauffer** —, graisseur Stauffer; **telescope** —, graisseur à trombone.

Lubricity, Onctuosité.

Luff or **Luff tackle**, Palan à croc.

Luffing, Déplacement d'une charge; — **crane,** grue à portée variable.

Lug, Oreille, patte, point de soudure, point d'attache; saillie, taquet, projection; queue ou talon de suspension (des plaques d'accus); embout; **current carrying —,** queue conductrice (accus); **decayed —,** queue corrodée (accus); **guard —,** patte de retenue; **—s of a shackle,** oreilles d'une manille; — **nut,** écrou à oreilles; — **of a mould,** tasseau (fond.); — **union,** raccord à oreilles.

Luggage, Bagage; — **boot,** coffre à bagages (auto); — **car,** fourgon aux bagages; — **carrier, porte-bagages;** — **room,** soute à bagages; — **train,** train de marchandises; — **van,** fourgon.

Lumber, Madrier, solive, cabrion; bois de construction.

Lumen, Lumen; — **output,** intensité lumineuse en lumens.

Luminaire, Luminaire; appareil d'éclairage; dispositif d'éclairage.

Luminescence, Luminescence; **electro —,** électroluminescence.

Luminescent, Luminescent; — **lamp,** lampe luminescente; — **screen,** écran luminescent.

Luminophors, Substances luminescentes.

Luminosity, Luminosité; — **curve,** courbe de luminosité.

Luminous, Lumineux; — **efficiency,** rendement lumineux; — **flux,** flux lumineux; — **intensity,** intensité lumineuse; — **lamp,** lampe à décharge lumineuse; — **paint,** peinture au radium; — **tube,** tube à décharge à cathode froide.

Lump, Morceau; loupe, balle, renard (mét.); gabarre; — **ore,** minerai en morceaux.

Lumped, Concentré; — **inductance,** inductance concentrée; — **characteristic,** caractéristique totale (T. S. F.).

Lumper, Débardeur, docker.

Lunar caustic, Azotate d'argent.

Lurch, Embardée.

Lute, Mastic, lut; **fire —,** brique réfractaire.

to Lute, Luter, mastiquer.

Luted, Luté.

Luting, Lutage, masticage.

Lux, Lux, unité d'éclairement.

M

m., meter (mètre).

ma., milliampere (milliampère).

M. P. G., Miles per gallon (Milles par gallon).

M. P. H., Miles per hour (Milles par heure).

M. V., Muzzle velocity (vitesse initiale).

Macadam, Macadam.

Mach No, Nombre de Mach.

Machinability, Facilité d'usinage, usinabilité.

Machinable, Usinable; non —, non usinable.

Machine, Machine (mach.-outil); avion; angle iron cutting —, cisaille à couper les cornières; balancing —, machine à équilibrer, équilibreuse; bending —, machine à plier, machine à cintrer les tôles, cintreuse; machine à rouler; bevelling —, machine à équerrer, à biseauter; block —, poulierie; blooming —, machine à cingler; blue print copying —, machine à reproduire les plans; blueprint lining —, machine à border les plans; bolt screwing —, machine à tarauder; bolt threading —, machine à fileter; boring —, machine à forer (les canons), à aléser; aléseuse; perceuse, foreuse (voir Boring); jig boring —, machine à pointer; à mandriner; aléseuse équarrisseuse; cylinder boring —, machine à aléser les cylindres; boring and milling —, aléseuse-fraiseuse; floor type boring —, machine à aléser, à montant fixe; table type boring —, machine à aléser à montant mobile; broaching —, machine à brocher, brocheuse; internal broaching —, machine à brocher intérieurement; surface broaching —, machine à brocher extérieurement; calculating —, machine à calculer; cambering —, machine à cambrer; casting —, machine à couler; die casting —, machine à couler sous pression; centering —, machine à centrer; chamfering —, machine à chanfreiner, chanfreineuse; chucking —, machine à mandriner; claw trussing —, machine à chasser les cercles de tonneaux; clay tempering —, malaxeur d'argile; coke pushing —, défourneuse; combing —, peigneuse; computing —, machine à calculer; copying —, machine à reproduire; left hand copying —, fraiseuse à reproduire (dite à gauche); core blowing —, machine à souffler les noyaux; corrugating —, machine à onduler; countersink drilling —, fraiseuse; crank planing —, machine à raboter les manivelles; crankpin turning —, tourillonneuse à vilebrequins; crushing —, machine à concasser, pilon; channel bar cutting —, machine à couper les fers en U; cutting —, machine à tailler; file cutting —, machine à tailler les limes; oxyacetylene cutting —, machine à oxycoupage; spiral gear cutting —, machine à tailler les engrenages hélicoïdaux; spur gear cutting —, machine à tailler les engrenages droits; worm cutting —, machine à tailler les vis sans fin; worm wheel cutting —, machine à tailler les roues de vis sans fin; key way cutting —, machine à rainer; cutting off —, machine à tronçonner; cutting out —, emporte-pièce; dictating —, machine à dicter; dividing —, machine à diviser; circular dividing —, machine à diviser circulaire; linear dividing —, machine à diviser rectiligne; double acting —, machine à double effet; doubling —, retordoir; dovetailing —, machine à faire les tenons; drawing —, machine à étirer, laminoir; dredging —, drague; drilling —, machine à percer; perceuse (voir **Drilling**); center drilling —, machine à centrer; radial drilling —, machine à percer radiale; drilling and tapping —, perceuse taraudeuse; duplex —, machine à deux porte-outils (fraiseuse, raboteuse...); embossing —, machine à gaufrer; engraving —, machine à graver; excavating —, excavateur; extruding —, machine à boudiner, machine à refouler; extrusion —, machine à extrusion; facing —, machine à dresser; facing and surfacing —, machine à dresser et à surfacer; fettling —, machine à ébarber; filing —, limeuse, étau limeur; machine à limer; fixed type —, machine fixe; flanging —, machine à border, machine à rabattre des collets, des rebords; flattening —, machine à planer; four roller flattening —, machine à planer à quatre cylindres; flooring —, machine à bouveter; fluting —, machine à canneler; folding —, plieuse; forging —, machine à forger; freezing —, machine à congeler; fret cutting —, machine à chantourner, à découper; gear cutting or gear shaping —, machine à tailler les engrenages; gear shaving —, machine à rectifier les engrenages; grinding —, machine à meuler, meuleuse, machine à affûter, machine à broyer, à rectifier, rectifieuse (voir **Grinding**); cutter and reamer grinding —, machine à affûter les fraises et les alésoirs; crankshaft grinding —, machine à rectifier les vilebrequins; gear grinding —, machine à rectifier les engrenages; oval grinding —, machine à rectifier les ovales; roll grinding —, machine à rectifier les cylindres de laminoir; slideway grinding —, machine à rectifier les glissières; surface grinding —, machine à rectifier les surfaces planes; thread grinding —, machine à rectifier les filetages; valve grinding —, machine à rectifier les soupapes; tool grinding —, machine à affûter les outils, affûteuse à outils; grooving — or groove cutting —, machine à rayer les canons, à faire des mortaises, à canneler; hack sawing —, scie à mouvement alternatif; heading —, machine à fabriquer les têtes de boulons, de clous...; high power —, machine de grande puissance; high production —, machine de grande production; honing —, machine à doucir; hooping —, machine à cercler; horizontal —, machine horizontale; indexing —, machine à diviser; injection —, machine à injection; key seating —, fraiseuse à rainurer; lapping —, machine à roder; cylinder lapping —, machine à roder les cylindres; lifting —, machine élévatoire; loading —, chargeuse; core making —, machine à noyauter; marking —, machine à marquer; milling —, fraiseuse (voir **Milling**); mitre cutting —, appareil à couper en biais; mortising —, machine à mortaiser; moulding —, machine à mouler; machine à moulurer; core moulding —, machine à mouler les noyaux; multiple drilling (duplex, quadruplex...) —, machine à percer à plusieurs forets (deux, quatre...); perceuse multiple; nibbling —, machine à gruger; notching —, grugeoir, machine à grignoter;

nut and screw cutting —, machine à tarauder les boulons et les écrous; **nut shaping** —, machine à tailler les écrous; **packaging** —, machine à emballer, à empaqueter; **packet packing** —, machine à empaqueter; **paring** —, machine à mortaiser; **pillar drilling** —, machine à percer fixée contre une colonne, perceuse à colonne; **pipe** —, machine à fabriquer des tuyaux; **pipe bending** —, machine à cintrer les tuyaux; **pipe screwing and cutting** —, machine à fileter et à couper les tubes; **pipe socketing** —, machine pour emboutir les tubes; **plaiting** —, machine à tresser; **planing** — or **planer**, machine à raboter, raboteuse, machine à planer; **double upright planing** —, machine à raboter à deux montants; **openside planing** —, machine à raboter à un montant; **planishing** —, machine à planer; **plate cutting** —, cisaille à tôles; **plate edge planing** —, machine à raboter les arêtes des tôles; **polishing** —, machine à polir; **pounding** —, bocard; **processing** —, machine à transfert; **production** —, machine de production, de fabrication; **pro; filing** —, machine à profiler-**propeller milling** —, machine à usiner les hélices; **puddling** —, puddler mécanique; **punching** —, poinçonneuse, emporte-pièce; **punching and shearing** —, poinçonneuse à cisailles; **punching and plate cutting** —, machine à poinçonner; **punching and riveting** —, machine à poinçonner et à river; **reducing** —, machine à rétreindre; **refrigerating** —, machine frigorifique; **riveting** or **rivetting** —, machine à river, riveuse; **pneumatic rivetting** —, machine pneumatique à river; **relieving** —, machine à détalonner; **rolling** —, or — **mill**, machine à rouler, laminoir; **sawing** —, machine à scier, scie méca-

nique; **sawing and cutting off** —, machine à scier et à tronçonner; **cold sawing** —, scie à froid; **hot sawing** —, scie à chaud; **scarifying** —, piocheuse, défonceuse; **screw cutting** —, machine à fileter; **screwing** —, machine à tarauder; **sewing** —, machine à coudre; **shaping** —, machine à façonner; **shaping** or **shaving** —, étau limeur, limeuse; machine à raser; **sharpening** —, machine à affûter, affûteuse; **shearing** —, machine à cisailler; **steam shearing** —, cisaille à vapeur; machine à cisailler; **shingling** —, machine à cingler; **single acting** —, machine à simple effet; **single purpose** —, machine d'opération; **die sinking** —, machine à fraiser les matrices; **slotting** — or **slot drilling** —, machine à mortaiser; **smoothing** —, machine à lisser; **spindling** —, toupilleuse; **spring coiling** —, machine à fabriquer les ressorts; **sprinkling** —, épandeuse; **straightening** —, machine à dresser, à planer, planeuse; **stranding** —, machine à tresser; **stretching** —, machine à étirer; **stripping** —, pont strippeur; défibreuse; **superfinishing** —, finisseuse, machine à superfinir; **surfacing** —, machine à surfacer; **tap groove sharpening** —, machine à creuser les rainures des tarauds; **tapping** —, machine à tarauder, taraudeuse; **tapping** —, machine à tarauder; **tenoning** —, machine à enlever les tenons; **testing** —, machine d'épreuve; **thrashing** —, machine à battre; **thread cutting** —, machine à fileter; **thread grinding** —, machine à fileter à la meule; **thread milling** —, machine à fileter à la fraise; **threading** —, machine à fileter; **self opening die head threading** —, machine à fileter, à filière ouvrante; **single point tool threading** —, machine à fileter à l'outil; **training** —, avion d'école; transfer —, machine à transfert (mach.-outil); drum type transfer —, machine transfert à tambour tournant; trimming —, machine à parer, à ébarber; ébarbeuse; trunnion —, machine à tourner les tourillons; tube bending —, machine à cintrer les tuyaux; turning —, tourillonneuse; crankpin turning —, tourillonneuse à vilebrequins; type setting —, machine à composer; typewriting — or typewriter, machine à écrire; veneer cutting —, scie de placage; vertical boring —, machine à percer verticale; watch cleaning —, machine à nettoyer les montres; weighing —, machine à peser, bascule; balance; automatic weighing—, bascule automatique; welding —, machine à souder; butt welding —, machine à souder par rapprochement; gas welding —, machine de soudage au gaz; wheel cutting and dividing —, machine à tailler et à diviser les roues d'engrenage; winding —, machine à enroulement ou déroulement des câbles, bobinoir; machine à bobiner, bobineuse; machine d'extraction; coil winding —, machine à bobiner, bobineuse; winnowing —, vanneuse; wire drawing —, tréfilerie; wood —, machine à bois; wood bending —, machine à courber les bois; wood grinding —, défibreur; wood working —, machine à bois; wringing —, essoreuse; Z bar cutting —, machine à couper les fers en Z; — computation, calcul par machines; — for drilling rivet holes, machine à percer les trous de rivets; — gun, mitrailleuse; — gun barrel, canon de mitrailleuse; — gun belt, bande de mitrailleuse; — gun bullet, balle de mitrailleuse; heavy — gun, mitrailleuse lourde; water cooled — gun, mitrailleuse à refroidissement par eau; — for

making shapes, machine à bagueter; — riveting, rivetage à la machine; — shop, atelier des machines; atelier de constructions mécaniques; — table, table, plateau d'une machine à percer, à mortaiser; — tool, machine-outil; combined — tool, machine multiple; — work, travail fait à la machine.

to Machine, Usiner.

Machined, Usiné; as —, brut d'usinage; finish —, complètement usiné; non —, sans usinage; rough —, ébauché.

Machinery, Machinerie, mécanisme, ensemble des machines; coining —, balanciers pour monnayage; engaging —, embrayage; hoisting —, appareils de levage; — oil, huile à machines.

Machining, Usinage; in line —, usinage en série; — operations, travaux d'usinage; free — steel, acier de décolletage; — time, temps d'usinage; — for the trade, ajustage mécanique à façon.

Machinist, Mécanicien.

Machmeter, Machmètre.

Macro, Macro; — graph, macrographie; — molecular, macromoléculaire; — molecule, macromolécule; — photograph, macrophotographie; — scopic, macroscopique; macrographique; — scopic test, test macroscopique ou macrographique; — segregation, macroségrégation; — structure, macrostructure.

Made, Fabriqué; — mast, mât d'assemblage.

Magazine, Soute, magasin; chargeur; n plates —, magasin de n plaques (photo); powder —, poudrière; — rifle, fusil à répétition.

Magnesia, Magnésie; fused —, magnésie fondue.

Magnesian, Magnésien.

Magnesite, Magnésite.

Magnesitic, Magnésien.

Magnesium, Magnésium; — **alloy,** alliage au magnésium; — **chloride,** chlorure de magnésium; — **light,** éclair au magnésium; — **oxide,** oxyde magnésique; — **ribbon,** ruban de magnésium.

Magnet, Aimant; patin (de frein magnétique); **articulated** —, patin articulé; **circular** —, aimant circulaire; **compensating** —, aimant directeur; **controlling** —, aimant correcteur; **directing** —, aimant directeur; **electro** —, électro-aimant; **field** —, électro-aimant de champ; **four pole** —, patin tétrapolaire; **horseshoe** —, aimant en fer à cheval; **lamellar** —, aimant feuilleté; **laminated** —, aimant feuilleté; **lifting** —, électro-aimant de levage; **permanent** —, aimant permanent; **poles of a** —, pôles d'un aimant; **sintered** —, aimant fritté; — **core,** âme d'un aimant; — **corrector,** aimant correcteur; — **crane,** grue à crochet magnétique.

Magnetic or **magnetical** (rare), Magnétique; — **amplifier,** amplificateur magnétique; — **analysis,** analyse magnétique; — **braking,** freinage magnétique; — **chuck,** mandrin magnétique; — **circuit,** circuit magnétique; — **clutch,** embrayage magnétique; — **contactor,** contacteur magnétique; — **decay,** déperdition magnétique; — **declination,** déclinaison magnétique; — **detector,** détecteur magnétique; — **dip,** inclinaison magnétique; — **field,** champ magnétique; — **focusing,** focalisation magnétique; — **frame,** cadre magnétique; — **lens,** lentille magnétique; — **loss,** fuite (élec.); — **metal,** métal magnétique; — **microphone,** microphone magnétique; — **mine,** mine magnétique; — **moment,** moment magnétique; — **needle,** aiguille aimantée; — **pole,** pôle magné-

tique; — **relay,** relais magnétique; — **saturation,** saturation magnétique; — **separator,** séparateur magnétique; — **sheet,** tôle magnétique; — **steel,** acier magnétique; — **strate,** feuille magnétique; — **tape,** ruban magnétique; — **testing,** essai magnétoscopique; — **transition temperature,** point de Curie; — **variation,** déclinaison magnétique.

non Magnetic, Amagnétique.

Magnetically, Magnétiquement.

Magnetisation or **magnetization,** Aimantation, magnétisation; **back** —, contre-aimantation; **remanent** —, aimantation rémanente; — **by double touch,** aimantation par la double touche; — **by divided touch,** aimantation par touches séparées; — **coefficient,** coefficient d'aimantation.

to Magnetise or **to magnetize,** Aimanter, magnétiser; **to** — **to saturation,** aimanter à saturation.

Magnetised, Aimanté, magnétisé.

Magnetising or **magnetizing coil,** Bobine d'aimantation.

Magnetising or **magnetizing power,** Puissance magnétisante (élec.).

Magnetism, Magnétisme; **nuclear** —, magnétisme nucléaire; **residual** —, magnétisme rémanent; **terrestrial** —, magnétisme terrestre.

Magnetite, Magnétite.

Magneto, Magnéto (élec.); **adjustable lead** —, magnéto à avance variable; **automatic lead** —, magnéto à avance automatique; **calling** —, magnéto d'appel; **fixed lead** —, magnéto à avance fixe; **cased** —, magnéto blindée; **high tension** —, magnéto à haute tension; **low tension** —, magnéto à basse tension; **make and break** —, magnéto à rupture; **revolving armature** —, magnéto à induit tournant; **shuttle type** —, magnéto à volet tournant; **stationary armature** —, magnéto à induit fixe; — **advance**, avance de la magnéto; — **booster coil**, vibreur de lancement; — **brush**, charbon de magnéto; — **coupling**, griffe de la magnéto; — **graph**, magnétographe; — **meter**, magnétomètre; — **metry**, magnétométrie; — **motive**, magnétomotrice; — **motive force**, force magnétomotrice; — **pad**, plaque d'attache de magnéto; — **resistance**, magnétorésistance; — **strap**, bride de magnéto (auto); — **striction**, magnétostriction; — **striction microphone**, microphone à magnétostriction; — **striction transducer**, transducteur à magnétostriction.

Magneton, Magnéton (unité de moment magnétique).

Magnetron, Magnétron; **cavity** —, magnétron; **multicavity type** —, à cavité, à résonateur; magnétron à résonateurs multiples; **split anode** —, magnétron à anode fendue.

Magniferous, Magnifère.

Magnification, Amplification (T. S. F.); grossissement (optique); agrandissement; **high** —, fort grossissement; — **ratio**, rapport d'amplification.

Magnified, Amplifié, agrandi; — **photograph**, photographie agrandie.

Magnifier, Loupe, verre grossissant (voir **Amplifier**); agrandisseur.

to Magnify, Grossir; amplifier.

Magnifying glass, Verre grossissant; **magnifying mechanism**, dispositif amplificateur; **magnifying power**, grossissement (optique).

Magnitude, Grandeur, magnitude (astr.); — **range**, ordre de grandeur.

Mahogany, Acajou; — **veneer**, feuille d'acajou pour placage.

Mail, Poste; mailles de fer; — **boat**, courrier, paquebot postal.

Main, Grand, général, principal (adjectif); conducteur; tuyauterie, canalisation, conduite; **dead** —, canalisation sans courant (élec.); **equalizing** —**s**, conducteurs de compensation; **flow** —, tuyauterie de départ; **gas** —, conduite de gaz; **water** —, conduite d'eau; — **air inlet**, entrée d'air principale; — **beam**, grand balancier; maître bau (c. n.); — **bearing**, portée de l'arbre de la machine; — **bolt**, cheville ouvrière; — **breadth**, largeur au fort (c. n.); — **deck**, pont principal (N.); — **eccentric**, excentrique de distribution; — **feed**, alimentation générale; — **girder**, maîtresse poutre; — **gyro element**, élément sensible (compas gyroscopique); — **hold**, cale principale (N.); — **jet**, gicleur principal; — **keelson**, carlingue principale (c. n.); — **lever**, balancier d'une machine; — **line**, ligne, canalisation principale, secteur (élec.); — **link**, bielle, tige du parallélogramme; — **mast**, grand mât (N.); — **pedestal**, palier de l'arbre de la machine; — **piece**, safran (de gouvernail); — **pin**, cheville ouvrière d'un chariot; axe, tourillon des balanciers; — **pipe**, tuyau de conduite de vapeur; — **plate**, lame maîtresse; — **pump**, pompe royale (N.); — **rail**, rail fixe (d'un changement de voie); — **shaft**, arbre principal, arbre à manivelles; — **spring**, grand ressort; **tank**, réservoir principal; — **vault**, maîtresse-voûte.

Mainplane, Voilure (aviat.).

Mains, Ligne; conduites, canalisation principale; **electric** —, canalisations électriques, secteur; **gas** —, conduites de gaz;

water —, conduites d'eau; — frequency, fréquence d'alimentation.

Maintenance, Entretien (de matériel); conservation; — costs or expenses, frais d'entretien.

Major axis, Grand axe (d'une ellipse).

Make, A la fermeture (élec.).

Make and break, Interrupteur servant à mettre et à retirer le courant; rupteur; make and break current, courant intermittent; make and break mechanism, rupteur (auto).

to Make, Faire, construire, façonner; — clean, nettoyer; — even, planer, dresser, aplanir, affleurer, araser, mettre de niveau; — fast, amarrer; — flush, mettre de niveau; — good, réparer; — true, dresser, ajuster.

Maker, Fabricant; tool —, outilleur.

Makeshift, Expédient, de fortune.

Make up water or **Make up**, Eau d'appoint (chaud.).

Makeweight, Complément de poids.

Making, Confection, fabrication, production, construction; boiler —, chaudronnerie; bolt —, boulonnerie; cable —, câblerie; clock —, horlogerie; pattern —, modelage; steam —, production de vapeur; steel —, élaboration de l'acier; watch —, horlogerie; construction; — contact current, courant de fermeture (élec.); — iron, matoir (chaud.); — practice, technique de fabrication.

Malachite, Malachite.

Male, Mâle.

Maleinides, Maleinides (chim.).

Mall, Gros maillet, masse en fer.

Malleability, Malléabilité.

Malleable, Malléable; — castings, fonte malléable (objets en); — cast iron, fonte malléable; — iron, fer malléable.

to Malleate, Forger, mouler.

Mallet, Maillet; borer's —, marteau de forage; massette; driving —, maillet, mailloche.

Malonate, Malonate.

Malonic acid, Acide malonique.

Malonitrile, Nitrile malonique.

Maltese cross, Croix de Malte.

Malthens, Malthènes.

Man, Homme; — rope knot, cul-de-porc; old —, vieux ouvrages (min.); one —, individuel; man hole (voir **Manhole**).

to Manage, Diriger, installer.

Management, Manœuvre, conduite; organisation; general works —, direction générale des usines; production —, organisation de la production; scientific —, rationalisation.

Manager, Directeur de chantier (atelier); gérant.

Managing, Directeur; — directors, conseil d'administration.

Mandrel, Mandrin; expanding —, mandrin extensible; locking in —, serrage en mandrin; to drive in the —, enfoncer le mandrin.

Maneuvring, (Voir **Manœuvring**).

Mangachapuy, Mangachapuy (bois).

Manganese, Manganèse; — bronze, bronze au manganèse; — copper, cuivre au manganèse; — dioxide, bioxyde de manganèse; — oxide, oxyde de manganèse; — magnésie des peintres; grey — ore, manganite; red — ore, rhodonite; silico —, mangano-siliceux.

Manganite, Manganite.

Mangle, Machine à calandrer; — mangle rack or — wheel, crémaillère, roue transformant le mouvement circulaire continu en mouvement rectiligne alternatif; roue satellite.

Manhole, Trou d'homme; — **cover** or **door,** porte de trou d'homme.

Manifest, Manifeste (détail de la cargaison d'un navire); **load** —, manifeste de charge.

Manifold, Multip e; tuyauterie; tubulure; collecteur; claviature; **air** —, collecteur d'air, prise d'air (auto); **discharge** —, culotte de refoulement de compresseur; **ejector** —, collecteur d'échappement; **exhaust** —, collecteur, tuyauterie d'échappement; **induction** or **inlet** —, collecteur d'aspiration, tubulure d'admission; **silencer** —, collecteur des silencieux.

Manila, manilla, De Manille; — **line,** manille (cordage).

to Manipulate, Manipuler.

Manipulator, Manipulateur.

Man of war, Cuirassé (N.).

Manœuvrability or **Maneuverability,** Manœuvrabilité.

Manœuvrable, Manœuvrable.

to Manœuvre or **Maneuver,** Manœuvrer.

Manœuvring gear, Appareil de manœuvre.

Manograph, Manomètre enregistreur, manographe.

Manometer, Manomètre; **dial** —, manomètre à cadran; **mercurial** —, manomètre à mercure; **metallic** —, manomètre métallique.

Mantissa, Mantisse (d'un logarithme).

Mantle, Manchon (de bec de gaz à incandescence); manteau, fourreau; (de haut-fourneau).

Manually, A main; — **operated,** commandé, actionné à la main.

Manufacture, Industrie, manufacture, établissement (désuet); fabrication, produit manufacturé; — **of paper,** fabrication du papier.

to Manufacture, Manufacturer.

Manufactured, Manufacturé.

Manufacturing engineer, Constructeur mécanicien.

Manufacturing lathe, Tour de fabrication.

Manufacturing milling machine, Fraiseuse de fabrication.

Manufacturing process, Procédé de fabrication.

Manway, Trou d'homme.

Map, Carte; **1 000 000 scale** —, carte au millionième; **star** —, carte céleste; — **case,** porte-carte; — **holder,** porte-carte.

Maple, Érable; **rock** —, érable dur.

Mapping, Cartographie; **aerial** —, cartographie aérienne; **monotone** —**s,** applications monotones; **photogrammetric** —, cartographie photogrammétrique.

Marble, Marbre.

Margin, Marge, exédent; **power** —, excédent de puissance.

Marine, De marine; — **acid,** acide chlorhydrique; — **boiler,** chaudière marine; — **end,** extrémité de tige de piston profilé en T; tête de bielle type marine; tête en deux pièces; — **engine,** machine marine; — **oil,** huile marine; — **stores,** approvisionnements.

Mark, Marque, repère; trait; cote (d'un dessin); **bench** —, repère; **centre** —, coup de pointeau; **fiducial** —, marque-repère; **registration** —, marque d'immatriculation; **trade** —, marque déposée (commerce).

to Mark, Repérer, noter.

Marker, Marqueur, repère; **T. V. sweep** —, voir T. V.

Market, Marché; — **quotations,** cours, prix, cotation du marché.

Marketing expenses, Frais de vente.

Marking, Balisage; marquage; — **awl**, pointe à tracer; — **machine**, machine à marquer; — **off**, traçage; — **wheel**, molette imprimante.

Marl, Marne; mélange d'argile et de sable, maerl.

to Marl, Merliner, garnir de merlin.

Marlinspike, Épissoir.

Marlpit, Marnière.

Martempering, Trempe différée martensitique; trempe bainitique inférieure.

Martensite, Martensite.

Martensitic, Martensitique; — **steel**, acier martensitique.

to Mash, Brasser.

Mashing, Brassage.

Mask, Masque; **gas** —, masque à gaz; **filter cartridge of a gas** —, cartouche filtrante d'un masque à gaz; **oxygen** —, masque à oxygène.

Masking, Effet de masque.

Mason, Maçon; — **work**, maçonnerie, maçonnage.

Masonry, Maçonnerie, ouvrage en pierres.

Masout, Mazout.

Mass, Masse; **balance** —, masse d'équilibrage; **critical** —, masse critique; **sub-critical** —, masse sous-critique; — **assembly**, montage en série; **to** — **produce**, fabriquer en série; — **production**, fabrication en grandes séries; — **spectrometer**, spectromètre de masse; — **spectrometry**, spectrométrie de masse; — **spectrum**, spectre de masse.

Massicot, Massicot (plomb).

Mast, Mât (N.); **bipod** —, mât bipode; **main** —, grand mât; **mooring** —, mât d'amarrage; — **crane**, bigue, grue ciseau, grue à mâter; — **hole**, trou d'étambrai; cheminée de mât métallique.

to Mast, Mâter.

three, four Masted, A trois, quatre mâts (N.).

Master, Capitaine (mar. marchande), principal (adjec.); —**'s certificate**, brevet de capitaine au long cours; **coasting** —**'s certificate**, brevet de capitaine au cabotage; — **compass**, compas principal (compas gyroscopique); — **cylinder**, cylindre moteur; — **switch**, interrupteur général.

Mastic, Mastic, ciment; **asphalt** —, ciment à l'asphalte.

Masthouse, Mâture (atelier).

Masting, Mâtage (N.).

Mastyard, Mâture (atelier).

Mat, Paillet, sangle; **air** —, matelas d'air.

Matching, Adaptation; **impedance** —, adaptation d'impédance; — **stub**, stub d'équilibrage.

Material, Matière, matériel, matériau; **active** —, matière active (accus); **dropping active** —, matière active qui tombe (accus); **engineering** —**s**, matériaux de construction; **fettling** —, matériau d'addition; **mechanics of** —**s**, résistance des matériaux; **raw** —, matière première; **refractory** —, matériau réfractaire; **through the** —, dans la masse.

Materials, Matériaux; **building** —, matériaux de construction; **fettling** —, matériaux d'addition; **foreign** —, matières étrangères; **insulating** —, matières isolantes; **resistance of** —, résistance des matériaux.

Mathematical, Mathématique (adjectif).

Mathematics, Mathématiques; **abstract** —, mathématiques pures; **applied or mixed** —, mathématiques appliquées.

Matric equation, Équation matricielle.

Matrices, Matrices (math.); **commuting** —, matrices commutantes; **permutation** —, matrices de permutation.

Matrix, Forme, matrice; — **analysis,** analyse matricielle.

Matt, Mat, non brillant; — **surface paper,** papier mat (photo).

Matte, Matte (mét.); **molten** —, matte fondue.

Mattock, Hoyau, pic, pioche.

Mattress, Matelas; **air** —, matelas d'air.

Maul, Masse (gros marteau); **pin** —, moine, masse pointue.

Maximum, Maximum; — **cut out,** disjoncteur à maximum; — **height,** hauteur libre (mach.-outil); — **value,** amplitude.

Maxwell rule or **corkscrew rule,** Règle de Maxwell ou du tire-bouchon.

Mb, 1000 Btu.

Mbh, 1000 Btu par heure.

Mc., Megacycle (Mégacycle).

mcw, modulated continuous waves (ondes entretenues modulées).

to Meal, Pulvériser.

Mealed powder, Pulvérin.

Mealing, Pulvérisation.

Mean, Moyen; moyenne; — **aerodynamic centre,** centre de poussée moyen; — **draught,** tirant d'eau moyen; — **length of chord,** profondeur moyenne; — **speed,** vitesse moyenne; **geometric** —, moyenne géométrique.

Measure, Mesure; cubage; jaugeage (commerce); — **brief,** certificat de jaugeage; — **goods,** marchandises de cubage, d'encombrement; — **ton,** tonneau d'encombrement.

to Measure, Jauger; mesurer.

Measurement, Jaugeage (commerce), dimension; encombrement (marchandises) (voir **Measure**); **measurements of a ship,** dimensions d'un navire.

Measuring, Mesurage; — **apparatus,** appareil de mesure; — **instruments,** instruments de mesure; — **rod,** pige; — **tape,** décamètre.

Mechanic, Artisan, ouvrier; mécanicien (Etats-Unis); **garage** —, mécanicien de garage; **stoker** —, ouvrier chauffeur.

Mechanical, Mécanique (adjectif); **electro** —, électromécanique; — **axis,** axe mécanique; — **breaker,** rupteur mécanique; — **drawing,** dessin industriel; — **efficiency,** rendement mécanique; — **handling,** manutention mécanique; — **press,** presse mécanique; — **rectifier,** redresseur mécanique; — **scanning,** balayage mécanique; — **work,** travail moteur.

Mechanically, Mécaniquement;— **operated,** à commande mécanique; — **operated valve,** soupape commandée.

Mechanics, Mécanique (science); **abstract** —, mécanique rationnelle; **celestial** —, mécanique céleste; **fluid** —, mécanique des fluides; **precision** —, mécanique de précision; **quantum** —, mécanique quantique; **soil** —, mécanique des sols; **wave** —, mécanique ondulatoire; — **of materials,** résistance des matériaux.

Mechanisation, Mécanisation.

Mechanised, Mécanisé.

Mechanism, Mécanisme; **change over** —, appareil de substitution (moteur à huile); **controlling** —, dispositif de rappel (ch. de fer); **feed** —, mécanisme d'avance (mach.-outil); **flexible wire** —, transmission par fils flexibles.

Mechanization, Mécanisation.

Mechanized, Mécanisé.

Media, pluriel de **Medium.**

Medium, Milieu (physique); moyenne (math.); moyen, instrument; **heavy** —, en milieu lourd; **quenching** —, bain de trempe.

Medullary, Médullaire; — **ray,** rayon médullaire.

Meehanite, Meehanite.

Megacycle, Mégacycle.

Megadyne, Unité de force : un million de dynes.

Megatron, Mégatron.

Megerg, Unité de travail : un million d'ergs.

Megger, Megohmmètre.

Megohm, Unité de résistance électrique; un million d'ohms.

Megomit, Mégomite (mica à la gomme-laque).

Meidinger cell, Élément de Meidinger (élec.).

Melinite, Mélinite.

to Melt, Fondre.

Melting, Fonte, fusion; élaboration (de l'acier); **fractional** —, fusion fractionnée; — **furnace,** fourneau de fusion; — **house,** fonderie; — **point** or **M. P.,** point de fusion; — **pot,** creuset.

Member, Membrure; **cross** —, traverse; **tension** —, tirant.

to Mend, Réparer.

Mending, Réparation.

Meniscus, Ménisque.

M. E. P., Mean effective pressure, Pression effective moyenne.

Mercantile, Marchand, de commerce; — **navy,** marine marchande, marine de commerce.

Mercaptan, Mercaptan.

Mercaptol, Mercaptol.

Mercerization, Mercerisation.

Merchandise, Trafic, commerce; marchandise.

Merchant, Marchand, marchand en gros, négociant en gros (importateur ou exportateur); — **ship,** navire marchand, navire de commerce; — **steel,** acier marchand.

Merchantman (voir **Merchant ship**).

Mercurial, A mercure, produit mercuriel; — **steam gauge or manometer,** manomètre à mercure.

Mercuric, Mercurique; — **chloride,** chlorure de mercure.

Mercurous, Mercureux.

Mercury, Mercure; **amidochloride of mercury,** chloramidure de mercure; **fulminate of** —, fulminate de mercure; **oxide of** —, oxyde de mercure; — **arc,** arc au mercure; — **arc rectifier,** redresseur à vapeur de mercure; — **cathode,** cathode de mercure; — **discharge lamp,** lampe à vapeur de mercure; — **jet interrupter,** interrupteur à mercure (élec.); — **lamp or** — **vapour lamp,** lampe à vapeur de mercure; **quartz** — **lamp,** lampe à vapeur de mercure à ampoule de quartz; **short arc** — **lamp,** lampe à vapeur de mercure à arc court; — **ore,** minerai de mercure; — **pool,** bain de mercure; — **pool rectifier,** redresseur à bain de mercure; — **sulphate,** sulfate mercureux; — **switch,** interrupteur à mercure; — **vapour rectifier,** redresseur à vapeur de mercure.

Merger, Fusion de deux ou plusieurs sociétés.

Meridian, Méridien (géogr.); **geographic** —, méridien géographique; **magnetic** —, méridien magnétique; — **of Paris,** méridien de Paris.

Mesh, Maille; 100 **gauge** —, tamis de 100; fine — **screen,** crible à mailles fines; **in** —, en prise (engrenages; roues); — **circuit,** circuit en triangle; — **con-**

nection, montage en polygone, en triangle (élec.); **to put into** —, engrener.

to Mesh, Engrener, endenter.

Meshed, A mailles; endenté; engrené; **fine** —, à mailles fines; **narrow** —, à mailles étroites; **wide** —, à larges mailles.

Meshing, Engrènement; — **point,** point d'engrènement.

Meson, Méson; **mu** —, méson léger; **negative** —, méson négatif; **neutral** —, méson neutre; **pi** —, méson lourd; **pseudoscalar** —, méson pseudoscalaire; **scalar** —, méson scalaire; — **field,** champ mésique.

Mesotron, Mésotron.

Mesothorium, Mésothorium.

Metabolic, Métabolique.

Metabolism, Métabolisme.

Metacenter, Métacentre (c. n.).

Metacentric height, Hauteur métacentrique.

Metage, Pesage (droit à payer)

Metal, Métal; matte; cailloutis empierrement, macadam; **Admiralty** —, métal Amirauté (utilisé pour les tubes de condenseur; 70 % de cuivre; 29 % de zinc, 1 % d'étain); **alkaline earth** —, metal alcalino-terreux; **all** —, entièrement métallique; **antifriction** —, métal antifriction; **antimagnetic** —, métal antimagnétique; **Babbit's** —, métal antifriction (voir **Babbit**); **base** —, métal de base; **bath** —, tombac (alliage de 1/8° de zinc et de 7/8° de cuivre); **bell** —, bronze de cloches; **bell** — **ore,** stannite; **blue** —, matte blanc, matte concentrée (60 % de cuivre); **Britannia** —, métal blanc, métal anglais; **bush** —, métal pour coussinets; **close** —, matte serrée; **ceramic** — **s,** (or **cermets**) métaux céramiques; **coarse** —, matte brute; **delta** —, métal delta; **drain** —, écheneaux;

résidus de métal; **dutch** —, clinquant; **expanded** —, métal déployé; **extruded** —, métal tréfilé, étiré; **filler** —, métal d'apport (soudure); **gun** —, bronze; **hot** —, fonte liquide; **light** —, métal léger; **magnetic** —, métal magnétique; **non ferrous** —, métaux autres que le fer; **perforated** —, métal perforé; **pimple** —, matte vésiculeuse; **powdered** —, métal fritté; **structural** —**s,** métaux de construction; **vein of** —, filon, veine (mines); **white** —, métal blanc; antifriction, régule; — **calciner,** four de grillage des mattes; — **clad,** cuirassé; en cellule métallique; — **gauze,** toile métallique; — **oxide,** oxide métallique; — **particle,** particule de métal; — **powder,** poudre métallique; — **slag,** scorie de métal; — **spray** or **spraying** métallisation; — **stone,** cailloutis; — **worker,** ouvrier métallurgiste; **to scour** —**s,** décaper.

to Metal, Empierrer, macadamiser (route); doubler (carène).

Metalation, Métalation.

Metallic, Métallique; — **capsule,** capsule métallique; — **manometer,** manomètre métallique; — **packing,** garniture métallique; **bi** — **strip,** bilame.

Metalliferous, Métallifère.

white Metalling, Régulage.

Metallized, Métallisé; — **fabric,** toile métallisée; — **glass** verre métallisé

Metallizing, Métallisation.

Metallographic, Métallographique.

Metallography, Métallographie.

Metalloid, Métalloïde.

Metallurgic or **metallurgical,** Métallurgique; — **equilibria,** équilibres métallurgiques.

Metallurgist, Métallurgiste.

Metallurgy, Métallurgie; **electro —,** électrométallurgie; **powder —,** métallurgie des poudres.

Metaphosphate, Métaphosphate.

Metastable, Métastable.

Mete, Mesure; **— stick,** tige graduée, niveau; **— yard,** mesure.

to Mete, Mesurer.

Meteorological, Météorologique; **— forecasts,** prévisions météorologiques.

Meteorologist, Météorologiste.

Meteorology, Météorologie.

Meter, Compteur; mètre; appareil de mesure; **air or air flow —,** compteur d'air; **angle —,** goniomètre; **branch —,** compteur de branchement; **direct reading —,** compteur à lecture directe; **drift —,** dérivomètre; **exposure —,** posomètre; **flow —,** indicateur de débit; **fluidity —,** appareil de mesure de la fluidité; **gyroscopic —,** compteur gyroscopique; **hour —,** compteur horaire; **gas —,** compteur à gaz; **integrating —,** compteur totalisateur; **mobility —,** appareil de mesure de la mobilité; **motor —,** compteur moteur; **photoelectric —,** photomètre photoélectrique; **motor —,** compteur moteur; **polyphase —,** compteur polyphasé; **single phase —,** compteur monophasé; **sound level —,** appareil de mesure du bruit; **three phase —,** compteur pour courants triphasés (élec.); **time —,** compteur de temps; **torsion —,** indicateur de torsion; **watthourmeter —,** compteur de watts-heure, wattheuremètre; **Z —,** impédancemètre; n **— band,** bande des n mètres (T. S. F.); **— bridge,** pont à curseur; pont à fil divisé.

Metering, Essai, mesure, comptage; **— dial,** cadran de mesures; **— pump,** pompe à débit mesuré; **— screen,** vis de réglage, vis de mesure; **— stud,** bloc d'essai.

Methacrylate, Méthacrylate; **polymethyl —,** méthacrylate polyméthylique.

Methacrylic acid, Acide méthacrylique.

Methadon, Méthadone.

Methane, Méthane; grisou.

Methanol, Méthanol.

Method, Méthode; **balanced —,** méthode du zéro; **dry —,** voie sèche (chimie); **null —,** méthode du zéro; **shadow —,** méthode des ombres; **spectrographie —,** méthode spectrographique; **substitution —,** méthode de substitution; **zero —,** méthode du zéro.

Methylated spirits, Alcool dénaturé.

Methyl, Méthyle; **— alcohol,** alcool méthylique; **— bromide,** bromure de méthyle; **— esther,** éther méthylique; **— sulphide,** sulfure de méthyle.

Methylesters, Esters méthyliques.

Methylic, Méthylique; **— alchohol,** alcool méthylique.

Metric, Métrique; **— system,** métrique; **— ton,** tonne métrique; **— wave,** onde métrique.

Metrical, Métrique; **— camera,** chambre métrique; **— pitches,** pas métriques.

m. f., medium frequency, (Moyenne fréquence).

M. G. set, Groupe moteur générateur.

Mho, Unité de conductance (élec.); inverse d'Ohm (élec.).

Mhys, Abréviation pour microhenrys.

Mica, Mica; **— capacitor,** condensateur au mica; **— flakes,** écailles de mica; **— foil,** feuille de mica; **— sheet,** plaque de mica; **— tape,** ruban de mica; **— washer,** rondelle de mica.

Micanite, Micanite.

Micellar, Micellaire; — charge, charge micellaire.

Micelles, Micelles; lamellar —, micelles lamellaires; soap —, micelles de savon.

Micro, Millionième, micro; — ammeter, microampèremètre; — analyser, microanalyseur; — analysis, microanalyse; — calorimeter, microcalorimètre; — chemistry, microchimie; — constituent, microconstituant; — cosmic salt, phosphate acide double d'ammoniaque et de soude; — determination, microdosage; — distillation, microdistillation; — drilling, microperçage; — estimation, microdosage; — farad, microfarad, unité de capacité électrique, un millionième de farad; — film, microfilm; — filtration, micro-filtration; — graph, micrographie; electron — graph, micrographic électronique; — groove, microsillon (disque); — hardness, microdureté; — henry (pluriel microhenries), microhenry; — indentation test, essai de microdureté; — indenter, appareil à microempreintes; — interferometer, micro-interféromètre; — meter, micromètre; — meter dial, cadran micrométrique; — meter gauge, pied à coulisse; — meter inside, jauge micrométrique; — meter screw, vis micrométrique; — meter spindle, broche micrométrique; pneumatic — meter, micromètre pneumatique; spark — meter, micromètre à étincelles; — metric, micrométrique; — metric scale, graduation micrométrique; — ohm, unité de résistance électrique, un millionième d'ohm; — phone, microphone; cardioid — phone, microphone à diagramme en forme de cœur; contact — phone, microphone à contact; crystal — phone, microphone à cristal; diaphragmless — phone, micro-

phone sans diaphragme; differential — phone, microphone differentiel; carbon dust — phone, microphone à charbon; granular or granulated carbon — phone, microphone à grenaille; magnetostriction — phone, microphone à magnétostriction; moving coil — phone, microphone à bobine mobile; hot wire — phone, microphone à fil chaud; — photogrammetry, microphotogrammétrie; — photometer, microphotomètre; — radiography, microradiographie; — scope, microscope; — scope objective, objectif de microscope; binocular — scope, microscope binoculaire; blink — scope, microscope à clignotement; electron — scope, microscope électronique; proton — scope, microscope à protons; reading — scope, microscope de lecture; X rays — scope, microscope à rayons X; — scopic, microscopique; — scopy, microscopie; phase contrast — scopy, microscopie par contraste de phases; electron — scopy, microscopie électronique; — second, microseconde; — structure, microstructure; — switch, microinterrupteur; — synthesis, microsynthèse; — wave, onde ultra-courte, microonde, onde ultrahertzienne; — weighing, micropesée.

Micron, Micron.

Mid, Au milieu de; mi; — course, mi-course; — section, section médiane; — way, mi-course.

Middle, Milieu; — line, axe, ligne milieu; — line keelson, carlingue centrale (c. n.); — section, maîtresse-partie (c. n.); — shaft, arbre intermédiaire.

Middleman, Intermédiaire.

Midget relay, Relais nain.

Midget valve, Lampe miniature (T. S. F.).

Midship, Du milieu du navire, central; — **bend,** maître-couple (c. n.); — **frame,** maître-couple (c. n.).

Migration, Migration (chimie).

Mike, Microphone.

Mil, Millième de pouce anglais (0,0254 mm); **circular** —, unité de mesure de la section transversale de tiges, tubes, fils, etc.; surface d'un cercle de 1 mil (un millième de pouce) de diamètre (0,000506 mm); **square** —, surface d'un carré ayant 1 millième de pouce de côté; **square** —, = **circular** — × 0,7854; — **foot,** fil de 1 foot ayant un diamètre de 1 mil.

Mild, Doux; — **steel,** acier doux.

Mile, Mille (unité de mesure, voir Tableaux); **geographical** —, mille marin (1853,154 m); **marine** —, mille marin; **measured** —, base (mesure pour essais de vitesse, N.); **measured mile,** base (.....); mille géométrique; **nautical** —, mille marin; (voir Tableaux); **statute** —, 1809,3140 m.

Mileage, Équivalent pour le « mile », du « kilométrage »; — **rate,** tarif kilométrique.

Mill, Moulin, usine; fabrique, filature, tissage; laminoir; broyeur; malaxeur; train de laminage; fraise (voir aussi **Cutter**); **amalgamating** —, moulin à amalgamer; **ball** —, broyeur à boulets; **beating** —, calandre; **billet** —, train à billettes; **billet continuous** —, train continu à billettes; **blooming rolling** —, laminoir ébaucheur (forge); **boring** —, tour à aléser; **boring and turning** —, tour-alésoir; **upright boring** —, alésoir vertical; **vertical boring** —, tour vertical, tour-alésoir; **cement** —, broyeur à ciment; **clay** —, moulin à argile; **cluster** —, train à cylindres d'appui; **cogging** —, train ébaucheur; **cold rolling** —, laminoir à froid; **continuous** —, train continu; **continuous rod** —, train machine continu; **continuous strip** —, train continu à bandes; **cotton** —, filature de coton; **crushing** —, machine à broyer; **disc** —, laminoir à roues; **drawing** —, tréfilerie; **edge** —, broyeur à meules verticales; **flour** —, minoterie; **four high** —, laminoir quarto; **gunpowder** —, poudrerie; **hosiery** —, usine de bonneterie; **looping** —, train à boucle; **merchant** —, laminoir à fers marchands; **mortar** —, malaxeur pour mortier; **paper** —, papeterie; **piercing** —, laminoir perceur; **pounding** —, bocard; **puddle rolling** —, train ou laminoir ébaucheur; **pulp** —, moulin à pulpe; **reversing** —, train réversible; **rod** —, laminoir à fil machine, train machine; broyeur à barres; **sheet** —, train à bandes; **slabbing** —, train à brames; **slitting** —, fenderie; **spinning** —, filature; **steam** —, moulin à vapeur; **steel** —, aciérie; **strip** —, train à bandes, train à feuillards; **structural** —, train à profilés; **temper** —, lami- noir à froid; **thin sheet** —, laminoir à tôles fines; **three high** —, laminoir trio; **turning** —, tour vertical; **turning** — **with one, two uprights,** tour vertical à un, deux montants; **two high** —, laminoir duo; **water** —, moulin à eau; **wire** —, tréfilerie; — **bar,** acier ébauché plat; — **board,** fort carton; — **cog,** dent, aluchon; — **dam,** vanne, écluse de moulin; — **furnace,** four à réchauffer; — **hand,** ouvrier de filature; — **hopper,** trémie; — **scales,** écailles de laminage; — **stone,** meule de moulin; pierre meulière; — **stone quarry,** meulière; — **stone grit,** couche de pierre meulière.

to Mill, Moudre; fraiser; traiter (un minerai); **to** — **circularly,** fraiser circulairement; **to** — **off,** enlever à la fraise.

Milled, Denté, guilloché, moleté; — edge, bord moleté; — nut, écrou guilloché.

Miller, Fraiseuse (voir **Milling machine**); bench —, fraiseuse d'établi; contour —, fraiseuse à reproduire; engraving —, fraiseuse à graver; flour —, minotier; gear —, fraiseuse à tailler les engrenages; handspike —, fraiseuse à levier; plain —, fraiseuse simple; planer type —, fraiseuse-raboteuse; ram type —, fraiseuse à console; rotary table —, fraiseuse à table circulaire; screw head countersink —, machine à fraiser les têtes de vis; slab —, châssis à scier; universal —, fraiseuse universelle.

Milliampere, Milliampère.

Milliamperemeter, Milliampèremètre; standard —, milliampèremètre étalon.

Millibar, Millibar.

Milliliter, Millilitre.

Milling, Fraisage, traitement (d'un minerai); face —, surfaçage à la fraise; — arbor, mandrin de fraisage; — cutter, fraise (voir **Cutter**); — head, tête de fraisage; — machine, fraiseuse; automatic — machine, fraiseuse automatique; column and knee of a — machine, bâti et console d'une fraiseuse; copying — machine, tour à fraise à copier, fraiseuse à reproduire; keyway — machine, machine à fraiser les rainures; knee and column — machine, machine fraiseuse à console; edge — machine, chanfreineuse; hand — machine, fraiseuse à main; manufacturing — machine, fraiseuse de fabrication; plain — machine, fraiseuse simple; portable — machine, fraiseuse portative; profiling — machine, fraiseuse à reproduire, à copier; propeller — machine, machine à fraiser les hélices; spindle of a —

machine, broche d'une fraiseuse; double spindle — chine, fraiseuse à deux broches; horizontal or horizontal spindle — machine, fraiseuse horizontale; single spindle — machine, machine à broche unique; vertical spindle — machine, fraiseuse à broche verticale, fraiseuse verticale; thread — machine, machine à fileter à la fraise; long thread — machine, machine à fraiser les filetages longs; short thread — machine, machine à fraiser les filetages courts; tool or toolroom — machine, fraiseuse d'outillage; vertical — machine, fraiseuse verticale; — shoe, sabot denté, sabot de fraisage.

Million, Million.

Millionth, Millionième.

Millivoltmeter, Millivotmètre; standard —, millivoltmètre étalon.

Milliwattmeter, Milliwattmètre.

Milliwright work, Atelier de petit outillage.

Mine, Mine; minerai; mine sous-marine; alum —, alunière; anchored —, mine ancrée; coal —, mine de houille; colliery viewer, inspecteur des mines; contact —, mine de contact; floating —, mine flottante, dérivante; gold —, mine d'or; iron —, mine de fer; lead —, mine de plomb; magnetic —, mine magnétique; metallic —, mine métallique; open pit —, mine à ciel ouvert; plastic —, mine en plastique; submarine —, mine sous-marine; — anchorage, crapaud; — buoy rope, orin; — burner, grilleur de minerai; — car, berline de mine; — car tippler, culbuteur de berlines; — chamber, fourneau de mine; — detector, détecteur de mines; — digger, mineur; — firing pin, antenne; — head, carreau de la mine; — hoist, machine d'extraction;

— **horn**, antenne; — **laying**, mouillage de mines; — **laying plane**, avion mouilleur de mines; **laying ship** or — **layer**, mouilleur de mines (N.); — **locomotive**, locotracteur de mine; — **plant**, installation minière; — **plummet**, plomb de sonde; — **pump**, pompe d'exhaure ou d'avaleresse; — **shaft**, puits de mine; — **sinker**, crapaud; — **tub**, berline de mine; — **sweeper**, dragueur de mines; **to spring a** —, faire sauter une mine; **to work a** —, exploiter une mine.

to Mine, Miner, saper, creuser, extraire (un minerai...).

Mined, Miné, sapé, extrait.

Miner, Mineur; **mechanical** —, haveuse mécanique; —**'s auger**, sonde à tarière, trépan; — **crow**, griffe, barre à mine; — **implements**, outils de mineur; — **pick**, pic à langue de bœuf; — **pitching tool**, pointerolle; — **pinching bar**, pied de biche; — **tools**, outils de mineur.

Mineral, Minéral; — **carbon**, charbon minéral; — **oil**, huile minérale; — **waters**, eaux minérales; — **wool**, laine minérale.

Mineralite, Minéralite.

Mineralization, Minéralisation.

to Mineralize, Minéraliser.

Mineralogic or **mineralogical**, Minéralogique.

Mineralogist, Minéralogiste.

Mineralogy, Minéralogie.

to Mingle, Mêler, mélanger.

Minimal function, Fonction minimale (math.).

to Minimise, Réduire à un minimum.

Minimum, Minimum; — **cut out**, disjoncteur à minimum.

Mining, Travail dans les mines; abatage, extraction; exploitation des mines; art d'exploiter les mines; extraction (d'un minerai...) **coal** —, exploitation de houillère; **continuous** —, exploitation continue; **hydraulic** —, abattage hydraulique; — **company**, société d'exploitation minière; — **drill**, fleuret de mine, trépan; — **machine**, hâveuse mécanique; — **machinery**, outillage des mines; — **motor**, moteur de mine.

Minium, Minium; — **joint**, joint au minium.

Minor axis, Petit axe (d'une ellipse).

Mint, Monnaie.

to Mint, Monnayer.

Minus, Moins; pôle négatif.

Minute, Minute.

Mirror, Miroir (opt.); **concave** —, miroir concave; **convex** —, miroir convexe; **flat** —, miroir plat; **parabolic** —, miroir parabolique; **rear view** —, rétroviseur; — **finish**, fini spéculaire.

Misaligned, Non aligné.

Misalignment, Mauvais alignement.

Miscellaneous, Divers.

Miscible, Miscible.

Misfire or **Missfire**, Raté (d'inflammation, d'allumage).

to Misfire, Avoir des ratés.

Mismatching, Désadaptation; **impedance** —, désadaptation d'impédance; — **factor**, facteur de réflexion, facteur de transition.

Misscarriage, Manquant (ch. de fer).

guided Missile, Projectile téléguidé, radioguidé.

Mist, Brouillard; **hydrocarbon** —, brouillard d'hydrocarbure.

Mitre, Onglet (men.); conique; — **clamp**, assemblage à onglet; — **cut**, coupe d'onglet; — **gate**, porte busquée; — **gear**, engrenage à chevrons; — **joint**, assemblage à onglet; — **valve**, soupape conique; — **wheel**, roue d'angle.

to **Mitre**, Assembler, tailler à onglet.

Mitred, A onglet.

to **Mix**, Mélanger, malaxer; gâcher (plâtre...); **to mix the ores and fluxes**, mélanger les minerais et les fondants (mét.).

Mixer, Malaxeur; diffuseur (auto); mélangeur; **concrete** —, malaxeur à béton; bétonnière; **counterflow** —, malaxeur à contre-courant; **rapid action** —, malaxeur à action rapide; **tilting drum** —, malaxeur à tambour basculant; **triple cone** — malaxeur à triple cône; **truck** —, camion bétonnière; — **stage**, voir **Stage**.

Mixing, Mixage (T. S. F.), malaxage, gâchage, mélange; — **capacity**, capacité de malaxage; — **drum**, mélangeur; — **trough**, cuve à mélanger.

Mixture, Mélange; **bituminous** —, mélange bitumineux; **explosive** —, mélange détonant; **freezing** —, mélange réfrigérant; **gaseous** —, mélange gazeux; — **temperature**, température de mélange.

mL, Millilambert.

M. M. F. (Magnetomotive force), Force magnétomotrice.

Moat, Cuve; **annuler** —, cuve annulaire.

Mobility, Mobilité.

Mockup, Maquette, modèle.

Modal, Modal; maquette; — **logic**, logique modale.

Model, Modèle; maquette; **molecular** —s, modèles de molécules; **scale** —, modèle à l'échelle; — **loft**, atelier des modèles.

to **Model**, Modeler.

Modeler, Modeleur (fond.).

Modelling, Modelage; **core** —, échantillon de noyau (fond.); **dead head** —, échantillon pour la masselotte (fond.); — **board**, gabarit, échantillon (fond.).

Moderator, Modérateur.

Moderability, Modérabilité (frein.)

Modernization, Modernisation.

Modul, Coefficient, module; — **of elasticity**, coefficient d'élasticité.

to **Modulate**, Moduler.

Modulated, Modulé; **amplitude** —, modulé en amplitude; **frequency** —, modulé en fréquence; — **impulsion**, impulsion modulée; — **wave**, onde modulée.

Modulation, Modulation; **absorption** —, modulation par absorption; **amplitude** —, modulation d'amplitude; **brilliance** —, modulation de brillance; **cathode** —, modulation de courant cathodique; **constant current** —, modulation à courant constant; **double** —, double modulation; **dual** —, modulation suivant deux types différents; **frequency** —, modulation de fréquence; **frequency** — **transmitter**, émetteur à modulation de fréquence; **intensity** —, modulation en intensité; **pulse code** —, modulation par nombre d'impulsions; **pulse frequency** —, modulation en fréquence d'impulsions; **pulse time** —, modulation en époque des impulsions.

Modulating, De modulation; — **electrode**, électrode de modulation.

Modulator, Modulateur; **reactance** —, modulateur à réactance.

Modulometer, Modulomètre.

Modulus (pluriel **Moduli**), Rendement d'une machine; coefficient, module; **bulk** —, module de compression; **module de masse; Young's** —, module de Young; — **of elasticity**, module d'élasticité.

Mohs scale, Échelle de Mohs (mines).

Moisture content, Teneur en eau.

Mol, Masse moléculaire; molécule-gramme.

Molasses, Mélasses; **cane —,** mélasses de cannes.

Molave, Molave (bois).

Mold (voir **Mould**), Moule (fond.); **— board,** lame de bulldozer; **— box,** châssis de moulage.

to Mold (voir **Mould**).

Molded (voir **Moulded**).

Mole, Môle.

Molding, voir **Moulding**.

Mole, Gram molecule (molécule-gramme).

Molecular, Moléculaire; **sub, —** sous-moléculaire; **— glands,** manchons moléculaires; **— models,** modèles de molécule; **— pump,** pompe moléculaire; **— rearrangement,** transposition moléculaire; **— structure,** structure moléculaire; **— weight,** poids moléculaire.

Molecule, Molécule; **diatomic —,** molécule diatomique; **— flow,** écoulement moléculaire.

Molten, Fondu, en fusion; **— lead,** plomb fondu.

Molybdate, Molybdate.

Molybdenate, Molybdénate.

Molybdenite, Molybdénite.

Molybdenum, Molybdène; **— steel,** acier au molybdène **— disulphide,** bisulfure de molybdène

Molybdic acid, Acide molybdique.

Moment, Moment (méc.); **bending —,** moment fléchissant; **dipole —,** moment dipolaire; **magnetic —,** moment magnétique; **quadruple —,** moment quadrupolaire; **righting —,** moment redresseur; **twisting —,** moment de torsion; **— of inertia,** moment d'inertie.

Momentary current, Courant instantané (élec.).

Momentum, Moment, impulsion.

Monatomic, Monoatomique.

Monaural, Monoauriculaire.

Monel, Monel (alliage nickel-cuivre).

Monetary, Monétaire.

Money, Argent; **ready —,** argent comptant.

Monitor, Lanterneau; buse à jet d'eau; monitor (N.); indicateur de contrôle; **— lathe,** tour revolver; **— receiver,** récepteur de contrôle.

Monitoring, Commande, contrôle, appareil de contrôle, régulation; **visual —,** contrôle visuel; **— chamber,** chambre régulatrice.

Monk, Moine (mines).

Monkey, Mouton, bélier, sonnette à main (pour enfoncer les pieux) trou de coulée du laitier; **— block,** petite poulie à émerillon; **— spanner,** clef anglaise; **— walls,** parois de décrassage; **— wrench,** clef anglaise.

Mono, Mono; **— bloc,** monobloc; **— chloric acid,** acide monochlorique; **— chloride,** monochlorure; **— chloroacetic acid,** monochloracétique; **— chromatic,** monochromatique; **— chromatic light,** lumière monochromatique; **— chromide,** monochromure; **— cline,** monoclinal; **— clinic,** monoclinique; **— coque,** monocoque; **semi — coque,** semi-monocoque; **— energetic,** monoénergétique; **— glyceride,** monoglycéride; **— layer,** monocouche; **— mer,** monomère; **— meric state,** état monomère; **— photal,** monophote; **— plane,** monoplan; **— poly,** monopole; **— rail,** monorail; **— spar,** monolongeron, longeron unique; **— scope,** monoscope; **— symmetrical,** monosymétrique; **— tone,** monotone; **— tone mappings,** applications monotones (math.); **— tron,** monotron; **— valve,** mono-soupape; **— xide,** monoxyde; **carbon — xide,** oxyde de carbone.

Monotonic function, Fonction monotone.

Monthly, Mensuel; — **average,** moyenne mensuelle.

Montmorillonite, Montmorillonite.

Mooned, En croissant.

Mooring, Mouillage, amarrage (N.); — **hook,** crochet, ancre d'amarrage; — **mast,** mât d'amarrage; — **tower,** tour d'amarrage.

Mordicant, Mordant, corrosif.

Mordication, Corrosion.

Morra, Morra (bois).

Morse taper, Cône Morse (mach.-outil).

Mortar, Mortier; **air** —, mortier aérien; **cement** —, mortier de ciment; **grubstone** —, béton; **rocket** —, mortier à fusées; — **bumb,** bombe de mortier; — **mill,** malaxeur pour mortier.

Mortgage, Gage, hypothèque, nantissement.

to Mortgage, Mettre en gage, hypothéquer.

Mortgagee, Créancier sur nantissement.

Mortgager, Débiteur sur nantissement.

Morticed, Assemblé à mortaise. (Voir **Mortised**).

Mortise, Mortaise, entaille; — **bolt,** mandrin cannelé (pour achever une mortaise); — **gauge,** trusquin; — **chisel,** bédane; **to assemble by** — **s,** enter.

to Mortise, Mortaiser.

Mortised, Mortaisé.

Mortising machine, Machine à mortaiser, mortaiseuse.

Mosaic, Mosaïque.

Mosaics, Photoplan.

Mosciki condenser, Condensateur Mosciki.

Motion or **movement,** Mouvement (mécanique); **ahead** —, marche en avant; **accelerated** —, mouvement accéléré; **alternate** —, mouvement de va-et-vient; **angular** —, mouvement angulaire; **back** —, mouvement de rappel; **eccentric** —, commande par excentrique; **equable** —, mouvement uniforme; **oscillatory** —, mouvement oscillatoire; **pendulum like** —, mouvement pendulaire; **reciprocating** —, mouvement alternatif; **rectilinear** —, mouvement rectiligne; **rotary** —, mouvement circulaire; **rotatory** —, mouvement de rotation; **slow** —, ralenti (cinéma); **taking** —, mouvement louvoyant (mach.-outil); **to and fro** —, mouvement de va-et-vient; **uniform** —, mouvement uniforme; **uniformly accelerated** —, mouvement uniformément accéléré; **uniformly retarded** —, mouvement uniformément retardé; **uniformly variable** —, mouvement uniformément varié; — **bars,** coulisseau du té (loc.); — **link,** guide du parallélogramme; — **pictures,** cinématographie; — **picture apparatus,** appareil cinématographique; — **shaft,** arbre du parallélogramme; — **siderod,** bielle du parallélogramme; **to set in** —, mettre en mouvement.

Motive, Moteur, motrice; **electro** —, électromoteur, électromotrice; **electro** — **force,** force électromotrice; — **power,** force motrice.

Motor, Moteur (le plus souvent électrique); **adjustable speed** —, moteur à vitesse réglable; **aero** —, moteur d'aviation; **air-cooled** —, moteur à refroidissement d'air; **alternating current** —, moteur à courant alternatif; **alternating current commutator** —, alternomoteur à collecteur; **asynchronous** —, moteur asynchrone; **auxiliary** —, moteur auxiliaire; **azimuth** —, moteur d'azimut (compas gyroscopique); **barring** —, moteur de vireur (N.). **capacitor** —, moteur à capacité; **capacitor start, capacitor run** —, moteur à démarrage et marche sur condensateur; **capacitor start, induction run** —, moteur à démarrage par condensateur et marche en induction; **commutator** —, moteur à collecteur; **compound wound** —, moteur compound; **conductive or conduction** —, moteur à conduction (d'Atkinson); **continuous current** —, moteur à courant continu; **constant speed** —, moteur à vitesse constante; **direct current** —, moteur à courant continu; **double commutator** —, moteur à double collecteur; **driving** —, moteur de commande; **electric** —, moteur électrique; **elevator** —, moteur d'ascenseur; **enclosed** —, moteur cuirassé, moteur fermé; **enclosed ventilated** —, moteur fermé ventilé; **explosion proof** —, moteur anti-déflagrant; anti-grisouteux; **fixed electric** —, moteur électrique fixe; **flange cooled** —, moteur à ailettes; **flanged** —, moteur à nervures; **geared** —, moteur à (train d') engrenages; **group** —, moteur d'un groupe; **head** —, tête moteur; **high speed** —, moteur à grande vitesse; **high tension** —, moteur à haute tension; **hoist** —, moteur de levage; **hoisting** —, moteur de levage; **hysteresis** —, moteur à hystérésis; **induction** —, moteur d'induction; **wound rotor induction** —; moteur à rotor bobiné; **iron clad** —, moteur cuirassé; **lift** —, moteur d'ascenseur; **light type** —, moteur du type allégé; **loom** —, moteur de métier à tisser; **low tension or low voltage** —, moteur à basse tension; **marine** —, moteur type marin; **monophase** —, moteur monophasé; **multiphase**

—, moteur polyphasé; **n HP** —, moteur de n chevaux; **open type** —, moteur ouvert; **outboard** —, moteur hors bord; **permanent split** , moteur d'induction à démarrage et marche sur condensateur; **polishing** —, moteur pour polissage; **polyphase** —, moteur polyphasé; **propelling** —, moteur de propulsion; **pyromagnetic** —, moteur pyromagnétique; **reaction** —, moteur à réaction; **reciprocating solenoid** —, moteur à armature oscillante; **regulating** —, moteur de réglage; **reversible** —, moteur réversible; **repulsion** —, moteur à répulsion; **repulsion-induction** —, moteur à répulsion-induction; **repulsion start, induction run** —, moteur à démarrage en répulsion et marche en induction; **rib** —, moteur à nervures; **rocket** —, moteur-fusée; **semi-enclosed** —, moteur demi-fermé; **separately excited** —, moteur à excitation séparée; **series or series wound** —, moteur (excité) en série; **sewing** —, moteur de machine à coudre; **shaded pole** —, moteur d'induction avec enroulement auxiliaire en court-circuit pour le démarrage; **marine or ship's** —, moteur type marin; **shunt** — or **shunt wound** —, moteur (excité) en dérivation; **single phase** —, moteur monophasé; **single phase induction** —, moteur d'induction monophasé; **slip ring induction** — moteur asynchrone à bagues collectrices; **slewing** —, moteur d'orientation; **slow speed** —, moteur à faible vitesse; **smooth** —, moteur à corps lisse; **split phase** —, moteur d'induction à enroulement auxiliaire de démarrage; **squirrel cage** —, moteur à cage d'écureuil; **starting** —, moteur de démarrage, moteur de lancement; **step** —, moteur de commande; **synchronous** —, moteur synchrone; **three phase** —, moteur triphasé; **three phase induction** — **with squirrel cage**, moteur d'induction triphasé à induit en court-circuit; **timing** —, moteur pour mesure de temps; **totally enclosed** —, moteur fermé; **traction** —, moteur de traction; **tramcar** — or **tramway** —, moteur de tramway; **variable speed** — or **varying speed** —, moteur à vitesse variable; **ventilated rib** —, moteur à nervures ventilées; **wide speed range** —, moteur à large gamme de vitesses; **wound rotor** —, moteur à rotor bobiné; — **barge**, chaland automoteur; — **boat**, canot automobile; — **bus**, autocar; — **car**, automobile; — **cycle-motocyclette**; — **driven**, actionné, commandé par moteur; — **fan set**, groupe moto-ventilateur; — **generator** (voir plus loin); — **lorry**, camion automobile; — **operated**, à commande par moteur; — **output**, débit d'un moteur; — **pump**, motopompe; — **set**, groupe de moteurs; — **gasoline**, essence pour moteurs; — **pendulum**, balancier moteur; — **starting**, mise en marche, démarrage d'un moteur; — **truck**, camion automobile; — **with short circuited rotor**, moteur asynchrone avec induit en court-circuit.

Motorbus, Autobus.

Motorcar, Automobile.

Motored, A *n* moteurs.

Motor generator, Moteur générateur; **asynchronous** —, moteur générateur asynchrone; **synchronous** —, moteur générateur synchrone; — **exciter**, moteur générateur d'excitation.

Motoring, Automobilisme; fonctionnement en moteur (élec.).

Motorised or **Motorized**, Motorisé, à moteur.

Motorist, Automobiliste.

Mottled, Pommelé, truité; — **iron**, fer truité; — **pig iron**, fonte truitée.

Mould (**mold** en Amérique), Moule en métal, coquille à mouler; lingotière; matrice; moule; gabarit (c. n.); **casting** —, moule, lingotière; **face** —, calibre, cherche; **ingot** —, lingotière; **plaster** —, moule en plâtre; **pressure die casting** —, moule métallique de moulage sous pression; — **hole**, fosse pour les moules (fond.); — **loft**, salle des gabarits (c. n.); — **of a ship**, gabarit d'un navire; — **of green sand**, moule en sable vert (fond.); **to assemble the** —**s**, mouler les creux; **to lay off in the** — **loft floor**, porter sur le plancher de la salle des gabarits.

to Mould (**to mold** en Amérique), Mouler, modeler, façonner; gabarier; planer, dresser une pièce de bois.

Moulded (**molded** en Amérique), Moulé; gabarié; hors membrure (c. n.); — **breadth**, la plus grande largeur du N.; **largeur au fort**; — **depth**, creux sur quille (c. n.).

Moulder, Mouleur; —**'s rammer**, batte du mouleur (fond.); — **sleeker**, champignon (fond.); — **venting wire**, dégorgeoir, épinglette du mouleur.

to Moulder, Moudre, réduire en poussière.

Moulding (**molding** en Amérique), Moulage (action); moulage (objet moulé); moulure; gabariage; **compression** —, moulage sous pression, moulage par compression; **extrusion** —, moulage par extrusion, par refoulage; **injection** —, moulage par injection; **dry sand** —, moulage en sable sec; **open sand** —, moulage à découvert; **pressure** —, moulage sous pression; **shell** — moulage en carapace; — **between flasks**, moulage en châssis (fond.); — **box**, châssis à mouler; — **cutter**, fer à moulurer, fraise à canneler; —

earth, sable, terre à mouler; — **hole**, fosse pour les moules (fond.); — **in dry sand**, moulage en sable sec; — **in iron moulds**, moulage en coquille; — **loam**, sable, terre à mouler; — **loft**, salle des gabarits; — **machine**, machine à mouler; fraiseuse à bois, machine à moulurer; — **plane**, doucine (rabot); — **press**, presse à gabarier, presse à moulurer; — **table**, table de moulage.

Mouldings, Moulages.

Moulds, Pistolets du dessinateur.

Mound, Digue, jetée, remblai.

Mount, Monture, bâti, suspension; **lens** —, porte-objectif.

Mounted, Monté, dressé; **crawler** — sur chenilles; **rail track** — sur rails.

to Mount, Monter, dresser; — **up**, se cabrer (aéroplane).

Mounter, Monteur (ouvrier).

Mounting, Monture, montage, carter, support; piètement; affût (canon); **antivibration** —, montage antivibrations; **compressor** —, carter de compresseur; **cradle** —, affût à berceau; **engine** —, berceau bâti de moteur; **gun** —, affût de canon; **overhung** —, montage en dessus; **wing** —, support d'aile; — **pads** brides de fixation.

Mountings, Accessoires (de machines, etc.); **boiler** —, accessoires de chaudières.

Mouse trap, Souricière à clapet (pétr.).

Mouth, Écartement des mors d'un étau, d'une tenaille, etc.; bouche, orifice; **bell** —, évasement, cône d'entrée (hydr.).

bell Mouthed, qui a un orifice en forme de cloche, évasé.

M. O. V., Mechanically operated valve, soupape commandée mécaniquement.

to Move, Se mouvoir, mouvoir.

Moveable, Mobile; — **disc**, couronne mobile; — **flange**, bride mobile (tuyau); — **gears**, baladeurs.

Movement, Mouvement; **chronometric** —, mouvement d'horlogerie; **feed** —, marche, avance d'un outil.

Mover, Moteur, motrice; **prime** —, générateur de force motrice.

Movie projector, Projecteur cinématographique.

Movies or **Moving pictures**, Cinéma.

Mower, Tondeuse, faucheuse; **power** —, faucheuse mécanique.

M. P. (Melting point), Point de fusion.

m. p. g., miles per gallon.

m. p. h., miles per hour (« miles » par heure).

Muching pan, Couloir de chargement (mines).

Muck bar, Fer ébauché.

Mud, Boue; — **acid**, boue acidifiée (mines); — **boat**, marie-salope; — **guard**, garde-boue, aile (auto); — **guard flap**, bavette; — **back** — **guard**, aile arrière; **front** — **guard**, aile avant; — **hole**, trou de visite, autoclave, trou de sel (chaud.); — **lighter**, marie-salope; — **plug**, bouchon de nettoyage.

Muff, Manchon de tuyau.

Muffle, Moufle; — **furnace**, fourneau à moufle, à coupelle.

Muffler, Silencieux (auto...); pot d'échappement, insonorisateur; **exhaust** —, silencieux.

Mulberry, Mûrier.

Mulling, Brassage, malaxage; — **machine**, malaxeuse.

Multi, A plusieurs; multi...; — **blade**, à plusieurs ailes; — **cavity**, à résonateurs multiples; — **cell** or **cellular**, multicellulaire; — **contact**, à plusieurs contacts; — **flash lights**, lampes éclairs; — **generator**, multigénérateur; — **head**, unité d'usinage; — **jet**, multiréacteur; — **layer or layered**, à plusieurs couches; — **layer coil**, bobine à plusieurs couches; — **linked**, à liaisons multiples; — **phase**, polyphasé (élec.); — **plane**, multiplan; — **purpose or purposed**, à plusieurs usages; — **range**, à plusieurs graduations; — **seater plane**, multiplace (avion); — **spindle**, à plusieurs broches; — **stage**, à plusieurs étages; — **tool**, à outils multiples; — **vibrator**, multivibrateur; — **way**, à multivoies; — **wire**, à plusieurs conducteurs.

Multiple, Multiple; parallèle (circuit); simultané; — **antenna**, antenne multiple; — **cutting**, coupe simultanée; — **head**, tête multiple; — **series connection**, groupement en séries parallèles ou mixtes.

Multiplex telegraphy, Télégraphie multiplex ou multiple.

Multiplication, Multiplication.

Multiplicator, Multiplicateur.

Multiplier, Multiplicateur; **electron or photo** —, multiplicateur d'électrons; — **phototube**, phototube multiplicateur.

Multipolar, Multipolaire.

Munitions, Munitions.

Muriatic acid, Acide chlorhydrique.

Muscovite, Mica.

Mushroom, Champignon; — **valve**, soupape en champignon, soupape circulaire.

Must, Moût, jus; — **preparation**, préparation des moûts.

Mutator, Mutateur.

Mutual, Mutuel; — **impedance**, impédance mutuelle; — **inductance**, inductance mutuelle; — **induction**, induction mutuelle (élec.).

Muzzle, Bouche, gueule (canon); tubulure, buse (orifice); — **velocity**, vitesse initiale.

Myoglobine, Myoglobine.

N

Nab, Moraillon.

Nacelle, Nacelle, bâti, berceau, fuseau-moteur; **engine** —, berceau de moteur; **inboard** —, nacelle intérieure; **retractable** —, nacelle escamotable; **streamlined** —, nacelle profilée.

Nadiral, Nadiral.

Nail, Clou, broche, ongle; **brad** —, clou à tête de diamant; **clamp** —, cheville de moise; **clasp** —, clou de couvreur à tête rabattue; **clench** —, clou à vis; **clincher** —, clou à vis, vis à bois; **clip** —, chevillette; **clout** —, clou à tête plate; **diamond** —, clou à losange; **dog** —, clou à large tête, caboche, clou à crochet; **flat headed** —, clou à tête plate; **frost** —, clou à glace; **head of a** —, tête d'un clou; **hook** —, crampon; **point of a** —, pointe d'un clou; **round headed** —, clou à tête ronde; **screw** —, clou à vis, vis à bois; **wrought** —, clou forgé; — **catcher,** arrache-clous; — **claw,** pince à panne fendue, pied de biche, chasse-clou; — **head,** tête de clou; — **iron,** fer en barres pour clous; — **maker,** cloutier; — **nippers,** pinces à clous; — **puller,** arrache-clous; — **smith,** cloutier; — **stake,** tas du cloutier; — **stump,** clouière, emboutissoir; **to drive in a** —, enfoncer un clou; **to take out a** —, arracher un clou.

to Nail, Clouer.

Nailed, Cloué.

Nailer, Cloutier.

Nameplate, Plaque du constructeur.

Naphta, Huile de naphte; solvant ou essence lourde.

Naphtalene or **Naphtaline,** Naphtaline.

Naphtazazine, Naphtazazine.

Naphtene, Naphtène.

Naphtenic, Naphténique.

Naphtyl, Naphtyle.

Narra, Narra (bois).

Narrowchisel, Bédane.

Native iron, Fer natif.

Natural, Naturel, propre; — **current,** Voir **Earth current** — **frequency,** fréquence propre; — **gas,** gaz naturel; — **period,** période propre; — **resonance,** résonance naturelle; — **wavelength,** longueur d'onde naturelle.

Nature copper, Cuivre natif.

Nautical, Nautique; — **mile,** mille marin (voir **Mile**).

Naval, Naval, maritime; — **engineering,** génie maritime; mécanique navale; — **port,** port de guerre; — **yards,** chantiers de l'Etat.

Nave, Moyeu d'une hélice, d'une roue; nef; — **hoop,** frette de moyeu.

Navel, Central.

Navigation, Navigation; **aerial** —, navigation aérienne; **loxodromic** —, navigation loxodromique; **orthodromic** —, navigation orthodromique; — **by dead reckoning,** navigation à l'estime; **steamship** — **company,** compagnie de navigation à vapeur; — **instruments,** instruments de navigation.

Navigational, De navigation; — **instruments,** instruments de navigation.

Navigator, Système de navigation, navigateur.

Navvy (pluriel **navvies**), abréviation de **Navigator**, ouvrier employé à creuser les canaux, puis, par extension, terrassier, excavateur.

Navy, Marine; **merchant** or **mercantile** —, marine marchande.

N. C. (no connection), Pas de connexion.

to Neal, Recuire. (Voir **to Anneal**).

Near infrared, Proche infrarouge.

Neck, Cou, collet, tubulure, tourillon, gorge; **axle** —, fusée, tourillon d'essieu; **roll** —, tourillon de cylindre; **swan** —, col de cygne; — **of an axle**, fusée, tourillon d'essieu; — **of a crane**, volée d'une grue; — **of a shaft**, collet d'un arbre.

Necklace, Collier de mât (M.).

Needle, Aiguille, pointeau; **astatic** —, aiguille astatique; **dipping** —, aiguille d'inclinaison; **carburettor** —, pointeau de carburateur; **float valve** —, pointeau (auto); **injector** —, aiguille d'injecteur; **knitting** —, aiguille à tricoter; **magnetic** —, aiguille aimantée; **perturbed** or **disturbed** —, aiguille affolée (élec.); — **bearing**, roulement à aiguilles; — **point**, pointe sèche d'un compas; — **scratch**, bruit d'aiguille; — **valve**, soupape, valve à aiguille; robinet vanne à pointeau; **balanced** — **valve**, vanne à pointeau équilibré.

Negative, Négatif (élec., photo., etc.); cliché (photo.); — **bias**, tension de grille négative; — **charge**, charge négative; — **holder**, chariot porte cliché; — **pole**, pôle négatif (élec.); — **terminal**, borne négative (élec.).

Negatron, Négatron.

N. E. L. A., National Electric Light Association.

N. E. M. A., National Electric Manufacturers Association.

Neodymium, Néodyme.

Neoabietic acid, Acide néoabiétique.

Neofield, Neocorps (math.).

Neon, Néon; — **lamp**, lampe au néon; — **sign**, enseigne au néon; — **tube**, tube au néon.

Neper, Unité égale à 8,686 décibels.

Nephoscope, Néphoscope.

Neodynium, Néodyme.

Neptunium, Neptunium.

Nerves, Nervures.

Net, Filet, réseau, **braking** —, filet d'arrêt (aviat.).

Net or **nett weight**, Poids net.

Network, Réseau (élec., etc.); **aerial** —, réseau d'antennes; **decoupling** —, réseau de découplage; **distributing** —, réseau de distribution; **dividing** —, circuit diviseur; **ladder** —, réseau en échelle; **linear** —, réseau linéaire; **overhead** —, réseau aérien; **pulse** —, circuit pulsé; **railway** —, réseau de chemin de fer; **secondary** —, réseau d'intérêt local; **underground** —, réseau souterrain; — **constants**, constantes d'un réseau; — **impedance**, impédance de réseau; — **parameters**, constantes d'un réseau.

Neutral, Neutre; **grounded** —, neutre à la terre; **insulated** —, neutre isolé; — **axis**, axe neutre; — **end**, côté neutre; — **fibre**, réseau linéaire; — **line**, ligne neutre; — **oil**, huile neutre; — **point**, point de jonction des phases, point neutre (élec.); — **tint**, teinte neutre (peinture); — **wire**, conducteur neutre (élec.).

Neutralisation or **neutralization number**, Nombre de mg de KOH pour neutraliser 1 g d'huile.

Neutralizer, Dispositif de neutralisation.

Neutretto, Neutretto.

Neutron, Neutron; **delayed** —, neutron différé; **fast** —, neutron rapide; **slow** —, neutron lent; **thermal** —, neutron thermique; — **absorber,** absorbeur de neutrons; — **detector,** détecteur à neutrons; — **scattering,** diffusion des neutrons.

Newtonian, Newtonien; — **aberration,** aberration de réfrangibilité.

Nibbling machine, Machine à gruger.

Niccolite, Nickeline; kupfernickel.

Nick, Fente, encoche, entaille, cran.

to Nick, Entailler, chanfreiner.

Nickel, Nickel; — **bath,** bain de nickelage; — **chromium,** nickel-chrome; — **plated,** nickelé; — **plating,** nickelage; — **silver,** maillechort; — **sulphide,** sulfure de nickel; — **steel,** acier au nickel.

to Nickel, Nickeler.

Nickeling, Nickelage.

Nichrome, Nickel-chrome.

Nicotinamid, Nicotinamide.

Nicotinic acid, Acide nicotinique.

Nigger head, Culotte de prise de vapeur.

Nigrite, Nigrite (variété d'asphalte).

Nigrometer, Nigromètre.

Nilpotent, Nilpotent (math.); **semi** —, semi-nilpotent (math.); — **group,** groupe nilpotent; — **ideals,** idéaux semi-nilpotents.

Nimonic, Nimonique.

Niobium, Niobium, colombium.

Nip, Coque (de câble), étranglement, resserrement (objet pris); portage (contact de deux objets).

to Nip, Mordre, serrer.

Nipped, Mordu, engagé, serré.

Nippers, Tenailles, pincettes; **cutting** —, pinces coupantes.

Nipple, Ringard; mandrin de forge; raccord; jet de chalumeau; **flow** —, tubulure d'écoulement; — **connection,** joint à raccord.

N. I. R. A., National Industrial Recovery Act.

Niril, Broutage (mac.).

Nitrate, Azotate; nitrate; **ammonium** —, nitrate d'ammonium; **basic** —, sous-nitrate; **crude** —, caliche; **ethyl** —, nitrate d'éthyle; **silver** —, nitrate d'argent; **sodium** —, nitrate de sodium; — **fertilizers,** engrais azotés.

to Nitrate, Nitrer, traiter par l'acide azotique.

Nitrated, Nitré.

Nitration, Nitration.

Nitre, Nitre, salpêtre; — **bed** or — **works,** nitrière.

Nitric, Nitrique; — **acid,** acide azotique, acide nitrique; — **oxide,** bioxyde d'azote; — **dioxide,** peroxyde d'azote.

Nitride, Nitrure.

Nitrided, Nitruré; — **spindle,** broche nitrurée.

Nitriding, Nitruration.

Nitrification, Nitrification.

to Nitrify, Nitrifier.

Nitro, Nitro...; — **amines,** nitramines; — **benzene,** nitrobenzène; — **cellulose,** nitrocellulose; — **compounds,** composés nitrés; — **gelatine,** nitrogélatine; — **gen,** azote; — **gen hardened,** nitruré; — **gen monoxide,** protoxyde d'azote; — **gen peroxide,** peroxyde d'azote; **active** — **gen,** azote actif; — **glycerine,** nitroglycérine; — **lysis,** nitrolyse; — **meter,** nitromètre; — **paraffin,** nitroparaffine; — **so compounds,** composés nitrosés; — **syl chloride,** chlorure de nitrosyle.

Nitrogenous, Azoté.

Nitrous, Nitreux; azoteux; — **anhydride,** anhydride azoteux; — **oxide,** protoxyde d'azote, oxyde nitreux.

Nitroxyl, Nitryle, azotyle.

Nitruration, Nitruration.

Nock, Cran, entaille.

Nodal point, Nœud (phys.).

Node, Point de rebroussement (géom.); nœud (astronomie); nœud (phys.); **current** —, nœud d'intensité; **front** —, centre de la pupille d'entrée (d'un objectif).

Nodous, Noueux.

Nodular, Nodulaire; — **graphite,** graphite nodulaire; — **graphite cast iron,** fonte à graphite nodulaire; — **iron,** fonte nodulaire.

Nodulising, Agglomération des poussières de carneaux.

Nog, Gournable, cheville en bois; colombage.

Nogging, Colombage; **brick** —, colombage en briques.

Noise, Bruit; **random** —, bruit de fond; **surface** —, bruit d'aiguille; — **cone,** cône de bruit; — **generator,** générateur de bruits; — **spectrum,** spectre de bruit.

Noiseless, Sans bruit.

Nominal, Nominal; — **horsepower,** puissance nominale.

Nomogram or **Nomograph,** Nomogramme; abaque.

Nomography, Nomographie.

Non, Non...; — **condensing,** sans condensation; — **conducting,** calorifuge; — **conductive,** non conducteur; — **distorsion,** or — **distorting,** indéformable; — **electrolyte,** non-électrolyte; — **ferrous,** non-ferreux; — **freezing,** incongelable; — **growth,** austénitique; — **homogeneous,** non homogène; — **icing,** ne givrant pas; — **inductive,** non inductif;

— **inflamable,** non inflammable; — **linear,** non linéaire; — **magnetic,** non magnétique; — **miscible,** non miscible; — **porous,** non poreux; — **resonant,** non résonant; — **responsive to,** insensible à l'action de; — **return valve,** clapet de nonretour, clapet de retenue; — **rust,** inoxydable; — **screen,** sans écran; — **sinkable,** insubmersible; — **skid** or — **slipping,** antidérapant (auto); — **spinning,** sans torsion; — **symetrical,** dissymétrique; — **volatile,** non volatil.

Nonius, Vernier.

Noose, Nœud coulant.

Normal, Normal; nominal; — **speed,** allure de régime (élec.); — **to,** perpendiculaire à.

Normalising or **Normalizing,** Normalisation; traitement de normalisation; recuit suivi de refroidissement à l'air; — **furnace,** four de normalisation.

Normed, Normé; — **ring,** anneau normé.

North, Nord; — **pole,** pôle Nord.

Nose, Nez, nez de fuselage, ogive, avant; pointe; **converter** —, bec de cornue; **spindle** —, nez de la broche (mach.-outil); — **bit,** mèche à cuiller; — **key,** mentonnet (d'une clavette); — **piece,** nez; — **pipe,** tuyère; — **radius,** rayon de nez; — **wheel,** roue avant; — **wheel dolly,** chariot de la roue avant.

to Nose, Ogiver.

Nosed, Ogivé.

Nosing press, Presse à ogiver.

Notary, Notaire.

Notch, Fente, entaille, coche, rainure, cran, adent; **adjustment** —, encochure de réglage; **cinder** —, tuyère à laitier; **channel** —, engoujure; **iron** —, trou de coulée; **moveable** —, cran de mire mobile (canon); — **of a block**, gorge d'une poulie; — **toughness**, résistance à l'effet d'entaille.

to Notch, Entailler.

Notched, Entaillé, à encoches; — **bar**, barreau entaillé.

Notcher, Grugeoir.

Notches, Pluriel de Notch; sculptures d'un pneu; gruge.

Notching, Entaillage; — **machine**, grugeoir, machine à grignoter.

Note, Billet; **promissory** —, billet à ordre.

Notice, Notification.

Notification, Notification.

Nozzle, Orifice, buse, bec, tubulure, col, busette de coulée, lance, tuyère, bouche; ajutage; **branch** —, tubulure de trop plein; **circular** —, tuyère ronde ou circulaire; **combining** —, tuyère d'aspiration (injecteur); **contracting or convergent** —, tuyère convergente; **de Laval** —, tuyère de Laval; **discharge** —, orifice de décharge; tuyère d'éjection; **diverging** —, tuyère divergente; **expanding** —, tuyère divergente; **fastening of** —**s**, fixation des tuyères; **final** —, tuyère de sortie; **fuel** —, injecteur de carburant; **fuel valve** —, buse d'injecteur; **injection** —, tubulure d'injection; **spray** —, buse de pulvérisation, gicleur; **square** —, tuyère carrée; **supersonic** —, tuyère supersonique; **trigger** —, pistolet de distribution; — **atomiser**, pulvérisateur à tuyère; — **body**, corps de la buse; — **channel**, canal ou conduit de tuyère; — **contraction**, étranglement de la tuyère; — **fittings**, garniture de tuyères; — **flap**, languette de tuyère; — **inclination**, angle d'inclinaison de la tuyère.

Noxious space, Espace nuisible.

N. R. valve, Clapet de non retour.

n t c (negative temperature coefficient), Coefficient de température négatif.

Nuclear, Nucléaire; — **chemistry**, chimie nucléaire; — **disintegration**, désintégration nucléaire; — **emulsion**, émulsion nucléaire; — **energy**, énergie nucléaire; — **fission**, fission nucléaire; — **fuel**, combustible nucléaire; — **magnetism**, magnétisme nucléaire; — **physics**, physique nucléaire; — **power**, énergie nucléaire; — **reactor**, réacteur nucléaire; — **recoil**, recul nucléaire — **resonance**, résonance nucléaire; — **spin**, spin nucléaire.

Nucleation, Nucléation.

Nuclei, Noyaux; **atomic** —, noyaux atomiques; **heavy** —, noyaux lourds.

Nucleon, Nucléon.

Nucleous, Noyau.

Nugget, Pépite (mines).

Null, Zéro; — **indicator**, indicateur de zéro; — **method**, méthode du zéro.

Number, Nombre, numéro; **indice**; **acid** —, indice d'acidité; **bromine** —, indice de brome; **even** —, nombre pair; **intuitionistic** —, nombres intuitionnistes; **Mach** —, nombre de Mach; **neutralisation** —, Voir **Neutralisation**; **odd** —, nombre impair; **preferred** —**s**, nombres normaux ou nombres Renard; **prime** —, nombre premier; **serial** —, numéro de série; **whole** —, nombre entier.

to Number, Numéroter, compter.

Numbering, Comptage.

Numerator, Numérateur.

Nut, Écrou; charbon de dimension comprise entre 1,9 et 3,1 cm; **adjusting** —, écrou de réglage, de fixage; écrou tendeur; **axle** —, écrou d'essieu; **binding** —, écrou d'arrêt; **bolt** —, écrou de boulon; **bolt and** —, boulon à écrou; **butterfly** —, écrou à oreilles; **cage** —, écrou prisonnier; **castle** —, écrou crénelé, à encoches; **castellated** —, écrou à entailles, crénelé; **check** —, contre-écrou; **circular** —, écrou à trous, écrou de fixage; **clasp** —, (voir **Clasp**); **collar** — écrou à collet ou à embase; **counter** —, contre-écrou; **ear** —, écrou à oreilles; **faston** —, écrou indesserrable; **finger** —, écrou à oreilles; **grooved** —, écrou à gorge; **hexagonal** —, écrou six pans; **jam** —, contre-écrou; **lock** —, contre-écrou; **locking** —, contre-écrou; écrou-frein; **self locking** —, écrou à autoserrage; **lug** —, écrou à oreilles; **square** —, écrou carré; **stopping** —, écrou d'arrêt, contre-écrou; **thumb** —, écrou à oreilles; **wing** —, écrou à oreilles; — **lock**, frein d'écrou; — **making machine**, machine à fabriquer les écrous; — **runner**, boulonneuse; — **tapping machine**, machine à tarauder les écrous.

Nylon, Nylon; **rubberized** —, nylon caoutchouté.

O

O wave, Onde ordinaire.

Oak, Chêne; **barren** —, chêne noir; **bitter** —, chêne chevelu; **chestnut** —, chêne châtaignier, chêne des montagnes; **chestnut white** —, chêne primus; **common** —, chêne rouvre; **cork tree** —, chêne-liège; **cup white** —, chêne à gros fruits; **cypress** —, chêne cyprès, chêne fastigé; **dyer's** —, chêne des teinturiers, à la noix de galle, chêne tinctorial; **evergreen** —, chêne vert, yeuse; **gall bearing** —, chêne des teinturiers, à la noix de galle; **gall** —, rouvre; **garmander** —, petit chêne; **ground** —, rejeton de chêne; **helm** —, chêne vert, yeuse; **hoary** —, chêne tauza, chêne angoumois; **holly** —, chêne vert, yeuse; **indian** —, chêne des Indes; **iron** —, chêne étoilé; **kermes** —, chêne kermès; **laurel** —, chêne à feuilles de laurier; **live** —, chêne vert, yeuse; **olive bark** —, chêne français des Antilles; **red** —, chêne rouge; **rock** —, chêne des montagnes; **scarlet** —, chêne kermès; **shingle** —, chêne à lattes; **turkey** —, chêne chevelu; **Valonia** —, chêne vélani; **wainscot** —, chêne commun; **water** —, chêne aquatique; **white** —, chêne blanc; **willow** —, chêne-saule, à feuilles de saule; **yellow** —, chêne châtaignier; **young** —, petit chêne; — **bark,** écorce de chêne; — **timber,** bois de chêne; — **tree,** chêne roure, rouvre.

Oaken, De chêne.

Oakum, Étoupe.

Oaky, De chêne, dur comme le chêne.

Object, Objet.

Object glass, Objectif (opt.).

Objective, Objectif; **coated** —, objectif traité; **microscope** —, objectif de microscope.

Oblique, Oblique; — **belt,** courroie inclinée; — **crank,** essieu à corps oblique (ch. de fer).

Obliquely, Obliquement, en écharpe.

Observation, Observation; — **chamber,** chambre d'observation.

to Obstruct, Obstruer, boucher.

Obstruction, Engorgement (tuyau), obstruction.

to Obtund, Émousser.

to Obturate, Obturer.

Obturation, Obturation.

Obturator, Obturateur; **cup** —, obturateur à anneau.

Obtuse, Obtus; — **angle,** angle obtus.

Occluded, Occlus; — **gas,** gaz occlus.

Occultation, Occultation.

Oceanographic, Océanographique.

Oceanography, Océanographie.

Octagon, Octogone.

Octal base, Culot à huit broches.

Octane, Octane; — **number,** indice d'octane; **high** — **gasoline,** essence à indice élevé d'octane.

Octode, Octode;

Octogonal, Octogonal.

Octupole, Octupolaire.

Octylene, Octylène.

Ocular, Oculaire; — **field,** champ de l'oculaire.

OD (outside diameter), Diamètre extérieur.

Odd, Impair; — **coefficients,** coefficients impairs (math.).

Odograph, Odographe.

Odometer, Compteur kilométrique.

Odor absorber, Désodorisant.

Oestrogens, Oestrogènes.

Off loading, Décompression, dispositif de sécurité contre les pressions.

Off peak time, Heures creuses.

Off-take, Galerie d'écoulement (mines), prélèvement; prise de vapeur (chaud.); **gas** —, sortie, prise, captage de gaz.

Office, Bureau, emploi, administration (des Postes); compagnie (d'assurances); ministère; poste de pilotage (avion); **branch** —, succursale; **drawing** —, bureau de dessin; **head** —, siège social.

Offset, Désaxé, déporté.

Offshore, En mer; — **drilling,** forage en mer.

Offtake, Voir **Off-take.**

Ogee, Ogive; doucine; cimaise; — **arch,** arc en dos d'âne.

Ogive, Ogive; — **pointed,** en forme d'ogive, ogival.

Ohm, Ohm; unité de résistance électrique.

Ohmic, Ohmique; — **resistance,** résistance ohmique; effet Joule.

Ohmmeter, Ohmmètre (élec.); **volt** —, voltohmmètre.

Oil, Huile; **absorption** —, huile d'absorption; **airplane** —, huile pour moteurs d'avion; **amber** —, huile d'ambre; **animal** —, huile animale; **arachid** —, huile d'arachide; **axle** —, huile pour essieux; **ball bearing** —, huile pour roulements à billes; **bloomless** —, huile neutre filtrée et blanchie au soleil; **light, medium, heavy bodied** —, Voir **Bodied; branded** —, huile de marque; **bunker** —, mazout;

burning —, pétrole lampant; **car** —, huile pour wagons; **castor** —, huile de ricin; **clock** —, huile d'horlogerie; **coal** or **coaltar** —, huile de goudron; **cod liver** —, huile de foie de morue; **colza** —, huile de colza; **compounded** —, huile compoundée; **compressor** —, huile de compresseur; **cotton seed** —, huile de coton; **creosote** —, huile créosotée; **crude** —, pétrole brut, huile lourde; **cutting** —, huile de coupe (mach.-outil); **crude** —, huile lourde; **cylinder** —, huile à cylindres; **dead** —, huile morte, privée de son gaz; **detergent** —, huile détergente; **doegling** —, Voir **Doeglic; drain** —, huile de vidange; **dry** —, huile de lin cuite; **drying** —, huile siccative; **earth** —, naphte; **essential** —, huile volatile, huile essentielle; **ethe-ral** —s, huiles essentielles; **fatty** —, huile grasse; **fish** —, huile de poisson; **foot** —, huile de pied de bœuf; **foots** —, huile de ressuage; **fossil** —, pétrole; **fuel** —, mazout; **gear** —, huile pour engrenages; **graphited** —, huile graphitée; **groundnut** —, huile de noix; **heavy** —, huile lourde; **hydrocarbon** —, huile minérale; **hydrogenated** —, huile hydrogénée; **ice machine** —, huile pour machine à glace; **illuminating** —, huile d'éclairage; **inhibited** —, huile inhibée; **insulating** —, huile isolante; **journal** —, huile de tourillon; **lamp** —, huile à brûler; pétrole lampant; **linseed** —, huile de lin; **boiled linseed** —, huile de lin bouillie; **loom** —, huile pour métiers; **lube** —, huile lubrifiante; **lubricating** —, huile de graissage; **machinery** —, huile à machine; **mineral** —, huile minérale; **Neat's foot** —, huile de pied de bœuf; **neutral** —, huile neutre; **nut** —, huile de noix; **olive** —, huile d'olive; **paint** —, huile à peinture; **palm** —, huile de palme; **paraffin** —, pétrole lampant; huile de paraffine; **peanut** —, huile d'arachide; **penetrating** —, huile très fluide; **petroleum** —, pétrole lampant; **pine** —, huile de pin; **polishing** —, huile à polir; **poppy** — or **poppy seed** —, huile de pavot; **purified** —, huile épurée; **quench** —, huile de trempe; **rape** —, huile de colza; **raw linseed** —, huile de lin naturelle; **refining** —, huile de raffinage. **residual** —, huile résiduelle; **road** —, résidus consistants; **rock** —, pétrole; **running in** —, huile pour rodage; **seed** —, huile de colza, de navette; **sewing machine** —, huile pour machines à coudre; **shale** —, huile de schiste; **siccative** —, huile siccative. **slushing** —, huile antirouille; **solar** —, huile solaire; **sperm** —, huile de baleine; **spindle** —, huile pour pivots, huile à broches; **tar** —, huile de goudron; **tempering** —, huile de trempe, huile de recuit; **thick** —, huile lourde; **transformer** —, huile pour transformateurs; **turpentine** —, huile de térébenthine; **unused** —, huile neuve; **used** —, huile usée; **valve** —, huile pour soupapes; **vegetable** —, huile végétale; **volatile** —, huile volatile; **whale** —, huile de baleine; **white** —, huile décolorée; **wool** —, huile de suint; — **axle**, boîte à graisse d'un essieu; — **baffle**, chicane à huile; — **bearing**, pétrolifère; — **box**, boîte à huile (graissage); — **brush**, balai graisseur; — **burner**, brûleur à huile; — **can**, burette à huile; — **circuit breaker**, disjoncteur dans l'huile; — **circulating pump**, pompe à huile; — **cleaner**, épurateur d'huile; — **cock**, robinet de graissage; — **conservator**, conservateur d'huile; — **cooler**, réfrigérant d'huile; — **cooling**, refroidissement à l'huile; — **cup**, godet à huile; — **cylinder**, cylindre à huile; — **dilution**, dilution d'huile; — **drain**, orifice de vidange d'huile; — **engine**, moteur à pétrole; — **extractor**, récupérateur d'huile; — **feeder**, burette à huile; — **filter**, filtre à huile; — **flotation**, flottation de l'huile; — **for lamps**, huile pour éclairage; — **fuel**, huile combustible (pétrole, naphte); — **fumes**, vapeurs d'huile; — **furnace**, four à huile lourde; — **gauge**, niveau d'huile; — **groove**, patte d'araignée; — **holder**, burette, bidon à huile; — **hole**, lumière, trou de graissage; — **immersed**, immergé dans l'huile; — **impregnation**, imprégnation à l'huile; — **inlet**, entrée d'huile; — **level**, niveau d'huile; — **level gauge**, indicateur de niveau d'huile; — **mill**, moulin à huile; — **pan**, carter d'huile; — **pipe**, tuyau de graissage; — **port**, port pétrolier; — **pressure gauge**, manomètre de pression d'huile; — **pump**, pompe à huile; — **purifier**, épurateur d'huile; — **reclaimer**, épurateur d'huile; — **reclamation** or — **reconditioning** or — **rehabilitation**, épuration, régénération d'huile; — **refinery**, raffinerie de pétrole; — **reservoir**, réservoir d'huile; — **ring**, anneau graisseur; — **sand**, sable pétrolifère; — **screen**, filtre à huile; — **seal**, joint d'étanchéité; — **shale**, schiste bitumineux; — **stone**, pierre à huile, pierre à repasser; — **switch**, commutateur à huile; — **tackle**, patte d'araignée; — **tank**, caisse à pétrole, réservoir d'huile; — **varnish**, vernis gras; — **well**, puits de pétrole; — **whip**, (voir **Whip**).

to Oil, Graisser, huiler.

Oiled, Graissé, huilé; — **fabric**, toile huilée.

Oilcloth, Toile cirée.

Oiler, Bateau pétrolier; graisseur; **constant level** —, graisseur à niveau constant; **gear** —, pompe à huile à engrenages; **hand —**, graisseur à coup de poing; **ring —**, graisseur à bague.

Oiling, Graissage; **self —**, à graissage automatique.

Oiliness, Onctuosité.

Oilometer, Oléomètre.

Oily, Huileux.

Oldham coupling, Joint de Oldham.

Oleaginous, Oléagineux.

Old man, Vieux travaux (min.).

Oleic, Oléique; **— acid**, acide oléique.

Olefinic, Oléfinique.

Olefinic content, Teneur en oléfines.

Olefins, Oléfines.

Oleo-pneumatic, Oléo-pneumatique.

Oleoresinous, Oleorésineux.

Oleostrut, Jambe d'amortisseur hydraulique.

Oligist or **oligistic iron**, Fer oligiste.

Oligodynamic, Effet produit par de faibles quantités.

Olive oil, Huile d'olive; **olive tree**, olivier.

Olivine rock, Roche d'olivine.

Omnidirectional, Omnidirectionnel.

Ondameter, Ondemètre . (voir aussi **Wavemeter**).

Ondograph, Ondographe.

Ondometer, Ondomètre.

Ondoscope, Ondoscope.

Oolite, Oolithe.

Oolitic, Oolithique.

Ooze, Boue.

to Ooze out, Filtrer, suinter.

Opacimeter, Opacimètre.

Opaque, Opaque.

Open, Ouvert; découvert; **— belt**, courroie droite; **— cast**, à ciel découvert; **— cell**, élément ouvert (élec.); **— circuit**, circuit à courant ouvert ou intermittent; **— hearth furnace**, four Martin; **— hearth steel**, acier Martin; **— steel**, acier semi-calmé.

to Open, Ouvrir.

Opening, Fouille, tranchée; levée (soupape); voie (mines); orifice, ouverture; **advanced —**, avance à la levée; **cross —**, taille transversale; **delayed —**, Voir **Delayed**; **exhaust —**, lumière d'échappement; **— of a gallery**, amorce de galerie (mines).

Openside planing machine, Machine à raboter à un montant.

Operated, Actionné, commandé; **electrically —**, à commande électrique; **hand** or **manually —**, commandé à la main; **hydraulically —**, commandé hydrauliquement; **motor —**, commandé par moteur; **radar —**, commandé par radar.

Operating conditions, conditions de fonctionnement; **operating cost**, frais d'exploitation; **operating gear**, mécanisme; **operating lever**, levier d'embrayage (mach.-outil); **operating voltage**, tension de service.

Operation, Fonctionnement, commande, service, marche; exploitation; **air —**, commande pneumatique; **automatic —**, fonctionnement automatique; **machining —s**, travaux d'usinage; **parallel —**, fonctionnement en parallèle; **second —**, reprise; **second — lathe**, tour de reprise; **silent —**, fonctionnement silencieux.

Operational, De fonctionnement, de marche; **— endurance**, autonomie (d'un avion).

boiler Operative, Chauffeur.

Operator, Opérateur, exploitant; appareil de commande; **valve** —, mécanisme de commande d'une soupape.

Opposed, Opposés; — **piston engine,** moteur à pistons opposés.

Opposing torque, Couple résistant, couple antagoniste.

Optar, Voir **Ranging.**

Optical, Optique; — **angle,** angle optique; — **axis,** axe optique; — **center,** centre optique; — **filter,** filtre optique; — **glass,** verre optique; — **pyrometer,** pyromètre optique; — **twinning,** mâclage optique.

Optics, Optique (science); **electron** —, optique électronique; **ion** —, optique des ions.

Option, Option.

Optional, Facultatif.

Optionnally, Avec option.

Orbit, Orbite; **circular** —, orbite circulaire; **electronic** —**s,** orbites électroniques.

Orbital, Orbitique, orbitale; **molecular** —, orbitale moléculaire.

Order, État, ordre (fonctionnement); consigne; commande (à un fournisseur); **in working** —, en bon état de fonctionnement; en ordre de marche; **out of** —, dérangé; **postal money** —, mandat-poste; **with** —, à la commande.

to Order, Commander (marchandises).

Ordinate, Ordonnée (d'une courbe).

Ordnance, Artillerie; **heavy** —, grosse artillerie (N.); artillerie lourde; **light** —, artillerie légère (N.); **medium** —, artillerie moyenne (N.); **piece of** —, pièce de canon, bouche à feu.

Ore, Minerai; **best work** —, minerai riche; **brittle silver** —, stéphanite; **brown iron** —, hématite brune; **brush** —, minerai de fer; **bucking** —, minerai riche, minerai de triage; **copper** —, minerai de cuivre; **cube** —, pharmacosidérite; **diluvial** —, minerai d'alluvion; **dry** —**s,** minerais d'or ou d'argent contenant peu ou pas de plomb et beaucoup de silice; **flax seed** —, argile ferrugineuse employée en teinture; **float** —, minerai existant loin de la roche d'origine; **fossil** —, hématite fossilifère; **green copper** —, malachite; **ground** —, minerai natif; **high grade** —, minerai riche; **iron** —, minerai de fer; **clay iron** — (voir **Clay**); **red iron** —, hématite rouge; **lead** —, minerai de plomb; **lean or low grade** —, minerai pauvre; **lump** —, minerai en morceaux; **oxidised** —, minerai oxygéné; **raw** —, minerai brut; **silver** —, minerai d'argent; **spalling of ores,** broyage des minerais; **squarry iron** —, fer spathique; **tin** —, minerai d'étain; **zinc** —, minerai de zinc; — **assaying,** essai de minerais; — **crushing,** broyage des minerais; — **crushing machine,** bocard; — **dressing,** préparation mécanique des minerais; — **furnace,** four à fondre le minerai; — **lode,** filon de minerai; — **process,** procédé au minerai (mét.); — **roasting spot,** aire de grillage; — **sintering,** agglomération des minerais; — **washing,** lavage du minerai; **to buck** —, séparer les minerais; **to crush** —, broyer les minerais, bocarder; **to dig** —, extraire le minerai; **to roast** —, griller le minerai; **to smelt** —, fondre le minerai; **to wash** —, laver le minerai.

Organic, Organique; — **acids,** acides organiques; — **depot,** dépôt organique; — **ester,** ester organique; — **film,** film organique; — **sulphur,** soufre organique.

Organization, Organisation; **ground** —, infrastructure.

Organosilanes, Organosilanes.

Organosilicon compounds, Composés organo-siliciques.

to **Orientate,** Orienter.

Orientation, Orientation; preferred —, orientation préférentielle.

Oriented, Orienté; — steel, acier à grains orientés.

Orifice, Orifice, entrée.

Orioscope, Orioscope.

Orlon, Orlon.

Orthicon, Orthinoscope.

Ortho, Ortho; — baric, orthobarique; — chromatic, orthochromatique; — chromatism, orthochromatisme; — gonal series, séries orthogonales; — gonality, orthogonalité; — normal, orthonormal; — rhombic, orthorhombique.

to **Oscillate,** Osciller.

Oscillating, Oscillant; — field, champ oscillant.

Oscillation, Oscillation; damped —s, oscillations amorties (T. S. F.); forced —s, oscillations forcées; free —s, oscillations libres.

Oscillator, Oscillateur, lampe oscillatrice (T. S. F.); adiabatic —, oscillateur adiabatique; audio —, oscillateur à basse fréquence; closed —, oscillateur fermé; linear —, oscillateur linéaire; open —, oscillateur ouvert; pulsed —, oscillateur à impulsions; quartz cristal —, oscillateur à cristal de quartz; relaxation —, oscillateur à relaxation.

Oscillatory, Oscillatoire, oscillant; — circuit, circuit oscillant; — discharge, décharge oscillante.

Oscillogram, Oscillogramme.

Oscillograph, Oscillographe; cathode ray —, oscillographe à rayons cathodiques; magnetic —, oscillographe magnétique; monitor —, oscillographe de contrôle.

Oscillographic, Oscillographique, — recording, enregistrement oscillographique; — test, essai oscillographique.

Oscillography, Oscillographie.

Oscilloscope, Oscilloscope; cathode ray —, oscilloscope à rayons cathodiques; low frequency —, oscilloscope basse fréquence; projection —, oscilloscope à projection; — screen, écran d'oscilloscope.

Osmium, Osmium; — tetroxide, anhydride osmique.

Osmosis or **osmose,** Osmose; electrical —, osmose électrique.

Osmotic, Osmotique; — pressure, pression osmotique.

Osometry, Osométrie.

Ounce, Once; mesure de poids (voir Tableaux); fluid —, (voir **Fluid**).

Out, Dehors; in and — bolt, boulon qui traverse de part en part; — of gear, désembrayé, désengrené; — of true, ovalisé.

Outage, Interruption de service, panne, extinction d'un arc, ... etc....

Outboard, Extérieur; — engine, moteur extérieur.

Outcrop, Affleurement.

Outdoor, Extérieur, en plein air; — barrel, corps de carottier (pétr.); — plant, station, usine extérieure, en plein air.

Outer, Extérieur.

Outfall, Chute d'eau.

Outfit, Équipement, ensemble.

Outlet, Passage, sortie, orifice d'émission; évent (d'un trépan); déversoir; barbacane; tuyère d'évacuation; irrigation —, prise d'irrigation; **jet** —, tuyère de sortie des gaz; **water** —, sortie d'eau; — **piping**, tubulure de sortie.

Outline, Esquisse, ébauche.

Output, Puissance, rendement, extraction, production (mines); débit, quantité sortie; **light** or **luminous** —, intensité lumineuse; **normal** —, puissance nominale; **take off** —, puissance au décolage; — **power**, puissance débitée, puissance restituée; — **transformer**, transformateur de sortie; — **valve**, lampe de puissance, de sortie.

Outrigger, Arc-boutant; **tail** —, poutre de liaison (aviat.).

Outrush, Fuite (d'eau, de vapeur).

Outside, Extérieur.

Outwall, Mur extérieur, façade d'un bâtiment.

Outward, Extérieur.

Oval, Ovale; — **grinding machine**, machine à rectifier les ovales; — **shaped**, en forme d'ovale; — **turning device**, dispositif pour tourner ovale; **to wear** —, s'ovaliser.

Ovalisation, Ovalisation.

Oven, Four; **beehive coke** —, four à ruche; **by-product coke** —, four à coke à récupération de sous-produits; **coke** —, four à coke; **drying** —, étuve; **flattening** —, four d'étendage; **gas** —, four à gaz; **heat treat** —, four de traitements thermiques.

Ovenpeel, Pelle à four.

Ovenrake, Rouable.

Overall, Hors tout, global, total; — **balance**, surcompensation; — **diameter**, diamètre hors tout; — **efficiency**, rendement global, rendement industriel; — **length**, longueur totale, longueur hors tout.

Overcharge, Surcharge (accus).

to Overcharge, Surcharger.

Overcharging, Surcharge.

Overcompounded, Hypercompoundé.

Overcurrent, Surintensité; — **relay**, relais de surintensité; — **tripping device**, relais de surintensité.

Overexcitation, Surexcitation.

Overexcited, Surexcité.

Overdrive or **Overdrive transmission**, Surmultiplication (auto).

Over-exposure, Surexposition (photo).

Overfall, Chute d'eau, déversoir.

Overflow, Inondation, débordement, trop-plein; — **of water**, entraînement, projection d'eau (chaud.); — **pipe**, tuyau de trop-plein; — **plug**, bouchon de trop-plein.

Overhand knot, Nœud simple.

Overhang, Porte à faux.

to Overhang, Avancer, déborder sur; être en porte à faux; surplomber.

Overhanging, En porte à faux; en surplomb; — **roof**, toit en surplomb.

to Overharden, Tremper, rendre trop dur.

Overhaul, Visite, démontage, révision; **inter** — **period**, période entre deux révisions successives.

to Overhaul, Examiner, vérifier, démonter, visiter (mach.); repasser (réparation de cordages); affaler (un palan).

Overhauled, Démonté, visité, révisé.

Overhauling, Visite, démontage, révision.

Overhead, Aérien; — **cable**, câble aérien; — **conductor**, ligne aérienne; — **cost**, frais généraux; — **network**, réseau aérien; — **transmission**, renvoi de plafond; — **traveller**, grue roulante en l'air.

to Overheat, Surchauffer.

Overheated, Surchauffé.

Overheating, Surchauffage; surchauffe (mach.); — **engine,** moteur qui chauffe; — **pipe,** tuyau surchauffeur.

Overhung, En porte à faux, en console, en encorbellement; — **bearing,** palier en porte à faux; — **girder,** poutre en encorbellement. — **mounting,** montage en dessus.

Overladen, Surchargé (N., etc.).

Overlap, Recouvrement (tiroirs); chevauchement (béton armé); effet réactif (T. S. F.); — **eduction** —, recouvrement à l'évacuation; **steam** —, recouvrement à l'introduction.

to Overlap, Recouvrir (joint à recouvrement).

to Overlape, Emmancher.

Overlapping, Voir **Overlap.**

Overlaunching, Empâtement, assemblage.

Overlaying, Couverture; matage (mach.).

Overload or **overloading,** Surcharge; — **capacity,** capacité de surcharge; — **circuit breaker,** disjoncteur à maximum; — **indicator,** indicateur de surcharge; — **relay,** relais à maximum d'intensité.

to Overload, Surcharger, trop charger.

Overloaded, Surchargé.

Overloading, Voir **Overload.**

to Overlook, Surveiller.

Overlooker, Surveillant, contremaître; capitaine d'armement (navire de commerce).

Overlubrication, Graissage exagéré.

Overman, Chef ouvrier; porion (mines).

Overoxygenated, Suroxygéné.

Overpoling, Supercharge, réduction exagérée du cuivre par percharge.

Overrefined, Suraffiné.

to Overscrew, Faire foirer une vis.

Overseer, Inspecteur, surveillant, contremaître.

Overshoot, Déversoir, trop-plein.

Overspeed or **overspeeding,** Survitesse, — **trip,** déclenchement de survitesse;

to Overstrain, Fatiguer, surmener.

Overstressing effect, Abaissement de la limite de fatigue des pièces ayant subi un effort supérieur à cette limite.

Overtemperature, Échauffement (moteurs, paliers...).

Overtime, Heures supplémentaires, heures hors cloche (arsenaux, chantiers); **without resorting to** —, sans heures hors cloche.

Overturning, Basculage.

Overtype dynamo, Dynamo du type supérieur.

Overtype armature, Induit du type supérieur.

Overvoltage, Surtension.

Oviform, Ovale.

Owner, Armateur, propriétaire; **joint** — or **part** —, coarmateur.

Oxalacetic, Acide oxalacétique.

Oxalic, Oxalique; — **acid,** acide oxalique.

Oxazolin, Oxazoline.

Oxhydrogen blow-pipe, Chalumeau oxhydrique.

Oxidant, Oxydant.

Oxidase, Oxydase.

to Oxidate, Oxyder.

Oxidated, Oxydé.

Oxidation, Oxydation; **anodic** —, oxydation anodique; **coupled** —, oxydation couplée; — **inhibitor,** inhibiteur d'oxydation; — **number,** indice d'oxydation; — **potential,** potentiel d'oxydation; — **reduction,** oxydoréduction; — **tower,** tour d'oxydation.

Oxide, Oxyde; **baric —,** oxyde barique; **carbonic** '—, oxyde de carbone; **copper —,** oxyde de cuivre; **cupric —,** oxyde cuivrique; **cuprous —,** oxyde cuivreux; **ferric —,** oxyde ferrique; peroxyde, sesquioxyde de fer; **ferrous —,** oxyde ferreux, protoxyde de fer; **hydric —,** oxyde hydrique; **manganese —,** oxyde de manganèse; **manganeous —,** oxyde manganeux; **manganic —,** oxyde manganique; **mercuric —,** oxyde mercurique; **mercurous —,** oxyde mercureux; **metal —,** oxyde métallique; **nickelic — or nickel —,** oxyde de nickel; **nitric —,** oxyde azotique; **potassic — or potassium —,** oxyde de potassium; **red — of copper,** oxyde cuivreux; **red — of iron,** oxyde ferrique; **sodic —,** oxyde de sodium; **stannic —,** oxyde stannique, bioxyde d'étain; **stannous —,** oxyde stanneux; **tungstic —,** oxyde tungstique; **zinc —,** oxyde de zinc; **— coated,** à pellicule d'oxyde; **— film,** pellicule d'oxyde; **— of calcium,** oxyde de calcium; **— of gold,** oxyde d'or; **— of lead,** oxyde de plomb; **— of tin,** oxyde stannique; **— slag,** scorie oxydante.

to Oxidise, Oxyder.

Oxidised, Oxydé; **— ore,** minerai oxygéné.

Oxidising, D'oxydation; **—tower,** tour d'oxydation.

Oxidiometry, Oxydiométrie.

Oxidoreduction, Oxydoréduction.

Oxotropic, Oxotropique.

Oxyacetylene, Oxyacétylène; **— blow pipe,** chalumeau oxy-acétylénique; **— cutting machine,** machine d'oxycoupage; **— flame,** chalumeau oxy-acétylénique; **— torch,** chalumeau oxy-acétylénique; **— welding,** soudure oxy-acétylénique, soudure autogène.

Oxyarc, Oxyarc; **— cutting,** découpage oxyarc.

Oxybitumen, Oxybitume.

Oxybromide, Oxybromure; **lead —,** oxybromure de plomb.

Oxychloride, Oxychlorure.

Oxy-cutting, Oxy-coupage.

Oxygen; **atomic —,** oxygène atomique; **liquid —,** oxygène liquide; **migration of —,** transport d'oxygène (élec.); **molecular —,** oxygène moléculaire; **— bomb,** bombe à oxygène; **— breathing apparatus,** inhalateur d'oxygène; **— equipment,** inhalateur d'oxygène; **— fluoride,** oxyde de fluor; **— mask,** masque à oxygène; **— of iodin,** acide periodique.

to Oxygenate, Oxygéner.

Oxygenated, Oxygéné.

Oxygenation, Oxygénation.

Oxy-hydrogen cell, Élément oxhydrique (élec.).

Oxysalt, Sel oxygéné, oxysel.

Oxysulphate, Oxysulfate; **lead —,** oxysulfate de plomb.

Oz, Abréviation d'ounce.

Ozokerite, Ozokérite.

Ozonation, Ozonation, ozonisation.

Ozone, Ozone; **atmospheric —,** ozone atmosphérique; **— generator,** générateur d'ozone.

Ozonide, Ozonide.

to Ozonize, Ozoniser.

Ozonizer, Ozoniseur.

Ozonolysis, Ozonolyse.

P

P. **adic**, P. adique.

P. **valent**, P. valent.

to **Pack**, Garnir un joint, rendre étanche (au moyen d'un presse-étoupe); emballer, empaqueter, arrimer; — **up**, caler.

Packaging, Emballage, empaquetage; — **machine**, machine à emballer, à empaqueter.

Pack cloth, Toile d'emballage.

Packer, Presse-étoupe.

Packet packing machine, Machine à empaqueter.

Packfong, Maillechort.

Packing, Action de garnir un presse-étoupe, de mettre en place une garniture; garniture (mach., presse-étoupe); cale; emballage; colisage; asbestos —, garniture en amiante; cardboard —, cartonnage; cotton —, garniture en coton; elastic —, garniture d'un joint glissant; gland —, garniture de presse-étoupe; hemp —, garniture en chanvre; labyrinth —, joint à labyrinthe; metallic —, garniture métallique; stepped — block, cale à gradins; vulcanized indiarubber —, garniture en caoutchouc vulcanisé; — block, presse-garnitures; — bolt, boulon de serrage d'un presse-étoupe; — drawer, arrache-cales; — of a boiler, revêtement d'une chaudière; — of a stuffing box, garniture d'un presse-étoupe; — pieces, cales; — plate, plateau de garniture, couronne de piston; — rings, bagues métalliques; — stick, chasse bourrage; — tow, tresse pour garniture; — up, emballage; — washer, grain, bague de presse-étoupe; — worm, tire bourrage.

Pad, Tampon, patin, bourrelet, rondelle; jumelle de renfort; atténuateur non réglable; **die** —, éjecteur de la matrice; **hold down** —, serre-tôle; **jacking** —, patin de levage; **knee** —, planchette genouillère; **mounting** —, bride de fixation; **oscillating** —, patin oscillant; **rubber** —, rondelle en caoutchouc; **thrust** —, patin de butée.

Padded, Rembourré.

Padding, Retoucheur d'écarts d'alignement (T.S.F.).

Paddle, Aube, pale (de roue); **feathering** —, aube articulée; — **ship**, navire à roues à aubes; — **wheel**, roues à aubes; to **reef the** —s, remonter les pales.

Padlock, Cadenas.

Pail, Seau, baille.

Paint, Peinture; **aluminium** —, peinture à l'aluminium; **oil** —, peinture à l'huile; **ship bottom** —, peinture de carène; **water** —, peinture à l'eau; — **extender**, pigment pour peintures; — **house**, atelier de peinture; — **pigment**, pigment pour peinture; — **thinner**, solvant pour peinture et vernis.

to **Paint**, Peindre.

Painted, Peint; **white** —, peint en blanc.

Painter, Peintre.

Painting, Peinture; **distemper** —, peinture à la détrempe; — **machine**, pulvérisateur.

Pair, Paire, couple; **astatic** —, équipage astatique d'aiguilles aimantées.

Paired, Accouplés; — **cylinders,** cylindres accouplés.

Palisander, Palissandre.

Pall, Voir **Pawl.**

Palladium, Palladium.

Pallet, Sommier de presse; plateforme de manutention; plateau; cliquet; palette.

Palletization, Pallétisation.

Palm, Bras (de support d'arbre); oreille (d'ancre); — **oil,** huile de palme; — **tree,** palmier.

Pan, Chaudière, bassin, auge; couche d'argile; feuille d'or ou d'argent; coupelle de nickel; **amalgamating** —, chaudière d'amalgamation; **breast** —, avant-creuset (fond.); **cupel** —, moule, creuset à la coupelle; **drip** —, cuvette d'huile (palier); **muching** —, couloir de chargement (mines); **oil** —, carter d'huile; **oil** — **drain plug,** bouchon de vidange du carter; **settling** —, bac de décantation.

Pancake, Perte de vitesse (aviat.); — **coils,** serpentins plats.

Panchromatic, Panchromatique; — **film,** émulsion panchromatique.

Pane, Panne (d'un marteau); vitre; pan de mur; face (d'une pièce).

Panel, Panneau; cadre; surface d'une pierre; compartiment (mines); **absorbing** —, panneau absorbant (acoust.); **access** —, porte de visite; **acoustical** —, panneau acoustique, panneau insonore; **glass** —, panneau vitré; **instrument** —, tableau de bord; **inspection** —, panneau de visite; **ripping** —, panneau de déchirure.

to Panel, Diviser par panneaux, faire à panneaux.

oak Pannelled, A panneaux de chêne.

Pannelling, Boiserie.

Pannel, Voir **Panel.**

Panoramic, Panoramique.

to Pant, Vibrer, trépider, fatiguer (mach.).

Panting beam, Barrot de coqueron (N.).

Pantograph, Pantographe.

Paper, Papier; pour les appellations anglaises des papiers (voir Tableaux); **absorbent** —, papier absorbant; **blotting** —, papier buvard; **blue print** —, papier au ferroprussiate; **bromide** —, papier au bromure; **brown** —, papier goudronné; **cambric** —, papier soie; **cartridge** —, papier huile; **corrugated** —, papier ondulé; **drafting** or **drawing** —, papier à dessin; **filter** —, papier filtre; **flax** —, papier calque; **flint** —, papier revêtu de silex broyé; **fossil** —, amiante; **impregnated** —, papier imprégné; **laid** —, papier vergé; **litmus** —, papier tournesol; **packing** —, papier d'emballage; **photographic** —, papier photographique; **sand** —, papier verre; **tissue** —, papier de soie; **tracing** —, papier calque; — **credit,** crédit sur effets; papier-monnaie; — **disk,** disque ou rondelle en papier (pile); — **insulated cable,** câble isolé au papier; — **joint,** joint au papier; — **(making) machine,** machine à papier; — **maker,** fabricant de papier; — **making,** fabrication du papier; papeterie; — **manufacturer,** fabricant de papier, papetier; — **mill,** papeterie, fabrique de papier; — **money,** papier-monnaie; — **pulp,** papier mâché; — **reel** or — **pool,** dévidoir; — **tape,** ruban en papier.

at Par, Au pair.

Parabola, Parabole; **metal** —, miroir parabolique métallique.

Parabolic, parabolical, Parabolique; — **antenna,** antenne parabolique; — **mirror,** miroir parabolique; — **rifling,** rayage parabolique.

Paracentric, Paracentrique.

Parachors, Parachors.

Parachute, Parachute; **back type** —, parachute dorsal; **canopy of** —, culotte de parachute; **drag** —, parachute de freinage; **time descent** —, parachute à descente retardée; **wing tip** —, parachute de bout d'aile; — **flare,** fusée à parachute; — **harness,** ceinture de parachute; — **pack,** sac de parachute; — **release cord,** corde de déchirure; — **rigging lines,** suspentes; — **shroud line,** suspente.

to Parachute, Sauter en parachute.

Parachutist, Parachutiste.

Paracurve, Diaphragme parabolique; cône curvilinéaire.

Parados, Revers.

Paraffin, Paraffine; en certains cas : pétrole lampant; — **oil,** huile de paraffine; — **wax,** cire de paraffine.

Paraffinic, Paraffinique; — **fuel,** combustible paraffinique. — — **hydrocarbon,** hydrocarbure paraffinique.

Paragon, Classique.

Parahydrogen, Parahydrogène.

Parallax or **parallaxe,** Parallaxe.

Parallel, Parallèle; — **bar,** tige du parallélogramme; — **connection,** couplage en parallèle (élec.); — **flow,** à courants de même sens; — **lathe,** tour parallèle; — **motion,** parallélogramme (de Watt); — **motion gear,** parallélogramme (mach.); —. **resonance,** résonance parallèle; — **rod,** tige du parallélogramme; — **running,** marche en parallèle (élec.); **to run** —, être parallèle à.

to Parallel, Mettre en parallèle (élec.).

Paralleling, Mise en parallèle (élec.).

Parallelism, Parallélisme.

Parallelly, Parallèlement.

Parallelogram, Parallélogramme.

Parallelopiped, Parallélépipède.

Parallelopipedic, Parallélipipédique.

Paramagnetic, Paramagnétique; — **anisotropy,** anisotropie paramagnétique; — **susceptibility,** susceptibilité paramagnétique.

Parameter, Paramètre.

Parametric, Paramétrique.

Parasitic oscillations, Oscillations parasites.

Parasitic signals, Parasites.

Paravanes, Paravanes (mar.).

Paraxial, Paraxial.

Parbuckle, Trévire (cordage).

to Parbuckle, Trévirer.

to Parcel, Limander (un cordage); aveugler (une couture, N.).

Parcelling, Limande (pour cordages).

Parchment, Parchemin; **vegetable** —, parchemin végétal.

to Pare, Rogner, couper, ébarber, parer.

Parer, Paroir.

Paring, Rognure, parage (du fer); — **knife,** tranchet (forge).

to Park, Garer.

Parking, Garage; — **light,** lanterne de stationnement; — **meter,** compteur de stationnement.

to Part, Rompre, céder.

Partial, Partiel; — **admission,** admission partielle; — **saturation,** saturation partielle.

Particles, Particules; **alpha** —, particules alpha.

Partition, Cloison.

Partition function, Fonction de partition.

Parts, Pièces; **aircraft** —, pièces d'avion; **automobile** —, pièces d'auto; **spare** —, **replacement** —, pièces de rechange.

Partner, Associé (commerce).

Party, Partie (contrat, procès); **charter** —, charte-partie.

Pass, Passage, passe, gorge, cannelure (laminoir); **band** —, passe-bande; **band** — **filter,** filtre passe-bande; **box** —, cannelure rectangulaire; **charter** —, charte-partie; **diamond** —, cannelure en losange; **finishing** —, passe de finissage; **gothic** —, cannelure gothique; **high** —, passe-haut (filtre); **low** —, passebas; **multiple** —**es,** passes multiples; **roughing** —, passe de dégrossissage.

Passage or **passageway,** Coursive (c. n.).

Passenger, Passager.

Passivation, Passivation.

Passive, Passif.

Passivity, Passivité.

Paste, Pâte; colle de pâte; stras; matière active (accus); **active** —, pâte de matière active; **falling** —, matière active qui tombe; **falling out of the** —, chute de matière active; **flour** —, colle de pâte; — **board,** carton.

to Paste, Coller; tartiner; encoller; empâter (accus); **to** — **plates,** tartiner, empâter les plaques.

Paster, Tartineux, empâteur.

Pasteurization, Pasteurisation.

to Pasteurize, Pasteuriser.

Pasteurizer, Pasteurisateur.

Pasting, Tartinage, empâtage; encollage; **leather** —, collage du cuir; — **machine,** machine à tartiner, à empâter (accus).

Pasty, Pâteux.

Patch, Plaque, pièce rapportée, pièce collée; — **effect,** effet particulaire; — **field,** champ particulaire (élec.).

Patent, Brevet d'inventions; breveté; — **agents,** agents de brevets; — **coal** or — **fuel,** agglomérés; — **law,** loi sur les brevets.

Patenting, Trempe interrompue (fils métall.).

Path, Course, trajectoire; **air** —, entrefer, trajet des lignes de force dans l'entrefer; **curved** —, trajectoire courbe.

Pattern, Échantillon, modèle, diagramme; gerbe (d'un fusil à plombs); **antenna** —, diagramme de rayonnement d'antenne; **diffraction** —**s,** figures, diagrammes de diffraction; **flow** —, diagramme d'écoulement; **reflection** —, diagramme par réflexion; — **making,** modelage; — **shop,** atelier des modèles.

to Pave, Paver **auto Patrol,** Niveleuse automatique.

Pavement, Pavé, pavage, dallage, carrelage, trottoir, revêtement; **concrete** —, revêtement en béton.

Paver, Machine à paver.

Pavilion, Pavillon; **portable** —, pavillon démontable.

Paving, Pavage, pavé, revêtement, carrelage (de tuiles); **road** —, revêtement routier; — **block,** pavé de bois; — **machine,** machine à paver; — **stone,** pavé.

Paw, Griffe, patte.

Pawl, Cliquet, linguet; **drop** —, linguet, rochet, déclic; **disengaging** —, cliquet de débrayage (mach.-outil); — **for power feed,** cliquet d'avance automatique; — **coupling,** accouplement à linguet.

to Pawl, Mettre les linguets en place (cabestan, etc.).

Pay, Paye; — **roll,** feuille de paye.

to Pay, Enduire de goudron; brayer (avec du brai); payer.

Payment, Payement; **dues** —, acquittement des droits.

P. c. t. (per cent), Pour cent.

P. D. (Potential difference), Différence de potentiel.

Pea, Bec d'ancre; charbon de dimension comprise entre 12,7 mm et 19 mm.

Peak, Pointe, maximum; **in rush** —, pointe de démarrage; **load** —, pointe de charge; — **of a curve,** maximum d'une courbe; — **intensity,** intensité maximum; — **load plant,** installation d'appoint; — **response,** réponse maximum; **off** — hors pointe; **off** — **fare,** tarif hors pointe; **off** — **time,** heures creuses; — **voltage,** tension de crête, de pointe.

Peanut oil, Huile d'arachide.

Pearlite, Perlite.

Pearlitic, Perlitique; — **steel,** acier perlitique.

Peat, Tourbe; — **bog,** tourbière; — **moss,** tourbière.

Pebble, Caillou, galet; **crystal** —, chambourin; — **powder,** poudre à gros grains; — **work,** cailloutage.

Peck, 2 gallons (9,0869 l).

Pedal, Pédale; **accelerator** —, pédale d'accélérateur (auto); **brake** —, pédale de frein; **clutch** —, pédale de débrayage; **rudder'** —**s,** pédales du plafonnier (aviat.).

Pedestal, Palier, porte-coussinet, socle, chaise, support; **jet** —, support de turboréacteur; — **bearing,** palier ordinaire; **angle** — **bearing,** palier oblique.

Peeling, Écaille, battiture.

to Peen, Cribler.

Peening, Criblage, martelage, serrage, sertissage; **shot** —, grenaillage.

Peep-hole, Trou de regard.

Peep-sight, Hausse à œilleton, œilleton.

Peg, Gournable, tenon, cheville en bois, goujon, butoir, toc; — **hole,** mortaise.

to Peg, Cheviller.

Pegging, Chevillage.

Pellet, Boulette, pastille; — **powder,** poudre à grains cylindriques.

Pelletier's phosphorous acid, Acide hypophosphorique.

Pelletization, Pelletisation, opération de réduction en boulettes, nodulisation.

to Pelletize, Réduire en boulettes; noduliser.

Pelletized, Réduit en boulettes, nodulisé.

Pelorus, Alilade à réflexion.

Pen, Plume, aiguille; **conical** —, pointeau conique; **dotting** —, tire-ligne à pointillé; **drawing** —, tire-ligne; **fountain** —, porte-plume réservoir.

Penalty, Amende, indemnité.

Pencil, Crayon, faisceau (de lumière), pinceau; **geodesic** —, faisceau géodésique; **iron** —, crayon-fer (à souder).

Pendulum, Pendule; **motor** —, balancier moteur; — **like motion,** mouvement pendulaire; — **wheel,** oscillographe.

Penetration, Pénétration; **gas** — venue de gaz, soufflards; — **frequency,** fréquence critique.

Penetrometer, Pénétromètre; **cone** —, pénétromètre à cône.

Penstock, Cuve, barillet de pompe; conduite; canal d'amenée; conduite forcée; — **head gate,** vanne de tête de conduite forcée.

Pentalene, Pentalène.

Pentane, Pentane.

Pentatron, Pentatron.

Penthiazolines, Penthiazolines.

Pentode, Pentode (T.S.F.).

Pentograph, Pentographe.

Pentoxide, Anhydride; **vanadium** —, anhydride vanadique.

Peptide, Peptide; **acid** —, acide peptidique; — **linkage,** liaison peptidique.

Peptonisation, Peptonisation.

Perchlorate, Perchlorate.

Perchloric acid, Acide perchlorique.

Percentage, Pourcentage.

to Percolate, Filtrer, s'infiltrer.

Percentage, Pourcentage.

Percussion, Percussion; — **borer,** barre de mine; — **drilling,** forage à percussion; — **frame,** table laveuse à secousses; — **priming,** amorce à percussion.

Percussive boring or **drilling,** Forage par percussion.

Percussive welding, Soudage par percussion.

to Perforate, Perforer.

Perforated, Perforé.

Perforation, Perforation.

Perforator, Perforateur.

Periclase, Périclase; — **crystal,** cristal de périclase.

Perikon, Périkon.

Perimeter, Périmètre.

Period, Période; **admission** —, période d'admission; **natural** —, période propre.

Periodic, Périodique.

Peripheral or **Peripheric,** Périphérique; — **electron,** électron de valence; — **speed,** vitesse périphérique, circonférentielle.

Periphery, Périphérie.

Periscope, Périscope; **electronic** —, périscope électronique.

Periscopic, Périscopique; — **binoculars,** jumelles périscopiques.

Perlite, Perlite.

Perlitic, Perlitique.

Perm, Unité de perméance.

Permanent, Permanent; — **magnet,** aimant permanent.

Permanganate, Permanganate; **potassium** —, permanganate de potassium.

Permatron, Permatron.

Permeability, Perméabilité (élec.)

Permeable, Perméable.

Permeance, Inverse de la réluctance.

Permissible, Admissible (sans danger).

Permit, Passavant; acquit à caution.

Permittance, Capacitance (élec.).

Permittivity, Constante diélectrique.

Permittor, Condensateur, capacité (élec.).

Permutation matrices, Matrices de permutation.

Permutations, Permutations.

Peroxide, Peroxyde; **diethylene** —, peroxyde diéthylénique; **nitrogen** —, peroxyde d'azote; — **sediment,** boue de peroxyde (accus).

Peroxycarbonicacid, Acide peroxycarbonique.

Perovskite, Pérovskite.

Perpendicular, Perpendiculaire; **between** —s, entre perpendiculaires (c. n.); **to let fall a** —, abaisser une perpendiculaire.

Perrhenic acid, Acide perrhénique.

Persimmon, Plaqueminier (bois).

Perspective, Perspective; perspectif (adj.); — **beam,** faisceau perspectif; — **plan,** plan perspectif.

Pervibrated, Pervibré.

Pervibrator, Pervibrateur.

Pervious, Perméable.

Pet cock, Robinet de décompression.

Petrochemicals, Produits dérivés du pétrole.

Petrol, Essence (en Angleterre); **(Gasoline** en Amérique); **pool** —, essence ordinaire; **premium** —, supercarburant; **synthetic** —, essence synthétique; — **boat,** canot automobile; — **chemical,** pétrochimique; —**consumption,** consommation d'essence; — **gauge,** jauge d'essence;

— hydrometer, densimètre; — pump, pompe à essence, distributeur d'essence; — tank, réservoir d'essence; — vapour, vapeur d'essence.

Petrolens, Pétrolènes.

Petroleum, Pétrole, huile de pétrole; crude —, pétrole; — ether, éther de pétrole; — jelly, paraffine.

Petrology, Pétrographie.

Petticoat pipe, Tuyau à cônes étagés.

p f (power factor), Facteur de puissance.

Phantom, Fantôme, artificiel; — circuit, circuit fantôme; — load, charge artificielle.

Phase, Phase (élec.); difference of —, décalage de phase; in —, en phase; out of —, déphasé; retardation of —, retard de phase; single —, monophasé; three —, triphasé; two —, diphasé; — advancer, avanceur de phase; — angle, angle de phase; — displaced current, courant déphasé ou à phases décalées; — displacement, décalage de phase; — distortion, distorsion de phase; — lag, retard, décalage de phase; — lead, avance de phase; — locked, asservi; — meter, phasemètre; electron — meter, phasemètre électronique; — resistance, résistance de phase; — reversal, inversion de phases; — shift, déplacement de phase, déphasage; — shifting, déphasage; — wire, fil de phase.

Phasing, Mise en phase.

Phasmajector, Monoscope.

Phenol, Phénol.

Phenolic, Phénolique; — plastic, plastic phénolique.

Phenyl, Phényle; — sulfide, sulfure phénylique.

Phone, Phone (unité d'intensité acoustique subjective); — transmitter, émetteur sonique.

Phone, Abréviation pour Telephone; head —, casque téléphonique; — call, appel téléphonique; — transmitter, émetteur phonique.

Phonic wheel, Roue phonique.

Phonograph, Phonographe; — disc, disque de phonographe; — record, enregistrement, disque phonographique; — styli, aiguilles de phonographe.

Phonometer, Phonometer.

Phoresis, Phorèse.

Phosphatation, Phosphatation; surface —, phosphatation superficielle.

Phosphate, Phosphate; amorphous —, phosphate amorphe; trisodium —, phosphate trisodique; — coating, phosphatation; — esters, esters phosphatiques.

Phosphatic, Phosphatique.

Phosphatide, Phosphatide.

Phosphide, Phosphure; hydrogen —, hydrogène phosphoré.

Phosphite, Phosphite; dialkyl —, phosphite dialcoylique.

Phosphor, Phosphore; white —, phosphore blanc; — bronze, bronze phosphoreux; — composition, pâte phosphorée; — copper, cuivre phosphoreux.

Phosphorated, Phosphoré.

Phosphorescence, Phosphorescence.

Phosphorescent, Phosphorescent.

Phosphorized, Phosphorisé.

Phosphorous, Phosphoreux; phosphorogène; — jig iron, fonte phosphoreuse.

Phosphors, Substances phosphorescentes; tungstate —, tungstates phosphorescents.

Phosphorus, Phosphore (voir Phosphor).

Phosphuret, Phosphuré.

Photo, Photo; — **cathode,** photocathode; — **cell,** cellule photoélectrique; **barrier layer** — **cell,** cellule à couche d'arrêt; — **condensation,** photocondensation; — **conductive,** photoconducteur; — **conductivity,** photoconductivité; — **current,** photocourant; — **desintegration,** photodésintégration; — **elastic,** photoélastique; — **elasticity,** photoélasticité; — **electric,** photoélectrique; — **electric cell,** cellule photoélectrique; — **engraving,** photogravure; — **fluorographic,** photofluorographique; — **goniometer,** photogoniomètre; — **grammetric,** photogrammétrique; — **grammetric survey,** levée photogrammétrique; — **grammetry,** photogrammétrie; **ground** — **grammetry,** photogrammétrie terrestre; — **grapher,** photographe; — **graphic,** photographique; — **graphic emulsion,** émulsion photographique; — **graphic lens,** objectif photographique; — **graphy,** photographie; **aerial** — **graphy,** photographie aérienne; **colour** — **graphy,** photographie en couleurs; **engraving by** — **graphy,** photogravure; **flash** — **graphy,** photographie par lampes-éclairs; **stereoscopic** — **graphy,** photographie stéréoscopique; **stroboscopic** — **graphy,** photographie stroboscopique; — **lysis,** photolyse; — **meter,** photomètre; **Bunsen** — **meter,** or **grease spot** — **meter,** photomètre Bunsen; **electronic** — **meter,** photomètre électronique; **flicker** — **meter,** photomètre à éclats; **recording** — **meter,** photomètre enregistreur; **automatic scanning** — **meter,** photomètre à exploration automatique; — **metric,** photométrique; — **metric sphere,** sphère photométrique; — **metry,** photométrie; — **micrograph,** photomicrographie; — **micrographic,** photomicrographique; — **micro-**graphy, photomicrographie; — **multiplier,** photomultiplicateur; — **nuclear,** photonucléaire; — **reaction,** photoréaction; — **sensitive,** photosensible; — **sensitized,** photosensibilisé; — **sphere,** photosphère; — **synthesis,** photosynthèse; — **telegraphy,** phototélégraphie; — **tube or switch,** cellule photoélectrique, phototube; **multiplier** — **tube,** phototube multiplicateur; **soft** — **tube,** phototube contenant un peu de gaz.

Phtalein, Phtaléine.

Phtallic acid, Acide phtallique.

Phtalocyanides, Phtalocyanures.

Phtioic, Phtioïque.

Physic or **Physical,** Physique; — **chemistry,** chimie physique.

Physicist, Physicien.

Physics, Physique (science); **applied** —, physique appliquée; **nuclear** —, physique nucléaire.

Piano wire, Corde à piano (aéro).

Pick, Pic, pioche, marteau piqueur; marteau à piquer le sel (chaud.); **beater** —, pioche à bourrer; **miner** —, pic à langue de bœuf; **pneumatic** —, marteau piqueur; — **axe or ax,** pic à tranche.

to Pick a boiler, Piquer une chaudière.

Pick off gear system, Tête de cheval (mach.-outil).

Pick up coil, Enroulement détecteur.

Picked, Pointu, acéré; criblé (charbon); nettoyée (chaud.).

Picker, Batteur (text.).

Picket, Piquet.

Picking, Choix, triage, criblage (du charbon); battage (text.).

equipment for Picking up thread, Appareil pour retomber dans le pas.

Pickle liquor, Liqueur de décapage.

to Pickle, Décaper, dérocher.

Pickling, Décapage, dérochage; **electrolytic —,** décapage électrolytique; **gas —,** décapage au gaz; **jet —,** décapage au jet; **— inhibitor,** inhibiteur de décapage.

Pickup, Pince, crochet; pick-up; capteur; détecteur; prise de son, de vue (télévision); déclenchement, attraction (élec.); ressort de rappel; reprise (moteur); **vibrations —,** capteur de vibrations; **— circuit,** circuit du pick-up.

to Pick up, Reprendre (moteur).

Picrate, Picrate.

Picric acid, Acide picrique.

motion Pictures, moving Pictures, Cinéma.

Piece, Pièce, morceau; **assembling —,** linçoir; **bed —,** plaque de fondation; **binding —,** armoise; **branch —,** culotte; **breaking —,** boîte de sûreté (laminoir); **bridging —,** poutre traversière; **brow —,** chandelle, poutre verticale de soutien; **cap —,** linteau; **centre —,** rotule de joint à la cardan; **check —,** étrier de butée (ch. de fer); **clamping —,** cale dentée; **connecting —,** (voir **Connecting**); **cross —,** traverse; **end —,** bout, talon; **extension —,** prolongement; **fashion —,** estain (c. n.); **one —,** monobloc; **packing —s,** cales; **fashion —,** estain (c. n.); **shelf —,** bauquière (c. n.); **strengthening —,** liaison (c. n.); **tie —,** entretoise; **— of a machine,** pièce de machine; **— of iron,** lopin de fer; **— of ordnance,** pièce de canon; **to take to —s,** démonter (une machine).

Pier, Jetée, môle, appontement; pile; pilastre (de pont, etc.); **— head,** musoir.

to Pierce, Percer, poinçonner.

Piercer, Coup de poing (de sommelier).

Piercing, Perforation, poinçonnage; forage; **fusion —,** perforation, forage par fusion; **— press,** presse à percer.

Piezodielectric, Piézodiélectrique.

Piezoelectric, Piézoélectrique; **— axis,** axe piézoélectrique; **— effect,** effet piézoélectrique; **— indicator,** indicateur piézoélectrique; **— microphone,** microphone piézoélectrique; **— oscillator,** oscillateur piézoélectrique; **— resonator,** résonateur piézoélectrique; **— transducer,** transducteur piézoélectrique.

Piezoid, Piézoïde.

Pig, Fonte brute, fonte en gueuses ou en saumons; saumon de métal; **band —,** fonte rubannée; **black —,** fonte noire (n° 1); **cold blast —,** fonte à l'air froid; **dark grey —,** fonte gris foncé; **forge —,** fonte d'affinage; **foundry —,** fonte de moulage; **grey — iron,** fonte grise (n° 2); **hot blast —,** fonte à l'air chaud; **light grey —,** fonte gris clair (n° 3); **iron —,** saumon de fonte; **mottled — iron,** fonte truitée (n° 4); **white — iron,** fonte blanche; **— bed,** lit de coulée; rigole, moule pour les gueuses (fond.); **— casting machine,** machine à mouler les gueuses; **— cast iron, or — iron,** fonte en gueuses; **— lead,** plomb en saumons.

Pigment, Pigment; **paint —,** pigment pour peinture.

Pike, Pique (pic); pointe (de tour).

Pikeman, Piqueur (mine).

Pilaster, Pilastre; pied-droit.

Pile, Paquet, lopin (mét.); pieu, pilot, pilotis, bloc; pile (élec.) (voir **Cell**); **atomic —,** pile atomique; **chain reacting —,** pile à réaction en chaîne; **disc —,** pieu à disque; **dry —,** pile sèche; **filling —,** pilot de remplage; **on piles**, sur pilotis; **screw** —, pilotis à vis; **sheet —** or —, palplanche; **voltaic** —, pile voltaïque (élec.); — **bridge**, pont sur pilotis; — **driver**, mouton, sonnette, appareil à enfoncer les pieux; **hand — driver**, sonnette à bras; — **extractor**, machine à arracher les pilotis; — **foundation**, fondation sur pilotis; — **planks**, palplanches; — **rings**, frettes des pilotis; — **shoes**, sabots de pieux; — **weir**, barrage sur pilotis; **to drive —s**, enfoncer les pieux.

Piling, Mise en paquets (mét.); action d'empiler; **sheet** —, rideau de palplanches, estacade métallique.

Pillar, Pilier, épontille; **anvil** —, poitrine d'enclume; **board and — system**, exploitation par pilier (mines); **brush** —, pivot de porte-balai (élec.); **split** —, épontille à fourche; — **crane**, grue à fût; — **drilling machine**, perceuse à colonne.

Pillow, Palier, grain, collier d'une portée; — **block**, palier, piédestal, douille, crapaudine; — **bush**, coussinet d'une portée; — **case**, chapeau de palier.

Pilot, Pilote; **auto or automatic** —, pilote automatique; **test** —, pilote d'essai; — **cable**, câble pilote; — **lamp**, lampe de cadran; — **injection**, injection pilote; — **operated**, à asservissement; — **plant**, usine pilote; — **seat**, poste du pilote; — **spark**, étincelle pilote; — **wire**, fil pilote.

Pilotage, Pilotage.

Pin, Broche (métallique), cheville, goupille; bouton; soie (de manivelle); gournable; alluchon; axe; essieu de poulie; **axle** —, esse; **blade** —, embase de pale; **centre** —, goujon central, pivot; **chain** —, fuseau de chaîne; **channel** —, goupille de joint de rails; **check** —, goupille d'arrêt de retenue; **collar** —, goupille

d'une clavette; boulon à clavette; **cotter** —, goupille d'une clavette; **crank** —, bouton, soie de manivelle, manneton; **cross head** —, tourillon de traverse, tourillon de pied-debielle; **cross head — bearing**, articulation de pied de bielle; **detent** —, goupille, pivot d'arrêt; étoquiau; **dowel** —, goujon; **draw bore** —, broche conique destinée à rapprocher les épaulements d'un tenon et d'une mortaise; **end** —, fuseau de fermeture (d'une chaîne); **firing** —, percuteur; **gab** —, toc; **gudgeon** —, axe de pied-debielle; **iron** —, boulon, goupille; **joint** —, broche de charnière, goupille; **knuckle** —, cheville d'attelage, axe à rotule; **linch** —, esse, goupille d'essieu, clavette; **main** —, cheville ouvrière d'un chariot; axe, tourillon des balanciers; **set** —, prisonnier; **shackle** —, clavette, boulon d'une manille; **shearing** —, goupille de cisaillement; **split** —, goupille fendue; **stop** —, broche, goupille d'arrêt; **taper** —, goupille conique; — **bit**, mèche à téton; — **drill**, mèche à téton, tarière; — **driver**, chasse-goupilles; — **extractor**, arrache-goupilles; — **head**, faisceau; — **insulator**, isolateur à cloche; — **maul**, masse pointue, moine; — **of a centrebit**, téton d'une mèche à aléser; — **of a crane**, axe, pivot d'une grue; — **of a joint** —, broche de charnière; — **of the moveable puppet**, pointe de la poupée mobile d'un tour; — **punch**, chasse-goupilles; — **valve**, vanne, pointeau.

to Pin, Cheviller, goupiller, claveter.

Pincers, Tenailles, pinces; **bit** —, tenailles à chanfrein; **straight** —, pinces plates.

Pinch or pinching bar, Pied de biche.

Pine, Pin; **Huon** —, pin d'Huon; **pitch** —, pitchpin; **red** —, pin rouge; **white** —, pin blanc du Canada.

Pinhole, Retassure (de métal).

Pinking, Cognage, détonation.

Pinion, Pignon; **bevel** —, pignon conique, pignon d'angle; **double-toothed** —, pignon à double denture; **driving** —, pignon d'entraînement; **spur** —, pignon droit; **valve gear** —, pignon de distribution; — **grease,** graisse pour pignons.

Pinnace, Pinasse, grand canot (N.).

Pint, Mesure de capacité (voir Tableaux).

Pintle, Aiguillot de gouvernail; — **score,** lanterne (de gouvernail).

Pip, Dent de scie du radar, pointe; top horaire.

Pipe, Tuyau, conduite; retassure; **admission** —, tuyau d'aspiration; **air** —, conduit à air, buse; **évent,** tuyau d'aérage; **angle** —, raccord coudé, tuyau cintré; **ascending** —, colonne montante (fours à coke); **ascension** —, colonne montante (usine à gaz); **bellows** —, tuyère; **bellows blow** —, chalumeau; **bend** — coude; **bituminized paper** —, tuyau système Bergmann; **blast** —, tuyau d'échappement de machine à vapeur; **blow** —, chalumeau (voir **Blow**); **blow down** —, tuyau de vidange, d'extraction; **blow off** —, tuyau de vidange, d'extraction; **blow out** —, tuyau de vidange, d'extraction; **blow through** —, tuyau de purge; **branch** —, tubulure, tuyau d'embranchement; **bree-ches** —, culotte; **chain** —, manchon de puits à chaînes (N.); **cone** —, tuyau conique; **conduit** —, tuyau de conduite; **connecting** —, tuyau de communication, raccord; **cooling pipe,** tuyau réfrigérant; **delivery** —, tuyau d'alimentation (loc.);

tuyau de distribution (gaz); conduite de refoulement; **stowing** —, tuyau de remblayage; **suction** —, tuyau d'aspiration; **tail** —, tuyau d'échappement, de sortie, d'évacuation; tuyère; **waste** —, tuyau de trop-plein, tuyau d'échappement; — **bending machine,** machine à cintrer les tuyaux; — **cutter,** coupe-tubes; appareil à tronçonner les tuyaux; — **dog,** arrache-tuyaux; — **fitting,** raccord; — **flange,** collet ou bride de tuyau; — **grab,** accroche-tube; — **line,** conduite; conduite forcée, ligne coaxiale (élec.); **pressure** — **line,** conduite forcée; — **machine,** machine à fabriquer les tuyaux; — **manifold,** claviature; — **reducer,** raccord de réduction; — **section,** virole; — **socketing machine,** machine pour emboutir les tubes; — **still,** chaudière tubulaire (pétr.); — **tongs,** tenailles pour tubes; — **way,** conduite.

Pipeclay, Terre de pipe.

to Pipeclay, Passer à la terre de pipe.

Pipette, Pipette.

Piping, Tuyautage, tuyauterie; retassure; formation de retassures; conduites; renard (hydr.); **compressed air** —, tuyautage d'air comprimé; **oil** —, tuyautage d'huile; **outlet** —, tubulure de sortie; tuyau de décharge (mach.); **dip** —, tuyau plongeur de barillet (gaz); siphon renversé (conduite d'eau); **distributing** —, tuyau de distribution; **down** —, tuyau de décharge; **drain** —, tuyau de purge; **drip** —, tuyau de purge; **dry** —, tuyau sécheur; **eduction** —, tuyau d'évacuation; **elbow** —, tuyau coudé; **entrance steam** —, tuyau d'arrivée de vapeur; **exhaust** —, tuyère d'échappement (loc., tuyau d'échappement); **exit steam** —, tuyau de sortie de vapeur; **gas exit** —, prise de gaz (h. f.); **expansion** —, tuyau extensible, tuyau compensateur; **feed** —, tuyau d'alimentation; **flash** —, tuyau à gaz percé de petits trous disposés en série et servant à propager l'allumage; **force** —, tuyau de refoulement; **gas** —, tuyau à gaz; **head** —, tuyau en tête, tubulure de refoulement; **induction** —, tuyau d'admission; **injection** —, tuyau d'injection; **inlet** —, tubulure d'admission; **jet** —, tuyère d'échappement, d'éjection; **joint** —, tuyau de jonction; **junction** —, tube de raccordement; **kneed** —, tuyau coudé; **lead of a** —, parcours d'un tuyau; **leaden** —, tuyau de plomb; **main** —, tuyau de conduite de vapeur; **nose** —, tuyère; **oil supply** —, tuyau d'amenée d'huile; **overflow** —, tuyau de trop-plein; **overheating** —, tuyau surchauffeur; **petrol** —, tuyau d'essence; **petticoat** —, tuyau à cônes étagés; **shrink** —, retassure; **slurry** —, tuyau de remblayage (mines); **smoke** —, cheminée; **steam feed** —, tuyau de conduite de la vapeur; **starting** —, tuyautage de lancement (Diesel).

Pistol, Pistolet; appareil percuteur (torpilles).

Piston, Piston, plongeur; **balance** —, piston d'équilibrage; **disc** —, piston plat; **draw back** —, piston de rappel; **dummy** —, piston d'équilibrage; **free** —, piston libre (à); **hydrostatical** —, piston hydrostatique; **loose fitting** —, piston qui a du jeu; **opposed — engine,** moteur à pistons opposés; **trunk** —, piston à fourreau; — **body,** corps de piston; — **chunk,** fond d'un piston; — **cooling,** refroidissement des pistons; — **cover,** couronne de piston; — **cover and bottom,** dessus et dessous de piston; — **cover eye-bolt,** tire-fond de la couronne du piston; — **crown,** tête, fond de

piston; — **curl,** anneau tendeur de piston; — **displacement,** cylindrée; — **end,** extrémité de piston; — **engine,** machine, moteur à piston; — **engined,** à moteurs à piston; — **head,** dessus, tête de piston; — **jack,** vérin à piston; — **packings,** garnitures de piston; — **pin,** axe de piston; — **ring,** segment de piston; — **rings,** garnitures, bagues métalliques, segments du piston; — **ring slot,** rainure de segment; — **rod,** tige du piston; — **rod cap guides,** guides, glissières de la tête de la tige du piston; — **rod collars,** presse-étoupe de la tige d'un piston; — **rod cotter,** clavette de jonction de la tige du piston avec le té ou la traverse; — **rod guide,** guide de la tige du piston; — **skirt,** jupe de piston; — **slap,** claquement du piston; — **stroke,** course du piston, coup de piston; — **tail piece,** emmanchement de la tige dans le corps du piston; — **travel,** course du piston; — **valve,** tiroir cylindrique; **to pack a** —, garnir un piston.

Pit, Trou, fosse (scierie, chantier); puits, mine; piqûre de chaudière; **air** —, puits d'aérage (mines); **ash** —, cendrier; **by** —, puits secondaire; **catch** —, drain; **chalk** —, crayère; **clay** —, argilière, marnière, glaisière; **coal** —, mine, houillère; **crank** —, fosse de la manivelle; **deep** —, bure; **door** —, porte de cendrier; **drain** —, puisard; **exhaust** —, pot d'échappement; **foul** —, fosse grisouteuse; **foundry** —, fosse de moulage; **jack head** —, puits auxiliaire; **open — mine,** mine à ciel ouvert; **sand** —, sablière; **soaking** —, puits de réchauffage, four Pit, four en fosse (forgeage); **transformer** —, puits de transformateur (élec.); — **bottom,** fond (mines); — **coal,** charbon de terre tout-venant; — **door,** porte de cendrier; — **eye,** recette d'accrochage, moulinage; — **furnace,** fourneau à cuve (mét.); — **head,** bure (mines); — **head frame,** chevalement de puits de mine; — **saw,** scie de long; — **wood,** bois de mine.

to Pit, Piquer, se piquer(rouille).

Pitch, Déclive, en pente; pas (d'une vis, etc.); espacement (des rivets); brai de goudron; plongement (mines); **blade** —, pas des aubes (turb.); **chain** —, pas d'une chaîne; **circle** —, (voir **Circle**); **coarse** —, grand pas; **coarse** —es **device,** dispositif des pas rapides; **commutator** —, pas du collecteur (élec.); **controllable** —, pas variable; **cyclic** —, pas cyclique; **even** — **screw,** vis dont le pas est égal à celui de la vis mère ou en est le sous-multiple exact; **fine** —, petit pas; **fixed** —, pas fixe; **flat** —, pas nul; **forward** —, pas progressif (élec.); **high** —, grand pas; **Jew's** —, bitume de Judée; **low** —, petit pas; **low** — **stop,** butée petit pas; **metric** —, pas métrique; **mineral** —, asphalte, bitume; **pole** —, pas des pôles (élec.); **reverse** —, pas réversible; **reverse** — **propeller,** hélice à pas réversible; **screw** —, pas de vis; **screw** — **gauge,** calibre pour pas de vis; **variable** —, pas variable; **Whitworth** —, pas Whitworth, pas anglais; **winding** —, pas d'enroulement (élec.); — **change,** changement de pas; — **circle** cercle primitif; — **controlling mechanism,** dispositif de changement de pas; — **of a saw,** pas d'une scie; — **of drills,** écartement des rivets; — **of holes,** distance d'axe en axe des trous; — **line,** ligne d'engrenage; — **lock,** blocage du pas; — **plane,** plan primitif; **fine** — **stop,** butée petit pas (hélice).

to Pitch, Brayer (avec du brai); tanguer.

Pitchblende, Pechblende.

Pitchfork, Fourche.

Pitching, Action de lancer, de jeter; pavage; vol en piqué; inclinaison longitudinale (avion); tangage; **anti** —, antitangage; **bottom** —, empierrement de base, blocage; — **borer,** fleuret court.

Pitman, Bielle (d'une sonde).

Pitot pressure, Pression dynamique.

Pitot tube, Tube de Pitot.

Pitted, Corrodée, piquée (tôle des chaud.); **deeply** —, profondément piquée.

Pitting, Piqûre d'un métal, corrosion.

Pivot, Pivot; **ball** — **bearing,** crapaudine à billes; — **box,** crapaudine; — **hole,** crapaudine.

to Pivot, Pivoter.

Pivoted, Articulé; — **slipper,** patin articulé.

Pivoting crane, Grue à pivot.

Place, Lieu, place; **front de taille,** taille; **filling** —, pierre de rustine; **single** —, monoplace (aviat.); **two** —, biplace.

Placed, Placé, coulé (béton).

Placing, Coulage (béton); **pneumatic** —, coulage pneumatique; — **by gravity,** coulage par gravité.

Plain, Ordinaire; lisse; — **barrel,** canon lisse (fusil); — **bearing,** palier lisse.

to Plain, Égaliser, niveler, aplanir.

Plan, Plan, projet; projection, dessin; **body** —, projection transversale (c. n.); **face** —, élévation principale; **half breadth** —, projection horizontale (c. n.); **sheer** —, projection longitudinale (c. n.); — **form,** forme en plan; — **of the diagonals,** plan des lisses planes (c. n.); — **scantling,** gabarit (c. n.); — **view,** vue en plan.

to Plan, Projeter, dessiner le plan de; planifier.

Plane, Plan (surface plane en géométrie); rabot; avion (voir aussi **Aéroplane** et **Airplane**) ; plan; **adjustable supporting —,** surface portante mobile; **ambulance —,** avion sanitaire; **angle of elevation of —s,** angle d'incidence des plans à la montée; **angle of inclination of —s,** angle d'incidence des plans à la descente; **angle of inflection of a —,** basile d'un rabot; **arrangement of —s,** disposition des surfaces portantes; **badger —,** guillaume incliné; **banding —,** rabot à rainurer; **base —,** plan de base; **bedding —,** plan de stratification; **bench —,** rabot d'atelier; **bevel —,** guillaume à onglet; **boxed —** (voir **Boxed**); **capping —,** rabot à balustre; **carrier borne —,** avion embarqué sur porte-avions; **catapulted —,** avion catapulté; **central —,** plan central; **centre —,** plan médian; **combat —,** avion de combat; **commercial —,** avion commercial; **composite —,** avion composite; **cooper's —,** colombe du tonnelier; **cornice —,** rabot à corniche, à moulure; **cornish —,** or **edge —,** rabot à écorner; **dovetail —,** rabot, bouvet à queue d'aronde; **fence of a —,** épaulement d'un rabot; **fighting —,** avion de chasse; **fillet —,** tirefilets; **fluting —,** rabot à gorge, guillaume à canneler; **folding —,** avion à ailes repliables; **four engine** or **four engined —,** avion quadrimoteur; **grooving —,** bouvet femelle; **ground attack —,** avion d'attaqué au sol; **hydro —,** hydravion; barre de plongée (s. m.); **inclined —,** plan incliné; **jack —,** riflard (menuiserie); **jet —,** avion à réaction; **land —,** avion terrestre; **land based —,** avion avec base terrestre; **light —,** avion léger; **long —,** galère; **long range —,** avion à grand rayon d'action; **lower —,** plan inférieur; **match —,** bouvet; **middle —,** plan moyen; **military —,** avion militaire; **moulding —,** doucine; **observation —,** avion d'observation; **outward —,** plan extrême; **perspective —,** plan perspectif; **pitch —,** plan primitif; **rabbet —,** guillaume; **radio controlled —,** avion télécommandé; **rebate —,** guillaume; **reaction —,** avion à réaction; **reconnaissance —,** avion de reconnaissance; **rigid supporting —,** surface portante rigide; **round —,** mouchette; **sail —,** planeur; **sea —,** hydravion; **setting —,** plan de pose; **shooting —,** varlope; **single seater** or **single seat —,** monoplace; **six engine** or **six engined —,** avion hexamoteur; **slip —,** plan de glissement; **smoothing —,** varlope; **supersonic —,** avion supersonique; **supporting —,** surface portante (aéroplane), plan sustentateur; **tail —,** plan fixe, stabilisateur; **target —,** avion cible; **tonguing —,** bouvet mâle; **touring —,** avion de tourisme; **training —,** avion d'entraînement; **transport —,** avion de transport; **transonic —,** avion transonique; **two engine** or **two engined —,** avion bimoteur; **two seater** or **two seat —,** biplace; **upper —,** plan supérieur; **— face,** face plane; **— hole,** lumière du rabot; **— iron,** fer du rabot; **— of cleavage,** plan de clivage; **— of polarization,** plan de polarisation; **— of spin,** plan de rotation; **— stock,** corps, fût de rabot; **— tree,** platane; **— wave,** onde plane; **— wedge,** coin du rabot; **— with handle,** varlope.

to Plane, Dôler, raboter, planer; **to — off,** dresser par rabotage; **to — off timber,** dégrossir le bois; **to rough —,** dégrossir.

Planer, Spatule, palette (mouleur); raboteuse, rabot; planeuse; machine à raboter; **buzz —,** raboteuse à bois; **crank —,** raboteuse à manivelle; machine à raboter les manivelles; **double housing** —, raboteuse à double montant; **openside** or **single housing** —, raboteuse à un montant; **road** —, planeuse routière; **roughing** —, machine à raboter en ébauche; **table type** —, raboteuse à plateau; **switch tongue** —, machine à raboter les aiguilles.

Planet gear, Mouvement satellite (mécanique).

Planet reduction gearing, Réducteurs à trains planétaires.

Planetary, Planétaire, satellite; — **gears,** engrenages planétaires; — **system,** système planétaire; — **transmissions,** transmissions planétaires.

Planimetric or **Planimetrical,** Planimétrique.

Planing, Rabotage, surfaçage; **angle** —, rabotage oblique; **circular** —, rabotage circulaire; **internal** —, rabotage intérieur; **vertical** —, rabotage vertical; — **file,** lime à planer; — **machine,** machine à planer, à raboter, raboteuse; rabot; **crank — machine,** machine à raboter les manivelles; **double upright — machine,** machine à raboter à deux montants; **openside — machine,** machine à raboter à un montant; **side — machine,** raboteuse latérale; — **tool,** grain d'orge, crochet; — **work,** travail de rabotage.

Planisher, Polissoir, planeur, marteau à planer, châsse à parer; avant-dernière passe (laminage).

Planishing, Planage (chaud.); — **hammer,** marteau à planer.

Plank, Planche (épaisse), madrier; bordage (c. n.); **bench** —, plateforme, table de l'établi; **bilge** —, bordage de bouchain (c. n.); **bottom** —, bordage de carène (c. n.); **boundary** —, bordage en abord (c. n.); **bow** —, bordage de l'avant (c. n.); **buttock**

—, bordage des fesses (c. n.); **fir** —, tavaillon; **flooring** —, madrier; **garboard** —, bordage de galbord (c. n.); **inside** —, bordage intérieur (c. n.); **margin** —, bordage en abord (c. n.); **side** —, bordage (N.); **outside** —, bordage extérieur (c. n.).

to Plank, Border un N. (extérieur), vaigrer un N. (intérieur); planchéier.

Planked, Bordé; **double** —, double bordé; **three** —, triple bordé.

Planking, Bordé d'un N. (extérieur), vaigrage d'un N. (intérieur); **diminishing** —, bordé de diminution (c. n.); **inside** —, bordé intérieur, vaigrage; **outside** —, bordé extérieur; **topside** —, bordé des hauts; **to rip off the** —, déborder, délivrer (découvrir partiellement), déclinquer (N. à clins).

Planksheer, Bordage.

Planning, Tracé d'un plan; organisation de l'exécution; planification, étude, préparation; **flight** —, préparation du vol.

Plano milling machine, Fraiseuse-raboteuse.

Plant, Matériel, outillage, installation; usine; **A. C.** —, installation à courant alternatif (élec.); **D. C.** —, installation à courant continu (élec.); **accumulator** —, station de charge d'accumulateurs; **all relay** —, installation entièrement électrifiée; **bulk cement** —, silo pour ciment en vrac; **concentrating** —, installation de concentration (des minerais); **concrete mixing** —, centrale à béton; **cooling** —, réfrigérant; **dripping cooling** —, réfrigérant à ruissellement; **generating** —, centrale électrique; **having a good** —, bien outillé; **mine** —, installation minière; **out door** —, installation de plein air; station, usine en plein air; **peak load** —, installation d'appoint; **pilot** —, usine pilote; **power** —, centrale d'énergie; **printing** —, imprimerie; **reclaiming** —, installation d'épuration (huile); **refrigerating** —, installation frigorifique; **stand by** —, installation de secours; **thermal** —, centrale thermique; **welding** —, poste de soudure.

mechanical Planter, Plantoir mécanique (arbres).

Plasm, Moule, matrice.

Plaster, Plâtre; — **cast,** moulage en plâtre; — **mould,** moule, matrice; — **of Paris,** plâtre de Paris.

to Plaster, Plâtrer.

Plasterer, Plâtrier.

Plastic, Plastique; en matière plastique; — **buckling,** flambage plastique; — **deformation,** déformation plastique; — **flow,** écoulement plastique; — **replic,** moulage plastique; — **seal,** joint plastique; — **stability,** stabilité plastique.

Plastic Matière plastique; **moulded** —, matière plastique moulée; **phenolic** —, plastique phénolique.

Plasticity, Plasticité.

Plasticization, Plastification.

to Plasticize, Plastifier.

Plasticized, Plastifié.

Plasticizer, Plastifiant.

Plastics, Matières plastiques, plastiques; **acrylic** —, matières plastiques acryliques; **cellulosic** —, matières plastiques cellulosiques; **laminate** —, plastiques stratifiés; **vinyl** —, plastiques vinyliques.

Plastimeter, Plastimètre.

Plate, Tôle, plaque de métal; flasque; disque; marbre (à tracer); plaque d'accumulateur; plaque photographique; plaque de tube à vide; lame de ressort; **accumulator** —, plaque d'accumulateur (élec.); **adjustment** —, tête de cheval, lyre (tour); **anchor** —,

ancre (d'un mur); **anchoring** —, plaque d'ancrage; **anvil** —, table, face de l'enclume; **armour** —, plaque de blindage; **auxiliary** —, électrode auxiliaire (accus); **back** —, araignée, plaque, taque de rustine; **back number** —, plaque d'immatriculation (auto); **back** —s, glaces, tables (cyl.); **baffle** —, écran en tôle (voir Baffle); **base** —, semelle; **ballast** —, plaque de lestage; **bearing** —, selle ou semelle de rail, platine de rail; **bed** —, plaque de fondation; **bench face** —, marbre (pour dresser); **blast** —, taque de contrevent (h. f.); **boiler** —, tôle pour chaudière; **bottom** —, plaque de fondation, taque de fonderie; **bridge** —, plaque de serrage ou de fixation; **buckling of the** —s, gonflement des plaques (accus); **bumper** —, plaque de tampon; **butt** —, couvre-joint; **cast** —, floss; **catch** —, plateau porte-mandrin; butée d'arrêt (treuil); **centre** —, plaque pour placer un modèle sur le tour; **chair** —, coussinet, selle; **circular** —, plateau circulaire; **channel fish** —, éclisse en U; **clutch** —, disque d'embrayage; **collar** —, poupée à lunette (tour); **cone** —, lunette (tour); **connecting** —, plaque de jonction; **copper** —, feuille de cuivre; gravure en taille-douce; **core** —, plaque à âme (élec.); **corner** —, équerre d'angle en tôle; **cover** —, tôle de recouvrement, couvre-joint; **covering plate,** tôle de recouvrement, de couvre-joint; **crank** —, plateau à manivelle; **crown** —, tôle de ciel (chaud.); plaque placée sur le noyau (fond.); **dam** —, plaque de dame; **dead** —, sole ou table de foyer; **deflecting** —, surface de choc (carneau); **die** —, filière simple, filière à truelle; étampe, matrice à border ou à cuveler; **dipping** —, plaque d'immersion (régulateur électrique); **dished** or flanged —s, tôles embouties et à bord tombé; **distributor** —, disque de distribution ou de répartition (télégraphie); **diving** —, or **plane**, barre de plongée (s.m.); **after diving** —, barre de plongée arrière; **fore diving** —, barre de plongée avant; **dog** —, plateau porte-mandrin; **draw** —, filière à étirer, lunette; **dressing** —, marbre, plaque à dresser; **drill** —, disque de perceuse; plomb de trépan; **drive** —, flasque d'entraînement; **driver or driving** —, plateau à toc; **earth** —, plaque de terre (élec.); **end** —, plaque extrême, de tête (accus); **joined end** —, fond en plusieurs pièces (chaud.); **pressed end** —, fond embouti à la presse; tôle, fronteau (c. n.); **exposed** —, plaque impressionnée; **face** —, plateau, mandrin universel (tour); **firebox** —, plaque de tête de la boîte à feu (chaud.); **fish** —, éclisse, couvre-joint; **channel fish** —, éclisse en U; **easing fish** —, éclisse de soulagement; **floor** —, tôle de varangue (c. n.); **floor plates**, parquet (de chaufferie, etc.); **flue** —, plaque de tête des tubes (chaud.); **foot** —, parquet de chauffe; plate-forme; pédale; **foundation — or base** —, plaque, tôle de fondation (c. n.); **frame** —, plaque à cadre (accus); **front** —, laiterol, chio, plaque à laitier; **garboard** —, tôle de galbord (c. n.); **gauge** —, lunette d'un banc à étirer; **girder** —, tôle de support (c. n.); **centre girder** —, tôle de support central (c. n.); **side girder** —, tôle de support continu (c. n.); **wing girder** —, tôle de support de côté (c. n.); **grid** —, plaque à grille, à grillage (accus); **ground** —, plaque de terre (élec.); **heavy** —, tôle forte ; **heel** —, plaque de fondation; **horn** —, longeron (c. n.); **horse-shoe** —, plaque de jaumière (c. n.); **hydro — or plane** —, barre de plongée (s. m.); **index** —, plateau indicateur, plateau diviseur; **feed index** —,

plateau indicateur des avances (mach.-outil); **horn — or guard** —, plaque de garde; **iron** —, feuille de tôle forte, plaque de fer; **junction** —, bande de jonction, couvre-joint, plaque de recouvrement; **laminated** —, plaque lamellaire; **lead** —, plaque de plomb (accus); **locking** —, plaque de verrouillage; **main** —, lame maîtresse; **medium** —, tôle moyenne; **negative** —, plaque négative (accus); **positive** —, plaque positive (accus); **packing** —, plateau de garniture, couronne de piston; **pasted** —, plaque empâtée, tartinée (accus); **photographic** —, plaque photographique; **Planté** —, plaque Planté (accus); **pressure** —, plaque de pression; **regulation number** —, plaque réglementaire (auto); **ribbed** —, plaque à nervures (accus); **safe** —, tôle de coffre-fort; **set of** —s, ensemble des plaques (accus); **slotted crank** —, manivelle à coulisse; **sole** —, plaque de fondation (mach.); **solid** —, plaque autogène, de formation autogène (accus); **spare** —, plaque de rechange (accus); **stator** —s, plaques fixes (d'un condensateur); **steel** —, tôle d'acier; **supporting** —, plaque support (accus); **surface** —, marbre à tracer; **surfacing** —, plateau à surfacer; **swash** —, plateau oscillant; **terne** —, tôle de fer, plomb et étain; **thinned** —, tôle mince; **tinned** —, tôle étamée, fer-blanc; **trough** —, plaque à augets; **Tudor** —, plaque Tudor; **unexposed** —, plaque vierge (photo); **wiring** —, attache-fils; **zinc** —, plaque de zinc; — **benders**, machine à plier les tôles; — **bending machine**, cintreuse; — **bending rolls**, machine à cintrer les tôles; — **chain**, chaîne Galle; — **characteristic**, caractéristique de plaque; — **circuit**, circuit de plaque (T. S. F.); — **conductance**, conductance de plaque;

— **current,** courant de plaque; — **cutting machine,** cisaille à tôles; — **electrode,** électrode à plaque; — **glass,** verre à vitres; — **impedance,** impédance de plaque; — **iron,** tôle forte; — **of sheet iron,** feuille de tôle forte; — **of a watch,** platine d'une montre; — **shears,** cisailles pour couper les tôles; — **shop,** tôlerie; — **surface,** surface de plaque (accus); — **voltage,** tension de plaque; **to copper** —, cuivrer.

to Plate, Revêtir, border, doubler.

Plated, Bordé, doublé, recouvert; **cadmium** —, cadmié; **chromium** —, chromé; **copper** —, cuivré; **double, triple** —, à double, triple bordé; **nickel** —, nickelé.

Platen, Plateau (d'une raboteuse).

Platform, Plate-forme, quai de gare; radier (bassin); tablier (pont); parquet; **gun** —, plate-forme de tir; **landing** —, plate-forme d'atterrissage; **launching** —, plate-forme de lancement; **loading** —, plate-forme de chargement.

Platine (voir **Platinum**), Platine; — **crucible,** creuset en platine; — **wire,** fil de platine.

Platinite, Platinite.

Plating, Bordé (c. n.); abréviation pour **Electroplating** (electroplastie, galvanoplastie); blindage, placage; **armour** —, blindage; **barrel** —, électroplastie au tonneau; **bottom** —, bordé de carène; **chromium** —, chromage; **copper** —, cuivrage; **deck** —, bordé de pont (c. n.); **floor** —, vaigrage, vaigre; **gold** —, dorage; **inside, inner, keel** —, galbord (c. n.); **nickel** —, nickelage; **nickel —bath,** bain de nickelage; **outside** —, bordé extérieur, doublage; **side** —, bordé latéral; **silver** —, argentage; — **balance,** balance galvanoplastique; — **generator,**

génératrice de galvanoplastie; — **room,** atelier de galvanoplastie.

Platino-bromide, Platino-bromure.

Platinum, Platine; **spongy** —, noir de platine; — **contacts,** contacts de platine; — **foil or sheet,** feuille de platine, lame de platine; — **point,** contact platiné; — **sponge,** mousse de platine; — **tipped screws,** vis platinées (auto).

Play, Jeu (pièces de mach.); **side** —, jeu latéral.

to Play, Avoir du jeu.

Pledge money, Cautionnement.

Pliers or plyers, Tenailles, pinces; **bending** —, pinces à cintrer; **cutting** —, pinces coupantes; **drawing** —, tenaille continue; **flat nosed** —, pinces plates; **gas** —, pinces à gaz; **round** —, pinces rondes; **round nosed** —, bec-de-corbin.

Plies, Pluriel de **Ply.**

Pliodynatron, Pliodynatron.

Pliotron, Pliotron.

to Plot, Tracer, rapporter (un levé); — **against,** tracer une courbe en fonction de.

Plotter, Appareil pour le traçage des courbes.

Plotting, Restitution; planimétrage; — **gear,** mécanisme restituteur; — **machine,** appareil de restitution.

Plough or plow, Charrue; **snow** —, chasse-neige; **draw snow** —, chasse-neige de traction; **rotary snow** —, chasse-neige centrifuge.

Plug, Bouchon, obturateur; tampon, ergot; noix (robinet); fiche, clef; bougie (auto), borne, prise de courant (élec.); **air** —, bouchon d'évacuation d'air; **boiler tube** —, tampon de tube de chaudière; **calling** —, fiche d'appel; **cask** —, cheville; **clay** —, tampon d'argile (h. f.);

connecting —, fiche de contact; connection —, fiche de raccordement (élec.); contact —, plot (élec.); drain plug or blow off —, bouchon de vidange (auto); drain — with filter, bouchon de vidange avec filtre; earth —, fiche de terre; fine wire electrode —, bougie à électrodes fines; nickel electrode —, bougie à électrodes de nickel; platinum electrode —, bougie à électrode de platine; enquiry —, fiche de demande (élec.); filler —, bouchon de remplissage; fire —, robinet à incendie (voir Fire); fluted —, tampon cannelé; fusible —, bouchon fusible; hawse —, tampon d'écubier (N.); lead —, rondelle, bouchon en plomb; lift —, boisseau coulissant; listening —, fiche d'écoute (élec.); overflow —, bouchon de trop-plein; two pin —, fiche à deux broches; porous —, tampon poreux; positive —, borne positive; rotary —, boisseau tournant; rubber —, bouchon en caoutchouc; screw —, bouchon fileté; spark or sparking —, bougie d'allumage (auto); spark — body, corps d'une bougie; spark — insulator, isolateur de bougie; spark — leads, fils de bougie; sparking — gasket, joint de bougie; screened sparking —, bougie blindée; testing —, fiche d'essai; wall —, prise de courant; — and feather, appareillage pour fendre les pierres; — commutator, commutateur à cheville; — contact, contact à fiches; — cord, cordon de fiche; — gap, écartement des pointes (d'une bougie); — gauge, tampon; calibre à tampon; double ended — gauge, tampon double; plain — gauge, tampon lisse; — switch, interrupteur à fiche; — terminal, cache, capuchon de bougie.

to Plug, Cheviller, tamponner, boucher, brancher, connecter.

Plugging, Connexion; freinage par inversion de courant; tamponnement, bouchage.

Plumb, Plomb (de fil à plomb); — bob, plomb de sonde, fil à plomb; — level, niveau à plomb; — line, fil à plomb; — point, point à la verticale.

to Plumb, Mettre d'aplomb.

Plumbago, Plombagine.

Plumber, Plombier; plumber's soil, noir de soudeur.

Plumbing, Plomberie; installations sanitaires.

Plummer block, Palier-support (de mach.).

Plummet, Plomb (de fil à plomb).

Plunge battery, Batterie à treuil (élec.).

Plunger, Plongeur; accumulator —, piston d'accumulateur; — die, poinçon emboutisseur; — piston, piston plongeur; — pump, pompe à piston plongeur; — valve, clapet à piston plongeur.

Plunging lift, Pompe à piston plongeur.

Plutonium, Plutonium.

Ply, Contreplaqué; épaisseur; two —, à deux épaisseurs; — web, âme en contreplaqué; — wood, contreplaqué; three — wood, contreplaqué à trois épaisseurs; — wood covering, recouvrement en contreplaqué; — wood fuselage, fuselage de contreplaqué.

Plyers, Voir **Pliers.**

P. M., Post Meridem, de l'après-midi; 5 —, 5 heures de l'après-midi.

p. m. (permanent magnet), Aimant permanent.

Pneumatic, Pneumatique; — absorber, amortisseur pneumatique; — clamping, serrage pneumatique; — control, commande pneumatique; — drilling machine, perceuse pneumatique; — **ejector**, éjecteur pneumatique; — **hoist**, monte-charge pneumatique; — **micrometer**, micromètre pneumatique; — **pick**, marteau piqueur; — **relay**, relais pneumatique; — **riveting**, rivetage pneumatique; — **shock absorber**, amortisseur pneumatique; — **stowing**, remblayage pneumatique; — **transmitter**, transmetteur pneumatique; — **tyre**, bandage pneumatique.

Pneumercator, Pneumercator.

P. O. (Postal Order), Bon de poste.

air Pocket, Trou d'air, remous.

valve Pocket, Boîte à soupape, pipe.

Pod, Nacelle; **camera** —, appareil de prise de vues; **jet** —, nacelle-moteur.

roll Pod, Trèfle de cylindre de laminoir.

Point, Pointe; point; rivure; centième (pour 100); **adjusting** —, repère; **angular** —, sommet; **bleed** —, point d'extraction de vapeur; **boiling** —, point d'ébullition; **breaker** —s, contacts platinés; **breaking** —, limite de rupture; **burning** —, point d'ignition; **cardinal** —s, points cardinaux; **catch** —, point d'arrêt et d'entraînement (ch. de fer, signaux); **centre** —, pointeau; **cloud** —, voir **Cloud**; **consequent** —, point conséquent; **converging** —, point de concours; **critical** —, point critique; **Curie** —, point de Curie; **dead** —, point mort (mach.); **dew** —, point de rosée; **dividing** —, index diviseur; **drop** —, pointe à tracer, point de goutte; **draw** —, pointe à tracer; **ébullition** —, point d'ébullition; **end** —, point final (d'un combustible); **fire** —, point de combustion; **first** — **of contact**, point d'entrée (d'une came); **flash** —, point éclair;

flashing —, point éclair, point d'inflammabilité des pétroles, température pour laquelle ils dégagent assez de vapeurs pour brûler momentanément; **fouling** —, point dangereux d'un croisement (ch. de fer); **freezing** —, point de congélation; **guide** —, point directeur; **homologous** —s, points homologues; **ignition** —, vis platinées; **interlinking** —, Voir **star point**; **last** — **of contact**, point de sortie (d'une came); **melting** —, point de fusion; **neutral** —, point neutre (élec.); **plumb** —, point à la verticale; **pour** —, point de fluage; point de congélation; **smoke** —, indice de fumée; **snap** —, tête bombée, goutte de suif; **star** —, point neutre, point de jonction des phases; **stationary** —, point de rebroussement; **working** —, point d'application; — **discharge**, décharge par les pointes (élec.); — **electrode**, électrode ponctuelle; — **focus**, foyer ponctuel; — **of application**, point d'application (d'une force); — **of a lathe**, pointe d'un tour; — **of inflexion**, point d'inflexion; — **of the compass**, aire de vent; — **screw valve**, robinet à vis à pointeau; — **tool**, grain d'orge.

Pointed, Pointu, à pointe, en pointe; — **hammer**, marteau à pointe.

Pointer, Aiguille; **dial** —, aiguille du cadran; — **borer**, pointe à tracer.

Pointing, Pointage; pointés.

Points, Aiguilles.

Pointsman, Aiguilleur.

Poise, Unité de viscosité absolue (1 dyne-seconde/cm², ou bien 1,02 × 10⁻² kgs/m²).

to Poke, Ringarder.

Poker, Ringard, tisonnier, outil de chauffe; **crooked** —, crochet (outil de chauffe); — **with a lance**, lance (outil de chauffe).

Polar, Polaire; **reciprocal** —, polaire réciproque; — **coordinates,** coordonnées polaires; — **diagram,** diagramme polaire.

Polarimeter, Polarimètre.

Polarisability, Polarisabilité.

Polariscope, Polariscope.

to Polarise, Polariser.

Polarised or **polarized,** Polarisé; — **light,** lumière polarisée.

Polarity, Polarité (élec.); **reversed** or **reverse** —, polarité inversée; — **indicator,** indicateur de sens de courant (élec.); — **reversal,** inversion de polarité; — **reversing switch,** inverseur de polarité.

Polarizable, Polarisable.

Polarization or **polarisation,** Polarisation (élec.); **circular** —, polarisation circulaire; **electrostatic** —, polarisation électrostatique; **elliptical** or **elliptic** —, polarisation elliptique; **galvanic** —, polarisation des électrodes; **horizontal** —, polarisation horizontale; **light** —, polarisation de la lumière; **plane of** —, plan de polarisation; **reversal of** —, inversion de la polarisation; **vacuum** —, polarisation du vide.

to Polarize or **Polarise,** Polariser.

Polarized or **Polarised,** Polarisé; **elliptically** —, polarisé elliptiquement; **horizontally** —, polarisé horizontalement; — **bell,** sonnerie à deux battants; — **light,** lumière polarisée; — **relay,** relais polarisé.

Polarizing, Polarisateur, polarisant; — **angle,** angle de polarisation; — **current,** courant polarisant.

Polarograph, Polarographe; **recording** —, polarographe enregistreur.

Polarographic, Polarographique; — **analysis,** analyse polarographique; — **determination,** dosage polarographique; — **reduction,** réduction polarographique.

Polarography, Polarographie.

Polaroid, Polaroïde.

Pole, Perche; hampe de torpille; jalon, poteau, piquet; pôle (élec.); **A** —, poteaux couplés, jumelés; **alternate polarity** —**s,** pôles à polarité alternée; **commutating** —, pôle de commutation, pôle auxiliaire; **consequent** —**s,** pôles conséquents; **coupled** —**s,** poteaux jumelés; **four** —, tétrapolaire; **levelling** —, jalon d'arpentage; **like** —**s,** pôles de même nom; **magnetic** —, pôle magnétique; **negative** —, pôle négatif; **opposite** —**s,** pôles de nom contraire; **positive** —, pôle positif; **projecting** — **pieces,** épanouissement polaire; **salient** —, pôle saillant; **salient** — **alternator,** alternateur à pôles saillants; **shaded** — **motor,** Voir **Motor; similar** —**s,** pôles de même nom; **staggered** —**s,** pôles alternés; **three** —, tripolaire; **twin** —**s,** poteaux jumelés; **two** —, bipolaire; **wood** —, poteau en bois; **zinc** —, pôle (de) zinc, pôle négatif; — **box,** carcasse inductrice; — **core,** noyau polaire; — **crown,** couronne polaire; — **drill,** perforatrice (sonde); — **face,** épanouissement polaire; masse polaire; — **lathe,** tour à perche, tour en l'air; — **leakage,** dispersion polaire; — **piece,** masse polaire; — **pitch,** pas ou distance des pôles; — **shoe,** épanouissement polaire, pièce polaire; — **shoe angle,** angle d'épanouissement; — **shoe leakage,** dispersion d'épanouissement; — **shoe losses,** pertes dans les pièces polaires; — **spacing,** écartement des pôles; — **tips,** cornes polaires.

Policy, Police (assurances); **round** —, police d'assurance à l'aller et au retour (N.).

Poling, Perchage (mét.).

Polish, Poli; french —, vernis au tampon; **mirror** —, poli spéculaire.

to Polish, Polir, lisser.

Polished, Poli; **hand** —, poli à la main.

Polisher, Polissoir, lustreuse.

Polishing, Polissage; **electrolytic** —, polissage électrolytique; **emery** —, polissage à l'émeri; **etching** —, polissage par l'attaque à l'acide; — **bit,** alésoir, polissoir; — **block,** tas à planer; — **cask,** rodoir; — **disc,** disque polisseur; — **iron,** polissoir; — **machine,** machine à polir; — **powder,** poudre à polir; — **rouge** or **colcothar,** rouge d'Angleterre; — **stone,** émeri; — **wheel,** disque de polissage.

Poly, Poly; — **amide,** polyamide; — **atomic,** polyatomique; — **butyl,** polybutylique; — **butyl acrylate,** acrylate polybutylique; — **chromatic,** polychromatique; — **condensation,** polycondensation; — **crystalline,** polycristallin; — **electrolytes,** polyélectrolytes; — **ene,** polyène; — **ester,** polyester; — **ethylene,** polyéthylène; — **functional,** polyfonctionnel; — **gone,** polygone; — **isobutene,** polyisobutylene; — **mercaptals,** polymercaptals; — **mercaptols,** polymercaptols; — **mer,** polymère; **acryloid** —, polymère acryloïde; — **meric,** polymérique; — **meric esters,** éthers polymériques; — **merisation,** polymérisation; **thermal** — **merisation,** polymérisation thermique; **vinyl** — **merisation,** polymérisation vinylique; **to** — **merise,** polymériser; — **merised,** polymérisé; — **merised ethylene,** éthylène polymérisé, polythène; — **mers,** polymères; **high** — **mers,** hauts polymères; — **morphism,** polymorphisme; — **nuclear,** polynucléaire; — **olefins,** polyoléfines; — **phase,** polyphasé (élec.); —

phase current, courant polyphasé; — **phase generator,** générateur polyphasé; — **phase motor,** moteur polyphasé; — **phase transformer,** transformateur polyphasé; — **photal,** polyphote; — **rod,** antenne diélectrique; — **styrene,** polystyrolène; — **tetrafluorethylene,** polytétrafluoréthylène; — **thene,** polythène, éthylène polymérisé; — **thene disc,** disque de polythène; — **vinyl,** polyvinylique; — **vinyl alcohol,** alcool polyvinylique; — — **vinyl chloride,** chlorure polyvinylique.

head Pond, Réservoir, bassin amont (hyd.).

Pony roughing, Passe de dégrossissage (laminage).

Pontoon, Ponton (arsenaux, chantiers); flotteur; — **bridge,** pont de bateaux; — **crane,** ponton-grue.

P. O. O. (Post Office Order), Mandat-poste.

Pool, Chantier, gisement; bain; **mercury** —, bain de mercure.

Poop, Dunette; — **deck,** dunette.

centre Pop, Coup de pointeau.

Poplar or **poplar tree,** Peuplier; **black** —, peuplier franc, noir; **Calorina** —, peuplier anguleux, de la Caroline; **Lombardy** — or **pine** —, peuplier pyramidal d'Italie; **white** —, peuplier blanc.

Poppet head, Poupée de tour; **extra poppet,** poupée à lunette (tour).

Popping or **Popping back,** Explosion au carburateur.

Porcelain, Porcelaine; **enamelled** —, porcelaine émaillée; — **enamel,** émail vitrifié.

Pore, Pore; — **pressure,** pression dans les pores.

Porosity, Porosité.

Porous, Poreux; — **cell,** vase poreux; — **concrete,** béton poreux.

Porphyry, Porphyre.

Port, Port de mer; sabord (N.); orifice (mach.); lumière; bâbord (N.); carneau; **admission** —, lumière d'admission; **air** —, aéroport; **commercial** —, port de commerce; **cylinder** —s, orifices, lumières du cylindre; **exhaust** —, orifice d'échappement; **free** —, port franc; **intake** —, orifice d'admission; **live steam** —s, orifices d'introduction; **naval** —, port de guerre; **oil** —, port pétrolier; **raft** —, sabord de charge (N.); **sea** —, port de mer; **steam exhaustion** —s, orifices de sortie; **waste steam** —, orifice d'émission, de conduite au condenseur ou à l'air libre; — **bridge,** barrette de tiroir; — **charges,** droits de port; — **crane,** grue de port; — **hole,** hublot; — **of registry,** port d'armement; — **side,** bâbord, côté bâbord (N.).

Portable, Portatif, démontable; — **accumulator,** accumulateur transportable; — **crane,** grue roulante; — **engine,** locomobile; — **forge,** forge portative; — **instrument,** instrument portatif.

Portal, Portail, portique, entrée de tunnel; **approach** —, couloir repère d'atterrissage; cadre; — **crane,** grue-portique; — **frame,** portique de butée.

Position, Position, implantation; **dead center** —, position au point mort.

Positioner, Montage de positionnement; positionneur; manipulateur; **valve** —, indicateur de fermeture d'une soupape.

Positioning, Positionnement, mise en place.

Positive, Positif (élec., photo., etc.); — **charge,** charge positive; — **electricity,** électricité positive; — **electrode,** électrode positive; — **electron,** positon; — **feedback,** réaction; — **modu**lation, modulation positive — **pole,** pôle positif; — **rays,** rayons positifs; — **terminal,** borne positive.

Positon, Positon.

Post, Étambot (N.); poteau, pilier, montant, flèche de grue; poste; **binding** —, borne à vis; **bow** —, étambot avant (N.); **crown** —, poinçon; **ferry** —, tourelle (mines); **heel** —, étambot arrière (N.); **listening** —, poste d'écoute; **mile** —, poteau kilométrique; **propeller** —, étambot arrière; **stern** —, étambot arrière; **telegraph** —, poteau télégraphique; **twin** —s, poteaux jumelés, couplés.

Postage, Affranchissement.

Postal, Postal; — **rates,** tarifs postaux.

Postheat, Recuit.

Pot, Marmite, creuset, chaudière; **air** —, amortisseur à air; **dash** —, amortisseur, frein; **exhaust** —, pot d'échappement; **glass** —, creuset; **tin** —, bain d'étamage; — **furnace,** four à creuset.

Potash, Potasse; **carbonate of** —, carbonate de potasse, potasse; **caustic** —, potasse caustique; **sulphate of** —, sulfate de potasse.

Potassic, Potassique.

Potassium, Potassium; — **bichromate,** bichromate de potassium; — **bromide,** bromure de potassium; — **chlorate,** chlorate de potassium; — **cyanide,** cyanure de potassium; — **hydrate,** lessive de potasse; — **hydroxide,** potasse; — **sulphate,** sulfate de potasse.

Potential, Potentiel; **absolute** —, potentiel absolu; **charging** —, potentiel de charge; **deionization** —, potentiel de désionisation; **difference of** —, différence de potentiel; **earth or ground** —, potentiel de terre; **exciting** —, potentiel d'excitation; **extinction** —, potentiel d'extinction;

fall of —, chute de potentiel;
firing —, potentiel d'allumage;
oxidation —, potentiel d'oxydation; **stopping** —, potentiel
d'arrêt; **striking** —, potentiel
d'arc; — **difference**, différence
de potentiel; — **drop**, chute de
potentiel; — **energy**, énergie potentielle; — **equalizer**, égalisateur de potentiel; — **function**,
fonction potentielle; — **gradient**, gradient de potentiel; —
tap, prise de potentiel; **transformer** —, transformateur de
potentiel.

Potentiometer, Potentiomètre.

Pothead, Isolateur de jonction.

Pottery, Poterie.

Pound, Livre, mesure de poids
(voir Tableaux).

to Pound, Broyer, concasser, piler,
bocarder; ferrailler, faire du
bruit (mach.).

Poundal, Unité absolue de force
= 13,825 dynes.

Pounding, Broiement, bocardage;
— **machine**, bocard; — **mill**,
bocard.

to Pour, Verser, couler, couler en
lingotière.

Pour point, Point de congélation;
point de fluage.

Pouring, Coulée en lingotière;
bottom —, coulée en source; **top**
—, coulée à la descente.

Powder, Poudre; **black** —, poudre
noire; **blast** — or **blasting** —,
poudre de mine; **bleaching** —,
chlorure de chaux, hypochlorite; **brazing** —, poudre à
souder; **cannon** —, poudre à canon; **cementing** —, poudre cémentatoire (forge); **coarse grained** —, poudre à gros grains;
detonating —, poudre fulminante; **fine grained** —, poudre
fine; **gun** —, poudre à canon;
iron —, poudre de fer; **magnetic** — **inspection**, magnétoscopie; **mealed** —, pulvérin;
metal —, poudre métallique;
slow burning —, poudre lente;

smokeless —, poudre sans fumée; **talcum** or **talc** —, poudre
de talc; — **actuated tool**, outil
actionné par explosif; — **cut**,
coupé à la poudre; — **cutting**,
découpage à la poudre; —
depot, poudrière; — **magazine**,
poudrière; — **metallurgy**, métallurgie des poudres.

Powdered, En poudre.

Power, Puissance, énergie, force,
force motrice, pouvoir; grossissement (opt.); course (d'une
machine-outil); mécanique (adjectif); **absorbing** —, pouvoir
absorbant; **active** —, puissance
active; **actual** —, puissance
effective, au frein; **apparent** —,
puissance apparente (élec.); **ascensional** —, force ascensionnelle; **atomic** —, énergie atomique; **brake** —, puissance au
frein; **calorific** —, puissance
calorifique; **candle** —, intensité lumineuse en bougies; **diffusing** —, pouvoir diffusant;
distribution —, transformateur
de distribution; **effective** —,
puissance utile; **electric** —,
énergie électrique; **emitting** or
emissive —, pouvoir émissif;
evaporative —, puissance de
vaporisation; **fire** —, puissance
de feu; **full** —, à toute puissance, pleins gaz; **full** — **trial**,
essai à toute puissance; **heating** —, pouvoir calorifique;
high — **machine**, machine de
grande puissance; **holding** —,
force portante; puissance de
retenue (mandrin magnétique);
horse —, cheval-vapeur (voir
Horse); **hydroelectric** —, énergie
hydroélectrique; **illuminating** —,
pouvoir éclairant; **input** —,
puissance absorbée; **insulating**
—, pouvoir isolant; **lift** or **carrying** —, force sustentatrice;
lifting —, force portante d'un
aimant; puissance ascensionnelle; **magnetising** —, puissance
magnétisante; **magnifying** —,
grossissement; **motive** —, force
nominale; **n** —, grossissement n;

output —, puissance utile; **portative** —, force portante; **propulsive** —, énergie propulsive; **radiating** —, pouvoir émissif; **repelling** —, force répulsive; **resolving** —, pouvoir de résolution; **specific** —, puissance volumique (élec.); **specific inductive** —, puissance inductive spécifique; **stopping** —, pouvoir d'arrêt; **thermic** —, puissance thermique; **vertical** —, course verticale (mach.-outil); — **amplifier valve**, lampe superamplificatrice; — **auger**, tarière mécanique; — **axle**, essieu moteur; — **brushing**, brossage mécanique; — **capacitor**, condensateur pour l'amélioration du facteur de puissance; — **circuit**, circuit de transmission d'énergie; — **cylinder**, cylindre moteur; — **distribution**, distribution d'énergie électrique; — **dynamo**, dynamo pour force motrice; — **factor**, facteur de puissance; — **factor correction**, correction du facteur de puissance; **low** — **factor motor**, moteur à faible facteur de puissance; — **hammer**, marteau de grosse forge, marteau-pilon; — **house**, centrale; — **line**, secteur; ligne de force; — **mower**, faucheuse mécanique; — **operated control**, servo-commande; — **plant**, centrale d'énergie; — **press**, presse mécanique; — **production**, production d'énergie; — **rate**, tarif force; — **station**, centrale électrique; — **supply**, prise de courant; — **switch**, interrupteur principal; — **valve**, lampe de puissance (T. S. F.).

Powered, Actionné par, propulsé par, équipé de, alimenté par; **atomic** —, à propulsion atomique; **battery** — **receiver**; poste récepteur à accumulateurs; **jet** —, à propulsion par réaction; **low** —, de faible puissance; **rocket** —, propulsé par fusée.

P. P. I. (Plan Position Indicator), écran panoramique, indicateur de position de Radar.

Practical, Pratique.

Practice, Pratique, technique; **making** —, technique de fabrication.

Pratique, Libre pratique (commerce); **to admit to** —, donner libre pratique à.

Preamplifier, Préamplificateur.

Precast, Prémoulé; — **concrete**, béton prémoulé.

to Precast, Prémouler.

Precession, Précession.

Precipitate, Précipité.

to Precipitate, Précipiter.

Precipitated, Précipité (adj.).

Precipitation, Précipitation; **chemical** —, précipitation chimique; **differential** —, précipitation différentielle; **electrical** —, précipitation électrique; — **hardening**, durcissement structural; — **number**, indice de précipitation.

Precipitator, Précipitateur; dépoussiéreur; **electric** —, dépoussiéreur électrique; **electrostatic** —, précipitateur électrostatique.

Precipitron, Précipitron.

Precision, Précision; — **casting**, moulage de précision; — **mechanics**, mécanique de précision.

Precomputed, Précalculé.

Preconduction, Préconduction; — **current**, courant de préconduction.

to Predetermine, Prérégler.

to Prefabricate, Préfabriquer.

Prefabricated, Préfabriqué.

Prefabrication, Préfabrication.

Prefabs, Préfabriqués.

to Preform, Préfaçonner.

Preformed, Préfaçonné.

Preforming, Préfaçonnage.

Preheat, Réchauffage.

to Preheat, Préchauffer.

Preheated, Préchauffé.

Preheater, Préchauffeur, réchauffeur; **waterfeed** —, réchauffeur d'eau d'alimentation.

Preheating, Préchauffage.

Pre-ignition, Auto-allumage, allumage prématuré.

Preload, Charge préalable.

to Preload, Précharger.

Preloaded, Préchargé.

Premature, Prématuré; — **fire**, mise de feu prématurée.

Premium, Prime (commerce); **at a** —, d'importance capitale; — **of insurance**, prime d'assurance.

Prentice, Apprenti.

Prenticeship, Apprentissage.

Preparation, Préparation.

to Prepare, Préparer.

Prescoring, Présonorisation.

Pre-selective, Présélectif; — **gear change**, changement de vitesse présélectif.

Pre-selector, Présélecteur; **hydraulic** —, présélecteur hydraulique.

to Preserve, Conserver, préserver.

Preserved, Conservé, préservé.

Preserving or **preservation**, Conservation; **oil** —, conservation de l'huile; **timber** —, conservation du bois.

Press, Presse; **arbor** —, presse à caler; **baling** —, presse verticale à emballer; **banding** —, presse à ceinturer (les obus); **beater** —, presse à empaqueter; **bending** —, presse plieuse, presse à cintrer; **Brahmah's** —, presse hydraulique; **breaking** —, presse à casser; **briquetting** —, presse à agglomérer; **cam** —, presse à excentrique; **cap leather** —, presse à emboutir les cuirs; **casting** —, serre; **coining** —, moulinet; presse à frapper la monnaie; **copying** —, presse à copier; **cotton** —, presse à coton; **crocodile** —, presse à cingler, cingleur à levier; **cutting** —, machine à découper; **dieing** —, presse à matricer; **double action** —, presse à double action; **drawing** —, presse à étirer; **drill** —, perceuse, machine à percer; **drop** —, mouton à chute libre; **drop forging** —, presse à estamper; **dumping** —, presse à faire les balles de laine; **eccentric** —, presse à excentrique; **engine** —, presse mécanique; **expanding** —, presse à mandriner; **extruding** —, presse à forger par refoulement; presse à extrusion; **folding and forming** —, presse à plier et à former; **fly** —, balancier à vis, balancier emporte-pièces; **forging** —, presse à forger; **forming** —, presse à gabarier; **friction (screw)** —, presse à friction; **hand** —, presse à bras; **hydraulic** —, presse hydraulique; **hydrostatic** —, presse hydrostatique; **in the** —, sous-presse; **mechanical** —, presse mécanique; **moulding** —, presse à moulurer; **nosing** —, presse à ogiver; **notching** —, presse à encocher; **open front** —, presse à bâti en col de cygne; **platen** —, presse à platine; **power** —, presse mécanique; **punch** or **punching** —, presse à découper, à poinçonner, poinçonneuse; **printing** —, presse typographique, d'imprimerie; **reducing** —, presse à rétreindre; **riveting** —, presse à river; **rolling** —, presse à rouleau; **rotary** —, presse rotative; **screw** —, balancier à vis, presse à vis; **stamp** —, presse à emboutir; **stamping** —, presse à matricer, à estamper; **stretch** —, presse à étirer; **stretching** —, presse à étirer; **tyre** —, presse à bandages; **upsetting** —, presse à renfler, à refouler; **wedge** —, presse à coin; **wheel** —, presse à caler les roues: **working** —, presse roulante; — **die**, matrice pour presse; — **fitted**, emmanché à force; — **roughing**, amorçage, dégrossissage à la presse; — **screw**, vis de serrage; — **stone**, marbre (d'une presse); — **stud**, bouton pression; — **work**, estampage, emboutissage, tirage, matriçage, impression; — **working shop**, atelier d'estampage.

to Press, Presser, matricer, estamper, emboutir, satiner, calandrer (papier); catir (tisser); fouler (peaux); travailler à la presse; — **on**, caler; — **out**, décaler.

Pressed, Pressé, estampé, embouti, matricé; **hot** —, satiné (papier); — **in**, cintré; — **steel**, acier embouti; — **steel frame**, châssis en tôle d'acier embouti;

Pressing, Emboutissage, frittage, serrage, travail à la presse; mise en balles (coton), catissage, calandrage, foulage; pièce matricée, emboutie; **cold** —, pressage à froid; **hot** —, pressage, matriçage à chaud, frittage à chaud; **sheet steel** —, tôle emboutie; — **machine**, presse; — **on**, calage.

Pressure, Pression; poussée de l'eau; **absolute** —, pression absolue; **active** —, pression effective; **actual** —, pression effective; **atmospheric** —, pression atmosphérique; **back** —, force du frein; contrepression; **back** — **valve**, soupape de retenue; **barometric** —, pression barométrique; **boost** —, pression de suralimentation; **deflection** —, pression de déviation (turb.); **discharge** —, pression de refoulement; **downward** —, pression de haut en bas; **effective** —, pression effective; **elastic** —, force élastique; **equalising** —, pression de compensation; **excess** —, surpression; **exhaust** —, pression à l'échappement; **extraction** —, pression d'extraction; **high** —, haute pression; **high** — **engine**, machi-

ne à haute pression; **high** —**disc**, roue à haute pression (turb.); **hydraulic** —, pression hydraulique; **hydrostatic** —, pression hydrostatique; **internal** —, pression intérieure; **low** —, basse pression; **mean** —, moyenne pression; **negative** —, contrepression; **over all or top** —, pression totale; **pitot** —, pression dynamique; **rated** —, pression nominale; **static** —, pression statique; **steam** —, pression de vapeur; **total** —, pression totale; **undue** —, pression exagérée; **unit** —, pression unitaire; **upward** —, pression de bas en haut; **vapour** —, tension de vapeur; **working** —, pression de régime; — **blowing**, soufflage sous pression; — **bulkhead**, cloison de pression; — **cabin**, cabine étanche; — **charged**, suralimenté; — **charging**, suralimentation; — **clack**, clapet de refoulement; — **conduit**, conduite forcée; — **die cast**, pièce moulée en coquille sous pression; — **distillate**, distillat de craquage (pétr.); — **drilling**, forage sous pression; — **drop**, perte de charge; — **equalizer or equaliser**, égalisateur de pression; — **feed tank**, réservoir sous pression; — **gauge**, manomètre; manographe, jauge de pression; — **indicator**, indicateur de pression, manomètre; — **locked**, sous pression, pressurisé; — **pipe line**, conduite forcée; — **piping**, canalisation sous pression; — **regulating valve**, régulateur de pression; — **regulator**, régulateur de pression; — **resonance**, résonance de tension (élec.); — **transformer**, transformateur de pression; — **vessel**, réservoir à pression; — **wave**, onde de pression, onde de propagation; — **well**, puits artésien.

Pressurization, Pressurisation; climatisation; mise sous pression.

to **Pressurize,** Mettre sous pression, pressuriser.

Pressurized, Sous pression (cabine), pressurisé; — **fuel tank,** réservoir de combustible pressurisé.

Pressurizing, Pressurisation; mise sous pression; **fuel** —, mise sous pression du combustible.

Prestressed, Précontraint; — **concrete,** béton précontraint.

Prestressing, Précontrainte.

Preventive or **preventative,** Préventif, préservateur; **rust** —, anti-rouille.

Preweld cleaning, Décapage avant soudure.

Price, Prix, valeur; **cost** —, prix de revient, prix coûtant; **full** —, prix fort; **purchase** —, prix d'achat; **retail** —, prix de détail; **set** —, prix fixe; **upset** —, mise à prix (vente aux enchères); **wholesale** —, prix de gros; — **list,** barème de prix, prix courant, catalogue.

Prick, Qui pique, qui sert à piquer; **scaling** —, marteau à piquer le sel.

to **Prick,** Piquer (une couture...).

Pricker, Dégorgeoir; épinglette (mine); ringard; — **bar,** barre du cendrier, barre d'appui (mach.).

Pricking, Action de piquer le sel (chaud.).

Prill, Lingot natif, pépite; bouton d'essai.

Prills, Petits globules de métal dans les scories.

Primage, Primage.

Primary, Primaire; — **battery,** batterie de piles; — **cell,** élément, pile; — **circuit,** circuit primaire; — **colours,** couleurs primaires; — **cracking,** précraquage (pétr.); — **current,** courant primaire; — **shaft,** arbre primaire; — **winding,** enroulement primaire.

Prime cost, Prix de revient.

Prime mover, Générateur de force motrice.

to **Prime,** Avoir des projections d'eau (mach.); amorcer; enrichir le mélange au départ (moteur).

Primer, Amorce, couche d'apprêt; — **charge,** charge amorce (torpille); — **solenoid,** solenoïde d'injection.

Priming, Amorce, amorçage; enrichissement du mélange au départ (moteur); projection d'eau (mach.); **automatic** or **self** —, amorçage automatique; **engine** —, appel d'essence dans les cylindres pour faciliter le départ; **percussion** —, amorce à percussion; — **iron,** dégorgeoir; — **jet,** injecteur; — **nozzle,** buse d'injection; — **opening,** orifice d'amorçage; — **pump,** pompe d'amorçage; — **tube,** tube d'amorce; — **valve,** soupape de sûreté du cylindre; — **wire,** dégorgeoir.

Principal, Principal; chef, directeur; employeur; patron; — **beam,** maîtresse-poutre; — **frames,** couples de levée (c. n.).

Print, Empreinte; moule (fond.); étampe, matrice (forge); **blue** —, calque, bleu; **core** —, logement du noyau (fond.).

to **Print,** Imprimer; — **(out, off)** a negative, tirer une épreuve.

Printed, Imprimé; — **matter,** imprimés.

Printer, Imprimeur, typographe.

Printing, Impression, tirage; **blue** —, photocalque, bleu (dessin); **calico** —, impression sur coton; **copper** —, impression en creux, taille douce; **daylight** —, tirage au jour; **discharge** —, impression directe; **screen** —, impression au cadre, impression par pochoir; **sulphur** —, empreinte Baumann; **textile** —, impression des tissus; — **box,** tireuse (photo); — **cam,** came d'impression; — **cylinder**, cylindre d'impression; — **frame**, châssis, châssis-presse; — **office**, imprimerie; — **paper**, papier d'impression; — **plant**, imprimerie; — **press**, presse à imprimer; — **roller**, cylindre imprimeur; — **telegraph**, télégraphe imprimeur.

Prints, Imprimés, épreuves.

Prism, Prisme; **reflecting** —, prisme réfléchissant; **total reflection** —, prisme à réflexion totale; **refracting** —, prisme réfringent; **rotating** —, prisme tournant; — **astrolab**, astrolabe à prisme.

Prismatic, Prismatique; — **antenna**, antenne prismatique; — **binoculars**, jumelles à prismes; — **slides**, glissières prismatiques.

Probability, Probabilité; — **curve**, courbe de probabilités.

Probable, Probable; — **error**, erreur probable.

Probe, Sonde; **sampling** —, sonde de prise d'échantillon; — **circuit**, circuit à sonde; — **feeler**, tige sensible; — **machine**, machine à explorer.

to Probe, Sonder.

Probing, Sondage.

Probograph, Probographe.

Procedure, Marche à suivre.

Proceedings, Procès-verbaux, comptes-rendus, travaux.

Proceeds, Recettes, résultats, bénéfices.

Process, Procédé; technique, processus; traitement; opération; **balling** —, avalage; **catalytic** —, procédé, synthèse catalytique; **direct** —, procédé métallurgique donnant directement un métal utilisable; **dry** —, procédé par voie sèche (chim.); **freezing** —, congélation (fonçage des puits de mine, tunnels...); **manufacturing** —, procédé de fabrication; **ore** —, procédé au mine-

rai; **scraps** —, procédé aux riblons; — **steam**, vapeur d'extraction, de soutirage; vapeur utilisée pour des usages industriels.

to Process, Traiter, transformer, préparer.

Processing, Travail, utilisation; transformation, traitement; utilisation de vapeur pour des usages industriels; opération, développement (photo); clichage; **chemical** —, traitement chimique; — **cycle**, cycle d'opérations; — **machine**, machine à transfert (mach.-outil).

Prood, Instrument en pointe, tige.

Produce, Produit; **by** —, produit dérivé, sous-produit; **to mass** —, fabriquer en série.

Producer, Producteur; **gas** —, gazogène; — **gas**, gaz de gazogène.

Product, Produit (d'une multiplication, etc.); **by** —, sous-produit, produit dérivé.

Production, Production, fabrication; **allowable** —, contingent de production; **mass** —, production en grandes séries; **medium** —, production en moyennes séries; **power** —, production d'énergie; **quantity** —, production en série; **small or small lot** —, production en petites séries; — **control**, contrôle des fabrications; — **lathe**, tour de production; — **line**, chaîne de montage; — **line up**, montage à la chaîne.

Productive, Productif; — **capacity**, capacité de production; — **head**, chute utile (hydr.).

Profile, Profil, tracé; **cam** —, rampe de came; **conjugate** —, profil conjugué; **curved** —, profil curviligne; **zore** —, profil zorès; — **cutter**, fraise profilée, fraise de forme, fraise à profiler.

to Profile, Profiler.

Profiling, Façonnage; **chipless —,** façonnage sans copeaux; **— machine,** machine à profiler, à façonner; **— milling machine,** machine à copier, à reproduire.

Profilometer, Profilomètre; **electronic —,** profilomètre électronique.

Profit, Bénéfice; **clear —,** bénéfice net; **— and loss,** profits et pertes.

Progression, Progression; **arithmetical —,** progression arithmétique; **geometrical —,** progression géométrique.

Projectile, Projectile.

Projecting, Saillant, en porte à faux; **— axle,** essieu en porte à faux.

Projection, Projection, ressaut (arch.); saillie, toc, collet; **central —,** projection centrale; **Mercator's —,** projection de Mercator; **— lens,** lentille de projection; **— room,** salle ou cabine de projection; **—screen,** écran de projection.

Projector, Projecteur; appareil de projection; **movie —,** projecteur cinématographique; **stereo —,** projecteur stéréoscopique; **— lamp,** lampe à projecteur.

Projecture, Saillie, ressaut.

Proline, Proline.

Promoter, Promoteur (chim.).

Prompt, Comptant; livrable et payable immédiatement; jour, délai de payement; échéance.

Prong, Griffe, pointe, branche; **— chuck,** mandrin à pointes.

Proof, Épreuve; à l'épreuve de, à l'abri de, imperméable à, insensible à, résistant à; **air —,** à l'épreuve de l'air; **bomb —,** à l'épreuve des bombes; **bullet —,** blindé; **dust —,** à l'abri des poussières; **explosion —,** antidéflagrant; **fall —,** épreuve à l'escarpolette (mét.); **fire —,** incombustible; **flame —,** ignifugé; **heat —,** isolé thermique-

ment, calorifugé; **sound —,** insonore, insonorisé; **vacuum —,** étanche au vide; **water —,** imperméable à l'eau; **wear —,** inusable.

Proofed, Mis à l'abri de; **flame —,** ignifugé; **sound —,** insonorisé.

Prop, Support, appui, étai, étançon, chevalet, tréteau; épontille, soutènement; **screw —,** étançon à vis.

Prop, Abréviation pour **Propeller.**

to Prop, Étançonner, étayer (charp.); épontiller, accorer (c. n.).

Propagation, Propagation; **— constant,** constante de propagation; **— factor or ratio,** rapport de propagation; **— velocity,** vitesse de propagation.

Propane, Propane.

to Propel, Propulser.

Propellant, Propulseur.

Propelled, Propulsé; **jet —,** à propulsion par réaction; **rocket —,** propulsé par fusée; **self —,** autopropulsé.

Propellent, Propulseur.

Propeller or Prop, Propulseur, hélice (N.), (d'avion, en Amérique) (voir **Airscrew**); **— blade,** aile, pale d'hélice; **— blank,** ébauche d'hélice; **— brake,** frein d'hélice; **— cap,** casserole, toupie (aviat.); **— clearance,** espace libre sous l'hélice (aviat.); **— fan,** ventilateur hélicoïde; **— frame,** cadre d'hélice; **— governor,** régulateur d'hélice; **— guard,** garde d'hélice; **— hub,** moyeu d'hélice; **— milling machine,** machine à usiner les hélices; **— nose,** cône d'hélice; **— post,** étambot arrière; **— pump,** pompe à hélice; **— setting,** calage de l'hélice; **— shaft,** arbre porte hélice; **— sheathing,** blindage de l'hélice; **— slipstream,** vent de l'hélice; **— turbine,** turbo-propulseur; **four bladed** —, hélice à quatre pales; **three bladed** —, hélice à trois pales, tripale; **two bladed** —, hélice à deux pales; **contrarotating** —, hélice contrarotative; **electric** —, hélice à commande électrique; **geared down** —, hélice démultipliée; **reversible pitch** —, hélice à pas réversible; **pusher** —, hélice propulsive; **reversible** —, hélice réversible; **dual rotation** —, hélice à double rotation; **subsonic** —, hélice subsonique; **supersonic** —, hélice supersonique; **tractor** —, hélice tractive.

Propelling, De propulsion; — **charge**, charge propulsive; — **engine** or **machinery** or **motor**, machine, moteur de propulsion.

Property, Propriété; **chemical properties**, propriétés chimiques.

Propionic acid, Acide propionique.

Proportion, Proportion; **harmonical** —, proportion harmonique.

to Proportion, Doser.

Proportional, Proportionnel; **mean** —, moyenne proportionnelle.

Proposition, Exploitation, entreprise.

Propped, Épontillé.

Proppet, Béquille, chandelle de soutien.

Propping, Appui, soutien, épontillage.

to Propulse, Propulser.

Propulsed, Propulsé.

Propulsive, Propulsif; — **efficiency**, rendement propulsif.

Propulsion, Propulsion; **automobile** —, traction automobile; **jet** —, propulsion à réaction; **marine** —, propulsion des navires; **rocket** —, propulsion par fusée; — **engine**, moteur de propulsion; — **turbine**, turbine de propulsion.

Propyl, Propyle, propylique; — **alcohol**, alcool propylique.

Propylene, Propylène; — **oxide**, oxyde de propylène.

to Prorate, Réglementer.

Protected, Protégé (navire de guerre, etc.); — **contacts**, contacts protégés.

Protection, Protection (armure); **aircraft** —, protection contre avions; **armour** —, protection par blindage; **trade** — **society**, agence d'information commerciale; **underwater** —, protection sous-marine.

Protective, De protection; — **gap**, éclateur de protection; parafoudre; — **relay**, relais protecteur; — **resistance**, résistance de protection; — **tube**, tube protecteur.

Protector, Bague, manchon de protection; protecteur, parafoudre; **network** —, protecteur de réseau.

Protein, Protéine; — **fibre**, fibre protéidique.

Protest, Déclaration d'avaries (navire de commerce).

Protobitumen, Protobitume.

Proton, Proton; **recoil** —, proton de recul; — **beam**, faisceau de protons.

Prototype, Prototype; — **avion** prototype.

Protractor, Rapporteur; **bevel** — sauterelle, fausse équerre, rapporteur d'atelier.

to Prove, Éprouver, faire l'essai de.

Proving, Épreuve; — **bench**, banc d'épreuve; — **ground** or **yard**, polygone d'expériences.

Provision, Clause, stipulation.

Provisionally, A faux frais (temporairement).

Proxy, Procuration.

Prussiate, Prussiate; — **of potash**, prussiate de potasse.

Prussic acid, Acide cyanhydrique ou prussique.

Pry or **Prybar,** Levier.

P. s. i. (Pound per square inch), Livre par pouce carré.

Pseudohalides, Pseudohalogénures.

Pseudoscalar, Pseudoscalaire; — field, champ pseudoscalaire.

Pseudovector field, Champ pseudovectoriel.

Psychrometer, Psychromètre.

Psychrometric, Psychrométrique.

Psychrometry, Psychrométrie.

Pteroic acid, Acide ptéroïque.

to Puddle, Brasser, remuer la fonte, corroyer le fer, puddler.

Puddled, Puddlé; — iron, fer puddlé.

Puddler, Puddleur (ouvrier).

Puddling, Puddlage; — furnace, four à puddler; — machine, puddler mécanique; — slag, scorie des fours à puddler.

Puff, Grisou.

Puking, Entraînement liquide (pétr.).

Pukutukawa, Pukutukawa (bois).

Pull, Secousse, effort, poussée; bell —, bouton d'appel (élec.); braking —, effort de freinage; effective —, force transmise; — back, poussoir; — chain, chaîne de traction, de transmission; — out or pull up, décrochage (élec.); redressement, ressource (av.); — shovel, pelle rétrocaveuse.

to Pull into step, Accrocher (élec.).

to Pull out of step, Décrocher (élec.).

Pulley, Poulie en fer, poulie de transmission, rouleau, galet; band —, poulie pour courroie; chain —, poulie à empreinte; clip —, poulie à gorge; cone —, cônes étagés pour transmission de mouvement par courroie; poulie cône; four stepped cone —, poulie cône à quatre gradins; dead —, poulie fixe (d'un palan); driving —, poulie de commande, poulie d'entraînement, poulie menante; eccentric —, tourteau, chariot d'excentrique; end —, poulie de retour; fast —, poulie fixe; fixed —, poulie fixe; fly —, poulie volante; grooved —, poulie à gorge; guide —, poulie-guide; poulie de renvoi; idler —, poulie tendeur; Koepe —, poulie Koepe; live —, poulie mobile; loose —, poulie folle; machine, poulie à cônes étagés; moveable —, poulie mobile; pitched —, poulie à empreintes; score of a —, gorge d'une poulie; shell of a —, caisse d'une poulie; slot of a —, gorge d'une poulie; stepped —, poulie à cônes étagés; — block, moufle, palan; differential — block, palan différentiel; — brace, porte-poulie; — bracket, porte-poulie; — housing, carter de poulie.

Pulling into step, Accrochage (élec.).

Pulp, Pulpe; wood —, pulpe de bois; — mill, moulin à pulpe; — wood, bois de papeterie.

Pulping, Pulpation.

Pulsating, Pulsatoire; — current, courant pulsatoire; — load, charge pulsatoire.

Pulsation or **Pulse,** Pulsation ou impulsion; — high frequency —s, impulsions à haute fréquence; sound —s, pulsations sonores; ultrasonic —s, impulsions ultrasoniques; — damper, amortisseur de pulsations; — generator, générateur d'impulsions; — jet, turboréacteur; — transformer, transformateur d'impulsions; — voltage, tension d'impulsion.

Pulsatory, Voir **Pulsating.**

Pulsed oscillator or **Pulser,** Oscillateur à impulsions.

Pulsing, Pulsant ; — **circuit,** circuit pulsant ; — **shoe,** patin pulsant.

Pulverisation, Pulvérisation.

to Pulverise, Pulvériser.

Pulveriser or **pulverizer,** Pulvériseur ; broyeur.

Pulverizing, Pulvérisation.

Pumice or **pumice stone,** Pierre ponce.

Pump, Pompe; **acid** —, pompe à acide; **air** —, machine pneumatique, pompe à air; **air — bell,** cloche de pompe à air; **air — bucket,** piston creux à clapet; **bucket wheel air** —, turbo-pompe à vide; **air — discharge,** débit d'une pompe à air; **double stage air** —, pompe à air à deux degrés; **dry air** —, pompe à air sec; **rocking lever of the air** —, brimbale de pompe à air; **stand pipe for air — suction,** tubulure d'aspiration d'air; **two stage air** —, compresseur d'air à deux phases; **wet air** —, pompe à air humide, pompe de condenseur; **air compressing** —, pompe de compression; **aspiring** —, pompe aspirante; **bailing** —, vide cave; **bilge** —, pompe de cale (N.); **boost** —, pompe de suralimentation; pompe de gavage; **booster** —, pompe de suralimentation, de surcompression, pompe nourrice; **borehole** —, pompe de forage; **centrifugal** —, pompe centrifuge; **chain** —, pompe à chapelet; **choked** —, pompe engorgée; **circulating** —, pompe de circulation; **concrete** —, pompe à béton; **condensate** or **condensate removal** —, pompe à eau de condensation; **coolant** —, pompe d'arrosage (mach.-outil); **corrosive liquids** —, pompe pour liquides corrosifs; **crescent** —, pompe à tambour en forme de croissant; **diaphragm** —, pompe à membrane; **differential** —, pompe différentielle; **diffusion** —, pompe à diffusion;

donkey —, petit cheval alimentaire; **double acting** —, pompe à double effet; **double piston** —, pompe à double piston; **drainage** —, pompe d'exhaure; **dredging** —, pompe d'épuisement; **drip** —, pompe pour purger d'eau les conduits de gaz; **engine driven** —, pompe entraînée par le moteur; **exhaust** —, pompe d'épuisement; **extraction** —, pompe d'extraction; **feed** —, pompe alimentaire; **filter** —, pompe filtrante; **fire** —, pompe à incendie; **force** or **forcing** —, pompe foulante; **foul** —, pompe engorgée; **free** —, pompe franche; **fuel** —, pompe à combustible (Diesel), pompe à essence (auto); **gear** —, pompe à engrenages; **governor** —, pompe de régulation; **hand** —, pompe à bras; **heat** —, pompe à chaleur; **hydraulic** —, pompe hydraulique; **injection** —, pompe d'injection; **jerk** —, pompe à saccades; **jet** —, pompe à injection; **lift and force** —, pompe aspirante et foulante; **lift** or **lifting** —, pompe élévatoire; **magma** —, pompe à eaux boueuses; **metering** —, pompe à débit mesuré; **oil** —, pompe à huile; **lubricating oil** —, pompe à huile de graissage; **petrol** —, pompe à essence, distributeur d'essence; **plunger** —, pompe à piston plongeur; **multiplunger** —, pompe à plusieurs pistons; **single plunger** —, pompe à simple plongeur; **priming** —, pompe d'amorçage; **self priming** —, pompe à amorçage automatique; **propeller** —, pompe à hélice; **reciprocating** —, pompe alternative, pompe à piston; **rotary** —, pompe rotative; **screw** —, pompe à vis; **sight feed** —, pompe à débit visible; **single acting** —, pompe à simple effet; **sinking** —, pompe d'épuisement; **n stage** —, pompe multicellulaire (à *n* étages); **steam** or **steam driven** —, pompe à vapeur; **strainer of a**

—, crépine d'une pompe; **sucking** —, pompe aspirante; **supply** —, pompe d'alimentation; **three throw** —, pompe à trois corps; **trimming** —, pompe d'assiette (S. M.); **turbine** —, pompe à turbine; **unwatering** —, pompe de dénoyage; **vacuum** —, pompe à vide; **vane** —, pompe à ailettes; **sliding vane** —, pompe à palette coulissante; **water** —, pompe à eau; **water circulating** —, pompe de circulation d'eau; **water-methanol** —, pompe à l'eau méthanol; — **barrel or** — **body**, corps de pompe; — **bore or** — **box**, âme de la pompe; — **brake**, levier d'une pompe; bringuebale; — **chamber**, corps de pompe; — **connection**, raccord; — **dredger**, drague suceuse; — **for boring**, pompe de forage; — **for sinking**, pompe de fonçage; — **governor**, régulateur de pompe; — **impeller**, roue de la pompe; — **hose**, manche en toile; — **jack**, chevalet de pompage; — **ram**, piston plongeur; — **station**, station de pompage; **to fetch the** —, amorcer la pompe; **to free the** —, franchir la pompe; **to prime the** —, amorcer la pompe.

to Pump, Pomper; **to** — **out**, assécher.

Pumpability, Pompabilité.

continuously Pumped, A vide entretenu.

Pumphandling, Pompage (aviat.).

Pumping, Pompage; **air** —, pompage pneumatique; — **engine**, pompe d'épuisement; — **station**, station de pompage, station élévatoire.

Punch, Poinçon, perçoir, perforeuse, emporte-pièce; **belt** —, emporte-pièce pour trouer la courroie; **bevelled** —, châsse à biseau; **brad** —, poinçon à main; **centre** —, pointeau, dégorgeoir; **centre** — **for rivets**, calibre; **counter** —, contre-

poinçon; **hollow** —, poinçon à découper; **hydraulic** —, poinçonneuse hydraulique; **nail** —, chasse-pointes; **rivetting** —, poinçon à river, bouterolle; **screw** —, poinçon à vis; **square** —, châsse carrée (forge); **steel drift** —, broche d'acier; — **pliers**, emporte-pièce; — **press**, presse à poinçonner, poinçonneuse.

to Punch, Poinçonner, percer au poinçon.

Punched, Poinçonné, perforé; — **card calculation**, calcul par cartes perforées.

Puncheon, Poinçon (fût).

Punching, Poinçonnage; découpage, perçage; perforation, tôle poinçonnée; — **card**, perforation des fiches; — **bar**, poinçonneuse à main; — **machine**, poinçonneuse, emporte-pièce; — **and riveting machine**, machine à poinçonner et à river; — **and shearing machine**, poinçonneuse à cisailles.

Punchings, Tôles poinçonnées.

to Punctuate, Pointiller (dessin).

Puncture, Crevaison (pneumatique); claquage d'isolant; — **proof**, increvable.

to Puncture, Crever; percer, claquer (condensateur, etc.).

Punctured, Percé, crevé, claqué.

Punt, Ras, bateau plat; **hopper** —, chaland, porteur à clapet.

Pupil, Pupille; **entrance** —, pupille d'entrée; **exit** —, pupille de sortie.

Puppet, Poupée de tour; — **head centre**, contre-pointe; **sliding** —, poupée mobile.

Purchase, Achat; palan, caliorne; **double** —, à double pouvoir; **duplex** —, palan à deux roues perpendiculaires l'une à l'autre; **fourfold** —, caliorne à quatre réas; **threefold** —, caliorne à trois réas; **twofold** —, caliorne à deux réas; — **price**, prix d'achat.

Pure, Pur; — copper, cuivre pur.

Purger, Purgeur, épurateur; gas —, épurateur de gaz.

Purification, Épuration; oil —, épuration d'huile.

Purified, Épuré; — oil, huile épurée.

Purifier, Épurateur; oil —, épurateur d'huile.

to Purify, Épurer.

Purine, Purine.

general Purpose, Pour tous usages.

Pursuit, Profession, carrière.

Purveyor, Fournisseur.

Push bench, Banc poussant.

Push and pull, Va-et-vient; aller et retour; push button, bouton-poussoir; — control box, boîte de commande à bouton poussoir; push rod, poussoir, tige poussoir.

Push pull loading, Charge de compression et de traction.

Push pull system, Système d'amplification à basse fréquence (T. S. F.).

Pusher or **Pusher propeller,** Hélice propulsive.

to Put, Mettre; to — back the fires, pousser les feux au fond du fourneau; to — in gear, embrayer; to — into mesh, engrener; to — out, éteindre; to — out the fires, éteindre les feux, mettre bas les feux; to — to earth, mettre à la terre (élec.); to — together, assembler, remonter (une mach.).

Putt–putt, Groupe générateur portatif.

Putty, Mastic; — powder, potée; filling up —, mastic à spatule; rust —, mastic de limaille de fer.

to Putty, Luter, mastiquer.

P. V. C. (polyvinyl chloride), chlorure de polyvinyl.

Pyramid, Pyramide.

Pyramidal, Pyramidal.

Pyridine, Pyridine; — series, séries pyridiques.

Pyrimidine, Pyrimidine.

Pyrites, Pyrites; copper —, pyrites de cuivre; iron —, pyrites de fer.

Pyritic, Pyritique; — calcines, pyrites calcinées.

Pyroacetic spirit, Acétone.

Pyrobitumen, Pyrobitume.

Pyrogallic, Pyrogallique; — acid, acide pyrogallique.

Pyrogallol, Pyrogallol.

Pyrolysis, Pyrolyse.

Pyrolytic, Pyrolytique.

Pyrometer, Pyromètre; electronic —, pyromètre électronique; immersion —, pyromètre à immersion; optical —, pyromètre optique; photoelectric —, pyromètre photoélectrique; — lead, câble pyrométrique.

Pyrometric, Pyrométrique; control —, contrôle pyrométrique.

Pyrosensitive, Pyrosensible.

Pyrotechnic, Pyrotechnique.

Pyrotechnics, Pyrotechnie.

Pyrrothite, Pyrrothite; artificial —, pyrrothite artificielle.

Pythagorean points, Points pythagoriciens (math.).

Q

Q, Surtension.

Q factor, Rapport de la réactance à la résistance dans un circuit résonant.

Q-meter, Q-mètre, appareil de mesure des surtensions.

Q. R. N. S., Statics (parasites) (T. S. F.).

Quad, Ensemble de quatre conducteurs isolés.

Quadrangle, Quadrilatère.

Quadrangular, Quadrangulaire.

Quadrant, Quart, quart de cercle; quadrant secteur (mach.); tête de cheval; lyre (mach.-outil); **toothed** —, secteur denté; — **electrometer**, électromètre à quadrants (élec.); — **guide**, guide du secteur (mach.).

Quadrantal, De quart de cercle; — **correctors**, aimants compensateurs (compas); — **error**, erreur quadrantale.

Quadrate, Carré.

Quadratic, Quadratique, carré du deuxième degré; — **equation**, équation du second degré; — **forms**, formes quadratiques.

Quadrature, Quadrature; **advanced** —, (voir **Advanced**); — **component**, composante en quadrature.

Quadrible, Réductible à un carré.

Quadric, Quadrique; — **surface**, surface quadrique.

Quadrilateral, Quadrilatère.

Quadruple, Quadruple.

Quadrupole, Quadrupolaire; — **moment**, moment quadrupolaire.

to Qualify, Habiliter.

Qualimeter, Pénétromètre.

Qualitative, Qualitatif; — **analysis**, analyse qualitative.

Quality, Qualité, aptitude; **best** —, qualité supérieure.

Quanta, Quanta; **light** —, quanta de lumière.

Quantitative, Quantitatif; — **analysis**, analyse quantitative; — **calibration**, dosage quantitatif.

Quantity, Quantité; — **production**, production en série; **to join up in** —, monter en quantité (élec.).

Quantized, Quantifié; — **space**, espace quantifié.

Quantum, Quantum, quantique; — **of action**, constante de Planck; — **mechanics**, mécanique quantique; — **numbers**, nombres quantiques; — **theory**, théorie quantique.

Quarantine, Quarantaine.

Quarry, Carrière; **granite** —, carrière de granit; **open** —, carrière à ciel ouvert; **slate** —, carrière d'ardoise; **underground** —, carrière souterraine; **stone** —, moellon.

to Quarry, Extraire d'une carrière.

Quarrying, Abatage en carrière.

Quart, Mesure qui vaut 1 1,358 l.

Quarter, Quart; mesure de poids (voir Tableaux); hanche (partie d'un N.); — **block**, poulie de retour; — **deck**, gaillard d'arrière; **raised** — **deck**, demi-dunette; — **of a ship**, hanche d'un navire; — **sawing**, sciage sur quartiers.

Quartered timber, Bois de refend.

Quartic surface, Surface quartique.

Quartz, Quartz; **fused —,** quartz fondu; — **bulb,** ampoule en quartz; — **crystal,** cristal de quartz; — **fibre,** fibre de quartz; — **lamp,** lampe à enveloppe de quartz; — **oscillator,** oscillateur au quartz; — **resonator,** résonateur au quartz; — **vibrator,** vibrateur au quartz.

Quasi-groups, Quasi-groupes (math.).

Quaterly, Trimestriel.

Quaternary, Quaternaire; — **alloy,** alliage quaternaire.

Quay, Quai; **alongside the —,** à quai; — **wall,** mur de quai.

Quayage, Droit de quai.

Quench, Trempe; **interrupted —,** trempe interrompue; — **crack or cracking,** tapure de trempe; **end — test,** essai de trempe par un bout.

Quenched, Éteint, amorti, étouffé; trempé; — **sparks,** étincelles amorties (T. S. F.); — **spark gap,** éclateur fractionné.

Quencher, Extincteur, amortisseur; **arc —,** extincteur d'arc.

Quenching, Refroidissement pour la trempe; refroidissement rapide; amortissement, extinction (d'un arc); trempe; **air —,** trempe à l'air; quelquefois « normalisation »; **self —,** à extinction automatique; **spark —,** extinction de l'arc; — **bath,** bain de trempe; — **circuit,** circuit amorti.

Quick, Vif; — **acting,** à action rapide; — **acting relay,** relais à action rapide; — **break,** à rupture brusque; — **cutting steel,** acier rapide; — **drying,** à séchage rapide; — **lime,** chaux vive; — **silver,** mercure, vif argent; — **union,** raccord rapide; — **works,** œuvres vives (c. n.).

Quiescent value, Valeur du courant ou de la tension en l'absence de signaux (tube à vide).

Quiet, Silencieux (adj.).

Quinazolines, Quinazolines.

Quincunx, Quinconce.

Quinol, Hydroquinone.

Quinoline, Quinoléine; — **derivatives,** dérivés quinoléiques.

Quinoxalines, Quinoxalines.

Quintal, Quintal, mesure de poids (voir Tableaux).

Quoin, Coin, arête, angle; coin (pour caler).

to Quoin, Caler, coincer.

Quota, Contingent.

Quotation, Cote, prix coté.

Quotidian, Quotidien.

Quotient, Quotient.

R

Rabbet, Rainure; feuillure (c. n.); joining by —s, assemblage à encastrement; — **of the keel,** râblure de la quille (c. n.); — **plane,** guillaume.

to Rabbet, Faire une feuillure, une rainure.

Rabble, Râble.

Race, Emballement (de machine).

ball Race, Course de roulement des billes, bague ou rondelle à billes; **ball bearing race,** gorge de roulement; **double ball race,** à double rangée de billes; **front ball race,** cage de roulement à billes avant (auto.); **rear ball race,** cage de roulement à billes arrière.

head Race, Canal amont, canal d'amenée.

tail Race, Canal aval, canal de fuite.

to Race, S'affoler, s'emballer (machine).

Racemic, Racémique.

Racemization, Racémisation.

Racer, Circulaire; **cog —,** circulaire dentée.

Raceway, Chemin de roulement.

Racing, Affolement, emballement (mach.); — **car,** voiture de course.

Rack, Crémaillère, support; **bomb —,** lance-bombes; **curved —,** secteur denté; **feed —,** crémaillère d'avance (mach.-outil); **overhead —,** pont roulant; **segmental —,** arc denté; **side —,** ridelle; **storage —,** râtelier d'emmagasinage; **tool —,** râtelier à outils; — **and pinion,** pignon et crémaillère; — **and pinion feed,** avance par pignon et crémaillère; — **engine,** locomotive à crémaillère; — **wheel,** roue à rochet.

Racon, Phare radar.

Radar (Radio detection and ranging), Radar; **airborne —,** radar de bord (aviat.); **bow —,** radar avant; **early warning —,** radar de surveillance; **landing —,** radar d'atterrissage; **stern —,** radar arrière; **tracking —,** radar de guidage; — **antenna,** antenne de radar; — **beacon,** balise, phare radar; — **echo,** écho radar; — **operated,** actionné, commandé par radar; — **range,** cuisinière à ondes courtes; — **scanner,** sondeur radar; — **screen** or **scope,** écran de radar; — **tracking,** guidage par radar; — **wave,** onde de radar.

Radial, Radial (adjectif), perceuse radiale; — **adjustment,** position convergente (ch. de fer); — **component,** composante radiale; — **drilling machine,** perceuse radiale; — **engine,** moteur en étoile; — **feed,** avance radiale; — **field,** champ radial (élec.); — **flow,** flux radial; — **pole generator,** générateur à pôles radiaux; — **wave,** onde radiale; — **wear,** usure radiale.

Radian, Radian; — **frequency,** fréquence angulaire.

Radiancy, Rayonnement.

Radiant, Rayonnant; — **heat,** chaleur rayonnante, radiante.

to Radiate, Rayonner, briller.

Radiating, Rayonnant; radiant; — **power,** pouvoir émissif; — surface, surface radiante.

Radiation, Rayonnement; radiation; **cosmic** —, radiation cosmique; **parasitic** —, radiation parasite; **thermal** —, radiation thermique; — **shield,** écran contre le rayonnement.

Radiational cooling, Refroidissement par rayonnement.

Radiator, Radiateur (auto, élec.); **flanged** —, radiateur à ailettes; **flat tube** —, radiateur à tubes plats; **front** —, radiateur frontal; **furred** —, radiateur entartré; **gilled or grilled** —, radiateur à ailettes; **honeycomb** —, radiateur nid d'abeilles; **overhead** —, radiateur surélevé; **ribbed** —, radiateur à ailettes; **sectional** —, radiateur cloisonné; **tubular** —, radiateur tubulaire; **wing** —, radiateur d'aile; **twin —s,** radiateurs jumelés; — **cap,** bouchon de radiateur; — **case,** calandre de radiateur; — **frame,** calandre de radiateur; — **shutter,** volet de radiateur.

Radio, Radio; — **active,** radioactif; — **active decay,** désintégration radioactive; — **activity,** radioactivité; — **beam,** faisceau de guidage; — **frequency,** radiofréquence, haute fréquence; — **frequency heating,** chauffage à haute fréquence; — **goniometer,** radiogoniomètre; — **goniometry,** radiogoniométrie; — **gram,** radiogramme; — **graphy,** radiographie; — **guidance,** radioguidage; — **guided,** radioguidé; — **guided bomb,** bombe radioguidée; — **isotope,** isotope radioactif; — **location,** radar; — **meter,** radiomètre; — **nuclide,** radionuclide; — **phare,** radiophare; — **range station,** radiophare; — **sonde,** radiosonde; — **therapy,** radiothérapie; — **thermy,** radiothermie; — **wave,** onde radio électrique.

Radium, Radium.

Radius (pluriel **radii**), Rayon; congé; **eccentric** —, rayon de l'excentrique; rayon d'excen-

tricité; **turning** —, rayon de virage, rayon de giration; — **bar,** alidade; — **of action,** rayon d'action; — **of gyration,** rayon de giration.

Radon, Radon.

Radome, Radome, culotte de radar.

Raffia, Raphia.

Raft, Train de bois flotté; radier; radeau, ras.

Rafler, Chevron (charp.); **binding** —, maître-chevron; **cross** —, linçoir.

Rag bolt, Cheville à grille, barbelée.

Rags, Chiffons.

Rail, Barre, barreau; rampe; rail; lisse (c. n.); **bottom** —, traverse inférieure; **bridge** —, rail Brunel, rail à champignon, rail en U; **bridge —s,** garde-fou; **bulb** —, rail à double champignon; **bull head** —, rail à double champignon; **check** —, aiguille contre-rail, joue de croisement (ch. de fer); **cog** —, crémaillère de funiculaire; **crane** —, rail de roulement; **cross** —, bras, traverse; glissière transversale (mach.-outil); **cross** — **elevating screw,** vis d'élévation de la glissière transversale (mach.-outil); **crossing —s,** rails d'évitement; **curve** —, rail courbe; **double** —, rail à double champignon; **double headed** —, rail à double champignon; **easing** —, rail éclisse; **edge** —, rail à rebord, rail saillant, garde-aiguilles; **fish bellied** —, rail ondulé, à ventre de poisson; **flange** —, rail à patin (vignole); **flat headed** —, rail plat; **foot** —, rail à patin; **gauge** —, rail Brunel; **grooved** —, rail à gorge; **guard** —, contre-rail; **guide** —, rail de guidage, rail-guide; **gun** —, tourelle; **H** —, rail à double bourrelet; **hand** —, rambarde, main courante; **little** —, listeau (c. n.); **main** —, rail fixe d'un changement de voie; **moveable** —, rail mobile, aiguille; **parallel** —, rail prismatique; **pointer** —, rail mobile; **saddle** —, rail Barlow; **safety** —, contre-rail; **single headed** —, rail à champignon unique; **slide** —, languette (ch. de fer); **sliding** —, rail à aiguille; **switch** —, rail mobile; **stem of a** —, tige, corps d'un rail; **T** —, rail Vignole; **third** —, troisième rail; **tongue** —, aiguille mobile; **tram** —, rail à ornière; **two headed** —, double rail; — **bearer**, traverse; — **bender or rail ben ding machine**, machine à cintrer les rails; — **bond**, éclissage; — **brace**, pièce de butée latérale; contre-fiche de butée (ch. de fer); — **car**, automotrice, autorail; — **chair**, coussinet (ch. de fer); — **clip**, pièce de calage; — **drilling machine**, machine à percer les rails; — **foot**, patin de rail; — **guard**, chasse-pierres; — **head**, champignon de rail; — **iron**, fer en barres pour rails; — **mill**, laminoir à rails; — **milling machine**, machine à fraiser les rails; — **press**, presse à dresser les rails; — **rolling mill**, laminoir à rails; — **track mounted**, sur rails; — **transport**, transport par fer; — **for turn out**, rail d'évitement; —**s of the upper works**, lisses d'acastillage (c. n.).

Railcar, Automotrice.

double Railed, A double voie; **single railed**, à voie unique.

Railing, Parapet, main courante, garde-corps, grille; **hand** —, garde-fou, rampe.

Railroad, railway, Chemin de fer; **aerial** —, chemin de fer aérien; **branch** —, embranchement de chemin de fer; **elevated** —, chemin de fer aérien; **narrow gauge** —, chemin de fer à voie étroite; **rack** —, chemin de fer à crémaillère; **rope** —, chemin de fer funiculaire; **single track**,

double track, four track —, chemin de fer à voie unique, à deux voies, à quatre voies; — **crossing**, passage à niveau; — **engineering**, technique ferroviaire; — **line**, ligne de chemin de fer; — **network**, réseau de chemins de fer; — **sleeper**, traverse de chemin de fer; — **switch**, aiguille.

to Raise, Élever, surélever; relever, renflouer (un N.).

Rake, Râteau; rouable; inclinaison; élancement de l'étrave, quête de l'étambot (N.); grille (hydr.); **angle of** —, angle de tranchant; **ash** —, ringard; **balling** —, palette, rouable; **bottom** —, grille de fond; **cutting edge** —, obliquité d'arête; **fire** —, rouable; **forward** —, inclinaison vers l'avant; **negative** — (angle), angle de dégagement négatif; pente négative (mach.-outil); — **angle**, angle de dégagement; **side** — **angle**, angle de dégagement; **top** — **angle**, angle de dégagement supérieur.

to Rake, Passer le rouable sur.

Raked, Incliné.

Ram, Bélier (hydraulique); vérin; mouton, sonnette (pour enfoncer les pieux); éperon (de N.); piston plongeur de presse hydraulique; poussoir; défourneuse (fours à coke); chariot, coulisseau (étaulimeur, etc.); fouloir; hie; **coke** —, défourneuse à coke; **hydraulic** —, bélier hydraulique; piston de presse hydraulique; **pneumatic** —, vérin pneumatique; — **air**, air en surpuissance; air dynamique; — **brake**, frein de coulisseau; — **engine**, mouton, sonnette; — **guide**, glissière du coulisseau (mach.-outil); — **heating**, échauffement aérodynamique; — **jet**, stato-réacteur; **continuous** — **jet**, stato-réacteur à marche continue; **intermittent** — **jet**, stato-réacteur à marche intermittente; — jet engine, statoréacteur; — jet helicopter, hélicoptère à stato-réacteurs; — slideway, glissière de coulisseau; — stroke, course du coulisseau.

to **Ram**, Tasser, fouler.

Rammer, Mouton, sonnette; dame, dameuse; fouloir; earth —, demoiselle,hie; jolt —, fouloir à secousses; power —, dame mécanique.

Ramming, Foulage, tassage; bourrage, damage; air —, foulage pneumatique; — machine, machine à tasser le sable.

Ramp, Rampe; mobile —, rampe mobile; rerailing —, rampe d'enraillement; retractable —, rampe relevable.

Rand, Bourrelet.

Random noise, Bruit de fond.

Random variables, Variables aléatoires.

Range, Portée; rayon d'action; étalement (d'une courbe), plage; grille de fourneau, fourneau; gamme, intervalle; action —, rayon d'action; cruising —, rayon d'action; electric —, cuisinière électrique; frequency —, bande, gamme de fréquences; gas —, fourneau à gaz; long —, à grand rayon d'action; operating —, plage de fonctionnement; wave —, gamme de longueur d'onde; wide —, à large gamme; wide speed —, à large gamme de vitesses; — factor, facteur d'autonomie.

Ranged, Échelonné (entre).

Rangefinder, Télémètre; base of a —, base d'un télémètre; coincidence —, télémètre à coïncidence; electronic —, télémètre électronique; stereoscopic —, télémètre stéréoscopique.

Ranging, Repérage; optical automatic — (O. A. R.) (optar), repérage optique automatique; radio detection and —, voir **Radar**

Rank, Rang, rangée, classement.

Rapid, Rapide; — cupola, cubilot à rigole; — steel, acier rapide.

Rasp, Rape à bois.

Ratch (voir **Ratchet**).

Ratchet, Rochet; — brace, perçoir à rochet, clef à rochet; — click, cliquet; — drill, cliquet à percer, perçoir à rochet; — hoist, palan à rochet; — lever, levier, clef à rochet; — wheel, roue à rochet (voir **Wheel**).

Rate, Taux; régime, proportion; cadence, quantité; charge — or charging —, régime de charge (accus); conventional —, tarif conventionnel; differential —, tarif différentiel; flow —, débit unitaire; freight —, tarif de transport; gaining —, avance; goods —, tarif des marchandises; high —, à grande vitesse, à fort régime; loosing —, retard; low —, à petite vitesse, à faible régime; night —, tarif de nuit; postal —s, tarifs postaux; power —, tarif force; railway —s, tarifs ferroviaires; steam —, taux de vaporisation; telephonic —, taxe téléphonique; ten hour —, régime de charge en dix heures (auto); working —, cadence de travail.

to **Rate**, Régler un chronomètre.

Rated, De réglage, prévu, nominal, spécifié; normal; d'une puissance de; high —, de forte puissance; — power, puissance nominale; — pressure, pression nominale.

Rating, Taux; contrôle, vérification; puissance; évaluation; notation; available —, puissance disponible; — speed, vitesse de régime.

Ratings, Caractéristiques, spécifications; puissances; nameplate —, caractéristiques portées sur la plaque de constructeur.

Ratio, Raison, rapport; taux, teneur en; **aspect** —, allongement d'une aile; **compression** —, taux de compression; **drive** —, rapport de réduction; **fineness** —, rapport de finesse; **length-beam** —, rapport longueur-largeur (aviat.); **lift drag** —, rapport de la poussée à la traînée; **propagation** or **transfer** —, rapport de propagation; **reduction** —, démultiplication; **2 to 1** —, rapport de 2 à 1; **short circuit** —, rapport de court-circuit.

Rational number, Nombre rationnel.

Rat-tail, Queue-de-rat.

Rationalized, Rationalisé.

Rattle, Ferraillement (bruit de).

Raw, Cru, brut, en vrac; — **brine,** eaux vierges; — **material,** matières premières, brutes; — **quartz,** quartz brut; — **stocks,** matières premières; — **water,** eau brute, eau non traitée.

Ray, Rayon; **beta** —, rayon béta; **canal** —**s,** rayons positifs; **cosmic** —, rayon cosmique; **gamma** —, rayon gamma; **harsh** —, rayon dur; **incident** —, rayon incident; **infra red** —**s,** rayons infrarouges; **light** —, rayon lumineux; **medullary** —, rayon médullaire; **positive** —**s,** rayons positifs; **refracted** —, rayon réfracté; **skimming** or **tangent** —, rayon rasant; **soft** —, rayon mou; **spith** —, rayon médullaire; **ultraviolet** —**s,** rayons ultraviolets.

Raydist system, Système Raydist de navigation automatique (type hyperbolique).

Rayon, Rayonne.

R. C. A., Radio Corporation of America.

Reach, Bief (d'un canal); **lower** —, bief inférieur; **upper** —, bief supérieur.

Reacting, A réaction; **chain** —, réaction en chaîne.

Reactance, Réactance (élec.); **stray** —, réactance de dispersion, de fuite; **welding** —, réactance de soudage.

Reaction, Réaction; **armature** —, réaction d'induit (élec.); **chain** —, réaction en chaîne; **elastic** — (voir **Elastic**); **integral** —, réaction intégrale; **nuclear** —, réaction nucléaire; **secondary** —**s,** réactions secondaires (élec.); **thermonuclear** —**s,** réactions thermo-nucléaires; — **blades,** aubages à réaction; — **chamber,** chambre de réaction; — **flux,** de réaction; — **plane,** avion à réaction; — **rate,** vitesse de réaction; — **stage,** étage de réaction (turbine); — **turbine,** turbine à réaction.

to Reactivate, Réactiver.

Reactivation, Réactivation.

Reactive, Réactif; — **coil or reactor,** bobine de réactance; **d'induction;** — **current,** courant réactif; — **drop,** chute réactive; — **energy,** énergie réactive; — **load,** charge réactive; — **power,** puissance réactive.

Reactivity, Réactivité; — **factor,** facteur de réactivité.

Reactor, Réacteur; bobine de réactance; **air core** —, bobine de self à noyau d'air, sans fer; **chain** —, pile; **nuclear** —, réacteur nucléaire; **saturable** —, réacteur ou self-saturable; **thermal** —, réacteur thermique.

direct Reading, A lecture directe.

Reading head, Tête de lecture.

Reafforestation, Reboisement.

Reagent, Réactif; **organic** —, réactif organique; **metallo organic** —, réactif metallo-organique; **thenol** —, réactif au thénol.

Real, Effectif; — **admission,** admission effective; — **estate,** affaires immobilières; — **estate agent,** agent d'affaires immobilières.

Realtor (Amér.) voir **Real estate agent.**

to Ream, Aléser.

Reamed, Alésé.

Reamer, Alésoir, fraise conique; trépan aléseur; **adjustable** —, alésoir expansible; **spiral fluted** —, alésoir à cannelures en spirale; **straight fluted** —, alésoir à cannelures droites; — **grinding machine,** machine à affûter les alésoirs; **taper** —, alésoir conique.

Reaming, Alésage; — **bit,** équarrissoir.

Rear, Arrière; — **axle tube,** trompette; — **bumper,** parechoc arrière; — **engined,** avec moteur à l'arrière; — **mounted engine,** moteur à l'arrière; — **spring bracket,** main arrière; — **view,** vue arrière.

to Rear, se Cabrer.

Reared, Cabré.

Rearing, Cabrage; **anti** — **device,** dispositif anti-cabrage.

Rearrangement, Transposition (chim.); **aniotropic** —, transposition aniotropique; **benzidine** —, transposition benzidinique; **molecular** —, transposition moléculaire.

to Rebabitt, Regarnir un coussinet.

Rebabitted, Regarni (coussinet).

Rebate, Collet, collerette, bride, feuillure; ristourne.

to Rebate, Émousser; rabattre; faire une feuillure à.

Rebating cutter, Fraise à feuillures.

to Rebed, Refaire les portées.

Reboil, Travail du bain (métal.).

to Reboiler, Changer les chaudières.

to Rebore, Réaléser.

Rebored, Réalésé.

Reboring, Réalésage.

Rebound, Rebondissement.

to Rebound, Rebondir.

Rebounding, Rebondissement.

to Rebuild, Reconstruire.

Rebuilding, Reconstruction.

Recalescence, Recalescence.

to Recap, Rechapper.

Recapped, Rechappé.

Recapping, Rechappage.

to Recast, Refondre.

Recasting, Refonte.

Receipt, Reçu, acquit, récépissé, quittance.

to Receipt, Acquitter (donner le reçu).

Receiver, Réservoir, collecteur; récepteur (élec.); liquidateur (faillite); **television** —, récepteur de télévision.

Receiving, Réception (T. S. F.); **direct coupled** —, réception directe; **directional** —, réception dirigée; **heterodyne** —, réception hétérodyne; **inductively coupled** —, réception indirecte; — **aerial or antenna,** antenne de réception; — **apparatus,** appareil de réception.

Receptance, Recette, réception; — **test,** essai de recette, de réception.

Reception, Réception; **dual** —, réception double; **heat or heterodyne** —, réception hétérodyne; **multiple** —, réception multiple; — **test,** essai de recette.

Recess, Encastrement, encoche, évidement, niche, rentrant.

to Recess, Encastrer, évider, chambrer.

Recessed, Encastré, évidé.

Recessing, Évidement, encastrement; — **tool,** outil à chambrer.

Reciprocal, Réciproque; **polar** —, polaire réciproque; — **gratings,** réseaux réciproques; — **impedance,** impédance réciproque.

Reciprocating, Alternatif; — engine, machine alternative; — motion, mouvement de va-et-vient, mouvement alternatif; — pump, pompe à piston, pompe alternative.

Reckoning, Estime.

to Reclaim, Réclamer, régénérer, épurer.

Reclaimed, Récupéré, régénéré, épuré; — rubber, caoutchouc régénéré.

oil Reclaimer, Épurateur d'huile.

Reclaiming, Bonification, amélioration, épuration; land —, amélioration du sol; — plant, installation d'épuration (huile).

Reclamation, Récupération, épuration.

to Reclose, Refermer, réenclencher (élec.).

Reclosed, Refermé, réenclenché.

Recloser, Dispositif de réenclenchement.

Reclosing or **reclosure,** Réenclenchement, refermeture; réarmement.

Recoil, Recul; nuclear —, recul nucléaire.

to Recoil, Reculer (arme).

Recoilless, Sans recul; — gun, canon sans recul; — rifle, fusil sans recul.

to Reconcile, Raccorder (deux courbes).

Reconciling, Raccord.

Recondition, Remise en état.

to Recondition, Remettre en état.

Reconditioning, Régénération (pétr.); remise en état; réparation, finition.

to Reconstruct, Reconstruire.

Reconversion, Reconversion.

Record, Enregistrement, disque; procès-verbal, compte-rendu, archives; phonograph —, disque, enregistrement phonographique; speed —, tachygramme; — changer, changeur de disques.

to Record, Enregistrer.

Recorded, Enregistré.

Recorder, Enregistreur; depth —, enregistreur de profondeur; flow —, enregistreur de débit; load —, enregistreur de charge; magnetic tape —, enregistreur à ruban magnétique; time —, horodateur.

Recording, Enregistrement; disc —, enregistrement sur disque; hill and dale —, enregistrement vertical; sound magnetic —, enregistrement magnétique des sons; oscillographic —, enregistrement oscillographique; photographic —, enregistrement photographique; vertical —, enregistrement vertical; — altimeter, altimètre enregistreur; — ammeter, ampèremètre enregistreur; — apparatus, appareil enregistreur; — barometer, baromètre enregistreur; — gage or gauge, jauge enregistreuse; — thermometer, thermomètre enregistreur; — voltmeter, voltmètre enregistreur.

Recovery, Récupération; rétablissement; by product —, récupération des sous-produits.

Recrystallisation, Recristallisation.

Rectangular, Rectangulaire.

Rectification, Rectification, redressement (élec.); half wave —, redressement en demi-longueur d'onde.

Rectified, Redressé, rectifié; — current, courant redressé (élec.).

Rectifier, Redresseur (élec.); commutator —, permutatrice; copper oxide —, redresseur à oxyde de cuivre; crystal —, redresseur à cristal; disc —, redresseur à disques; dry disc —, redresseur à disque sec; dry plate —, redresseur sec; electrolytic or aluminium cell —, redresseur électrolytique avec anode en aluminium; clapet ou soupape électrique avec anode en aluminium; **electronic** —, redresseur électronique; **exciting** —, redresseur d'excitation; **ignitron** —, redresseur à ignitrons; **mechanical** —, redresseur mécanique; **mercury arc** —, redresseur à vapeur de mercure; clapet ou soupape électrique à vapeur de mercure; **metal or metallic** —, redresseur métallique; **polyanode** —, redresseur polyanodique; **selenium** —, redresseur au sélénium; **semi-conductor** —, redresseur à semi-conducteur; **single anode** —, redresseur monoanodique; **thermoionic** —, redresseur thermoionique; **vacuum tube** —, redresseur à tubes à vide; — **tube**, tube redresseur; — **valve**, lampe redresseuse.

to **Rectify**, Redresser (élec.); rectifier.

Rectifying apparatus, Appareil de rectification, redresseur.

Rectifying lens, Objectif de redressement.

Rectifying valve, Lampe, tube, redresseur (T. S. F.).

Rectilineal, Rectiligne.

Rectilinear, Rectilinéaire.

Rectoblique, Rectoblique.

Recuperative ability, Régénérabilité (accus).

Recuperative or **continuous furnace**, Four à récupération.

Recuperator, Récupérateur; **tubular** —, récupérateur tubulaire.

Recurrency, Récurrence.

Recurrent, Récurrent.

Recursive function, Fonction récursive.

to **Re-Cut**, Recouper.

Re-Cutting, Recoupe.

Recycling, Recyclage (pétr.); recirculation.

Red, Rouge; **bright** —, rouge vif, rouge blanc; **brownish** —, mordoré; **cherry** —, rouge cerise; **dark** —, rouge foncé; **dull** —, rouge mat, rouge sombre; **english** —, rouge d'Angleterre; **faint**, — rouge sombre; **fiery** — rouge ardent; **full** —, rouge vif, — **brass**, tombac; — **chalk**, sanguine; — **gum**, red gum (bois); — **hematite**, hématite rouge; — **hot**, chauffé au rouge; — **short**, cassant à chaud (fer); — **short iron**, fer rouverin.

Red tapism, Paperasse, ronds de cuir.

to **Redeem**, Racheter.

Redeemable, Amortissable.

Redemption, Rachat (d'une concession).

Redrawing, Réétirage; **reverse** —, réétirage inverse.

Redressed current, Courant redressé (élec.).

to **Reduce**, Réduire, laminer, rétreindre.

Reduced, Réduit; **cold** —, laminé à froid.

Reducer, Réducteur; **angle** —, genou de réduction; **speed** —, réducteur de vitesse; **worm gear** —, réducteur à vis sans fin.

Reducing flame, Feu de réduction; **reducing gas**, gaz réducteur; **reducing gear**, engrenage de démultiplication; **reducing machine**, machine à rétreindre.

Reductible, Réductible.

Reduction, Réduction; laminage; **cold** —, laminage à froid; **direct** —, réduction directe (métal.); **electro** —, électro-réduction; **oxido** —, oxydoréduction; — **factor**, coefficient de réduction (élec.); — **gear**, démultiplicateur, réducteur (d'hélice); — **ratio**, démultiplicateur.

Reductive, Réducteur; — **atmosphere**, atmosphère réductrice.

Redundant, Surabondant; — reactions, réactions surabondantes (méthode des).

Redwood Standard Seconds, Nombre de secondes nécessaires pour que 5o ml d'huile passent à travers l'orifice du viscosimètre Redwood à une température donnée.

to Re-dye, Reteindre.

Re-dyeing, Re-teinture.

vibrating Reed, Lame vibrante.

Reel, Touret, dévidoir, caret (corderie); rouet; bobineuse; bobine; bande; **aerial** —, rouet d'antenne; **cable** —, bobine de câble; **film** —, rouleau de pellicules; **hose** —, tambour d'enroulement.

to Reel, Dévider.

Reeler, Dévidoir.

Reeling machine, Machine à dévider.

to Reem, Patarasser (N.).

Reemer, Patarasse.

Reeming, Calfatage; — **iron,** patarasse.

to Reengage, Réenclencher.

to Reeve, Passer (un cordage dans une poulie); moufler.

Reeving, Mouflage.

to Reface, Refaire les garnitures.

Referee, Arbitre; **court, board of** —**s,** tribunal d'arbitrage, commission arbitrale.

to Refill, Regarnir (coussinets...), remplir.

Refilled, Regarnis (coussinets...), remplis.

Refilling, Rechargement; remplissage.

to Refine, Affiner (mét.); raffiner; épurer, raffiner.

Refined, Affiné, raffiné, épuré; — **cast iron,** fonte affinée; — **copper,** cuivre fin, cuivre de rosette; — **iron,** fer affiné.

Refinement, Raffinage.

Refiner, Affineur, raffineur.

Refinery, Affinerie (métaux); raffinerie (sucre-pétrole); **oil** —, raffinerie de pétrole; — **cinder,** scorie d'affinage.

Refining, Affinage, raffinage; **electrolytic** —, affinage électrolytique.

Refit, Refonte.

to Refit, Réparer, remonter, radouber (N.).

Refitted, Réparé, refondu.

to Reflect, Réfléchir (lumière).

Reflectance, Facteur de réflexion.

Reflecting, De réflexion; — **cercle,** cercle de réflexion; — **shade,** réflecteur (lampe électrique).

Reflection, Réflexion; **regular or specular** —, réflexion spéculaire; **sporadic** —, réflexion anormale; — **factor,** facteur de réflexion; — **of waves,** réflexion des ondes.

Reflective, Réfléchissant.

Reflector, Réflecteur; **paraelliptic** —, réflecteur paraelliptique; **reflex** —, cataphote; — **coating,** revêtement réflecteur; — **pattern,** diagramme par réflexion.

Reflux, Reflux; — **ratio,** rapport de reflux.

Refocused, Refocalisé.

Reforestation, Reboisement.

Reforming, Réformation, craquage de l'essence lourde.

to Reforward, Réexpédier.

Reforwarding, Réexpédition.

to Refract, Réfracter.

Refracted, Réfracté; — **ray,** rayon réfracté.

Refracting, Réfringent; **double** —, biréfringent; — **prism,** prisme réfringent.

Refraction, Réfraction; **atmospheric** —, réfraction atmosphérique; **double** —, double réfraction; — **index or index of** —, indice de réfraction.

Refractive, Réfringent; — index, indice de réfraction; — power, réfringence.

Refractivity, Réfractivité.

Refractometer, Réfractomètre; dipping —, réfractomètre plongeant.

Refractories, Matières réfractaires.

Refractory, Réfractaire; matière réfractaire; moulded —, matière réfractaire moulée; lined, à revêtement réfractaire; — materials, matières réfractaires; — retort, cornue réfractaire.

Refrangibility, Réfrangibilité.

Refrigerated warehouse, Entrepôt frigorifique.

Refrigerant, Réfrigérant.

Refrigerating compressor, Compresseur de réfrigération.

Refrigerating machine, Machine frigorifique.

Refrigerating plant, Installation frigorifique.

Refrigeration, Réfrigération; absorption —, réfrigération par absorption; — compressor, compresseur de réfrigération.

Refrigerator, Appareil frigorifique; frigidaire; réfrigérateur; home —, frigidaire; — car, camion frigorifique; — ship, navire frigorifique.

Refrigeratory, Réfrigérant.

to Refuel, Faire le plein.

Refueling, Ravitaillement en combustible, remplissage du réservoir.

Refuse, Résidu, déchet.

to Re-fuse, Remplacer un fusible.

Regeneration, Réaction (T.S.F.).

Regenerative craking, Freinage à récupération.

Regenerative cell, Élément à régénération (élec.).

Regenerative condenser, Condenseur à régénération.

Regenerative furnace, Four à régénération.

Regenerator, Régénérateur; air —, régénérateur d'air.

aqua Regia, Eau régale.

Regime, Régime.

Register, Liste; registre (cheminée); compteur, enregistreur; registre maritime (d'un port); registre de visite (d'un navire); archives; immatriculation; — tonnage, tonnage net.

Registered, Recommandé; enregistré, immaculé.

Registering, Enregistreur (adj.); — balloon, ballon-sonde.

Registration, Enregistrement, immatriculation.

Registry, Enregistrement (d'un navire); certificate of —, lettre de mer, acte de francisation; port of —, port d'armement.

to Regrind, Réaffûter.

Regrinding, Réaffûtage; valve —, rodage des soupapes.

to Regulate, Régler (appareils, chronomètres...).

Regulating curve, Courbe de régulation (tiroirs).

Regulating disc, Disque de réglage (mach.-outil).

Regulating line or **mark,** Repère.

Regulating mechanism, Régulateur.

Regulating system, Système de régulation.

boiler Regulating valve, Régulateur d'alimentation.

Regulation, Réglage (d'appareils); régulation (de compas); règlement, ordonnance (loi); automatic —, réglage automatique; voltage —, réglage de la tension; — number plate, plaque réglementaire (auto).

Regulations, Règlements.

Regulator, Régulateur, détendeur; **air** —, régulateur à air; **automatic feed** —, régulateur automatique d'alimentation; **combustion** —, régulateur de combustion; **constant current** —, régulateur d'intensité constante; **differential pressure** —, régulateur à différence de pression; **electronic** —, régulateur électronique; **excess pressure** —, régulateur à surpression; **feed water** —, régulateur d'eau d'alimentation; **flow** —, régulateur de débit; **frequency** —, régulateur de fréquence; **induction** —, régulateur d'induction; **moving core** —, régulateur à noyau mobile; **pressure** —, régulateur de pression; **quick action** —, régulateur à action rapide; **rotating** —, régulateur de tension; **single stage** —, détendeur à un étage; **speed** —, variateur de vitesse; **two stage** —, détendeur à deux étages; **voltage** —, régulateur de tension; — **gate,** vanne de réglage, vanne de prise d'eau.

Regulus, Régule.

Rehabilitation, Épuration; **oil** —, épuration d'huile.

Rehandling, Reprise en tas.

Reheat, Réchauffage post-combustion; resurchauffe; — **turbine,** turbine à vapeur resurchauffée.

to Reheat, Réchauffer; resurchauffer.

steam Reheater, Réchauffeur de vapeur.

Reheating, Réchauffage, resurchauffe; — **furnace,** four à réchauffer; — **turbine,** turbine à resurchauffe.

to Reignite, Réallumer.

Reignition, Réallumage.

to Reinforce, Renforcer.

Reinforced, Armé; renforcé; — **concrete,** béton armé; — **at the top and bottom,** armé haut et bas; — **in compression,** armé en compression; — **in lower face,** armé à la partie inférieure; — **in upper face,** armé à la partie supérieure.

Reinforcement, Armature, renforcement; **additionnal** —, armature de renfort; **bent reinforcement,** armature courbe; **compression** —, armature de compression; **fan** —, armature en éventail; **fastening of** —**s,** arrimage des armatures; **fixing** —, armature d'encastrement; **longitudinal** —, armature longitudinale; **lower** —, armature inférieure; **rectangular** —, cadre; **spiral** —, armature en hélice; **symmetrical** —, armature symétrique; **tension** —, armature de tension; **top** —, armature supérieure; **transverse** —, armature transversale; **upper** —, armature supérieure; — **tube,** tube de renforcement (aéro.).

Reinforcing, De renfort; — **collar,** collerette de renforcement; — **web,** nervure de renfort.

Reject, Rebut.

to Reject, Rebuter.

Rejected, Rebuté.

Rejection, Rebut.

to Rejoint, Refaire un joint.

Rel, Unité de réluctance.

Relative, Relatif; — **speed,** vitesse relative; — **wind,** vent relatif.

Relativistic, Relativiste.

Relativity, Relativité.

Relaxation, Relaxation; **dielectric** —, relaxation diélectrique; **plastic** —, relaxation plastique; — **methods,** méthodes de relaxation; — **oscillator,** oscillateur à relaxation; — **time,** temps de relaxation.

Relaxometer, Relaxomètre.

Relay, Relais (élec.); **a. c.** —, relais à courant alternatif; **box** —, relais à boîte, relais; **box sounding** —, relais phonique; **call** — relais d'appel; **closing** —, relais de fermeture; **differential** —, relais différentiel; **directional** —, relais directionnel; **fault sensing** —, relais détecteur de défaut; **field** —, relais d'inducteur; **inertia** —, relais d'inertie; **inverse power** —, relais à retour de courant; **mercury contact** —, relais à contact de mercure; **miniature** or **midget** —, relais miniature, relais nain; **overcurrent** —, relais de surintensité; **overload** —, relais à maximum d'intensité; **pneumatic** —, relais pneumatique; **protective** or **protector** —, relais protecteur; **proximity** —, relais de proximité; **quick acting** —, relais à action rapide; **reclosing** —, relais de réenclenchement; **remote control** —, relais de télécommande; **reverse current** —, relais pour courant en retour; **rotating** —, relais tournant; **sensitive** —, relais sensible; **shorting** —, relais de court-circuitage; **slow acting** —, relais à action lente; **thermal** —, relais thermique; **time delay** —, relais différé; **time limit** —, relais à enclenchement différé; **totalizing** —, relais intégrateur; **tripping** —, relais de déclenchement, déclencheur; **undervoltage** —, relais à minimum de tension.

to Relay, Relayer.

Relayed, Relayé.

Relaying, Relayage.

Release, Sortie, évacuation; déclenchement; **bomb** —, commande de lance-bombe; **chrono** —, chronodéclencheur; **oil** —, sortie d'huile; — **spring**, ressort de rappel.

to Release, Déclencher.

Released, Déclenché; **time** —, chrono-déclenché.

Releasing, Déclenchement; **time** —, chronodéclenchement; — **lever**, levier de débrayage.

Releveling, Remise à niveau.

Reliability, Sécurité de fonctionnement; régularité.

Reliable, De fonctionnement sûr.

Relief, Secours, appoint, décompression, dépouille; détalonnage; relief; — **angle**, angle de dépouille; **front** — **angle**, angle de dépouille frontale; **side** — **angle**, angle de dépouille latérale; — **cam**, came de décompression; — **cock**, robinet de décompression; robinet réparateur; — **frame**, cadre compensateur (tiroir); — **set**, groupe d'appoint; — **valve**, soupape de sûreté, reniflard, déchargeur.

to Relieve, Détalonner.

stress Relieving, Élimination des tensions internes.

Relieving arch, Arche de soutènement.

Relieving attachment, Appareil à détalonner.

Relieving cam, Came de dégagement.

Relieving device, Dispositif à détalonner.

Relieving lathe, Tour à détalonner.

Relieving machine, Machine à détalonner, à dépouiller.

to Relight, Réallumer.

Relieving tackle, Palan de barre (N.).

Relighting, Réallumage.

to Re-line, Regarnir (coussinets, etc.); réaligner; refaire le revêtement.

Re-lined, Regarni, réaligné.

Relining, Regarnissage, réalignage.

to Re-load, Recharger.

Re-loaded, Rechargé.

Re-loading, Rechargement.

Reluctivity, Réluctance spécifique.

Remaking, Réfection.

Remanence, Rémanence.

Remanent, Rémanent; — **magnetization,** aimantation rémanente.

to Remodulate, Remoduler.

Remodulated, Remodulé.

Remote, Éloigné, à distance; — **control,** commande à distance; **to — control,** commander à distance; — **control relay,** relais de télécommande; — **supervision,** surveillance à distance.

Removable, Démontable; — **rim,** jante amovible.

to Remove, Enlever, sortir, démonter.

to Rend, Se déchirer, se fendre.

Rent, Déchirure, fissure; loyer.

to Rent, Prendre à loyer; — out, louer à, donner en location.

Renter, Locataire.

to Repack, Regarnir un presse-étoupe.

Repacked, Regarni (presse-étoupe).

Repair, Réparation; **beyond —,** irréparable; **extensive —s,** refontes importantes; **slight —s,** légères réparations; **thorough —,** refonte; **under —,** en réparation; — **dock,** atelier de révisions; — **outfit,** nécessaire de réparations; — **ship,** navire-atelier; — **shop,** atelier de réparations.

to Repair, Réparer; radouber (coque).

Repairer, Réparateur.

Repairing fit, Fosse de réparation.

Repairing shop, Atelier de réparations.

Repeater compass, Compas répétiteur (compas gyroscopique).

Repeating, A répétition; — **circle,** cercle répétiteur; — **shot gun,** fusil à répétition.

Repellent, Répulsif; — **force,** force répulsive.

Repetition, Série.

Replacement parts, Rechanges.

plastic Replica, Moulage plastic.

Representative, Représentant, agent.

Reproducer, Reproducteur; **cam —,** reproducteur à came.

Reproducing attachment, Reproducteur.

to Reproduct, Reproduire.

Reproduction, Reproduction.

Repulsion, Répulsion; — **motor,** à répulsion; — **start,** démarrage en répulsion; — **stress,** effort de répulsion.

to Requalify, Reprendre un brevet, renouveler un brevet.

Requisition, Réquisition.

Re-radiation, Ré-émission.

to Rerail, Enrailler.

Rerailing ramp, Rampe d'enraillement.

Re-recording, Réenregistrement.

Rerolling, Relaminage.

to Resaw, Dédoubler (bois).

Resawing, Dédoublage; — **machine,** machine à dédoubler.

Rescue, Sauvetage; — **apparatus,** appareil de sauvetage.

Research, Recherche.

to Reseat, Roder; — **a valve,** roder une soupape.

to Resell, Revendre.

Reservation, Réserve.

Reserve, Réserve; **under —,** sous réserve; — **fuel,** combustible de réserve.

Reservoir, Réservoir; plan d'eau, roche-magasin; **air —,** réservoir d'air; **oil —,** réservoir d'huile.

Reset, Remise au zéro, réenclenchement; **automatic —,** remise à zéro, réenclenchement automatique; **hand —,** remise à zéro à la main; — **spring,** ressort de rappel.

to **Reset**, Réenclencher; remettre au zéro.

Resetting, Réenclenchement; **manual** —, réenclenchement à la main.

to **Reshoe the brakes**, Regarnir les freins.

Reshoed, Regarnis (freins).

Residential, Domestique (adj.), de maison.

Residual, Résiduel; — **charge**, charge résiduelle; — **compression**, compression résiduelle; — **energy**, énergie résiduelle; — **error**, erreur résiduelle; — **field**, champ résiduel; — **fuel**, carburant résiduel; — **gas**, gaz résiduel; — **induction**, induction résiduelle; — **ionisation**, ionisation résiduelle; — **magnetism**, magnétisme résiduel; — **stresses**, tensions résiduelles.

Residue or **residuum**, Résidu; **extraction** —**s**, résidus d'extraction.

Resilience or **resiliency**, Résilience.

Resin, Résine; **acrylic** —**s**, résines acryliques; **cast** —, résine fondue; **hard** —, résine solide; **organic** —**s**, résines organiques; **synthetic** —, résine synthétique; **urea formaldehyde** —, résine urée formaldéhyde; **white** —, galipot; — **canals**, canaux résineux; — **oil**, résinyle.

Resinoid, De résine; — **bonded**, à aggloméré de résine.

Resinous, Résineux.

Resistance, Résistance (élec., etc.); **air** —, résistance de l'air; **antenna** —, résistance d'antenne; **apparent** —, résistance apparente; **ballast** —, résistance avec effet de compensation; résistance d'équilibrage; **braking** —, couple de freinage; **calibrating** —, résistance d'étalonnage, de calibrage; **compensating** —, résistance de compensation; **component** —, résistance composante; **contact** —, résis-

tance de contact; **corrosion** —, résistance à la corrosion; **decoupling** —, résistance de découplage; **effective** —, résistance effective; **electrolytic** —, résistance électrolytique; **external** —, résistance extérieure; **filament** —, rhéostat de chauffage; **frictional** —, résistance de frottement; **graphite** —, résistance graphitique; **ground** —, résistance à la terre; **head** —, résistance à l'avancement; **inductive** —, résistance inductive; **non inductive** —, résistance non inductive; **insulation** —, résistance d'isolement; **internal** —, résistance intérieure; **limiting** —, résistance chutrice; **line of least** —, ligne de moindre résistance; **ohmic** —, résistance ohmique; **phase** —, résistance de phase; **protective** —, résistance de protection; **resultant** —, résistance résultante; **shearing** —, résistance au cisaillement; **shock** —, résistance aux chocs; **shunt** —, résistance de circuit dérivé; **specific** —, résistance spécifique, résistivité; **starting** —, résistance de démarrage; **total** —, résistance totale; **water** —, résistance de l'eau; **wear** —, résistance à l'usure; —, **box**, boîte de résistances; — **braking**, freinage sur résistances; — **coefficient**, coefficient de résistance; — **coupling**, couplage par résistance; — **head**, perte de charge (hydr.); — **thermometer**, thermocouple; — **welding**, soudure par résistance.

Resistant, Résistant; **bullet** —, résistant aux balles; **chemical** —, résistant à la corrosion.

Resisting, Résistant; **heat** —, résistant à la chaleur; **réfractaire**; **wear** —, résistant à l'usure.

Resistive, Résistif.

Resistivity, Résistivité.

Resistor, Rhéostat, résistance, résistor; **adjustable** or **tapped** —, résistance variable; **bleeder**

—, résistance régulatrice de tension; **charging or loading** —, résistance de charge.

to Resize, Recalibrer.

Resizer, Recalibreur.

Resnatron, Resnatron.

Resolver, Dispositif de résolution.

Resolving power, Pouvoir de résolution.

Resolution, Dédoublement (chim.).

Re-solution, Reᵣsolution.

Resonance, Résonance; **ferro** —, ferro-résonance; **ferromagnetic** —, résonance ferromagnétique; **natural** —, résonance naturelle, résonance propre; **nuclear** —, résonance nucléaire; **parallel** —, résonance parallèle; **series** —, résonance série; **subharmonic** —, résonance sous-harmonique; **subsynchronous** —, résonance subsynchrone; — **bridge**, pont à résonance; — **cell**, cellule à résonance; — **curve**, courbe de résonance (T. S. F.); — **frequency**, fréquence de résonance; **ferro** —, ferrorésonance.

Resonant or **Resonating**, Résonant; — **cavity**, cavitérésonante; — **circuit**, circuit résonant; — **conditions**, conditions de résonance; — **filter**, filtre à résonance.

Resonator, Résonateur; **buncher** —, premier résonateur à cavité; **cavity** —, résonateur à cavité (T. S. F.); **quartz** —, résonateur au quartz.

Resorcinol, Résorcinol.

Respondentia, Prêt sur marchandises, grosse; **at** —, à la grosse.

Response, Réponse (T.S.F., etc.); **flat top** —, réponse à une bande uniforme de fréquences; **peak** —, réponse maximum; **quick** —, réponse rapide; **quick device**, dispositif à réponse rapide; **transient** —, réponse transitoire; — **curve**, courbe de réponse.

Responsive, Sensible.

Rest, Support, lunette, douille, crapaudine; **follow** —, lunette à suivre (tour); **head** —, appui-tête; **journal** —, coussinet de palier; **steady** —, lunette fixe (tour); **tool** —, support du porte-outil (tour); **hand tool** —, support d'outil à main; — **of a lathe**, support d'un tour.

to Restart, Remettre en marche.

Restarting, Remise en marche, réamorçage.

Resting frequency, Fréquence de repos, fréquence du courant porteur.

Restoring torque, Couple de rappel.

carbon Restoration, Recarburation.

to Restrain, Retarder, encastrer.

Restrained, Retardé, encastré; — **beam**, poutre encastrée.

Restrainer, Retardateur (photo).

Restrike, Réallumage, retour d'arc.

to Restrike, Réallumer (arc).

Restriked, Réallumé (arc).

Resultant, Résultante (méc.).

Resuperheat, Resurchauffe.

Resuperheater, Resurchauffeur.

to Ret, Rouir.

Retting, Rouissage.

Retail prices, Prix de détail.

Retailer, Détaillant.

cement Retainer, Presse-étoupe de cimentation (pétr.).

Retained, Résiduel; — **austénite**, austénite résiduelle.

Retaining, Agrafage, tenue, soutènement; — **earth** —, soutènement des terres; — **bolt**, boulon de retenue; — **ring**, bague d'agrafage; — **wall**, mur de soutènement.

Retard, Retard (à l'allumage) (auto).

Retardation, Freinage ; synonyme d'**Inductance** ; — coil, bobine de self ; — of current, retard du courant.

Retarded, Retardé (allumage).

Retarder, Retardateur ; draught —, retardateur de vitesse de tirage.

Retarding spark, Retard à l'allumage.

to **Retemper,** Retremper.

Retene, Rétène.

Retentivity, Rémanence ; hystérésis.

Reticle, Réticule.

to **Retight,** Resserrer.

Retightening, Resserrage.

to **Retool,** Réoutiller.

Retooling, Réoutillage.

Retort, Cornue, alambic ; gazogène ; trémie ; clay —, cornue d'argile ; refractory —, cornue réfractaire ; — carbon, charbon de cornue ; — stand, support de cornue.

to **Retouch,** Retoucher (photo).

Retouching, Retouche (photo).

Re-tracing, Décalquage.

to **Retract,** Escamoter, relever, rentrer (train d'atterrissage) ; s'escamoter.

Retractable, Escamotable, rentrant, rétractable ; — nacelle, nacelle escamotable.

Retracted, Escamoté, relevé, rentré (train d'atterrissage) ; retracté.

Retracting jack, Vérin d'escamotage.

Retraction, Escamotage, rentrée, relevage ; — time, temps d'escamotage.

electron **Retrapping,** Capture d'électrons.

Retroaction, Réaction (T. S. F.).

Retrograde, Rétrograde.

Retrogression point, Point de rebroussement (d'une courbe).

Return, Retour ; revenu, gain, profit, rendement ; relevé, statistique, état ; dry —, tuyau de retour d'eau de condensation et d'air (systèmes de chauffage par la vapeur) ; non — valve, clapet de non-retour ; quick —, retour rapide (de l'outil d'une machine-outil) ; wet —, tuyau de retour d'eau de condensation (systèmes de chauffage par vapeur) ; — belt, courroie de marche arrière ; — crank, contremanivelle ; — current, courant de retour ; — flame, retour de flamme ; — shaft, puits de sortie d'air (mines) ; — shock, choc en retour ; — speed, vitesse de retour (mach.-outil). — spring, ressort de rappel.

Returned, Recyclé ; — fines, fines recyclées.

Returning, Rafraichissage (bandage, etc.).

Re-usable, Réutilisable.

Re-use, Réemploi.

Rev per hr, Revolutions per hour. Tours par heure.

to **Revamp,** Transformer, refaire, moderniser.

Revamping, Réfection, transformation.

Rev-counter, Compte-tours.

Revenue, Droits (douane, etc.) ; bénéfices, recettes ; operating —s, recettes d'exploitation ; — mile, mille payant.

Reverberation, Réverbération.

Reverberatory, A réverbère ; — furnace, four à réverbère.

Reverberometer, Réverbéromètre ; relaxation —, réverbéromètre à relaxation.

Reversal, Inversion (élec.) ; open hearth —, inversion des récupérateurs ; phase — inversion de phases ; stress — s, alternances d'efforts ; thrust — inversion de la poussée ;

Reverse, Renversement (de marche); arrière (marche); **belt** —, renversement de marche par courroie; — **circulation,** injection inverse (pétr.); — **cone clutch,** embrayage à cônes renversés; — **current,** renverse de courant; courant inverse; — **flow,** flux inversé; — **fork,** fourchette de marche AR; — **gear,** engrenage de marche AR, mécanisme de renversement de marche, inverseur; — **pinion,** engrenage de marche AR; — **polarity,** polarité inverse; — **shaft,** arbre de relevage (ch. de fer); — **speed,** vitesse arrière.

to Reverse, Renverser (mach.), inverser (élec.); — **a motor,** inverser le sens de marche d'un moteur; — **the engine,** renverser la vapeur, renverser la marche.

Reverser, Inverseur (élec.); **current** —, commutateur inverseur; **thrust** —, déviateur de jet.

Reversibility, Réversibilité.

Reversible, Réversible; — **cell,** élément réversible (élec.); — **claw,** cliquet réversible; — **engine,** moteur réversible; — **pitch or propeller,** hélice à pas réversible; — **propeller,** hélice réversible; hélice à ailes orientables; — **pitch,** pas réversible.

Reversing, De renversement de marche; réversible; — **arm,** levier de renversement de marche; — **device,** inverseur; — **gear,** mécanisme de renversement de marche, engrenage de marche arrière; — **lever,** levier de renversement de marche; — **link,** levier de renversement de marche; — **mill,** laminoir réversible; — **rod,** barre de relevage; — **wheel,** volant de mise en train.

Revetment, Revêtement, crépissage.

Revetted, Revêtu.

Revolution, Tour (mach.); — **counter,** compte-tours; — **indicator,** tachymètre; **to run at 150 revolutions per minute,** marcher à 150 tours par minute.

Revolving, Tournant; — **collar,** collier d'excentrique; — **joint,** joint tournant; — **light,** feu tournant; — **screen,** crible rotatif, trommel cribleur.

Revs (Revolutions), Tours.

to Rewind, Rebobiner (élec.).

Rewinding, Rebobinage.

to Rewire, Recâbler.

Rewiring, Recâblage.

Rewound, Rebobiné.

R. F. (Radio frequency), Haute fréquence (T. S. F.).

R. F. C., Radiofrequency choke coil.

R. H. (Right handed), Pas à droite.

Rhenium, Rhénium.

Rheological, Rhéologique.

Rheostat, Rhéostat (élec.); **charge** —, rhéostat de charge; **field** —, rhéostat de champ; **liquid** —, rhéostat liquide; **potentiometer type** —, rhéostat potentiométrique; **speed changing** —, rhéostat de changement de vitesse; **starting** —, rhéostat de démarrage.

Rheostatic, A rhéostat, rhéostatique; — **braking,** freinage sur résistance; — **control,** contrôle par rhéostat.

Rheotron, Rhéotron, bétatron.

Rhodium, Rhodium.

Rhomb, Losange.

Rhombic, Rhombique; — **antenna,** antenne rhombique.

Rhomboedral, Rhomboédrique.

Rhombold, Parallélogramme.

Rib, Armature, nervure, étançon, renfort (de plaque); membre (de navire); **bearing** —, rebord, talon (ch. de fer); **centre** —, âme, tige, corps d'un rail; **cutaway** —, nervure évidée; **glued** —, nervure collée; **hollow** —, nervure creuse; **iron** —, membrure en fer (c. n.); **longitudinal** —, nervure longitudinale; **metal** —, nervure métallique; **nose** —, nervure de bord d'attaque; **solid** —, nervure pleine; **stiffening** —, nervure de renforcement; **strengthened** —, nervure renforcée; **tacked** —, nervure clouée; **trailing edge** —, nervure de bord de fuite; **transversal** —, nervure transversale; **ventilated** — **motor**, moteurs à nervures ventilées; **web of** —, âme de nervure; — **flange**, latte de nervure; — **motor**, moteur à nervures; — **nose**, bec de nervure; —**s of a ship**, côtes, membre d'un navire.

Riband, Lisse des couples (c. n.).

Ribbed, Dentelé, à côtes, nervuré; — **radiator**, radiateur à ailettes.

Ribbing, Nervure de renfort.

Ribbon, Ruban; — **weaving**, rubanerie.

Ribbons, Lisses (c. n.) (voir **Riband**).

Ricker, Étançon, étance volante.

Ricochet, Ricochet.

to Ricochet, Ricocher.

Riddle, Gros crible.

to Riddle, Cribler (au crible).

Riddled, Criblé; — **coal**, charbon criblé.

Rider, Porque (c. n.); avenant (d'assurance); — **keelson**, carlingue superposée.

Ridge, Arête, nervure, épaulement; **dividing** —, ligne de partage des eaux.

Riffle, Riffle, rainure pour retenir l'or.

bastard Riffler, Lime bâtarde à bout conique et recourbé.

Rifle, Fusil à canon rayé; **recoilless** —, fusil sans recul; **small bore** —, fusil de petit calibre.

to Rifle, Rayer (une arme à feu).

Rifling, Rayure, rayage, cannelure; **parabolic** —, rayage parabolique; — **bench**, machine à rayer les canons; — **rod**, tige porte-outil.

Rift, Brèche, fente, crevasse.

Rig, Gréement (N.); banc d'essai, capelage (mât); installation de forage; **bearing** —, banc d'essai pour roulements; **blasting** —, exploseur; **drilling** —, équipement de forage; **gear** —, banc d'essai pour engrenages; **pumpability** —, station de pompage; **test** —, banc d'essai.

to Rig, Gréer, arrimer; **to** — **the capstan**, garnir au cabestan (N.).

Rigged, Gréer, arrimer.

Rigging, Gréement (N.); équipement, arrimage, haubannage, câblage, réglage; **lower** —, basse carène; **nacelle** —, suspension de nacelle; **running** —, manœuvres courantes; **standing** —, manœuvres dormantes; — **loft**, garniture (atelier).

Right, Droit; — **hand**, droit; — **hand lower wing**, aile inférieure droite.

Righting, Redressement; — **moment**, moment de redressement.

Rigid, Rigide, indéformable; **half** —, semi-rigide.

Rigidity, Rigidité, robustesse; **modulus of** —, inverse du module d'élasticité.

Rim, Jante; couronne; **blade** —, couronne d'aubes (turb.); **detachable** —, jante amovible; — **collar** (voir **Collar**); — **opener**, ouvre-jantes.

to Rime, Aléser.

Rimer, Équarrissoir (outil).

Riming, Alésage.

Riming bit, Alésoir.

Rimmed steel or **rimming steel**, Acier mousseux, effervescent, partiellement désoxydé.

Rimming, Contrôle de la température et du degré d'oxydation (mét.).

Ring, Collet (de butée); anneau, cercle, rondelle, bague, frange; garniture, segment; organeau (ancre); noyau (chim.); **adjusting** —, bague d'arrêt; **blade** —, porte-aubes; **chafing** —, bague de protection, bague d'usure; **clamping** —, bague de fixation; **clutch** —, couronne d'embrayage; **collector** or **collecting** —, bague collectrice (élec.); **contact** —, bague de contact; **curb** —, plaque tournante de grue; **cut** —, segment fendu; **eccentric** —, collier d'excentrique; **end** —, bague de couverture (turb.); **end shell** —, virole d'extrémité (chaud.); **equalizing** —, anneau équipotentiel (élec.); **equilibrium** —, anneau, cadre compensateur (tiroirs); **eye** —, cosse de câble; **fluted** —, bague cannelée; **gimbal** —, cercle de suspension; **gland** —, bague d'étanchéité; **Gramme**—, anneau Gramme (élec.); **growth** —s, couches annuelles ou de croissance (bois); **Newton's** —s, anneaux de Newton; **normed** —, anneau normé (math.); **oil catch** —, bague collectrice d'huile; **oil control** —, segment râcleur; **packing** —, bague métallique, disque de serrage; **piston** —s, garnitures métalliques; segments de piston; **piston** — **slot**, encoche de segment de piston; **retaining** —, bague d'agrafage; **roller** —, couronne de galets; **scraper** —, segment râcleur; **segment** —, segment (mach.); **shading** —, bague de démarrage d'un moteur à induction; **slip** —, bague collectrice; **splacing** —, bague entretoise; **spash** —, déflecteur, chasse-goutte; **split** —, anneau brisé; **spring** —, bague élastique; segment extensible; **stay** —, anneau entretoisé; **strengthening** —, collerette de renfort; **thiazoline** —, noyau thiazolinique; **thrust** —, glace; **wear** or **wearing** —, anneau d'étanchéité, anneau d'usure; — **carrier**, bague support (mach. à vapeur); — **closure**, fermeture du noyau (chim.); — **connection**, montage en polygone (élec.); — **hook**, piton; — **land**, rainure de segment; — **lubrication** or **oiling**, graissage à bague; — **opening**, ouverture du noyau (chim.); — **oscillator**, oscillateur annulaire; — **sticking**, gommage des segments; — **system**, système nucléaire (chim.); — **transformer**, transformateur annulaire; — **winding**, enroulement en anneau.

Ringer, Ringard (h. f.).

to Rinse, Rincer.

Rinsing, Rinçage; — **vat**, cuve de rinçage.

Rip, Déchirure; **seam** —, déchirure d'une couture de rivets; — **cord**, corde de déclanchement (d'un parachute); — **saw**, scie de long.

Ripper, Défonceuse.

Ripping, Déchirure; — **length**, longueur de déchirure; — **line**, corde de déchirure; — **pannel**, panneau de déchirure.

Ripple, Ride, ondulation; **slot** —s, ondulations; — **filter**, filtre d'élimination; — **frequency**, fréquence d'ondulations; — **marks**, rides (du bois).

Rise, Montée; hausse (du baromètre); **dead** —, angle de quille (N.).

to Rise, S'élever (aéro.).

Riser, Orifice de dégagement d'air; trou de coulée; colonne montante; **supply** —, colonne d'alimentation.

to Rive, Fendre; s'entr'ouvrir, se fendre.

Rivet, Rivet; **binding** —, rivet de montage; **clinched head of a** —, rivure; **conical head** —, rivet à tête conique; **countersunk** —, rivet à tête fraisée; **diameter of a** —, diamètre d'un ‚rivet; **dummy** —, rivet posé d'avance; rivet de montage; rivet mal placé; **explosive** —, rivet explosif; **flush** —, rivet noyé, à tête perdue; **flush head** —, rivet à tête affleurée; **frame** —, rivet de membrure (c. n.); **keel** —, rivet de quille (c. n.); **pan headed** —, rivet à tête plate; **punched** — **hole,** trou de rivet poinçonné; **round head** —, rivet à tête ronde; **row of** —**s,** rangée de rivets; **rudder** —, rivet de gouvernail (c. n.); **shaft ot a** —, corps, tige du rivet; **shell** —, rivet de bordé extérieur (c. n.); **snap headed** —, rivet à tête bombée, goutte de suif; **snapped** —, rivet bouterollé; **spacing of** —**s,** écartement des rivets; **stem** —, rivet de l'étrave (c. n.); **stern-post** —, rivet de l'étambot (c. n.); **tap** —, prisonnier; **taper bore** —, rivet à trou conique; — **auger,** tarière à rivet; — **head,** tête de rivet; **heading set,** bouterolle; — **hearths or** — **forges,** forges, fours à rivets; — **hole,** trou de rivet; — **less,** sans rivets; — **making machine,** machine à faire des rivets; — **of fibrous iron,** rivet à nerf; — **plate,** contre-rivure; rondelle; rosette de rivure; — **plyers,** pinces à rivets; — **stamp,** bouterolle à rivets; — **shank or stem,** tige de rivet; **to drive a** —, poser un rivet; **to drive out a** —, enlever un rivet par forage; **to drive out the** —**s,** dériveter.

to Rivet, River.

Riveted, Rivé; **double** —, à double rang de rivets; **treble** —, à triple rang de rivets.

Riveter or Rivetter, Riveur, riveuse.

Riveting or Rivetting, Rivetage, rivure; **butt** —, rivetage des abouts; **butt joint with double (treble) chain** —, assemblage à franc-bord et à deux (trois) rangs de rivets en chaîne; **butt joint with single** —, assemblage à franc-bord et à rivetage simple; **chain** —, rivetage en chaîne; **cold** —, rivetage à froid; **conical** —, rivetage conique; rivetage à point de diamant; **countersunk** —, rivetage fraisé; **double** —, rivetage double, à deux rangs; **double covering plate** —, rivetage à couvre-joint double; **edge** —, rivetage des joints longitudinaux; **hammer joint** — (voir conical riveting); **hand** —, rivetage à la main; **hot** —, rivetage à chaud; **hydraulic** —, rivetage hydraulique; **lap joint with double (treble) chain** —, assemblage à clin avec deux rangs de rivets en chaîne; **lap joint with single** —, assemblage à clin (recouvrement) avec rivetage simple; **machine** —, rivetage à la machine; **pan** —, rivetage à tête plate; **pneumatic** — **machine,** machine pneumatique à river; **quadruple** —, rivetage quadruple, à quatre rangs; **shell** —, rivetage du bordé extérieur (N.); **single** —, rivetage à un rang, rivetage simple; **single butt plate** —, rivetage à couvre-joint simple; **snap** —, rivetage bombé, bouterollé; **triple** —, rivetage à trois rangs, rivetage triple; **watertight** —, rivetage étanche; **zigzag** —, rivetage en quinconce; — **clamp,** pince à river; — **clamp,** pince; — **die,** bouterolle; — **for butt fastenings,** rivetage de joints, — **hammer,** rivoir, marteau à river; — **machine,** machine à river; riveuse; **three head** — **machine,** machine à river à trois têtes; — **pin,** broche d'assemblage; — **press,** presse à river à rouleaux; — **punch,** bouterolle, chasse-rivet; — **set**, bouterolle; — **tool**, bouterolle, marteau à river; — **tongs**, pinces à river.

R. M. S. Root mean square Voir **Root** (élec.); — **current**, intensité efficace (élec.); — **voltage**, tension efficace.

Road, Rade; route, ligne (de ch. de fer); **air** —, voie d'aérage (min.); **double track** —, ligne à double voie; **metalled** —, route empierrée; **narrow gauge** —, ligne à voie étroite; **single track** —, ligne à voie unique; — **bed**, assiette d'une chaussée; — **breaker**, piocheuse; — **holding**, tenue de route; — **oil**, résidus consistants; — **roller**, rouleau compresseur; — **run** or **test**, essai sur route; — **transport**, transport routier.

Roadway, Chaussée.

to Roast, Griller, ressuer.

Roaster, Machine à agglomérer; — **slag**, scorie grillée.

Roasting, Grillage, calcination; ressuage; — **bed**, lit de grillage; — **in bulk**, grillage en tas; — **kiln**, four de grillage.

Rock, Rocher, roche; **farewell** —, grès à meules; **fault** —, débris de roches provenant de la formation d'une faille; — **alun**, alun de roche; — **bit**, trépan, taillant; — **breaker**, brise-rocs, dérocheuse; — **burst**, coup de pression; — **crystal**, cristal de roche; — **crusher**, concasseur; — **drill**, perforatrice, marteau pneumatique; — **oil**, huile de pétrole; — **salt**, sel gemme; — **tar**, huile de pétrole; — **wood**, asbeste ligniforme; — **work**, rocaille.

to Rock, Osciller, balancer.

Rocker, Balancier de renvoi (ch. de fer), culbuteur, berceau; **valve** —, culbuteur; — **arm**, culbuteur; — **box**, boîtier de culbuteur.

Rocket, Fusée, roquette; **booster** —, fusée de démarrage; **ducted** —, fusée à double effet; **hydro-**gene **peroxide** —, fusée au peroxyde d'hydrogène; **liquid fuel** —, roquette à combustible liquide; **solid fuel** —, roquette à combustible solide; **one stage** or **one staged** —, fusée à un étage; **two stage** or **two staged** —, fusée à deux étages; — **launcher**, lance-fusées; — **mortar**, mortier à fusées; — **motor**, moteur-fusée; — **powered**, propulsé par réaction; — **propellant anchor**, ancre d'atterrissage à fusée; — **propelled**, propulsé par fusée; — **propulsion**, propulsion par fusée.

Rocketed, Lancé, propulsé par fusée.

Rocketry, Science des fusées.

Rockfill dam, Digue en enrochement.

Rocking, Balancement, oscillation; oscillant; — **arm**, brimbale ou bringuebale; — **furnace**, four oscillant; — **lever**, culbuteur; — **motion**, mouvement circulaire alternatif; — **shaft**, arbre oscillant.

Rod, Bielle, tige, tringle, baguette; perche (mesure); fil machine; **admission gear** —, tige d'admission; **annular** —, cercle, ceinture (béton armé); **backway** —, bielle d'excentrique pour la marche arrière; **bent up** —, barre relevée (béton armé); **bore** —, tige de sonde; **bridle** — (voir **Bridle**); **bucket** —, tige de pompe élévatoire; **carrying** —, barre de résistance (béton armé); **compression** —, barre de compression (béton armé); **connecting** —, bielle (voir **Connecting**) **corner** —, barre de gorge (béton armé); **coupling** —, bielle d'accouplement (ch. de fer); **draw** —, tige de traction; **drawing** —, tirant; **drill** —, tourniquet; **driving** —, bielle directrice; **eccentric** —, bielle, tige d'excentrique; **back up eccentric** —, arbre ou tige d'excentrique de marche arrière; **field** —, biellette de commande (mach.-outil); **fore eccentric** —, bielle d'excentrique pour la marche avant; **go ahead eccentric** —, arbre ou tige d'excentrique de marche avant; **end measuring** —s, calibre de hauteur; **extended** —, contre-tige; **feeding** —, tige pour déboucher les évents (fond.); **from** —, pris dans la barre; **gage or gauge,** —, sonde; sonde ou tige de sonde; **guard** —s, garde-corps; **guide** —s, coulisseaux, patins, glissières; **inclined** —, barre inclinée (béton armé); **index** —, tige graduée; **lightning** —, tige de paratonnerre; **main** —, bielle motrice (ch. de fer); **measuring** —, pige; **operating** —, bielle de commande; **parallel** —, bielle du parallélogramme; bielle d'accouplement (ch. de fer); **piston** —, tige du piston; **push** —, tige poussoir; **safety coupling** —, barre de sûreté d'attelage; **side** —, bielle pendante (mach. à bal.); bielle d'accouplement (ch. de fer); **sounding** —, jauge (d'huile...); **supply** —, tige du tiroir d'admission; **suspension** —, bielle de suspension; **tension** —, barre de tension (béton armé); **thrust** —, poussoir, bielle de poussée; **tie** —, tirant; **valve** — **or slide valve** —, tige de tiroir; **wire** —, fil machine; **wire** — **mill**, train machine; — **mill**, laminoir à fil machine (train-machine); — **rolling mill**, train-machine; — **of a buffer**, tige d'un tampon de choc (ch. de fer).

Roll, Rouleau, cylindre; roulis; tonneau (aviat.); rôle; laminoir; **backing up** —, cylindre support; **billet** —, cylindre ébaucheur; **blooming** —, cylindre ébaucheur; **dandy** —, cylindre égoutteur; **finishing** —, cylindre finisseur; **flick** —, tonneau rapide (aviat.); **grooved** —, cylindre cannelé; **guide** —, cylindre de guidage; **half** —, demi-tonneau; **idle** —, cylindre d'appui; **live**

roll, cylindre de travail; **pay** — rôle de paye; **plate bending** —, machine à cintrer les tôles; **preparing** —, cylindre préparateur; **reversing** —, cylindre à mouvement alternatif; **roughing down** —, cylindre dégrossisseur; — **grinding machine**, machine à rectifier les cylindres de laminoir; — **line or** — **train**, train de laminoir; — **neck**, tourillon de cylindre; — **pod**, trèfle de cylindre de laminoir; — **turning lathe**, tour à tourner les cylindres de laminoir.

to Roll, Laminer, rouler.

Rolled, Laminé; satiné; **as** —, brut de laminage; **cold** —, laminoir à froid; **hot** —, laminé à chaud; — **iron**, fer laminé; — **sheet iron**, tôle laminée.

Roller, Laminoir, galet, molette, rouleau, roulette; **back up** —, cylindre de soutien; **contact** —, galet de contact; **copying** —, galet de gabarit; **crushing** —s, rouleaux écraseurs, concasseurs; **drawing** —, cylindre étireur; **expanding** —, rouleau de tension; **feeding** —, rouleau d'entrée, hérisson (filature); **fibre** —, bobine en fibre; **finishing** —, cylindre finisseur; **friction** —, rouleau de friction; **hardened** —, galet cémenté; **plate** —s, laminoirs à tôle; **road** —, rouleau compresseur; **serrated** —, cylindre cannelé; **sheep's foot** —, rouleau pied de mouton; **slitting** —s, cylindres fendeurs; **tappet** —, galet de poussoir; — **bearing**, roulement, palier à rouleaux, à molettes; **drive** — **bearing**, rouleau d'entraînement; — **bit**, trépan; — **block**, sabot; — **brush**, brosse à galets dentés; — **cage**, couronne à rouleaux; — **chain**, chaîne à rouleaux; — **path**, chemin de roulement; — **ring**, couronne de galets.

Rolling, Laminage, dudgeonnage; cylindrage, rouletage; mandrinage; roulant (adj.); **cold** —, laminage à froid; rouletage à froid; **friction of** — or — **friction**, frottement de roulement; **grit** —, cylindrage de gravillons; **hot** —, laminage à chaud; — **in tool**, outil à rabattre par laminage; — **mill or** — **machine**, laminoir; **girder** — **mill**, laminoir à poutrelles; **rail** — **mill**, laminoir à rails; **reversing** — **mill**, laminoir à renversement de marche; **thread** — **machine**, machine à laminer les filets de vis; **three high** — **mill**, laminoirs à trois cylindres superposés; — **in**, cintrage.

Roof, Toit; **gable** —, toit à deux pentes; **overhanging** —, toit en surplomb; **shed** —, toit en appentis; **shell** —, toit en voûte — **arch**, voûte; — **of the firebox**, ciel de la boîte à feu; — **ribs or** — **stays**, armature d'un ciel de foyer; — **tubes**, tubes de ciel (d'un alambic).

Roofing, Toiture; **felt** —, carton goudronné pour toitures.

Room, Chambre, espace; **boiler** —, chambre de chauffe; **call** —, cabine téléphonique; **dark** —, chambre noire; **engine** —, chambre des machines; **fire** —, chambre de chauffe; **head** —, hauteur libre au-dessus de...; **screened** —, chambre blindée; **stock** —, magasin; **stoved** —, étuve; **tool** —, atelier d'outillage; — **acoustics**, acoustique des salles.

Root, Racine; pied, implantation, talon (d'une aube), embase; **blade** —, pied de pale d'hélice; **cubic or cube** —, racine cubique; **latent** —**s**, racines latentes (math.); **square** —, racine carrée; **wing** —, emplanture d'aile; — **angle**, angle de fond; — **mean square**, racine de la moyenne des carrés.

Rooter, Défonceuse à dents.

Roove, Contre-rivure.

Rope, Corde, cordage, câble, filin; ralingue; **aloe** —, câble en aloès; **bolt** —, ralingue; **cable laid** —, cordage commis en grelin; **coir** —, kaire, bastin; **core of the** —, âme du câble; **driving** —**s**, cordes de transmission; **fly** —, câble télédynamique; **four stranded** —, filin en quatre, cordage à quatre torons; **full lock** —, câble fermé; **half lock** —, câble semi-fermé; **hawser laid** —, cordage commis en aussière; **hemp** —, cordage en chanvre; **hide** —, corde en cuir; **hoisting** —, câble de levage; **hook** —, vérine; **left handed** — or **back laid** —, cordage commis de droite à gauche; **locked** —, câble fermé; **manilla** —, cordage en manille, filin en abaca; **mooring** —, amarre; **right handed** —, cordage commis de gauche à droite; **shroud laid** —, filin en quatre avec mèche; **spare** —, cordage de rechange; **steel** —, câble en acier; **strand of the** —, tresse du câble; **tarred** —, cordage goudronné, filin noir; **three stranded** —, filin en trois, cordage à trois torons; **tow** —, câble de remorque, remorque; **white** — or **untarred** —, filin blanc, filin non goudronné; **winding** —, câble d'extraction; **wire** —, cordage en fil de fer ou d'acier, câble métallique, aussière métallique; **steel wire** —, cordage en fil d'acier; — **driving**, transmission par câble; — **drum**, tambour à corde; — **grab**, grappin à câble; — **house**, corderie; — **joint**, attache du câble; — **maker**, cordier; — **pulley**, poulie à câble; — **way**, transporteur; **aerial** — **way**, transporteur aérien; **to splice a** —, épisser un câble; **to wind up a** —, enrouler un câble; **to unwind a** —, dérouler un câble.

Ropemaker's hitch, Nœud de cordier.

Ropery, Corderie.

Ropeway, Funiculaire; voie aérienne.

Rosary, Chapelet de noria.

Rose, Crépine; — **bit,** fraise conique, fraise angulaire; — **drill,** gouge; — **engine,** tour, machine à guillocher; — **engine tool,** guilloche; — **wood,** palissandre, bois de rose; **brazilian — wood** or **rosewood,** palissandre.

Rosin, Résine, collophane.

Rot, Carie (bois); **dry —,** carie sèche.

Rotating, Rotatif, tournant; — **compensator,** compensateur tournant; — **field,** champ tournant (élec.); — **regulator,** régulateur rotatif.

Rotation, Rotation; **hindered —,** rotation gênée; **magnetic —,** pouvoir rotatoire; **magneto-optical —,** rotation magnéto-optique; **specific —,** rotation spécifique.

Rotational, De rotation; — **isomerism,** isomérie de rotation; — **speed,** vitesse de rotation.

Rotatory (rare) or **Rotary,** Rotatif, tournant; — **capacitor,** moteur synchrone; commutatrice (élec.); — **drilling,** forage rotatif; — **engine,** machine rotative; — **field,** champ tournant; — **letterpress,** rotative typographique; — **pump,** pompe rotative; — **switch,** commutateur rotatif; — **table,** table de rotation (pétr.); — **valve,** tiroir tournant.

Rotogravure, Rotogravure.

Rotor, Rotor (turbine, élec.); **short circuit —,** rotor en court-circuit; **smooth —,** rotor lisse; **tail —,** hélice de queue (hélicoptère); **tandem — helicopter,** hélicoptère à rotors en tandem; **wound —,** rotor bobiné; — **blade,** aubage de rotor; — **disc,** roue de rotor; — **of a helicopter,** voilure tournante d'un hélicoptère; — **spacer,** entretoise de rotor; — **vane,** pale de rotor; — **winding,** enroulement, bobinage de rotor, enroulement rotorique, ensemble de plaques mobiles d'un condensateur.

Rotten, Pourri, vermoulu; — **stone,** tripoli.

Rough, Cru; — **coal,** tout-venant; — **draught,** ébauche, esquisse; — **facing,** dressage d'ébauche; — **grinding,** ébauchage, dégrossissage à la meule; — **hewing,** dégrossissage du bois de charpente; — **machined,** ébauché; — **planed,** ébauche d'ajustage; — **sketch,** ébauche; — **timber,** bois en grume.

Roughing, Dégrossissage; **pony —,** deuxième dégrossissage (laminage); **press —,** ébauchage à la presse; — **cut,** coupe brute; passe de dégrossissage; — **lathe,** tour à écroûter les ronds; — **out cut,** première passe (mach.-outil); — **pass,** passe de dégrossissage; — **planer,** machine à raboter en ébauche.

to Roughturn, Ébaucher (tour).

Roughturned, Ébauché de tour.

Round, Rond, rondelle; obus, barreau (d'échelle); bouge (de barrot, c. n.); **out of —,** hors rond, ovalisé; **out of — cylinder,** cylindre ovalisé; — **elbow,** genou arrondi; coude; — **headed,** à tête ronde.

to Round, Arrondir.

Rounding, Cordon, toron; bouge (c. n.); — **cutter,** fraise pour barreaux; — **of the beams,** bouge des baux (c. n.); — **tool,** étampe ronde (forge).

coaxial Route, Trafic sur câbles coaxiaux.

Route Via, Acheminement.

Router, Mortaiseuse.

to Rove, Boudiner (text.).

Roving, Boudinage; — **machine,** boudineuse.

Row, Rangée, étage; **velocity —,** étage de vitesses (turbine).

Royalty, Redevance, droit.

R. P., Rocket projectiles, Roquettes.

R. P. M., Revolutions per minute. Tours par minute.

Rub, Jeu (mach.); frottement entre une pièce fixe et une pièce tournante; — **plate,** plaque de garde.

to Rub, Frotter, roder.

Rubber, Carreau (grosse lime); caoutchouc; **cold —,** caoutchouc froid; **foam —,** caoutchouc mousse; **natural —,** caoutchouc naturel; **silicone —,** caoutchouc de silicone; **sponge —,** caoutchouc mousse; **synthetic —,** caoutchouc synthétique; — **belt,** courroie en caoutchouc; — **coated,** sous caoutchouc; — **seal,** joint en caoutchouc; — **solution,** dissolution de caoutchouc; — **tube,** chambre à air; — **tyre,** bandage en caoutchouc.

to Rubberise or Rubberize, Caoutchouter, enduire de caoutchouc.

Rubberised or **Rubberized,** Caoutchouté; — **fabric,** tissu caoutchouté; — **nylon,** nylon caoutchouté; — **silk,** soie caoutchoutée.

Rubbing, Frottement, friction, rodage; — **down,** décapage, ponçage; — **qualities,** qualités d'adhérence.

Rubidium, Rubidium.

Rudder, Gouvernail (N.); palonnier, gouverne, gouvernail de direction (aviat.); **balanced —,** gouvernail compensé; **bow —,** gouvernail avant; **compensated —,** gouvernail compensé; **diving —,** barre de plongée (sousmarin); **forward —,** gouvernail avant; **stern —,** gouvernail arrière; **tail —,** gouvernail arrière; **twin —s,** gouvernails jumelés; **vertical —,** gouvernail vertical, de direction; **water —,** gouvernail hydrodynamique; — **band or brace,** penture de gou-

vernail; — **bar,** palonnier du gouvernail de direction; — **control,** commande de gouvernail; — **head,** mèche du gouvernail; — **hinge,** charnière du gouvernail de direction; — **hole,** trou de jaumière; — **lever,** guignol (aviat.); — **pedals,** pédales du palonnier.

Rugged, Compact, solide.

Rugometer, Rugomètre.

Ruhmkorff coil, Bobine de Ruhmkorff.

Rule, Règle; **caliber —,** verge de calibre; **calculating —,** règle à calcul; **cumulative —,** règle de cumul. **slide —,** règle à calcul; — **of three,** règle de trois; — **of thumb,** empirique.

Ruler, Règle; **analising —,** règle d'analyse.

to Rumble, Remettre les gaz.

Rumpf, Noyau.

Run, Jet, cycle de marche; roulage, course; **clear —,** trajet à l'atterrissage; **impulsion —,** marche en impulsion (élec.); **lingot —,** expédition des lingots; **road —,** essai sur route; **take off —,** distance de décollage; **trial —,** essai (d'une automobile); — **down,** déchargée (batterie); — **off,** débit; — **out,** atterrissage.

to Run down, Se désamorcer (dynamo).

to Run in, Roder (un moteur).

to Run up, Accélérer (un moteur).

Runabout, Voiture légère.

Rung, Varangue (c. n.); échelon (d'échelle); — **head,** fleur (sommet de varangue) (c. n.).

Runner, Conduit, nœud coulant, itague (de palan); jet, saumon, masselotte (fond.); canal de coulée (fond.); rigole; meule de dessus, meule courante; roue mobile de turbine hydraulique; **edge —,** meule courante; meule verticale; broyeur à meules; **high head —,** roue type haute chute; **Kaplan —,** roue Kaplan;

longitudinal —, longeron; **low head** —, roue type basse chute; **nut** —, boulonneuse; **Pelton** —, roue Pelton; **propeller turbine** —, roue type hélice; **thrust bearing** —, glace de pivoterie (élec.); — **boss**, moyeu de roue; — **face**, glace (mach.).

Running, Marche; **fast** —, à grande vitesse; **idle** —, marche à vide; **parallel** —, marche en parallèle; **slow** —, ralenti; à faible vitesse; **while** —, en marche; — **account**, compte courant; — **board**, marchepied; —— **costs**, frais d'exploitation; —— **idle**, marche à vide (mach.-outil); — **in**, rodage (d'un moteur); — **off or out**, coulée (fond.); — **order**, ordre de marche; —— **out of true**, ovalisation.

Runway, Voie suspendue; piste (aviat.); **active** —, piste en service; **bitumen** —, piste en bitume; **concrete** —, piste bétonnée; **tangential** —, piste tangentielle; — **central line**, axe central de la piste; — **chart**, carte de piste; — **girder**, poutre de roulement; — **lights**, feux de piste.

Rupining, Rupinisation.

Ruptor, Rupteur.

Rupture, Rupture; **high** — **capacity**, haut pouvoir de rupture; — **diaphragm**, clapet de sécurité; — **strength**, résistance de rupture; — **stress**, tension de rupture.

Rupturing, Rupture; **arc** —, rupture d'arc; **arc** — **capacity**, capacité de rupture d'arc.

Rural, Rural; — **line**, ligne rurale (élec.); — **load**, charge rurale.

Rush, Jet (de vapeur); — **of current**, accélération brusque ou soubresaut du courant.

Rust, Rouille; mastic de fer; **copper** —, matte de cuivre; — **cap**, capsule de rouille; — **cement**, mastic antirouille; — **eaten**, mangé par la rouille; — **joint**, joint à la rouille; — **preventive or preventative** —, antirouille.

to Rust, Se rouiller.

Rusted, Rouillé.

Rut, Grippure (mach.).

to Rut, Gripper.

Ruthenium, Ruthénium.

Rutile, Rutile, bioxyde de titane; — **electrode**, électrode en rutile.

S

Sabien, Sabien (bois).

Sabin, Unité d'absorption.

Sabot, Sabot (de projectile).

Sabotage, Sabotage.

Sack, Sac; 1 sack = 109,043 l.

Saddle, Selle, chariot, semelle (mach.-outil)); **boring** —, chariot d'alésage; **expansion** —, chariot de dilatation; **main** — **of carriage,** chariot longitudinal; **sliding** —, traînard; **tool** —, chariot porte-outil; **turret** —, chariot.

S. A. E. Nᵒ, Society of Automotive Engineers Viscosity Number.

Safe, Sans danger.

Safe plate, Tôle de coffre-fort.

Safetied, Protégé contre les fausses manœuvres.

Safety, Sûreté, sécurité; **built in** —, sécurité automatique; **flight** —, sécurité aérienne; — **belt,** ceinture de sécurité; — **catch,** cran de sûreté; — **cook,** robinet de sûreté; — **device,** dispositif de sûreté; — **dog,** butée de sûreté; — **factor,** coefficient de sécurité; — **fuse,** plomb fusible; — **glass,** verre de sécurité; — **harness,** harnais de sécurité; — **latch,** verrou de sûreté; — **margin,** marge de sécurité; — **pin,** goupille de sécurité; — **plug,** bouchon, rondelle fusible (chaud.); — **sear,** linguet de sûreté; — **stop,** butée de sécurité; — **tap,** robinet de sûreté; — **transformer,** transformateur de sécurité; — **valve,** soupape de sûreté.

to Safety, Munir d'une sécurité, protéger contre les fausses manœuvres.

Sag, Chaînette (courbe géométrique); flèche; — **of the line,** flèche de la ligne.

to Sag, Avoir du contre-arc (courbure, cassure du N.); donner du contre-arc à (N.); faire flèche, prendre.

to be Sagged, Avoir du contre-arc.

Sagging, Détermination de la flèche; contre-arc (N.); — **strain,** effort du contre-arc.

Sail, Voile (N.); — **area,** surface de voilure; — **cloth,** toile à voiles; — **maker,** voilier (ouvrier).

to Sail, Partir (voiliers et vapeurs).

Sailing permit, Permis de circulation.

Saint Andrew's Cross, Croix de Saint-André.

Sal ammoniac, Chlorure d'ammonium.

Salary, Appointements, émoluments, traitement (pluriel **Salaries**).

Sale, Vente.

Salesman, Représentant; vendeur; agent.

Salient, Saillant; — **pole,** pôle saillant; — **pole alternator,** alternateur à pôles saillants.

Saline, Salin; — **deposit,** dépôt salin.

Saloon, Conduite intérieure.

Salt, Sel; sel marin; diuretic —, acétate de potasse; **Epsom** —, sulfate de magnésie; **Glauber's** —, sel de Glauber; **lead** —, sel de plomb; **mineral** —, sel minéral; **neutral** —, sel neutre; **paramagnetic** —, sel paramagnétique; **quaternary** —, sel quaternaire; **Rochelle** —, sel Rochelle; **soluble** —, sel soluble; **sorrel** —, sel d'oseille; — **bath**, bain de sel; — **flux**, fondant salin; — **gauge**, pèse-sel; — **marsh**, marais salant; — **mine**, mine de sel; — **pan** or **pit** or **works**, saline; — **solution**, solution saline; — **spray**, brouillard salin.

Salt, Salé; — **water**, eau de mer.

to **Salt**, Truquer (une mine, un échantillon).

Saltness, Salure (quantité de sel).

Saltpeter, Salpêtre, sel de nitre.

Saltpeter works, Salpêtrière.

Salvage, Sauvetage (matériel, marchandises); renflouage; indemnité de sauvetage; — **agreement**, contrat de sauvetage; — **association**, sociétés de sauvetage; — **plant**, matériel, installation de renflouage; — **vessel**, navire de sauvetage.

to **Salve**, Sauver; goudronner graisser.

Salvo, Salve.

Samarium, Samarium.

Sample, Échantillon; **all level** or **average** —, échantillon moyen; **check** —, échantillon témoin;

Sampleman, Échantillonneur.

Sampler, Appareil d'échantillonnage.

Sampling, Échantillonnage; détermination; prise d'échantillon; **coal** —, échantillonnage du charbon; — **probe**, sonde de prise d'échantillon.

Sand, Sable; **artificial** —, sable de laitier; **concrete** —, sable à béton; **facing** —, sable fin de moulage; **foundry** —, sable de fonderie; **gold** —, sable aurifère; **green** —, sable vert (fond.); **loam** —, sable argileux; **sea** —, sable de mer; **silica** —, sable siliceux; — **bag**, sac de lest; — **belt**, courroie à poncer; — **blast machine**, appareil à jet de sable; — **blasted**,

décapé au sable; — **blasting**, décapage au sable; — **blower**, sablier; — **box**, sablière (de locomotive); — **casting**, moulage en sable; — **glass**, sablier; — **hole**, trou de sable; — **line**, câble de curage (pétr.); **dry** — **moulding**, moulage en sable sec; **green** — **moulding**, moulage en sable vert; **open** — **moulding**, moulage à découvert (fond.); — **paper**, papier de verre; — **pit**, sablonnière; — **slinger**, machine à projeter le sable; — **spraying machine**, sableuse; — **spun**, centrifugé en sable; — **stone**, grès (voir **Sandstone**).

to **Sand**, Sabler.

Sandal wood, Bois de santal.

Sandarach, Sandaraque.

Sandblasted, Passé au jet de sable.

Sandblasting, Décapage.

Sanded, Sablé, cendré.

Sander, Sablier; outil à poncer; — **belt**, bande de ponçage; — **disc**, disque de ponçage.

Sanding, Sablage.

to **Sand paper**, Passer au papier verre.

Sandpapering, Ponçage au papier verre.

Sandslinger, Voir **Sand**.

Sandstone, Grès; **carboniferian** — or **coal** —, grès houiller; **upper red** —, grès bigarré supérieur.

Sandy, Sablonneux.

Sanguine, Sanguine (couleur).

Sap, Sève; — **stream process**, procédé de traitement en vert.

Sap or **sapwood**, Aubier.

Sapless, Sans sève, desséché.

Sapling, Jeune arbre.

to **Saponificate**, Saponifier.

Saponification, Saponification;— **number**, indice de saponification d'une huile (nombre de milligrammes de potasse pour saponifier 1 g de cette huile).

to Saponify, Saponifier.

Sapphire, Saphir.

Sapwood, Aubier.

Sash, Ceinture; châssis (de fenêtre); — **frame**, châssis dormant; — **window**, châssis à guillotine.

Satin finish, Poli satiné.

Satin wood, Bois satiné.

Saturable, Saturable; — **core**, noyau saturable; — **reactor**, réacteur saturable.

Saturant, Produit d'imprégnation.

to Saturate, Saturer.

Saturated, Saturé; — **steam**, vapeur saturée.

self-Saturating, Auto-saturant.

Saturation, Saturation; **adiabatic** —, saturation adiabatique; **magnetic** —, saturation magnétique; **partial** —, saturation partielle; **self** —, autosaturation; **temperature** —, saturation du filament; — **current**, courant de saturation; — **curve**, courbe de saturation; — **pressure**, pression de saturation; — **value**, valeur de saturation.

Saturator, Saturateur.

Saucer, Godet à couleur (dessin), soucoupe.

Save-all, Auge, bassin à huile (mach.).

Savings, Épargne, économies; réduction de dépenses; — **bank**, caisse d'épargne.

Saw, Scie; **annular** —, scie à ruban, scie cylindrique; **arm** —, scie à main; **back** —, scie à dossière, scie renforcée; **band** —, scie à ruban; **band** — **mill**, scierie à lame sans fin; **belt** —, scie à ruban; **bow** —, scie à arc, scie à chantourner; **broken space** —, scie égoïne ; **chain** —,

scie à dents articulées; **chair** —, scie à chantourner; **chest** —, scie à manche; **circular** —, scie circulaire; **bevelled circular** —, scie circulaire en biseau; **circular** — **mill**, scierie à lame circulaire; **compass** —, scie à couteau, d'entrée, à guichet, à voleur; scie passe-partout; **cross cut** —, scie à tronçonner, scie de long, scie de travers; **crown** —, scie circulaire, scie annulaire; **cutting out** —, scie à débiter; **disc** —, scie circulaire; **dovetail** —, scie pour couper les queues d'aronde; **drag** —, scie de long; **drum** —, scie cylindrique; **edge** —, scie à écorner; **endless** —, scie à ruban, scie sans fin; **fine hand** —, égoïne ; **foot** —, scie à pédale; **frame** —, scie à monture; **framed** —, scie à châssis; **fret** —, scierie alternative verticale; **friction disc** —, scie à disque de friction; **german hand** —, scie à main montée; **hack** —, scie alternative à métaux; **hand** —, scie à main; **hinge** —, scie à charnière; **inlaying** —, scie à chantourner; **jig** —, scie alternative verticale; **keyhole** —, scie à guichet, scie à voleur; **little span** —, scie à tenon; **lock** —, scie à guichet, à voleur; **log frame** —, scie à grumes à cadre; **long** —, scie de long; **metal** —, scie à métaux; **metal cutting** —, scie à métaux; **mill** —, scie mécanique; **multiple** —, scie à plusieurs lames; **pad** —, scie égohine, scie à main; **pendulum** —, scie à pendule; **piercing** —, scie à découper, à chantourner; **pit** —, scie à refendre, harpon; **pit frame** —, scie à refendre; **power** —, scie mécanique; **rack circular** —, scie circulaire à chariot mû par crémaillère; **ribbon** —, scie à ruban; **rip** —, scie de long, scie à refendre; **ripping** —, scie à refendre; **slitting** —, scie à refendre; **strap** —, scie à ruban; **studs** —, scie à poteaux, scie à débiter; **sweep** —, scie à chantourner, à échancrer; **swing cross-cut** —, scie à balancier pour tronçonner; **tenon** —, scie à araser; **turn** —, scie à débiter; **turning** —, scie à chantourner; **two handed** —, scie de long; **veneering** —, scie de placage; **whip** —, scie de long; — **blade**, lame de scie; — **block**, bloc de sciage, doubleau; — **carriage**, chariot porte-scie; — **cut**, trait de scie; — **dust**, sciure de bois; — **engine**, scie mécanique; — **file**, tiers-point; — **frame**, châssis de scie; — **guard**, appareil protecteur de scie; — **like**, dentelé; — **log** (voir **saw block**); — **mill**, scierie mécanique; **gang** — **mill**, scierie verticale alternative; — **mill with rollers**, scierie à cylindres, scie mécanique; — **notch**, trait de scie; — **pit frames**, chevalets de scieurs de long; — **set**, fer à contourner, tourne-à-gauche; — **set**, appareil à donner de la voie; — **sharpener**, meule pour l'affûtage des scies; — **sharpening machine**, machine à affûter les scies; — **tooth**, dent de scie; — **yard**, scierie.

to **Saw**, Scier; to — **out**, débiter le bois; to — **round**, chantourner; to — **up**, débiter.

Sawing, Sciage; **cross** —, sciage en travers; **quarter** —, sciage sur quartier, sciage sur mailles; — **machine**, machine à scier, scie mécanique; — **and cutting machine**, machine à scier et à tronçonner; **cold** — **machine**, scie à froid; **fret** — **machine**, sauteuse; **hot** — **machine**, scie à chaud.

Sawyer, Scieur de long.

Scaffold, Échafaud; engorgement, dépôt (h. f.).

Scaffolding, Échafaudage. **tubular** —, échafaudage tubulaire.

Scalar, Scalaire; — **field**, champ scalaire; — **function**, fonction scalaire; — **meson**, méson scalaire; — **quantity**, quantité scalaire.

to **Scald**, Échauder.

Scale, Échelle, graduation; écaille, battiture; dépôt, tartre, incrustation (chaud.); hausse (canon); gamme; **Beaufort's** —, échelle de Beaufort; **calipers** —, pied à coulisse; **crude** —, paraffine brute en écailles; **deposit of** —, entartrage; **double** —, à deux échelles, à deux graduations (voltmètre); **forge** —s, écailles, oxydes, battiture; **graduated** —, échelle graduée; **iron** —, battiture de fer; **meter** —, échelle métrique; **micrometric** —, échelle, graduation micrométrique; **mill** —s, écailles de laminage; **on a reduced** —, à échelle réduite; **small** —, petite échelle, échelle réduite; — **breaker**, briseur d'oxyde; — **destroying**, désincrustant, détartreur; **50 000** — **map**, carte au 1/50 000; — **model**, modèle à l'échelle; — **of a balance**, plateau d'une balance; — **of boilers**, incrustation, tartre des chaudières; — **of copper**, écaille, oxyde de cuivre; —s **of metal**, battitures, écaille de métal; — **of reduction**, échelle de réduction; — **preventing**, anti-incrustant, désincrustant (chaud.); — **wax**, écailles de paraffine; to **draw to** —, dessiner à l'échelle.

to **Scale**, Piquer (désincruster une chaudière); détartrer; décaper; flamber (un canon).

Scaler, Échelle; **automatic** —, échelle automatique; **decade** —, échelle à décade.

Scales, Battitures.

Scaling, Piquage; détartrage; chute de matière active (accus); comptage électronique de pulsations; — **furnace**, four à décaper, four à réduction; — **hammer**, picoche; — **machine**, machine à décalaminer; — **oven**,

four à décaper; **boilers —
appliances,** désincrustants pour
chaudières; **log —,** cubage des
grumes.

Scandium, Scandium.

Scanner, Dispositif de balayage
(télévision); détecteur; **radar —,**
sondeur radar;

Scanning, Balayage; exploration;
electronical —, balayage électronique; **mechanical —,** balayage mécanique; **rapid —,**
exploration rapide; **rectilinear
—,** balayage rectilinéaire; **—
disc,** disque de balayage; **—
head,** tête de balayage; **automatic — photometer,** photomètre à exploration automatique; **— speed,** vitesse de
balayage (télévision).

Scantling, Échantillon (construction); équarrissage (pièce de
bois); volige, latte; **full —,** à
échantillons non allégés.

Scarf, Écharpe; écart (charp.);
amorce (forge); recouvrement;
bird mouth —, écart double;
dice —, écart double, écart
flamand; **engaging —,** adent
d'embrayage; **joggled and wedged —,** trait de Jupiter (charp.);
plain —, écart simple; **skew —,**
assemblage à sifflet; **— with
indents,** assemblage en adent.

to Scarf, Assembler à mi-bois,
abouter, enter, écarver; amorcer
(forge).

Scarfing, Assemblage à mi-bois;
aboutement; encastrement; é-
cart; décriquage; écroûtage; **—
joint,** assemblage en sifflet.

Scarificator, Scarificateur.

Scarifier, Piocheuse.

to Scarify, Défoncer.

Scarifying machine, Piocheuse
défonceuse.

Scatter band, Plage d'étalement.

Scattering, Diffusion, dispersion;
back —, diffusion arrière; **elastic
—,** diffusion élastique; **inelastic
—,** diffusion inélastique; **iso-**

tropic —, diffusion isotropique;
light —, diffusion de la lumière;
weed —, grille (hydr.); **wind
—,** pare-brise (auto); **fine wire
—,** écran à mailles fines; **—
grid,** grille-écran (T. S. F.) **—
pipe,** tube-filtre; **— valve,** lampe-
écran.

to Scavenge, Balayer (Diesel).

Scavenger, De balayage (Diesel);
produit d'épuration; **— air,** air
de balayage; **— housing,** collecteur de balayage; **— valve,**
soupape de balayage.

Scavenging, Balayage, de balayage, évacuation; **— air,** air
de balayage; **— blower,** soufflante de balayage; **— engine,**
moteur de balayage; **— pump,**
pompe de balayage; **— valve,**
soupape de balayage.

S. c. c. wire, Fil à simple couche
de coton.

S. c. e. wire, Fil à simple couche
de coton sur émail.

Schedule, Inventaire, bilan; barème, horaire.

Scheelite, Tungstate de calcium.

Schematic, Schématique.

Scheme, Devis, projet, plan.

Schist, Schiste.

Schock, Choc; **— absorber,** amortisseur.

Schooner, Goélette (N.).

Schorl, Tourmaline.

Scintillation, Scintillation, scintillement; **— counter,** compteur
à scintillations.

Scintillator, Cristal à scintillation.

Scissors, Ciseaux.

S. c. p., Spherical candle power.

Scleroscope, Scléroscope.

Scoop, Écope; buse; godet râcleur, auget; cuiller (pour draguer); **air —,** prise d'air, déflecteur, manche à air; **dutch —,**

pelle à irrigation; **founder's** —, puisoir; **skimmer** —, godet de niveleuse; **water** —s, machine d'épuisement d'eau.

Scooping machine, Machine à puiser l'eau.

Scope, Rayon; mortaise, entaille, portée, rayon d'action; écran (du radar); abréviation pour **Periscope.**

Score, Gorge (en creux); engoujure, encoche, gorge (de poulie); trait; — **of a cock,** repère d'un robinet.

to Score, Entailler, érafler, gripper.

Scored, Tracé, marqué, rayé (cylindre).

Scoria, Scorie.

Scorifier, Scorificateur.

Scoring, Grippage; sonorisation.

Scot, Cale, arrêt.

Scotch, Enrayage; **brake** —, barre d'enrayage.

Scotcher, Cale d'enrayage.

Scotopic, Scotopique; — **visibility,** visibilité scotopique.

Scott's transformer, Transformateur Scott.

to Scour, Nettoyer; décaper (métaux).

Scoured, Nettoyé, décapé.

Scouring, Décapage, nettoyage; lavage, balayage; **gas** —, balayage des gaz; **piece** —, dégraissage en pièce (textile); **wool** —, lavage de la laine.

Scout, Croiseur éclaireur (N.).

Scaw, Chaland, gabarre.

S. C. R. (Short circuit ratio), Rapport de court-circuit (élec.).

Scrap, Fragment, petit morceau; **cast** —, crasses de fonte; — **end,** chute; — **iron,** ferraille, riblons de fer; — **metal,** riblons,

mitraille, chute; —**s process,** procédé aux riblons (mét.); **to place on the** — **heap,** envoyer à la ferraille, mettre à la ferraille.

to Scrape, Nettoyer, gratter, racler; démolir; — **a bearing,** ajuster un coussinet.

Scraped, Gratté, raclé.

Scraper, Grattoir, excavateur, racloir, décapeuse, niveleuse, scraper; curette, gratte, dent racleuse (scie); benne racleuse; **ash** —, ringard; **cable drive** —, scraper à commande par câble; **chain** —, grattoir à chaînes (chaud.); **motor** —, tracteur avec scraper; **rotary** —, scraper rotatif; **wagon** —, scraper à remorque; — **ring,** segment racleur.

Scraping, Grattage, râclage.

Scrapped, En démolition.

Scratch, Rayure; **needle** —, bruit d'aiguille; — **hardness,** dureté à la rayure; — **line,** ligne de rayure; — **suppressor,** suppresseur de bruits d'aiguille.

Screen, Écran, grille; filtre, crible, tamis, pare-brise; — **air inlet** —, grille d'entrée d'air; **Faraday** —, écran de Faraday; **fire** —, cloison pare-feu, contre-feu; **fluorescent** —, écran fluorescent; **fluoroscopic** —, écran fluoroscopique; **graduated** —, écran dégradé; **grid** —, à écran de grille; **hatchway** —, toile de panneau; **jigging** —, crible à secousses; **luminescent** —, écran luminescent; **oil** —, filtre d'huile; **projection** —, écran de projection; **radar** —, écran du radar; **revolving** —, trommel cribleur, crible rotatif; **television** —, écran de télévision; **graded tone** —, écran dégradé; **vibrating** —, tamis à secousses; **water** —, écran d'eau; **water** —, joint hydraulique; — **groove,** gorge d'étanchéité.

Screened, Criblé; sous-écran, blindé, à écran, à gaine; **metallic — cable**, câble, câble à gaine métallique; **— coals**, charbons criblés; **— room**, chambre blindée.

Screening, Criblage; effet d'écran; **— plant**, installation de criblage; crible mécanique.

Screw, Vis; hélice (N.); **adjusting —**, vis de réglage, vis de rappel, vis de pression, vis de butée; **air —**, hélice aérienne; **Archimede's —**, vis d'Archimède; **Archimede's water —**, vis hydraulique d'Archimède; **attachment —**, vis d'arrêt; **balance —**, vis d'équilibrage; **bench —**, presse d'établi; **bevel headed —**, vis à tête fraisée; **binding —**, vis de pression, serre-fil, borne (pile, etc.); **two, three, four bladed —**, hélice à deux, trois, quatre ailes; **blank part of a —**, partie non taraudée d'une vis; **breech —**, vis culasse (art.); **button headed —**, vis à tête fraisée; **cap —**, vis à tête; boulon de chapeau; chapeau fileté, chapeau de fermeture (tuyau); **check —**, vis régulatrice (brûleur à gaz); **clamping —**, vis d'attache, vis d'arrêt, vis de serrage; **closing —**, vis de fermeture; **coach —**, tirefond; **comb —**, vis à peigne; **concrete —**, vis de scellement; **cornice —**, vis à cannelure; **countersunk head —**, vis à tête fraisée; **coupling —**, tendeur, raccord à vis; **delivery —**, vis de décharge; **differential —**, vis différentielle; **discharge —**, vis de décharge; **double threaded —**, vis à double filet; **ear —**, vis à anse; **elevating —**, vis de pointage (art.); **endless —**, vis sans fin; **Ericsson's —**, tourbillon; **eye —**, anneau à vis, piton à tige taraudée; **feed —**, vis de commande de l'avance (tour); **female —**, écrou; **fitting —**, vis de fermeture; **fixing —**, vis de fixation; **flat headed —**, vis à tête plate; **flat threaded**

—, vis à filets carrés; grub —, vis sans tête; **focussing —**, vis de mise au point (photo.); **foot —**, vis calante; **hand —**, cric simple, vérin; **hinged — stock**, filière à charnière; **hollow —**, écrou, vis creuse; **joint —**, raccord à vis; **lead —**, vis régulatrice, vis mère; **metric lead —** vis mère métrique; **leading —**, vis mère (tour); **left handed —**, vis à pas à gauche; **levelling —**, vis calante; **loose —**, hélice folle, désembrayée (N.); **locking —**, vis de serrage; **male —**, peigne mâle, taraud; **metering —**, vis de réglage, vis de mesure; **micrometer —**, vis micrométrique; **micrometer — actuated**, commandé par vis micrométrique; **multiplex thread —**, vis à plusieurs filets; **perpetual —**, vis sans fin; **pinching —**, vis de pression; **platinum tipped —s**, vis platinées (auto); **point — valve**, robinet à vis à pointeau; **pressing —**, vis de pression; **pressure regulating —**, vis régulatrice de pression; **regulating —**, vis de rappel; **regulator —**, vis régulatrice (tour) (voir **Lathe**); **right handed —**, vis filetée à droite; **round headed —**, vis à tête ronde; **set —**, vis de pression, vis d'arrêt; **sharp —**, vis à filet triangulaire; **single threaded —**, vis à filet simple; **spring —**, vis à ressort, à tête fendue; **square threaded —**, vis à filets carrés; **straining —**, tendeur à vis; **sunk —**, vis noyée, à tête fraisée; **tangent —**, vis micrométrique; **telescopic —**, vis stélecopique; **three bladed —**, hélice à trois ailes; **thumb —**, écrou à oreilles; vis de pression; **triple thread (ed) —**, vis à trois filets; **two bladed —**, hélice à deux ailes; **water —**, vis hydraulique; **wood —**, vis à bois; **— and wheel**, engrenage à vis sans fin; **— aperture**, cage d'hélice; **— auger**, tarière à filet, à vis; **single lipped — auger**, tarière à filet simple; **—**

blade, aile d'hélice; — **block,** support à vis; — **boss,** moyeu de l'hélice (N.); — **box,** douille taraudée; — **brake nut,** embrayage à écrou des cônes de friction; — **caliper,** jauge à vis; — **cap,** bouchon à vis; — **chain,** ridoir; — **cheek,** presse (d'établi); — **chuck,** mandrin à vis; — **clamp,** serre-joints; — **conveyor,** vis d'Archimède (transporteur); — **coupling,** accouplement, joint à vis; — **coupling box,** manchon à vis; — **cutting,** filetage, taraudage, décolletage; — **cutting lathe,** tour à fileter; — **cutting machine,** machine à fileter les vis, à tarauder les écrous; — **cutting saddle** or **slide,** chariot de filetage; — **cutting tool,** peigne; **inside** or **internal** — **cutting tool,** peigne femelle; **outside** or **external** — **cutting tool,** peigne mâle; — **dies,** coussinets d'une filière; — **dolly,** turc ou turk, vérin de rivetage; — **down valve,** robinet-vanne; — **drill,** foret à vis; — **drive,** commande par crémaillère à denture hélicoïdale; — **driver,** tournevis, visseuse; — **fan,** ventilateur centrifuge; — **flange coupling,** joint à brides et boulons; — **gauge,** calibre pour vis; — **gearing,** engrenage à vis; — **head,** tête d'une vis; — **jack,** vérin; — **joint,** joint à vis; — **key,** clef simple, à écrous, de serrage, à vis; — **lag,** tirefonds; — **lever,** vérin, levier à vis; — **nail,** vis à bois; — **nut,** écrou taraudé à l'intérieur et à l'extérieur; — **passage,** tunnel de l'arbre porte-hélice (N.); — **pin,** cheville à vis; — **pipe coupling,** assemblage à vis de tuyaux; — **pitch gauge,** jauge pour pas de vis; — **plate,** filière simple, à vis; — **plug,** tampon taraudé, bouchon fileté; — **point chuck,** mandrin à visser; — **prop,** étançon à vis; — **propeller with two blades,** hélice propulsive à deux ailes; — **press,** presse à vis; balancier

à vis; — **pump** pompe à vis: — **ring,** piston à vis; — **shaped,** hélicoïdal, hélicoïde; — **socket,** douille Edison; — **spanner,** clef anglaise; — **spike,** tire-fond; — **spur wheel,** engrenage droit hélicoïdal; — **stock,** filière brisée à coussinets mobiles; — **tap,** tourne à gauche; — **tapped,** taraudé; — **terminal,** borne à vis (élec.); — **thread,** filet de vis, pas de vis; — **thread gauge,** calibre de filetage; — **tool,** peigne; **inside** — **tool,** peigne femelle; — **with a triangular thread** —, vis à filet triangulaire; — **with a square thread,** vis à filet carré; — **worm,** filet de vis; — **wrench,** clef à écrou; **universal** — **wrench,** clef universelle; **to burr up a** —, mâcher, abîmer les filets d'une vis; **to loosen a** —, desserrer une vis; **to cut** —**s with a chaser,** fileter au tour; **to cut** —**s by hand,** tarauder à la volée; **to cut** —**s with a die,** tarauder à la filière.

to Screw, Visser; **to screw down, in, up,** serrer en vissant; **to screw off,** dévisser, desserrer.

to Screw-cut, Tarauder.

Screw cutting, Décolletage; à tarauder (voir **Screw**); — **machine,** machine à tarauder.

Screwdriver, Tournevis.

Screwed, A vis, vissé, taraudé, fileté; — **cap,** écrou à chapeau; — **ends,** extrémités taraudées, filetées; — **home,** vissé à fond; — **tight,** serré à bloc.

Screwing, Vissage, taraudage, filetage; — **chuck,** cage de filière; **rotary** — **chuck,** filière rotative; — **machine,** machine à tarauder; — **table,** filière simple; — **tackle,** appareil de vissage; **comb** — **tool,** peigne à fileter.

Scribe, Pointe à tracer.

to Scribe, Tracer (sur bois, sur métal); trusquiner (menuisiers).

Scriber, Pointe à tracer; trusquin (de menuisiers).

Scribing block, Trusquin; **scribing compass**, compas à verge; **scribing iron**, pointe à tracer.

Scrivener, Courtier.

Scroll, Spirale, volute; — **case**, volute spirale; — **chuck**, mandrin à spirale.

to Scrubb, Frotter, nettoyer, laver, polir.

Scrubber, Épurateur, laveur, éliminateur d'eau; **air** —, épurateur d'air; **gas** —, épurateur de gaz; — **plate**, chicane de nettoyage ou d'humidification d'air.

Scuff or **Scuffing**, Frottement, friction.

Scum or **skin**, Écume, crasse (d'un métal en fusion).

Scupper, Dalot (N.); — **hole**, dalot; — **leather**, maugère.

to Scutch, Épurer (corderie).

Scutching, Épuration.

Scuttle, Seau (à charbon); — **dash**, tôle de tablier; **clinker** —, seau à escarbilles; **coal** —, seau à charbon, benne, bac.

Scuttle, Hublot; écoutillon (petit panneau) (N.); **air** —, hublot d'aération.

S. E. No, Emulsion number (voir **Emulsion**).

Sea, Mer; — **line**, canalisation immergée; — **speed**, vitesse de route.

Seagoing, De mer, de haute mer; — **ship**, long courrier.

Seal, Joint d'étanchéité, obturation, scellement; **air** —, joint d'étanchéité; **bearing** —, joint de palier; **glass** —, scellement en verre; **labyrinth** —, joint labyrinthe, joint à chicanes; **plastic** —, joint plastique; **rotating** or **rotary** —, joint d'étanchéité tournant; **sliding** —, joint d'étanchéité coulissant; **vapor** —, enduit étanche aux gaz; **neutron** —, diffusion des neutrons; — **factor**, facteur de dispersion.

to Seal, Obturer, rendre étanche, fermer, sceller.

Sealed, Étanche, scellé; obturé; **tightly** —, fermé hermétiquement; — **cell**, élément fermé (élec.); — **ignitron**, ignitron scellé.

Sealing, Plombage; obturation; fermeture; scellement; étanchéité; **self** —, auto-étanche; — **box**, boîte de jonction; — **compound**, compound pour joints; — **liquid**, liquide de remplissage.

Seam, Couture, cordon (de soudure); veine, couche (mines); **angle** —, assemblage à tôle emboutie; **coal** —, couche de houille; **edge** —, dressant droit, pendage vertical; **flanged** —, collerette de jonction, couture rabattue; **gastight** —, joint étanche; **lapped** —, couture à clin; **longitudinal** —, couture en long; **transversal** —, couture en travers; **weld** —, cordon de soudure; — **rending** or **rip**, déchirure de la couture; — **welding**, soudage à la molette, soudage continu.

Seamless, Sans couture, sans soudure; — **drawn**, étiré sans soudure; — **tube**, tube sans couture, sans soudure.

Seaplane, Hydravion; porteur; **float** —, hydravion à flotteurs; **flying** —, hydravion à coque; **twin flying** —, hydravion à double coque.

to Sear, Flamber.

Searchlight, Projecteur.

to Season, Sécher, préparer le bois.

Season cracking, Fissuration de durée (fissures se produisant avec le temps, principalement dans le laiton).

Seasoned, Séché (bois).

Seasoning, Séchage (du bois); vieillissement (stabilisation artificielle); **air** —, séchage naturel.

Seat, Siège d'un clapet, d'une soupape; sellette; surface d'appui ou de contact; **armoured** —, siège blindé; **back** —, siège arrière; **backward facing** —, siège orienté vers l'arrière; **bevel or conical** —, siège conique; **cannon** —, siège éjectable (aviat.); **clack** —, siège de clapet; **ejectable** —, siège éjectable; **ejection** —, siège éjectable; **flap** —, strapontin; **front** —, siège avant; **key** —, siège d'une clavette, mortaise; **single** —, monoplace; **two** —, biplace; **valve** —, siège de soupape.

to Seat, Sertir, s'appliquer sur son siège (soupape).

double Seated, A double siège (soupape).

single Seated, A un seul siège, monoplace.

two Seater, A deux sièges, biplace, à deux places (voiture).

Seating, Siège d'une soupape; piètement, collerette, point d'attache, sertissage; **boiler** —, bride d'attache de tuyau; **key machine,** machine à rainure; — **space,** emplacement des sièges (aéro.).

Seaworthy, Tenant bien la mer.

Sec, Second; sécant.

Secant, Sécante (trigonométrie).

Secohm, Équivalent du henry (élec.).

Second, Seconde; **centesimal** —, voir **Centesimal;** — **hand,** d'occasion; — **speed pinion,** pignon de deuxième vitesse.

Secondary, Secondaire (élec.); secondaire, de moyen calibre (art. N.); — **battery,** accumulateur; — **circuit,** circuit secondaire; — **current,** courant secondaire; — **discharge,** décharge secondaire (élec.); — **dynamo,** dynamo secondaire; — **reactions,** réactions secondaires (élec.); — **shaft,** arbre secondaire; — **winding,** enroulement secondaire.

Section, Section, profil, coupe, profilé; **aft** —, section arrière; **angular** —s, cornières et profilés; **blade** —, profil d'aube; **brass** —, profilé en bronze; **center** —, section centrale; **cross** —, coupe transversale; **inner** —, section sur membre (c. n.); **laminar flow** —, profil aminaire (aviat.); **longitudinal** —, coupe longitudinale; **outer** —, section hors bordé (c. n.); **pipe** —, virole, élément de conduite; **T** —, fer à T; **tooth** —, section transversale de dent (élec.); **wing** —, profil d'aile.

Sectional, Sectionnel, d'intérêt local.

Sectionaliser, Sectionneur.

Sectionalizing point, Point de sectionnement.

to Sectionalyse or **sectionalise,** Sectionner.

Sector, Secteur; **graduated** —, secteur gradué; **solid** —, secteur plein; — **gate,** vanne-segment; — **gate with flap,** vanne-segment à volet; — **gate with float,** vanne-segment à flotteur.

Sectoral, En forme de secteur.

Secular equation, Équation séculaire.

to Secure, Amarrer; saisir (une ancre).

Security, Sécurité; caution, garantie; titre; **custom** —, caution en douane; — **bolt,** boulon de sécurité; — **plate,** plaque qvale.

Sediment, Sédiment, dépôt; **peroxyde** —, boue de peroxyde (accus).

Sedimentation, Sédimentation, décantation.

Seedlac, Laque en grains.

Seep, Point d'émergence (pétr.).

to Seep, Filtrer, s'infiltrer.

Seepage, Suintement.

Seer, Gâchette (arm.).

Seesaw motion, Mouvement de va-et-vient.

Segment, Segment (mach.); **commutator —s,** lames radiales (elec.); **— ring,** segment (mach.); **— sluice,** vanne-segment.

Segregation, Ségrégation, séparation.

Seismic, Séismique; **— sounding,** sondage séismique.

Seismograph, Séismographe.

Seismology, Séismologie.

to Seize, Gripper (mach.).

Seized, Grippé.

Seizing, Amarrage; grippage.

Seizure, Grippage.

Selective, Sélectif; **— absorption,** absorption sélective; **— reflection,** réflexion sélective.

Selector, Sélecteur; **automatic —,** sélecteur automatique; **heading —,** sélecteur de cap; **pre- —,** présélecteur; **— switch,** commutateur sélecteur; **— with sliding contact or slide —,** sélecteur à curseur.

Selenide, Séléniure; **artificial —,** séléniure artificielle.

Selenious, Sélénieux; **— acid,** acide sélénieux.

Selenium, Sélénium; **— rectifier,** redresseur au sélénium.

Self, Soi-même, automatique; **— absorption,** auto-absorption; **— act,** commande automatique (mach.-outil); **— acting,** automatique; **— acting oiler,** graisseur automatique; **— bonding,** auto-adhérent; **— checking,** auto-contrôlé; **— cleaning,** à nettoyage automatique; **— closing,** à fermeture automatique; **— controlled,** auto-commandé; **— cooling,** auto-refroidissement; **— diffusion,** auto-diffusion; **— discharge,** décharge spontanée; **— driven,** autopropulsé; **— excitation,** auto-excitation; **— excited,** auto-excitatrice (dynamo); **— heterodyne,** autodyne; **self-hétérodyne; — hooped,** auto-fretté; **— ignition,** auto-allumage; **— induction,** self-induction; **— moving,** automoteur; **— oiling,** auto-graisseur; **— polar,** auto-polaire; **— propelled,** auto-propulsé; **— protected,** à auto-protection; **— protecting,** auto-protecteur; **— protection,** auto-protection; **— quenching,** auto-extinction; **— regulating,** autorégulateur; **— reversing motion,** changement automatique du sens du mouvement (mach.-outil); **— starting,** démarrage automatique; **— synchronous,** auto-synchrone; **— synchronizing,** auto-synchronisant; **— unloading,** à déchargement automatique; **to lock the — control,** bloquer l'avance automatique.

Selsines, Synchrodétecteurs.

Semi, Demi, semi; **— automatic,** semi-automatique; **— circle,** demi-cercle; **— circular,** semi-circulaire; **— closed,** demi-fermé (moteur); **— conduction,** semi-conduction; **— conductor,** semi-conducteur; **— oxidation — conductor,** semi-conducteur d'oxydation; **reduction — conductor,** semi-conducteur de réduction; **— continuous,** semi-continu; **— finished products,** demi-produits; **— hard,** demi-dur; **— monocoque,** semi-monocoque; **— rigid,** demi-rigide; **— trailer,** semi-remorque, remorque à deux roues; **— welded,** semi-soudé.

Send–receive change over or switch, Commutateur émission-réception.

Sender, Manipulateur; expéditeur.

Sending, Émission (T. S. F.); **— aerial or antenna,** antenne d'émission; **— apparatus,** appareil d'émission; **— station,** poste d'émission.

Sennet, Tresse (de chanvre, de paille).

Sensing, Sensible; — **unit,** élément sensible.

Sensitive, Sensible; — **drilling machine,** perceuse sensitive; — **element,** élément sensible (compas gyroscopique); — **emulsion,** émulsion sensible; — **feed,** avance sensitive (machine).

Sensitivity, Sensibilité; **dynamic** —, sensibilité dynamique (photube).

to Sensitize, Sensibiliser.

Sensitized, Sensibilisé; — **paper,** papier sensible (photographie).

Sentential calculi, Calculs propositionnels.

Separate excitation, Excitation séparée.

Separating tank, Bac, bassin de décantation.

Separating surface, Surface de séparation.

Separation, Séparation; — **surface,** surface de séparation; **boundary layer** —, décollement des veines fluides sur la face non travaillante de l'hélice (cavitation).

Separator, Séparateur, trieuse, épurateur, purgeur; **air** —, séparateur d'air; **amplitude** —, séparateur d'amplitude, séparateur de signaux (télév.); **amplitude** —, séparateur d'amplitude; **baffle** —, séparateur par choc, séparateur à chicanes; **cyclone** —, séparateur cyclone; **electrostatic** —, séparateur électrostatique; **frequency** —, séparateur de fréquence; **magnetic** —, séparateur magnétique; **moisture** —, purgeur d'humidité; **oil** —, déshuileur; **oil-water** —, séparateur huile-eau; **steam** —, séparateur de vapeur, purgeur; **synchronising** —, séparateur synchronisant, séparateur de signaux (télév.).

Septum, Septum.

Sequence, Séquence; **divergent** —**s,** suites divergentes; **negative, positive** —, séquence négative, positive.

Serial number, Numéro de série.

Series, Série; séries; en série (élec.); **Fourier's** —, série de Fourier; **gap** —, séries lacunaires (math.); **in** —, en série, en tension; **interpolation** —, séries d'interpolation; **time** —, séries temporelles; — **circuit,** circuit série; — **coil,** enroulement série; — **connexion,** connexion série; — **developments,** développements-série; — **dynamo,** dynamo-série; — **excitation,** excitation en série; — **expansion,** développement; — **modulation,** modulation série; — **motor,** moteur série; — **parallel,** séries multiples, séries mixtes; — **parallel winding,** enroulement-séries parallèles; — **resonance,** résonance série; — **winding,** enroulement-série; — **wound,** excité en série; — **wound motor,** moteur-série.

Serine, Sérine.

Serpentine, Serpentin.

Serrated, Cannelé; dentelé; — **shaft,** arbre cannelé, strié.

Serration, Cannelure, strie.

to Serve, Fourrer (cordage).

Service, Service, entretien; **domestic** — **s,** services intérieurs; — **box,** boîte de raccord, prise de courant (élec.); — **shop,** atelier de dépannage; — **station,** poste de distribution.

Serviced, Rénové; — **plug,** bougie rénovée.

Servicing, Entretien.

Serving, Fourrure (action de fourrer un cordage); — **mallet,** mailloche à fourrer.

Servo, Servo; — **accelerometer,** servo-accéléromètre; — **mechanism,** servo-mécanisme; — **motor,** servo-moteur; — **elevator motor,** servo-moteur de profondeur; **rudder** — **motor,** servo-moteur de direction.

Sesquiterpenes, Sesquiterpènes.

Set, Assortiment, ensemble; groupe, appareil; déformation; fixe (adjectif); voie (d'une scie); **all wave —,** appareil toutes ondes; **generating or generator —,** groupe électrogène; **grindstone —,** machine à meuler; **insulation —,** appareil pour vérifier l'isolement; **motor —,** groupe moteur; **motor — set,** groupe moto-ventilateur; **motor pump —,** groupe moto-pompe; **permanent —,** déformation permanente; **power generating —,** groupe électrogène; **saw —,** appareil à donner la voie (scie); **television** (T. V.) **—,** appareil de télévision; **tool —,** jeu; **turboalternator —,** groupe turboalternateur; **turbo dynamo —,** groupe turbo-dynamo; **welding —,** groupe de soudure; **— back device,** appareil de réduction au zéro; **— bolt,** prisonnier; **— collar,** bague d'arrêt; **— hammer,** chasse à parer (forges); **square — hammer,** chasse carrée; **— of cutters,** jeu de fraises, etc.; **— of plates,** bloc, ensemble de plaques; **— screw,** vis de pression; **— up,** bâti, reprise de coulée (béton); **to take a —,** se fausser, se déformer.

Set (adj.), Placé, calé, réglé; **fully —,** bandé.

to Set, Placer, affûter; caler; armer (photo), régler (appareils); se figer, prendre; **— an edge,** affûter, aiguiser; **— in,** emboîter, encastrer; **— tools,** affûter, aiguiser, affiler des outils; **— up,** dresser verticalement; régler, mettre au point.

Setting, Enduit; chemise; montage; monture; calage; réglage; prise; pose; cédage; armement (photo); graduation (d'un instrument); **propeller —,** calage de l'hélice; **quick —,** prise rapide; **slow —,** prise lente; **— of boilers,** mise en place des chaudières; **— plane,** plan de pose; **— up,** mise en régime.

to Settle, Établir; se fixer; **to settle together,** se tasser (grenaille du microphone).

Settlement, Établissement, comptoir, règlement de comptes, liquidation (Bourse); affaissement, tassement.

Settling, Sédimentation, décantation.

to Sew, Coudre.

Sewage, Eaux d'égout; système d'égouts; **— treatment,** traitement des eaux d'égout.

Sewerage, voir **Sewage; water, —,** évacuation des eaux.

Sewerman, Égouttier.

Sewing machine, Machine à coudre.

Sewing motor, Moteur de machine à coudre.

Sextant, Sextant; **bubble —,** sextant à bulle; **periscopic —,** sextant périscopique.

Shackle, Manille; cigale (d'une ancre); maillon de chaîne; **hold down —s,** ferrures d'amarrage; **lugs of a —,** oreilles d'une manille; **pin of a —,** clavette d'une manille; **spring —,** bride de ressort; **tension —,** tendeur; **tow —,** chape de remorque; **— bolt,** piton à manille; **— key,** clavette, boulon d'une manille; **to join with —s,** maniller.

to Shackle, Mailler, maniller; étalinguer (ancre).

Shade, Ombre, teinte (de verre).

to Shade off, Dégrader.

Shading ring, Bague de démarrage (moteur d'induction).

Shadow, Ombre, ombre portée; **— method,** méthode des ombres.

Shaft, Arbre (de machines); axe; puits, fosse (de mines); fût (d'une colonne); cuve ou blindage de cuve (h. f.); **air —,** puits d'aérage (mines), manche à vent (en métal); **arbor —,** joint à la cardan; **axle —,** arbre moteur; **cam —,** arbre à cames;

capacitor —, axe de condensateur; **cardan** —, arbre de cardan; **cog** —, arbre de levée; **counter** —, arbre intermédiaire, renvoi de mouvement; **coupling** —, arbre d'entraînement; **coupling of the** — s, accouplement des arbres; **crank** —, arbre à manivelles, arbre coudé, arbre à vilebrequin, vilebrequin; **cross** —, arbre transversal; **draw** —, puits ordinaire; **drawing** —, puits d'extraction; **disengaging** —, arbre de débrayage; **drive** —, arbre de commande; **driving** —, arbre de couche, arbre moteur; **eccentric** —, arbre de l'excentrique; **engine** —, puits de la machine d'épuisement; arbre de couche, arbre moteur; **extension** —, arbre de rallonge; **feed** —, arbre, barre de chariotage (tour); **flanged** —, arbre à bride; **flexible** —, arbre flexible; **fluted** —, arbre cannelé; **foot-brake** —, axe de frein au pied; **fore** —, avant-puits; **gear** —, arbre du harnais d'engrenages (mach.-outil); arbre de transmission; **grooved** —, arbre à cannelures; arbre cannelé; **hollow** —, arbre creux; **horizontal** —, arbre horizontal; **horizontal** — **turbine**, turbine à arbre horizontal; **knob** —, axe de bouton; **ignition cam** —, arbre de distribution (auto.); **intermediate** —, arbre intermédiaire; **lay** —, arbre intermédiaire; **line bearing**, palier intermédiaire; **main** —, arbre principal; arbres à manivelles (N.); **neck of a** —, collet d'un arbre; **overhead** —, arbre suspendu; **parallel motion** —, arbre de parallélogramme; **primary** —, arbre primaire; **propeller** —, arbre porte-hélice; **regulating** —, arbre de réglage; **reverse** —, arbre de relevage; **reversing** —, arbre de renversement de marche; arbre de changement de marche; **rocker** —, arbre incliné; **rocking** —, arbre oscillant; **solid** —,

arbre plein; **spline** —, arbre cannelé; **starting** —, arbre de mise en train; **thrust** —, arbre de butée; **tumbling** —, arbre de relevage (ch. de fer); **valve** —, arbre des tiroirs; **vertical** —, arbre vertical; **vertical** — **turbine**, turbine à axe vertical; — **bucket**, cuffat; — **carrier**, palier d'un arbre; — **disc**, bride d'arbre; — **end**, bout d'arbre; — **furnace**, fourneau à cuve; — **horse power**, puissance sur l'arbre; — **lining**, cuvelage; — **of a mine**, puits de mines; — **of the column**, fût de colonne; — **sinking**, forage d'un puits.

Shafting, Les arbres, transmission; **flexible** —, transmission flexible; **line of** —, ligne d'arbres; — **lathe**, tour pour arbres de transmission.

Shag, Peluche.

Shake, Gerçure, gélivure, criqûre; douve (de barrique); jeu (entre les dents d'un engrenage, etc.); cent millionième de seconde (radar); — **out**, machine à décocher.

to Shake, Secouer.

Shaker conveyor, Transporteur à secousses.

Shaker screen, Crible à secousses.

Shaking sieve, Crible à secousses.

Shakings, Vieux filin.

Shaky, Gercé, plein de gerçures (bois).

Shale, Schiste; **clay** —, schiste argileux; — **oil**, huile de schiste.

Shank, Tige, queue; noyau; poche à couler (fond.); tuyau (de cheminée); verge (d'une ancre); corps d'un caractère; **anchor** —, verge d'ancre; **auger** —, tige de tarière; **crucible** —, porte-creuset; **straight** —, queue droite; **taper** —, queue conique; — **of a borer**, tige, queue d'une mèche, d'un foret; — **of a connecting rod**, corps de bielle.

Shape, Forme; profil; profilé; **machine for making —s**, machine à bagueter.

to Shape, Façonner, profiler.

Shaped, Façonné, en forme de; **bell —**, en forme de cloche; **crescent —**, en forme de croissant; **cross —**, en forme de croix; **egg —**, en forme d'œuf, ovale; **heart —**, en forme de cœur; **heart — cam**, came en forme de cœur: **horseshoe —**, en forme de fer à cheval; **I —**, en I; **lens —**, lentiforme, lenticulaire; **loop —**, en forme de boucle; **S —**, en forme d'S; **saddle —**, en dos d'âne; **T —**, en forme de T, etc.; **venturi —**, en forme de venturi.

Shaper, Étau-limeur; **gear —**, machine à tailler les engrenages.

Shaping, Tracé, profilage; façonnable; **— machine**, machine à façonner, étau-limeur; **gear — machine**, machine à tailler les engrenages; **— planer**, étau-limeur.

Share, Action, part (commerce); obligation; **deferred —**, action différée; **dividend —**, action de jouissance; **founder's —**, part de fondateur; **initial —**, action d'apport; **nominal —**, action nominative; **preference or preferred —s**, actions privilégiées; **qualification —**, action statutaire, action de garantie; **registered —**, action nominative; **transferable —**, action au porteur.

Sharp, Aigu, pointu, effilé; légère (huile de goudron); **— built**, fin (navire); **— edge**, biseau, arête vive; **— edged**, à vive arête; **— fuselage**, fuselage effilé.

to Sharpen, Affûter, effiler.

Sharpener, Affûteuse; **saw —**, Affûteuse pour scies.

Sharpening, Affûtage; **dry —**, affûtage à sec; **wet —**, affûtage avec arrosage; **— angle**, angle d'affûtage; **— machine**, machine à affûter, affûteuse.

Sharpness, Finesse (des formes d'un navire); netteté (opt.).

Shave or **draw —**, or **drawing —**, Plane.

Shaving, Copeau, ripe, rasage; **— machine**, étau-limeur, machine à rectifier les engrenages; **— process**, procédé de rectification des dentures d'engrenages; **— tool**, outil de rasage; **circular — tool**, outil de rasage circulaire.

Shear, Cisaille; banc de tour; bigue (appareil de levage); **bar —**, cisaille pour barres; **bench —s**, cisailles à bras; **billet croping —**, cisaille pour biellettes; **block —s**, cisailles à bras; **bloom —**, cisaille à blooms; **flying —s**, cisailles volantes; **gate —s**, cisailles à guillotine; **guillotine —s**, cisailles à guillotine; **lever —**, cisaille à levier; **plate —s**, cisailles à tôle; **universal —**, cisaille universelle; **— blade**, tranchant, lame de cisaille; **— hulk**, ponton-mâture; **—s of a lathe**, jumelles d'un tour; **— strength**, résistance au cisaillement; **— stress**, effort tranchant.

to Shear, Cisailler, couper, corroyer; **— off**, affranchir les bouts.

Sheared, Cisaillé.

Shearing, Cisaillement; **— cone**, cisaille conique; **— machine**, machine à cisailler; **crocodile hand lever — machine**, cisaille à main, cisaille à levier; **punching and — machine**, machine à poinçonner et à cisailler; **— pin**, goupille de cisaillement; **— resistance** or **strength**, résistance au cisaillement; **— washer**, rondelle de cisaillement.

Shears, Cisailles (voir **Shear**).

Sheath, Plaque (d'un tube à vide, T. S. F.); gaine (câble...); **tailstock** —, fourreau de contre-pointe (mach.-outil).

to **Sheathe**, Doubler (navire); souffler (mettre un renfort); gainer.

Sheathing, Doublage (métallique); blindage; soufflage (renfort en bois); gainage; **conductor** —, gaine de conducteurs; **copper** —, doublage en cuivre; — **sheet**, feuille à doublage.

Sheave, Réa, rouet (de poulie); — **hole**, clan; **box** —, bobine d'une boîte à foret; **chain** —, roue à chaîne; **dum** —, poulie à chaîne; engoujure; **eccentric** —, chariot d'excentrique; **half** —, encornail; **head** —, molette d'extraction.

Shed, Hangar, appentis; **airship** —, hangar de dirigeable; **circular** —, rotonde pour locomotives.

Sheer or **shear**, Tonture (du pont); bigue; — **draught**, plan des formes (c. n.); — **drawing**, devis de la coque (c. n.); — **hulk**, ponton-mâture; — **legs**, bigue; — **plan**, projection longitudinale; élévation; — **pole**, bastaque; — **rail**, liston, cordon; — **strake**, carreau (virure), vibord.

Sheerlegs, Bigue.

Sheet, Feuille (de métal, de papier); plaque; tôle; **copper** —**s**, cuivre en feuilles; **corrugated** —, tôle ondulée; **crown** —**s**, ciel de fourneau; **flat** —, tôle **plate**; **fore** —**s**, gaillard (N.); **galvanized** —, tôle galvanisée; **light alloy** —, tôle en alliage léger; **low loss** —, tôle à faibles pertes (élec.); **perforated** —, tôle perforée, à grillages; **platinum** —, lame de platine; **stern** —**s**, chambre (N.); **thin** —, tôle fine; **thin** — **mill**, lami-noir à tôles fines; **tin** —, étain en feuilles, fer blanc; **zinc** —**s**, feuilles de zinc; — **bar**, larget; — **billet**, largets; — **iron strip**, bande de tôle (de fer); — **lead**, plomb laminé, feuille de plomb; — **metal shop**, atelier de tôlerie, tôlerie; —. **mill**, train à bandes; — **of metal**, tôle mince, feuille de métal; — **pile**, palplanche; — **piling**, rideau de palplanches; estacade métallique; — **steel**, tôles d'acier; — **zinc**, zinc laminé.

Sheeting, Tôle de couverture.

Shelf, Tablette; bauquière (c. n.); **armour** —, lisse tablette (c. n.); **beam** —, bauquière; **on the** —, au repos; — **aging**, vieillissement au repos; — **bolt**, cheville de bauquière.

Shell, Boisseau de robinet; enveloppe (chaud., fourneau, etc.); caisse de poulie; carcasse; torpille (charge d'explosifs employée dans un sondage); obus (art.); **cartridge** —, douille, étui de cartouche; **firebox** —, enveloppe du foyer (chaud.); **inner** —, culotte (cheminée); **outer** —, revêtement extérieur; **smoke** —, obus fumigène; **star** —, obus éclairant; — **molding**, moulage en carapace; — **roof**, toît en voûte; — **transformer**, transformateur cuirassé (élec.); — **type**, cuirassé, monocoque.

Shellac, Laque en feuilles.

thin Shelled, En forme de coquille mince.

Shelter, Abri; — **deck**, pont-abri léger (N.).

to **Sherardize**, Shérardiser.

Sherardized, Shérardisé.

Sherardizing, Shérardisation; protection des tôles par couche de fer et zinc.

S. h. f., Super high frequency (3 ooo à 3o ooo mégacycles).

Shield, Bouclier, blindage; écran; obturateur, volet; masque (canon); **dust** —, obturateur anti-poussières; **electrostatic** —, écran électrostatique; **Faraday** —, écran de Faraday; **magnetic** —, écran magnétique; **splash** —, déflecteur, chasse-goutte; **valve** —, blindage de tube (T. S. F.); — **tube**, tube de protection.

to Shield, Blinder.

Shielded, Blindé.

Shielding, Blindage.

Shift, Espacement, décroissement; poste de travail; équipe; déplacement; **day** —, poste de jour; **isotope** —, séparation isotopique; **frequency** —, déplacement de fréquence; **gear** —, changement de vitesses (auto); **night** —, poste de nuit; — **of butts**, décroisement des abouts (c. n.); — **receiving equipment**, commutateur de réception.

to Shift, Riper, se désarrimer (cargaison), déplacer; **to** — **gears**, passer les vitesses (auto).

belt Shifter, Change-courroie, débrayeur de courroie, monte-courroie.

phase Shifter, Déphaseur.

Shifting, Déplacement d'une pièce (de machine); déplacement axial (fraise); décalage d'espace (élec.); ripage, désarrimage (cargaison d'un N.); mobile (adjectif); **brush** —, décalage des balais; **gear** —, passage des vitesses (auto); **transverse** —, déplacement transversal; — **boards**, bardis (N.); — **eccentric**, excentrique dont on peut déplacer le rayon d'excentricité relativement à la manivelle; — **fork**, fourchette de désembrayage (courroie); — **gauge**, trusquin; — **gear**, pignon baladeur; — **head**, poupée mobile (tour); — **pedestal**, chariot de tour; — **square**, fausse équerre; — **spanner**, clef à molettes.

Shim, Épaisseur de tôle pour rattraper du jeu, cale mince pour palier.

to Shine, Briller.

to appear Shining, Paraître (mines).

Shingle, Galets (cailloux); — **hammer**, marteau à cingler.

Shingling, Cinglage; — **machine**, machine à cingler; — **rollers**, cylindres dégrossisseurs.

Ship, Navire; **four mast** —, quatre-mâts; **merchant** —, navire marchand, navire de commerce; **sister** —, navire jumeau; — **breaker**, démolisseur de navires; — **builder**, constructeur de navires; — **building or construction**, architecture navale, construction de navires; — **chandler**, fournisseur de navires; — **load**, charge, cargaison; — **owner**, armateur; — **subdivision**, compartimentage; — **worm**, taret; — **wright**, constructeur de navires; architecte naval; — **yard**, chantier de constructions navales; — **yard crane**, grue de cale.

to Ship, Embarquer (marchandises).

Shipment, Embarquement, expédition de marchandises.

Shipper, Chargeur, expéditeur.

Shipping, Embarquement de marchandises; navigation; marine marchande; — **agent**, agent maritime; expéditeur; — **broker**, commissionnaire en transit; — **line**, ligne de navigation; — **office**, agence maritime.

Shipowner, voir **Ship**.

Shipwright, voir **Ship**.

Shipyard, voir **Ship**.

Shock, Tas (ajust., chaud.); choc; **back** —, choc en retour; **return** —, choc en retour; — **absorber**, amortisseur (auto, etc.); **hydraulic** — **absorber**, amortisseur hydraulique; — **resistance**, résistance aux chocs; — **wave**, onde de choc; — **wave test**, essai aux ondes de choc.

Shoe, Semelle; patin; garniture; sabot (d'affût, de forage, etc.); enveloppe de pneumatique; savate (de bigue, d'ancre, etc.); sole (de gouvernail); **anchor** —, verge d'ancre; **articulated** —, patin articulé; **cable** —, cosse de câble; **collecting** —, frotteur; **friction** —, patin, sabot, semelle de frottement; **horse** —, fer à cheval; **horse** — **shaped**, en forme de fer à cheval; **pile** —**s**, sabots de pieu; **pole** —, pièce polaire (voir **Pole**); — **pulsing** —, patin pulsant; **thrust** —, coussinet de butée; — **holder**, support de patin.

to Shoe, Ferrer; — **a wheel**, bander une roue.

Shoock, Crochet double.

Shoot, Conduit, déversoir, glissière (pour mchandises, briquettes, etc.); **shaking** —, couloir oscillant.

to Shoot, Tirer (canon); — **over**, atterrir trop long (aviat.); — **under**, atterrir trop court.

Shooting, Tir; **trouble** —, recherche des défauts.

Shop, Boutique, atelier; hall; **assembling** —, atelier de montage; **erecting** —, atelier de montage; **fitting** —, atelier d'ajustage; **machine** —, atelier de constructions mécaniques; **press working** —, atelier d'estampage; **repair or repairing** —, atelier de réparations; **service** —, atelier de dépannage; **sheet metal** —, atelier de tôlerie; **twisting** —, atelier de retordage; **work** —, atelier.

Shoran, Système radar de bombardement sans visibilité.

Shore, Accore, béquille, chandelle (de soutien N.); — **dog**, clef, de lancement (N.).

to Shore or **to shore up**, Accorer, béquiller, étançonner, épontiller (N.).

Shoring or **Shoring up**, Accorage, épontillage.

Short, Court, aigre, cassant (fer); abréviation de **short–circuit**, court-circuit (élec.); **cold** — **brittle**, sec, aigre, cassant à froid; **hot** — **brittle**, pailleux, cendreux, rouverin, cassant au rouge; métis; — **hand**, sténographie; — **firing**, tir des explosifs; — **iron**, fer aigre, fer cassant; **to write** — **hand**, sténographier.

to Short circuit, Mettre en court-circuit (élec.).

Short circuiting, Mise en court-circuit.

Short circuiting device, Commutateur de mise en court-circuit (élec.).

Shortage, Manque de.

Shorted or **Shorted out**, Abréviation pour court-circuit.

to Shorten, Raccourcir, diminuer.

Shorthand (voir **Short**).

Shorting, Court-circuitage.

Shortness, Fragilité; **hot** —, fragilité à chaud.

Shot, Projectile, obus; **snap** —, instantané (photo); **dust** —, cendrée; **two, three** —, à deux, trois temps; — **blasting or** — **peening**, grenaillage.

Shoulder, Épaule; congé; embase (de machine); épaulement (charpente); épaulette (de mât); collet; flanc d'une dent d'engrenage; **bevel** —, embrèvement; — **block**, poulie à talon; — **bracket**, gousset (charp.); — **of a trunnion**, embase d'un tourillon; — **piece**, crosse (de canon).

Shovel, Pelle; **coal** —, pelle à charbon; **Diesel** —, pelle à moteur Diesel; **electric** —, pelle électrique; fire —, pelle à feu; mechanical or power —, pelle mécanique; pull —, rétrocaveuse; racking — boom, flèche de butte à cavage; skimming —, pelle niveleuse; steam —, pelle à vapeur. — equipment, équipement butte;

to Shovel, Jeter à la pelle, pelleter.

Shoveller, Pelleteuse.

Shovelling, Pelletage.

Showers, Gerbes; cosmic ray —, gerbes cosmiques; electron —, gerbes électroniques.

Shrink, Retrait; — fit, ajustage, emmanchement par retrait; — hole, retassure; — resistant, irrétrécissable.

to Shrink, Se contracter (métaux, etc.).

Shrinkage, Contraction, retrait; — cavity, retassure.

Shrouded, A emboîtement, à enveloppe (engrenage).

Shroud laid, Commis en quatre (cordage).

Shrunk, Contracté, resserré; — on, rapporté; — on collar, collier rapporté.

Shunt, Dérivation, shunt (élec.); Ayrton or universal —, shunt universel; current —, shunt de courant; galvanometer —, shunt d'un galvanomètre; with long —, à longue dérivation (dynamo compound); with short —, à courte dérivation; — dynamo, dynamo dérivation; — line, voie de garage; — motor, moteur dérivation; — wire, fil de dérivation; — wound, enroulé en dérivation; — wound motor, moteur-dérivation.

to Shunt, Changer de ligne, garer, shunter (élec.).

Shunted, Dérivé, shunté; — reactor, bobine de self shuntée.

Shunting, Changement de voie; shuntage; — engine, locomotive de manœuvre.

to Shut, Fermer; — down, arrêter une turbine; — off steam, couper la vapeur.

Shut down or **Shut off**, Arrêt, avarie de machine; — valve, soupape d'arrêt de fermeture.

Shutter, Vanne, registre, papillon; volet; obturateur (optique); flap —, obturateur à volet; pressure —, vanne de tête d'eau; rolling —, volet roulant; — release, déclanchement de l'obturateur (photo).

Shuttering, Coffrage; metallic —, coffrage métallique.

Shutting clack, Clapet d'arrêt.

Shuttle, Navette (text.); — less loom, métier sans navette; — service, service-navette; — service (aviat.), service de navettes.

Shuttle armature, Induit de Siemens ou en double T (élec.).

Shuttle type magneto, Magnéto à volet tournant.

S. I. C. (Specific inductive capacity), Capacité inductive spécifique.

Siccative, Siccatif; — oil, huile siccative.

Side, Côté; bord (d'un navire); pan (d'objets taillés); muraille (partie de navire); alternating current —, côté à courant alternatif; blast —, face de contrevent (h. f.); continuous or direct current —, côté à courant continu; driven — (of belt), brin conduit (de courroie); driving —, brin conducteur (de courroie); exit —, côté de la sortie (laminoir); slack — of belt, brin conduit (courroie); tapered —, biseau; wrong —, envers; — cutter, fraise de côté, fraise à denture latérale; — cutting tool, grain d'orge de côté (outil de tour); — engaging with pulley, brin montant (courroie); — frames, longerons; — keelson, carlingue latérale (c. n.); — lever engine, machine à balancier; — of a lathe, jumelle d'un banc de tour; — **of delivery,** brin descendant (courroie); — **rack,** ridelles; — **slip,** dérapage (auto); glissage sur l'aile (aviat.); — **track,** voie de garage; — **ways,** latéral.

n **Sided,** A *n* pans.

Siding, Voie de garage, voie de chargement, changement de voie; section (de pièce de bois); — **of a beam,** échantillon sur le tour, largeur d'un barrot (c. n.); — **of a keelson,** échantillon sur le tour d'une carlingue (c. n.); — **of a sternpost,** échantillon sur le tour d'un étambot (c. n.).

Siemens cell, Pile de Siemens (élec.).

Sieve, Sas, tamis; **composition** —, tamis, crible à tambour; **shaking** or **vibrating** —, crible à secousses; — **test,** granulométrie.

to Sieve, Cribler, passer au tamis.

Sieving, Passage; **molecular** —, criblage moléculaire.

to Sift, Tamiser.

Sifter, Tamiseur.

Sight, Vue, hausse, visée, viseur, guidon; vue (commerce); **sights,** appareils de visée; **antiaircraft** —, grille de visée; **angle of** —, angle de site; **aperture** or **peep** —, hausse à œilleton; **at** —, à vue; **back** or **rear** —, hausse; **bill of** —, permis de réimportation; **course setting** —, viseur à calage de cap; **flap** —, hausse à charnière; **fore** or **front** —, guidon; **leaf** —, hausse à planchettes; **open** —, hausse découverte; — **bar,** alidade; — **feed lubricator,** graisseur à débit variable; — **glass,** indicateur de niveau; — **hole,** trou de regard; — **line,** ligne de visée.

Sighting, De visée; — **apparatus,** appareil de visée; — **blister,** coupole de visée; — **instruments,** instruments de visée; — **telescope,** lunette.

Sigma, Phase sigma; **spheroid** —, phase sigma sphéroïde.

Sign, Enseigne; **neon** —, enseigne au néon.

Sign post, Poteau indicateur.

Signal, Signal; **call** —, signal d'appel; **sound** —, signaux sonores; **visual** —, signaux optiques; **waiting** —, signal d'attente; — **lamp,** lampe de signalisation; — **light,** signal lumineux; feu de signalisation.

Signalling, Signalisation; **electric** —, signalisation électrique; **under water** —, signalisation sous-marine; — **bomb,** bombe de signalisation.

Silane, Silane; **alkenyl** —, silane alcoylénique.

to Silence, Rendre silencieux.

Silencer or **exhaust** —, Silencieux (moteur); — **manifold,** collecteur des silencieux.

Silent, Silencieux (adjectif); — **operation,** fonctionnement silencieux.

Silica, Silice; **infusorial** —, Kieselguhr; — **gel,** gel de silice; — **microgel,** microgel de silice; **sand,** sable siliceux.

Silicate, Silicate; **cristalline** —, silicate cristallin; **zinc** —, silicate de zinc.

Siliceous, Siliceux.

Silicic acid, Acide silicique.

Silico manganese, Mangano-siliceux.

Silico organic, Silico-organique.

Silicon, Silicium; — **iron** or **steel,** acier au silicium; **grain oriented** — **steel,** acier au silicium à grains orientés.

Silicone, Silicone; — **insulated** isolé au silicium; — **varnish** vernis au silicone.

Siliconizing, Traitement par absorption de silicium.

Silk, Soie; de soie, en soie; **floss —,** bourre de soie; — **cotton tree,** bombax; **double — covered,** à double couche de soie; **single — covered,** à simple couche de soie; — **goods,** soiries; — **mill,** filature de soie; — **reel,** dévidoir de soie; — **spinning,** filature de soie; — **thrower,** moulineur de soie; — **throwing,** moulinage de soie; — **weaver,** canut.

Sill, Seuil (de bassin, de déversoir, etc.); heurtoir (de bassin); mur de couche de houille; **lock —,** seuil d'écluse; **main —,** semelle principale (pétr.); — **plate,** semelle, seuil de porte.

Silo, Silo.

Siloxane, Siloxène.

Silt, Fines, limon, sable, vase.

Silver, Argent; **coin —,** argent au titre pour monnaie (en Angleterre titre 925 millièmes en Amérique 900 millièmes); **dark red — ore,** pyrargirite; **german —,** maillechort; **nickel —,** maillechort; **quick —,** mercure; — **bearing,** argentifère; — **birch,** bouleau argenté; — **foil,** feuille d'argent; — **gilt,** vermeil; — **halide,** halogénure d'argent; — **iodide,** iodure d'argent; — **nitrate,** nitrate, azotate d'argent; — **paper,** papier d'argent, papier aux sels d'argent; — **plating,** argenture; — **print,** épreuve sur papier aux sels d'argent; — **steel,** acier argenté.

to Silver, Argenter.

Silvered, Argenté.

Silvering, Argenture, argentage, tain, étamage (miroir).

physical Similarity, Similitude physique.

Similitude, Similitude; **centre of —,** centre de similitude.

Simulator, Appareil d'entraînement, banc d'essai; **engine —,** banc d'essai pour moteurs; **flight —,** appareil d'entraînement au pilotage, simulateur de vol.

Sine, Sinus; — **galvanometer,** boussole des sinus.

Single, Uni, mono; — **acting,** à simple effet (mach.); — **break,** à coupure unique; — **crystal,** monocristal; — **cut file,** lime à taille simple; — **phase,** monophasé (élec.); — **phase motor,** moteur monophasé; — **pole,** unipolaire; — **riveted,** à simple rang de rivets; — **spool,** bobine élémentaire de l'induit (élec.); —, **stage,** à un étage; — **way,** à une seule direction; — **way switch,** commutateur à une direction.

Singlet, Singulet.

Sink, Évier, égout; charge; **heat —,** source froide; — **hole,** puisard.

to Sink, Creuser, foncer, forer (un puits); couler (N.).

non Sinkable, Insubmersible.

Sinker, Crapaud (mine s.-m.); **die —,** graveur en creux.

Sinking, Affaissement, fonçage; **shaft —,** forage d'un puits, — **hoist,** treuil de fonçage;

Sinomenine, Sinoménine.

Sinter, Aggloméré, fritté; — **alumina,** alumine frittée; — **plant,** installation d'agglomération.

to Sinter, Agglomérer, fritter.

Sintered, Fritté (carbure), aggloméré; — **carbide,** carbure fritté, aggloméré.

Sintering, Agglomération, frittage; **ore —,** agglomération des minerais; — **furnace,** four d'agglomération; — **tank,** bac d'agglomération.

Sinusoidal, Sinusoïdal; **nearly —,** quasi sinusoïdal; — **curve,** sinusoïde; — **field,** champ sinusoïdal; — **movement,** mouvement sinusoïdal; — **wave,** onde sinusoïdale.

Siphon (voir **Syphon**).

Siren; Sirène.

Sisal, Sisal.

Sister block, Baraquette, poulie vierge.

Sister ship, Navire jumeau.

S. I. T, (**Spontaneous ignition temperature**),température d'inflammation spontanée.

Site, Emplacement, site; **in** —, sur place; **assembly in** —, montage sur place.

Size, Grandeur, grosseur; encollage (papier); **standard** —s, dimensions standard.

to Size, Mettre aux dimensions, dimensionner, calibrer; encoller (papier).

Sized, Dimensionné; encollé (papier); **practical** —, de dimensions pratiques.

Sizer, Calibreur.

Sizing, Mise aux dimensions; dimensionnement.

Skate, Patin, collecteur de courant.

Skating, Patinage des roues.

Skeg, Talon de la quille (N.).

Skeleton, Canevas; **plotting** —, canevas de restitution.

Skelp, Tôle pour tubes.

Sketch, Projet, croquis, esquisse; **dimensioned** —, croquis coté; **eye** —, levé à vue, croquis; **photogrammetric** —, esquisse photogrammétrique.

Skew, Biais, gauche, oblique; en biais; — **back**, redan, veine d'une voûte; — **bending**, flexion en biais; — **bevel wheel**, engrenage conico-hélicoïde; — **determinant**, déterminant antisymétrique; — **gear**, engrenage hélicoïdal; — **wheel**, roue hyperbolique, roue conique.

Skewly, Gauche.

Ski, Ski; **landing** —s, skis d'atterrissage.

Skid, Cabrion (cale de canon); rance (chantier pour canons); rouleau en bois (pour poutres, etc.); embardée; patin, béquille; **anti** — or **non** —, antidérapant; **non** — **bead**, chevron antidérapant; **non** — **brake**, frein anti-dérapant; **nose** —, patin de proue; **retractable** —, patin escamotable; **tail** —, béquille (aviat.); **undercarriage** —, patin; **wing tip** —, patin d'extrémité d'aile; — **resistor**, anti-dérapant.

to Skid, Déraper, patiner.

Skidway, Glissoir (à bois).

Skidding, Dérapage (auto), embardée; patinage; — **friction**, frottement de dérapage.

Skilled, Qualifié (ouvrier).

Skimmer equipment, Equipement niveleuse.

Skimmer scoop, Godet de niveleuse.

Skimming, Rasant; — **dipper**, godet de niveleuse; — **ray**, rayon rasant; — **shovel**, pelle niveleuse.

Skin, Pellicule; crasse; écume (d'un métal en fusion); carène, coque (d'un bateau); revêtement (aviat., etc.); **casting** —, pellicule d'oxyde; **gold beater's** —, baudruche; **thin** —, revêtement mince; — **effect**, localisation superficielle, effet Kelvin, effet pelliculaire, effet de peau (élec.); — **friction**, frottement superficiel (aviat.).

to Skin, Effleurer, raser.

Skinning, Revêtement; dépouillement (d'un câble); **plywood** —, revêtement en contreplaqué.

Skip or **skip hoist**, Benne, skip, monte-charge à godets.

Skip distance, Distance minimum de transmission d'une radio-onde après réflexion sur l'ionosphère.

Skip zone, Zone de silence (T. S. F.).

piston Skirt, Jupe de piston.

Skirt or **Skirting,** Lambris, plinthe.

Sky wave, Onde ionosphérique.

Skylight, Claire-voie.

Slab, Boudin, mèche de coton filé; brame; semelle, dalle; plancher; lopin; **brass —,** plaque de laiton; **casting —,** plaque de coulée; **concrete —,** dalle en béton; **— wood,** dosses; **to roll —s,** laminer les semelles.

Slabbing mill, Train à brames.

Slabbing miller, Fraiseuse raboteuse.

Slack, Jeu (mach.); mou, lâche; **— lime,** chaux éteinte; **— wire,** fil lâche; **to take up the —,** rattraper le mou, le jeu.

to Slack or **to Slacken,** Desserrer, ralentir; éteindre (la chaux); **— speed,** ralentir, diminuer de vitesse.

Slacked lime, Chaux éteinte; **air —,** chaux éteinte à l'air.

Slackening, Desserrage.

Slackness, Jeu, mou.

Slag, Laitier, scories, mâchefer; crasse; **fining —,** scorie d'affinage; **hammer —s,** écailles, battitures de fer; **iron —,** scorie d'affinage; **oxide —,** scorie oxydante; **— brick,** brique de laitier; **— cement,** ciment de laitier; **— heap,** crassier; **— hole,** trou de laitier; **— wool,** laine de laitier.

to Slag off, Enlever le laitier.

Slagged, Encrassé (de scories).

Slagging, Scorification; décrassage.

double Slagging, Procédé du double laitier.

to Slant, S'incliner.

Slanted, Incliné; **— face,** face inclinée.

Slanting, En pente, oblique, en écharpe.

Slantwise, Obliquement, en écharpe.

Slap, Claquement; **piston —,** claquement du piston.

Slashing, Encollage; **rayon —,** encollage de la rayonne.

Slat, Volet de bord d'attaque (aviat.), bec hypersustentateur.

Slate, Ardoise; **alun —,** schiste alunifère; **clay —,** schiste argileux; **— coal,** houille schisteuse.

Slater, Couvreur.

sea Sled, Traineau marin.

Sledge or **Sledge hammer,** marteau à deux mains; **about —,** marteau à frapper devant (forge).

Sleeper, Traverse, assise (de fondation); lambourde; traverse (ch. de fer); longrine; semelle; sablière; dormant; **cross —,** traversine; **— driller,** perceuse de traverses; **— screw,** tirefonneuse.

Sleeve, Manchon (d'assemblage, de renfort, couvre-joint); douille, fourreau; chemise, volet; **air —,** manche à air; **axle —,** support en cas de rupture d'essieu; **claw coupling —,** manchon d'accouplement; **dog clutch —,** manchon d'accouplement; **drill —,** manchon pour foret; **end —,** manchon d'extrémité de câble; **guide —,** douille de guidage; **reducing —,** douille de réduction; **revolving —,** volet tournant; **rotating —,** manchon tournant; **shaft —,** manchon fourreau; **spindle —,** manchon de broche; **splined —,** manchon cannelé; **— coupling,** accouplement à douille; **— joint,** joint à manchon; **— valve engine,** moteur à chemise coulissante, à fourreau, moteur sans soupapes.

to Slew, Pivoter.

Slewing, Pivotement, rotation; déplacement rapide d'un appareil de visée; **— area,** champ de rotation d'une grue; **— crane,**

grue pivotante; — **motor**, moteur de déplacement rapide, moteur d'orientation.

Slice, Lance, pique-feu (outil de chauffe); tranche; spatule; plaque (de marbre, etc.); — **bar**, lance, pique-feu.

to Slice, Tronçonner, couper.

Slicing lathe, Tour.

Slick, Lisse, luisant.

Slide, Tiroir (machine); flasque, châssis (de canon); curseur d'appareil de mesure; fente, filon (mines); coulisse (mach.); guidage; traînard, chariot (mach.-outil); **bed** —, chariot porte-outil transversal, coulisseau porte-outil (tour); **bottom** —, chariot inférieur (tour); semelle de la contre-poupée du chariot; **cover of the** —, recouvrement du tiroir; **cross** —, traverse, chariot transversal; **cutter** —, chariot à couteaux (raboteuse à bois); **dark** —, châssis photographique; **flanch of the** —, barrette du tiroir; **lap of the** —, recouvrement du tiroir; **prismatic** —, glissière prismatique; **tool** —, chariot porte-outil; **top** —, support du porte-outil (tour); **turret** —, chariot porte-tourelle (tour); — **action**, voir **Slide**; — **bar**, glissière, guide du tiroir; — **block**, coulisseau; — **box**, boîte de tiroir; — **caliper**, pied à coulisse; — **chest**, boîte de tiroir; — **faces**, barrettes du tiroir; — **gate**, porte-coulissante; — **lathe**, tour à charioter; — **rest**, chariot de tour; — **rest tool**, outil d'un chariot de tour; **revolving** — **rest**, chariot tournant; **self acting** — **rest**, chariot de tour à manche automatique; — **rule**, règle à calcul; — **selector**, sélecteur à curseur (élec.); — **valve**, tiroir (voir **Valve**); **shell** — **valve**, tiroir en coquille; — **way**, glissière; — **way grinding machine**, machine à rectifier les glissières.

to Slide, Glisser, coulisser.

Slider, Coulisseau; chariot (de gouvernail); curseur.

Sliding, Glissement; glissant; à coulisse, coulissant; **friction of** —, frottement de glissement; — **axle**, essieu mobile; — **block**, coulisseau; — **bow**, archet de prise de courant (élec.); — **caliper**, pied à coulisse; — **component**, composante de glissement; — **contact**, frotteur (élec.); — **face**, barrette, plaque frottante du tiroir; — **friction**, frottement de glissement; — **gauge**, règle à diviser; vernier; — **gear**, train baladeur (auto); — **joint**, joint glissant; — **keel**, semelle de dérive (N.); — **lathe**, tour à charioter, tour parallèle; — **and surfacing lathe**, tour à charioter et à surfacer; — **plate**, barrette, plaque frottante du tiroir; — **puppet of a lathe**, poupée mobile d'un tour; — **rest**, chariot (tour); — **sash**, châssis à coulisse; — **tongue**, aiguille (ch. de fer); — **tool carriage**, chariot du porte-outil; — **way**, sablière (lancement).

Slime, Vase.

Sling, Élingue, bretelle (de fusil).

to Sling, Élinguer.

sand Slinger, Machine à projeter le sable (fond.).

water Slinger, Déflecteur, chasse-goutte.

Slip, Glissade; pente; recul (d'hélice, de roue); croc à échappement; coin de retenue; cale (de lancement, de halage); glissement (élec.); chute; **land** —, éboulement; **side** —, glissade sur l'aile; dérapage (auto); **on the** —**s**, sur cale, en chantier; — **bolt**, targette; — **cycle**, cycle de glissement; — **joint**, joint glissant; — **plane**, plan de glissement; — **ring**, collecteur; **mercury** — **ring**, collecteur à mercure; — **ring induction motor**, moteur asynchrone à bagues collectrices (élec.); — **rope**, amarre en double; — **way**, cale de lancement; — **zone**, zone de glissement.

to **Slip**, Glisser, patiner (embrayage); déraper; filer (câble); choquer, filer (une aussière au cabestan); **the belt —s**, la courroie glisse.

Slip bands, Lignes de Neumann; franges;

Slippage, Glissement; **belt —**, glissement d'une courroie; — **clutch**, embrayage automatique.

Slipper, Semelle, dessous de patin (mach.); **axle —**, patin d'essieu; **belt —**, monte-courroie; **cross head —**, patin de crosse; — **guide**, glissière.

Slipping, Glissement, éboulement; patinage; — **clutch**, embrayage qui patine.

Slips, Chutes.

Slipstream, Vent, souffle (d'une hélice), sillage.

Slipway, Cale de lancement (N.).

Slit, Fente, coche, fissure; — **cutter**, clavette fendue.

to **Slit**, Fendre, trancher.

Slitters, Cylindres fendeurs.

Slitting machine, Machine à fendre, coupeuse.

Slitting mill, Fenderie.

Slitting rollers, Machine à fendre le fer.

Slitting saw, Scie à refendre.

Sliver, Garni (mèches de graissage); pot de carde (text.); copeau.

Sloat, Mortaise.

Slope, Pente, inclinaison, talus; **angle of —**, angle de pente; **chip clearance —**, pente de dégagement du copeau; **grinding —**, pente d'affûtage; — **hoisting**, extraction par plan incliné.

to **Slope timber**, Délarder, dégrossir une pièce de bois.

Sloping, Pente, talus; en pente; **back —**, pente vers l'arrière; **side —**, pente latérale.

Slot, Mortaise, fente, encoche (élec.); rainure; **armature —**, rainure ou encoche d'induit (élec.); **built in —s**, fentes; **depth of —**, profondeur d'encoche; **cut through —s**, fentes d'ailes fixes (aviat.); **dummy —**, encoche vide ou sans enroulement (élec.); **lift —**, fente de portance; **number of —s**, nombre de rainures; **permanent —s**, fentes fixes; **piston ring —**, rainure de segment de piston; **rotor —**, rainure ou encoche de rotor (élec.); **stator —**, rainure ou encoche de stator (élec.); **suction —**, fente de succion; **tee —s**, encoches en T; **track —s**, chemins de roulement; **width of —**, largeur d'encoche; **wing tip —**, fente de bout d'aile; — **aerial**, antenne à fente; — **and crank**, coulisse manivelle; — **atomiser**, pulvérisateur à fente; — **borer**, esseret; — **bridge**, pont ou isthme d'encoche (élec.); — **cutter**, fraise pour rainure; — **dimensions**, dimensions des encoches; — **drilling machine**, machine à mortaiser, machine à rainer; — **field**, champ des encoches (élec.); — **leakage**, dispersion d'encoche; — **milling machine**, machine à fraiser les encoches; — **pitch**, pas des encoches; — **stray field**, champ de dispersion des encoches (élec.); — **wedge**, réglette, coin d'encoche.

to **Slot**, Rainurer, mortaiser.

Slotted, Rainuré, mortaisé; à encoches, à coulisse, à fentes; — **aileron**, aileron à fentes; — **flap**, volet à fentes; — **wave guide**, guide d'ondes à fentes; **multi — wing**, aile à fentes multiples.

Slotter, Machine à mortaiser, mortaiseuse; **inclinable head —**, mortaiseuse à tête inclinable.

Slotting, Mortaisage, rainurage; **circular** —, mortaisage circulaire; **longitudinal** —, mortaisage longitudinal; **transverse** —, mortaisage transversal; — **cutter**, fraise à rainurer; — **drill**, fraise, mèche pour percer une mortaise; — **machine**, machine à mortaiser, mortaiseuse; **horizontal** — **machine**, mortaiseuse horizontale; **keyway** — **machine**, mortaiseuse raineuse.

Slow, Lent; doucement, lentement; — **burning powder**, poudre lente; — **speed (motor)**, à faible vitesse (moteur); **slow !** doucement ! (les machines); **dead** — **!** le plus doucement possible !

to Slow, Ralentir (machine); diminuer de vitesse (navire, etc.).

Sludge, Graisse, cambouis; déchets de raffinage; boue; **acid** —, boues acides ou goudrons; **vat** —, fonds de cuve; — **cock**, robinet de vidange (chaud.); — **digester**, digesteur de boues; — **hole**, trou de visite.

Sludger, Tarière à clapet.

Sludging, Dépôt (de boues...).

Sludging value, Indice de goudrons.

to Slue, Trévirer, retourner une pièce de bois.

Sluice, Appareil de lavage (mines), écluse, vanne, rigole; **air** —, sas à air; **segment** —, vanne segment; — **board**, tablier, paroi de vanne; — **gate**, vanne plate de prise (hyd.); porte d'écluse; — **master**, chef éclusier; — **valve**, valve de communication.

to Sluice, Excaver.

Slurry, Mortier peu épais; — **pipe**, tuyau de remblayage (mines).

Slush (voir **Sludge**), Boue (pétr.); — **pump**, pompe à boue.

Small, Petit; braise, charbon menu; — **stuff**, lusin, merlin.

to Smash, Écraser, mâchurer.

Smasher, Désintégrateur; broyeur; **atom** —, désintégrateur d'atomes.

Smearing, Rayage.

to Smelt, Fondre (métaux).

Smelted, Fondu.

Smelter, Fondeur; fonderie; — **gases**, gaz des fours de fusion.

Smelting, Fonte; fusion; — **works**, fonderie; **first** — **of pig iron**, fonte de première fusion.

Smith, Forgeron; —'**s poker**, tisonnier de forge; —'**s shop**, forge; —'**s tongs**, tenailles de forge; —'**s tool**, outil de forge.

to Smith, Forger, écrouir.

Smithy, Forge.

Smog, Brouillard.

Smoke, Fumée; — **bomb**, bombe fumigène; — **box**, boîte à fumée (chaud.); — **combustion**, fumivorité; — **consuming**, fumivore; — **helmet**, casque pare-fumée; — **house**, étuve; — **pipe**, cheminée; — **point**, indice de fumée; — **shell**, obus fumigène; — **stack**, cheminée.

Smokeless, Sans fumée; — **powder**, poudre sans fumée.

Smokes, Fumées (particules de carbone inférieures à 0,1 μ); voir **Fumes**.

Smooth, Lisse (âme de canon, etc.); — **bore**, à âme lisse; — **cut**, taille-douce; **dead** — **cut**, taille superfine; — **grinding**, émoulage; — **walls**, parois lisses.

to Smooth, Planer (chaud., etc.); adoucir, polir, parer.

Smoothing, Parage, planissage; — **choke**, circuit, filtre, bobine, circuit éliminateur d'ondulations d'un courant; — **coil**, bobine de lissage (élec.); — **machine**, machine à lisser.

Smoothness, Poli.

Snag, Embase.

Snagging, Ébarbage.

Snap, Bouterolle (chaud.); — **acting**, à action instantanée; — **action contacts**, contacts à séparation instantanée; — **flask**, châssis à charnières; — **magnet**, électroaimant à rupture brusque; — **shot**, instantané (photo); — **switch**, interrupteur à rupture brusque (élec.).

to Snap open, S'ouvrir brusquement.

Snape, Fuite (biseau).

to Snape, Donner de la fuite à (charpente).

Snapping tool, Bouterolle (chaud.).

Snapshot, Instantané (photo).

to Snarl, Emboutir.

Snarling, Emboutissage.

Snatch block, Galoche, poulie coupée.

Snifting valve, Reniflard.

Snips, Cisailles.

Snort device, Appareil Snort, système anglais de « Schnorkel » (sous-marins).

Snout, Tuyau, tuyère, bec; goulotte; **feed** —, goulotte d'alimentation.

Snow, Neige; — **plough or blower**, chasse-neige.

Snub, Nœud (bois).

exhaust Snubber, Silencieux.

Snug, Ergot, embase, toc (d'excentrique).

Sny, Épaule (de charpente, de navire).

Soaker drum, Chambre de réaction (pétr.).

Soaking pit, Puits de réchauffage, four Pit (forgeage).

Soaking in, Absorption électrique; — **injection**, injection solide, injection mécanique (moteur Diesel) (peu employé).

Soap, Savon; **filled** —, savon mou; **flint** —, savon silicaté; **floating** —, savon flottant; **transparent** —, savon transparent.

Soaring, Vol à voile.

Socket, Douille; crapaudine; support; emboîture; godet; socle; prise de courant; tulie (de fusée d'obus); **back center** —, douille de la contre-pointe (tour); **ball and** — **joint**, genouillère, joint à rotule; **bayonet** —, douille à baïonnette; **bell** —, arrache-tubes, douille à emboîtement; **cable** —, cosse de câble; **drill** —, manchon, douille pour foret; **friction** —, cône de friction; **Morse taper** —, douille au cône Morse; **power** —, prise de courant; **screw** —, douille filetée; **tube** —, support de lampe (T. S. F.); **wing** —, emplanture des ailes; **wrench** —, clé à tube; — **chuck**, mandrin creux; — **joint**, joint à douille; — **key**, clef à douille; — **of the rest**, support du chariot (tour); — **of the spindle**, douille de montage (outil); — **pipe**, tuyau à emboîtement; — **spanner**, clef à douille.

Soda, Soude; **caustic** —, soude caustique; **common** —, soude du commerce, cristaux; **native** —, natron; — **works**, soudière.

Sodium, Sodium; lampe au sodium; — **bicarbonate**, bicarbonate de sodium; — **bichromate**, bichromate de soude; — **carbonate**, carbonate de sodium; — **chloride**, chlorure de sodium; — **fluoride**, fluorure de sodium; — **hydrate**, lessive de soude; — **hydroxide**, soude; — **hyposulphite**, hyposulfite de soude; — **nitrate**, nitrate de soude; — **silicate**, silicate de sodium; — **sulphate**, sulfate de soude, sel de Glauber; — **vapour lamp**, lampe à vapeur de sodium.

Soft, Doux, tendre (métal); — **component**, composante molle; — **iron**, fer doux; — **materials**, matériaux tendres; — **metal,** antifriction; — **valve,** lampe molle, lampe contenant peu de gaz (par opposition à **Hard valve,** T. S. F.).

to Soften, Adoucir.

Softener, Adoucisseur (d'eau).

Softening, Adoucissement; augmentation de la longueur d'ondes; — **of metals,** adoucissement des métaux; — **point,** point d'amollissement.

Softwood (voir **Wood**).

Soil, Terrain, sol; — **compacting,** compactage; — **corrosion,** corrosion tellurique; — **mechanics,** mécanique des sols.

Solar, Solaire; — **radiation,** rayonnement solaire; — **system,** système solaire.

Solarimeter, Solarimètre.

Solder, Soudure (alliage); **brazing** —, produit d'apport de brasage; **hard** —, soudure forte; **lead base** —, brasure tendre à base de plomb; **link of** —, paillon ou paillette de soudure; **rod** —, soudure en barre (étain); **silver** —, brasure à l'argent; **soft** —, soudure tendre; **tin** —, soudure d'étain.

to Solder, Souder.

Soldered, Soudé; — **terminal,** borne soudée.

Soldering, Soudure, soudage, brasage, à souder; **hard** — (voir **Brazing**); **soft** —, brasage tendre; **tin** —, soudage à l'étain; — **bit,** fer à souder; — **iron,** fer à souder; — **ladle,** cuiller à souder; — **lamp,** lampe à souder; — **spirit,** esprit de sel; — **tool,** fer à souder.

Solderless, Sans soudure.

Sole, Sole (machine), aire (fourneau), savate de gouvernail (N.); **clumb** —, semelle à patin; — **bolt,** cheville ouvrière; — **plate,** plaque de fondation.

Solenoid, Solénoïde (élec.); **brake** —, solénoïde de freinage; **primer** —, solénoïde d'injection; **withdrawal** —, solénoïde d'effacement; — **brake,** frein à solénoïde; — **valve,** soupape à commande par solénoïde.

Solicitor, Avoué.

Solid, Solide, plein, massif, en une seule pièce; monobloc; — **disc,** plateau plein; — **electrolyte,** électrolyte immobilisé; — **end,** tête de bielle en étrier; tête à cage; — **forged,** monobloc; — **gold,** or massif; — **injection,** injection solide, injection mécanique (moteur Diesel); — **line,** trait plein; — **plate,** plaque de formation autogène (accus); — **tyre,** bandage plein; — **wheel,** roue pleine; **to cast** —, couler plein.

Solidification, Solidification.

to Solidify, Solidifier.

Solubilisation, Solubilisation.

Solubility, Solubilité; **cold, hot** —, solubilité à froid, à chaud.

Soluble, Soluble; — **salt,** sel soluble.

Solute, Soluté.

Solution, Solution, dissolution; **buffer** —, solution tampon; **electrolytic** —, solution d'électrolyte; **iterative** —, solution itérative (math.).

Solvatation, Solvatation.

Solvate, Produit de solvatation.

Solvation, Solvation.

Solvent, Dissolvant, solvant; **aromatic** —, solvant aromatique; **chlorine** —, solvant chloré; **oxygenated** —, solvant oxygéné; **rubber** —, solvant du caoutchouc.

Solventless, Sans solvant; — **varnish,** vernis sans solvant.

Solvolysis, Solvolyse.

Sonar, Ultrasonique (procédé).

Sonic, Sonique; — **depth finder**, appareil de sondage par le son; — **generator**, générateur d'ultra-sons; — **speed**, vitesse du son.

Sonobuoy, Bouée sonore, bouée radio-émettrice.

Soot, Suie; — **back**, noir de fumée; — **blower**, souffleur de suie; — **blowing**, ramonage des suies.

Sooting, Dépôt de carbone, cala-minage.

Sorbite, Sorbite.

Sorbitic, Sorbitique.

Sorption, Adsorption.

Sorptive, Adsorbant.

to Sort, Trier.

Sorting, Triage; — **by gravity**, triage par gravité.

Sound, Son; sain, en bon état; **musical** —, son musical; — **barrier**, mur du son; — **cable**, câble en bon état; — **deadener**, silencieux; — **detection**, détec-tion par le son; — **film**, film parlant, film sonore; — **insu-lation**, isolation phonique; — **level**, niveau d'intensité sonore; — **level meter**, appareil de mesure du bruit, sonomètre; — **motion pictures**, films sonores; — **proof**, insonore, insonorisé; — **proofing**, insonorisation; — **pulses**, pulsations sonores; — **waves**, ondes soniques.

to Sound, Sonder.

Sounding, Sonore, résonant; qui sonde, sondage; **ultrasonic** —, sondage aux ultra-sons; — **balloon**, ballon sonde; — **borer**, sonde (mines); — **machine**, machine à sonder, sondeur; — **relay**, relais frappeur (élec.); — **rod**, jauge (d'huile).

Sour, Aigre.

Source, Source; **light** —, source lumineuse; — **rock**, roche-mère.

Sow, Gueuse (de fonte, de fer), saumon de plomb.

Sp. ht, Specific heat, Chaleur spécifique.

Space, Espacement, espace; **ad-mission** —, volume d'admission; **air** —, matelas d'air; **balancing** —, chambre d'équilibrage (mach. à vapeur); **dead** —, espace nui-sible, espace mort; **delivery** —, conque, diffuseur de ventila-teur centrifuge; **eddy** —, espace de remous (turb.); **floor** —, encombrement, cubage; **frame** —, maille, espacement des cou-ples (c. n.); **gas** —, chambre à gaz; **noxious** —, espace nui-sible; **steam** —, volume de vapeur (chaud., etc.); **vector** —, espace vectoriel; **water** —, lame d'eau (chaud.); — **across the wings**, envergure (aéro.); — **charge**, charge d'espace; — **charge effect**, effet de charge d'espace; — **factor**, facteur d'espace; — **groups**, groupes spatiaux.

Spacer, Entretoise; rondelle, cale, séparateur, diviseur. **rotor** —, entretoise de rotor.

Spacing, Pas d'enroulement; pas; écartement, espacement; dis-tance d'implantation; **atomic** —, espacement atomique; **blade** —, pas des aubes (turb.); **electrode** —, écartement des électrodes; **interplanar** —, distance réticu-laire; — **of the frames**, espa-cement des couples; maille (c. n.); — **ring**, bague entre-toise.

Spade, Bêche; bêche d'affût.

to Spall, Scheider.

Spalling, Écaillage.

Spalling test, Essai de résistance aux changements brusques de températures.

Span, Envergure; écartement des lisses d'un N.; portée (lignes télégr.); arche, espace entre les piles d'un pont, ouverture de voûte, travée; brague (cor-dage); **turning** —, travée tour-nante; **wing** —, envergure de l'aile.

Spandogs, Renard double (élingue).

Spanner, Clef pour écrous, clef anglaise; **adjustable —,** clef à molette; **bent —,** clef coudée; **box —,** clef à tire-fonds; clef à douille; **face —,** clef à griffes; **fork —,** clé à griffes, clé à téton —; **monkey —,** clef anglaise; **shifting —,** clef anglaise; **socket —,** clef à douille.

Spanwise, Transversalement.

Spar, Longeron, cabrion, chevron, solive, espar; spath, spathfluor; **box —,** longeron caisson; **brown —,** dolomie ferrugineuse; **cube —.** spath cubique; **dog's tooth —,** variété de calcite; **false —,** faux longeron; **fluor —,** spathfluor; **front —,** longeron avant; **hollow —,** longeron creux; **main —,** longeron principal; **nose —,** arêtier; **rear —,** longeron arrière; **— boom,** semelle de longeron; **— cap,** semelle; **— flange,** semelle de longeron; **— web,** âme de longeron.

Spardeck, Pont supérieur, spardeck (N.).

Spare, De réserve, de rechange; **— parts,** pièces de rechange; **— things** or **spares,** rechanges; **— wheel,** roue de secours.

Spark, Étincelle; arc; **branched —,** étincelle ramifiée; **break —,** étincelle de rupture; **breakdown —,** étincelle disruptive; **electric —,** étincelle électrique; **quenched —** or **short —,** étincelle éteinte (émission par impulsion); **rupture —,** étincelle de rupture; **singing —,** étincelle musicale; **— advance,** avance à l'allumage; **— arrester,** pare-étincelles; **— catcher,** pare-étincelles; **— coil,** bobine d'induction; **— damping,** amortissement des étincelles; **— discharge,** passage ou décharge des étincelles; **— extinguisher,** souffleur d'étincelles; **— failures,** ratés d'allumage;

— frequency, fréquence d'étincelles (T. S. F.); **— gap,** éclateur (élec.); **adjustable — gap,** éclateur réglable; **ball — gap,** éclateur à boules; **rotary — gap,** éclateur tournant; **— generator,** générateur à étincelles, poste à éclateur; **— ignition,** allumage par bougie; **— plug,** bougie d'allumage (auto) (voir **Plug**); **— plug gasket,** joint de bougie; **surface discharge — plug,** bougie à décharge superficielle; **screened — plug,** bougie blindée; **high tension — plug,** bougie à haute tension; **low tension — plug,** bougie à basse tension; **— quenching,** extinction de l'arc; **— signals,** signaux amortis; **— timing variation,** avance ou retard à l'allumage (auto.); **— welding,** soudage par étincelage. **— working,** usinage par étincelage.

Sparking, Crachement (aux balais, élec.); **advanced —,** avance à l'allumage; **— advance,** avance à l'allumage (auto.); **— distance,** distance explosive des étincelles; **— lever,** levier d'avance à l'allumage; **— plug,** bougie (auto); **— plug hold,** bouchon de bougie.

to Sparkle, Jeter des étincelles, étinceler, briller.

Sparkling heat, Chaude suante, ressuante (forge).

Spathic, Spathique; **— iron,** fer spathique.

Spatial, Spatial.

Spatula, Spatule.

Speaker, Abréviation pour **Loud speaker,** Haut-parleur.

Speaking tube, Porte-voix.

Spear, Tige, tirant; **bulldog —,** arrache-tube.

Specialist, Spécialiste.

Specialized, Spécialité.

Specific, Spécifique; **— capacity,** capacité spécifique (élec.); **— gravity,** densité; **— heat,** chaleur spécifique; — **power,** puissance volumique (élec.); — **resistance,** résistance spécifique, résistivité (élec.).

Specifications, Devis, cahier des charges; caractéristiques, spécifications; **bill of —s,** devis d'échantillons; **reception —,** conditions de recette.

Specimen, Spécimen, échantillon.

Speck, Tache, point.

Spectra, Spectres.

Spectral, Spectral; — **band,** bande spectrale; — **line,** raie spectrale; — **source,** source spectrale.

Spectro, Spectro; — **chemical,** spectrochimique; — **chemistry,** spectrochimie; — **graph,** spectrographe; **vacuum — graph,** spectrographe sous vide; — **graphic,** spectrographique; — **graphic analysis,** analyse spectrographique; — **graphy,** spectrographie; — **meter,** spectromètre; **beta ray — meter,** spectromètre à rayons bêta; **mass — meter,** spectromètre de masse; **reflecting — meter,** spectromètre par réflexion; — **metry,** spectrométrie; **mass — metry,** spectrométrie de masse; — **photometry,** spectrophotométrie; — **absorption — photometry,** (spectro)photométrie d'absorption; **flame — photometry,** spectrophotométrie de flamme; — **radiometer,** spectroradiomètre; — **scope,** spectroscope; — **scopic,** spectroscopique; — **analysis,** analyse spectroscopique; — **scopically,** spectroscopiquement; — **scopy,** spectroscopie; **metal — scopy,** spectroscopie des métaux.

Spectrum (pluriel **Spectra**), Spectre; **absorption —,** spectre d'absorption; **rotational absorption —,** spectre d'absorption de rotation; **continuous —,** spectre continu; **emission —,** spectre d'émission; **energy —,** spectre d'énergie; **mass —,** spectre de masse; **microwave —,** spectre ultrahertzien; **noise —,** spectre de bruit; **rotational —,** spectre de rotation; **solar —,** spectre solaire; **visible —,** spectre visible; — **analyser,** analyseur de spectre; — **analysis,** analyse spectrale; — **line,** raie du spectre.

Specular, Spéculaire; — **iron,** fer spéculaire; — **stone,** pierre spéculaire.

Speed, Vitesse (voir aussi **Velocity**); **adjustable —,** vitesse variable, vitesse réglable; **air —,** vitesse de l'air, vitesse dans l'air; **climbing —,** vitesse de montée; **closing —,** vitesse de rapprochement; **constant —,** vitesse constante; **critical —,** vitesse critique; **cruising —,** vitesse de croisière; **cutting —,** vitesse de coupe (tour); **diving —,** vitesse de piqué; **full —!** à toute vitesse!; **full — ahead!,** en avant à toute vitesse! **full — astern!,** en arrière à toute vitesse!; **ground —,** vitesse par rapport au sol; **high —,** à grande vitesse; **high — engine,** moteur à grande vitesse, moteur rapide; **hoisting —,** vitesse de levage; **idling —,** vitesse de ralenti; **landing —,** vitesse à l'atterrissage; **level —,** vitesse en palier; **low —,** petite vitesse; ralenti; **peak —,** vitesse de pointe; **peripheral or tip —,** vitesse périphérique, circonférentielle; **rating —,** vitesse de régime; **return —,** vitesse de retour; **rotational —,** vitesse de rotation; **scanning —,** vitesse de balayage (télévision); **sinking —,** vitesse de descente verticale (aviat.); **sonic —,** vitesse du son; **spindle —,** vitesse de broche; **supersonic —,** vitesse supersonique; **translational —,** vitesse de translation; **varying —,** vitesse variable; **working —,** vitesse de régime, vitesse de travail; — **box,** boîte de vitesses; —

changer, variateur de vitesses;
— **disc**, cadran indicateur de
vitesse; — **gear box**, boîte de
vitesses; **change** — **gear**, boîte
de changement de vitesses; —
governor, régulateur de vitesse;
— **indicator**, compteur de tours;
change — **lever**, levier de changement de vitesses; — **record**,
tachygramme; — **reducer**, réducteur de vitesse; — **reducing
gears**, réducteurs de vitesse; —
regulator, variateur de vitesse;
— **trial**, essai de vitesse; —
variator, changeur, variateur
de vitesses; **to be at full** —,
être en route (mach.); **to put at
full** —, mettre à toute vitesse.

Speeding, Accélération.

Speedometer, Indicateur de vitesses; tachymètre, compteur
(auto).

Spell, Escouade, relève, équipe,
corvée.

to Spell, Relever (corvée).

Spelter, Zinc de commerce.

Spent, Épuisé (gisement).

Sphene, Sphène.

Sphere, Sphère; **photometric** —,
sphère photométrique; — **photometer**, photomètre à sphère.

Spherical, Sphérique; — **aberration**, aberration de sphéricité
(opt.); — **achromatism**, achromatisme de sphéricité; — **balloon**, ballon sphérique; — **cup**,
demi-coussinet de rotule; —
cup with (without) stem, demi-
coussinet de rotule avec (sans)
queue; — **cutter**, fraise sphérique; — **harmonics**, harmoniques sphériques; — **level**,
niveau sphérique; — **trigonometry**, trigonométrie sphérique.

Spheroidal, A globules.

Spheroidite, Sphéroïdite, perlite
globulaire.

Spheroidizing, Sphéroïdisation;
sorte de recuit pour améliorer
l'usinabilité.

Spider, Potence, araignée, moyeu
d'armature, croisillon; collier
de mât (N.); croisillon de roue
hydraulique; pomme d'arrosage; — **armature**, induit à rais,
à bras ou à croisillons; — **gear**,
satellite (pignon); — **web**, en
toile d'araignée; — **wire**, réticule.

Spigot or **spiggot**, Robinet;
siphon; ergot, saillie; bout mâle;
— **end of a pipe**, bout mâle
d'un tuyau de conduite; — **and
faucet joint**, joint à douille, à
emboîture.

Spike, Longue pointe; crampon;
dog —, crampon de rail; **screw**
—, tire-fond; — **bar**, pied de
biche; —**s of a jack**, griffes,
cornes d'un cric.

to Spike, Clouer; rendre pointu.

Spiked, A pointes.

Spiky, Armé de pointes.

Spile or **spill**, Épite (cheville);
coin en bois; cheville; pieu; —
awl, épitoir.

Spillway, Déversoir, coursier; é-
vacuateur de crues; — **gate**,
clapet déversant.

Spin, Rotation suivant une hélice,
vrille (aviat.), spin; **flat** —,
vrille à plat; **nuclear** —, spin
nucléaire; **plane of** —, plan de
rotation.

to Spin, Filer, faire tourner; se
mettre en vrille (aviat.); repousser (au tour).

Spindle, Fuseau, pivot; broche
(de tour, de machine à percer, etc.); essieu; arbre; axe;
tourillon; tige (de tiroir, etc.);
mèche (de gouvernail, de cabestan); **axle** —, fusée d'essieu;
bearing —, arbre de couche;
bladed —, rotor aubé; **boring** —,
broche, barre d'alésage, porte-
foret, porte-mèche; **capstan** —,
mèche de cabestan; **copy** —,
doigt à suivre; tige de contact;
core —, arbre à noyau; **cutter**
—, barre d'alésage; arbre; man-

drin porte-fraise; **dead** —, pointe fixe d'un tour; **drill** —, porte-mèche; **drilling** —, broche de perçage; **drive** —, allonge; **fan** —, axe de ventilateur; **live** —, arbre portant la pointe tournante d'un tour ou d'une machine-outil; **micrometer** —, broche micrométrique; **mill** —, allonge de laminoir; **multi** —, à broches multiples; **nitrided** —, broche nitrurée; **socket of** —, douille de montage (mach.-outil); **standard** —, broche étalon; **taper in** —, emmanchure de la broche; **tapping** —, broche de taraudage; **valve** —, tige de soupape; **main valve** —, axe, tige du registre de vapeur; **wheel** —, porte-meule; — **boring**, trou d'alésage de la broche; — **bush**, douille de la broche (mach.-outil); — **flange**, collet de la broche; — **head**, poupée porte-broche; — **hole**, trou, alésage de la broche; — **nose**, nez de la broche; — **of the slide**, tige du tiroir; — **oil**, huile à broches; — **shaped**, en forme de fuseau; — **sleeve**, manchon de broche; — **stroke**, course de la broche.

to Spindle, Toupiller.

Spindled, Toupillé.

Spindling machine, Toupilleuse.

Spinel, Spinelle.

Spinner, Casserole, cône d'hélice, toupie (av.); fileuse; capot (du moyeu d'hélice); **conical** —, capot conique; **parabolic** —, capot parabolique; — **hub**, casserole (aviat.);.

Spinning, Filage, filature, continu à filer (text.); vrille (aviat.); repoussage au tour; **flame** —, repoussage à la flamme; **metal** —, repoussage des métaux; **non**, anti-giratoire; **non** — **cable**, câble anti-giratoire — **bath**, bain pour filature; — **dive**, descente en spirale (aviat.); — **factory**, filature; — **frame**,

métier à filer; — **gin**, métier à filer; — **jenny**, mule-jenny; — **lathe**, tour à emboutir, à repousser; — **mill**, filature.

Spinthariscope, Spinthariscope.

Spintherometer, Spinthéromètre.

Spiral, Spirale; **Archimedes** —, spirale d'Archimède; **conveyor** —, vis sans fin, vis transporteuse; — **casing**, volute spirale, huche en spirale, bâche en chambre spirale; — **chamber**, chambre spirale; — **chute**, ralentisseur hélicoïdal; — **dive**, piqué en spirale; — **dowel**, goujon hélicoïdal; — **drill**, tarière en hélice, foret hélicoïdal; — **four**, câble à quatre conducteurs isolés; — **gear**, engrenage hélicoïdal; — **bevel gears**, engrenages coniques à denture spirale, hélicoïdaux; — **quad** (voir **Four**); — **spring**, ressort spiral, ressort à boudin; winding, enroulement spiral.

to Spirale down, Descendre en spirale.

Spiralling, Tourbillonement.

Spirally, en spirale; — **wound**, enroulé en spirale.

Spirit, Alcool, essence; **ardent** —, esprit de vin; **methylated** —**s**, alcool dénaturé; **motor** —, essence pour moteurs; **soldering** —, esprit de sel; **wood** —, esprit de bois; — **level**, niveau à bulle d'air; —**s of turpentine**, essence de térébenthine.

Spitting, Crachements (aux balais...).

Spkr, Loudspeaker, haut-parleur.

Splash, Éclaboussure, barbotage; — **board**, garde-boue; — **feed**, alimentation en surface; — **lubrication**, graissage par barbotage; — **proof**, à l'abri des projections d'eau; — **ring or shield**, déflecteur, chasse-goutte.

Splice, Épissure; **eye** —, épissure à œil; — **bar**, éclisse; **angle** — **bar**, éclisse à cornière; — **box**, boîte de jonction de câbles.

to Splice, Episser.

film Splicer, Colleuse de films.

Splicing, Épissage; assemblage, montage; — **clamps,** mâchoire à tordre (les câbles).

Splicing ear, Pince de jonction (ch. de fer).

Splicing fid, Épissoir.

Splicing sleeve, Manchon de connexion.

Spline, Ergot, tenon, cannelure.

Splined, Cannelé; — **driven,** à entraînement cannelé; — **milling machine,** machine à fraiser les rainures des arbres cannelés; — **shaft,** arbre cannelé.

Splint of the axle, Happe.

Splinter, Éclat (de bois, etc.); — **deck,** pont pare-éclats (N.); — **plates,** tôles pare-éclats (N.).

Split, Fêlure, fente, crevasse; fendu (adjectif); — **collet chuck,** mandrin à collier fendu; — **cotter,** clavette fendue; — **key,** clef anglaise; — **pin,** goupille fendue.

to Split, Fendre, diviser.

Splitter, Fendeur.

Splitting factor, Facteur de séparation (élec.).

Splitting mill or **rollers,** Fenderie.

Splittings, Clivures.

Spoiler, Obturateur de fente d'aile (aviat.).

Spoke, Rayon (de roue); poignée; manette (extrémités des rayons, barre d'un N., etc.); rais; **radial —,** rais radial; **tangential —,** rais tangentiel.

wooden Spoked, A rayons en bois.

Sponge, Éponge; **metallic —,** éponge métallique; **titanium —,** mousse de titane; — **iron,** fer spongieux; — **rubber,** caoutchouc mousse.

Spongy, Spongieux; — **platinum,** noir de platine; — **lead,** plomb spongieux.

Sponsons, Nageoires, stabilisateurs d'hydravion à coque.

Spontaneous, Spontané; — **combustion,** combustion spontanée; — **ignition,** allumage spontané.

Spool, Bobine; rotor; **cardboard —,** bobine en carton; **film —,** bobine de pellicules; **paper —,** dévidoir; **single —,** bobine élémentaire de l'induit (élec.); **two —,** à deux rotors; **wooden —,** bobine en bois.

Spooling, Bobinage.

Spoon, Cuiller.

to Spoon, Bobiner.

Sporadic reflexions, Réflexions anormales.

Spot, Tache; **anode —,** point anodique; **cathode —,** tache cathodique; — **height,** point coté.

Spotted, Taché; truité; — **iron,** fonte truitée.

Spotting, Réglage (d'artillerie).

Spout, Tuyau; ajutage, buse; canal; auget (roue); tuyau de décharge; couloir.

Sprag, Béquille.

Spragy brake, Barre d'enrayage (min.).

Spray, Pulvérisation, atomisation, pulvérin, insufflation; arrosage, jet; coulée de jet de fonte; **feather —,** volute de l'avant (d'un navire en marche); **fuel —,** jet de combustible; **metal —,** métallisation; **salt —,** brouillard salin; **subsidiary —,** jet auxiliaire; **water —,** pulvérisation d'eau; — **air,** air d'insufflation; — **air bottle,** bouteille d'air d'insufflation; — **nozzle,** buse de pulvérisation, gicleur; — **type chamber,** chambre (à combustion) du type à injection; — **type chamber,** chambre du type à atomisation; — **washer,** laveur à pulvérisation; — **water,** eau de pulvérisation.

Sprayer, Pulvérisateur (auto, Diesel); **foam** —, extincteur à mousse.

Spraying, Pulvérisation, vaporisation; **metal** —, métallisation, vaporisation, pulvérisation de métal; **metal** — **gun,** pistolet métalliseur; — **chamber,** chambre de pulvérisation; — **machine,** appareil vaporisateur; **sand** — **machine,** sableuse.

Spread, Envergure, épatement (charpente).

Spreader, Vergue, étaleuse, épandeuse; **concrete** —, bétonneuse; **gravity** —, épandeuse par gravité; **star** —, goudronneuse; — **stocker,** grille de chargement.

Sprig, Pointe, cheville.

Spring, Ressort; **actuating** —, ressort moteur; **antagonistic** —, ressort antagoniste; **axial** —, ressort longitudinal; **band** —, ressort de garniture; **bearing** —, ressort de suspension; **bow** —, ressort en arc; **buffer** —, ressort de tampon; **cantilever** —, ressort cantilever, en porte-à-faux; **carriage** —, ressort à feuilles étagées; **cee** —, ressort en C; **coiled** —, ressort spiral; **compression** —, ressort de compression; **connecting** —, ressort de connexion; **disc** —, ressort Belleville; **drag** —, ressort de traction; **draw** —, ressort de traction; **driving** —, ressort moteur; **ejector** —, ressort d'éjecteur; **elliptical** —, ressort elliptique; **equaliser** —, ressort compensateur; **flat** —, ressort plat; **flexion** —, ressort de flexion; **forward or front** —, ressort avant; **hair** —, ressort spirale; **helical** —, ressort à boudin; **hoop** —, ressort à feuilles, à lames; **indicator spiral** —, ressort à boudin de l'indicateur; **leaf** —, ressort à lames; **main** —, ressort moteur; grand ressort; **opposing** —, ressort antagoniste, de rappel; **post** —, ressort entretoisé; **rear** —, ressort arrière; **release** —, ressort de rappel; **sear** —, ressort de détente; **spiral** —, ressort spirale, ressort à boudin; **flat spiral** —, ressort spirale plat; **split** —, ressort de compression, de pression; **steel** —, ressort en acier; **step** —, ressort à lames étagées; **suspension** —, ressort de suspension; **trigger** —, ressort de gâchette; **tumbler** —, ressort d'arrêt; **valve** —, ressort de soupape; **volute** —, ressort spiral; **watch** —, ressort de montre; — **actuated,** actionné par ressort; — **back,** retrait; — **balance,** dynamomètre; — **bolt,** verrou à ressort; — **box,** barillet; douille de ressort; — **bracket,** patin de ressort, support de ressort; — **bridle,** bride de ressort; — **buckle,** bride de ressort; — **buffer,** tampon de choc à ressort; — **caliper,** compas à ressort; — **cap,** godet de ressort; — **catch,** encliquetage; — **chape,** ploie-ressort; — **clamp,** pince à ressort (chim.); — **clip,** menotte de ressort, pince à ressort; **clutch** —, ressort d'embrayage; — **coiling machine,** machine à fabriquer les ressorts; — **collet,** bague de ressort; — **cushion,** matelas de vapeur; — **drift,** mandrin à ressort; — **drum,** barillet de ressort; — **expander,** mandrin à ressort; — **key,** clavette fendue; — **leaf,** lame de ressort; — **loaded,** chargé par ressort; — **plate,** lame de ressort; — **shackle,** bride, jumelle de ressort; — **stirrup,** bride, jumelle de ressort; — **support,** appui à ressort; — **swivel,** émerillon à ressorts (pétr.); — **washer,** rondelle à ressort, rondelle Grover; — **winding,** enroulement en spirale (élec.); — **wire,** fil à ressort; **to relax a** —, détendre un ressort.

Springer, Sommier de voûte.

Springing, Traitement du laiton par flexion, distorsion pour détruire les efforts résultant de l'écrouissage; suspension à ressorts.

Springing of a vault, Naissance de voûte.

Sprinkle, Goupillon.

to Sprinkle, Arroser, saupoudrer; rocher (ferblanterie).

Sprinkler, Appareil d'arrosage en douche; arroseuse; — **system,** noyage en pluie.

Sprinkling, Arrosage; — **machine,** épandeuse.

Sprocket, Empreinte (de roue); — **chain,** chaîne Galle; — **wheel,** roue à cames, à réas; hérisson; couronne à empreintes (cabestan); pignon de chaîne.

Spruce tree, Épicéa.

Sprue, Déchets de fonderie; bocages, jet de coulée, carotte; **casting** —, masselotte de fonderie; — **extractor** or **puller,** extracteur de carotte.

sp, st, Single pole, single throw (switch).

Spud, Spatule.

Spudding, Procédé de battage au câble (pétr.).

Spun, Filé.

Spur, Arc-boutant; éperon; talon; griffe; **climbing** —, grappin; crampon; **iron** —, jambe de force; — **chuck,** mandrin à pointes; — **gear,** engrenage droit; — **pinion,** pignon droit; — **wheel,** roue dentée.

to Spurt, Faire gicler, gicler.

to Sputter, Bafouiller (moteur).

Spyglass, Lunette.

Squadron, Escadre; escadrille (N.).

Square, Carré; équerre; Té; **back** —, équerre épaulée, équerre à chapeau; **bevel** —, sauterelle, fausse équerre; **caliper** —, pied à coulisse; **centre** —, équerre à diamètre; **chuck** —, faux bouton; **framing** —, équerre de charpentier; **hexagonal** —, équerre à 6 pans; **iron** —,

équerre en fer; **least** —**s method,** méthode des moindres carrés; **rim** —, équerre à chapeau; **shifting** —, fausse équerre, sauterelle; **sliding** —, fausse équerre, sauterelle; **T** —, équerre en T; — **bit,** fleurette à tête carrée, perçoir à couronne; — **bolt,** boulon carré; — **centimeter,** centimètre carré; — **decimeter,** décimètre carré; — **edge,** arête vive; — **elbow,** genou vif; coude; — carreau (lime); — **foot,** pied carré; — **frame,** couple droit (c. n.); — **headed,** à tête carrée; — **inch,** pouce carré; — **jag,** entaille carrée; — **meter,** mètre carré; — **millimeter,** millimètre carré; — **nut,** écrou carré; — **tipped,** à bout carré.

to Square, Équarrir, équerrer (le bois); élever au carré.

Squared, Quadrillé; — **paper,** papier quadrillé.

Squaring, Équarrissement, équarrissage; équerrage; quadrillage.

Squeegee, Râclette.

to Squeeze, Tondre, presser.

Squeezer, Cingleur, marteau à cingler, machine à mouler.

Sq. ft (Square foot), Pied carré.

Sq. in (Square inch), Pouce carré.

Squirrel cage, Cage d'écureuil (élec.); **double** —, double cage d'écureuil; — **winding,** enroulement à cage d'écureuil.

to Squirt, Graisser, injecter avec une seringue; faire gicler, gicler.

S. S., abréviation pour Steamer (vapeur).

S. S. Furol, Saybolt Furol Seconds, Nombre de secondes nécessaires pour que 60 ml d'huile passent à travers l'orifice du viscosimètre Saybolt Furol à une température donnée.

S. S. U., Saybolt Universal Seconds; Id. que ci-dessus, mais pour le viscosimètre Saybolt ordinaire.

Stab, Lopin.

to Stabilise or **Stabilize**, Stabiliser.

Stabilised, Stabilisé; — **line of sight**, ligne de visée, ligne de mire stabilisée; — **steel**, acier stabilisé; — **water**, eau stabilisée (traitée contre les dépôts).

Stabiliser or **stabilizer**, Stabilisateur; plan de dérive, empennage; **gyroscopic** —, stabilisateur gyroscopique; **voltage** —, stabilisateur de tension; — **circuit**, circuit stabilisateur; — **fin**, plan stabilisateur; — **gear**, appareil stabilisateur.

Stability, Stabilité; **combustion** —, stabilité de combustion; **directional** —, stabilité directionnelle; **elastic** —, stabilité élastique; **frequency** —, stabilité de fréquence; **lateral** —, stabilité latérale; **longitudinal** —, stabilité longitudinale; **rolling** or **transversal** —, stabilité transversale; — **curve**, courbe de stabilité.

Stabilization, Stabilisation; **gyro** —, stabilisation gyroscopique.

Stabilizer, voir **Stabiliser**.

Stabilizing, Stabilisation.

Stack, Tas, pile, empilage, paquet; cheminée; monture; pipe, tuyère, cuve de haut-fourneau; cuve ou blindage de cuve (h. f.); **smoke** —, cheminée; — **of wood**, pile de bois; — **oxycutting**, oxycoupage au paquet.

to Stack, Empiler.

two Stacker, Navire à deux cheminées.

Stacking, Empilement; facteur d'espace.

Staff, Personnel d'usine, etc.; mire; barreau, échelon; **brake** —, vis du frein; **cross** —, équerre d'arpenteur, alidade, pinnule; **levelling** —, mire pour nivellement.

Stage, Période, phase; étage; échafaudage, échafaud; **compound** — **expansion**, double détente; **first** —, premier étage (de compression); **high pressure** —, étage haute pression (turbine); **impulse** —, étage d'action; **impulse** — **bladings**, aubages de l'étage d'action; **in** — **s**, par étapes; **landing** —, appontement, quai de débarquement; **low pressure** —, étage basse pression (turbine); **mixer** —, étage de première détection; **multi** —, à plusieurs étages; **reaction** —, étage de réaction (turbine); **two** — **expansion**, double détente; — **distance**, longueur d'étape (aviat.).

n **Staged**, A *n* étages.

Stagger, Décalage des ailes; **front** —, décalage vers l'avant; **rear** —, décalage vers l'arrière.

to Stagger, Chanceler, vaciller, décaler.

Staggered, Alternés, en quinconce décalé; — **poles**, pôles alternés (élec.).

Staging, Échafaud (pour ouvriers).

Stain, Colorant.

to Stain, Teindre, imprimer (des étoffes); tacher.

Stained, Teint, imprimé; — **glass**, vitrail.

Stainer, Teinturier; **paper** —, fabricant de papiers peints.

Stainless, Inoxydable; — **steel**, acier inoxydable.

Stair, Degré, marche d'escalier; **circular** —, escalier tournant, en limaçon; — **way**, escalier; **electric** — **way**, escalier électrique.

Stairs, Escaliers.

Staith, Appontement.

Stake, Jalon, pieu, piquet; virure (c. n.); **anvil** —, tasseau, tas à queue; **nail** —, tas du cloutier; **planishing** —, tas à planer (chaud.).

to Stake, Soutenir, protéger avec des pieux; freiner, bloquer (un écrou...).

to Stake out, Jalonner.

Stale, Éventé; vicié; vieux, usé; — **atmosphere,** air vicié.

Stall, Perte de vitesse en vol, décrochage.

to Stall, Caler (un moteur), bloquer; se mettre en perte de vitesse, décrocher.

Stalled, En panne, en perte de vitesse, calé (moteur).

Stalling, Calage, blocquage, pompage, perte de vitesse, décrochage; — **characteristics,** caractéristiques de décrochage; — **speed,** vitesse limite inférieure, vitesse de décrochage.

Stallometer, Indicateur de vitesse minimum de sustentation.

Stamp, Pilon, bocard; étampe (forge); mouton, sonnette; bouteille; cachet, matrice, poinçon, coin; **acceptance** —, poinçon de réception; **board drop** —, marteau à planche; **cornish** —, bocard; **die** —, coin; poinçon; — **battery,** batterie de bocards; — **duty,** droit de timbre; — **mills,** concasseurs; — **press,** presse à emboutir; — **rock,** minerai à brocard.

to Stamp, Étamper, emboutir, broyer, bocarder le minerai.

Stamped, Étampé, embouti, broyé, bocardé, timbré; — **head,** fond embouti; — **paper,** papier timbré.

Stamper, Marteau pilon, martinet, bocard.

Stamping, Estampage; **die** —, matrice d'estampage; **sheet** —, estampage des tôles; — **engine,** bocard; — **machine,** machine à étamper, à découper les tôles; — **mill,** bocard; — **press,** presse à matricer.

Stampings, Tôles découpées; pièces embouties; **body** —, pièces embouties pour carosserie.

Stanchion, Étançon, épontille, support, accore, arc-boutant, montant, ranchet; batayole de bastingage (N.).

Stand, Support, banc, pied; trait (pétr.), cage; **cage** de laminoir: **engine** —, banc pour moteur; **launching** —, rampe de lancement; **test** —, banc d'essai; **whirling** —, banc tournant; — **by,** de secours (mach.); — **by battery,** batterie de secours; — **s in line,** cages en ligne; — **pipe,** colonne d'eau alimentaire.

Standage, Puisard (mines).

Standard, Support; bâti; poteau; étalon, modèle, type; norme; normal (adj.); courbe (navire en bois); titre (d'or, etc.); colonne, montant; **main** —, colonne (raboteuse); **side** —, montant latéral; — **ammeter,** ampèremètre de précision; — **cell,** élément étalon; — **engine,** moteur d'essai; — **foot,** pied étalonné; — **gauge,** gabarit; — **of a solution,** titre d'une solution; — **scale,** échelle de calibres; — **sizes,** dimensions standard; — **voltmeter,** voltmètre de précision.

Standardisation or **standardization,** Étalonnage; standardisation; normalisation.

to Standardise or **standardize,** Étalonner; construire en série; normaliser.

Standbi or **stand by,** Attente (T. S. F.); secours; — **battery,** batterie de secours; — **fuel,** combustible auxiliaire; — **plant,** installation de secours; — **position,** position d'attente.

Standing, Fixe; stationnement; dormant; — **part of a rope**, dormant d'une manœuvre (N.); — **vice**, étau à pied; — **waves**, ondes stationnaires.

Standstill, Repos, arrêt, stoppage.

Staple, Crampon; coin, cale en fer; entrepôt; matière brute, matière première; puits d'aérage (mines); **caulking or calking** —, crampon de tête de boîte; — **angles**, cornières épaulées. — **shaft hoist**, treuil de bure.

Staplers, Machine à serrer les agrafes.

Staples of goods, Nature des marchandises.

Star, Étoile; — **connection**, montage en étoile (élec.); — **delta switch**, commutateur étoile-triangle (élec.); — **point**, point neutre (élec.); **artificial** — **point**, point neutre artificiel; — **wheel**, roue étoilée.

Starboard, Tribord, de tribord.

Starch, Amidon; — **paste**, colle d'amidon.

Starlike, En forme d'étoile.

Starling, Bec (de môle, de pile de pont, etc.).

Start, Départ, lancement, démarrage; **cold** —, départ à froid; **flying** —, départ lancé; **repulsion** —, démarrage en répulsion (élec.); **standing** —, départ arrêté; — **and stop**, marche-arrêt.

to Start, Démarrer, partir; mettre en marche; disjoindre, délier (des tôles...); — **a bolt**, refouler un boulon.

Startability, Aptitude au démarrage.

Starter, Démarreur; **cartridge** —, démarreur à cartouche; **combustion** —, démarreur à explosion; **compressed air** —, démarreur à air comprimé; **crank** —, démarreur à manivelle; **drum**

—, démarreur à cylindre (élec.); **electric** —, démarreur électrique; **inertia** —, démarreur à inertie; **self** —, démarreur automatique; — **button**, bouton de démarrage.

Starting, Mise en mouvement; démarrage (élec., auto., etc.); mise en marche; mise en train; mise en route; amorçage (pompe, etc.); **cartridge** —, démarrage par cartouche; **cold** —, démarrage, départ à froid; **kick** —, départ au pied (motocycl.); **loadless** —, démarrage à vide; **self** —, démarrage automatique (auto.); — **air**, air de lancement (Diesel); — **air vessel**, réservoir de lancement (Diesel); — **bar**, levier de mise en train, levier de mise en marche; — **battery**, batterie de démarrage; — **by means of compressed air**, mise en marche à l'air comprimé; — **claw**, griffe de mise en marche; — **crank**, manivelle de mise en marche; — **gear**, mise en train; — **handle**, manivelle de mise en marche; — **lever**, levier de mise en train, levier de mise en marche; — **load**, charge de démarrage; — **motor**, moteur de lancement, moteur de démarrage; — **panel**, tableau de démarrage; — **piping**, tuyautage d'air de lancement (Diesel); — **resistance**, résistance de démarrage (élec.); — **rheostat**, rhéostat de démarrage; — **torque**, couple de démarrage; — **trial**, essai de départ; — **up**, mise en route; — **valve**, soupape de lancement (Diesel); — **winding**, enroulement de démarrage (élec.).

to Starve, Manquer d'essence (moto).

State, Allure, marche (d'un h. f.); état; **steady** —, régime permanent.

Static, Statique (adjectif); **precipitation** —, décharge atmosphérique; — **balance**, équilibre statique; — **capacity** —, capacité statique; — **charge**, charge statique; — **electricity**, électricité statique; — **head**, chute statique (hyd.); — **lift**, force ascensionnelle; — **load**, charge statique; — **pressure**, pression statique; — **strength**, résistance statique; — **test**, essai statique; — **thrust**, poussée statique.

Statically, Statiquement.

Statics, Statique (science); parasites (T. S. F.).

Station, Poste; gare; dépôt (de charbon, etc.); station (établissement); **broadcasting** —, poste, station de radiodiffusion; **central** —, station centrale; **coaling** —, dépôt de charbon; **electric light** —, usine génératrice de lumière électrique, centrale; **gas** —, poste à essence; **generating** —, station génératrice (élec.); **heat engine** —, centrale thermique; **hydroelectric** —, centrale hydroélectrique; **lifeboat** —, station de sauvetage; **loading** —, poste de chargement; **power** —, usine génératrice, centrale (élec.); **pump** —, station de pompage; **pumping** —, station élévatoire; **radio range** —, radiophare; **receiving** —, poste de réception (T. S. F.); **sending** —, poste d'émission (T. S. F.); **steam** —, centrale thermique; **sub** —, sous-station (élec.); **portable sub** —, sous-station mobile; **terminal** —, aérogare; **transmitting** —, station d'émission; **trig** —**s**, points géodésiques; **utility** —, station de service; **way** —, station intermédiaire.

Stationary, Stationnaire; fixe; — **transformer**, transformateur fixe; — **wave**, onde stationnaire.

Statistic, Statistique.

Stator, Stator (élec.); — **blade**, aubage de stator; — **frame**, bâti du stator; — **plates**, plaques fixes (d'un condens.); — **slot**, rainure, encoche de stator; — **winding**, enroulement du stator, enroulement statorique.

Statoreactor, Statoréacteur.

Statoscope, Statoscope.

Stauffer lubricator, Graisseur Stauffer.

Stave, Douve de barrique.

to **Stave**, Défoncer, crever (une barrique, un navire).

Staved, Défoncé.

Staves (pluriel de **Staff**).

Staving off, Jalonnage.

Stay, Hauban (de cheminée); étai (de navire); arc-boutant; entretoise, armature, tirant (de machine); **back** —, contre-plaque; chaîne de retenue; support de la contre-pointe (tour); **binding** —, bride de la membrure inférieure d'une poutre armée; **bridge** —, armature d'une boîte à feu; **buck** —, poutre d'ancrage; armature de four; **chain** —, hauban-chaîne; **cross** —, croix de Saint-André; tirant de Saint-André; **dog** —, boulon; **gusset** —, gousset, triangle en tôle; — **bar**, tirant (de chaudière); — **of frames**, liaison des bâtis; — **rod**, tirant (de chaudière); — **ring**, anneau entretoise.

to **Stay**, Étayer, étançonner.

Stayed, Haubanné.

Staying, Haubannage, arc-boutement.

s. t. d., Standard.

S. T. D., Stand by (T. S. F.).

Steadiness, Rigidité; stabilité; fixité (de la lumière électrique).

Steady, Ferme, solide, stable. stationnaire, permanent; lunette (tour); — **head**, tête de fixage (tour); — **rest**, support fixe, lunette (mach.-outil); — **state**, régime permanent.

Steam, Vapeur; **back** —, contre-vapeur; **bled** —, vapeur de soutirage; **condensed** —, vapeur condensée; **dry** —, vapeur sèche; **exhaust** —, vapeur d'échappement; **exhaust** — **turbine,** turbine à vapeur d'échappement; **extraction** —, vapeur d'extraction; **heating** —, vapeur de chauffage; **high pressure** —, vapeur à haute pression; **low pressure** —, vapeur à basse pression; **overheated** —, vapeur surchauffée; **process** —, vapeur d'extraction, de soutirage; **reverse** —, contre-vapeur; **saturated** —, vapeur saturée; **superheated** —, vapeur surchauffée; **wet** —, vapeur humide; **with every pound of** —, sous toute pression; — **accumulator,** accumulateur de vapeur; — **atomizing,** pulvérisation de vapeur; — **case,** chemise, enveloppe du cylindre; — **chest,** coffre à vapeur; — **distillation,** distillation à la vapeur d'eau; — **distributor,** tiroir; — **dryer,** sécheur de vapeur; — **dynamo,** dynamo à vapeur; — **engine,** machine à vapeur; — **feed pipe,** tuyau de conduite de la vapeur; — **gauge,** manomètre; — **hammer,** marteau-pilon; — **heating,** chauffage à la vapeur; — **holder,** coffre à vapeur (chaud.); — **jacket,** chemise de vapeur; — **leakage,** fuite de vapeur; — **locomotive,** locomotive à vapeur; — **making,** production de vapeur; — **meter,** compteur de vapeur; — **overlap,** recouvrement à l'introduction; — **pipe,** tuyau de vapeur; — **ports,** lumière, orifices d'admission et d'émission de vapeur; — **pressure,** pression de vapeur; — **pump,** pompe à vapeur; — **room,** coffre à vapeur; — **saver,** économiseur de vapeur; — **separator,** séparateur de vapeur; — **space,** volume de vapeur; — **station,** centrale thermique; — **superheater,** surchauffeur de vapeur; — **sweeping,** ramonage à la vapeur; — **tight,** étahche à la vapeur; — **tight joint,** joint étanche; — **tightness,** étanchéité; — **trap,** purgeur automatique; **inverted bucket** — **trap,** purgeur à cuve inversée; — **trial,** essai de vaporisation; — **way,** orifice à l'introduction; **the** — **is down,** on n'a pas de pression; **the** — **is up,** on a de la pression; **the** — **rises,** la pression monte; **to get up** —, chauffer; **to have** — **up,** avoir de la pression; **to keep up** —, tenir sous pression; **to let off** —, laisser échapper la vapeur; **to put on full** —, mettre à toute vitesse.

Steamboat, Bateau à vapeur.

Steamer, Vapeur, bâtiment à vapeur; **paddle** —, vapeur à roues; **screw** —, vapeur à hélices; **single screw** —, vapeur à hélice simple; **twin screw** —, vapeur à hélices jumelles; **turbine** —, vapeur à turbines.

Steamship, Vapeur.

Steamotive, Producteur de vapeur.

Stearate, Stéarate; **lithium** —, stéarate de lithium; **sodium** —, stéarate de sodium.

Stearic acid, Acide stéarique.

Steel, Acier (voir aussi aux diverses désignations d'aciers énumérées ailleurs); **all** —, tout acier; **alloy** —, acier spécial; **alloyed** —, acier allié; **annealed** —, acier recuit; **Bessemer** —, acier Bessemer; **blistered** —, acier ampoulé, acier boursouflé; **boron** —, acier au bore; **bright** —, acier poli; **bright drawn** —, acier étiré brillant; **carbon** —, acier au carbone; **case hardened** —, acier durci à la surface; **case hardening** —, acier de cémentation; **cast** —, acier moulé, fondu; **cementation** —, acier de cémentation; **cemented** —, acier de cémentation; **centrifugal** —, acier centrifugé; **chilled** —, acier durci; **chrome**

—. acier au chrome; **clad** —, acier plaqué; **cobalt** —, acier au cobalt; **cold drawn** —, acier étiré à froid; **concrete** —, béton armé; **constructional** —, acier de construction; **converted** —, acier cémenté; **crucible** — or **crucible cast** —, acier fondu au creuset, acier au creuset; **crude** —, acier brut; **crushed** —, acier à égriser; **die** —, acier à matrices; **fined** —, acier affiné; **forging** —, acier de forge; **ground** —, acier meulé; **half hard** —, acier mi-dur; **hard** —, acier dur; **hardenable** —, acier trempant; **hardened** —, acier trempé; **heat** —, acier réfractaire; **heat resisting** —, acier résistant à la chaleur; **high class** —, acier de haute teneur; **high permeability** —, acier à haute perméabilité; **high speed** —, acier rapide; **high tensile** —, acier à haute tension; **hoop** —, acier en rubans; **hot drawn** —, acier étiré à chaud; **killed** —, acier calmé, reposé, qui a cessé de bouillonner; **low loss** —, acier à faibles pertes; **free machining** —, acier de décolletage; **magnetic** —, acier magnétique; **non magnetic** —, acier non magnétique; **manganese** —, acier au manganèse; **Martin** —, acier Martin; **medium** —, acier mi-dur; **merchant** —, acier marchand; **mild** —, acier doux; **half mild** —, acier mi-doux; **natural** —, acier naturel; **nickel** —, acier au nickel; **non distorsion** —, acier indéformable; **plugged** —, acier effervescent contrôlé; **pressed** —, acier embouti; **puddled** —, acier puddlé; **quality** —, acier de qualité; acier de marque; **raw** —, acier brut; **refined** —, acier corroyé; **rimmed** —, acier mousseux, effervescent, partiellement désoxydé; **rolled** —, acier laminé; **rough** —, acier cru; **screw machine** —, acier de décolletage; **semi** —, fonte aciérée; **shallow hardening** —, acier peu trempant;

sheared —, acier corroyé; **shearing of** —, affinage de l'acier; **sheet** —, tôles d'acier; **silicomanganese** —, acier manganosiliceux; **silver** —, acier argenté; **softened** —, acier adouci (dont on a diminué la trempe); **dead soft** —, acier extra-doux; **special** —, acier spécial; **spring** —, acier à ressort; **stainless** —, acier inoxydable; **strip** —, feuillard; **structural** —, acier de construction; **tempered** —, acier trempé (rare), acier revenu; **Thomas** —, acier Thomas; **tool** —, acier à outils; **transformer** —, acier pour transformateurs; **tubular** —, tubes d'acier; **tungsten** —, acier au tungstène; **untreated** —, acier non traité; **vanadium** —, acier au vanadium; **weldable or welding** —, acier soudable; **welded** —, acier corroyé; **wootz** —, acier indien; **wrought** —, acier forgé; — **bath**, bain d'aciérage; — **casting**, acier moulé; — **dust**, limaille d'acier; — **foundry**, fonderie d'acier; — **hawser**, aussière en acier; — **makers**, aciéristes, aciéries; — **making**, élaboration de l'acier; — **mill**, aciérie; — **plate**, tôle d'acier; — **powder**, poudre d'acier; **prealloyed powders**, poudres d'acier alliées; — **rim**, jante en acier; — **sheet**, tôle mince en acier; — **spring**, ressort d'acier; — **strip**, feuillard; — **tape**, ruban en acier; — **turnings**, copeaux d'acier; — **vessel**, navire en acier; — **wire**, fil d'acier; — **works**, aciérie.

to Steel, Aciérer.

Steeled iron, Fer étoffé.

Steeling, Aciérage, aciération, étoffage.

Steelyard, Romaine (balance).

to Steep, Rouir.

Steepening, Rouissement.

to Steer, Gouverner, diriger.

Steering, De la barre, à gouverner (N.); direction (auto); **irreversible** —, direction irréversible; — **axle**, essieu directeur; — **box**, boîte, boîtier de direction; — **column**, colonne de direction; — **compartment**, compartiment de la barre; — **compass**, compas de route; — **drop arm**, bielle de direction (auto); — **engine**, servo-moteur; — **gear**, appareil à gouverner; — **indicator**, axiomètre; — **lever**, levier de commande; — **lock**, verrouillage de la direction; angle de braquage; — **reveiver**, récepteur; — **socket**, douille de direction; — **swivel**, pivot de direction; — **wheel**, volant de direction (auto.).

Stellar, Stellaire.

Stellite, Stellite.

Stellited, Garni de stellite.

Stem, Tige; étrave (N.); **valve** —, tige de soupape, contre-tige; **valve** — **guide**, guide de tige de soupape; — **guided**, guidé par goujon (clapet).

Stemson, Marsouin avant (N.).

Stenode circuit, Circuit superhétérodyne à cristal piézo-électrique.

Step, Redan, crapaudine; marche; marchepied; échelon (d'un escalier); emplanture (de mât); banquette (de bassin); **by** — **s**, par paliers; **by reserve** —**s**, par étapes (mines); **collar** —, anneau de fond, grain annulaire; **collar** — **bearing**, crapaudine annulaire; **falling out of** —, décrochage (élec.); **in** —, en phase; **in** —**s**, en étage, étagées (dents d'engrenage); **into** —**s**, accrochage (élec.); **pulling into** —, accrochage (élec.); **resistance** —, plot de démarrage (élec.); — **bearing**, crapaudine; — **by**, graduel; — **by** — **relay**, relais graduel (élec.); — **cones**, poulie à gradins; — **function**, fonction en escalier (math.); — **lens**, lentille à échelons; — **down transformer**, transformateur de courant à haute tension en courant à basse tension, dévolteur, transformateur, réducteur; — **up transformer**, transformateur de courant à basse tension en courant à haute tension, survolteur, transformateur élévateur.

to Step down, Dévolter, réduire la tension.

to Step up, Survolter, augmenter le voltage.

Stepless, Progressif; — **starting**, démarrage progressif.

Stephenson's link motion, Coulisse de Stephenson.

Stepped, A gradins; — **area**, section en gradins.

Stereochemical, Stéréochimique.

Stereochemistry, Stéréochimie.

Stereocomparator, Stéréocomparateur.

Stereophonic, Stéréophonique; **reception** — réception stéréophonique.

Stereoprojector, Projecteur stéréoscopique.

Stereoscope, Stéréoscope.

Stereoscopic, Stéréoscopique; — **height finder**, altimètre stéréoscopique; — **photography**, photographie stéréoscopique; — **pictures**, images stéréoscopiques; — **range finder**, télémètre stéréoscopique; — **vision**, vision stéréoscopique.

Stereoscopy, Stéréoscopie.

Stereotomy, Stéréotomie.

Stereotopograph, Stéréotopographe.

Steric, Stérique; — **effect**, effet stérique; — **strain**, tension stérique.

to Sterilize, Stériliser.

Stern, Arrière, arcasse (N.); — **bracket**, chaise d'arbre d'hélice; — **frame**, arcasse; — **ports**, sabords d'arcasse; — **post**, étambot; — **rudder**, gouvernail arrière; — **tube**, tube d'étambot.

Stereotomy, Stéréotomie.

Sternmost, Le plus à l'arrière (N.); — **frame**, estain (c. n.).

Sternpiece or **sternpost**, Étambot (c. n.); **inner** —, étambot avant; **outer** —, étambot arrière.

Sternson, Marsouin arrière (N.).

Steroids, Stéroïdes.

Stethoscope, Stéthoscope; **industrial** —, stéthoscope industriel.

Stevedore, Arrimeur.

Stick, Tige, tronc (d'arbre), pièce de charpente, nervure; gommage; **anchor** —, jas de l'ancre; **cold** —, gommage à froid; **drip** —, tige conductrice d'eau ou de lubrifiant sur un outil en travail; **elevator** —, timonerie de profondeur; **emery** —, rodoir, polissoir; **joy** —, manche à balai (aviat.); **meter** —, tige graduée; **ring** —, gommage des segments; — **force**, effort sur le manche; — **force indicator**, indicateur d'intensité de réaction de manche.

to Stick, Être engagé, coincé, collé, gommé (robinet, etc.); gripper (moteur).

Sticking, Tenace (adj.); gommage (d'un segment); **ring** —, gommage des segments; — **carbon**, carbone tenace; — **of a valve**, collage d'une soupape; — **sulfur**, soufre tenace.

Stickiness or **sticking**, Gommage, collage; **ring** —, collage des segments.

Sticklac, Laque en bâtons.

Stiff, Raide; dur (barre d'un N., etc.).

to Stiffen, Renforcer; entretoiser; lester (pour stabilité); raidir; tendre.

Stiffener, Renfort (de cheminée, etc.); raidisseur, tendeur, entretoise; **aluminium** —, raidisseur en aluminium.

Stiffening, Raidissement, renforcement, lest de stabilité (N.); **integral** —, raidissement interne (avions); — **frame**, cadre raidisseur; — **girders**, entretoises de renforts; — **rib**, nervure de renforcement.

Stiffness (voir **Elastance**), Rigidité.

Stilb, Unité de brillance ($1b\ cm^t$)

Still, Alambic; **centrifugal** —, évaporateur centrifuge.

Stillman, Distillateur.

Stilt, Pilotis, pieu.

Stilting, Exhaussement.

Stimulated, Provoqué; — **decay**, désintégration provoquée.

sound Stimuli, Stimuli sonores.

to Stir, Agiter, remuer; — **the fires**, activer les feux.

Stirrer, Agitateur, ringard.

Stirring, Brassage, agitation; **inductive** —, brassage par induction.

Stirrup, Étrier, bride; **eccentric** —, collier d'excentrique; **spring** —, bride de ressort.

Stock, Approvisionnement, matériel; cale (de construction N.); jas (d'ancre); tin (c. n.); marteau, maillet; fonds de commerce; marchandise en magasin; mèche (gouvernail); **anchor** —, jas de l'ancre; **centre** —, pointe de tour; **core** —, lattes; **die** —, filière brisée, à coussinets mobiles; **head** —, poupée (mach.-outil); **in** —, en magasin, en stock; **rolling** —, matériel roulant (ch. de fer); **rudder** —, mèche de gouvernail; **tail** —, contre-poupée (mach.-outil); — **and bit**, vilebrequin et mèche; —**s**, chantiers de construction; —**s and dies**, filière double; — **anvil**, boule; — **broker**, agent de change; — **Exchange**, Bourse; — **line**, niveau de charge (h. f.); — **market**, marché aux valeurs; — **of an anvil**, billot d'enclume;

— **of a plane**, fût d'un rabot; — **for rivetting**, mandrin d'abatage; — **room**, magasin; — **of a wheel**, moyeu d'une roue; — **yard**, dépôt, entrepôt.

spreader Stocker, Grille de chargement.

Stocking, Manche à air.

to **Stockpile**, Emmagasiner, stocker.

Stockpiling, Stockage, emmagasinage.

Stocks, Fonds de commerce, marchandises en magasin; fonds publics, fonds d'Etat, rentes, effets, actions (voir **Stock**); chantier; tins de cale.

Stoichiometric, Stoichiométrique; — **value**, rapport stoichiométrique.

Stoiochiometry, Stéchiométrie.

Stoke, Unité pratique de viscosité cinématique (voir **Kinematic viscosity**).

to **Stoke**, Chauffer; to — **the engine**, chauffer la locomotive.

Stokehold, Chaufferie, chambre de chauffe.

Stokeline (voir **Stock**).

Stoker, Chauffeur (ouvrier); chauffeur, grille ou foyer mécanique; **chain** —, foyer à chaîne; **flat grate** —, foyer à grille plate; **inclined grate** —, foyer à grille mobile; **mechanical** —, appareil pour le chauffage mécanique; grille ou foyer mécanique; **overfeed** —, foyer à chargement par en dessus; **ram** —, foyer à piston; **screw** —, foyer à hélice; **travelling grate** —, foyer à grille mobile; **underfeed** —, foyer à chargement par en dessous.

Stoking, Chauffe, conduite des feux; — **floor**, parquet de chauffe; — **tools**, outils de chauffe.

Stone, Pierre; poids de quatorze livres; **axe** —, ophite; **back** —, rustine (h. f.); **baffle** —, dame (h. f.); **ballast** —, pierre cassée, concassée; **beating** —, mailloir; **blue** —, vitriol bleu, sulfate de cuivre; **bond** —, boutisse; **boulder stones**, galets; **broad** —, pierre de taille; **broken** —, pierre cassée, concassée; cailloutis; **brown** —, minerai de manganèse (bioxyde); grès de construction; **building** —, pierre de taille, pierre à bâtir; **cement** —, pierre à chaux hydraulique; **chalk** —, craie; **channel** —, caniveau; **colour** —, pierre à poncer; **corner** —, pierre angulaire; **course of** —, assise de pierre; **cut** —, pierre de taille; **dam** —, dame (h. f.); **drip** — (voir **Drip**); **dye** —, argile ferrugineuse employée en teinture; **emery** —, meule d'émeri; **eye** —, quartz agate; **figure** —, agalmatolithe; **filter** — or **filtering**, pierre filtrante; **finger** —, petite pierre, bélemnite; **fire** —, pierre à feu, pyrite de fer; pierre réfractaire; **flag** —, dalle de fourneau; **fly** —, arséniure natif de cobalt; **float** —, pierre flottante, pierre légère, variété poreuse d'opale; **floor** —, dalle de revêtement; **foundation** —, pierre fondamentale, première pierre; **free** —, pierre de taille; **grinding** —, pierre à aiguiser; **grit** —, grès; **head** —, clef de voûte, pierre angulaire; **hewn** —, pierre taillée; **hone** —, pierre à huile, pierre à repasser; **polishing** —, émeri; **pumice** —, pierre ponce; **quoin** —, pierre d'arête; **swine** —, pierre sonnante; **toothing** —, pierre d'arrachement, pierre d'attente; **whet** —, pierre à aiguiser; — **breaker**, casse-pierres; — **chip**, éclat de pierre; — **chisel**, ciseau à pierre; — **coal**, anthracite; — **cutter**, tailleur de pierres; — **cutting**, taille de la pierre; — **grinder**, meule lapidaire; — **squarer**, équarrisseur de pierres; — **work**, maçonnerie; — **yard**, chantier de pierre.

Stool, Chaise.

Stop, Arrêt; arrêt, butée, taquet, blocage, toc, butoir; **abutment** —, butée d'arrêt; **adjustable** —, butée réglable; **angle** —, équerre d'arrêt (ch. de fer); **ash** —, registre de cendrier; **buffer** —, heurtoir; **depth** —, butée de profondeur; **fine pitch** —, butée petit pas (d'une héilce); **low pitch** —, butée petit pas; **safety** —, butée de sécurité; — **blade,** aube d'ajustage (turb.); — **block,** bloc d'enraillement; — **cock,** robinet d'arrêt; — **log,** bâtardeau; — **watch,** chronographe.

to Stop, Boucher, arrêter; stopper (mach.); — **the engines,** stopper; mettre opposition (comm.); — **dent,** boucheporer.

Stoppage, Stoppage, arrêt.

Stopper, Bouchon, tampon de coulée; bosse (amarre); quenouille (mét.); — **head,** tampon.

to Stopper, Bosser (mar.).

Stopping capacitor, Condensateur d'arrêt.

Stopping distance, Distance d'arrêt.

Stopping potential, Potentiel d'arrêt.

Stopping power, Pouvoir d'arrêt.

Storage, Emmagasinage (action et prix payé); stockage; **bulk** —, stockage en vrac; **thermal** —, accumulation thermique; — **battery,** accumulateurs (élec.); — **camera,** iconoscope; — **rack,** râtelier d'emmagasinage; — **tank,** citerne de stockage; — **yard,** parc.

Store, Matériel; approvisionnements; magasin; dock, dépôt; **coal** —, parc à charbon; **consumable** —s, matières consommables; **in** —, en réserve; — **room,** magasin.

to Store, Emmagasiner.

Storekeeper, Magasinier, garde-magasin.

Storeship, Navire-transport.

Storey, Story, Étage.

n Storiel, A n étages.

Stove, Étuve, poêle; cowper (h. f.), charbon de dimensions comprises entre 3,1 et 4,4 cm: **air** —, calorifère; **draught** —, fourneau d'appel; **hot blast** —, appareil à vent chaud (h. f.).

to Stove, Étuver.

Stove, Participe passé de **to Stave;** défoncé; — **in,** crevé.

to Stow, Arrimer (des marchandises).

Stowage, Arrimage (action et prix payé); capacité utilisable pour marchandises (navire...); **broken** —, vides d'arrimage.

Stowing, Arrimage.

Stowing, Remblayage; **pneumatic** —, remblayage pneumatique; — **pipe,** tuyau de remblayage.

Straddled, A cheval.

Straight, Droit, dégauchi; — **bed,** banc droit (tour); — **joint,** joint à francs bords; — **pincers,** pinces plates; — **run gasoline,** essence de distillation; — **shank,** queue droite (outil).

to Straighten, Dresser, dégauchir, redresser.

Straightened, Dressé, dégauchi.

Straightener, Redresseur.

Straightening block, Tas à planer, à dresser.

Straightening machine, Machine à dresser, à planer, planeuse; **bar** —, machine à dresser les barres.

Strain (voir aussi **Stress**), Effort, tension, fatigue; de plus en plus employé pour désigner non l'effort, mais la conséquence de l'effort; allongement, étirage; déformation; **bending** —, effort de flexion; **breaking** —, effort de rupture; **shearing** —, effort de cisaillement; — **hardening,** écrouissage; — **gage,** extensomètre ou tensomètre; **resistance wire** — **gage,** extensomètre à fil résistant; — **gauges,** jauges à bandelettes résistantes; — **indicator,** indicateur de contrainte; **to bring a** — **on,** faire effort sur.

to Strain, Forcer, fausser, exercer un effort sur; fatiguer (N.); filtrer.

Strained, Soumis à un effort, déformé; filtré.

Strainer, Crépine (de pompe); tamis; filtre; **air** —, filtre à air; **self cleaning** —, filtre à nettoyage automatique; **oil** —, filtre à huile; **twin** —, filtres jumelés.

Straining screw, Tendeur à vis.

Straith, Appontement.

Strake, Virure (c. n.); **garboard** —, virure de galbord.

Strand, Toron, brin d'une aussière; **wire** —, toron métallique.

Strands, Passes de façonnage.

to Strand, Échouer (N.); rompre un toron.

Stranded, A *n* torons; — **cable,** câble à garniture tressée; — **copper wire,** câble en cuivre; **four** — **rope,** filin en quatre; **three** —, à trois torons.

Stranding, Échouage; — **machine,** machine à tresser; **cable** — **machine,** machine à toronner.

Strap, Courroie; étrier; agrafe; chape de bielle; collier d'excentrique; estrope (de poulie); **brake** —, ruban de frein; **butt** —, couvre-joint; **check** —, mentonnière; **clamping** —, bande de serrage; **eccentric** —, collier d'excentrique; **leather** —, courroie en cuir; — **brake,** frein à ruban; — **iron,** fer en ruban.

to Strap. Monter une courroie; estroper (une poulie); repasser (une lame...).

magnetic Strate, Feuille magnétique (élec.).

Stratification, Dépôts; **electrolytic** —, dépôts d'électrolyte.

Stratified, Stratifié.

Stratoliner, Avion de ligne pour vol aux hautes altitudes.

Stratosphere, Stratosphère.

Stratovision, Stratovision, télévision par avions-relais.

Stray or **leakage,** Dispersion (élec.); **head** —, dispersion dans la tête; **slot** — **field,** champ de dispersion des encoches; **stator** — **field,** champ de dispersion du stator; **yoke** — **field,** champ de dispersion de culasse (élec.); — **currents,** courants parasites; — **field,** champ de dispersion; — **flux,** flux de dispersion; — **reactance,** réaction de dispersion; — **voltage,** tension de dispersion.

Strays, Parasites (T. S. F.).

Streak, Rayure, bande.

Stream, Courant; débit, jet; **air** —, veine d'air; **gas** —, débit gazeux; **jet** —, jet d'air, chasse d'air (aviat.); **slip** —, vent de l'hélice; — **gold,** or de lavage; — **line,** filet d'air; — **lined,** fuselé, aérodynamique; — **lines,** filets d'air; — **lining,** carénage profilage.

Streamer, Manche à air; décharge à la terre (foudre).

Streaming, Débouchage.

counter Streaming, A contre-courant.

Street, Rue; — **car,** tramway.

Strength, Force, résistance, ténacité; **acidic** —, force acide; **bending** —, résistance à la flexion; **breaking** —, résistance à la rupture; **compressive** —, résistance à la compression; **dielectric** —, rigidité diélectrique; **disruptive** —, rigidité diélectrique; **electric** —, champ disruptif; **fatigue** —, résistance à la fatigue; **field** —, intensité du champ; **impact** —, résistance aux chocs; **insulating** —, résistance d'isolement, rigidité diélectrique; **rupture** —, résistance de rupture; **static** —, résistance statique; tensile — or strength, résistance à la traction; ultimate —, charge de rupture; yield —, limite élastique; — of materials, résistance des matériaux; — of shearing, résistance au cisaillement.

to Strengthen, Renforcer.

Strengthened, Renforcé; —beam, poutre armée; — rib, nervure renforcée.

Strengthener, Raidisseur.

Strengthening, Renforcement; — of current, renforcement de l'intensité du courant.

Stress, Effort; contrainte; charge; tension; bearing —, charge du palier, compression; bond —, force de cohésion; breakdown —, rigidité diélectrique; breaking —, effort de pression axiale par compression, effort de rupture; intensity of breaking —, tension de rupture; casting —, tension de coulée; compression or compressive —, effort de compression; cutting —, effort de coupe; cyclic —es, efforts alternés; dielectric —, effort diélectrique; hoop —, tension périphérique; inertia —, effort d'inertie; internal —es, tensions internes; mean —, effort moyen; proof —, limite élastique; repulsion —, effort de répulsion; residual —, contrainte, tension résiduelle; shear —, effort tranchant; shearing —, effort de cisaillement, effort tranchant; tensile — or tension —, or tractive —, effort de tension, de traction; ultimate tensile —, limite de rupture à la traction; torsional —, effort de torsion; ultimate —, charge de rupture; yield —,limite élastique; — analysis, analyse élasticimétrique; — bar, barre porteuse; — corrosion, corrosion sous tension; — gauge, éprouvette; — level, niveau de contrainte; — limiting bar, limiteur d'efforts; — relaxation, relaxation des efforts; — relieving, élimination des tensions; — reversals, alternances d'efforts; — strain relation, relation effort déformation.

Stressed, Déformé.

Stresses, Efforts; alternating —, efforts alternés; cyclic —, efforts cycliques; repeated —, efforts répétés.

Stressing, Charge, effort; over —, surcharge; under —, sous-charge.

Stretch press, Presse à étirer.

to Stretch, Étendre, allonger; étirer, tendre; bander (un ressort).

Stretched, Allongé, étiré, bandé.

Stretcher, Traverse; tendeur; brancard; dispositif de renforcement; belt —, tendeur de courroie; cross —, entretoise, jambe de force; wire —, serre-fil.

Stretching, Emboutissage, étirage; — machine, machine à étirer; — press, presse à étirer; — rolls, cylindres étireurs; wire — die, filière d'étirage.

Stria, Strie.

Striation, Striation.

Strike, Grève (des ouvriers); — of beds, direction des couches (mines).

to Strike, Faire grève; frapper.

Striker, Gréviste; percuteur; taquet; poussoir.

String, Filets; rangée, chapelet; petite corde; ficelle, corde d'arc; — galvanometer, galvanomètre à corde, galvanomètre d'Einthoven; — of mines, chapelet de mines.

Stringer, Serre (c. n.); lisse, nervure, raidisseur; chapelets, pochettes d'or (min.); — plates, tôles gouttières (c. n.); — reinforcer, renforcé par des nervures.

Stringers, Lisses.

Strip, Bande (de tôle, etc.), couvre-joint; plaquette, feuillard; piste; **bearing** —, plaque de surhaussement (ch. de fer); **bench** —, attache; **bimetallic** —, bilame; **edge** —, couvre-joint; **end connecting** —, barrette ou bande de plomb extrême (accus); **fit** —, épaisseur, bande de montage; **landing** —, piste d'atterrissage; **lead connecting** —, barrette ou bande de plomb (accus); **packing** —, bande de jonction, couvre-joint; **test** —, bande d'essai; **one** — **color separation**, sélection trichrome; — **conductor**, ruban plat, bande méplate; — **mill**, train à bandes, laminoir à tôles fines; **cold** — **mill**, train de bandes à froid; **continuous** — **mill**, train continu à bandes; — **plate**, bande de jonction, couvre-joint; — **steel**, feuillard.

to Strip, Arracher, manger les filets d'une vis; rectifier (pétr.); démouler; démonter; défibrer.

Stripe, Bande.

Striped, Rayé, à bandes.

Stripped, Démoulé, démonté.

Stripper, Démouleur; pont démouleur, appareil démouleur; décapeur; — **plate**, plaque d'éjection.

Stripping, Démoulage, strippage, extraction; décapage; décollement, démontage; — **crane**, pont démouleur; — **force**, force de strippage; — **machine**, pont strippeur; — **tower**, strippeuse, tour de stripping.

blade Stripping, Salade d'ailettes (turbine).

Stripping tower, Tour de rectification (pétr.).

Stroboglow, Stroboscope à tube au néon.

Stroboscope, Stroboscope; **electronic** —, stroboscope électronique.

Stroboscopic, Stroboscopique, — **direction finder**, compas stroboscopique; — **photography**, photographie stroboscopique; — **tachometer**, tachymètre stroboscopique; — **testings**, essais stroboscopiques.

Stroke, Percée, coulée (mét.); course (mach.); coup de piston; levée d'un gazomètre; **back** —, choc en retour; **compression** —, course de compression; **down** or **downward** —, course descendante; **drill** —, course du foret; **exhaust** —, course d'évacuation, course d'échappement; **expansion** —, course de détente; **file** —, coup de lime; **four** — **engine**, moteur à quatre temps; **half** —, mi-course; **compression** or **intake** —, course d'aspiration; **length of the** —, longueur de la course (piston...); **mid** —, mi-course; **piston** —, course, coup de piston; **power** —, course motrice; **spindle** —, course de la broche; **suction** —, course d'aspiration; **two** — **engine**, moteur à deux temps; **up** or **upward** —, course ascendante; **working** —, course motrice; — **dog for reversing table movement**, butée de renversement de marche de la table d'une mach.-outil; — **of head**, course de la tête (mach.-outil); — **of the slide, of the valve**, course du tiroir; — **of table**, course de la table.

Strong, Fort, concentré.

Strontium, Strontium; — **sulfide**, sulfure de strontium.

Structural, de Structure; — **beam**, poutre profilée; — **board**, panneau de construction; — **metals**, métaux de construction; — **mill**, laminoir à profilés; — **steel**, acier de construction; — **test**, essai de structure; — **work**, charpentes; — **wrenches**, clés à fourche.

Structure, Structure, bâti, châssis (en Amérique); construction; charpente; **blast furnace** —, marâtre; **crystalline** —, structure cristalline; **machinery** —, bâti de machine; **molecular** —, structure moléculaire; **welded** —, construction soudée.

Strut, Entretoise, support, contre-fiche, arc-boutant, jambe de force, mât montant; **bracing** —, jambe de force; **drag** —, mât de traînée; **front** —, mât avant; **hollow** —, montant creux; **inner** —, mât intérieur; **interplane** —, mât de cellule; **jury** —, chandelle; **landing** —, jambe du train; **oleo** —, jambe d'amortisseur hydraulique; **propeller** —, support d'arbre propulseur (turbine); chaise; **rear** —, mât arrière; **tail boom** —, montant de poutre de liaison (aviat.); **wheel** —, jambe de roue; — **frame,** assemblage à contre-fiches; — **frame bridge,** pont à jambettes.

to Strut, Étayer.

Strutted, Étayé, haubanné.

Stub, Tronc, tronçon, ergot; — **axle,** fusée de roue; — **pipe,** pipe d'échappement; — **wing,** aile tronquée; — **wings,** nageoires porteuses.

Stucco, Stuc.

Stuck, Collée (soupape), gommé, coincé, grippé (moteur).

Stud, Tenon; tourillon; entretoise; boulon; goujon; prisonnier; — **bolt,** goujon, prisonnier; **bearing** —, butée de l'aiguille (ch. de fer); **cross** —, entretoise, jambe de force; **iron** —, mentonnet; — **link chain,** chaîne à étançons; — **pin,** même sens que **stud.**

Studded, A étai (maillon de chaîne).

Studless, Sans étai.

Stuff, Matière, matériaux, étoupe; — **grinder,** défibreur.

to Stuff, Calfeutrer, calfater.

Stuffing, Étoupe, bourre; remplissage, bourrage; — **box,** presse-étoupe, boîte à garniture; — **box bearing,** palier étanche; — **gland,** gland (de presse-étoupe).

Stump, Souche d'arbre; tronçon (de mât..., etc.); **nail** —, clouière, emboutissoir.

Stunt, Acrobatie (aviat.); — **flying,** vol d'acrobatie.

Sturbs, Parasites (T. S. F.).

Sturdy, Robuste.

Styli, pluriel de **Stylus.**

Stylus, Style; aiguille; **cutting** —, style enregistreur; **phonograph** —, aiguille de phonographe.

Styrene, Styrolène.

Sub, Sous; abréviation pour **Submarine;** — **assembly,** sous-ensemble; — **assemblies,** éléments préfabriqués; **to** — **contract,** sous-traiter; — **contracted,** sous-traité; — **contractor,** sous-traitant; — **frame,** faux-châssis; — **grade,** sous-sol, sous couche; régaleuse de fondations; — **harmonic,** sous-harmonique; — **harmonic resonance,** résonance sous-harmonique; — **machine gun,** mitraillette; — **marine,** sous-marin (Nav.); — **atomic powered** — **marine,** sous-marin à propulsion atomique; — **marine cable,** câble sous-marin; — **marine chaser,** chasseur de sous-marins; — **marine detection,** détection sous-marine; — **marine observation chamber,** chambre d'observation sous-marine; — **multiple,** sous-multiple; — **sidiary,** auxiliaire, filiale (d'une société); — **soil,** sous-sol; — **sonic,** subsonique; — **sonic diffuser,** diffuseur subsonique; — **sonic flow,** écoulement subsonique; — **sonic propeller,** hélice subsonique; — **station,** sous-station (élec.); — **station transformer,** transformateur de sous-station; —**sti-**

tute, succédané; —stitution, substitution; —stitution method, méthode de substitution; —strate, substrat; —synchronous, subsynchrone; —urban plant, centrale suburbaine; — zero treatment, traitement par le froid; — way, souterrain; — way crossing passage, passage souterrain.

Sublimation, Sublimation; fractional —, sublimation fractionnée.

Submarine, voir **Sub.**

to Submerge, Submerger.

Submerged, Immergé; — arc, arc immergé.

Subsidiary, Auxiliaire; — spray, jet auxiliaire.

Substation, voir **Sub.**

Substituents, Substituants; acid —, substituants acides.

Substituted, Substitués; — methanes, méthanes substitués.

Substitution, Substitution; — method, méthode de substitution.

to Substract, Soustraire.

Substratospheric, Substratosphérique.

Subway, Souterrain.

Successive approximations, Approximations successives.

to Suck, Sucer, aspirer.

Sucker (of a pump), Piston(d'une pompe aspirante et foulante); — rod, tige de pompage (pétr.).

Suction, Aspiration, dépression; suction; — dredger, suceuse; — elevator, élévateur à aspiration; — engine, machine aspirante; — head, hauteur d'aspiration; — lift, hauteur d'aspiration; — hose, manche d'aspiration; — pipe, tuyau d'aspiration; — pump, aspirateur; — slot, fente de succion.

Suds, Mousse de savon; liquide d'arrosage; — pump, pompe d'arrosage; — tank, réservoir d'arrosage.

to Sue, Être déjaugé (N.).

Suit, Assortiment.

Sulfate, Sulfate; voir **Sulphate.**

Sulfide, Sulfure; voir **Sulphide;** zinc —, sulfure de zinc.

Sulfonamides, Sulfamides.

Sulfonate, Sulfonate.

Sulfonation, Sulfonation.

Sulfone, Sulfone.

Sulfonic acid, Acide sulfonique.

Sulfoxide, Oxysulfure.

Sulfur, voir **Sulphur.**

Sulfuric acid, voir **Sulphuric.**

Sulfuryle, Sulfuryle.

Sulphate, Sulfate; calcium —, sulfate de calcium; copper —, sulfate de cuivre; ferrous or iron —, sulfate ferreux, vitriol vert; mercury —, sulfate mercureux; — of soda, sulfate de soude; — of copper, sulfate de cuivre.

to Sulphate, Sulfater (accus).

Sulphated, Sulfaté.

Sulphating or **sulphation,** Sulfatage (des accus).

Sulphide, Sulfure; zinc —, sulfure de zinc; — of sodium, sulfure de sodium.

Sulphite, Sulfite; sodium —, sulfite de sodium.

Sulphoacid, Sulfacide.

Sulphocyanate, Sulfocyanate.

Sulphocyanic, Sulfocyanique.

Sulphocyanide, Sulfocyanure; ammonium —, sulfocyanure d'ammonium.

Sulphonation, Sulfonation.

Sulphone, Sulfone.

Sulphur, Soufre; **drop** —, soufre granulé; **flowers of** —, soufre sublimé; **native** —, soufre de mine; **organic** —, soufre organique; **roll or stick** —, soufre en canons, en bâtons; — **base,** sulfobase; — **compounds,** composés sulfurés; — **dioxyde,** acide sulfureux; — **mine,** soufrière; — **ore,** pyrite, sulfure de fer; — **printing,** empreinte Baumann.

Sulphurate, Sulfuré.

to Sulphurate, Soufrer, sulfurer.

Sulphurated hydrogen, Hydrogène sulfuré.

Sulphuration, Sulfuration; sulfurisation, soufrage; blanchîment au soufre (text.).

Sulphurator, Soufroir (pour la laine).

Sulphureous, Sulfureux.

Sulphuret (rare), Sulfuré.

Sulphuretted (rare), Sulfuré.

Sulphuric, Sulfurique; — **acid,** acide sulfurique; **dilute** — **acid,** acide sulfurique dilué, étendu; **dry** — **acid,** acide sulfurique absorbé par du kieselguhr; **fuming** — **acid,** acide sulfurique fumant; — **ether,** éther sulfurique.

Sulphureous, sulphurous, sulphury, sulfureux; — **acid,** acide sulfureux.

Sulphydrate, Sulfhydrate.

Sulphydric, Sulfhydrique.

Sum, Somme (arith.).

Summability, Sommabilité (math.); — **factor,** facteur de sommabilité.

Summable, Sommable; — **function,** fonction sommable.

Summation, Intégrale; sommation.

Summer tree, Lambourde (charp.); **breast summer,** sommier.

Sump, Cuve, carter, bassin, réservoir, puisard; **oil** —, carter d'huile; **oil** — **plug,** bouchon de carter d'huile.

Sun and planet wheel, Mouvement satellite.

Sundries, Frais divers.

Sunk, Foncé, foré, percé (puits); coulé (N.); — **in concrete,** noyé dans du béton.

Sunshade, Pare-soleil.

Super, Super; — **aging,** vieillissement accéléré; — **audible,** superaudible; — **charge air** air comprimé; **to** — **charge,** suralimenter; — **charged,** suralimenté, à compresseurs; — **charged engine,** moteur suralimenté; — **charger,** compresseur, surpresseur, soufflante de suralimentation; — **charger clutch,** embrayage du compresseur; — **charger compression,** rapport de suralimentation; — **charger delivery,** refoulement du compresseur; — **charger diffuser,** diffuseur du compresseur; — **charger diffuser vane,** aube directrice du compresseur; — **charger impeller,** roue, rotor du compresseur; — **charger inlet volute,** volute d'aspiration du compresseur; — **charger rotor,** rotor du compresseur; **cabin** — **charger,** surpresseur de cabine; **centrifugal** — **charger,** compresseur centrifuge; **multistage** — **charger,** compresseur à plusieurs étages; **two stage** — **charger,** compresseur à deux étages; **two speed** — **charger,** compresseur à deux vitesses; — **charging,** suralimentation, surcompression; — **charging ratio,** rapport de surcompression; — **conductivity,** supraconductibilité; — **conductor or conducting,** supraconducteur; — **critical,** supercritique; — **elevation,** bombement (d'une route); — **finition,** superfinition; — **gasoline,** supercarburant; — **heat,** surchauffe; **to** — **heat,** surchauffer; —

heated, surchauffée (vapeur); — **heater,** surchauffeur; **convection — heater,** surchauffeur à convection; **radiant — heater,** surchauffeur à rayonnement; **steam — heater,** surchauffeur de vapeur; — **heating calorimeter,** calorimètre à surchauffe; — **heterodyne** or — **het,** superhétérodyne; — **imposed,** superposé; — **intendant,** sous-directeur; — **linear,** supralinéaire; — **phosphate,** superphosphate; — **posed,** superposé; — **posed power station,** station centrale superposée; — **posed turbine,** turbine superposée; — **regeneration,** superréaction (T. S. F.); — **saturation,** supersaturation; — **saturated,** sursaturé; — **sized,** largement calculé, largement dimensionné; — **sonic** or **supra-sonic,** à ultrasons, ultrasonore, supersonique; — **sonic diffuser,** diffuseur supersonique; — **sonic flow,** écoulement supersonique; — **sonic plane,** avion supersonique; — **sonic propeller,** hélice supersonique; — **sonic speed,** vitesse supersonique; — **structure,** superstructure; — **viser,** inspecteur; — **vision,** surveillance, contrôle; — **vision service,** service de contrôle; — **remote — vision,** surveillance à distance.

to Superintend, Surveiller (des travaux).

to Supervise, Superviser, inspecter.

Superviser, Inspecteur.

Supervision, voir **Super.**

Supplier, Fournisseur.

Supplies, Fournitures.

Supply, Ravitaillement; débit; alimentation; arrivée, source de courant; distribution; — **condensate —,** arrivée d'eau de condensation; **electricity —,** distribution d'énergie; **main — voltage,** tension du réseau de distribution; **oil —,** ravitaillement en pétrole; **power —,** prise de courant, alimentation en courant; **water —,** adduction d'eau; — **circuit,** circuit d'alimentation; — **frequency,** fréquence d'alimentation; — **pump,** pompe d'alimentation.

Support, Support, appui, carlingage, membrure; **bar —,** support de barre; **elastic —,** support élastique; **engine —,** berceau du moteur; **insulating —,** isolateur d'accumulateurs, support isolant; **spring —,** appui à ressort; **square —,** support en équerre.

to Support, Soutenir.

Supporting, De support; — **axle,** essieu porteur; — **blade,** aube entretoise (turbine); — **plane,** plan sustentateur; — **plate,** plaque support (accus).

Suppressed, Anti-parasites; — **loop aerial,** cadre-récepteur anti-parasite.

noise Suppressor, Supprimeur ou suppresseur de bruits, dispositif anti-parasites.

Surface, Surface, table; jour (mines); **balanced —,** plan de gouverne compensé (aviat.); **cir-cumferential —,** surface circonférentielle; **effective —,** surface effective (électrodes, élec.); **equipotential —,** surface équipotentielle; **evaporating —,** surface évaporatoire; **fire —,** surface de chauffe; **flue —,** surface de chauffe; **forward —,** surface ou plan avant; **heating —,** surface de chauffe; **plate —,** surface de plaque (accus); **rear —,** surface ou plan arrière; **ribbed —,** surface à nervures; **separation** or **separating —,** surface de séparation; **skew —,** surface gauche; **tail —,** surface de queue; **testing —,** table d'un marbre à tracer (ajust.); **top —,** extrados (aviat.); **under —,** intrados; **working —,** surface utile (mach.-outil); — **action,** action de surface; — **analyser,** enregistreur des irrégularités de surface; — **blow off**, extraction de surface (chaud.); — **finish**, fini de surface; — **gauge**, trusquin; — **grinder**, rectifieuse plane; — **grinding machine**, machine à rectifier les surfaces planes; — **hardening**, trempe superficielle; — **impedance**, impédance superficielle; — **lathe**, tour à plateau, tour en l'air; — **noise**, bruit d'aiguille; — **plant**, installations de jour (mines) — **plate**, marbre; **glass** — **plate**, marbre en verre; — **speed**, vitesse en surface (sous-marin); — **tension**, tension superficielle; — **treatment**, traitement de surface; — **wave**, onde de surface.

to **Surface**, Façonner une surface plane au tour.

Surfaced, Recouvert de; **tar** — recouvert de goudron.

Surfacing, Traitement de surface; revêtement; surfaçage; **hard** —, cémentation; — **carriage**, chariot de surfaçage; — **machine**, machine à surfacer, machine à dégauchir; — **plate**, plateau à surfacer.

Surge, Pointe de courant; surtension; à coup; **recurrent** —, décharge récurrente; — **chamber**, cheminée d'équilibre, chambre de tranquilisation, chambre anti-bélier; — **generator**, générateur de très hautes tensions; — **impedance**, impédance caractéristique; — **phenomena**, phénomènes de décharge; — **proof**, à l'épreuve des pointes de courant; — **tank**, cheminée de compensation, d'équilibre (hyd.); — **testing**, essais de surtension; — **voltage**, voltage de pointe.

Surging, Pompage.

Survey, Topographie, triangulation, levé de plan; expertise (de navire); hydrographie (d'une côte); inspection, visite, contrôle; étude, relevé, mesure, revue, examen; **air** —, photographie aérienne; **cadastral** —, levé cadastral; **detailed** —, levé de détail; **geological** —, relevé géologique; **ordnance** —, carte d'Etat-major; **photogrammetric** —, levé photogrammétrique; **photographic** —, photogrammétrie; **air photographic** —, photogrammétrie aérienne; **ground photographic** —, photogrammétrie terrestre; — **flight**, vol de reconnaissance.

to **Survey**, Faire la triangulation; lever le plan, arpenter; faire l'hydrographie de; prospecter; expertiser (un N.).

Surveyer, Hydrographe; expert (de navires).

Surveying, Topographie; **aeromagnetic** —, prospection aéromagnétique; **geological** —, expertise géologique; **land** —, arpentage; levé; prospection; cartographie; **nautical** —, hydrographie; **photographic** —, topographie photographique; — **chain**, chaîne d'arpentage; — **instruments**, instruments de topographie.

Surveyor, Inspecteur; surveillant; géomètre, arpenteur.

S. U. S., voir **S. S. U.**

Susceptance, Inverse de la réactance.

Susceptibility, Susceptibilité (élec.); aptitude; **magnetic** —, susceptibilité magnétique; **paramagnetic** —, susceptibilité paramagnétique.

Suspended, Suspendu; **freely** —, à suspension libre; — **wall**, mur suspendu.

Suspending device, Appareil de suspension.

Suspension, Suspension; **bifilar** —, suspension bifilaire; **cardan** —, suspension à la cardan; **independent four wheel** —, suspension à quatre roues indépendantes; **independent front wheel** —, suspension à roues avant indépendantes; **knife edge** —, suspension par couteaux; **wire** —, suspension à fil; — **bar**, barre de suspension; — **bridge**, pont suspendu; — **fork**, fourchette de poussée; — **insulator** or — **isolator**, isolateur de suspension; — **spring**, ressort de suspension.

Sustained waves, Ondes entretenues (T. S. F.).

Sustension, Sustentation.

S. W. (Salt water), Eau de mer ou **(Switch)**, Interrupteur.

s. w. (short wave), Onde courte.

Swab, Piston.

Swabbing, Procédé par succion (pétr.).

Swage, Étampe (forge); **bottom** —, dessous d'étampe; **upper** —, dessus d'étampe; — **block**, étampe;.— **shaper**, appareil à écraser les dents d'une scie.

to Swage, Étamper.

Swager, Machine à rétreindre.

Swaging, Étampage, emboutissage; — **saw teeth**, écrasement des dents d'une scie.

Swallow, Gorge, clan (de poulie).

Swallow tail, Queue d'aronde; **swallow scarf**, assemblage à queue d'aronde.

Swan necked, En col de cygne.

Swarf, Copeaux; — **clearance**, dégagement des copeaux.

Swashplate, Plateau isolant.

to Sweat, Ressuer (mét., forge, paraffine).

Sweating, Ressuage (forge, etc.).

Swedge, Mandrin, poire.

Sweep, Courbure (de navire); tamisaille (du gouvernail); balayage; flèche, mise en flèche (avion); **blade** —, voir **Blade**; **slide** —, arc fendu, secteur glissant; — **back or angle of** — **back**, flèche d'une aile; — **generator**, générateur de balayage; — **oscillator**, oscillateur de balayage.

to Sweep, Balayer, ramoner (chaud.); mouler à la trousse; — **wings**, replier les ailes, mettre la voilure en flèche.

Sweetening, Traitement au plombite (pétr.).

Swell, Bourrelet.

to Swell, Foisonner (accus).

Swelling, Renflement, gonflement, foisonnement.

double Swept, A double flèche.

Swept back, En flèche; — **wing**, aile en flèche.

S.W.G. (Standard wire gauge), Jauge normale des fils dans le Royaume-Uni.

Swing, Balancement, oscillation; déviation; **boom** —, rayon de la flèche; **frequency** —, déviation en fréquence; **phase** —, déviation en phase; — **axis**, axe de bascule; — **bearing**, appui à pendule; — **block**, tourillon; — **brake**, frein de rotation; — **bridge**, pont tournant; — **frame**, châssis, cadre oscillant; — **joint**, grenouillère; — **in gap bed**, diamètre admis dans le rompu; — **over bed**, diamètre admis (tour) (double de la hauteur de pointe).

Swing aside bracket, Support éclipsable.

to Swing,, Balancer, faire tourner.

Swinging, Oscillation, basculement, rotation; variations d'intensité des signaux de T. S. F. dues à des causes atmosphériques; — **field**, champ oscillant

to Swingle, Espader, teiller (le chanvre).

Swirl, Tourbillon; — **type atomizer**, injecteur à tourbillon.

Switch, Aiguille (ch. de fer); commutateur, inverseur, interrupteur, conjoncteur (élec.), démarreur, sélecteur, starter; terme générique appliqué à tout dispositif d'ouverture, de fermeture, de modification des connexions d'un circuit; **aerial change over** —, commutateur d'antenne (T. S. F.); **air break** —, interrupteur à air; **ammeter** —, commutateur d'ampèremètre; automatic —, interrupteur automatique; automatic field break —, interrupteur automatique d'excitation; auxiliary —, interrupteur auxiliaire; box —, interrupteur d'installation; bracket —, interrupteur à console; branch —, interrupteur de branchement, de dérivation; call —, commutateur d'appel; carbon break —, interrupteur à charbons; centrifugal —, interrupteur centrifuge; change over —, commutateur permutateur; changing —, permutateur; chopper —, interrupteur à couteau; crash —, interrupteur automatique à l'atterrissage (aviat.); cross bar —, sélecteur cross bar; demagnetizing —, interrupteur de démagnétisation; discharge —, commutateur de décharge; disconnecting —, sectionneur; double bladed —, interrupteur à deux couteaux; double break —, interrupteur à rupture double; double pole —, interrupteur bipolaire; double throw —, commutateur permutateur; electrical — gear, appareillage électrique; electronic —, commutateur électronique; field break —, interrupteur d'excitation; glow —, starter à luminescence; group —, commutateur de groupe; hand —, interrupteur à main; ignition —, bouton d'allumage, contact (auto); interrupter —, interrupteur, disjoncteur; knife —, interrupteur à couteau; lamp —, interrupteur de lampe; lever —, interrupteur à levier; lock up —, interrupteur à serrure; main —, interrupteur principal; master —, interrupteur général, interrupteur principal; mechanically controlled —, interrupteur à sectionnement automatique; mercury —, interrupteur à mercure; motor driven —, interrupteur à moteur; multiple way —, interrupteur à plusieurs directions; oil break —, interrupteur à huile; on — off —, inter-

rupteur (T. S. F., etc.); pillar — or pole —, interrupteur de poteau; plug —, interrupteur à fiche ou à cheville; polarity reversing —, inverseur de polarité; press —, interrupteur à pression; pull —, interrupteur à tirage; quick break —, interrupteur à rupture brusque; reversing —, inverseur de marche; safety —, interrupteur de sûreté; section —, interrupteur de sectionnement; selector —, commutateur sélecteur; send-receive —, commutateur émission-réception; single break —, interrupteur à rupture simple; single pole —, interrupteur unipolaire; single way —, commutateur à une seule direction; slow break —, interrupteur à rupture lente; snap —, interrupteur à rupture brusque; spring —, interrupteur à ressort; star-delta —, commutateur étoile-triangle; step —, interrupteur à gradins; tap —, commutateur de prises; thermal —, starter thermique; three position —, sélecteur à trois positions; three way —, commutateur à trois directions; throw over —, commutateur permutateur; time —, interrupteur horaire ou à temps; toggle —, interrupteur à pression; track limit —, évite-molette (mines); tubular —, interrupteur à tubes; tumbler —, commutateur à pédale; turn over (voir Crash); voltmeter —, commutateur de voltmètre; watch dog —, starter luminescent-thermique; waterproof —, interrupteur étanche; wave change — or wave changing —, commutateur d'ondes; — apparatus, appareil de commutation; — blade, aiguille (ch. de fer); couteau d'interrupteur; — board, tableau de distribution, tableau de commande; battery — board, tableau de distribution des accumulateurs; lighting — board, tableau de distribution d'éclairage; **power — board**, tableau de distribution de force motrice; **— column**, colonne de distribution (élec.); **— gear**, mécanisme de commutation; interrupteur, disjoncteur; appareillage de protection des circuits électriques (parafoudres, disjoncteurs...); appareillage; **— in watertight case**, interrupteur à enveloppe étanche; **— key**, clef de contact; **— lever**, levier de manœuvre (ch. de fer); **— locomotive**, locomotive de manœuvre; **— man or switcher**, aiguilleur; **— plug**, fiche de contact; **— tongue**, aiguille (ch. de fer); **— tongue planer**, machine à raboter les aiguilles.

to Switch, Commuter, aiguiller; **— off**, éteindre, mettre hors circuit; débrancher; déconnecter; aiguiller; **— on**, mettre en circuit, brancher; **— out**, mettre hors circuit.

Switcher, Locomotive de manœuvre.

Switching, Disjonction, interruption, commutation; **electronic —**, commutation électronique; **— equipment**, appareillage électrique; **— surges**, à coups de commutation.

Switching off, Mise hors circuit.

Switching on, Mise en circuit.

Swivel, Boulon, émerillon, clavette; tête d'injection, tête de rotation (pétr.); **— bearing**, appui, palier à rotule, palier articulé; **— bolt**, boulon à émerillon; **— hook**, croc à émerillon; **— joint**, joint à émerillon; **— neck**, collet tournant; **— pivot**, pivot; **— of table**, inclinaison de la table; **— vice**, étau pivotant; **— wrench**, fourche à émerillon (pétr.).

Swiveling base, Plateau pivotant (mach.-outil).

Sycamore, Sycomore.

Sylvester, Arrache-étais.

Symbols, Symboles.

Symmetric or **symmetrical**, Symétrique; **non —**, dissymétrique; **— alternating current**, courant alternatif synchrone.

Symmetrically, Symétriquement.

Symmetry, Symétrie; **centre of —**, centre de symétrie.

Symplesite, Symplésite.

Sympletic, Symplétique.

Symposium, Recueil de travaux.

Synchro (or **Synchro system**), terme générique appliqué à tout dispositif synchrone (selsyn, etc.); **— generator**, transmetteur synchrone; **— motor** or **selsyn motor**, récepteur synchrone.

Synchrocyclotron, Synchrocyclotron ou synchrotron.

Synchronisation, Synchronisation.

to Synchronise or **Synchronize**, Synchroniser.

Synchronised, Synchronisé.

Synchroniser or **Synchronizer**, Synchroniseur.

Synchronism, Synchronisme.

Synchronizing, Synchronisant; **self —**, autosynchronisant; **— pulse**, pulsation synchronisante; **— relay**, relais synchronisant; **— separator**, séparateur synchronisant, séparateur d'amplitude, séparateur de signaux (télév.); **— signals**, signaux synchronisants.

Synchronoscope, Synchronoscope.

Synchronous, Synchrone; **— capacitor** or **condenser**, moteur synchrone, condensateur synchrone; **— clock**, horloge synchrone; **— converter**, transformateur synchrone; **— motor**, moteur synchrone (élec.).

Synchrotron, Synchrotron.

Syncline, Synclinal.

Synthesis, Synthèse.

Synthetic, Synthétique; — **ammonia**, ammoniaque synthétique; — **approach**, approche synthétique; — **fibers**, fibres synthétiques; — **inhibitors**, inhibiteurs synthétiques; — **petrol**, essence synthétique; — **resin**, résine synthétique.

Synthetics, Produits synthétiques.

Synthetiser or **synthetizer**, Synthétiseur; **harmonic** —, synthétiseur harmonique.

Syntonism, Syntonie (T. S. F.).

Syntonization, Syntonisation.

to Syntonize, Syntoniser (T.S.F.),

Syntonising or **Syntonizing coil**. Bobine de syntonisation.

Syntony, Syntonie (T. S. F.).

Syphering, Assemblage à mi-bois.

Syphon, Siphon; **acid** —, siphon à acide; — **line**, siphon; — **recorder**, enregistreur à siphon; — **wick**, mèche à siphon.

Syringe, Seringue.

System, Système, méthode, organisation; **block** —, bloc-système; **draw in** — (voir **Draw**); **five phase** —, système pentaphasé (élec.); **ignition** —, système d'allumage; **logical** —s, systèmes logiques; **monocyclic** —, système monocyclique; **multiphase** —, système polyphasé; **balanced multiphase** —, système polyphasé équilibré; **non interlinked multiphase** —, système polyphasé à phases séparées; **unbalanced multiphase** —, système polyphasé non équilibré; **optical** —, système optique; **planetary** —, système planétaire; **polycyclic** —, système polycyclique; **polyphase** —, système polyphasé (voir **multiphase**); **three phase** —, système triphasé; **two phase** —, système biphasé; **two phase four wire** —, système biphasé à quatre conducteurs; **interlinked two phase** —, système à phases reliées; **regulating** —, système de régulation; **solar** —, système solaire.

Systematic, Systématique; — **error**, erreur systématique.

T

T bar, Fer en T.

T bulb, T à boudin.

T iron, Fer en T.

T slot, Rainure en T.

T square, Equerre en T.

Tab, Oreille, attache; **trim or trimming** —, volet de compensation (aviat.).

Tabby, Moiré.

Table, Table (mach.-outil, etc.); plateau; **angle** —, console de la table (tour); **corbel** —, encorbellement; **cross** —, table en potence; **distributing** —, table à encrer (impression); **double cross motion** —, table à mouvements croisés; **drawing** —, table à dessin; **drive of the** —, commande de la table; **framing** —, table à toile inclinée (minér.); **return stroke of the** —, course de retour de la table (mach.-outil); **rotary** —, table pivotante; **solid** —, table à liaison rigide; **speed of the** —, vitesse de la table (mach.-outil); **supporting** — **arm,** support de la table (mach.-outil); **tipping of the** —, soulèvement de la table (mach.-outil); **transversal** —, table transversale; **work** —, table porte-pièces; **working stroke of the** —, course de travail de la table; — **clamping handle,** manette de blocage de la table; — **dipping adjustment,** réglage de l'inclinaison de la table; — **driving motor,** moteur de commande de la table; — **elevating screw,** vis d'élévation de la table; — **feed,** avance de la table; — **length,** longueur de la table; — **slides,** glissières de la table (mach.-outil); — **width,** largeur de la table.

Tablet, Entablement d'un quai.

Tacheometric, Tachéométrique; — **tables,** tables tachéométriques.

Tachometer, Tachymètre; **hand** —, tachymètre à main; **registering** —, tachymètre enregistreur; **stroboscopic** —, tachymètre stroboscopique.

Tack, Petit clou; — **bolt,** boulon d'assemblage; — **hammer,** marteau à panne fendue.

Tacks or Carpet —, Semences.

Tacked rib, Nervure clouée.

Tacking, Agrafage

Tackle, Poulie, moufle, palan; **chain** —, palan à chaîne; **differential** —, palan différentiel; **hook** —, palan à croc; **lifting** —, palan de levage, apparaux de levage; **oil** —, patte d'araignée (mach.); **relieving** —, palan de rechange; **retaining** —, palan de retenue.

Tackling, Agrès (N.).

Tacky, Légèrement gommé.

Taconite, Taconite.

Tafferel, taffrail, Agrès (N.).

Tag, Pointe.

Tagged, Étiqueté.

Tail, Queue; fouet (de poulie), empennage; **cross** —, T renversé; **cross** — **butt,** bielle latérale du grand T; **cross** — **strap,** bielle latérale du grand T; **dog** —, spatule en forme de cœur et à manche courbe (fond.); — **area,** surface de queue d'empennage; — **bearing,** palier secondaire, palier extérieur; — **board,** hayon arrière; — **boom,** poutre de liaison (aviat.); — **boom strut,** montant de poutre de liaison;

— **cone**, cône de queue; cône arrière; — **down**, cabré; — **fin**, empennage; **butterfly** — **fin**, empennage en V; — **jigger**, palan à fouet; — **lamp**, lanterne arrière; — **less aeroplane**, avion sans queue; — **light**, lanterne arrière; — **of mercury**, queue du mercure; — **pipe**, tuyau d'échappement, de sortie, d'évacuation; tuyère; — **plane**, empennage, plan fixe horizontal; **adjustable** — **plane**, plan fixe à incidence variable; **butterfly** — **plane**, plan fixe en V; **high set** —, plan fixe surélevé; **variable incidence** — **plane**, empennage à incidence variable; — **race**, canal aval, canal de fuite; — **race pipe**, conduite de décharge; — **setting**, réglage du plan fixe; — **setting angle**, angle de calage du plan fixe; — **skid**, béquille arrière; **steerable** — **skid**, béquille arrière orientable; — **slide**, glissade sur la queue; — **stock**, voir **Tailstock**; — **surfaces**, empennages, surfaces de queue; — **trim control**, commande de réglage du plan fixe; — **unit**, empennage; — **vice**, étau à pied, à queue; — **water**, eau d'aval; — **wheel**, roulette de queue; **steerable** — **wheel**, roue de queue orientable.

to Tail (voir **to Tally**).

Tailings, Résidus, queues; **aniline** —, queues d'aniline.

Tailstock, Poupée mobile d'un tour; **quick clamping** —, contrepointe à serrage rapide; — **sheath**, fourreau de la contrepointe; **to clamp the** —, fixer la contre-poupée.

to Take a set, Fausser, se fausser.

Take off, Décollage; **blind** —, décollage sans visibilité; **catapult assisted** —, décollage catapulté; **full load** —, décollage à pleine charge; **on** —, au décollage (puissance); **power** —, prise de force; **vertical** —,

décollage vertical; — **distance**, distance de décollage; — **output or power**, puissance au décollage; — **run**, course de décollage; — **thrust**, poussée au décollage (aviat.).

to Take off, Décoller.

to Take off the edge, Émousser.

to Take up, Rattraper (le jeu...); **adjustable for take up**, à rattrapage de jeu.

Taking off, Décollage.

Taking up, Absorption.

Talc earth, Magnésie.

Talcum, Talc; — **powder**, poudre de talc.

Tallow, Suif, axonge; — **cock**, robinet graisseur; — **joint**, joint au suif; — **tree**, arbre à suif.

to Tallow, Suiffer.

Tally, Taille, encoche; pointage (de marchandises embarquées ou débarquées); — **wheel**, roue dentée avec rochet à galet.

to Tally, Ajuster; pointer (marchandises).

Tallyman, Pointeur.

Tamara, Tamara (bois).

Tambling drum, Tambour à décaper les tubes.

to Tamp, Bourrer; damer; — **a blast hole**, bourrer une mine.

Tamper, Bourroir, machine à damer, dame; **vibrating** —, dame à secousses.

Tampering, Altération, falsification.

Tamping, Bourrage (mines); — **bar**, bourroir; — **machine**, dameuse.

Tan liquor, Liqueur de tannage.

to Tan, Tanner.

Tangent, Tangente; — **galvanometer**, boussole des tangentes; — **ray**, rayon rasant; — **screw**, vis tangente, vis de rappel.

Tangential, Tangentiel; — **component**, componante tangentielle.

Tank, Bâche, réservoir, citerne, bac, cuve; caisse (à eau, huile); ballast; char; tube à décharge à enveloppe métallique; **absorbent** —, puits de perte; **accumulator** —, caisse d'accumulateurs; **anti-rolling** —, citerne anti-roulis; **blast** —, caisse d'alimentation; **bullet proof** —, **crash proof** —, **fire proof** —, réservoir blindé; **collector** —, nourrice; **degreasing** —, cuve de dégraissage; **dewatering** —, cuve de déshydratation; **digestion** —, cuve de digestion; **drying** —, cuve de séchage; **exhaust** —, silencieux, pot d'échappement; **expansion** —, bac à expansion; **feed** —, bâche, caisse à eau; **form fit** —, cuve ajustée (transformateur); **fuelling** —, cuve de stockage; **galvanized** —, bac galvanisé; **gas** —, réservoir d'essence (auto), voir aussi **Gas**; **gravity feed** —, réservoir en charge; **header** —, nourrice; **heavy** —, char lourd; **impregnation** —, cuve d'imprégnation; **main** —, réservoir principal; **medium** —, char moyen; **oil** —, réservoir d'huile; **oil tempering** —, cuve à huile; **petrol** —, réservoir d'essence; **pressure feed** —, réservoir sous pression; **pressurized fuel** —, réservoir de combustible pressurisé; **rail** —, wagon citerne; **reserve** —, réservoir de secours; **road** —, camion citerne; **self sealing** —s, réservoirs à bouchage automatique (aviat.); **separating** —, bassin de décantation; **service** —, nourrice; **settling** —, bassin de colmatage, de dépôt de boues; **sintering** —, bac de décantation; **slip or droppable or detachable** —, réservoir largable (aviat.); **sump** —, puisard; **surge** —, cheminée d'équilibre, de compensation (hyd.); — **test**, bassin d'essai (des carènes); **transformer** —, bac, cuve de transformateur; **trim** —, réservoir de centrage (aviat.); **vacuum** —, exhausteur (auto); **water** —, réservoir d'eau;

wing —, réservoir d'aile; — **car**, wagon-citerne; — **circuit**, circuit résonant parallèle; — **engine**, locomotive-tender; **wall** — **engine**, locomotive-tender avec châssis de caisse à eau; — **trailer**, citerne-remorque; — **truck**, camion-citerne; — **vessel**, navire-citerne, pétrolier.

Tankage volume, Capacité des réservoirs.

Tanker, Pétrolier (navire); wagon-citerne; **air** —, avion-citerne; — **aircraft**, avion-réservoir.

Tanned, Tanné.

Tanner, Tanneur.

Tannery, Tannerie.

Tanning, Tannage; **chrome** —, tannage au chrome; — **extract**, extrait tannant.

Tantalate, Tantalate.

Tantalum, Tantale; — **carbide**, carbure de tantale.

Tap, Taraud; robinet; chio (h. f.); branchement; coulée; prise, départ (élec.); **bottoming** —, taraud finisseur; **center** —, prise centrale; **collapsing** —, taraud à effacement, à déclenchement; **cutter for fluting** —s, fraise à tailler les alésoirs; **decohering** —, choc de décohésion (T.S.F.); **decompression** —, robinet de décompression; **drip** —, purgeur continu; **entering** —, amorçoir; **expanding** —, taraud à expansion; **fishing** —, taraud de repêchage (pétr.); **gauge** —, robinet-jauge; **inlet** —, robinet d'admission; **load** — **changing**, commutation de prises en charge (élec.); **taper** —, taraud conique; **testing** —, bassin d'essais; **transformer** —, prise de réglage d'un transformateur; — **changer**, commutateur, changeur de prises; — **drill**, mèche; — **hole**, chio, trou de coulée, trou de laiterol; — **rivet**, prisonnier; — **switch**, commutateur de prises; — **wrench**, tourne-à-gauche.

T. A. P.-line, Trans Arabian pipe line.

to Tap, Tarauder; percer le haut fourneau; faire un branchement (élec.).

Tape, Ruban, lacet; tresse plate; **adhesive** —, ruban adhésif; **emery** —, ruban émerisé; **insulation or insulating** —, ruban isolant; **magnetic** —, ruban magnétique; **magnetic** —, **recorder,** enregistreur à ruban magnétique; **measuring** —, décamètre; **mica** —, ruban; **plastic** —, ruban plastique; **seaming** —, bande crantée; **steel** —, ruban en acier; — **line,** mètre (d'arpenteur); — **recorder,** enregistreur à ruban, sur bande; — **winding machine,** machine rubaneuse.

Taped, Marouflé.

Taper, Cône; chanfrein; conique; amincissement; distribution de la résistance dans un potentiomètre ou un rhéostat; clef de court-circuit (élec.); **draw** —, dépouille d'un modèle; **linear** —, distribution linéaire; **non linear** —, distribution non linéaire; **master** — **gauge,** vérificateur conique; **Morse** —, cône Morse (mach.-outil); **auger,** tarière conique à vis; — **curve,** courbe de distribution de la résistance; — **in spindle,** emmanchure de la broche (mach. outil); — **turning device,** dispositif à tourner cône.

to Taper, Chanfreiner, tailler en cône.

Tapered, Chanfreiné, conique, taillé en cône; — **inlet pipe,** cône d'entrée (d'une conduite forcée); — **roller,** galet conique; — **side,** biseau.

Tapering, Conique, en pointe; dépouille.

Taping, Guipage; — **machine,** machine rubaneuse.

Tapped, Taraudé; connecté; avec prises de réglage; — **resistance,** résistance variable; — **transformer,** transformateur à prises variables, avec prises de réglage.

Tapper, Tapeur, frappeur (T.S.F.); outil à tarauder; **frame** —, marteau à vider les châssis.

Tappet, Came, crosse, doigt, toc, poussoir; **catch** —, taquet d'excentrique; **valve** —, poussoir de soupape; **valve** — **roller,** galet de poussoir de soupape; — **clearance,** jeu des poussoirs; — **guide,** coulisseur; — **roller,** galet de poussoir.

Tapping, Taraudage; coulée de métal en fusion, coulée en poche; prise (d'eau, de vapeur...); branchement, prélèvement; prise de courant (élec.); **adjusting** —, prise de réglage; — **attachment,** appareil à tarauder; — **bar,** ringard; — **bed,** table de coulée; — **hole,** voir **Tape hole;** — **machine,** machine à tarauder, taraudeuse; — **point,** prise d'eau.

Tar, Goudron; **mineral** —, goudron; **road** —, goudron pour routes; **swedish** — or **vegetable** — goudron végétal; — **concrete,** béton goudronneux; — **oil,** huile de goudron; — **spreader,** goudronneuse; — **works,** goudronnerie.

to Tar, Goudronner.

Tare, Tare (poids).

to Tare, Tarer.

Target, Anticathode, anode (de tube à rayons X).

Tariff, Tarif.

Taring, Tarage.

Tarmac, Tarmacadam.

Tarpaulin, Bâche, prélart.

Tarred, Goudronné.

Tarring, Goudronnage.

Tartaric, Tartrique; — **acid,** acide tartrique.

Taut, Raide, tendu (fil), bandé.

Tautomerism, Tautomérie.

Tax, Taxe; **loading** —, taxe d'embarquement.

to **Taxi,** Rouler sur le sol (aviat.); — **in,** roulage au sol à l'arrivée; — **out,** roulage au sol au départ.

Taxiing, Roulage au sol.

T. D. C. (Top dead center), Point mort haut.

T. E. wave, Onde électrique transversale.

Teak, Teck (bois).

to **Tear,** Déchirer.

Tear test, Essai d'arrachement.

Teaser, Contre-enroulement en dérivation (élec.).

Technetium, Technetium.

Technical, Technique (adj.).

Technique, Technique.

Technology, Technologie.

Tedge, Jet de fonte.

Tee, Dé; té; — **piece,** pièce en forme de T; — **slots,** rainures en T; **flanged** —, té à brides.

to **Teem,** Couler en lingotière.

Teeming, Coulée en lingotière.

Teeth (pluriel de **tooth,** voir ce mot), Dents, denture; **armature** —, denture d'induit (élec.); **cross cutting** —, dents contournées; **evolute** —, denture à développante de cercle; **inserted** —, dents rapportées; **pin** —, denture à fuseaux; **radial flank** —, denture à flancs droits.

Teethed wheel, Roue dentée.

Teflon, Teflon

T. E. L. (Tetraethyl lead), Plomb tétraéthyle.

Tele, Télé; — **ammeter,** téléampèremètre; — **autograph,** téléautographe; — **autography,** téléautographie; — **communication,** télécommunication; — **graph,** télégraphie; transmetteur d'ordres (de mach.); —

graph cable, câble télégraphique; — **graph line,** ligne télégraphique; — **graphic,** télégraphique; — **graphic embosser,** récepteur à pointe sèche, à écriture en relief (télégraphe); — **graphist,** télégraphiste; — **garphy,** télégraphie; **diplex** — **graphy,** télégraphie diplex (simultanée double de même sens); **duplex** — **graphy,** télégraphie duplex simultanée (double en sens inverse); **ground** — **graphy,** télégraphie par le sol; **multiplex** — **graphy,** télégraphie multiplex ou multiple; **wireless** — **graphy,** télégraphie sans fil; — **meter,** appareil de mesure à distance; — **metering,** mesure à distance; télémesurage; — **motor,** télémoteur; — **motor controlling gear,** commande à distance; — **objective,** téléobjectif; — **phone,** téléphone; — **phone cable,** câble téléphonique; — **phone line,** ligne téléphonique; — **phone rates,** taxes téléphoniques; — **phone receiver,** écouteur téléphonique; — **phone relay,** relais téléphonique; **loud speaking** — **phone,** téléphone haut-parleur; — **phonograph,** téléphonographe; — **phonometry,** téléphonométrie; — **phony,** téléphonie; **wireless** — **phony,** téléphonie sans fil; — **photo,** téléphoto; — **photography,** téléphotographie; — **printer,** télé-imprimeur, télétype; **radio** — **printer,** radio-télétype; — **pyrometer,** télépyromètre; — **scope,** longue-vue, lunette, télescope; **bent** — **scope,** lunette coudée; **electron** — **scope,** télescope électronique; **equatorial** — **scope,** télescope équatorial; **sighting** — **scope,** lunette; — **scope lubricator,** graisseur à trombone (Diesel, etc.); — **scopic,** télescopique; — **scopic funnel,** cheminée télescopique; — **scopic lens,** lentille télescopique; — **scopic lift,** levée télescopique; — **scopic, pipe,** tuyau télescopique; — **scopic**

screw, vis télescopique (d'une mach.-outil); — **tube,** tube télescopique; — **scoping,** télescopique; — **type,** télétype; — **vised,** télévisé; — **vision** (voir aussi T. V. et Video), télévision; **color** — **vision,** télévision en couleur; **high, low definition** — **vision,** télévision à haute, basse définition; **theater** — **vision,** télévision en salle; — **vision antenna,** antenne de télévision; — **vision pick up,** — **tube,** tube de prise de vue en télévision; — **vision projection,** projection de télévision; — **vision projector,** projecteur de télévision; — **vision receiver,** récepteur de télévision; — **vision screen,** écran de télévision; — **vision set,** appareil de télévision; — **vision signals,** signaux de télévision; — **vision sweep marker,** marqueur de balayage de télévision; — **vision transmitter,** émetteur de télévision; — **vision tube,** tube de télévision; — **writer,** téléautographe; — **writing** téléautographique.

Telegraphy, Telemeter, Telephone, Telescope, etc. Voir **Tele.**

to Telemeter, Mesurer à distance.

to Televise, Téléviser.

Television, Voir **Tele.**

Telex, Téléimprimeur à fréquence acoustique (Angleterre).

Telltale, Compas renversé; axiomètre (gouvernail); indicateur (mach.); indicateur de débit d'huile, etc.; tableau de contrôle de bord.

Tellurium, Tellure.

Temper, autrefois Trempe; désigne actuellement la dureté des tôles et feuillards développée par le travail à froid; aussi la teneur en carbone des aciers à outils; revenu; **magnetic transmission** —, point de Curie; — **hardening,** trempe secondaire; — **mills,** laminoirs à froid; —

numbers, degré de la dureté des tôles; — **passing,** passe finale de dressage par traction sur tôles minces laminées à froid.

to Temper, Tremper (peu employé maintenant, voir **to Harden**); faire revenir; adoucir; gâcher (plâtre).

Temperature, Température; **absolute** —, température absolue; **ambient** —, température ambiante; **firing** —, température de chauffage; **inlet air** —, température d'air à l'admission; **magnetic transition** —, point de Curie; **outside** —, température extérieure; — **coefficient,** coefficient de température; — **limiter,** limiteur de température; — **recorder,** enregistreur de température; — **regulator,** régulateur de température; — **rise,** élévation de température; — **saturation,** saturation du filament; — **sensitive,** thermosensible.

Tempered, Tempéré, trempé, revenu, adouci; après revenu.

Tempering, autrefois Trempe; maintenant le plus souvent : Revenu (voir **Hardening**); laminage à froid; **clay** — **machine,** malaxeur d'argile; **self** —, autotrempant.

Templet or **Template,** Calibre, jauge, gabarit, modèle; **core** —, trousse à noyaux; **drill** —, gabarit pour le perçage; **metal** —, gabarit métallique; **wooden** —, gabarit en bois.

Tenacity, Ténacité, résistance à la traction.

Tender, Tender (ch. de fer); remorqueur; annexe (navire); transbordeur, allège; soumission (pour une adjudication), offre; ravitailleur; **aircraft** —, ravitailleur d'aviation; **competition** —**s,** adjudication aux enchères; **machine** —, mécanicien (U. S.); **private** —, marché de gré à gré; **sealed** —, soumission cachetée; **water** —, bateau-citerne.

to **Tender**, Soumissionner.

Tenderer. Soumissionnaire.

Tenon, Tenon; end —, tenon en about; — **saw**, scie à chevilles, scie à tenon.

to **Tenon**, Assembler à tenon.

Tenoning machine, Machine à enlever les tenons.

Tensile, A tension, de tension; quelquefois employé pour — **strength**; **high — bronze, steel**, bronze, acier à haute résistance; — **deformation**, déformation par traction; — **elasticity**, élasticité de tension; — **strength**, résistance à la traction; **ultimate — strength**, charge limite de rupture; — **test**, essai de traction.

Tension, Tension (élec.); traction; **belt —**, tension de courroie; **high —**, haute tension (élec.); **high — terminal**, borne à haute tension; **interfacial —**, tension interfaciale; **low —**, basse tension (élec.); **low — side**, côté basse tension; **surface —**, tension superficielle; — **reel**, bobineuse; — **rod**, tendeur.

Tensioning, Mise sous tension.

Tensometer, Tensiomètre.

Tensor force, Force tensorielle.

Tensorial, Tensoriel; — **analysis**, analyse tensorielle.

Tentering machine, Machine étendeuse.

Tenters pin, Métier à chevilles.

Teredo (pluriel **Teredos**), Taret (ver).

Terminal, Borne (élec.); terminaison; équipement terminal; gare maritime; **air —**, aérogare; **branch —**, borne de dérivation; **cell —**, borne d'élément; **distance —**, borne d'écartement; **earth —**, borne de mise à la terre; **end —**, borne d'attache; **negative —**, borne négative; **ocean or passenger —**, gare maritime; **plug —**, cache, capuchon de bougie; **positive —**, borne positive; **screw —**, borne à vis; **high tension, low tension —**, borne à haute tension, à basse tension; — **block**, barrette à bornes; — **box**, boîte à bornes; — **clamp**, taquet de serrage; — **connector**, borne serre-fil; — **impedance**, impédance terminale; — **velocity**, vitesse limite.

Termit or **Thermit**, Thermite; — **welding**, soudure à la thermite.

Ternary, Ternaire; — **alloy**, alliage ternaire.

Terms, Conditions, prix.

Terne plate, Tôle de fer, plomb et étain.

Terpene series, Séries terpéniques.

Terpenes, Terpènes.

to **Tertiate**, Vérifier le calibre de (canons).

Test, Essai, épreuve (chaudières, plaques, etc.); **acceptance —**, essai de recette; **bending —**, essai à la flexion, essai de pliage; **alternating bending —**, essai de pliage alternatif en sens inverse; **blow bending —**, essai de flexion au choc; **bond —**, essai d'adhérence; **braking —**, essai de freinage; **breaking —**, essai de rupture à la traction; **breaking down —**, essai de perforation, de disruption; **buffer —**, essai de tamponnement (d'une batterie d'accus); **calcining —**, têt à rôtir; **capacity —**, essai de capacité (accus); **carrying out of a —**, exécution d'un essai; **ceiling —**, essai de plafond (avion); **cell —**, essai d'éléments (élec.); **climbing —**, essai de montée (avion); **cold —**, essai à froid, à basse température; **concrete consistency —**, appareil de mesure de la consistance du béton; consumption —, essai de consommation; **corrosion** —, essai de corrosion; **cracking** —, essai de fissuration; **dielectric** —, essai diélectrique; **drift** —, essai de perçage; essai d'un corps au poinçonnage; **drill** —, essai de perçage; **dynamic** —, essai dynamique; **elaiding** —, essai des huiles en vue de déterminer la quantité d'oléine qu'elles contiennent; **elongation** —, essai d'élasticité; épreuve d'allongement; **endurance** —, essai d'endurance; **engine** — **car**, banc d'essai mobile; **etching** —, essai de corrosion; **expanding** —, essai à l'élargissement; **fatigue** —, essai de fatigue; **flash** —, essai d'inflammation; **flight** —, essai en vol; **ground** —, essai au sol; **hardenability** —, essai de trempabilité; **hot** —, essai à chaud; **impact** —, essai de résilience; **insulation** —, essai d'isolement (élec.); **Izod** —, essai de résilience Izod; **microindentation** —, essai de microdureté; **non destructive** —, essai non destructeur; **reception** —, essai de recette; **road** —, essai sur route; **shock wave** —, essai aux ondes de choc; **sieve** —, granulométrie; **speed** —, essai de vitesse; **static** —, essai statique; **tear** —, essai d'arrachement; **tensile** —, essai de traction; **trommel** —, essai au trommel, essai Micum; **under** —, en cours d'essai; **water** —, épreuve à l'eau; — **bar**, éprouvette; — **bed**, banc d'épreuve; **flying** — **bed**, banc d'essai volant; — **bench**, banc d'essai; — **glass**, — **piece**, — **tube**, éprouvette; — **pilot**, pilote d'essai; — **rig**, banc d'essai; — **stand**, banc d'essai; — **strip**, bande d'essai; — **tank**, bassin d'essai (des carènes).

to Test, Essayer, éprouver, vérifier; **to ball** —, biller.

Tested, Essayé, vérifié; **flight** —, essayé au vol.

Tester, Appareil, machine d'essai, de mesure; vérificateur; **cable fault** —, détecteur de pertes sur les câbles; **corrosion** —, appareil pour essais de corrosion; **injection nozzle or injector** —, vérificateur d'injecteurs; **multiple purpose or multipurpose** —, polymesureur; **oxygen** —, doseur d'oxygène; **of shock** — **machine**, machine d'essai de choc; **torque** —, vérificateur de couple.

Testing, Essai; **ball** —, billage; **bed** —, essai au banc; **creep** —, essai de fluage; **flight** —, essais en vol; — **bed**, banc d'épreuve; — **bell**, sonnerie d'essai; — **laboratory**, laboratoire d'essais; — **machine**, machine d'épreuve, appareil d'essai; — **of the accumulators**, essai des accumulateurs; — **tank**, bassin d'essais.

Tether, Corde, attache.

Tethering ring, Dispositif d'amarrage.

Tetra, Tétra; — **acetate**, tétraacétate; **lead** — **acetate**, tétraacétate de plomb; — **bromide**, tétrabromure; **carbon** — **bromide**, tétrabromure de carbone; — **chloride**, tétrachlorure; **carbon** — **chloride**, tétrachlorure de carbone; **titanium** — **chloride**, tétrachlorure de titane; — **gonal**, tétragonal; — **hedral**, tétrahédral; — **hedron**, tétrahèdre; — **ethylene or ethyl lead**, plomb tétraéthyle; — **oxysulfate**, tétraoxysulfate; **lead** — **oxysulfate**, tétraoxysulfate de plomb; — **polar**, tétrapolaire (élec.); — **substituted**, tétrasubstitué.

Tetrode, Tétrode.

Tetroxide, Anhydride; **nitrogen** —, peroxyde d'azote.

Textile, Textile; — **fiber**, fibre textile.

to Tew, Battre, espader (chanvre).

Thallium, Thallium; — **nitrate,** nitrate de thallium.

Thallous, De thallium.

Theodolite, Théodolite.

Theorem, Théorème; **gap —,** théorème de défaut.

Theoretical, Théorique.

Theory, Théorie.

Thermal, Thermal, thermique.

Thermels, Tous thermomètres thermoélectriques.

Thermic, Thermique; — **expansion,** dilatation thermique; — **power,** puissance thermique.

Thermionic, Thermoionique.

Thermistor, Thermistor, résistance thermique; **electrolytic —,** thermistor électrolytique.

Thermit, Thermite (voir **Termite**); — **welding,** soudure par aluminothermie.

Thermo, Thermo; — **couple,** thermocouple; **immersion —couple,** thermocouple à immersion; — **couple leads,** fils de thermocouple; — **dynamical,** thermodynamique (adj.):—**dynamics,** thermodynamique; — **elastic,** thermo-élastique; — **elasticity,** thermo-élasticité; — **electric,** thermo-électrique; — **electric couple,** élément thermo-électrique; — **electric current,** courant thermo-électrique; — **electric series,** échelle des forces thermo-électriques; — **electricity,** thermo-électricité; — **element,** thermo-élément; — **E. M. F.,** tension thermo-électrique; — **expansion,** dilatation thermique; — **luminescence,** thermoluminescence; — **magnetic,** thermomagnétique; — **meter,** thermomètre; **dial — meter,** thermomètre à cadran; **dry bulb — meter,** thermomètre à boule sèche; **maximum — meter,** thermomètre à maxima; **minimum — meter,** thermomètre à minima; **maximum and minimum — meter,** thermomètre à maxima et minima; **recording — meter,** thermomètre enregistreur; **suppressed zero — meter,** thermomètre sans zéro; **wet bulb — meter,** thermomètre à boule mouillée; — **meter bulb,** réservoir du thermomètre; — **meter stem,** tige du thermomètre; — **metric,** thermométrique; — **negative metal,** métal thermonégatif; — **nuclear,** thermonucléaire; — **nuclear réactions,** réactions thermonucléaires; — **nuclear reactor,** réacteur thermonucléaire; — **optical,** thermo-optique; — **phone,** thermophone; — **pile,** pile thermo-électrique; **balancing — pile,** pile thermo-électrique différentielle; — **plastic,** thermoplastique (adj.); — **plastics,** thermoplastiques; — **positive metal,** métal thermopositif; — **setting,** thermodurcissable; — **stat,** thermostat; **creep type — stat, snap action — stat** (voir **Contact**); **expansion — stat,** thermostat à dilatation; **differential expansion — stat,** thermostat à dilatation différentielle; **liquid expansion — stat,** thermostat à dilatation liquide; **solid expansion — stat,** thermostat à dilatation métallique; **hydraulic fluid — stat,** thermostat à dilatation liquide ou gazeuse; **strip type — stat,** thermostat à ruban; — **stat control,** thermorégulation; — **static,** thermostatique; — **telephone receiver,** thermophone; — **tropy,** thermotropie; — **syphon,** thermosiphon.

Thiazole, Thiazole.

Thiazoline, Thiazoline; — **ring,** noyau thiazolinique.

Thick, Épais.

to Thicken, Suinter.

Thickness, Épaisseur; — **gauge,** calibre d'épaisseur.

Thimble, Bride (de tuyau); cosse (anneau de métal); **union —,** cosse baguée.

Thin, Mince; maigre (bois); **the — part,** le maigre (du bois).

Thinness, Finesse.

Thiocyanates, Thiocyanates.

Thiodiacetic acid, Acide thiodiacétique.

Thiols, Thiols.

Thiophen, Thiofène.

Thioureas, Thiourées (chim.).

Third point, Tiers-point (lime).

Third speed wheel, Roue de troisième vitesse.

Thixotropic, Thixotropique.

Thixotropy, Thixotropie.

Thoriated, Thorié; **— filament,** filament thorié; **— tungsten,** tungstène thorié.

Thorium, Thorium.

Thoron, Thoron.

Thrash, Vibration à une vitesse critique.

Thread, Fil, filet d'une vis; pas de vis; filé, copeau; **box —,** pas de vis anglais; **equipment for picking up —,** appareil à retomber dans le pas (machine à fileter); **iron —,** fil de fer; **left handed —,** pas à gauche; **multiplex — screw,** vis à plusieurs filets; **reverse —,** filet de vis renversé; **right handed —,** pas à droite; **screw —,** filet, pas de vis; **screw — gauge,** calibre de filetage; **square —,** filet carré; **triangular —,** filet triangulaire; **— angle,** angle au sommet (pas de vis); **— cutting,** filetage; **— cutting machine,** machine à fileter; **— gauge,** calibre pour filetage; **— grinding machine,** machine à fileter à la meule, machine à rectifier les filetages; **— indicator,** indicateur de filetage; **— milling cutter,** fraise à fileter; **— milling machine,** machine à fileter à la fraise; **— rolling** laminage de filetages; **— rolling machine,** machine à laminer les filets de vis.

to Thread, Fileter.

Threaded, Fileté; **single-screw,** vis à un seul filet; **square — screw,** vis à filet carré.

Threader, Voir **Threading machine.**

Threading, Filetage; **self opening die head — machine,** machine à fileter à filière ouvrante; **single point tool — machine,** machine à fileter à l'outil; **— device,** appareil à fileter; **— die, filière; — lathe,** tour à fileter; **— machine,** machine à fileter; **— with lead screw,** filetage par vis mère.

Three, Trois; **— bladed,** tripale; **— electrode valve** or **— electrode element,** lampe à trois électrodes; **— phase,** triphasé (élec.); **— ⁻plane,** triplan; **— ply,** contreplaqué **— ply rib,** nervure du contreplaqué; **— ply web,** âme en contreplaqué; **— ply wood,** contreplaqué à trois épaisseurs; **— pedal,** pédale d'accélérateur; **— pole,** tripolaire.

Threshold, Busc (d'un bassin); seuil; **anditory** or **audiometric —,** seuil auditif; **increment —,** seuil différentiel; **— bed,** faux radier; **— branch,** heurtoir du busc; **— frequency,** fréquence critique, fréquence de seuil.

Throat, Gorge, collet d'ancre; congé; cé (d'une machine); gueulard (d'un h. f.); venturi; **angle of —,** angle d'une dent (scie); **depth of —,** profondeur du col de cygne (mach. outil).

Throttle, Manette, régulateur, papillon, prise de vapeur, registre de vapeur; **butterfly —,** valve papillon; **foot —,** pédale d'accélérateur; **full —,** pleins gaz; **hand — button,** bouton d'accélérateur; **— lever** or **handle,** manette d'admission des gaz (auto); **— pedal,** pédale d'accélérateur; **— pressure,** pression d'admission; **— regulating screw,** vis de réglage du ralenti; **— valve,** papillon.

to Throttle, Étrangler (la vapeur), manœuvrer le registre; — **back** or **down**, fermer les gaz (auto, etc.), réduire les moteurs.

Throttled, Étranglé; — **back**, réduit (moteur); — **dive**, piqué moteurs réduits (aviat.).

Throttling, Étranglement (de la vapeur...); — **down**, ralenti.

Throughout, Dans toute la masse.

Throw, Villebrequin; course (d'une manivelle, etc.); — **of the eccentric**, rayon d'excentricité; — **out clutch**, débrayage; — **over**, déclenchement.

to Throw, Jeter; mouliner (la soie); — **into gear**, enclencher, embrayer; — **out of gear**, déclencher, désembrayer.

Thrower, Moulineur (de soie).

Throwing, Moulinage (de la soie); — **power**, pouvoir couvrant, pouvoir de dépôt.

Thrust, Butée; coup; poussée; **ball** —, butée à billes; **ball — bearing**, crapaudine à billes; **clutch ball —**, butée à billes de débrayage (auto); **static —**, poussée statique; **take off —**, poussée au décollage (aviat.); — **bearing**, crapaudine à billes; **collar — bearing**, portée à cannelures; — **bearing pedestal**, palier de butée; — **bearing runner**, glace de pivoterie (élec.); — **block**, palier de butée; contre-fiche d'appui (ch. de fer); — **collars**, collets de butée; — **housing**, logement à butée; — **line**, axe de poussée, axe de traction; — **pad**, patin de butée; — **reversal**, inversion de la poussée (aviat.) — **reverser**, inverseur de poussée; déviateur de jet — **ring**, glace; — **roller**, butée à rouleaux; — **shaft**, arbre de butée; — **shoe**, coussinet de butée; **taking up the axial —**, réception axiale de la poussée; — **washer**, rondelle de butée.

Thulium, Thulium.

Thumb nut, Écrou à oreille.

Thwart, En travers de; — **ships**, transversalement (N.).

Thyonil, Thyonile.

Thyratron, Thyratron.

Thyrite, Thyrite.

Thyroxine, Thyroxine.

to Tick over, Tourner au ralenti.

Ticker or **Tikker,** Ticker (T.S.F.).

Ticket, Billet; **single —**, billet d'aller; **return —**, billet d'aller et retour.

Tickler, Poussoir d'appel d'essence (auto); bobine de self.

Tidal, Où la marée se fait sentir; — **harbour** or — **port**, port d'échouage, port à marée.

Tide, Marée; — **ball**, boule de marée; — **gauge**, échelle de marée, maréomètre, maréographe; — **mill**, moulin de marée, moulin à mer; — **predictor**, machine à prédire les marées.

Tie, Écharpe; nœud; lien; tirant; traverse; moise; crampon; connexion, liaison; **cross —**, traverse, tirant transversal; **railway —**, traverse de voie; — **bar**, traverse; — **beam**, tirant, entretoise; — **line**, ligne de couplage; — **plate**, selle; virure d'hiloire (N.); tôle de liaison (N.); — **rod**, barre d'accouplement, tirant; — **in transformer**, transformateur de liaison.

to Tie, Amarrer, lier, joindre.

Tier, Rangée; plan d'arrimage.

Tiglic acid, Acide tiglique.

Tight, Serré, raide, tendu; étanche, imperméable; **air —**, hermétique; **gas —**, étanche aux gaz; **steam —**, étanche à la vapeur; **vacuum —**, étanche au vide; **water —**, imperméable, étanche à l'eau.

to Tighten, Serrer, resserrer, tendre.

Tightener, Tendeur; **bar** —, serre-barre (mach.-outil); **belt** —, tendeur de courroie; **chain** —, tendeur de chaîne.

Tightening, Serrage (mach.); — **key,** clavette de calage.

Tightness, Étanchéité; raideur, tension.

Tile, Tuile; **crest** —, tuile faîtière; **drain** —, tuile à drainer, tuile de drainage; **edging** —, tuile à border; **flat** —, tuile plate; **roof** —, tuile faîtière; — **kiln,** tuilerie.

to Tile, Couvrir de tuiles, carreler.

Tiller, Barre de gouvernail (N.); — **device,** dispositif filtreur; — **rope,** drosse.

Tilt, Bâche (de wagon); tendelet; inclinaison; basculement; **blade** —, Voir Blade; — **angle,** angle d'inclinaison; — **hammer,** martinet (gros marteau mû mécaniquement).

to Tilt, Marteler, forger; couvrir d'une tente ou d'une bâche; incliner, basculer.

Tilted, Forgé, martelé; incliné, basculé; — **iron,** fer forgé, fer martelé.

Tilter, Martinet (forge); ouvrier de forge; culbuteur; **car** —, culbuteur de wagons.

Tilting, A bascule, à éclipse; — **bearing,** appui à rotule; — **device,** dispositif d'inclinaison; — **furnace,** four oscillant, basculant.

Timber, Bois de construction; bois de charpente; couple (c. n.); **cant** —, couple dévoyé (c. n.); **cleft** —, bois de refend; **fashion** —, estain (c. n.); **floor** —, varangue (c. n.); **half hitch and** — **hitch,** nœud de bois et barbouquet; **quartered** —, bois de refend; **rough** —, bois brut, non travaillé, bois en grume; **seasoned** —, bois sec, prêt à être employé; **square** —, bois équarri; **unbarked** —, bois en grume; — **and room,** maille (de membrure) (N.); — **hitch,** nœud de bois; — **lining,** palplanches; — **work,** charpente; — **yard,** chantier de bois de charpente; **to season** —, faire sécher le bois.

to Timber, Faire une charpente, boiser, construire (en bois).

Timbering, Boisage (d'une mine).

Time, Temps, heure; **current building up** —, temps d'établissement du courant; **dead or idle** —, temps mort; **insensitive** —, temps mort; **local** —, heure locale; **mean** —, temps moyen; **meridian** —, heure du méridien; **Paris** —, heure de Paris; **resolving** —, temps résolvant; **turn round** —, durée des rotations; — **ball,** boule d'observatoire; — **bomb,** bombe à retardement; — **constant,** constante de temps; — **delay,** retardement, temporisation: — **delayed relay,** relais différé; — **fuse,** fusée à temps:— **recorder,** horodateur; — **releasing,** chrono-déclenchement — **series,** séries temporelles; — **shearing system,** système à division de temps; — **signal,** signal horaire; — **table,** tableau horaire.

Timed Lubrication (voir **Lubrication**).

Timer, Compte-temps.

Times, Multiplié par.

Timing, Réglage; distribution; cadence; réglage de temps; retardement; **ignition** —, réglage de l'avance à l'allumage; **valve** —, réglage des soupapes; — **gears,** engrenages de distribution; — **marker,** marqueur de temps.

Tin, Étain, fer blanc; **bar** —, étain en verges; **black** —, minerai d'étain concentré; **block** —, étain commun en saumons; **crystal** —, moiré métallique; **crystals of** —, chlorure d'étain; **drog** —, étain granulé; **lode** —, étain de roche; **oxide of** —, oxyde d'étain; **stream** —, étain de lavage; — **bath**, tain; — **bearing**, stannifère; — **bearing ore**, cassitéride; — **bronze**, bronze d'étain; — **cup**, rondelle de vis-culasse (art.); — **deposit**, gite stannifère; — **leaf**, tain (de glace); — **lined**, doublé en fer blanc; — **liquor**, liqueur de Libavins; — **mine**, mine d'étain; — **ore**, minerai d'étain; — **plate**, fer blanc; — **pot**, bain d'étamage; — **sheet**, étain en feuilles, fer blanc; — **solder**, soudure à l'étain; — **soldering**, soudage à l'étain; — **stone or** — **stuff**, oxyde d'étain, minerai d'étain; — **ware**, articles en fer blanc; — **works**, usine d'étain.

to **Tin**, Étamer.

Tincture. Teinture; **mother** —, teinture officinale.

Tinder, Amadou.

Tines, Branches (d'un diapason).

Tinfoil, Papier d'étain; tain.

Tinkal, Borax.

Tinker, Chaudronnier, étameur, ferblantier.

Tinned, Étamé; — **iron**, ferblanc.

Tinning, Étamage.

Tinsel, Clinquant.

Tip, Pointe; mise rapportée; pastille; buse, grain (d'outil); **blade** —, bout de pale; **bottom loop** —, culot à œillets (lampe à incandescence); **burner** —, bec de brûleur; **carbide** —, mise, tête au carbure; **electrode** —, pointe d'électrode; **pole** —, corne, pièce polaire; **tool** —, pastille d'outil; **welding** —, pointe d'électrode (soudure); **wing** —, bout de l'aile; — **car**, wagon, wagonnet à bascule; — **cart**, tombereau; — **lorry**, camion à benne basculante; — **speed**, vitesse périphérique; — **wagon**, wagon basculant.

to **Tip**, Soulager une extrémité, basculer.

to **Tip over**, Capoter.

carbide Tipped, A pastille de carbure.

platinum Tipped screws, Vis platinées (auto).

square Tipped, A bout carré.

Tipping, A mouvement de bascule, basculant; brasage des mises rapportées; — **hopper**, auge ou benne basculante; — **motion**, mouvement de renversement (wagons, etc.); — **of the table**, soulèvement de la table (raboteuse); — **skip**, benne de grue; — **trough**, benne basculante.

Tipple, Culbuteur de wagonnet; décharge.

Tippler, Basculeur; **mine car** —, culbuteur de berlines; — **hopper**, benne basculante.

Tippling, Culbutage.

Tire, Voir **Tyre**.

Tissue, Tissu (bois); **hard** —, tissu ligneux; **soft** —, tissu poreux ou vasculaire.

Tit, Pointe, téton.

Titanate, Titanate; **barium** —, titanate de baryum; **lead** —, titanate de plomb.

Titaniferous, Titanifère; — **magnetite**, magnétite titanifère.

Titanite, Titanite.

Titanium, Titane; **metallic** —, titane métallique; — **carbide**, carbure de titane; — **hydride**, hydrure de titane; — **oxide**, oxyde de titane.

to **Titrate**, Doser, titrer.

Titration, Dosage, titrage.

Titre, Titre, titrage.

Titrimetric, Titrimétrique.

Titrometer, Titromètre; **dual** —, titromètre double.

T. M. wave, Onde magnétique transversale.

Toe, Doigt, came.

Toggle, Petite cheville, cabillot; burin; levier; chien; genouillère; **two**, **three** —, à deux, trois leviers articulés; — **joint**, assemblage de leviers mobiles sous différents angles; — **operated**, à genouillère; — **operated valve**, valve à genouillère; — **press**, presse à genouillère; — **system**, système à leviers articulés.

Tolerance, Tolérance; **close** —, tolérance serrée.

Toll, Péage, droit, impôt; — **dialing**, automatique interurbain.

Toluene, Toluène.

Toluic acid, Acide toluique.

Tommy bar, Broche.

Ton, Tonne, tonneau (jauge; voir **Tableaux**); **metric** —, tonne métrique.

Tone, Tonalité; — **control**, réglage de tonalité (T. S. F.); — **generator**, générateur de signal.

chain Tong, Serre-tube, clef à chaîne.

Tongs, Tenailles, pinces; **clip** —, pinces de forgeron; **draw** —, tendeur; **elbow** —, attrape (fond.); tenailles à creuset; **fire** —, pinces.

Tongue, Langue; bouvetage; lame; languette; ardillon; **feather** —, languette.

to Tongue, Bouveter.

Tonguing cutter, Fraise à bouveter; **tonguing plane**, bouvet mâle.

Tonnage, Tonnage; **gross** —, tonnage brut, tonnage en lourd; **net** —, tonnage net; **register** —, tonnage enregistré, tonnage net.

n **Tonner**, De *n* tonnes (N.).

Tool, Outil; **air** —, outil pneumatique; **articulated** —, outil articulé; **back** —s, outils de tour; **beading** —, matoir; **boiler making** —s, outils de chaudronnerie; **bolt making** —s, outils de boulonnerie; **boring** —, outil à percer ou à aléser; lame, couteau de finissage (tour à bois); **broaching** —, outil de brochage, broche à mandriner; **butt** —, matoir; **calking** —, matoir; **carbide** —, outil à pastille de carbure; **chamfering** —, fraise plate à deux tranchants; **chasing** —, peigne à fileter (tour); **cleansing** —, outil d'ébarbage; **cleaving** —, fendoir; **collar** —, étampe à embases; **cooling of the** —, refroidissement de l'outil (mach.-outil); **cross** —, carriage, chariot porte-outil transversal; **cutting** —, outil tranchant; burin; grain d'orge; plane; **cutting edge of** —, tranchant de l'outil; **cutting off** —, outil à tronçonner; outil droit à saigner; **detachable point** —, dent à pointe rapportée; **diamond** —, outil diamanté, outil diamant; **diamond point** —, grain d'orge; **dressing** —, outil à rhabiller les meules; **edge** —, outil tranchant; pointe à rabaisser; cavoir; **edge** — **maker**, taillandier; **edge tools**, taillanderie; **fang of a** —, soie, queue d'un outil; **finishing** —, outil à finir; **form** —, outil de forme; **forming** —, outil à profiler; **fullering** —, chasse ronde; dégorgeoir (forge); **gang** —, outil multiple; **grinding** —, rodoir; **hand** —, outil à main; **heating of the** —, échauffement de l'outil; **heel** —, grain d'orge, crochet, etc.; **knurling** —, outil à moleter; **lathe** —, outil de tour; **lipped** —, outil à gorge; **machine** —, machine-outil; **miner** —s, outils de mineur, pointerolle; **modelling** —, ébauche; **parting** —, bédane, outil à saigner; **pitching** —, pointerolle; **planing** —, lame d'une machine à raboter; **pneumatic** —, outil pneumatique; **portable** —, outil portatif; **powder actuated** —, outil actionné par explosif; **power** —, outil à moteur;

recessing —, outil à chambrer; **rolling in** —, outil à rabattre par laminage; **roughing** —, outil à dégrossir; **rounding** —, étampe ronde; **screw** —, peigne; **inside screw** —, peigne femelle; **outside screw** —, peigne mâle; **screw cutting** —, outil à fileter; **female** or **inside screw cutting** —, outil à fileter intérieurement; **male** or **outside screw cutting** —, outil à fileter extérieurement; **screwing** —, peigne à fileter; **second hand** —, outil d'occasion; **self acting lift of the** —, relèvement automatique de l'outil (mach.-outil); **shank of the** —, queue de l'outil; **sharpening of the** —, affûtage de l'outil; **shaving** —, outil de rasage; **side** —, outil de côté (tour); **sintered carbide** —, outil au carbure aggloméré; **snapping** —, bouterolle; **top** —, dessus d'étampe; **turning** —, outil de tour; **vibrating** —s, outils de choc; **wheel dressing** —, outil à rhabiller les meules; **wood turner's** —, gouge; — **bits**, forets, barreaux traités; — **box**, porte-outil; chariot porte-outil, porte-outil à lunette, à logement (tour); — **carrier**, porte-outil; — **crib**, armoire à outils; — **grinding**, machine affûteuse à outils; — **heel**, talon d'un outil; — **holder**, porte-outil, chariot; **hinged** — **holder**, porte-outil à charnière; — **jack**, vérin de serrage; — **kit**, trousse à outils; — **maker**, outilleur; — **milling machine**, fraiseuse d'outillage; — **post**, porte-outil; — **rack**, ratelier à outils; — **room**, atelier d'outillage; — **room lathe**, tour d'outillage; — **set**, jeu d'outils; — **setting**, montage de l'outil; — **slide**, chariot (mach.-outil); — **wrench**, clef à outils; **to clamp the** —, serrer, bloquer, caler l'outil (mach.-outil); **to fix the** —, fixer l'outil (mach.-outil); **to set up the** —, mettre au point, régler l'outil.

Tooling, Outillage; — **jobs**, travaux d'outillage; — **up expenses**, frais d'outillage.

Tooth (pluriel **teeth**), Dent; ailette (d'un moteur à réaction); **armature** —, dent d'induit (élec.); **champion** —, dent double (pour scie passe-partout); **club** —, dent conique; **control** —, dent de contrôle; **depth of a** —, creux d'une dent; **dog's** —, dent de scie, poinçon d'acier; **face of a** —, flanc, face d'une dent; **file** —, dent de lime; **rotor** —, dent de rotor (élec.); **saw** —, dent de scie; **straight** —, dent droite; — **angle**, angle de dent; — **cutting machine**, machine à tailler les dents; — **dimensions**, dimensions des dents; — **face**, face, flanc d'une dent; — **face grinding machine**, machine à roder les flancs de dents d'engrenage; — **induction**, induction dans les dents (élec.); **actual** — **induction**, induction effective dans les dents; **maximum**, **minimum** — **induction**, induction maximum, minimum dans les dents; — **pitch**, pas des dents; — **saturation**, saturation des dents.

Toothed, Denté, à dents; — **quadrant**, secteur à dents; — **wheel**, roue dentée.

Top, Sommet, chapiteau, couvercle, dessus; chèvre (de cordier); gueulard (h. f.); **flat** — **antenna**, antenne horizontale; **furnace** —, ciel de foyer (chaud.); **blast furnace** —, gueulard de haut fourneau; **opening** —, toit ouvrant; **removable** —, couvercle amovible; — **angle**, cornière de tête (c. n.); — **box**, châssis du dessus (fond.); — **clack**, clapet de tête (pompe à air); — **of the cylinder**, couvercle du cylindre; — **flask**, châssis du dessus (fond.); — **fuller**, dégorgeoir, chasse ronde (forge); — **gas**, gaz de gueulard; — **gear**, prise directe (auto); —

heavy, trop chargé dans les hauts (N.); — **pressure**, pression au gueulard; — **high pressure**, gueulard sous haute pression (h. f.); — **sides**, hauts (d'un N.); — **slide or** — **tool rest**, support de porte-outil; — **turbine**, turbine à extraction de vapeur.

Töplerian bases, Bases töplériennes (math.).

Topographic or **Topographical**, Topographique; — **draftman**, dessinateur topographe.

Topography, Topographie.

Topological, Topologique.

Topology, Topologie.

Topped crude, Résidu de première distillation.

Topping, Première distillation sous pression atmosphérique (pétr.); **atmospheric** —, distillation atmosphérique; — **tower**, colonne de distillation, de topping; — **turbine**, turbine à extraction de vapeur.

Torch, Chalumeau; **alcohol** —, lampe à souder à alcool; **atomic hydrogen** —, chalumeau à hydrogène atomique; **blow** —, lampe à souder; **cutting** —, chalumeau coupeur; **deseaming** —, décriqueur; **gauging** —, chalumeau rainureur; **oxyacetylene** —, chalumeau oxyacetylénique.

Toroidal, Toroïdal, torique.

Torpedo, Torpille; **acoustic** —, torpille acoustique; **electric** —, torpille électrique; **homing** or **target tracking** —, torpille se dirigeant automatiquement sur le but; **magnetic** —, torpille magnétique; **wakeless** —, torpille sans sillage; — **boat**, torpilleur; — **gear**, apparaux de torpille; — **head**, cône; — **heater**, réchauffeur; — **net**, filet pare-torpilles; — **sight**, viseur lance-torpille; — **tube**, tube lance-torpille, tube de lancement; **submerged** — **tube**, tube lance-torpille sous-marin.

Torque, Moment de torsion, couple; de couple; **break down** —, couple maximum que peut supporter un moteur d'induction sans chute de vitesse prohibitive; **breaking down** —, couple de décrochage; **locked rotor** — or **opposing** —, couple résistant, couple antagoniste; **restoring** —, couple de rappel; **starting** —, couple de démarrage; — **analyser**, analyseur de couple; — **conversion**, conversion de couple; — **converter**, convertisseur de couple; — **meter**, mesureur de couple; — — **tester**, vérificateur de couple.

Torsion, Torsion; — **bar**, barre de torsion; — **dynamometer**, dynamomètre de torsion; — **galvanometer**, galvanomètre de torsion; — **meters**, indicateurs de torsion; — **wire**, fil de torsion.

Torsional, De torsion; — **elasticity**, élasticité de torsion; — **stress**, effort de torsion; — **vibrations**, vibrations de torsion.

Total head, Perte de charge totale.

Totalizer, Totalisateur, totalisateur intégrateur; **impulse** —, totalisateur à impulsion.

Totalizing relay, Relais intégrateur.

Totalling, Totalisant.

Touch down, Atterrissage (avia.).

Tough, Tenace, résistant aux chocs.

Toughening, Genre de trempe avec revenu appliqué aux aciers à teneur moyenne en carbone (dit à double traitement); se dit aussi d'une trempe sans revenu (à simple traitement).

Toughness, Non fragilité, plasticité, résistance au choc; ténacité.

Tourer or **Touring plane**, Avion de tourisme.

Tournadozer, Bulldozer à roues.

Tournarocker, Benne basculante de grande capacité.

Tournatrailer, Semi-remorque à fond glissant vers l'arrière.

Tow, Étoupe filasse; re- morque **packing** —, tresse pour garnitures; — **line**, câble de remorque; — **rail**, arceau de remorque; — **ring**, anneau de remorque; — **rope**, corde de halage, haussière à touer; — **shackle**, chape de remorque; **to take in** —, prendre à la re- marque

to Tow, Remorquer.

Towage, Remorquage (action ou prix payé), **touage**, halayc; — **fees**, droits de remorquage.

Towboat, Remorqueur (rare); voir **Tug**.

Tower, Tour; colonne; pylône (élec.); **absorption** —, tour d'ab- sorption; **boring** —, tour de fonçage; **bubble** —, tour de fractionnement; **conning** —, blockhaus (N.); **control** —, tour de contrôle (aviat.); **coo- ling** —, tour de réfrigération; **extraction** —, tour d'extrac- tion; **sieve plate extraction** —, tour d'extraction à plateaux perforés; **fractionating** —, tour de fractionnement (pétr.); co- lonne de distillation; **oxidising** —, tour, colonne d'oxydation; **stripping** —, tour de stripping; **water** —, château d'eau; **winder** —, chevalement d'extraction.

Towing cable, Câble de remorque.

Towline, Ligne de halage.

Towpath, Chemin de halage.

Towrope, Remorque.

Toxic, Toxique; — **gas**, gaz toxique.

Toxicity, Toxicité.

to Trace, Tracer, calquer.

Tracer, Calqueur, traceur; indi- cateur; inscripteur; fil coloré dans un conducteur; **electrical** —, inscripteur électrique; **induc- tion** —, traceur à induction; **isotope or isotopic** —, traceur isotopique; **radio** —, radio indicateur; **radioactive** —, tra- ceur radioactif; **signal** —, ana- lyseur; — **attachment**, dispo- sitif à reproduire; — **lever**, palpeur; — **study**, étude par traceurs; — **wheel**, roue tra- ceuse.

Tracing, Tracé, croquis, dessin, plan, calque; **precision** — **ins- trument**, trusquin de précision; — **bench**, banc à diviser; — **paper**, papier à calquer.

Track, Voie (ch. de fer), rail; **caterpillar** —s, chenilles; **con- nection** —, voie de raccorde- ment; **distributing** —, voie de triage; **double** —, voie double; **light** —, voie légère; **narrow gauge** —, voie étroite; **rail- road** —s, voie de chemin de fer; **side** —, voie de garage, embranchement; **single** —, voie simple; **slippery** —, rail gras; **standard gauge** —, voie nor- male; **two** —s **railway**, chemin de fer à deux voies; — **brake**, frein sur rail; — **slots**, chemins de roulement; — **tread lan- ding gear**, train d'atterrissage à chenilles.

to Track, Haler à la cordelle.

Trackage, Halage.

Tracking, Décharge superficielle (bougie); guidage; **radar** —, guidage par radar.

oil Tracks, Pattes d'araignée (mach.); **rail tracks**, ligne de rails.

Tractile, Ductile.

Traction, Traction; **a. c.** —, traction à courant alternatif; **caterpillar** —, traction sur che- nilles; **d. c.** —, traction à cou- rant continu; **electric** —, trac- tion électrique; **heavy** —, grande traction; **surface** —, traction de jour (mines); **underground** —, traction de fond (mines); — **accumulator**, accumulateur de traction; — **motor**, moteur de traction.

Tractive, De traction.

Tractor, Tracteur; **caterpillar —,** tracteur à chenilles; **wheel type —,** tracteur sur roues; — **screw,** hélice tractive; — **train,** train tracté.

Trade, Commerce, métier; — **name,** marque; **agricultural —** or **farm —,** tracteur agricole; **coasting —,** cabotage; **home —,** cabotage; **in —,** en wagon.

Trader, Négociant; navire marchand.

Trading, Commercial, de commerce,

Traffic, Trafic (ch. de fer, etc.); circulation; **air —,** trafic aérien.

Trafficators, Flèches de direction (auto).

Trail, Crosse (d'affût); traînage; — **angle,** angle de traînage.

to Trail, Traîner.

Trailer, Remorque; **drop bucket —,** remorque à déversement par le fond; **flat —,** plateau; **lorry —,** camion avec remorque; **semi —,** remorque à deux roues, semi-remorque; **tank —,** citerne-remorque; **three wheel —,** remorque à trois roues.

Trailing, Traînant; — **aerial,** antenne suspendue ou remorquée; — **axle,** essieu arrière; — **edge,** bord de sortie postérieur.

Train, Système d'engregage; train (ch. de fer), train (laminoir); **ball —,** laminoir à loupes; **epicyclid —,** engrenage épicycloïdal; **freight —,** train de marchandises; **passenger —,** train de voyageurs; **planetary gear —,** train d'engrenages planétaires; **tractor —,** train tracté.

to Train, Dresser, tailler; suivre un filon (mines).

Trainer, Appareil d'entraînement; — **aircraft,** avion d'entraînement.

Training, Pointage en direction (canon); — **flight,** vol d'entraînement; — **plane,** avion d'entraînement; — **wheel,** volant de pointage.

Trains of waves or **wave trains,** Trains d'ondes.

Trajectory, Trajectoire.

Tramcars, Tramways.

Trammel, Ellipsographe, compas à verge.

Trammer, Rouleur (de mines).

Tramp, Vapeur irrégulier.

Trans, Trans; — **actions,** procès-verbaux; — **atlantic,** transatlantique; — **atlantic liner,** transatlantique;— **cendant function,** fonction transcendante; — **conductance,** conductance mutuelle; — **cription,** transcription, enregistrement; — **ducer,** transducteur; **electroacoustic — ducer,** transducteur électroacoustique; **magneto striction — ducer,** transducteur à magnétostriction; **piezoelectric — ducer,** transducteur piézo-électrique; — **fer,** transfert, injection, coulée; **heat — fer,** transmission de chaleur; — **fer cull or — slug,** queue de coulée: — **fer curve,** courbe de transfert (puissance à la sortie en fonction de la puissance à l'entrée); — **fer factor,** facteur de transfert; — **fer machine,** machine à transfert (mach.-outil);— **fer pot** or — **fer well,** pot d'injection;— **fer type press,** presse multiple; — **former,** transformateur; **air cooled — former,** transformateur refroidi par l'air: **air core — former,** transformateur sans fer; **auto — former,** auto-transformateur; **balancing — former,** transformateur compensateur; **bell — former,** transformateur pour sonnerie; **booster — former,** transformateur survolteur; **closed circuit — former,** transformateur à circuit fermé; **column — former,** transformateur à colonnes; **three column** or **three**

legged — former, transformateur à trois colonnes; compound — former, transformateur compound; core — former, transformateur à noyau; closed core — former, transformateur à noyau fermé; iron core — former, transformateur à noyau de fer; open core — former, transformateur à noyau ouvert; current — former, transformateur d'intensité; damping — former, transformateur d'amortissement; differential — former, transformateur différentiel; distribution — former, transformateur de distribution; dry type — former, transformateur à refroidissement par air; exciter — former, transformateur d'excitation; feeding — former, transformateur d'alimentation; forced cooling — former, transformateur à refroidissement forcé; form fit — former, transformateur à cuve ajustée, à cuve en cloche; frequency — former, transformateur de fréquence; high frequency — former, transformateur à haute fréquence; low frequency — former, transformateur à basse fréquence; functional — former, transformateur pour applications spéciales; fused — former, transformateur protégé par fusible; grounded neutral — former, transformateur avec neutre à la terre; hedgehog — former, transformateur type hérisson; input — former, transformateur d'entrée; lighting — former, transformateur d'éclairage; régulateur de charge; liquid filled — former, transformateur plein de liquide; load — former, transformateur de charge; mobile — former, transformateur mobile; negative boosting — former (voir suction — former); network — former, transformateur de réseau; oil — former, transformateur dans l'huile; oil cooled — former, transforma-

teur refroidi par l'huile; open circuit — former, transformateur à circuit ouvert; open type — former, transformateur du type ouvert; output — former, transformateur de sortie; phase — former, transformateur de phase; monophase or single phase — former, transformateur monophasé; three phase — former, transformateur triphasé; two phase — former, transformateur biphasé; potential — former, transformateur de potentiel; power — former, transformateur pour force motrice, transformateur de réseau, transformateur de puissance; pressure — former, transformateur de pression; pulse — former, transformateur d'impulsions; reducing — former, dévolteur, transformateur réducteur; regulating — former, transformateur de réglage, transformateur régulateur; ring — former, transformateur annulaire; rural — former, transformateur rural; safety — former, transformateur de sécurité; self cooling — former, transformateur à refroidissement naturel; series — former, transformateur en séries; multiple series — former, transformateur série-parallèle; shell — former, transformateur cuirassé; shunt — former, transformateur shunt, en dérivation; step down — former (Voir reducing — former); step up — former, transformateur-élévateur, survolteur; substation — former, transformateur de sous-station; suction — former, transformateur à coefficient d'induction variable ou pour intensité constante; supply — former, transformateur d'alimentation; tapped — former, transformateur avec prises de réglage; tension — former, transformateur de tension; high tension — former, transformateur à haute tension; low tension — former, transformateur à basse tension;

Tesla — **former**, transformateur Tesla; **testing** — **former**, transformateur d'essai; **tie in** — **former**, transformateur de liaison; **voltage** — **former**, transformateur de tension; **welding** — **former**, transformateur de soudure; — **former bushing**, traversée, borne isolante de transformateur; — **former clamps**, bornes de transformateur; — **former connection**, couplage ou montage de transformateur; — **former cover**, couvercle de transformateur; — **former pit**, puits de transformateur; — **former steel**, acier pour transformateurs; — **former tank**, bac, cuve de transformateur; — **former tap**, prise de réglage de transformateur; — **former with closed magnetic circuit**, transformateur à circuit magnétique fermé; — **former with open magnetic circuit**, transformateur à circuit magnétique ouvert; — **formers connected in parallel**, transformateurs montés ou couplés en parallèle; — **formers in which the kind of current is not changed**, transformateurs homomorphiques; — **formers in which the kind of current is changed**, transformateurs hétéromorphiques; — **forms**, transformés; — **ient**, transitoire (adj.); phénomène transitoire; — **ient current**, courant transitoire; — **ient response**, réponse transitoire; — **ient restriking**, transitoire de retour (élec.); — **ients**, courants transitoires; — **ire**, laisser-passer, passe-avant (douanes); — **istor**, transistor (élec.); **junction**—(j.t.), transistor à jonction; — **it**, transit (commerce); niveau; **in** — **it**, en transit; transmission; — **missiometer**, transmissiomètre; — **mitter**, transmetteur, émetteur (T. S. F.); **arc** — **mitter**, émetteur à arc; **broadcast** — **mitter**, émetteur de radiodiffusion; **F. M.** — **mitter**, Voir **F. M.**; **fac-simile** — **mitter**, émetteur de fac-similés; **position** — **mitter**, transmetteur de position; **short wave** — **mitter**, émetteur à ondes courtes; — **mitting**, de transmission, d'émission; — **mitting aerial** or — **antenna**, antenne d'émission (T. S. F.); — **mitting apparatus**, appareil d'émission (T. S. F.); — **mitting capacitor**, condensateur d'émission; — **mitting shaft**, arbre de transmission (mach.); — **mutation**, transmutation; — **o m**, traverse (menuiserie), entretoise; barre d'arcasse (c. n.); — **parence** or — **parency**, transparence; — **parent**, transparent; — **ponder**, émetteur - récepteur; — **port**, transport, avion commercial; **rail** — **port**, transport par fer; **road** — **port**, transport routier; — **aircraft** or — **port**, avion de transport; **turbo prop'** — **port**, avion commercial turbo-propulsé; — **portation**, transport; — **porter**, transporteur, transbordeur; **aerial** — **porter**, transporteur aérien; — **sonic**, transsonique; — **sonic tunnel**, soufflerie transsonique; — **uranian**, transuranien; — **versal**, transversal; — **versal seam**, couture en travers; — **versal stability**, stabilité transversale; — **verse**, transversal; — **wave**, onde transversale.

Transformer, transit, transmission, transmitter, transport, etc., Voir **Trans.**

to Tranship or **to transship,** Transborder.

Trap, Séparateur, capteur; siphon, purgeur; piège (à humidité...); **delivery** —, tuyau d'émission; **drain** —, soupape à égouts; **steam** —, purgeur de vapeur; **thermostatic** —, purgeur thermostatique.

to Trap, Séparer, purger.

Trapezium, Trapèze.

Trapezoidal, Trapézoïdal; — **belt,** courroie trapézoïdale.

Trapping, Filtrage.

Travel, Course (mach.); avance (mach.-outil); translation; **approach** —, course d'approche; **automatic** —, avancement automatique du chariot (mach.-outil); **downward** —, course descendante; **piston** —, course du piston; **turret** —, course de la tourelle (tour); **upward** —, course montante; **vertical** —, course verticale; — **of table,** course de la table (mach.-outil); — **of the valve,** course du tiroir.

Traveller, Pont roulant; — **on overhead track,** pont roulant sur voie aérienne.

Travelling or **traveling,** Mobile, roulant, etc.; — **crane,** pont roulant; — **grate,** grille mobile; — **platform,** chariot transporteur; — **table,** plateau, table d'une mach.-outil.

Traverse, Transversal; **at one** —, sans reprise; — **feed,** avance transversale; — **gallery,** galerie transversale; — **quick** — **lever,** levier d'amenage rapide.

to Traverse, Pointer en direction (canon).

Traverser, Transbordeur; **wagon** —, transbordeur à wagons.

Traversing platform, Châssis.

Trawler, Chalutier (navire).

Tray, Plateau; tiroir; — **accumulator,** accumulateur à cuvette; **chip** —, bac à copeaux.

Tread, Portant (d'une roue, d'un rail); voie, surface de roulement (rail); chape, bande de roulement (d'un pneu); — **circle,** cercle de roulement.

wide Treaded, A large bande de roulement.

to Treat, Traiter, tremper, épurer.

Treated, Traité, trempé.

Treatment or **treating,** Traitement, trempe, épuration; **acid** —, traitement à l'acide sulfurique; **alcali** —, traitement alcalin; **clay** —, traitement par contact (pétr.); **heat** —, traitement par la chaleur, traitement thermique; **re-solution** —, traitement de re-solution; **surface** —, traitement de surface; **threshold** —, traitement par quantités extrêmement faibles de matière.

Treble, Triple; — **riveted,** à triple rang de rivets.

Treblet, Broche, mandrin (pour égaliser un trou).

Tree, Arbre (voir **Wood** pour le détail des espèces de bois); pièce (de bois); **apple** —, pommier; **ash** — frêne; **axle** —, axe, essieu d'une voiture; treuil; bielle; **axle** — **bed,** collet, coussinet; **axle** — **(of a water mill),** palplanche; **axle** — **stay,** arc-boutant; **axle** — **washer,** entretoise de couche; **beech** —, hêtre; **birch** —, bouleau; **broad leaf** — **s,** arbres à feuilles larges; **cherry** —, cerisier; **chestnut** —, châtaignier; **citron** —, citronnier; **cork** —, chêne-liège; **ebony** —, ébénier; **fir** —, sapin; **hazel** —, noisetier; **larch** —, mélèze; **lemon** —, citronnier; **lime** —, tilleul; **maple** —, érable; **needleleaf** —**s,** arbres à feuilles pointues; **nut** —, noyer; **oak** —, chêne; **olive** —, olivier; **orange** —, oranger; **pear** —, poirier; **pine** —, pin; **pitch** —, sapin résineux; **plane** —, platane; **sorb** —, sorbier; **spruce** —, épicéa; **walnut** —, noyer. **wellingtonian** —, séquoia.

Treenail, Gournable, cheville en bois.

Trellis work, Treillis.

to Trellis, Treillager.

Trembler, Trembleur (élec.).

Tremor, Trépidation, vibration.

Trench, Tranchée, couche (mines, carrière); — **backfill,** comblement de tranchée; — **hoe,** pelle de tranchées.

to Trench, Arrimer (du lest).

Trencher or **Trenching machine,** Machine à creuser les tranchées.

Trepanning, Trépannage; perçage.

Trestle, Tréteau; **pile** —, palée de pont; — **tree,** élongis (mâture).

Tri-motored, A trois moteurs.

Trial, Essai; **receptance** —, essai de recette, essai de réception; **speed** —, essai de vitesse; **steam** —, essai de vaporisation; **under** —, en essai; — **at moorings,** essai au point fixe (c. n.); — **speed,** vitesse aux essais (N.); **to make, to undergo trials,** faire des essais, faire ses essais (N.).

Triangle, Triangle; **isoceles** —, triangle isocèle; — **of error,** chapeau.

Triangular, Triangulaire.

Triangulation, Triangulation; **aero** —, aérotriangulation; **photographic** —, triangulation photographique; **skeleton** —, canevas; — **point,** point géodésique.

Triaxial, Triaxial.

to Trice, Hisser, relever.

Trichloride, Trichlorure; **iodine** —, trichlorure d'iode.

Trichromatic, Trichromatique.

Trickle battery, Batterie-tampon.

Trickle charge, Charge continue de compensation.

to Trickle, Dégoutter, couler en petit filet, ruisseler.

Trickling cooling plant, Réfrigérant à ruissellement.

Trickling filter, Filtre d'épuration des eaux d'égout.

Tricky parts, Pièces compliquées.

Triclinic, Triclinique.

Tricycle, Tricycle; — **undercarriage,** train tricycle (aviat.).

Trifluoride, Trifluorure.

Trifluoroacetic acid, Acide trifluoroacétique.

Trig stations, Points géodésiques.

Trigger, Croc, crochet, détente; gâchette (fusil, etc.); esse (de roue); — **circuit,** circuit trigger; — **nozzle,** pistolet de distribution; **to pull the** —, presser la détente; **double** —, détente double; **single** —, détente unique.

to Trigger off, Déclencher subitement.

Trigonometrical or **Trigonometric,** Trigonométrique; — **function,** fonction trigonométrique; — **survey,** réseau trigonométrique.

Trigonometry, Trigonométrie.

Triketones, Tricétones.

Trillion, Trillion; en France et aux États-Unis, 1 trillion est 1 million de millions; en Grande-Bretagne, 1 trillion est le cube du million.

Trim, Assiette (équilibre d'un N.); équilibrage; compensation; arrimage, centrage (d'un avion); **in flying** —, en ordre de vol; **lateral** —, équilibrage latéral; **out of** —, qui n'a pas son assiette, désarrimé; **tail** —, réglage du plan fixe; — **tab,** volet de compensation (aviat.), flettner.

to Trim, Parer, ébarber (une pièce de fonte); ébavurer; balancer; arrimer (N.); ajuster.

Trimer, Trimère.

Trimetal, Trimétal.

Trimetallic, Trimétallique.

Trimethylacetic acid, Acide triméthylacétique.

Trimetrogon, Trimétrogon.

Trimmed, Equilibré, compensé.

Trimmer, Soutier (N.); retoucheur d'écarts d'alignement (T. S. F.); flettner (aviat.).

Trimming, Ébarbage, ébavurage; centrage (d'un avion); équilibrage; assiette (s. m.); — **die**, matrice à façonner; — **flap**, volet compensateur; — **of flash**, ébarbage des bavures; — **machine**, machine à ébarber; — **motor**, moteur d'orientation; — **tab**, volet de compensation (aviat.); — **tank**, caisse d'assiette.

Trims, Compensateurs de gouverne (aviat.).

Trinitrate, Trinitrate.

Triode, Triode.

Trip, Dispositif de déclenchement; **on** —, perdu (fût); **over speed** —, déclencheur de survitesse; — **coil**, bobine de déclenchement; — **gear**, distribution à déclic; — **lever**, levier de déclenchement, culbuteur; — **mechanism**, mécanisme de déclenchement; — **out**, déclenchement; interruption de service électrique.

to Trip, Déclencher; déraper (ancre); mettre en route une machine; déraper sur le sol, culbuter.

Triphase, Triphasé (élec.).

Tripole, Tripolaire.

Tripler, Tripleur; **frequency** —, tripleur de fréquence.

Tripod, Trépied, à trois pieds, tripode; **adjustable** —, trépied à pied à coulisse; — **mast**, mât tripode.

Tripper, Culbuteur.

Tripping, Déclenchement; **feed** —, déclenchement des avances; — **device**, relais, dispositif de déclenchement; **overcurrent** — **device**, relais de surintensité; — **gear**, mécanisme de déclenchement; — **mechanism**, culbuteur; mécanisme de déclenchement; **feed** —, déclenchement des avances.

Trisection, Trisection; **angle** —, trisection de l'angle.

Trisector, Trisectrice.

Trisodium, Trisodique; — **phosphate**, phosphate trisodique.

Tristimulus. Tristimulus (opt.); — **integrator**, intégrateur de tristimulus.

Triterpenes, Triterpènes.

Trisulfide, Trisulfure.

Tritium, Tritium, tritérium.

Triton, Triton.

Trochoid, Trochoïde.

Trochoidal, Trochoïdal; — **wave**, onde trochoïdale.

Trochotron, Trochotron.

Trolley or **Trolly**, Trolley; chariot; **crane** —, chariot de grue, de pont roulant; **hoisting** —, chariot-treuil; — **arm**, perche de prise de courant; — **bus**, omnibus à trolley; — **wheel**, roulette, trôlet.

clearing Trommel, Trommel débourbeur.

Trommel test, Essai au trommel, essai Micum.

Tropical hard wood, Bois dur des tropiques.

Troposphere, Troposphère.

Tropospheric, Troposphérique; — **wave**, onde troposphérique.

Trough, Auge, bâche, cuvette; **balance** —, auge basculante; **cementing** —, boîte, caisse, creuset de cémentation; **discharging** —, fond de puits; **eave** —, écheneau; **exhaust** —, gorge d'échappement; **hose** —, auget (mines); **mixing** —, cuve, cuve à mélanger; — **accumulator**, accumulateur à augets; — **plate**, plaque à augets (accus).

Trowel, Truelle; **filling** —, truelle à charger.

Troy, Ensemble de mesures (voir **Tableaux**).

Truck, Diable (chariot); berline; chariot; wagonnet; bogie; truck (ch. de fer); roue (de canon); camion (en Amérique); **caterpillar** —, camion à chenilles;

cylinder —, camion, chariot à bouteilles; **dump** —, camion basculant; **rear dump** —, camion à basculement par l'arrière; **side dump** —, camion à basculement latéral; **flat** —, wagon de marchandises découvert; **lift** —, chariot élévateur, camion à benne montante; **tank** —, camion-citerne; **gasoline tank** —, camion-citerne à essence; **utility** —, camion tous usages; — **battery**, batterie de camion; — **body**, caisse de camion; — **coupler**, crochet, barre d'attelage; — **crane**, grue sur camion; — **frame**, châssis de boggie; **mixer** —, camion bétonnière.

Trucker, Camionneur.

Trucking, Transports par camions; — **form**, entreprise de camionnage.

to True, Dresser une surface, rhabiller une meule; — **up**, redresser, dégauchir.

Trueing or **Truing,** Rhabillage (de meule), dressage, profilage; — **device**, dispositif de profilage.

Truer, Profileur.

emery wheels Truers, Appareil pour rectifier les meules d'émeri.

Trunk, Coffre; fourreau (de mach.); ligne; compartiment d'un puits; **shaft** —, tunnel (d'hélice); — **engine**, machine à fourreau; — **of the screw**, puits d'hélice (mar.); — **piston**, piston à fourreau; — **plunger**, piston plongeur à fourreau.

Trunnel, Voir **Treenail.**

Trunnion, Tourillon, goujon; — **bracket**, porte-tourillons; — **hole**, encastrement, logement des tourillons; — **shoulder**, embase des tourillons.

Truss, Bâti triangulaire ou polygonal; lien, travée, armature; latte de navire, poutre armée; **bow** —, ferme cintrée; **roof** —,

ferme; — **frame**, armature, ferme; — **rod**, étai, tirant, entretoise.

to Truss, Renforcer, latter, moiser.

Trussed, Renforcé; armé; latté; — **beam**, poutre renforcée, poutre armée ferme; — **joist**, solive armée.

Trussels, Tasseaux, goussets.

Trussing, Lattage, renfort; **claw** — **machine**, machine à chasser les cercles de tonneaux.

Trust, Dépôt.

Trustee, Administration; **board of** —, conseil d'administration; —**s**, administrateurs; **out of truth**, voilée (hélice...).

Try, Essai, épreuve.

to Try, Essayer, éprouver.

T. S. (Tensile strength), Résistance à la traction.

Tub, Cuve, baille, benne à charbon; **amalgamating** —, tonneau d'amalgamation; **dolly** —, cuve dans laquelle sont battues les toiles (préparation mécanique des minerais); cuve d'agitation pour l'amalgamation; **tipping** —, benne à renversement.

Tubbing, Cuvelage.

Tube, Tube, canal, tuyère, conduite; chambre à air; étoupille (canon); lampe de T. S. F.; **air** —, chambre à air; **aluminium** —, tube en aluminium; **amplifier** —, tube amplificateur; **armoured** —, tube transmetteur d'ordres (N.); **augmenter** —, pipe augmentatrice (aviat.); **boiler** —, tube de chaudière; **capillary** —, tube capillaire; **casing** —, auget; **catalysing** —, tube catalyseur; **cathode ray** —, tube cathodique; **cat kin** —, tube à vide à enveloppe métallique formant anode; **choke** —, diffuseur; **condenser** —, tube de condenseur; **conduit** —**s**, canalisations sous tubes; **cooled**

anode —, tube à anode refroidie;
copper —, tube en cuivre;
dipping —, tube plongeur; **discharge** —, tube à décharge;
dish seal —, tube à électrodes
en couches parallèles (mégatron); **distance** —, entretoise
tubulaire, tube-tirant; **distance
sink** —, douille d'entretoisement; **double grid** —, tube à
double grille; **draught** —, tube
d'aspiration (hyd.); **draw** —,
tube télescopique; **drawn** —,
tube étiré; **dropping** —, pulvérisateur; **drying** —, tube sécheur (chim.); **duplex** —, tube
double; **electron** —, tube électronique; **fire** —, bouilleur,
carneau (chaud.); **flame** —,
bouilleur, carneau; tube de
flamme; **flexible** —, tube flexible,
gas or **gas filled** —, tube à gaz;
gassy —, tube à vide contenant
un peu de gaz; **glass** —, tube
en verre; **grate of** —s, grille
tubulaire; **heptode** —, tube à
sept électrodes; **high mu** —,
tube à facteur d'amplification
élevé; **hot cathode** —, tube à
cathode chaude; **inner** —, chambre à air; **inside** —, tube intérieur; **interchangeable** —s, tubes
interchangeables; **measuring**
—, tube de mesure; **miniature**
—, tube miniature; **mine** —,
berline de mine; **neon** —,
tube au néon; **output** —, tube
de sortie; **packed** —s, tubes à
garnissage; **pool** —, tube à
décharge à enveloppe métallique; **protecting** —, tube protecteur; **quartz** —, tube de
quartz; **radiant** —s, tubes rayonnants; **rubber** —, chambre à air;
seamless —, tube étiré, sans couture; **shock** —, tube de choc
(Aviat.) **speaking** —, porte-voix;
stay —, tube-tirant (chaud.);
steel —, tube en acier; **stern**
—, tube d'étambot (c. n.);
sucking —, tuyau d'aspiration;
telescopic —, tube télescopique;
television —, tube de télévision;
television pick up —, tube de
prise de vue en télévision;

thermionic —, tube thermoionique; **three electrode** —, tube à
trois électrodes; **torpedo** —,
tube lance-torpille; **above water
torpedo** —, tube lance-torpille
aérien; **vacuum** —, tube à vide;
vacuum — **detector**, détecteur
à tube à vide; **vacuum** —
rectifier, redresseur à tube à
vide; **valve** —, tube à soupape;
water —, aquatubulaire; **water**
— **boiler**, chaudière aquatubulaire; **welded** —, tube soudé;
weldless —, tube sans soudure;
— **box**, boîte à tubes (chaud.); —
bundle, faisceau tubulaire; —
cutter, coupe-tubes; — **engine**,
machine à fabriquer des tubes,
banc à étirer; — **expander**,
mandrin à sertir les tubes,
appareil à dudgeonner; — **frame**,
machine à fabriquer des tubes,
banc à étirer; — **head**, plaque
de tête (chaud.); — **less**, sans
tube; — **plate**, plaque de tête
(chaud.); — **plug**, tampon pour
les tubes; — **tester**, machine à
essayer les tubes; lampemètre.

to Tube, Tuber.

Tubeless, Sans chambre (pneu).

Tubing, Tubage, manchon, tuyautage; **ceramic** —, manchon en
céramique; **flexible** —, tuyautage souple.

Tubular, Tubulaire; — **atomiser**,
pulvérisateur à tubes concentriques; — **chassis** or **frame**,
châssis tubulaire; — **framework**,
carcasse tubulaire; — **recuperator**, récupérateur tubulaire;
— **steel**, tubes d'acier; — **streamer**, manche à air.

Tudor accumulator, Accumulateur Tudor.

Tug, Remorqueur, remorque; —
chain, mancelle; — **hook**, crochet d'attelage.

to Tug, Remorquer.

Tugboat, Remorqueur.

Tulipwood, Tulipier (bois).

Tumble home, Rentrée de la muraille (N.); **to —,** avoir de la rentrée.

Tumbler, Contrepoids, tambour de courroie; rouleau de cabestan; mouilleur (ancre); **—switch,** interrupteur à bascule.

barrel Tumbling, Finition au tonneau.

Tumbling home, Rentrée (N.).

Tumbling machine, Machine à rouler les billes sur elles-mêmes.

Tun, Tonneau, tonne (voir **Tableaux**).

to Tune, Syntoniser, accorder (T. S. F.); régler, mettre au point.

Tuned, Accordé, syntonisé; **— relay,** relais accordé.

Tuner, Circuit d'accord.

Tungstate, Tungstate.

Tungsten, Tungstène; **thorium —,** tungstène thorié; **— steel,** acier au tungstène.

Tungstic oxide, Oxyde tungstique.

Tuning, Résonance, syntonisation (T. S. F.); réglage, mise au point d'un moteur; **aerial — inductance,** self d'antenne; **antenna —,** accord d'antenne; **automatic —,** accord automatique; **— capacitor,** condensateur d'accord; **— coil,** bobine de syntonisation; **— indicator,** indicateur d'accord; **— out,** désaccouplement; **— wheel,** roue tonique (T. S. F.).

Tunnel, Tuyau (de cheminée); galerie; tunnel; **entrance —,** galerie d'accès; **inlet —,** galerie d'amenée; **shaft —,** tunnel de l'arbre (mach.); **water —,** tunnel à eau; **wind —,** tunnel aérodynamique, soufflerie; **blizzard wind —,** soufflerie à basse température; **blow down wind —,** tunnel à rafales type intermittent; **closed jet wind —,** soufflerie à veine guidée; **closed throat wind —,** soufflerie à veine étanche; **free flight wind —,** soufflerie pour essais en vol libre; **hypersonic wind —** soufflerie hypersonique; **intermittent wind —,** tunnel à type intermittent, à rafales; **open jet wind —,** soufflerie à veine libre; **return circuit wind —,** soufflerie en circuit fermé; **supersonic wind —,** soufflerie supersonique; **transsonic wind —,** soufflerie transsonique; **wind — fan,** hélice, ventilateur de soufflerie; **wind — guide vanes,** aubages directeurs de soufflerie; **wind — nozzle,** diffuseur de soufflerie; **— lining,** blindage en galerie, creusement de galeries de tunnel.

Tup, Marteau de presse à forger.

Turbidimeter, Turbidimètre, opacimètre.

Turbine, Turbine; **action — with pressure stage,** turbine d'action à plusieurs étages; **ahead —,** turbine de marche avant; **auxiliary —,** turbine auxiliaire; **axial flow —,** turbine axiale, à flux axial; **back pressure —,** turbine à contrepression; **blow down —,** turbine à écoulement rapide; **closed cycle —,** turbine en circuit fermé; **combined —,** turbine combinée; **combustion —,** turbine à gaz; **internal combustion —,** turbine à combustion interne, turbine à gaz; **condensing —,** turbine à condensation; **non condensing —,** turbine à contre-pression et à extraction; **condensing extraction —,** turbine à condensation et à extraction; **conical —,** turbine à couronne conique; **cooling —,** turbine de refroidissement; **cruising —,** turbine de croisière (N.); **disc —,** turbine à disque ou à plateau; **divided —,** turbine à division partielle; **drum —,** turbine à tambour; **exhaust steam —,** turbine à vapeur d'échappement; **extraction —,** turbine à extraction; **double**

extraction —, turbine à double extraction; **Francis** —, turbine Francis; **gas** —, turbine à gaz; **horizontal** — or **horizontal shaft** —, turbine horizontale; **hydraulic** —, turbine hydraulique; **impulse** —, turbine à action; **impulse reaction** —, turbine à action et réaction; **jet** —, turbine à réaction; **Kaplan** —, turbine Kaplan; **partial** — or — **with variable admission,** turbine à distribution partielle; **pipe** —, turbine à huche; **pressure** —, turbine à réaction; **pressure compounded** —, turbine à pressions étagées; **high pressure** —, turbine à haute pression; **low pressure** —, turbine à basse pression; **process** —, turbine à contre-pression; **propeller** —, turbopulseur; **propulsion** —, turbine de propulsion; **radial** —, turbine radiale; **reaction** —, turbine à réaction; **reheat** —, turbine à vapeur resurchauffée; **reheating** —, turbine à resurchauffe; **reverse** —, turbine réversible; **reversing** —, turbine de renversement; **side by side** —, turbine composée; **single stage** —, turbine à un seul étage; **superposed** —, turbine superposée (à extraction de vapeur); **syphon** —, turbine aspirante; **top or topping** —, turbine à extraction de vapeur; **velocity compounded** —, turbine à vitesses étagées; **vertical or vertical shaft** —, turbine verticale; **water** —, turbine à eau; — **blade,** ailette de turbine; — **generator,** turbo-générateur; — **interrupter,** turbo-interrupteur; — **shaft,** arbre de turbine; — **spindle,** arbre de turbine; — **with inward radial flow,** turbine centripète.

Turbo, Turbo; — **alternator,** turbo-alternateur; — **charger,** turbo-compresseur; **exhaust** — **charger,** turbo-compresseur à gaz d'échappement; — **compressor,** turbo-compresseur; —

cyclone, turbo-cyclone; — **gas exhauster,** turbo-aspirateur de gaz; — **generator,** turbo-générateur; — **jet** or — **jet engine,** turbo-réacteur; **axial flow** — **jet,** turbo-réacteur à flux axial; **centrifugal** — **jet,** turbo-réacteur centrifuge; — **pump,** turbo-pompe; — **prop,** turbo-propulseur; — **prop transport,** avion commercial turbo-propulsé; — **reactor,** turbo-réacteur; — **super charger,** turbo-compresseur.

Turbulence, Turbulence; **isotropic** —, turbulence isotropique.

Turbulent, Turbulent.

Turf, Gazon, tourbe.

Turn, Tour; virage; spire; **ampere** —s, ampère-tours; **back ampere** —s, contre ampère-tours; **banked** —, virage incliné; **dead** —, bouts morts (T. S. F.); **dive** —, virage en piqué; **gliding** —, virage sans moteur; **inverted Immelmann** —, Immelmann inversé (aviat.); **quarter** — **belt,** courroie demi-croisée; **right angle** —, virage à angle droit; **round** —, tour mort (nœud); **S** —, virage en S; **steep** —, virage serré; **unused** —s, bouts morts; — **buckle,** ridoir; — **round time,** durée des rotations.

to **Turn,** Tourner; virer; — **between dead centres,** tourner entre pointes; — **back,** dévirer; — **off,** couper, arrêter la vapeur; charioter; tourner intérieurement (tour); — **on,** admettre (en ouvrant une soupape, un robinet, etc.); — **out,** couper, fermer (gaz); tourner extérieurement (tour); — **over** or — **turtle,** capoter.

Turnbuckle, Ridoir; tendeur.

Turned, Tourné, passé au tour; **being** —, en tournage; **rough** —, charioté gros; **smooth** —, charioté fin.

Turner, Tourneur.

Turning, Tournant; renversement, culbutage; chariotage, décolletage; **crank pin** —, machine; tour pour manetons de vilebrequins; tourillonneuse à vilebrequins; **metal** —, tournage des métaux; **oval** — **device**, dispositif pour tourner ovale; **precision** —, décolletage de précision; **profile** —, profilage; **roll** — **lathe**, tour à cylindres; **rough** —, dégrossissage, ébauchage, écroûtage; **taper** —, tournage conique; **taper** — **device**, dispositif à tourner cône; — **arbor**, arbre d'un tour à l'archet; — **axle**, essieu mobile; — **circle**, cercle de giration; — **gear**, vireur (mach.); — **lathe**, tour; **axle** — **lathe**, tour à essieux; **axle** — **shop**, atelier des tours à essieux; — **length**, longueur de tournage; — **machine**, tourillonneuse; — **off**, chariotage; — **power**, facultés giratoires (N.); — **radius**, rayon de virage, rayon de giration; — **saw**, scie à chantourner; — **shop**, tournerie.

Turnings, Copeaux de tour.

Turnplate or **Turntable**, Plaque tournante.

Turnstile, Tourniquet-compteur.

Turpentine, Térébenthine.

Turquoise, Turquoise.

Turret, Tourelle; — **hexagon** —, tourelle hexagonale (mach.-outil); **machine gun** —, tourelle de mitrailleuse (aviat.); **rotating gun** —, tourelle pivotante; **square** —, tourelle carrée; — **cover**, carapace; — **gun**, pièce de tourelle (art.); — **lathe**, tour à tourelle-revolver; — **slide**, chariot porte-tourelle (tour); — **travel**, course de la tourelle (tour); — **turning gear**, vireur de tourelle (art.).

Turtle, Tortue; — **deck**, pont en tortue; — **back deck**, pont en carapace de tortue.

to turn Turtle, Capoter.

Tuyere, Tuyère.

T. V., Télévision (voir **Tele**).

Tween deck, Entrepont.

Tweeter, Haut-parleur pour très hautes fréquences acoustiques.

Tweezers, Brucelles (d'horlogerie).

Twin, Jumeau (hélice, canon, etc.); double, jumelés; — **boom**, bi-poutre; — **cylinders**, cylindres jumelés; — **engined**, à deux moteurs; — **engined airplane**, avion bimoteur; — **screw**, à deux hélices; — **strainers**, filtres jumelés; — **tyres**, pneus jumelés.

Twine, Fil retors; fil à voile; **asbestos** —, corde d'amiante.

to Twine, Tordre, tisser.

Twinning, Maclage (cristaux); **electrical** —, maclage électrique; **optical** —, maclage optique.

Twist, Pas des rayures; toron; **american** —, joint, torsade; **back** —, contre-torsion (mines); **half** — **bit**, tarière hélicoïdale; **quarter** — **belt**, courroie demi-croisée; — **drill**, foret hélicoïdal, mèche américaine.

to Twist, Tresser, tordre, gauchir, retordre.

Twisted, Tordu, gauchi, etc.; — **auger**, tarière torse; — **belt**, courroie tordue; — **bit**, mèche en spirale.

Twister, Banc de retordage; **auger** —, machine à tarière.

Twisting, Retordage; — **moment**, moment de torsion; — **shop**, atelier de retordage.

Two, Deux; — **angle**, biangulaire; — **bladed**, à deux lames; — **cycled engine**, moteur à deux temps; — **edged**, à deux tranchants; — **phase**, diphasé; — **pole**, bipolaire (élec.); — **way**, à deux voies; poste à poste; dans les deux sens; — **way cock**, robinet à deux voies; — **wheeled**, à deux roues.

Type, Type; caractère d'imprimerie; **closed** —, type fermé (élec.); **in** —, composé; **large** —, gros caractère; **open** —, type ouvert (générateur); **overhung** —, type surplombant; **packet of** —, paquet de composition; **semi enclosed** —, type demi-fermé; — **bar**, tige à caractères, ligne-bloc; — **caster**, fondeur, typographe; — **founder**, fondeur; — **founding**, fonderie de caractères d'imprimerie; — **metal**, alliage pour caractères d'imprimerie; — **setter**, typographe; — **setting**, composition; — **setting machine**, machine à composer; **to** — **set**, composer.

to Type or **to Typewrite**, Dactylographier.

Typewriter, Machine à écrire.

Typist, Dactylographe.

Typographer, Typographe.

Tyre or **Tire** (Amérique), Jante, cercle, pneu, bandage; **balloon** —, pneu ballon; **beaded edge** —, pneu à talons; **blank** —, bandage sans boudin; **conductive** —, pneu conducteur, pneu métallisé; **flanged** —, pneumatique à talons; **pneumatic** —, bandage pneumatique; **rubber** —, bandage en caoutchouc; **solid** — or **solid rubber** —, bandage plein; **twin** —s, pneus jumelés; **wheel** —, bandage de roue; **wired** —, pneumatique à tringles; — **boring machine**, machine à aléser les bandages de roues; — **burst**, éclatement de pneu; — **flange**, talon d'enveloppe de pneu; — **lathe**, tour pour bandage de roues; — **press**, presse à bandages; — **pressure**, pression des pneus; — **tread**, bande de roulement; — **wear**, usure des pneus.

rubber Tyred or **Tired**, A bandages en caoutchouc.

solid Tyred or **Tired**, A bandages pleins.

Tyrosine, Tyrosine.

U

Ubiqueness, Unicité.

U. H. F. (Ultra high frequency), Ultra haute fréquence (3oo à 3 ooo mégacycles).

Ullage, Vidange (de barrique).

Ullaged, En vidange.

Ultra, Ultra; — **oscilloscope,** ultraoscilloscope; — **sonic,** ultrasonore; — **sonics,** ultrasons; — **sonic beam,** faisceau d'ultrasons; — **sonic detection,** détection (des défauts d'un métal) par ultrasons; — **sonic gear,** appareil à ultrasons; — **sonic generator,** générateur d'ultrasons; — **sonic vibrations,** vibrations ultrasoniques; — **sonic waves,** ultrasons; — **violet,** ultraviolet; **vacuum** — **violet,** ultraviolet lointain; — **violet ray,** rayon ultraviolet.

Umbrella aerial, Antenne en parapluie.

Un, Préfixe marquant la privation, la négation, le contraire; — **armoured,** non blindé; — **balance,** déséquilibre; — **balance,** déséquilibre dynamique; — **balanced,** non équilibré; — **balanced bridge,** pont à déséquilibre; — **ballasted,** délesté; — **ballasting,** délestage; — **barked,** en grume (bois); — **bleached,** non blanchi; — **bleached linen,** toile écrue; — **breakable,** incassable; — **breakable glass,** verre incassable; — **burnt,** non brûlé; — **coupled axle,** essieu libre; — **even,** impair (nombre); inégal, dénivelé; — **flapped,** sans volets (aile); — **grounded,** non à la terre; — **homogeneous,** non homogène; — **killed,** non calmé, mousseux (acier); — **known,** inconnue (math.); — **levelled,** dénivelé; — **lined,** sans revêtement, sans boisage; — **loader,** déchargeur; — **loading,** déchargement; — **notched,** non entaillé; — **optionnaly,** sans option, ferme; — **oxidizable,** inoxydable; — **packed,** en vrac; — **payable,** improductif, non rémunérateur; — **pierced,** non percé; — **plugged,** débranché, déconnecté; — **poised,** non équilibré; — **pressurized,** non pressurisé; — **rolling,** déroulement; — **saponifiable,** insaponifiable; — **saturable,** non saturé; — **shipment,** débarquement, démontage; — **sinkable,** insubmersible; — **slotted,** sans fentes (aile); — **spooling,** dévidage; — **steadiness,** affolement de l'aiguille aimantée; — **starred,** non goudronné; — **starred rope,** filin blanc; — **strutted,** sans montants (aile); — **weathered,** non altéré.

to Unballast, Délester.

Unbarked, unbleached, unkilled, unslotted etc. Voir **Un.**

to Unbolt, Déboulonner, dévisser.

to Uncap, Décoiffer (une fusée, etc.).

to Unclamp, Débloquer.

Unclamping, Déblocage.

to Unclick, Décliqueter.

to Unclinch, Desserrer.

to Unclog, Décrasser.

to Uncouple, Découpler, désembrayer, débrancher.

Uncoupled, Voir **Un.**

to Uncrate, Déballer, sortir de la caisse.

Uncrating, Déballage.

Under, Sous, dessous, au-dessous; — **bead,** le long d'un cordon de soudure; — **carriage,** train d'atterrissage; atterrisseur; **large tread** — **carriage,** train à large voie; **multiple wheel bogie** — **carriage,** train d'atterrissage à bogies multiples; **releasable** — **carriage,** train largable; **retractable** — **carriage,** train escamotable, rétractable; **sideways retractable** — **carriage,** train rétractable latéralement; **tricycle** — **carriage,** train tricycle; — **carriage chassis,** châssis d'atterrissage; — **carriage indicator,** indicateur de relevage du train d'atterrissage; — **carriage main jack,** vérin de relevage du train; — **carriage well,** logement du train d'atterrissage; — **coat,** sous-couche, couche d'apprêt; — **cooling,** retard à la solidification; **to** — **cut,** sous-caver; — **cutting,** sous-cavage, havage; — **exposure,** sous-exposition (photo); — **ground,** souterrain, sous-terre; — **ground cable,** câble souterrain; — **ground network,** réseau souterrain; — **ground plant,** installation de fond (mines); — **lying,** sous-jacent; — **load,** en charge; — **load circuit breaker,** disjoncteur à minimum (élec.); — **mining,** affouillement (mines); — **pinning,** reprise en sous-œuvre; — **reamer,** élargisseur; — **shield,** tôle inférieure; — **shot wheel with lowering gear,** roue à immersion variable par relevage; — **signed,** sous-signé; — **sluice gate,** vanne de fond, de dégravement; — **slung crane,** grue suspendue; — **stressing effect,** élévation de la limite de fatigue des pièces ayant subi un effort inférieur à cette limite; — **structure,** infrastructure; — **taker,** entrepreneur; — **taking,** entreprise; — **type armature,** induit du type inférieur; — **type dynamo,** dynamo du type inférieur; — **water,** sous-marin; — **water protection,** protection sous-marine; — **water rock breaker,** brise-rocs sous-marin; — **water sound wave,** onde sonore sous-marine; — **writer,** assureur maritime.

Undiluted, Non dilué.

to Undo, Défaire.

to Undock, Faire sortir du bassin (N.).

Undulatory current, Courant ondulatoire.

Unearthed, Non relié à la terre.

Unemployment, Chômage.

Uneven, Voir **Un.**

Unexposed plate, Plaque vierge (photo).

to Unfasten, Desserrer, détacher.

Unfeathering button, Bouton de dévirage (d'hélice).

Unflapped, Voir **Un.**

to Ungear, Désembrayer, désengrener.

to Ungild, Dédorer.

Ungrounded, Non à la terre.

to Unhitch, Dételer, décrocher.

Unhomogeneous, Voir **Un.**

to Unhook, Décrocher.

Uni, Uni; — **cursal,** unicursal; — **directional,** unidirectionnel, à courants redressés (élec.); — **filar,** unifilaire; — **form,** uniforme; — **lateral,** unilatéral; — **molecular,** monomoléculaire; — **polar,** unipolaire (élec.); — **valency,** univalence; — **velocity,** vitesse uniforme; — **versal,** universel; — **versal ball joint,** cardan à rotule; — **versal chuck,** mandrin universel (tour); — **versal joint,** joint universel; — **versal screw wrench,** clef universelle (clef anglaise).

Union, Raccord, manchon, joint; **lug** —, raccord à oreilles; **elbow** —, raccord coudé, en équerre; — **joint,** raccord, joint, manchon; — **nut joint,** raccord à vis; — **T,** raccord en T; — **thimble,** cosse baguée.

Unit, Unité; appareil, groupe, ensemble; élément; bloc; **absolute** — (or **C. G. S.**), unité absolue; **british thermal** — (**B. T. U.**), unité de quantité de chaleur (voir Calory); **cooling** —, groupe de refroidissement; **derived** —, unité dérivée; **electromagnetic** —, unité électromagnétique; **electrostatic** —, unité électrostatique; **fundamental** —, unité fondamentale; **main** —, groupes principaux; **sensing** —, élément sensible; **— area,** unité de surface; **— heater,** groupe de chauffage; **— of power, of work, etc.,** unité de puissance, de travail, etc; **— pressure,** pression unitaire.

Universal, Voir **Uni.**

Unkilled, Voir **Un.**

to Unlade, Décharger.

to Unlay, Décommettre (un cordage).

Unlined, Voir **Un.**

to Unload, Décharger (N.).

Unloaded, Déchargé.

Unloader, Sauterelle.

Unloading, Déchargement.

Unoxidizable, Voir **Un.**

Unpacked, Voir **Un.**

to Unpawl, Relever les linguets de.

Unpayable, Voir **Un.**

Unplugged, Voir **Un.**

Unpoised, Voir **Un.**

Unpressurized, Voir **Un.**

to Unrivet, Dériver.

to Unroll, Dérouler.

Unrolling, Voir **Un.**

Unsaponifiable, Voir **Un.**

Unsaturable, Voir **Un.**

Unsaturation, Non saturation.

to Unscrew, Rendre fou, desserrer, dévisser.

to Unseat, Décoller.

to Unshackle, Démailler, démaniller.

to Unsheathe, Dédoubler (enlever le doublage de).

to Unship, Débarquer, décharger (marchandises); démonter (une hélice); **— a mast,** enlever un mât.

Unshipment, Voir **Un.**

Unsinkable, Voir **Un.**

Unslotted, Voir **Un.**

to Unsocket, Déboîter.

Unspooling, Voir **Un.**

Unstarred, Voir **Un.**

Unstick, Unsticking, Décollage (aviat.); **— speed,** vitesse de décollage.

to Unstick, Décoller.

Unstrutted, Voir **Un.**

to Untie, Démarrer (nœud, cordage).

Untreated, Non traité.

to Untune, Désaccorder.

Untuned, Désaccorder.

to Unwarp, Dégauchir.

Unwatering pump, Pompe de dénoyage.

to Unwedge, Décoincer.

to Unwind, Dériver (cabestan, etc.).

Up, Debout, en haut; **— and down with,** à l'aplomb de; **— holstery,** tapisserie, garniture; **— right,** montant; droit, vertical, debout; **double — right;** à deux montants; **— right drill,** foret à trépan; **— right driller,** perceuse verticale; **— set,** renflement d'une tige de sondage; **— set price,** mise à prix (enchères); **— setting,** refoulement; **— setting press,** presse à renfler, à refouler; **— stream,** amont; **— take,** culotte de cheminée; **gas — take,** montée, sortie, prise de gaz.

Upper, Supérieur; — **block,** moulure du haut; — **camber,** courbure supérieure; — **cut,** seconde taille (limes); — **die,** contre-étampe, dessus d'étampes (forge); — **plane,** plan supérieur; — **wing,** aile supérieure; — **works,** œuvres mortes (c. n.).

Upright, Voir **Up.**

to Upset, Refouler (forge); renverser.

Upsetting, Voir **Up.**

Uptake, Voir **Up.**

Uptwister, Retordeuse.

Upholstery, Tapisserie, garniture.

Uranium, Uranium; — **bomb,** bombe à uranium; — **nitrate,** nitrate d'uranium; — **oxide,** oxyde d'uranium.

Uranyle, Uranyle; — **nitrate,** nitrate d'uranyle; — **sulphate,** sulfate d'uranyle.

to Urge the fires, Pousser les feux.

Utilities (Public utility companies), Entreprises assurant un service public tel que la fourniture de vapeur, d'eau, de gaz, d'air comprimé, etc. (Etats-Unis).

Utility station, Station de service.

Utilization, Utilisation; — **factor,** facteur d'utilisation.

V

V motor, Moteur en V.

V thread, Filet triangulaire (vis).

V type, Type en V.

to Vacate, Quitter un emploi.

Vacuo, Voir **Vacuum.**

Vacuum, Vide; **absolute** —, vide parfait; **high** —, vide poussé; — **breaker,** casse-vide; — **chamber,** chambre à vide, réservoir d'air d'aspiration; — **cleaning,** nettoyage par le vide; — **distillation,** distillation sous vide; — **envelope,** enceinte à vide; — **evaporation,** évaporation sous vide; — **evaporator,** évaporateur à vide; — **filtration,** filtration par le vide; — **filter,** filtre à vide; — **fittings,** joints à vide; — **fusion,** fusion sous vide; — **impregnation,** imprégnation sous vide; — **indicator or gauge,** indicateur de vide; — **leak detector,** détecteur de fuite par le vide; — **lifter,** appareil de levage par le vide; — **manometer,** vacuummètre; — **metallurgy,** métallurgie sous vide; — **monitor,** indicateur de vide; — **operated,** à dépression; — **proof,** étanche au vide; — **tank,** exhausteur (auto); — **tight,** étanche au vide; — **tightness,** étanchéité au vide; — **trap,** purgeur à vide; — **tube,** tube à vide; — **tube detector,** détecteur à tube à vide; — **tube rectifier,** redresseur à tubes à vide; — **ultraviolet,** ultraviolet lointain; — **wear machine,** appareil de mesure d'usure sous vide.

Valence or. **Valency,** Valence (chimie); — **angle,** angle de valence; — **electron,** électron de valence.

Value, Valeur; **heating** —, pouvoir calorifique; **maximum** —, amplitude; **plus** —, plus-value.

Valve, Soupape, clapet, tiroir, registre, robinet, vanne, valve; lampe (T. S. F.); **admission** —, soupape d'admission; **air** —, soupape atmosphérique, clapet à air, soupape à air, purgeur d'air; **air escape** —, valve d'échappement d'air; **air inlet** —, soupape de prise d'air; **air pump** —, clapet de pompe à air; **air reducing** —, clapet détendeur d'air; **air release** —, soupape d'évacuation d'air; **alarm** —, soupape de sûreté; — **angle,** soupape d'équerre; **annular** —, soupape clapet annulaire; **angle** —, soupape d'équerre; **annular** —, clapet annulaire; **atmospheric** —, soupape atmosphérique (chaud.); **automatic** —, soupape automotrice; **auxiliary** —, soupape d'introduction dans les cylindres détendeurs pour assurer la mise en marche de l'appareil; **auxiliary stop** —, soupape d'arrêt supplémentaire prenant directement la vapeur dans les chaudières; **back pressure** —, soupape de sûreté, soupape de contre-pression constante; **balance** —, soupape à bascule, soupape équilibrée; **ball** —, soupape sphérique, à boulet; **bell shaped** —, soupape à champignon renversé; soupape en chapeau, à cloche, à couronne, en forme de cloche, en forme de coupe; **bleeder** —, vanne de décharge; **blending** —, valve mélangeuse; **blow** —, clapet de pompe à air, reniflard; **blow down** —, robinet d'extraction, de purge; **blow through** —, reniflard, soupape de purge du condenseur; **bucket** —, soupape de piston; **butterfly** —, soupape, vanne à papillon; **by pass** —, soupape d'introduction directe dans les orifices des cylindres des machines compound; **change** —, soupape d'introduction directe dans les cylindres détendeurs pour le fonctionnement comme machine ordinaire; **charging** —, écluse (gazogène); **check** —, soupape d'arrêt, clapet, soupape de retenue; **return check** —, clapet de retenue, de retour; **supply check** —, clapet de retenue d'alimentation; **check thrust** —, clapet de contrôle de poussée; **check** — **with screwed tails**, soupape à coude; **circulating inlet** —, soupape d'aspiration à la mer des pompes de circulation; **circulating outlet** —, soupape de décharge des pompes de circulation; **clack** —, clapet à charnière, soupape à clapet; **clapper** —, obturateur de pulsomètre; **communication** —, soupape de prise de vapeur; **conical** —, soupape conique; **control** —, soupape de commande; **converting** —, (voir **Change valve**); **corner** —, soupape à coude; **cornish** —, soupape équilibrée; **cross** —, soupape à trois voies; **crown** —, soupape à chapeau; **cup** —, clapet à couronne; soupape à cloche; **cut off** —, tiroir, papillon de détente; **cut off slide** —, tiroir de détente; **cylinder escape** —, soupape de sûreté du cylindre; **cylinder safety** —, soupape de sûreté du cylindre; **D** —, tiroir en D; **dead weight** —, soupape à charge directe; **delivery** —, soupape de décharge; **diffuser** —, soupape de diffusion; **disc** —, soupape à disque, à plateau, soupape de Cornouaille; **discharge** —, soupape de décharge; **double** —, bivalve; **double anode** —, lampe à trois électrodes (T. S. F.); **double ported** —, soupape à

double orifice; **double seated** —, soupape à double siège; **drain** —, vanne de vidange; soupape de purge; **drop** —, soupape renversée; **easing** —, tiroir secondaire (locomotive); **eduction** —, soupape ou tiroir d'émission, d'évacuation; **electric or electrically operated** —, soupape à commande électrique; **electro** —, électrovalve; **electronic** —, valve électronique; **equilibrated** —, soupape équilibrée; **equilibrium** —, soupape d'équilibre; **escape** —, soupape de trop-plein; **exhaust** —, soupape d'évacuation, d'échappement; **expansion** —, soupape de détente; **external safety** —, soupape de sûreté externe; **feather of a** —, guide d'une soupape; **feed** —, soupape d'alimentation; **feed check** —, soupape de retenue; **firing** —, soupape de lancement (torpilles); **fixed** —, soupape dormante; **flap** —, clapet de pompe à air, valve à clapet; **float** —, clapet flottant; **flooding** —, soupape de noyage; prise d'eau (N.); **flush or flushing** —, robinet, soupape de vidage; **foot** —, clapet de pied; **fuel** —, soupape à combustible, aiguille d'injection (Diesel); injecteur; **gas** —, soupape à gaz; **gas reducing** —, mano-détendeur; **gate** —, robinet-vanne, vanne-wagon; **gas** —, soupape à gaz; **gate** —, robinet-vanne; **geared** —, soupape à mouvement conduit; **globe** —, soupape sphérique, à boulet; **governing** —, soupape régulatrice; **gridiron** —, tiroir à grilles; **gridiron expansion** —, soupape de détente à grille; **hanging** —, soupape à charnière, à clapet; clapet; **hard** —, lampe à vide parfait (T. S. F.); **head** —, clapet de tête, soupape en tête, soupape de refoulement; **hinged** —, clapet à charnière, soupape hydromatique; **induction** —, soupape d'admission ; **injection** —, soupape d'injection; **inlet or intake** —, soupape d'admission, d'aspiration; **internal safety** —, soupape atmosphérique des chaudières, soupape de sûreté interne; **isolating** —, soupape de sectionnement; **jacket safety** —, soupape de sûreté de chemise à vapeur; **jammed** —, soupape collée sur son siège; **jettison** —, vide-vite (aviat.); **Kingston** —, soupape Kingston; **lead of the slide** —, avance du tiroir; **leaf** —, clapet à charnière; **lever safety** —, soupape de sûreté à levier; **lift** —, soupape de levée; **lift plug** —, robinet à boisseau coulissant; **lifting** —, soupape à soulèvement; **load of a** —, charge d'une soupape; **main feed** —, soupape d'alimentation principale; régulateur alimentaire principal; **manœuvring** —, soupape de manœuvre; **mechanically operated** —, soupape commandée; **midget** —, lampe miniature (T. S. F.); **mitre** —, soupape bombée, conique; **mushroom** —, soupape circulaire, en champignon; **needle** —, robinet à pointeau, vanne à pointeau, soupape à aiguille (Diesel); **non return** —, soupape, clapet de non-retour; **one way** —, valve à une alternance; **outlet** —, soupape de refoulement d'émission; soupape d'arrêt, soupape de retenue; **output** —, lampe de puissance, lampe de sortie; **overflow** —, soupape de trop-plein; **pass** — (voir **by-pass** —); **pet** —, soupape d'essai; **pin** —, valve pointeau; **piston** —, tiroir cylindrique; **plunger** —, clapet à piston plongeur; **point screw** —, robinet à vis pointeau; **poppet** —, soupape circulaire, en champignon; **potlid** —, soupape à coquille; **power** —, lampe de puissance (T. S. F.); **pump** —, clapet de pompe; **rectifying** or **rectifier** —, lampe redresseuse

(T. S. F.); **reducing** —, registre; détendeur; **regulating** —, vanne régulatrice, soupape de détente variable; régulateur; **boiler regulating** —, régulateur d'alimentation; **relief** —, soupape de sûreté; reniflard; déchargeur; **return** —, soupape de trop-plein; soupape de retenue; **reversible** —, soupape réversible; **rotary** —, tiroir rotatif; **rotary plug** —, robinet à boisseau tournant; **rubber** —, soupape en caoutchouc; **safety** —, soupape de sûreté; **safety load**, charge de la soupape de sûreté; **sea** —s, prises d'eau (N.); **scavenger** or **scavenging** —, soupape de balayage (Diesel); **screen** —, lampe-écran; **screw down** —, robinet-vanne; **selector** —, clapet sélecteur; **self acting** or **self closing** —, soupape automotrice; **self acting stop** —, soupape d'arrêt automatique; **sentinel** —, soupape d'avertissement; **shut off** —, registre de vapeur, soupape d'arrêt; soupape de fermeture; **slide** —, tiroir (voir **Slide**); valve à glissière; **slide** — **case**, boîte à tiroir; **slide** — **chest**, boîte à tiroir; **slide** — **lap**, recouvrement des barrettes du tiroir; **slide** — **ports**, orifices du tiroir; **slide** — **rod**, tige du tiroir; **slide** — **shaft**, arbre du tiroir; **slide** — **spindle**, tige du tiroir; **balanced slide** —, tiroir équilibré; **cut-off slide** —, tiroir de détente; **cylindrical slide** —, tiroir cylindrique; **D slide** —, tiroir en D; **equilibrated slide** —, tiroir équilibré; **long D slide** —, tiroir en D long; **shell slide** —, soupape à coquille; tiroir en coquille; **short D slide** —, tiroir en D court; **slide** or **sliding** —, vanne, soupape glissante; **sliding stop** —, diaphragme; **sluice** —, vanne; **snift** or **snifting** —, soupape de rentrée d'air, reniflard; soupape de purge; **soft** — (voir **Soft**) T. S. F.); **solenoid** —, soupape à commande par solénoïde; **spherical** —, soupape à boulet; vanne, clapet sphérique; **spindle** —, soupape à guide; **starting** —, soupape de lancement (Diesel) (voir **auxiliary**); **steam reducing** —, registre; **steam** —, registre de vapeur; **single steam — chest**, distribution à chambre unique; **steam control** —, prise de vapeur; **sticking of a** —, collage d'une soupape; **stop** —, soupape d'arrêt; **suction** —, clapet, soupape d'aspiration; **superheater** —, soupape d'arrêt prenant la vapeur au sommet du surchauffeur; **superheater safety** —, soupape de sûreté du surchauffeur; **supply** —, tiroir d'admission; **testing** —, soupape d'essai; **thermionic** —, tube thermoionique; **three electrode** —, valve à trois électrodes (T. S. F.); **throttle** —, soupape de prise de vapeur, prise de vapeur; **tipping** —, soupape à bascule; **transmitting** —, lampe émettrice (T. S. F.); **turning** —, soupape tournante; **throttle** —, soupape d'étranglement, registre de vapeur; **ungeared** —, soupape à mouvement libre; **upper** —, clapet de tête; **vacuum** —, tube à vide, soupape atmosphérique; **vacuum breaker** —, vanne casse vide; **variable lift** —, soupape à levée variable; **variable orifice** —, soupape à ouverture variable; **warming** —, robinet réchauffeur; **warped** —, soupape voilée; **waste water** —, soupape de décharge; **water inlet** —, régulateur d'arrivée d'eau; **weather** —, girouette; **weight on the** —, charge d'une soupape; — **actuator**, mécanisme de commande de soupape; — **box**, boîte à clapet, à soupape, clarinette, chapelle, lanterne de soupape; — **buckle**, cadre, guide du tiroir; — **bush**, guide d'une soupape; — **cage**, corbeille de soupape; — **cap**, bouchon de visite des soupapes (auto.); — **case**, boîte, chemise du tiroir; chapelle de la soupape; — **casing**, boîte à tiroir; — **chamber**, boîte, chapelle de soupape; — **chest**, boîte à tiroir; boîte à clapet, chapelle, boîte à soupapes; **distributing — chest**, boîte à soupapes; **inlet — chest**, chapelle de soupape d'admission; — **clack or — clapper**, clapet, soupape, volet; **cock**, robinet de soupape; — **cone**, partie conique de la soupape; — **cover**, cache-soupape; — **cup**, cuvette de soupape; — **extractor**, démonte-soupape; — **face**, barrette, plaque frottante du tiroir; — **flap** (voir **valve clack**); — **for water**, valve d'arrosage (meule); — **gear**, mécanisme de distribution par soupapes; mécanisme communiquant le mouvement au tiroir; mise en train, mécanisme de distribution et de changement de marche; — **grinding machine**, machine à rectifier les soupapes; — **guard**, butoir d'un clapet; — **guide**, guide soupape; — **hinge**, charnière de clapet; — **hood**, bouchon de valve; — **leaf**, lentille, obturateur de vanne; — **lever**, tringle donnant le mouvement au tiroir; — **lift**, levée de soupape; — **lifter**, lève-soupape; démonte-soupape; — **link**, menotte du tiroir; — **mechanism**, système de clapets; — **operator or — operating mechanism**, mécanisme de commande de soupape; — **motion**; distribution par soupapes; — **piston**, piston à clapets; — **plug**, obus de valve (voir aussi — **cone**); — **pocket**, boîte à soupape, pipe; — **positioner**, indicateur de fermeture d'une soupape; — **rocker**, culbuteur; — **rod**, tige du tiroir; — **seat or seating**, siège de soupape; — **seat bridges**, barrettes des lumières; — **setting**, régulation; — **shield**, blindage de lampe (T. S. F.); — **spindle**, guide, tige d'une soupape, d'un tiroir; — **spring**, ressort de soupape; — **stem,** tige de soupape, contre-tige; — **stem guide,** guide de tige de soupape; — **tappet,** poussoir de soupape; — **tappet roller,** galet de poussoir de soupape; — **timing,** réglage des soupapes; — **tube,** tube à soupape.

Valve in head, Soupape en tête; — **engine,** moteur à soupapes en tête.

Valveless, Sans soupape.

Valves, Vannes d'un bateau-porte.

Valving mechanism, Système de clapets.

to Vamp, Réparer.

Van, Crible, sas, tamis; fourgon.

Vanadic vanadates, Vanadates de vanadium.

Vanadium, Vanadium; — **steel** or — **alloy steel,** acier au vanadium.

Vane, Girouette, pinnule, moulinet, viseur; clapet; ailette; **guide** —, aube distributrice; **turning** —, aubage d'angle d'un tunnel aérodynamique; **wind** —, girouette; — **pump,** pompe à ailettes.

cooling Vanes, Ailettes de refroidissement.

guide Vanes, Distributeur.

Vapor, Voir **Vapour.**

Vaporating point, Point de vaporisation.

Vaporation, Évaporation.

Vaporiser, Vaporisateur.

Vaporization or **Vaporizing,** Vaporisation; — **cooling,** réfrigération par vaporisation.

to Vaporize, Vaporiser, se vaporiser.

Vapour or **Vapor** (États-Unis), Vapeur, fumée; toute vapeur autre que la vapeur d'eau; **aqueous** —, vapeur d'eau; **bromine** —**s,** vapeurs de brome;

gasoline —**s,** vapeurs d'essence; **mercury** — **lamp,** lampe à vapeur de mercure; **petrol** —, vapeur d'essence; — **condensation,** condensation de vapeur; — **lock,** tampon de vapeur; désamorçage par vaporisation; — **pressure,** pression, tension de vapeur.

Var (volt-ampere-reactive), Unité de puissance réactive — **hour meter,** compteur de volt-ampères heure réactifs.

Variation, Déclinaison (magnétique et astronomique).

load Variations, Variations de régime (élec.), variations de charge.

speed Variator, Changeur de vitesses, variateur.

Variometer, Variomètre; **aerial** —, variomètre d'antenne.

Varnish, Vernis; **insulating** —, vernis isolant; **quick drying** —, vernis siccatif; **rubbing** —, vernis à poncer; **silicone** —, vernis au silicone; **solventless** —, vernis sans solvant; **transparent** —, vernis blanc; — **impregnation,** imprégnation au vernis.

to Varnish, Vernir, polir, vernisser (poterie).

Varnished, Verni; — **cambric,** toile huilée.

Vaseline, Vaseline.

Vat, Cuve, bac; **closed** —, cuve fermée; **fermentation** —, cuve de fermentation; **rinsing** —, cuve de rinçage; — **sludge,** fonds de cuve.

Vats, Cuverie.

Vault, Voûte, abri, caniveau; **fan** —, voûte à nervures rayonnantes; **fire** —, chemin (verrerie); chaufferie (tuilerie); **main** —, maîtresse-voûte.

Vector, Vecteur; — **diagram,** diagramme des vecteurs; — **space,** espace vectoriel.

Vectorially, Vectoriellement.

Vee, V; — belt, courroie en V, trapézoïdale.

to Veer, Filer (cordage, chaîne).

Vegetable, Végétal; **— oil,** huile végétale.

Vehicle, Véhicule; **amphibious —,** véhicule amphibie; **fuelling —,** camion de ravitaillement; **motor —,** véhicule à moteur.

Vein, Veine, filon, couche (mines); **by —,** veine de filon.

Velocimeter, Vélocimètre.

Velocity, Vitesse (voir aussi **Speed**); **angular —,** vitesse angulaire; **constant —,** vitesse constante; **high —,** à grande vitesse; **initial —,** vitesse initiale; **muzzle —,** vitesse initiale; **remaining —,** vitesse restante; **uniform —,** vitesse uniforme; **— on impact,** vitesse au choc; **— row,** étage de vitesses (turbine).

Veneer, Plaque, feuille de placage; **mahogany —,** feuille d'acajou pour placage; **— cutting machine,** scie de placage.

to Veneer, Plaquer, marqueter.

Veneered, Plaqué, marqueté.

Veneering, Placage; **— saw,** scie de placage.

Vent, Lumière, évent; prise d'air; cheminée de ventilation; **copper —,** grain de lumière; **gas —,** soupape à gaz; **— hole,** évent; **— line,** tuyauterie de mise à l'air libre; **— opening,** ouverture de ventilation; **— valve,** soupape de respiration (d'un réservoir).

to Ventilate, Ventiler.

Ventilated, Ventilé; **— grooves,** encoches ventilées; **— ribs,** nervures ventilées.

Ventilating course, Galerie d'aérage.

Ventilation, Ventilation, aérage; **core —,** ventilation du noyau; **mechanical —,** ventilation mécanique; **natural —,** ventilation naturelle; **— conduits,** gaines de ventilation.

Ventilator, Ventilateur.

Venting, Ventilation, aérage; **— opening,** ouverture de soupirail; **— unit,** groupe de ventilation; **— wire,** dégorgeoir.

Vents, Purges (S. M.).

Venturi, Venturi.

crocus of Venus, Oxyde de cuivre.

Veratramine, Vératramine.

Veratrine, Vératrine.

to Vermiculate, Guillocher.

Vermiculating, Guillochage.

Vernier, Vernier; **— caliper,** pied à coulisse.

Versatile, Universel, à tous usages.

Versene, Versène.

Vertical, Vertical; **end —,** barre verticale extrême (charpente métallique); **— axis,** axe vertical; **— component,** composante verticale; **— polarisation,** polarisation verticale; **— rudder,** gouvernail vertical; **— take off,** décollage vertical (aviat.)

Vertically, Verticalement.

Verticalness, Verticalité.

Vessel, Navire, bâtiment; vase, tonneau, barrique, récipient; **air —,** réservoir d'air; **awning deck —,** navire à pont-abri; **composite —,** navire composite; **escort —,** escorteur; **feeding —,** réservoir alimentaire; **iron —,** navire en fer; **net —,** mouilleur de filets; **one deck —,** navire à un pont; **patrol —,** patrouilleur; **pressure —,** réservoir à pression; **spardeck —,** navire à spardeck; **steel —,** navire en acier; **tank —,** navire citerne, pétrolier; **three deck —,** navire à trois ponts; **two deck** —, navire à deux ponts; **web frame** —, navire à porque.

V. F., Fréquence vocale.

V. H. F., Very high frequency (3o à 3oo mégacycles).

Viaduct, Viaduc.

to Vibrate, Vibrer.

Vibrated, Vibré.

Vibrating, Vibrant; — **diaphragm**, plaque vibrante (téléphone); — **screen or sieve**, tamis à secousses; — **table**, table à secousses; — **tamper**, dame à secousses; — **tools**, outils de choc.

Vibration, Vibration; **anti** — **mounting**, montage anti-vibrations; **erratic** —**s**, vibrations irrégulières; **forced** —**s**, vibrations forcées; **steady** —**s**, vibrations régulières; **torsional** —**s**, vibrations de torsion; **ultrasonic** —**s**, vibrations ultrasoniques; — **damper**, amortisseur de vibrations; — **frequency**, fréquence de vibrations.

Vibrational, De vibration, vibrationnel; — **spectrum**, spectre de vibration.

Vibrationless, Exempt de vibrations.

Vibrator, Vibrateur; **quartz** —, vibrateur au quartz.

Vibrograph, Vibrographe.

Vibroscope, Vibroscope.

Vice or vise (rare), Étau; **bench** —, servante, étau d'établi; **draw** —, tendeur; **filing** —, étau-limeur, étau à main; **hand** —, étau à main, détret; **dog nose hand** —, tenaille à vis à ouverture étroite; **parallel** —, étau parallèle, à mors parallèles; **standing** —, étau à pied, étau de forge; **swivel** —·, étau pivotant; **tail** —, étau à queue, à pied; **tube** —, étau à tubes; — **bench**, établi; — **chops**, mâchoires, mors d'étau, mor-

daches; — **clamps**, mordaches; — **coupling**, accouplement à broche filetée; — **jaws**, mâchoires d'un étau; — **man**, ajusteur.

Video, Télévision (voir aussi **Tele**) **color** —, télévision en couleur; — **frequency**, fréquence de télévision.

View, Vue; photographie; **aerial** —, vue aérienne; **diagrammatic** —, vue schématique; **dip** —, projection horizontale; **end** —, vue en bout; **exploded** —, vue détaillée; **bird's eye or eye** —, vue à vol d'oiseau; **front** —, vue de face; **plan** —, vue en plan, plan-coupe; **rear** —, vue arrière; **rear** — **mirror**, rétroviseur; **side** —, vue par côté (dessin); **upstream** —, vue d'amont; — **finder**, chercheur, viseur.

Viewing, Mise en visée.

Vinyl, Vinylique; — **acetate**, acétate de vinyle; — **ethers**, éthers vinyliques; — **plastics**, plastiques vinyliques; — **polymerisation**, polymérisation vinylique; — **resin**, résine vinylique; — **sulfide**, sulfure de vinyle.

Vinylidene, Vinylidène.

Virial, Viriel; — **coefficient**, coefficient du viriel.

Virtual, Virtuel (voir aussi **R. M. S.**); — **focus**, foyer virtuel; — **image**, image virtuelle.

Vis, Force; — **inertia**, force d'inertie; — **viva**, force vive.

Viscoelastic, Viscoélastique.

Viscoelasticity, Viscoélasticité.

Viscoplastic, Viscoplastique.

Viscose, Viscose.

Viscosimeter or Viscometer, Viscosimètre; **rotational** —, viscosimètre à rotation.

Viscosimetry, Viscosimétrie.

Viscosity, Viscosité; **absolute** —, viscosité absolue (voir **Poise**);

kinematic —, viscosité cinématique (obtenue en divisant la viscosité absolue par la densité de l'huile); relative —, viscosité relative; specific —, viscosité spécifique (voir **Engler degrees**).

Viscous, Visqueux; — **damping**, amortissement visqueux.

Vise, Voir **Vice**.

Visibility, Visibilité; **field of** —, champ visuel.

Vision, Vision; **stereoscopic** —, vision stéréoscopique.

Visor, Regard; **oil** —, regard de graissage; **protective** —, visière protectrice; **sun** —, pare-soleil.

Visual, Visuel; — **signalling**, télégraphie optique.

Vitallium, Vitallium.

Vitreosil, Silice vitreuse.

Vitrified, Vitrifié; — **porcelain**, porcelaine vitrifiée.

Vitriol, Couperose, vitriol; **black** —, couperose impure; **blue** —, couperose bleue, sulfate de cuivre; **green** —, couperose verte, sulfate de fer.

Vivianite, Vivianite.

Void, Vide; retassure; — **pump**, pompe à vide.

Volalkali, Alcali volatile.

Volatility, Volatilité.

Volatilization, Volatilisation; **zinc** —, volatilisation du zinc.

to Volatilize, Volatiliser.

to Volplane down, Descendre en vol plané.

Volt, Volt (élec.); **electron** —, électron-volt; — **ohmmeter**, volt-ohmmètre.

Voltage, Voltage, tension (élec.); — **acceleration**, tension entre cathode et anode; — **drop**, chute de voltage; — **on open circuit**, voltage au repos; — **regulator**, régulateur de tension; — **stabilizer**, stabilisateur de tension; **accumulator** —, voltage ou tension d'accumulateur; **additional** —, voltage supplémentaire ou additionnel; **armature** —, tension d'induit; **auxiliary** —, tension auxiliaire; **average** —, tension moyenne; **beam** —, tension entre cathode et anode; **boosting** —, voltage excessif, survoltage; **cell** —, voltage ou tension d'élément; **charging** —, voltage de charge; **counter** —, force contre-électromotrice; **crest** —, tension de pointe; **excess** —, surtension; **exciting** —, tension d'excitation; **field** —, tension d'inducteur; **filament** —, tension de chauffage; **final** —, voltage final; **formation** —, tension de formation; **high** —, haut voltage, haute tension; **high** — **line**, ligne à haute tension; **ignition** —, tension d'amorçage (tube à vide); **initial** —, voltage initial; **input** —, tension d'alimentation; **interlinked** —, tension entre phases reliées; **low** —, bas voltage, basse tension; **main supply** —, tension de réseau; **maximum** —, tension maximum; **minimum** —, tension minimum; **over** —, surtension; **over** — **relay**, relais de surtension; **peak** —, tension de pointe; **plate** —, tension de plaque; **pulsating** —, tension pulsatoire; **regulating** —, tension de régulation; **resultant** —, tension résultante; **secondary** —, tension secondaire; **star** —, tension en étoile, étoilée; **stray** —, tension de dispersion; **total** —, tension totale; **useful** —, voltage utile; **working** —, tension de régime.

Voltaic, Voltaïque; — **cell**, élément voltaïque; — **pile**, pile voltaïque.

Voltmeter, Voltmètre; **alternating current** —, voltmètre pour courant alternatif; **Cardew's** —, voltmètre de Cardew; **contact** —, voltmètre à contact; **direct current** —, voltmètre à courant continu; **dead beat** —, voltmètre apériodique; **differential** —, voltmètre différentiel; **double** —, voltmètre double; **double scale** —, voltmètre à deux échelles ou à deux graduations; **electromagnetic** —, voltmètre électromagnétique; **electronic** —, voltmètre électronique; **electrostatic** —, voltmètre électrostatique; **Ferraris** —, voltmètre de Ferraris; **generator** —, voltmètre générateur; **high frequency** —, voltmètre à haute fréquence; **hot wire** —, voltmètre thermique; **low tension** —, voltmètre à basse tension; **marine** —, voltmètre à ressort; **milli** —, millivoltmètre; **multicellular** —, voltmètre multicellulaire; **operating** —, tension de service; **peak** —, voltmètre de pointe; **phase** —, phase-voltmètre; **pocket** —, voltmètre de poche; **pointer stop** —, voltmètre à arrêt de l'aiguille; **recording** —, voltmètre enregistreur; **signal** —, voltmètre avertisseur; **spring** —, voltmètre à ressort; **thermionic** voltmètre thermoionique; **vacuum tube** —, voltmètre à lampe.

Volume, Volume; débit; **swept** —, cylindrée; **tankage** —, capacité des réservoirs; — **control**, potentiomètre (T. S. F.); **automatic** — **control**, contrôle automatique du niveau sonore; dispositif antifading (T. S. F.); — **efficiency**, rendement volumétrique.

Volumetric, Volumétrique; — **analysis**, analyse volumétrique; — **yield**, rendement volumétrique.

Volute, Volute, diffuseur (pompe); — **casing**, huche en spirale; — **spiral**, corps de pompe; — **spring**, ressort à boudin.

Voluted, A volutes.

Vortex, Tourbillon; **free** —, tourbillon libre; **tip** —, tourbillon d'extrémité; — **movement**, mouvement tourbillonnaire.

Vorticity, Vorticité.

to Vouch, Appeler en garantie; — **for**, répondre de, se rendre garant de.

Vouchee, Répondant.

Voucher, Garantie, gage, pièce justificative; titre; quittances.

Voussoir, Voussoir; — **arch**, arche à voussoir.

V. P. (Variable Pitch), Pas variable.

Vug, Retassure.

Vulcaniser, Vulcanisateur.

Vulcanizate or **vulcanisate**, Vulcanisat.

Vulcanization or **vulcanisation**, Vulcanisation.

to Vulcanize or **vulcanise**, Vulcaniser.

Vulcanized or **vulcanised**, Vulcanisé; — **fiber**, fibre vulcanisée; — **indiarubber**, caoutchouc vulcanisé.

Vulcanizing or **vulcanising**, Vulcanisation.

W

Wabler, Trèfle.

Wad, Bouchon, bourre; axle —, garniture d'axe; **black** —, oxyde de manganèse.

Wages, Salaires.

Waggon or **wagon,** Wagon, chariot, fourgon, caisson, char; **coke** —, **ridelle; colliery** —, wagon charbonnier; **delivery** —, fourgon de livraison; **tip** —, wagon basculant; — **traverser,** transbordeur de wagons.

Wainscot, Cloison, cloisonnage, boiserie; — **oak,** chêne commun.

to Wainscot, Lambrisser, boiser.

Wainscoting, Boiserie, lambrissage.

Waist, Passavants, coursive (N.); — **rail,** liston.

Wale, Préceinte, plat-bord (N.).

Walkie-talkie, Poste émetteur-récepteur portatif.

Wall, Mur, muraille; coffrage; **acoustic** —, mur acoustique; **bearing** —, mur de refend; **breast** —, mur de soutènement; **cell** —, paroi du bac, du vase (accus); **fire** —, toile, cloison pare-feu; **front** —, mur de face; **lead** —, paroi en plomb; **lift** —, mur de chute; **louvred** —, cloisonnement en persiennes; **monkey** —s, parois de décrassage; **partition** —, mur de refend; **quay** —, mur de quai; **retaining** —, mur de chute; murberge, mur de soutènement; **suspended** —, mur suspendu; **water** —, écran d'eau; **wing** —, mur en aile; — **bearing,** palier-console; — **block,** rosace isolante (élec.); — **bracket,** console; **end** — **bracket,** console à équerre; — **crane,** grue murale; — **drilling machine,** perceuse

murale; — **eye,** piton mural, à scellement; —'s **end coal,** charbon de Newcastle; — **hook,** caracole; — **plug,** prise de courant (élec.).

double Walled, A doubles parois.

thin Walled, A parois minces.

Walling, Murage (de galeries); **rough** —, hourdage.

Walnut, Noyer; — **water,** brou de noix.

Waney, Défaut (du bois).

Wany, Flacheux (bois).

Ward-Leonard group, Groupe Ward-Leonard.

Warehouse, Magasin, entrepôt, dock; **bonded** —, entrepôt de la douane; **refrigerated** —, entrepôt frigorifique.

to Warehouse, Emmagasiner.

Warehouseman, Magasinier, garde-magasin.

Warehousing, Emmagasinage; entreposage; magasinage (droit).

to Warm, Chauffer, réchauffer (la mach., etc.); — **up,** réchauffer (un moteur).

Warming, Chauffage; — **up,** réchauffage (d'une machine).

Warmth, Chaleur.

Warning light, Lampe témoin.

Warp, Grelin, aussière, remorque; chaîne, filé (text.); **nylon** —, filé de nylon.

to Warp, Déjeter, gondoler, fausser, se déjeter, se gondoler, gauchir; haler, touer (en se servant d'un cordage); ourdir.

Warpage, Touage, halage; gonlement, gauchissement.

Warped, Oblique, gauche, gauchi; déjecté; — **aileron,** aileron gauchi; — **wood,** bois déjeté.

Warping, Faux équerrage, dévers (bois), gauchissement, gondolement; ourdissage; touage, halage; **wing** —, gauchissement des ailes; — **cable,** câble de gauchissement; — **end,** poupée de guindeau; — **line,** remorque; — **wire,** câble de gauchissement.

Warrant, Warrant, reçu pour marchandises en entrepôt.

to Warrant, Garantir.

Warranty, Garantie (de qualité).

Warship, Navire de guerre.

Wash, Enduit; lavis; lame, couche (métal); remous (d'un N.); **airscrew** —, remous de l'hélice (aviat.); — **booth,** cabine de lavage; — **drawing,** dessin au lavis; — **plate,** tôle de roulis (N.); — **strake,** fargue (N.).

to Wash, Laver (du minerai); laver (dessin).

Washboard, Fargue (N.).

Washer, Rondelle; laveur; machine à laver; **air** —, laveur d'air; **balancing** —, rondelle d'équilibrage; **body** —, rondelle d'épaulement d'essieu; **cyclone** —, laveur cyclone; **drag** —, rondelle à crochet; **Grover** —, rondelle Grover; **leaden** —, rondelle de plomb; **leather** —, rondelle de cuir; **lock** —, rondelle-frein; **metal** —, rondelle métallique; **packing** —, grain, bague de presse-étoupe; **rubber** —, rondelle en caoutchouc; **shearing** —, rondelle de cisaillement; **split** —, rondelle Grover; **spray** —, laveur à pulvérisation; **spring** —, rondelle à ressort; — **cut,** coupe-rondelles.

Washing, Lavage, lavis; **ore** —, lavage du minerai; — **machine,** machine à laver; — **out,** enlèvement des dépôts solubles (d'une turbine), lavage intérieur à la vapeur.

Wastage, Perte.

Waste, Trop-plein, déperdition, perte, de rebut; résidus, produits résiduels; déchets; — **coke,** déchets de coke; **cotton** —, déchets de coton; **wood** —, déchets de bois; — **cock,** robinet purgeur; — **disposal,** produits résiduels; — **gases,** fumées, gaz perdus (h. f.), gaz brûlés; — **pipe,** tuyau de trop-plein; — **steam pipe,** tuyau d'échappement; — **water,** eau de condensation; — **water pipe,** tuyau de décharge; — **weir,** déversoir.

Wasters, Défauts.

Watch, Montre; **cylinder** —, montre cylindre; **stop** —, chronographe; — **barrel,** cylindre de montre; — **maker,** horloger; — **making,** horlogerie.

Water, Eau, fond, marée, mer; **acidulated** —, eau acidulée; **bilge** —, eau de cale (N.); **cement** —, eau de cément, contenant du cuivre; **circulating** —, eau de circulation; **cock** — (voir **Cock**); **cooling** —, eau de refroidissement; **damming** —, éclusée; **distillated** or **distilled** —, eau distillée; **drinkable** —, eau potable; **earthy** —, eau dure; **feed** —, eau d'alimentation; **fresh** —, eau douce; **hard** —, eau dure (calcaire); **head** —, eau en amont; **heavy** —, eau lourde; **high** —, marée haute, haute mer, pleine mer; **injection** —, eau d'injection; **lime** —, eau de chaux; **low** —, marée basse, basse mer; **make up** —, eau d'appoint (chaud.); **rain** —, eau de pluie; **raw** —, eau brute, eau non traitée; **salt** —, eau de mer; **slack** —, eau stagnante; **soft** —, eau non calcaire; **spray** —, eau de pulvérisation; **under** —, en plongée (sous-marin); sous-marin (adj.); — **analyser,** analyseur d'eau; **bow,** — coffre à eau (chaud.); — **borne,** à flot, flottant; — **borne**

goods, transport par eau; — catcher, sécheur de vapeur; — cement, ciment hydraulique; — chamber, coffre à eau (chaud.); — circulating pump, pompe à eau; — circulation, circulation d'eau; — cooled, à refroidissement par eau; — cooling plant, appareil réfrigérant; — cushion, matelas d'eau; — draught, tirant d'eau (N.); — evaporator, évaporateur d'eau; — flooding, injection d'eau; — flush system, procédé à injection (pétr.); — gauge, robinet-jauge, tube de niveau (chaud.); — glass, indicateur de niveau; — hammer, coup de bélier, marteau d'eau; — heater, chauffe-eau; — house, château d'eau; — impedence, colmatage; — incrustations, incrustations (chaud.); — injection, injection d'eau; — intake, prise d'eau; — jacket, chemise, enveloppe d'eau (cyl.); four métallurgique à cuve avec circulation d'eau; — level, niveau d'eau, clinomètre; — lifter, élévateur d'eau; — lime, chaux hydraulique; — line, canalisation d'eau, conduite forcée, ligne d'eau (N.); light — line, ligne d'eau du navire lège; load — line, ligne d'eau du navire en charge; — main, tuyau principal d'une conduite d'eau; — man, batelier; — mark, laisse (de haute ou basse mer); filigrane; — meter, compteur d'eau; — of crystallisation, eau de cristallisation; — power, houille blanche; — press, presse hydraulique; — proof, imperméable; — purifying apparatus, épurateur d'eau d'alimentation; — ram, bélier hydraulique; — repellent, hydrophobe; — resistance, résistance de l'eau; — rudder, gouvernail hydrodynamique; — seal, joint hydraulique; — separator, séparateur d'eau; — softer, adoucisseur; — space, lame d'eau (chaud.); — sprinkler, arroseuse; — supply, adduction d'eau; — tank, caisse à eau, citerne; — tender, bateau-citerne; — tight, étanche, imperméable; — tight bulkhead, cloison étanche; — tight compartment, compartiment étanche; — tight door, porte étanche; — tight joint, joint étanche; — tower, château d'eau; — trap, sécheur de vapeur; — treating, épuration de l'eau; — turbine, turbine hydraulique; — vapour, vapeur d'eau; — wall, écran d'eau; — way, lame d'eau (chaud.); gouttière; voie d'eau; fuite d'eau; cunette (bassin de radoub); — works, distribution d'eau.

to **Water**, Faire de l'eau (s'approvisionner); to make —, faire de l'eau (provision); faire eau (n'être pas étanche).

Watering, Action de faire de l'eau, alimentation en eau; aiguade.

to **Waterproof**, Imperméabiliser.

Watt, Watt (élec.); — balance, wattmètre-balance.

Wattage, Puissance en watts.

Watthour, Wattheure; — meter, compteur de watts-heure; watt-heure-mètre; induction — meter, wattheure-mètre à induction.

Wattless, Déwatté (élec.); — characteristic, caractéristique en déwatté; — current, courant déwatté.

Wattmeter, Wattmètre; electronic —, wattmètre électronique.

Wave, Lame, vague, onde; all —s, toutes ondes; all —s set, appareil toutes ondes; audio —s, ondes basses fréquences; balanced —s, ondes équilibrées; carrier —, onde porteuse (T.S.F.); multiple carrier —, onde porteuse multiple; single carrier —, onde porteuse unique; compensation — (voir **Compensation**); continuous —s, ondes entretenues; damped —s, ondes amorties; **decimetric** —, onde décimétrique; **dual** —, à double gamme d'ondes; **elastic** —, onde élastique; **electromagnetic** —, onde électromagnétique; **free** —, onde libre; **gravity** —, onde de gravité; **ground** —, onde de sol; **guided** —, onde guidée; **H** —, onde électrique longitudinale; **hertzian** —, onde hertzienne; **intermediate** —s, ondes moyennes; **ionospheric** —, onde ionosphérique; **light** —, onde lumineuse; **long** —s, grandes ondes; **metric** —, onde métrique; **micro** —s, micro-ondes, ondes centimétriques; **modulated** —, onde modulée; **periodic** —, onde périodique; **plane** —, onde plane; **pressure** —, onde de pression, onde de propagation; **radar** —, onde de radar; **radial** —, onde radiale; **radio** —, onde radio-électrique; **shock** —, onde de choc; **short** —s, ondes courtes; **sky** —, onde ionosphérique; **sound** —, onde sonore; **spherical** —, onde sphérique; **stationary or standing** —, onde stationnaire; **steady** —, onde permanente; **surface** —, onde de surface; **sustained** —s, or **undamped** —s, ondes entretenues; **symmetrical** —s, ondes symétriques; **T. E.** —, onde électrique transversale; **tidal** — or **tide** —, onde de marée; **ultrashort** —s, ondes ultracourtes; **ultra-sonic** —, onde ultra-sonore; **working** — (voir **Working**); — **changing switch**, commutateur de longueurs d'onde; — **current**, courant ondulatoire; — **detector**, détecteur d'onde; — **front**, front d'onde; — **function**, fonction d'onde; — **guide**, guide d'onde; **slotted** — **guide**, guide d'onde à fentes; — **length**, longueur d'onde; **cut off** — **length**, longueur d'onde critique (d'un filtre); **fundamental** — **length**, longueur d'onde fondamentale; — **like**, oscillant, oscillatoire; — **maker**, générateur d'ondes; — **mechanics**, mécanique ondulatoire; — **meter**, ondemètre; ab-sorption — **meter**, onde mètre à absorption; **cavity resonator** — **meter**, ondemètre à cavité résonnante; — **shape**, forme d'onde; — **train**, train d'ondes; — **winding**, enroulement ondulé (élec.).

Wax, Cire; **detergent** —, cire détersine; **earth** —, ozokérite; **fossil** —, cérésine; **sealing** —, cire à cacheter.

Way, Voie, chemin, route; glissière; erre (d'un navire); **bar** —, passage de barre (mach.-élec.); **bevel** —, d'angle, oblique; **head** —, tirant d'eau sous un ouvrage; **mid** —, mi-course; **multi** —, à multivoies; **one** —, à sens unique; **pipe** —, conduite, single —, à une seule direction; **slide** —, glissière; **three** —, à trois directions; **two** —, à deux directions, bilatéral; **two cock** —, robinet à deux voies; — **bill**, lettre de voiture; — **station**, station intermédiaire.

Ways, Couettes de lancement (N.); **bilge** —, couettes courantes.

to Weaken, Se délier (navire).

Weakening or weakness, Déliaison (d'un N.); — **of the accumulator**, affaiblissement de l'intensité du courant (accus).

Weapon, Arme; **a.** —s, armes antiaériennes; **anti-submarine**—, arme anti-sous-marine; **anti-tank** —, arme anti-char.

Wear, Déversoir, trop-plein, écluse; usure; **radial** —, usure radiale; **vacuum** — **machine**, appareil de mesure d'usure sous vide; — **of the wheel**, usure de la meule; — **proof**, inusable; — **resistance**, résistance à l'usure; — **resisting plates**, tôles d'usure.

to Wear, User.

Wearing in, Rodage.

Weather, Intempéries; — **proof**, à l'abri des intempéries; — **wise**, qui sait prévoir le temps.

Weather forecastings, Weather forecasts, Prévisions météorologiques.

Weathered, Usé par les intempéries.

Weaver, Tisserand; **—'s comb,** peigne pour tisserands.

Weaving, Tissage; **ribbon —,** rubanerie; **— gin,** métier à tisser.

Web, Joue, flasque, bobine; bras (de manivelle); âme d'un barrot (c. n.); âme de nervure; **balance —,** lime à balancier; **crank —,** bras de manivelle; **lightened —,** âme allégée; **plywood —,** âme en contreplaqué; **drilled —,** âme ajourée; **frame,** porque (c. n.); **— girder,** poutre à âme pleine; **— of rib,** âme de nervure.

Webbed, Nervuré.

Wedge, Coin, cale; **falling —,** coin pour l'abattage des arbres; **fox —,** contre-clavette; **slot —,** réglette d'encoche; **— driver,** repoussoir; **— indentation,** indentation en coin; **— iron,** fer à biseau; **— key,** clavette, coin de serrage; **— press,** presse à coin.

to Wedge, Claveter, fixer avec des coins, caler.

Wedged, Calé, coincé, claveté.

Wedgewise, En forme de coin.

Wedging, Calage, clavetage.

to Weep, Pleurer, suer, fuir (tubes, joints).

Weeper, weephole, Barbacane (hydr.).

Weft, Trame; **centrifugal —,** trame centrifugée; **large capacity,** à grande réserve de trame.

Wehnelt break, Interrupteur Wehnelt.

Weigh, Poids, pesée; **— bar,** barre, bielle de relevage; **— beam,** balancier, fléau; **— bridge,** pont bascule.

Weighing, Pesage, pesée; **automatic — machine,** balance automatique; **hydrostatic — unit,** balance hydrostatique; **— machines,** bascules, pesons.

Weight, Poids, charge, déplacement (N.); coefficient; **adhesive —,** poids adhésif; **aerial —,** poids, contrepoids d'antenne; **all up —,** poids total; **atomic —,** poids atomique; **auncel —,** balance romaine; **balance** or **balancing —,** contrepoids; **breaking —,** charge de rupture; **crushing —,** poids produisant l'écrasement; **dead —,** poids mort; **driving —,** poids moteur; **drop —,** masse tombante, mouton; **dry —,** poids à vide; **empty —,** poids à vide; **feeding —,** poids d'amenage de la pièce (machine à moulurer); **gross —,** poids brut; **molecular —,** poids moléculaire; **net —,** poids net; **specific —,** poids spécifique; **standard —,** poids légal; **— drum,** tambour à contrepoids d'accumulateur; **— saving,** économie de poids.

Weighted, Chargé; affecté d'un coefficient.

Weir, Déversoir; barrage; **— box,** tiroir de soutirage (d'une tour de fractionnement) (pétr.); **dam —,** digue.

Weld, Soudure (forge); pièce soudée; soudure; **butt —,** soudure bout à bout; **bronze —,** soudobrasure; **composite —,** soudure composite; **fillet —,** soudure en angle; **inspection of —s,** contrôle des soudures; **jump** or **lap —,** soudure à recouvrement; **end lap —,** soudure en tête (maillon de chaîne); **— bead,** cordon de soudure; **— checking,** contrôle des soudures; **— frame,** châssis soudé; **— iron,** fer soudé; **— seam,** cordon de soudure; **— steel,** acier soudé; **— stress,** tension de soudage; **butt —,** soudure bout à bout; **fillet —,** soudure en angle.

to Weld, Souder, corroyer.

Weldability, Soudabilité.

Weldable, Soudable.

Welded, Soudé, corroyé; **all —,** entièrement soudé; **butt —,** soudé bout à bout; **fusion —,** soudé par fusion; **wholly —,** entièrement soudé

Welder, Machine à souder (voir **Welding machine**); soudeur (ouvrier); **arc —,** machine à souder à arc; **resistance —,** machine à souder par résistance; **— blow pipe,** chalumeau soudeur; **— flux,** flux décapant.

Weldery, Atelier de soudage.

Welding, Soudure, soudage, corroyage; **alternating current —,** soudage à courant alternatif; **arc —,** soudure à l'arc; **argon arc —** or **argon shielded arc —,** soudage argonarc, soudage à l'arc sous argon; **submerged arc —,** soudage à l'arc immergé; **autogenous —,** soudure autogène; **blow pipe —,** soudage au chalumeau; **bronze —,** soudobrasage; **butt —,** soudage en bout; **butt — machine,** machine à souder par rapprochement; **capacitor discharge —,** soudage par décharge de condensateur; **cold —,** soudage à froid; **composite —,** soudure composite; **deep —,** soudure profonde; **direct current —,** soudage à courant continu; **electric —,** soudure électrique; **flash —,** soudage par étincelles; **flush —,** soudure arasée; **fusion —,** soudage par fusion; **non fusion —,** soudage sans fusion; **gas — machine,** machine de soudage au gaz; **inert gas shielded arc —,** soudage à l'arc avec protection par gaz inerte; **helium shielded arc —,** soudage à l'arc en atmosphère d'hélium; **high frequency —,** soudage à haute fréquence; **lap —,** soudure à recouvrement; **oxyacetylene —,** soudage oxyacétylénique; **percussion —,** soudage par percussion; **pulsation —,** soudage par courant pulsé; **pulsation spot —,** soudage par points à courant pulsé; **radio-** frequency **—,** soudage à radiofréquence; **resistance —,** soudure par résistance; **resistance — machine,** machine à souder par résistance; **seam —,** soudage à la molette, soudage continu; **spark —,** soudage par étincelage; **spot —,** soudure par points; **spot — machine,** machine à souder par points; **stored energy —,** soudage par décharge de condensateur; **tack —,** soudure par points; **thermit —,** soudure par aluminothermie, à la thermite; **underwater —,** soudage sous l'eau; **— furnace,** four à réchauffer; **— glow,** chaude suante (forge); **— goggles,** lunettes de soudeur; **— group,** groupe de soudure; **— head,** tête de soudage; **— heat,** chaude suante; **— machine,** machine à souder, soudeuse; **arc — machine,** machine à souder à arc; **multielectrode — machine,** machine à souder à plusieurs électrodes; **resistance — machine,** or **spot — machine,** (voir plus haut); **— plant,** poste de soudure; **— plate,** plaque à souder; **— powder,** poudre à souder; **— quality,** soudabilité d'un acier; **— reactance,** réactance de soudage; **— rod,** électrode de soudure; **— steel,** acier soudable; **— tips,** pointes d'électrode; **— transformer,** transformateur de soudure.

Weldings, Pièces soudées.

Weldless, Sans soudure; **— tube,** tube étiré sans soudure.

Weldment, Pièce soudée; construction soudée.

Well, Puits; forage; réservoir; **artesian —,** puits artésien; **bottle necked —,** puits étranglé; **deep —,** puits profond; **draining —,** puisard; **draw —,** puits à roue, à poulie, à levier; **inclined —,** forage oblique; **intake —,** sondage d'injection (pétr.); **oil —,** puits de pétrole; **thermo-**

meter —, réservoir thermométrique; **tube** —, puits artésien; — **sinking,** forage de puits; **to bore a** —, forer un puits.

to Well, Jaillir (pétr....).

Weston cell, Pile Weston.

Wet, Humide; — **cell,** élément hydro-électrique; — **dock,** bassin à flot; — **essay,** essai par la voie humide; — **steam or saturated steam,** vapeur saturée.

Wetted surface, Surface totale d'un avion.

Wetting, Mouillage.

Wharf (pluriel **wharfs** en Angleterre, **wharves** en Amérique), Quai, appontement, embarcadère, débarcadère.

Wharfage, Droits de quai.

Wharfing, Quais et appontements.

Wharfinger, Propriétaire de quai, gardien de quai, garde-quai.

Wheel, Roue (de turbine, etc.); roue de gouvernail (N.); meule; **abrasive** —, meule abrasive; **adhesion** —, roue à adhérence; **alundum** —, meule en alundon; **angular** —, roue conique; **annular** —, roue dentée intérieure, roue intérieure; **arbor** —, treuil; **arm of a** —, rayon de roue, rais; **axle pin of a** —, essieu, axe d'une roue; **band** —, poulie pour courroie, roue de scie à ruban; **bastard** —, engrenage presque droit; **bevel** —, roue d'angle; **bevel gear** —, roue conique, d'angle; **box of a** —, boîte du moyeu; **box water** —, roue élévatoire franconienne; **brake** —, volant de manœuvre du frein; roue sur laquelle agit le frein; **breast (water)** —, roue hydraulique de côté; **brush** —**s,** roues s'entraînant par frottement; **bucket** —, roue à augets; **buckled** —, roue voilée; **buff** —, roue, meule à émeri; **carborundum** —, meule en carborundum; **castor** —, roue de renvoi; **chain** —, roue, poulie

à chaîne, hérisson; grand pignon (bicyclette); **change** —**s,** harnais d'engrenages; **chest** — **or cellular** —, roue à augets; **circular spur** —, roue dentée cylindrique, droite; **click** —, roue d'arrêt; **cloth** — (voir **Cloth**); **cog** —, roue dentée; **conical** —, roue d'angle; meule conique; **contact** —, roue à contact; **contrate** —, roue de champ, de côté, à couronne; **control** —, roue de commande; roue de contrôle; **copy** —, roue de chariot; **core** — (voir **Core**); **correcting** —, roue correctrice (télég.); **coupled** —**s,** roues accouplées; **crown** —, hérisson de côté; **crystolon** —, meule en crystolon; **cup** —, meule en cuvette, meule boisseau; **cut off** —, meule à tronçonner; **cylinder** —, meule cylindre; **detachable** —, roue démontable; **diamond** —, meule diamantée; **disc** —, roue à disque, roue pleine; **disc friction** —**s,** transmission par plateaux à friction; **dished** —, meule assiette; **division** —, roue graduée sur sa jante; **dotting** —, roue à pointillé; **double** —, roue double; **double helical** —, roue à chevrons; **drag** —, frein; **driving** —, roue motrice; **drum** —, roue pour bobiner un câble; **dual** —**s,** roues jumelées; **eccentric** —, roue excentrique; **emery** —, meule émeri; **engaging** —, roue menante, de commande; **epicycloidal** —, roue épicycloïdale; **escapement** —, roue d'échappement (voir **contrate wheel**); **face** —, roue à dents de côté; **face of the** —, face ou tranche de la meule; **fan** —, roue à vent; **file** —, meule; meule à finissage; **flange of a** —, rebord, saillie d'une roue; **flashing or flash** —, roue à palettes; **flutter** —, roue en dessous; **fly** —, volant; **fore** —**s,** avant-train; **free** —, roue libre; **friction** —, roue de friction, à frottement; **front** —, roue avant; **glazing of the —,** lustrage de la meule; **grade of the —,** grade de la meule; **grain of the —,** grain de la meule; **grinding —,** meule; **circular grinding —,** meule périphérique; **diamond grinding —,** meule diamant; **dish grinding —,** meule assiette; **straight grinding —,** meule plate; **groove —,** roue à gorge; **guide —,** roue directrice; **hand —,** volant; **hand feed —,** volant à main d'avance (outil); **hand — for feeding grinding —,** volant à main commandant l'avance de la meule (machine à rectifier); **hand — for actuating headstock,** volant à main actionnant la contre-poupée (machine à rectifier); **hand — for reversing table movement,** levier de renversement de marche de la table (mach.-outil); **hand — for setting grinding — movement,** volant à main réglant la descente de la meule (mach. à rectifier); **hard —,** meule dure; **heart —,** roue en cœur; **high breast —,** roue par derrière; **idle —,** roue folle; **impulse —,** roue à action (turbine); **intermediate —,** roue intermédiaire; **jam —,** pignon d'embrayage; **knife —,** roue en couteau; **landing —,** roue d'atterrissage; **lantern —,** roue à lanterne; **leading —,** roue menante, conductrice; **led —,** roue menée, roue d'angle; **loading of the —,** encrassement de la meule; **marking —,** molette imprimante; **metallic —,** roue métallique; **middle shot —,** roue hydraulique de côté; **mitre —,** roue conique, roue d'angle; **mortise —,** roue à chevron; **nose —,** roue avant; **retractable nose —,** roue avant escamotable; **overshot —,** roue hydraulique en dessus; **paddle —,** roue à aubes; **Pelton —,** roue Pelton; **phonic —,** roue phonique; **plain —,** meule plate; **plate —,** roue à disque, roue pleine; **polishing**

—, disque de polissage; **rack —,** roue à rochet; **ratchet —,** roue à rochet; **click and ratchet —,** encliquetage; **click of a ratchet —,** linguet d'une roue à rochet; **rawhide —,** roue d'engrenage en cuir vert; **rear —,** roue arrière; **retractable —s,** roues escamotables, train rentrant; **reversing —,** roue pour le changement de marche; **right —,** roue droite; **sandstone —,** meule en grès; **screw —,** roue striée; roue engrenant avec les filets d'une vis sans fin; roue en hélice; **single —,** roue simple, monoroue, roue non réciproque; **skew —,** roue hyperbolique; **sliding gear —,** roue d'engrenage déplaçable; **soft —,** roue tendre; **solid —,** roue pleine; **spare —,** roue de secours; **square —,** roue de rechange; **spiral —,** roue striée; **spooling —,** bobinoir; **sprocket —,** roue à empreinte, hérisson; **spur —,** roue dentée; **steering —,** volant de direction (auto.); **sun and planet —,** roue satellite; **tail —,** roue de queue (aviat.); **tangential —,** turbine libre déviation; **toothed —,** roue dentée; **tracer —,** roue traceuse; **trailing —s,** roues porteuses; **trolley —,** roulette, trôlet; **truing the —,** dressage de la meule; **turning —,** vireur (mach.); **two row velocity —,** roue à deux étages de vitesses (turbine); **undershot —,** roue hydraulique en dessous; **vitrified —,** meule vitrifiée; **water —,** roue hydraulique; **water — generator,** générateur à roue hydraulique; **wind —,** roue à vent; **wire —,** roue à rayons métalliques; **worm —,** roue striée, roue de vis sans fin; **— arbor,** arbre porte-meule; **arm,** rayon de roue; **— armature,** induit à roue; **— barrow,** brouette; **— base,** empattement; **— bed,** fusée; **— box,** boîte de changement de vitesse, boîte d'engrenages; dôme de gouvernail, tortue (N.); **— brake,**

frein sur roue; — **cap**, chapeau de roue; — **cutter**, fraise pour engrenages; — **cutting**, fenderie de roues; — **cutting machine**, machine à fendre les roues; machine à tailler les roues d'engrenages; — **cutting and dividing machine**, machine à tailler et à diviser les roues d'engrenage; —**s down**, trains baissés; — **fork**, fourche de roue; — **grinder**, machine à planer les roues; — **guard**, protège-meule; — **head**, poupée porte-meule (rectifieuse); —**load**, charge roulante; — **lock**, goupille, esse d'une roue; — **locking**, blocage des roues; — **nose gear**, roulette avant (aviat.); — **press**, presse à caler les roues; — **rim**, jante de roue; — **rope**, drosse (N.); — **running in a shute**, roue à coursier; — **slide**, chariot porte-meule (machine à rectifier); — **spindle**, arbre de la meule; arbre porte-meule; — **spindle bearings**, paliers de l'arbre de la meule; — **spindle pulley**, poulie de l'arbre porte-meule; — **track**, largeur de voie; — **type tractor**, tracteur sur roues; — **wrench**, démonte-roues; — **wright**, charron; **the** — **cuts freely**, la meule coupe franchement; **to shoe a** —, bander une roue; **to ungear** —**s**, désengrener des roues; **to wedge a** —, caler une roue.

four Wheeled, A quatre roues.

two Wheeled, A deux roues.

six Wheeler, A six roues (camion).

free Wheeling, Marche en roue libre.

Whelp, Flasque (de cabestan, etc.)

to Whet, Effiler, affûter (un outil).

Whetstone, Pierre à repasser, à aiguiser, affiloir, pierre à main.

Whetting, Repassage, affûtage.

Whim, Treuil, cabestan.

bar Whimble, Barroir, vrille à barrer.

Whip, Fouet; **oil** —, effet de vibration d'un arbre dans un palier trop abondamment graissé.

shaft or **oil Whipping**, Voir **oil Whip**.

Whirl, Tourbillon; **oil** —, Voir **oil Whip**.

Whirler shoe, Sabot de cimentation à tourbillon (pétr.).

Whirling, Rotatif; — **arm**, bras rotatif.

Whistle, Sifflet; **alarm** —, sifflet d'alarme; **steam** —, sifflet à vapeur.

White, Blanc; **dutch** —, pigment blanc formé de 1 partie de céruse et de 3 parties de sulfate de baryum; **zinc** —, blanc de zinc; — **copperas**, sulfate de zinc; — **flame**, chaude ressuante (forge); — **heat**, chaude grasse, chaude ressuante (forge), incandescence; — **hot**, chauffé au blanc; — **lead**, céruse; — **metal**, métal antifriction; — **oak**, chêne blanc; — **pig iron**, fonte blanche; — **rope**, filin blanc (non goudronné); — **vitriol**, sulfate de zinc.

Whitewash, Badigeon.

to Whitewash, Badigeonner.

Whitewashing, Badigeonnage.

Whiting, Blanc d'Espagne.

Wholesale prices, Prix de gros.

Wholesaler, Grossiste.

Wick, Mèche; — **lubricator**, graisseur à mèche.

Wicket door, Porte à guichet.

Wicket gate, Aube distributrice (turbine).

Wide, Large; — **meshed**, à larges mailles.

to Widen, Élargir.

Width, Largeur, empattement; **gap** —, écartement des électrodes (bougie); — **of cutting** or **cutting** —, largeur de coupe.

Wildcat or **wildcatting,** Prospection, sondage de prospection, forage du pétrole; — **operations,** opérations de forage; — **well,** puits de forage.

Wimble, Foret, vrille, tarière.

Winch, Cabestan, guindeau, treuil, moulin (corderie); **crab** —, petit treuil; **crane** —, treuil de grue; **electrical** —, treuil électrique; **hand** —, treuil à main; **steam** —, treuil à vapeur; **well borer's** —, treuil à foncer les puits.

Wind, Vent; **hot** —, vent chaud (mét.); — **brace,** hauban; — **chill,** refroidissement dû au vent; — **funnel,** tunnel, soufflerie aérodynamique (voir **Tunnel**); — **gauge,** anémomètre; — **mill anemometer,** anémomètre à moulinet; — **milling,** en moulinet (aviat.); — **screen,** parebrise; — **screen wiper,** essuieglace; — **shield,** pare-brise; **bullet resistant** — **shield,** parebrise résistant aux balles; — **sock,** manche à air; **supersonic** — **tunnel,** tunnel, soufflerie aérodynamique pour avions supersoniques; — **tunnel cascades,** aubages directeurs d'une soufflerie; — **tunnel fan,** ventilateur de soufflerie; — **tunnel straighteners,** redresseurs de filets d'air.

to Wind, Virer, tordre, bobiner; remonter (montre); — **off,** dérouler (un câble); — **up,** monter, remonter (une pendule, etc.)

Windage, Frottement d'un induit sur l'air (élec.).

Windcharger, Aéromoteur.

Winder, Dévidoir, appareil de bobinage; remontoir; poulie d'extraction; **Koepe** —, poulie Koepe; **tower** —, chevalement d'extraction.

Winding, Bobinage, dévidage bobine, enroulement (élec.); **armature** —, enroulement ou bobinage d'induit; **auxiliary** —, enroulement auxiliaire; **bifilar** —s, enroulement, non inducteur; **bipolar** —, enroulement bipolaire; **chord** or **coil** — **machine,** enroulement par cordes; **compound** — enroulement compound; **concentric** —s, enroulements concentriques; **creeping** —, enroulement rampant; **disc** —, enroulement en disque; **distributive** —, enroulement distributif; **drum** —, enroulement en tambour; **duplex** —, enroulement double; **end** —, bobinage frontal; **evolute** —, bobinage frontal; **field** —, enroulement inducteur, enroulement d'excitation; **full pitch** —, enroulement diamétral; **Gramme** —, enroulement en anneau ou de Gramme; **height of** —, hauteur d'enroulement; **hemitropic** —, enroulement à phases hémitropiques; **interlaced** —, enroulement imbriqué; **jigger** —, bobinage de jigger; **lap** —, enroulement imbriqué; **lateral** —, enroulement latéral; **main** —, enroulement principal; **multiplex** —, enroulement multiple ou à plusieurs circuits; **multipolar** —, enroulement multipolaire; **one slot** —, enroulement à une encoche par pôle; **parallel** —, enroulement parallèle; **phase** —, enroulement à phases; **polyphase** —, enroulement polyphasé; **primary** —, enroulement primaire; **radial depth of** —, profondeur radiale de l'enroulement; **ring** —, enroulement en anneau ou de Gramme; **rotor** —, enroulement de rotor, enroulement rotorique; **secondary** —, enroulement secondaire; **round wire** —, enroulement en fil rond; **series** —, enroulement série; **series parallel** —, enroulement séries parallèles ou mixte; **short coil** —, enroulement à bobines courtes; **short pitch** —, enroulement par cordes; **simplex** —, enroulement simple; **single coil** —, enroulement à une encoche par pôle; **single range**

—, enroulement disposé dans un seul plan; **spiral** —, enroulement en hélice, enroulement en spirale; **spiral wave** —, enroulement ou bobinage ondulé spiral; **squirrel cage** —, enroulement à cage d'écureuil; **starting** —, enroulement de démarrage; **stator** —, enroulement du stator; enroulement statorique; **stub** —, aile tronquée; **symmetrical** —, enroulement symétrique; **semi-symmetrical** —, enroulement demi-symétrique; **three range** —, enroulement disposé sur trois plans; **two pole** —, enroulement bipolaire; **two range** —, enroulement disposé sur deux plans; **wave** —, enroulement ondulé; — **barrel**, arbre de treuil; — **equipment**, équipement d'extraction; — **lathe** —, tour à bobiner; — **machine**, machine à bobiner, bobineuse, machine d'extraction; — **pawl**, linguet, taquet, cliquet du guindeau; — **ropes**, câbles d'extraction; — **wire**, fil de bobinage.

Windfunnel, windgauge, Voir **Wind.**

Winding up, Liquidation (d'une société).

Windlass, Guindeau; **hand** —, treuil à main; **spanish** —, trésillon.

to Windlass, Hisser au guindeau.

Windmill, Voir **Wind.**

to Windmill, Tourner en moulinet (aviat.).

Windmilling, En moulinet (hélice).

Window, Fenêtre, hublot.

Windscreen or **Windshield,** Voir **Wind.**

Wing, Van, sas, tamis; flanc (de N.); ailette, aile (auto, avion); profil, voilure (avion); **air** —, moulinet régulateur; **all** — **aircraft**, aile volante; **bottom** —, aile inférieure (avion) **cambered** —, aile courbe; **cantilever** —, aile en porte à faux; **crescent** —, aile en croissant; **delta** —, aile triangulaire, aile delta; **elliptical** —, aile elliptique; **flapping** —, aile battante; **flying** —, aile volante; **folding** —, aile repliable; **front** —, aile avant; **guide** —, ailette de guidage; **half** —, demi-aile; **high** —, aile surélevée; **inverse taper** —, aile en dièdre inversé; **low** —, aile surbaissée; **lower** —, aile inférieure; **lower surface of a** —, intrados; **one sparred** —, aile à longeron unique; **outer** —, aile extérieure; **rear** —, aile arrière; **rectangular** —, aile rectangulaire; **rotary** —, aile rotative, voilure tournante; **slotted and flapped** —, aile à fentes et à volets; **double slotted** —, aile à double fente; **multislotted** —, aile à fentes multiples; **strutted** —, aile haubanée; **swept back** —, aile en flèche; **tapered** —, aile effilée; **thick** —, aile épaisse; **top** —, aile supérieure; **two sparred** —, aile à double longeron; **unflapped** —, aile sans volets; **unslotted** —, aile sans fentes; **unstrutted** —, aile sans montants; **upper** —, aile supérieure; **upper surface of a** —, extrados; — **area**, surface portante; — **attachment**, attache d'aile; — **bracing**, haubannage des ailes; — **camber**, courbure de l'aile; — **chord**, corde de l'aile; — **curve**, section, profil de l'aile; — **drop**, perte de portance; — **edge**, bord de l'aile; — **efficiency**, rendement de l'aile; — **fillet**, raccordement aile-fuselage; — **flap**, aileron; volet de courbure; — **and hull type**, type aile-coque; — **incidence**, incidence de l'aile; — **loading**, charge alaire; **nut** —, écrou à oreilles; **root** —, emplanture d'aile; — **section**, section ou profil de l'aile; — **setting**, calage de l'aile; — **shape**, profil de l'aile; — **socket**, emplanture de l'aile;

— **span**, envergure de l'aile;
— **support**, support d'aile; —
surface, surface alaire; — **tank**,
réservoir d'aile; — **tip**, bout de
l'aile; **removable** — **tip**, bout
d'aile démontable; — **tip float**,
flotteur de bout d'aile; — **tip
parachute**, parachute de bout
d'aile; — **tip slot**, fente de bout
d'aile; — **tip tank**, réservoir
de bout d'aile; — **top surface**,
surface d'extrados; — **turret**,
tourelle latérale (N.); — **twisting**
or — **warping**, gauchissement
de l'aile; **to strip a** —, désen-
toiler.

Wings, Voilure.

Winning, Exploitation, abattage,
(mines); **fore** —, travail préparatoire; — **of coal**, extraction
du charbon, — **equipment**, matériel d'abattage.

Winterized, Aménagé contre le
froid.

Wiper, Came, dent, bras, mentonnet (mach.); **oil** —, segment
racleur; **wind screen** —, essuieglace.

Wire, Fil métallique; fil télégraphique; **aerial** —, antenne
(T. S. F.) (voir **Aerial**); **aerial**
—, fil d'antenne; — **change over
switch**, commutateur d'anten-
ne; **barbed** —, fil barbelé; **bare**
—, fil nu; **bedding of** —**s**,
logement des fils dans les encoches (élec.); **bell** —, fil de sonnerie; **binding** —, fil d'Archal;
frettage; fil à ligatures; **bracing**
—, hauban de croisillonnage;
brass —, fil de laiton; **bridge** —,
fil à curseur; **calling** —, fil d'appel; **collecting** —, fil collecteur;
conducting —, fil conducteur
(élec.); **connecting** —, fil de
fermeture (du circuit) (élec.);
copper —, fil de cuivre; **stranded
copper** —, câble en cuivre;
creased —, fil d'Archal plat;
cross —, réticule; **drag** —,
câble de traînée; **drawn** —, fil
étiré; **drift** —, câble de traînée;
earth —, fil de terre; fil de

masse; **five** — **system**, système de distribution à 5 fils;
flexible —, fil flexible; **fuse** —,
fil fusible; **fusible** —, fil fusible;
galvanized —, fil galvanisé;
ground —, prise de terre, fil
de masse (auto); **guard** —, fil
de protection; **hard drawn** —,
fil étiré à froid; **heating** —, fil
thermique; **igniting or ignition**
—, fil d'allumage; **incidence** —,
câble d'incidence; **insulated** —,
fil isolé; **iron** —, fil de fer;
landing —, câble d'atterrissage;
lift —, câble porteur; **live** —,
câble sous tension; **locking** —,
frein (d'un tendeur); **metallic**
— **cloth**, toile métallique; **nichrome** —, fil nickel-chrome;
piano —, corde à piano; **pilot**
—, fil témoin, fil pilote; **platine**
or **platinum** —, fil de platine;
rectangular —, fil rectangulaire;
return —, fil de retour; **secondary** —, fil secondaire; **silk
covered** —, fil à guipage de soie;
slack —, fil lâche; **spider** —,
réticule; **spring** —, fil à ressort;
streamline or streamlined —,
câble fuselé, hauban profilé;
threaded —, câble tressé; **three**
— **system**, système de distribution à 3 fils; **trolley** —, fil
de trolley; **venting** —, dégorgeoir, épinglette; **warping** —,
câble de gauchissement; **winding**
—, fil de bobinage; **woven** —,
fil métallique tissé; — **bracing**,
haubanage en fil d'acier; —
brush, balai en fils métalliques;
— **clamp**, borne serre-fil; —
clip, attache-fil; — **covering
machine**, machine à armer les
câbles; machine à guiper les
fils métalliques; — **drawer**,
tréfileur; — **drawing**, tréfilage;
— **drawing dies**, presses de
filage; filière de tréfilage; —
drawing machine, tréfilerie; —
edge, fil d'un outil; — **ferrule**,
coulant, arrêtoir; — **gauge**,
palmer; — **gauge**, toile métallique; — **grid**, grillage; —
gun, canon fretté en fil d'acier;
— **line**, câble métallique; —

mill, tréfilerie; — **recorder**, enregistreur sur fil; — **riddle**, dégorgeoir (fond.); — **rod**, fil machine; — **rope**, câble métallique; aussière métallique; — **spoke**, rais; — **strand**, toron métallique; — **stretcher**, tendeur, serre-fil; — **stretching die**, filière d'étirage; — **working**, tréfilerie; **to draw** —, étirer, tréfiler le fil.

to Wire, Télégraphier; câbler; installer des câbles ou fils.

to Wiredraw, Étrangler (la vapeur).

Wiredrawing, Étranglement (de la vapeur).

Wireless, Sans fil; — **telegraphy**, télégraphie sans fil (T. S. F.); — **telephony**, téléphonie sans fil.

Wiring, Montage, câblage; connexions, canalisation (élec.); **direct coupled** —, montage direct; **inductively coupled** —, montage indirect; **shunt coupled** —, montage en dérivation; — **diagram**, schéma des connexions; — **plate**, attache-fil.

to Withdraw, Retirer, arracher, s'effacer.

Withdrawal, Main levée; effacement; — **solenoid**, solénoïde d'effacement.

to Wobble, Osciller irrégulièrement.

Wobbing coupling, Accouplement à trèfle.

Wobbulator, Wobbulateur.

Wolf, Loup (fond.).

Wood, Bois; **all** —, entièrement en bois; **ash** —, frêne; **box** —, buis; **Brazil** —, bois de Campêche; **deal** —, bois de sapin; **drift** —, bois flotté; **dry** —, bois sec; **dye** —, bois de teinture; **fathom** —, bois de corde; **felled** —, coupe, abatis; **fire** —, bois de chauffage; **floated or floating** —, bois flotté; **grain of** —, fil, grain du bois; **green** —,

bois vert; **growth rings of** —, couches annuelles ou de croissance du bois; **hard** —, bois dur (les Américains désignent sous le nom de **hardwoods** ceux des « needleleaf trees » ou arbres à feuilles pointues; **hoop** —, feuillard (en bois); **impregnation of** —, imprégnation, inhibition du bois; **iron** —, bois de fer; **kiln dried** —, bois séché au four; **laminated** —, bois stratifié; **lance** —, bois des îles; **pit** —, bois de mine; **preserving or preservation of** —, conservation du bois; **pulp** —, bois de papeterie; **purple** —, palissandre; **refuse** —, bois de rebut; **ripple marks of** —, rides du bois; **rotten** —, bois pourri; **seasoned** —, bois séché, préparé; **seasoning of** —, séchage du bois; **slab** —, dosses; **soft** —, bois tendre (les Américains désignent sous le nom de **softwoods** ceux des « broadleaf trees » ou arbres à feuilles larges); **speckled** —, bois tacheté; **streak of** —, grain du bois; **warped** —, bois gauchi, qui travaille; **white** —, bois blanc; **woven** —, bois tissé; **to cleave** — **with the grain**, suivre le fil du bois; **to cross cut** —, scier le bois contre le fil.

I. Nature du bois :

barked Wood, Bois écorcé; **black** —, bois noir; **bulged** —, bois tordu, tors, tortillard; **burnt** —, bois arsin; **cabinet maker's** —, bois d'ébénisterie, des îles; **colty** —, bois roulé; **cracked** —, bois roulé; **cross fibred** —, bois noueux, racheux; **cross grained** —, bois rabougri, rebours, rustique; **curled** —, bois madré, tapiré; **dead** —, bois mort; **dead sap** —, bois à double aubier; **drifted** —, bois flotté; **dry rotten** —, bois échauffé; **dull edged** —, bois déversé, flacheux, gauche; bois grossièrement équarri;

dyer's —, bois colorant, de teinture; **fire proof** —, bois ignifuge, non inflammable; **half round** —, bois mi-plat; **hard** — **of Madagascar**, bois immortel, de fer; arbre à corail; énithrine; **hollow** —, bois creux; **Indian** —, bois de bitté; **overseasoned** —, bois médiocre, trop vieux; **petrified** —, bois pétrifié; **ply** —, contreplaqué; **resinous** —, bois résineux; **rock cherry** —, bois de Sainte-Lucie; **sap** —, bois d'aubier, de sève; aubier; lard; **soft** —, bois blanc, doux, tendre; **sound** —, bois sain et net, bois sans défauts; **split** —, bois fendu; **stow** —, bois d'arrimage; **trumpet** —, bois trompette; **warped** —, bois déjeté; **weakened** —, bois affaibli; — **of coniferous trees**, bois conifère; — **with crooked fibres**, bois tordu; — **with radiate crevices**, bois avec crevasses radiales, bois étoilé.

II. Espèces de bois :

abel Wood, bois de peuplier; **alder** —, bois d'aune, aulne, averne, aunette, aune, visqueux; **adriatic oak** —, bois de chêne rouge d'Italie; **american red spruce fir** —, bois de sapin noir d'Amérique; **apple** —, bois de pommier; **aspen** —, bois de peuplier-tremble, de tremble; **balsannic poplar** —, bois de peuplier baumier, de tacamahaca; **barberry** —, bois d'épine-vinette, de vinetier; **bean tree** —, bois de l'ébénier, de cytise des Alpes; **beech** —, bois de hêtre, fau, fayard, fontan, foyard; **bird's eye maple** —, bois d'érable madré; **black alder** —, bois de l'aune noir, bourdaine, bourgène; bois à poudre; **black iron** —, bois de fer; **black rose** —, palissandre; **boca** —, bois de boco, de panacoco, de perdrix; **box** —, bois de buis; **Brasil** —, bois de Brésil, de

Fernambuc; brésillet; **bucktorn** —, bois d'alaterne, de nerprun; **button** —, bois de cimbre; **Campeachy** —, bois de Campêche; **Canadian fir** —, bois de sapin du Canada; **Canada red pine** —, bois de pin rouge, de pin du Canada; **Canada yellow pine** —, bois de pin du Lord, de pin jaune du Canada; **Caoba** —, acajou femelle, de caisse, à planches; **carob** —, bois de caroubier; **cedar** —, bois de cèdre; **cembra** —, bois de cimbre; **cherry** —, bois de cerisier; **chestnut** —, bois de châtaignier; **cornel** —, bois de cornouiller; **corsican pine** —, bois de pin larix, laricio, de pin de Corse; **cotton** —, peuplier du Canada; **Cretan silver bush** —, bois d'anthyllide de Crète; **Cuba** — (voir **Caoba wood**); **curled** —, bois d'érable madré; **dwarf chestnut** —, bois de chinkapin, de châtaignier de Virginie; **elder** —, bois de sureau; **elm** —, bois d'orme, ormeau, ormel; **english oak** —, bois de chêne à grappes, de chêne pédonculé; **Pernambuco** —, bois de Brésil, de Pernambouc; **fir** —, bois de sapin blanc; **fly woodbine** —, bois de chèvrefeuille des haies; **foil tree** —, bois de l'ébénier, de cytise des Alpes; **foreign** —, bois étranger, exotique; **hazel tree** —, bois de noisetier; **Helmlock spruce fir** —, bois de sapin du Canada; **holly** —, bois de houx; **hornbeam** —, bois de charme; **hickory** —, bois de corryer; **hop hornbeam** —, bois de charme, de houblon, d'ostrier; **indigeneous** —, bois du pays; **italian oak** —, bois de chêne rouge d'Italie; **jacaranda** —, bois jacaranda; **Jamaica rose** —, bois, chandelle, jaune, de citron; bois rose des Antilles; **juniper** —, bois de genévrier; **king** —, bois royal; **larch** —, bois de mélèze, du sapin d'Europe; **lilac** —, bois de lilas commun; **lime**; —, bois de tilleul; **live oak** —, bois de chêne rouvre; **locust tree** —, bois d'acacia; **log** —, bois de Campêche; **mahogany** —, bois d'acajou, acajou; **maple** —, bois d'érable; **medlar** —, bois de néflier; **mulbery** —, bois de mûrier; **nettle tree** —, bois de micocoulier; **New-Zealand cowdie pine** —, bois de Sammara austral, de pin de la Nouvelle-Zélande; **Norway spruce fir** —, bois d'épinette, de sapin-pesse; **oak** —, bois de chêne; **olive** —, bois d'olivier; **palisander** —, palissandre; **partridge** — (voir **boca wood**); **pear** —, bois de poirier; **pinaster** —, bois de pin d'Italie, de pin de pierre, de pin pinier; **pitch pine** —, bois de pin de Floride, de pin à goudron, de pin des marais; **plum** —, bois de prunier; **pock** —, gaïac; **poplar** —, bois de peuplier; **prick** —, bonnet de prêtre; fusain; **purpled** —, bois amaranthe, violet; **quick** — or **quickbeam** —, bois de sorbier sauvage; **coast quick** —, séquoia; **red cedar** —, bois de cèdre rouge; **red deal of Riga** —, bois de pin de Riga; **red spruce** —, bois de pin d'Ecosse, de pin rouge; **rock maple** —, bois d'érable à sucre; **rose** —, palissandre, bois de rose; **royal** —, bois royal; **sallow** —, bois de saule; **sandal** —, bois de sandal (rouge); **sapan** —, bois du Japon, de Sapan; **satin** —, bois satiné; **scotch pine** —, bois de pin sauvage, de pin sylvestre; **service** —, bois d'alizier, d'alouchier; **sharp cedar** —, bois de cèdre piquant; **sorb** —, bois de cormier, de sorbier; **spindletree** —, bonnet de prêtre, fusain; **spruce** —, épicéa; **sycamore** —, bois de sycomore; **Tamarac** —, mélèze d'Amérique; **teak** —, faux chêne, teak, teck; **violet** —, bois amaranthe, violet; **walnut** —, bois de noyer; **white cedar** —, bois de cyprès faux, thuya; **white poplar** —, bois d'abèle, de franc picard, de peuplier blanc; **white spruce** —, bois de pesse blanche, de sapinette blanche; **willow** —, bois de saule; **yellow pine** —, bois de pin de la Californie, de pin jaune; **yew** —, bois d'if; **— of the maritime fir**, bois de pignades, de pin de Bordeaux, de pin des Landes, de pin maritime; **— of the siberian stone pine**, bois de cimbre; **— of the small prickly cupped oak**, bois de chêne à glands doux; **— bending machine**, machine à courber le bois; **— bit**, mêche à bois; **— block**, cale en bois; **— burner**, charbonnier; **— casing**, moulure en bois; **— cutter**, bûcheron; **— glueing**, collage du bois; **— grinding machine**, machine à bois, défibreur; **— pulp**, pulpe de bois; **— rasp**, râpe à bois; **— rock**, asbeste; **— screw**, vis à bois; **— seasoning**, séchage du bois; **— spirit**, esprit de bois; **— stone**, bois pétrifié; **— tar**, goudron végétal; **— wool**, laine de bois; **— work**, boisage, boiserie; **— working machine**, machine à bois; **— worm**, ver du bois; **— yard**, chantier de bois à brûler.

Wooden, De bois, en bois; — **hammer**, maillet en bois; — **hulled**, à coque en bois; — **liner**, cale en bois; **— peg or —** .**pin**, gournable; **— vessel**, navire en bois.

Woof, Trame.

Woofer-tweeter, Combinaison de haut-parleurs à haute et basse fréquence.

Wool, Laine; **cotton** —, ouate; **glass** —, fibres de verre; **insulating** —, laine isolante; **mineral** —, laine minérale; **nickel** —, laine de nickel; **slag** —, coton minéral; **steel** —, laine d'acier; **— carding**, cardage de la laine; **— combing**, peignage de la laine; **— cloth**, drap; **— comber**, cardeur de laine; — **combing**, machine, peigneuse; — **stuffs**, lainages.

to Woold, Rousturer, faire une velture à.

Woolding, Rousture.

Woolen or **woollen**, De laine, en laine.

long Woolled, A longue laine.

Woolly, Laineux.

Wootz, Acier wootz.

Work, Travail; mécanisme; pièce; construction; **automobile** —, construction automobile; **bay** —, charpente métallique, treillis, ferme à treillis; **breast** —, fronteau; **brick** —, briquetage; **by** —, roche des parois; **cabinet** —, ébénisterie; **chemical** —s, usine de produits chimiques; **clock** —, mouvement d'horlogerie; **copper** —s, fonderie de cuivre, cuivrerie; **cutting** —, travail d'usinage; **day** —, travail à la journée; **dead** —s, œuvres mortes (C. N.); **dye** —s, usine de teinture; **dynamite** —s, dynamiterie; **earth** —, terrassement; déblai; remblai; terres d'apport; **electricity** —s, centrale électrique; **engine** or **engineering** —s, atelier de constructions de machines; **false** —s, échafaudages; **étaiement; fascine** —, fascinage; fondation sur des fascines; **finishing** —, finition; **frame** —, armature; **gas** —s, usine à gaz; **head** —, travail de prise d'eau; poupée porte-pièce (mach.-outil); **header** —, appareil en boutisses; **herring bone** —, appareil en épi; **inlaid** —, marqueterie; **iron** —s, usine à fer, forge; **machine** —, travail à la machine; **panel** —, treillis; **piece** —, travail aux pièces; **preliminary** —, avant-projet; **quick** —s, œuvres vives (c. n.); **stone** —, maçonnerie (en pierre); **structural steel** —, constructions métalliques; **upper** —s, œuvres mortes (c. n.); — **bench**,

établi; — **capacity**, capacité d'exploitation; — **hardened**, écroui; — **head motor**, moteur de commande de la poupée porte-pièce; — **shop**, atelier; — **table**, table porte-pièce; — **yard**, chantier.

to Work, Travailler, fonctionner; faire fonctionner (une mach., etc.).

Workability, Travaillabilité.

Worker, Ouvrier; **metal** —, métallurgiste; **wood** —, ouvrier en bois.

Working, Ouvrage, mise en œuvre, mise en marche; travail qui fonctionne; abattage; usinage; fonctionnement; **coal** —, extraction du charbon; **cold** —, allure froide (h. f.), travail à froid, écrouissage; **earth** —, travaux de terrassement; **hot** —, allure chaude (h. f.); **extra-hot** —, allure extrachaude (h. f.); **in — order**, en bon état de fonctionnement; **regular steady** —, allure normale (h. f.); **spark** —, usinage par étincelle; — **accumulator**, accumulateur travaillant ou en décharge; —**barrel**, corps de pompe; — **beam**, balancier; — **cylinder**, cylindre de travail; — **expenses**, frais d'exploitation; — **height**, hauteur de travail; — **house**, atelier; — **parts**, pièces mobiles; — **pit**, puits d'extraction (mines); — **point**, point d'application, centre d'effort, point d'attaque; — **pressure**, timbre; — **rate**, cadence de travail; — **speed**, vitesse de régime, vitesse de travail; — **stock**, matériel d'exploitation (c. n.); — **stroke**, course motrice; — **surface**, surface utile (mach.-outil); — **up to** 5oo **H. P.**, réalisant 5oo chevaux; — **voltage**, voltage de régime; — **wheels**, roues motrices.

Workings, Travaux de mine.

Workman, Ouvrier; **head** —, chef d'atelier.

Workmanship, Main-d'œuvre; qualité (d'un travail).

Works (voir **Work**), Usine, exploitation, travaux, **assembly in the** —, montage en usine; **civil engineer** —, ouvrages de génie civil; **copper** —, cuivrerie; **dead** —, travaux préparatoires (mines); œuvres mortes (N.); **heavy plate** —, atelier de grosse chaudronnerie; **public** —, travaux publics; **soda** —, soudière; **stream** —, installation de lavage des minerais.

Workshop, Atelier; **floating** —, navire-atelier.

Worm, Serpentin; vis sans fin, vis tangente; pas de vis; taret; **conveyor** —, vis sans fin; **round** —, filet arrondi; **single start** —, vis sans fin à un filet; **square** —, filet carré; **triangular** —, filet triangulaire; **— and wheel,** engrenage à vis tangente; — **block,** palan à vis; **— cutting machine,** machine à tailler les vis sans fin; **— eaten,** vermoulu; **— gearing,** engrenages à vis sans fin; **— of a screw,** filet, pas d'une vis; **— wheel,** roue striée, roue de vis sans fin; **— wheel cutting machine,** machine à tailler les roues de vis sans fin.

to Worm, Fileter.

Wormhole, Piqûre (de ver).

Worms, Filière, tarauds.

Worn, Usé, mâché; **— out,** usé complètement.

Worsted, Peigné; **— fabric,** tissu peigné.

Wound, Excité, bobiné (élec.); enroulé; **aluminium** —, bobiné en aluminium; **butt** —, enroulé jointif; **copper** —, bobiné en cuivre; **machine** —, bobiné à la machine; **series** —, excité en série; **shunt** —, excité en dérivation; **spirally** —, enroulé en spirale.

Woven, Tissé; **— wire,** fil métallique tissé.

Wow, Pleurage.

Wrainbolt, Voir **Wringbolt.**

Wranyl, Wranyle.

Wrap or **Wrapper,** Enroulement.

Wreck, Épave, coque (d'un N.).

Wrench, Clef à vis, à écrou; clef de serrage; tourne à gauche; **alligator** —, clef à tubes; **bent** —, clef coudée; **breech** —, tourne à gauche; **claw** —, pince à panne fendue, tire-clou, arrache-clou; **coach** —, clef anglaise; **fork** —es, clef à fourche; **monkey** —, clef anglaise; **screw** —, clef à écrou; **universal screw** —, clef universelle; **socket** —, clef à tube; **wheel** —, démonte-roues.

Wriggle, Gouttière (de hublot).

Wring, Torsion; **— nut,** écrou à oreilles; **— wall,** culée d'un pont.

to Wring, Tordre; gêner (une pièce de bois).

Wringbolt, Serre-joint.

Wringing machine, Essoreuse, calandre.

Wrist, Soie, bouton, manneton; **— pin,** axe de pied de bielle.

ink Writer, Appareil à molette, récepteur à encre.

Wrought, Travaillé, façonné, corroyé, forgé, ouvré; **— iron,** fer forgé; **— steel,** acier forgé.

Wt or **Wgt** (abréviation pour **Weight**), Poids, tonnage.

Wye connection, Montage en étoile.

Wye-delta, Étoile-triangle.

X

X's, Parasites (T. S. F.) (voir aussi parasitic signals, atmospherics, statics, strays, sturbs).

X rays, Rayons X.

X wave, Onde extraordinaire.

Xantophyll, Xantophylle.

Xenon, Xénon ; — **lamp,** Lampe au xénon.

Xylene, Xylène.

Xylography, Xylographie ; art de tailler sur le bois.

Y

Y, Symbole de l'admittance (inverse de l'impédance).

Y branch, Culotte.

Y connection, Montage en étoile (voir aussi **Wye**).

Yard, Cour, chantier, chantier de constructions navales, entrepôt, dépôt, atelier; vergue (N.); mesure de longueur (voir Tableaux); **cubic** — (voir Tableaux); **dock** —, arsenal maritime; **naval** —, chantier de l'Etat; **retarder** —, gare de triage; **shipbuilding** —, chantier maritime; **storage** —, parc; **square** — (voir Tableaux); **timber** —, chantier de bois de construction; **wood** —, chantier de bois à brûler.

Yarn, Fil de caret, filé, fil; **cotton** —, fil de coton; **flax** —, fil de lin; **hemp** —, fil de chanvre; **jute** —, fil de jute; **rope** —, fil de caret; **silk** —, fil de soie **spinning** —, filé; **spun** —, bitord; — **package,** bobine de fil.

Yaw, Angle d'inclinaison de l'axe du projectile sur sa trajectoire; lacet, embardée (d'un avion).

Yeast, Levure, levain.

Yellow, Jaune; — **brass,** laiton, cuivre jaune; — **copper,** laiton; — **copperas,** couperose jaune; — **hematite,** hématite jaune; — **lead,** massicot; — **ochre,** jaune d'ocre.

Yew, If.

Yield, Teneur, richesse, rapport, production, rendement, débit; **volumetric** —, rendement volumétrique; — **point,** point d'écoulement; limite des allongements proportionnels ou limite de proportionnalité; — **strength,** limite élastique; effort causant une déformation permanente donnée; — **stress,** limite élastique.

to Yield, Céder; — **to axial compression,** flamber, fléchir.

Yielding, Limite élastique.

Yoke, Joug, étrier, chape, couple; barre brisée (mar.); culasse (élec.); **axlebox** —, bride oscillante de boîte à graisse (essieu); **deflecting** —, bobine déviatrice (d'un faisceau d'électrons); **fork** —, chape; **stiffness of** —, rigidité de culasse; **thickness of** —, épaisseur de culasse; **width of** —, largeur de culasse; — **elm,** charme; — **piece,** culasse; — **stray field,** champ de dispersion de culasse (élec.).

Y. P., Voir **Yield point.**

Yttrium, Yttrium.

Z

Z bar or **zed**, Fer en Z.

Z meter, Impédancemètre.

Z steel, Acier en Z.

Zero, Zéro; **absolute** —, zéro absolu; **device of return to** —, appareil de réduction à zéro; — **cut out**, disjoncteur ou interrupteur à zéro; — **method**, méthode du zéro; — **point control**, contrôle du zéro.

Zig-Zag connection, Montage en zig-zag.

Zinc, Zinc; **amalgamated** — **plate**, plaque de zinc amalgamée; **granulated** —, grenaille de zinc; **sheet** —, zinc laminé; — **accumulator**, accumulateur au zinc; — **chloride**, chlorure de zinc; — **coated**, zingué; — **cylinder**, cylindre de zinc; — **disc**, disque ou rondelle en zinc; — **floride**, fluorure de zinc; — **iron cell**, élément fer-zinc; — **ore**, minerai de zinc; — **oxide**, oxyde de zinc; — **plate**, plaque de zinc; — **pole**, pôle (de) zinc, pôle négatif; — **rod**, tige ou crayon de zinc; — **sheets**, zinc en feuilles; — **silicate**, silicate de zinc; — **sulphate**, sulfate de zinc, vitriol blanc; — **sulphide**, sulfure de zinc; — **white**, blanc de zinc; — **worker**, zingueur.

to Zinc, Zinguer, galvaniser.

Zincite, Zincite.

Zip fastener, Fermeture éclair.

Zirconia, Zircone.

Zirconium, Zirconium, — **dioxyde**, bioxyde de zirconium.

Zirconyl, Zirconyle.

Zone, Zone; **combustion** —, zone de combustion; **free** —, zone franche; **landing** —, zone d'atterrissage; **skip** —, zone de silence (T. S. F.).

Zoning, Chauffage par zones.

Zoom or **zooming**, Montée en chandelle (aviat.).

to Zoom, Monter en chandelle (aviat.).

Zootic acid, Acide cyanhydrique.

Zore profiles, Profils zorès.

imprimerie bayeusaine
6 rue royale, 14401 bayeux
n° dépôt légal 3601 - 2e trimestre 1978

Imprimé en France